华北平原在限水和咸水灌溉及喷灌情景下作物水分生产力的模拟与深层地下水压采量的估算

——以河北省黑龙港地区为例

任 理 李 佩 著

科 学 出 版 社
北 京

内 容 简 介

本书是一部以分布式的方式运用土壤－水－大气－植物与世界食物研究（Soil Water Atmosphere Plant-WOrld FOod STudy，SWAP-WOFOST）模型对华北平原的河北省黑龙港地区在冬小麦－夏玉米一年两熟制下开展农业水文模拟研究的学术专著。作者针对多年来该区域井灌超采深层地下水所面临的水安全危机，就冬小麦生育期在限水灌溉和咸水灌溉及喷灌这三种情景下作物水分生产力的时空变化进行模拟，并分别估算各模拟情景中优化的灌溉模式对深层地下水的压采量。这是一项结合国家水粮安全与可持续发展战略、以当前实际应用需求中的科学问题为导向的模拟研究，书中的研究结果可为该区域目前开展的与“华北地区地下水超采综合治理行动方案”相关的管理决策工作提供定量化的参考依据。

本书可供水利和农业等学科相关领域的科技工作者和研究生及有关管理部门的人员参考。

图书在版编目（CIP）数据

华北平原在限水和咸水灌溉及喷灌情景下作物水分生产力的模拟与深层地下水压采量的估算：以河北省黑龙港地区为例 / 任理，李佩著. —北京：科学出版社，2021. 11

ISBN 978-7-03-070267-8

Ⅰ. ①华… Ⅱ. ①任… ②李… Ⅲ. ①作物—灌溉水—研究—河北②地下水超采—估算方法—河北 Ⅳ. ①S274②P641.8

中国版本图书馆CIP数据核字（2021）第216236号

责任编辑：韦 沁 韩 鹏 / 责任校对：张小霞

责任印制：肖 兴 / 封面设计：北京图阅盛世

科学出版社 出版

北京东黄城根北街16号

邮政编码：100717

http：//www.sciencep.com

北京汇瑞嘉合文化发展有限公司 印刷

科学出版社发行 各地新华书店经销

*

2021年11月第 一 版 开本：787×1092 1/16

2021年11月第一次印刷 印张：21 1/4

字数：504 000

定价：288.00元

（如有印装质量问题，我社负责调换）

作者简介

任理　1959年6月生于北京，工学博士，中国农业大学资源与环境学院土壤和水科学系教授。曾受聘为：中国科学院地理科学与资源研究所客座研究员（2002～2005年）；中国科学院计算数学与科学工程计算研究所科学与工程计算国家重点实验室客座研究员（2002～2004年）；中国科学院陆地水循环及地表过程重点实验室水文水资源研究方向客座研究员（2004～2007年）。曾受邀为：中国土壤学会土壤物理专业委员会副主任；国家自然科学基金委员会地球科学部与中国地质调查局水文地质环境地质部“中国地下水科学战略研究小组”成员。目前受聘为：中国科学院农业水资源重点实验室客座研究员；中国科学院陆地水循环及地表过程重点实验室客座研究员。多年担任《水利学报》和《水文地质工程地质》编委。研究领域：土壤物理学与农业水文学。近年来的研究方向：农业水土资源环境可持续利用的模拟与评估。主持了5项国家自然科学基金项目。指导了硕士研究生30名、博士研究生18名、博士后研究人员3名。曾获得：中国农业大学本科教学优秀奖励（1998年）；中国农业大学校级优秀硕士学位论文指导教师（2002年）；中国农业大学校级优秀博士学位论文指导教师（2004年、2006年和2019年）。指导的博士学位论文入选“全国优秀博士学位论文提名论文”（2008年）。在水文地质、水利、农业、地理等学科的有关单位或研究团队（小组）讲授“双环的故事”学术讲座76场（2011年11月至2021年11月）。在国内外学术期刊上发表研究论文近110篇，出版学术专著4部。

李佩　1991年5月生于陕西省商洛市山阳县。长安大学“一类青年学术骨干”、水利与环境学院讲师。2012年7月本科毕业于西北农林科技大学资源环境学院资源环境科学专业，获理学学士学位。2012年9月至2014年7月为中国农业大学资源与环境学院土壤学专业硕士研究生，获农学硕士学位。2014年7月至2014年9月在陕西省土地工程建设集团延安分公司实习。2014年10月至2015年8月在中国农业大学资源与环境学院任理教授研究小组担任科研助理。2015年9月至2019年6月为中国农业大学资源与环境学院土壤学专业博士研究生，获农学博士学位，博士学位论文获得2019年中国农业大学校级优秀博士学位论文。2019年7月至2021年6月在中国农业大学资源与环境学院的生态学博士后流动站从事研究工作。研究方向：水土资源与环境管理的模拟。目前主持国家自然科学青年基金项目。在国际学术期刊*Journal of Hydrology*上发表研究论文3篇，出版学术专著1部。

目　　录

图 目 录

表 目 录

第 1 章
绪　　论

1.1 研究背景和意义

华北平原是我国主要的粮食产区之一（刘昌明和魏忠义，1989；胡毓骐和李英能，1995；Liu *et al.*，2001；Zhang *et al.*，2013；Jeong *et al.*，2014），冬小麦 - 夏玉米一年两熟制是该区域最主要的种植模式（刘昌明和魏忠义，1989；中华人民共和国国家统计局，1990 ~ 2017；胡毓骐和李英能，1995；Liu *et al.*，2001；刘巽浩和陈阜，2005；Zhang *et al.*，2013；全国农业技术推广服务中心，2015），多年（1990 ~ 2012 年）平均的小麦和玉米总产分别约占我国的 53% 和 31%[①]（中华人民共和国国家统计局，1990 ~ 2017）。此外，为了保障国家粮食安全，华北平原还被确定为《全国新增 1000 亿斤粮食生产能力规划（2009 ~ 2020 年）》的增产核心区（中华人民共和国中央人民政府，2009）。华北平原的河北省黑龙港地区 1995 ~ 2012 年平均的小麦和玉米的总产分别占河北省这两种作物总产的 46% 和 47%（引自：河北省人民政府办公厅和河北省统计局，1995 ~ 2017）。然而，水资源紧缺是制约该区域粮食生产的最重要因素（刘昌明和魏忠义，1989；靳孟贵和方连育，2006；方生和陈秀玲，2008；Liu J. *et al.*，2011）。由于作为主要粮食作物的冬小麦在其生育期内的降水量与需水量高度不匹配，多年平均缺水 300 mm 以上（中国主要农作物需水量等值线图协作组，1993；Zhang *et al.*，2004），所以冬小麦主要依靠灌溉来满足其生长发育对水分的需求（Liu *et al.*，2001；Qiu，2010；Zhang *et al.*，2004）。地下水虽然作为灌溉农业的重要水源，在保障全球粮食生产中起着重要的作用（Giordano，2009；Siebert *et al.*，2010；Wada *et al.*，2012；Döll *et al.*，2012）。然而，由于过量开采地下水用于农业灌溉，我国的华北平原已经成为全球范围内地下水位下降情势极其严重的区域之一（Alley *et al.*，2002；Giordano，2009；Zheng *et al.*，2010；Liu J. *et al.*，2011；Cao *et al.*，2013；Dalin *et al.*，2017；Rodell *et al.*，2018）。

与浅层地下水相比，深层地下水具有补给量少和更新缓慢的特点（Alley *et al.*，2002；张人权，2003；张蔚榛，2003；郑连生，2009；Shi *et al.*，2011；Russo and Lall，2017）。尽管如此，随着人口和灌溉面积的不断增加，在中国（Foster *et al.*，2004）、美国（Scanlon *et al.*，2012；Kang and Jackson，2016；Russo and Lall，2017）、印度（Reshmidevi and Kumar，2014）、伊朗（Mahmoudi *et al.*，2017）和突尼斯（Alaya *et al.*，2014）等国家都存在着不同程度地开采深层地下水用于灌溉的情形。位于华北平原中东部的河北省黑龙港地区是我国严重缺水的地区之一（参阅：中华人民共和国国家统计局，1990 ~ 2017；河北省人民政府办公厅和河北省统计局，1995 ~ 2017），由于地表水资源匮乏且浅层广泛分布的又是微咸水或咸水（陈望和，1999；张宗祜和李烈荣，

①根据属于华北平原的北京市、天津市、河北省、山东省和河南省这 5 个省（直辖市）的统计年鉴数据计算得到。

2005；张兆吉等，2009；张兆吉和费宇红，2009），所以几十年来农田的井灌也不得不在一定程度上依赖于开采深层地下水（Foster *et al.*，2004；Shi *et al.*，2011；Huang *et al.*，2015），这不仅使得黑龙港地区这个华北平原重要的粮食产区的农业可持续发展受到了严重挑战，而且使得该区域所出现的大面积深层地下水位下降、深层地下水降落漏斗发展、地面沉降、水质恶化等一系列严重的地下水安全与环境地质问题愈加突出（陈望和，1999；张宗祜和李烈荣，2005；张兆吉等，2009；Zheng *et al.*，2010；Shi *et al.*，2011）。

灌溉消耗全球约90%的淡水（Scanlon *et al.*，2007；Siebert *et al.*，2010），世界上的许多地区用于灌溉的优质水的供应正在持续减少（Döll and Siebert，2002；Strzepek and Boehlert，2010；Rodell *et al.*，2018），将“边缘水”（例如，微咸水和咸水等）用于灌溉有望在一定程度上缓解粮食生产对水资源需求的压力（Letey *et al.*，2011；Skaggs *et al.*，2014；Assouline *et al.*，2015）。事实上，在印度、埃及、美国、中国、以色列、意大利、摩洛哥、突尼斯等国家已经有较长的咸水灌溉历史（Minhas，1996；Ashour *et al.*，1997；Mehta *et al.*，2000；Fang and Chen，2007；Kan and Rapaport-Rom，2012；Leogrande *et al.*，2016；El Oumlouki *et al.*，2018；Louati *et al.*，2018），而且在未来利用咸水补充有限的淡水资源用于灌溉将越来越普遍（Kan and Rapaport-Rom，2012；Chowdhury *et al.*，2018）。我国华北平原的黑龙港地区就是一个淡水资源特别是深层地下水资源情势堪忧但浅层广泛分布的微咸水和咸水资源（Fang and Chen，2007；张兆吉等，2009；Zhou Z. M. *et al.*，2012；Huang *et al.*，2015）尚有一定的开发利用潜力（陈望和，1999；张宗祜和李烈荣，2005；张兆吉等，2009）的区域。

面对严峻的地下水安全危机，为了缓解深层地下水超采情势的继续恶化，在过去的几年里，我国针对华北平原的井灌超采区陆续出台了一系列关于限制深层地下水开采的政策文件（河北省人民政府，2014；中华人民共和国中央人民政府，2015，2017；中华人民共和国水利部，2017；中华人民共和国水利部等，2019）。然而，限采井灌所用深层地下水就势必会影响黑龙港地区的粮食生产特别是冬小麦的生产。鉴于黑龙港地区在我国华北平原特别是河北省冬小麦生产中的重要地位和该区域深层地下水早已被超采的严重态势，聚焦这类“水粮权衡”问题开展农业水文模拟研究，不仅对我国的华北平原而且对世界上那些存在或未来有可能发生类似的深层地下水安全危机的粮食生产地区都具有一定的参考意义。此外，我们注意到，为了应对令人堪忧的深层地下水超采情势且在一定程度上保障粮食生产，我国政府的相关管理部门已经提出在该区域重点推广利用微咸水进行灌溉（中华人民共和国水利部，2017；中华人民共和国水利部等，2019）。然而，长时段的咸水灌溉可能造成的作物减产和土壤积盐会影响在区域尺度上实施咸水灌溉的可持续性，咸水资源的空间异质性也会影响在区域尺度上实施咸水灌溉的适用性。此外，气象、土壤、作物和灌溉等因素的差异也必然要求实施咸水灌溉应遵循因地因时的原则。总之，在区域尺度上开展咸水灌溉方案的模拟与评估不仅具有重要的现实意义而且也具有一定的挑战性。

有关文献（中国灌溉排水发展中心，2006；Abd El-Wahed and Ali，2013；Biswas，2015；Li，2018；Wang *et al.*，2020）表明：喷灌作为一种现代化的灌溉方式，具有可节

约灌溉用水和劳动力、提高土地利用效率和作物产量以及有利于实现农业机械化等优点。目前喷灌技术已在美国、俄罗斯、沙特阿拉伯、印度、葡萄牙、西班牙、日本和中国（中国灌溉排水发展中心，2014；Biswas，2015；Galioto *et al.*，2020）等国家得到了一定程度的应用。喷灌的作物已涉及蔬菜、果树、花卉、苜蓿、小麦、玉米、棉花等（Cetin and Bilgel，2002；中国灌溉排水发展中心，2014；Biswas，2015；Lecina *et al.*，2016；Wang *et al.*，2019；Yan *et al.*，2020）。我们已注意到，我国政府的有关管理部门为了应对黑龙港地区令人堪忧的地下水超采情势，已经提出了在该区域限制深层地下水的开采，并建议大力发展喷灌等节水灌溉措施（中华人民共和国生态环境部，2018；中华人民共和国水利部等，2019）。然而，在华北平原的黑龙港地区实施农田节水灌溉时，什么样的水土条件下适合选用喷灌这种灌溉方式？若选用喷灌，如何因地制宜地根据气象、土壤、作物、水资源和田间管理水平等因素选择喷灌模式（Abd El-Wahed and Ali，2013；Yan *et al.*，2020；Galioto *et al.*，2020）？这些问题的定量化研究对于是否选择和推广喷灌这种灌溉技术是至关重要的。同样，我们也注意到，或许是由于喷灌设备需要较高的初始投资费用和运行与维护的费用（Zou *et al.*，2013；Biswas，2015；Communal *et al.*，2016；Fang *et al.*，2018）以及喷灌技术的适用性和考虑规模经济（Wang *et al.*，2020）等原因，目前在华北平原黑龙港地区的应用尚不普遍。

华北平原的降水、温度、蒸发等气象条件的时空分布不均（胡毓骐和李英能，1995；任宪韶等，2007；Wang *et al.*，2008），土壤类型[①]、土地利用类型[②]以及与气候条件、土壤条件和管理水平相适应的作物品种与栽培技术（刘巽浩和牟正国，1993；王璞，2004）等也存在空间变异。因此，考虑气象、土壤、土地利用、作物、灌溉等要素空间异质性而分布式地应用农业水文模型（Droogers *et al.*，2000；Singh，2005）就成为定量评估区域尺度农业水文循环过程与农业水管理策略的重要甚至唯一的科学分析手段。华北平原的黑龙港地区多年来已经积累了大量的气象、土地利用、土壤、作物栽培和农田灌溉等方面的观测数据以及丰富的水文地质勘查资料与地下水资源评价结果，若能将这些与土壤－植物－大气连续体（Soil-Plant-Atmosphere Continuum，SPAC）及地下水有关的信息进行充分地数据挖掘与融合，将为华北平原的黑龙港地区在区域尺度上开展精细的农业水文模拟研究提供模型构建和参数率定及模型验证的科学支撑。

基于我们多年来针对华北平原所积累的多源多尺度的相关资料与数据，本研究选择起源于荷兰的土壤－水－大气－植物（Soil-Water-Atmosphere-Plant，SWAP）模型开展农业水文模拟。SWAP 模型是基于水文、化学、生物学过程的确定性农业水文模型（Singh *et al.*，2006c），它可以详细地模拟一维土体的水分运动、溶质运移和热量传输过程及作物生长（Kroes *et al.*，2009），尤其是其内嵌的详细作物模块是基于世界食物研究（WOrld FOod STudy，WOFOST）模型，可以细致地模拟光合作用和作物生长发育，并将土壤的水分或盐分状况反馈到作物生长过程中（Boogaard *et al.*，1998；Singh *et al.*，2006c；Kroes *et al.*，2009）。值得注意的是，SWAP 或 SWAP-WOFOST

①土壤科学数据中心，http://soil.geodata.cn/。
②中国科学院资源环境科学数据中心，http://www.resdc.cn。

模型通过与地理信息系统（Geographic Information System，GIS）相结合并以分布式的方式进行模拟，已经成为定量研究区域尺度农业水文循环与水资源管理问题的重要科学工具（Droogers *et al.*，2000；Singh *et al.*，2006a，2006b；Noory *et al.*，2011；Xue and Ren，2017a）。我们知道，模型模拟与评估结果的可靠性在相当程度上依赖于模型输入参数的可靠性和边界条件及源汇项概化的合理性，显然，这首先依赖于数据和资料的丰富性和完整性。能否通过收集和挖掘多源多尺度数据与资料而获得所需的信息就成为高质量的参数率定与模型验证之关键。前已述及，黑龙港地区是我国在与农业水文学相关的学科领域迄今为止积累的田间试验数据和野外勘查资料及评价结果相对来说最为丰富的区域，这不仅使我们有可能利用这些宝贵的信息、基于考虑参数相互影响的全局敏感性分析的识别结果对模型中多模块的参数进行细致的率定与验证，而且还为我们通过数据融合来构建能够反映区域尺度多因素空间异质性的模拟单元奠定了数据基础，而这正是我们更好地运用 SWAP-WOFOST 模型以分布式的方式来模拟该区域在限水灌溉、咸水灌溉和喷灌情景下的作物水分生产力（Water Productivity，WP）及评估深层地下水压采量的重要前提。

在本书中，我们以华北平原典型的深层地下水井灌区——河北省黑龙港地区为研究区域，首先，精细地构建 SWAP-WOFOST 模型的分布式模拟单元，在试验站点尺度对模型相关模块的参数进行细致的率定与验证，并基于多源、多尺度和长时段的数据对模型在区域尺度的模拟结果进行多方面的验证，以增强我们在冬小麦生育期的限水和咸水灌溉及喷灌情景下运用该模型来模拟作物 WP 并估算深层地下水压采量的可靠性。进一步地，利用验证后的模型开展多种限水灌溉情景的模拟，分析不同情景下作物的产量、生育期农田蒸散量、WP 和生育期水量平衡，并在“模拟－优化－评估”的框架下估算优化的灌溉模式对深层地下水的压采量。同时，就这个半干旱半湿润季风气候区的冬小麦生产与深层地下水开采高度矛盾但浅层广泛分布着咸水的区域，应用已构建的考虑多因素空间异质性的分布式农业水文模型，模拟与评估不同的咸水灌溉方案对作物产量和土壤水盐运动的影响，并综合考虑作物减产和土壤积盐的效应来确定适宜的咸水灌溉模式，继而从“水质”和“水量”这两个方面来评估浅层咸水资源与适宜的咸水灌溉模式之间的匹配性。此外，我们还分布式地应用所构建的农业水文模型探讨在区域尺度上采用喷灌方式的适用性。我们在研究区内针对冬小麦开展喷灌的模拟旨在探讨：①在特定的灌溉定额下，喷灌与地面灌溉哪种方式更有利于冬小麦获得相对较高的产量或 WP，或者更有利于农民获得相对较高的净收益？②与地面灌溉方式相比，在特定的灌溉定额减幅下使冬小麦 WP 最高的喷灌模式能削减多少用于井灌的深层地下水开采量？总之，我们针对这个冬小麦的灌溉在一定程度上依赖于深层地下水而在全球范围内具有代表性且浅层又广泛分布着咸水资源的地区，需要在区域尺度上定量化地对压减深层地下水的井灌开采量与降低冬小麦的产量进行权衡，对浅层咸水资源用于轮作农田灌溉的可持续性进行评估，对喷灌方式推广的适用性进行探讨。这些既是针对我国华北平原的黑龙港地区当前农业水管理所急需的科学研究，也是针对该区域农业可持续发展具有重要现实意义的应用研究。这种就“水粮问题”开展的农业水文模拟研究不仅在国际上具有一定的示范性意义，而且也是目前水文科学领域具有多学科交叉特色的热点研究方向。

1.2　研究进展概述

1.2.1　研究区及其毗邻地区冬小麦限水灌溉的田间试验进展概述

为缓解河北省黑龙港地区水资源短缺与冬小麦生产的突出矛盾，已有学者在该地区及其毗邻地区的相关试验站开展了大量的田间试验，研究了冬小麦的不同灌水次数对其生长发育、产量、耗水特性和水分利用效率等的影响。Zhang 等（1999）在位于黑龙港地区的南皮试验站和临西试验站分别开展了冬小麦在 6 种（从灌 0 水至灌 5 水）和 8 种（从灌 0 水至灌 7 水）灌溉处理下的田间试验，在与黑龙港地区毗邻的石家庄地区的栾城试验站和藁城试验站分别开展了冬小麦在 6 种（从灌 0 水至灌 5 水）和 8 种（从灌 0 水至灌 7 水）灌溉处理下的田间试验，结果表明：冬小麦在拔节 - 抽穗期和抽穗 - 灌浆期对水分胁迫的敏感性高，实施限水灌溉时推荐在水分敏感的阶段进行灌溉；平均而言，相比雨养，增加 1 次灌水可使籽粒产量增加 21% ~ 43%，增加 2 ~ 4 次灌水可使籽粒产量增加 60% ~ 100%；当雨养时，冬小麦的平均水分利用效率在 0.98 ~ 1.22 kg/m^3 范围内，当灌溉 2 ~ 4 次时，冬小麦的平均水分利用效率在 1.20 ~ 1.40 kg/m^3 范围内。张永平等（2003）在黑龙港地区的吴桥试验站于 2000 ~ 2002 年开展了 4 种灌溉模式（灌 0 水、灌 1 水、灌 2 水和灌 4 水）的田间试验，结果表明：在浇足底墒水的基础上，在拔节期和开花期均灌水 75 mm 是最佳的灌水模式。张胜全等（2009）在吴桥试验站于 2005 ~ 2007 年开展了 5 种灌溉模式（从灌 0 水至灌 4 水）的田间试验，结果表明：晚播冬小麦在足墒播种的基础上，在拔节期和开花期均灌水 75 mm 的灌溉模式，使得在拔节前和灌浆后期适当控水，可以提高土壤水利用率、降低总耗水量。薛丽华等（2010）在吴桥试验站于 2008 ~ 2009 年开展了 3 个灌溉处理（灌 0 水、灌 1 水和灌 3 水）的田间试验，结果表明：在拔节期灌水 75 mm 的灌溉处理下冬小麦的水分利用效率最高，这个处理可以促进根系深扎，增加深土层的根系分布量，提高对深层土壤贮水的吸收利用。Zhang 等（2011）在吴桥试验站于 2001 ~ 2003 年开展了 4 个灌溉处理（灌 0 水、灌 1 水、灌 2 水和灌 4 水）的田间试验，结果表明：随着灌溉水的增加，0 ~ 100 cm 土层的根重增加，100 ~ 200 cm 土层的根重降低，减少灌溉可以使得深层土壤中的作物根重增加；在拔节期和开花期分别灌水 75 mm 是使得冬小麦高产高效的最优灌溉处理。Xu C. L. 等（2016）在吴桥试验站于 2013 ~ 2015 年开展了 3 个灌溉处理（灌 0 水、灌 1 水和灌 3 水）的田间试验，结果表明：随着灌溉水的增加，籽粒产量增加，而水分利用效率降低；限水灌溉处理（拔节期灌水 60 mm）相较于充分灌溉处理（返青期、拔节期和开花期均灌水 60 mm）可以限制叶片扩展，从而降低蒸腾，使得籽粒产量略有降低，然而，限制水分供应可以促进根系深扎，提高对深层土壤水分的利用，增加土壤水库的容量以储蓄夏季的降水。曹彩云等（2010）在黑龙港地区的深州试验站于 2007 ~ 2008 年开展了 4 个品种的冬小麦在 5 个灌溉处理（从灌 0 水至灌 4 水）下的田间试验，结果表明：在拔节期、孕穗期和灌浆期分别灌水 60 mm 时

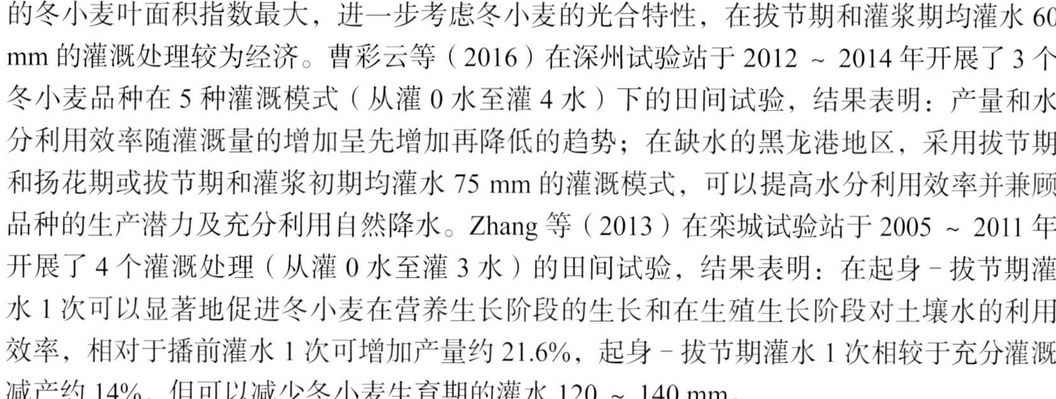

的冬小麦叶面积指数最大，进一步考虑冬小麦的光合特性，在拔节期和灌浆期均灌水 60 mm 的灌溉处理较为经济。曹彩云等（2016）在深州试验站于 2012 ~ 2014 年开展了 3 个冬小麦品种在 5 种灌溉模式（从灌 0 水至灌 4 水）下的田间试验，结果表明：产量和水分利用效率随灌溉量的增加呈先增加再降低的趋势；在缺水的黑龙港地区，采用拔节期和扬花期或拔节期和灌浆初期均灌水 75 mm 的灌溉模式，可以提高水分利用效率并兼顾品种的生产潜力及充分利用自然降水。Zhang 等（2013）在栾城试验站于 2005 ~ 2011 年开展了 4 个灌溉处理（从灌 0 水至灌 3 水）的田间试验，结果表明：在起身 - 拔节期灌水 1 次可以显著地促进冬小麦在营养生长阶段的生长和在生殖生长阶段对土壤水的利用效率，相对于播前灌水 1 次可增加产量约 21.6%，起身 - 拔节期灌水 1 次相较于充分灌溉减产约 14%，但可以减少冬小麦生育期的灌水 120 ~ 140 mm。

进一步地，有关学者也在研究区的相关试验站开展了在相同的灌水次数下不同的灌水时间对冬小麦的生长发育、产量、耗水特性和水分利用效率等的影响。Li J. M. 等（2005）在吴桥试验站于 1994 ~ 1997 年开展了对冬小麦 11 种灌溉处理的田间试验，主要研究结论如下：若灌水 1 次，推荐在冬小麦播前灌，灌水 75 mm，冬小麦生育期内的蒸散量为 350 ~ 400 mm；若灌水 2 次，推荐在播前和拔节期或孕穗期灌溉，每次灌水 75 mm，蒸散量为 400 ~ 450 mm；若灌水 3 次，推荐在播前、拔节期和开花期灌溉，每次灌水 75 mm，蒸散量为 450 ~ 500 mm。Xu 等（2018）在吴桥试验站于 2012 ~ 2016 年开展了冬小麦在 1 次灌水时的 5 个不同的灌水时间（起身期、拔节期、抽穗期、开花期和灌浆中期）的田间试验，结果显示：与在起身期灌水相比，在拔节期或抽穗期灌水可以协调开花前后的水分利用，减少开花前的蒸散量和总蒸散量，使得开花时 180 cm 以上的土壤含水量维持在较高水平，增加了开花后的水分利用；在播前土壤水分状况适宜的情形下，在拔节 - 抽穗期灌水 75 mm 的灌溉模式是小麦生产的最优且最少的灌溉方式。吴忠东和王全九（2010）在南皮试验站于 2003 ~ 2004 年开展了冬小麦充分灌溉和阶段性缺水（拔节期胁迫、抽穗期胁迫、灌浆期胁迫和旱作）灌溉处理的田间试验，结果表明：在拔节期的水分胁迫（亦即在抽穗期和灌浆期灌水）对冬小麦所造成的水分胁迫时间在缺水灌溉处理中最长；在灌浆期的水分胁迫（亦即在拔节期和抽穗期灌水）对冬小麦的产量和叶面积指数的影响最小。

通过阅读上述文献，我们注意到，这些田间试验结果较少地被用来分析冬小麦的限水灌溉模式对后茬夏玉米的产量和 WP 的影响。由于气象、土壤、作物、灌溉等要素在区域尺度上具有空间变异性，所以，我们不能苛求研究者们将田间的试验结果推广（尺度提升）到较大的区域。事实上，在区域尺度想要开展大规模长时段的多种限水灌溉方案的田间试验是不现实的。因此，从某种意义上说，分布式的农业水文模型就成为目前能够在区域尺度上模拟限水灌溉方案对作物的产量、生育期农田蒸散量和 WP 及水量平衡组分的影响并进行评估的唯一研究手段。

1.2.2 研究区内冬小麦咸水灌溉的田间试验进展概述

为了将研究区内广泛分布的微咸水和咸水资源合理地用于农田灌溉，自 20 世纪 80

年代以来，相关学者已经在位于研究区内沧州地区的南皮试验站、衡水地区的深州试验站和景县王瞳试验站、邯郸地区的曲周试验站，针对冬小麦－夏玉米一年两熟制开展了大量的微咸水（或咸水）灌溉的田间试验。其中，一部分学者主要侧重于研究咸水灌溉对作物生长的影响。例如，马俊永等（2010）在深州试验站于 2007 ~ 2009 年开展了淡水灌溉和 4 个矿化度的咸水灌溉处理的田间试验，结果显示：冬小麦的株高、生物量、单株叶面积和亩穗数随灌溉水矿化度的增高而降低。曹彩云等（2013）在深州试验站于 2010 ~ 2011 年开展了淡水灌溉和 3 个矿化度的咸水灌溉处理的田间试验，结果表明：从作物的耐盐性和产量考虑，多年连续灌溉咸水的矿化度不宜超过 4 g/L。另有学者侧重于在研究咸水灌溉对土壤盐分影响的基础上进一步探讨咸水灌溉的策略。例如，马文军等（2011）在曲周试验站于 1997 ~ 2005 年开展了淡咸水灌溉处理的田间试验，主要结论如下：当灌溉水的电导率为 5.4 dS/m 时，由稳定状态盐量平衡法得到冬小麦生育期和夏玉米生育期土壤盐分淋洗所需的微咸水量分别为 368 mm 和 327 mm。结合当地实际的降水量，冬小麦季的土壤盐分淋洗所需的微咸水量小于 368 mm，而夏玉米生育期由于处于雨季，很可能不需要使用微咸水进行淋洗。

从研究内容来看，更多的田间试验着重研究咸水灌溉对作物生长和土壤环境效应的综合影响。Fang 和 Chen（1997）在沧州地区的南皮试验站于 1980 ~ 1989 年开展了田间试验，研究淡水灌溉、咸淡水轮灌、咸淡水混灌、咸水灌溉和无灌溉处理对冬小麦与夏玉米的产量及土壤盐分的积累与淋洗的影响。结果表明：分别采用 2 ~ 4 g/L 和 4 ~ 6 g/L 的咸水灌溉，冬小麦－夏玉米轮作周年作物的产量相较于不灌溉分别可以增产 1.6 倍和 1.2 倍；在冬小麦的苗期采用淡水灌溉，拔节期后采用 5 ~ 6 g/L 的咸水灌溉，相较于淡水灌溉的冬小麦产量仅降低约 2.2%；10 年的咸水灌溉后，0 ~ 40 cm 土壤没有明显积盐，且盐分维持在作物耐盐范围内，40 ~ 80 cm 土层在湿润年份处于脱盐状态，但在部分干旱年份处于积盐状态，盐分积累主要集中于 80 ~ 120 cm 土层。叶海燕等（2005）在南皮试验站于 2002 ~ 2003 年开展了 8 个微咸水灌溉处理的田间试验，结果表明：采用矿化度为 2.45 g/L 的微咸水灌溉，随着微咸水灌溉定额的增大，冬小麦的株高、干物质积累和产量均会有不同程度的增加，但从盐分平衡的角度考虑，冬小麦生育期适宜的微咸水灌溉定额为 180 mm（拔节期 75 mm，抽穗期 60 mm，灌浆期 45 mm）。吴忠东和王全九（2007）在南皮试验站于 2003 ~ 2005 年开展了田间试验，研究淡水灌溉、微咸水灌溉和冬小麦不同生育期设置咸淡水轮灌的 6 个处理对主根区（0 ~ 40 cm）土壤水分和盐分的分布以及冬小麦产量的影响。结果表明：0 ~ 100 cm 土体在淡水灌溉和只灌 1 次 3 g/L 微咸水的处理下有脱盐现象，在灌溉 2 ~ 3 次微咸水的处理下发生了不同程度的积盐。作者综合分析了土壤积盐状况和冬小麦产量后得出结论：拔节期淡水、抽穗期淡水和灌浆期咸水的灌溉处理为最优方案。陈素英等（2011）在南皮试验站于 2009 ~ 2010 年开展了微咸水灌溉的田间试验，结果表明：随着灌溉水矿化度的增加，土壤含盐量主要在 0 ~ 40 cm 层位呈增加趋势；虽然在后茬夏玉米的生长季未进行微咸水灌溉，但土壤积累的盐分对夏玉米形成了减产效应；在冬小麦－夏玉米一年两熟种植区，利用 2 g/L 的微咸水灌溉冬小麦，对全年产量无显著影响。Liu 等（2016）在南皮试验站于 2009 ~ 2012 年开展了田间试验，研究 4 个灌溉处理（无灌溉、淡水灌溉、拔节期采用 2.8 dS/m 的微咸水灌溉、拔节期采用 8.2 dS/m 的咸水灌溉）对土壤含水量、土壤盐分累积、作物表现和夏玉米苗期表层土壤盐分淋洗的影响。主要结论如下：就冬小麦和冬小麦–夏玉米轮作周年的产量而言，拔节期咸水灌溉与无灌溉相比效益明显，与淡水灌溉相比作物产量损失很小；其中的 2 年由于咸水灌溉引起夏玉米生长前期的土壤盐分增加，对夏玉米的光合作用和最终产量产生了负面影响；为了避免咸水灌溉后的负面影响，建议在夏玉米播种时进行充足的淡水灌溉（60 ~ 90 mm）以保证夏玉米在早期对盐分敏感的生育阶段有良好的生长条件。陈素英等（2016）在南皮试验站于 2013 ~ 2015 年针对冬小麦生育期不同的灌水次数和灌溉水矿化度开展了田间试验，结果表明：利用矿化度小于 5 g/L 的咸水灌溉，与淡水灌溉相比不会造成冬小麦产量降低，灌溉 1 次咸水比雨养旱作处理增产 10% ~ 30%；咸水灌溉条件下冬小麦收获时土壤盐分有所积累，尤其在表层土壤盐分积累明显，夏玉米播种后用 67.5 ~ 75.0 mm 的淡水灌溉可满足耕层（0 ~ 20 cm）土壤盐分淋洗需求，达到夏玉米生长的安全阈值。

郭会荣等（2002）在衡水地区的景县王瞳试验站于 1994 ~ 1998 年开展了咸水灌溉的田间试验，结果表明：利用 3 g/L 左右的咸水在 90 ~ 120 mm 的灌溉定额下连续灌溉 5 年，根层土壤溶液浓度未超过冬小麦的耐盐能力，且较淡水灌溉增产。郑春莲等（2010）在深州试验站于 2006 ~ 2008 年就淡水灌溉、不同矿化度的咸水灌溉和不灌溉的处理开展了田间试验，主要结论是：在 4 g/L 的咸水灌溉下冬小麦和夏玉米的产量分别较淡水灌溉减少大约 8.87% 和 7.16%；在 0 ~ 40 cm 的作物主要根层，矿化度大于 4 g/L 的咸水灌溉下土壤盐分增加幅度较大，而小于 4 g/L 的咸水灌溉下土壤盐分一直都小于 2 g/kg；建议在黑龙港地区利用咸水直接灌溉时，矿化度一般不宜超过 4 g/L。焦艳平等（2013）在衡水试验站于 2008 ~ 2011 年开展了淡水灌溉和 2 g/L 的咸淡混合水灌溉的田间试验，结果表明：2 g/L 的咸淡混合水灌溉显著提高了主根层（0 ~ 40 cm）和 0 ~ 120 cm 土体的含盐量；与淡水灌溉相比，在 2009 年和 2010 年，咸淡混合水灌溉对冬小麦产量没有明显的影响，而在 2011 年，冬小麦产量降低 13.5%；在 2009 年，咸淡混合水灌溉处理下夏玉米产量降低 8.9%，而在 2010 年和 2011 年，夏玉米产量无显著的变化。郭丽等（2017）在深州试验站于 2013 ~ 2015 年开展了 5 个灌溉处理（淡水灌溉、1.8 g/L 的咸淡混合水灌溉、3.6 g/L 的咸水与淡水交替灌溉、3.6 g/L 的咸水灌溉和无灌溉）的田间试验，主要结论是：采用 3.6 g/L 的咸水灌溉和无灌溉处理下冬小麦的株高、叶面积指数和产量较淡水灌溉处理显著下降，连续 6 ~ 7 年采用 3.6 g/L 咸水灌溉明显增加了土壤盐分累积量，加大了土壤盐渍化的风险；咸淡水混灌和咸淡水交替灌溉与淡水灌溉相比，土壤盐分虽有一定的积累，但未影响作物的生长。Soothar 等（2019）在衡水试验站于 2015 ~ 2018 年开展了 5 个灌溉处理（雨养、拔节期淡水灌溉 + 开花期咸水灌溉、拔节期咸水灌溉 + 开花期淡水灌溉、拔节期和开花期均咸水灌溉、拔节期和开花期均淡水灌溉，淡水和咸水的电导率分别为 0.39 dS/m 和 4.70 dS/m）的田间试验，结果表明：与雨养相比，咸淡水交替灌溉使得冬小麦的籽粒产量提高了 20%，而与淡水灌溉相比，产量下降了 2%；咸淡水交替灌溉使得土壤盐分增加与长期积累的风险不大。

乔玉辉等（1999）在邯郸地区的曲周试验站于 1997 ~ 1998 年开展了 2 个灌溉处理（3.2 g/L 的咸水灌溉和 0.84 g/L 的淡水灌溉）的田间试验，结果表明：利用 3.2 g/L 的咸水灌溉冬小麦，其地上部干物质累积量只有淡水灌溉处理的 75% 左右，但对其最后的经济产量影响不大；咸水灌溉增加了 0 ~ 40 cm 土壤的盐分。毛振强等（2003）在曲周试验站于 1997 ~ 2001 年开展了冬小麦和夏玉米（仅在 2000 年生育期内灌水 1 次）的淡水（1.11 ~ 1.55 dS/m）灌溉和咸水（5.40 ~ 5.47 dS/m）灌溉的田间试验，结果显示：使用咸水灌溉后 0 ~ 80 cm 土壤溶液的电导率迅速升高，2 年后较淡水灌溉处理下同一层位的土壤溶液的电导率高约 5 ~ 10 dS/m；在灌溉农田中，盐渍化最严重的是亚表层（20 ~ 60 cm）；当 20 ~ 60 cm 土壤溶液的电导率在 8 dS/m 以下时，对夏玉米的产量无显著影响，若该层土壤溶液的电导率长期维持在 10 ~ 15 dS/m 且当季的降水量相对较少时，夏玉米产量将显著降低；当 20 ~ 60 cm 土壤溶液的电导率长期维持在 12 ~ 15 dS/m 时，在灌溉量较大的条件下，盐分胁迫所造成的冬小麦产量的损失一般在 10% 左右。Ma 等（2008）在曲周试验站于 1997 ~ 2005 年开展了对冬小麦 5 个灌溉处理（淡水的充分灌溉、咸水的充分灌溉、淡水的限制灌溉、咸水的限制灌溉和仅在出苗期用淡水灌溉）的田间试验，结果表明：咸水灌溉使得表层土壤（0 ~ 100 cm）饱和浸出液的电导率及其变异性大于底层土壤（100 ~ 180 cm）；咸水灌溉使得土壤盐分累积量迅速增加，尤其是在 1999 ~ 2000 年冬小麦季 80 cm 以上的土层；土壤盐分在湿润季节淋洗的最大深度约为 150 cm；冬小麦的相对产量由高到低依次为淡水的充分灌溉、淡水的限制灌溉、咸水的充分灌溉、咸水的限制灌溉、仅在出苗期用淡水灌溉；若降水充足，对冬小麦 - 夏玉米轮作农田的最佳灌溉制度是冬小麦季咸水的限制灌溉且夏玉米季不灌溉。马文军等（2010）对曲周试验站于 1997 ~ 2005 年所开展的上述 5 个灌溉处理的田间试验进行了进一步地分析，结果显示：咸水灌溉虽然导致冬小麦和夏玉米的产量降低 10% ~ 15%，但节约淡水资源 60% ~ 75%；在正常降水年份，使用咸水（5.40 dS/m）进行灌溉是可行的，不会导致土壤的次生盐渍化。焦艳平等（2013）在曲周试验站于 2008 ~ 2011 年开展了淡水灌溉和 2 g/L 的混合水灌溉的田间试验，结果表明：采用矿化度为 2 g/L 的混合水灌溉，显著提高了 0 ~ 40 cm 和 0 ~ 120 cm 土体的含盐量，在 3 年的田间试验期间，冬小麦收获后的土壤含盐量均小于其耐盐阈值，而夏玉米收获后的土壤含盐量均大于其耐盐阈值；相较于淡水灌溉，2 g/L 的咸淡混合水灌溉对冬小麦和夏玉米的产量没有明显的影响。

严格地说，上述文献中的这些田间试验结果仅能代表特定年份和特定田块的情况。如所周知，在区域尺度长期大规模地同时开展多种咸水灌溉方案的田间试验几乎是不可能的，而对于在本研究中选定的这个气象、土壤、作物、灌溉等要素存在空间异质性的农作区而言，分布式农业水文模型就成为能在区域尺度上就长期应用多种咸水灌溉方案对冬小麦 - 夏玉米一年两熟制作物的产量、WP 以及土壤水盐动态的影响进行模拟与评估的唯一的定量化手段。

1.2.3 研究区及其毗邻区域冬小麦喷灌的田间试验进展概述

为了探讨喷灌这一灌溉技术应用于华北平原冬小麦 - 夏玉米一年两熟制农田时在冬小麦生育期的节水增产效应，已有学者在华北平原内的多个试验站点针对喷灌或微喷灌开展了田间试验研究，这些试验站点包括：中国农业大学吴桥试验站（如张英华等，

2016; Li *et al.*, 2018, 2019a, 2019b）；河北省农林科学院粮油作物研究所藁城试验站（如吕丽华等，2014；董志强等，2015，2016；吕丽华等，2020）；中国科学院栾城农业生态系统试验站（如高鹭等，2005；Fang *et al.*，2018）；中国科学院禹城综合试验站（如Liu *et al.*，2013）；中国科学院地理科学与资源研究所通州农田水循环与现代节水灌溉试验基地（如姚素梅等，2005；孙泽强等，2006；Yu *et al.*，2009；刘海军等，2010；Liu *et al.*，2011，2013）；中国农业科学院农田灌溉研究所新乡试验站（如刘海军等，2000；Jha *et al.*，2017，2019）。这里，针对我们的研究内容，仅对已检索到的京津以南河北平原未采用水肥一体化的喷灌试验研究的现状进行概述，而未对采用水肥一体化的微喷灌试验研究进行概述。在栾城试验站，Fang 等（2018）于 2012 ~ 2015 年开展了田间试验，对淹灌（basin irrigation）和管式喷灌（tube-sprinkler irrigation）的试验结果表明：当冬小麦季的灌溉定额为 90 mm 时，增加灌水频率的喷灌（灌水次数为 2 次）与淹灌（灌水次数为 1 次）相比，可以提高冬小麦的产量和水分利用效率；当冬小麦季的灌溉定额为 160 mm 时，增加灌水频率的喷灌（灌水次数为 3 次）与淹灌（灌水次数为 2 次）相比，对冬小麦的产量和水分利用效率无显著影响；喷灌系统较高的安装成本使得与淹灌相比喷灌的净收益减少大约 30%。

通过阅读以上文献，我们注意到：这些在冬小麦生育期的喷灌或微喷灌的田间试验研究多是针对特定年份和特定试验站而开展的，其中的田间试验方案一般是设置固定的灌水时间和灌水定额，或是根据土壤墒情来确定灌水时间，亦或是根据布置在冠层上方的蒸发皿所测得的水面蒸发量来确定灌水定额。同时，这些试验研究也较少涉及量化冬小麦生育期实施喷灌对冬小麦 - 夏玉米轮作周年作物的产量和 WP 及轮作农田水量平衡要素的影响。我们知道，无论是长期开展基于多种灌水时间与灌水定额的喷灌试验，还是长期开展基于实测的土壤水分状况来确定灌水时间的喷灌试验，在区域尺度上都是难以实现的，于是分布式地应用农业水文模型就成为目前唯一可以在区域尺度上考虑气象、土壤、作物、灌溉等多个要素空间异质性的定量化研究方法，其研究结果也就成为目前唯一可供在区域尺度上考虑是否选择喷灌方式和选择何种喷灌模式的定量化参考。

1.2.4　农业水文模型 SWAP（或 SWAP-WOFOST）在国内外的应用研究进展概述

内嵌有简单作物模块和内嵌有基于 WOFOST 模型的详细作物模块的 SWAP 模型可以模拟包气带中的水分运动、溶质运移和热量传输及其与作物生长的反馈作用（Boogaard *et al.*，1998；Kroes *et al.*，2009）。本研究中所采用的农业水文模型 SWAP 或 SWAP-WOFOST 已经被广泛应用于在田间尺度上评估灌溉对作物产量、WP 和水量平衡组分的影响。Sarwar 等（2000）在巴基斯坦 Punjab 省的第四排水工程区内，基于 1995 ~ 1997 年 2 块试验田的实测数据确定了 SWAP 模型的上边界条件、土壤水力参数、下边界条件和盐分运移参数，并进一步基于实测压力水头、土壤含水量、土壤盐分、地下水位、排水速率等对模型进行了验证。结果表明：率定后的 SWAP 模型可以获得用于分析水效率和排水系统表现的水盐平衡项。进一步地，Sarwar 和 Bastiaanssen（2001）在此区域基于率定后的土壤水力参数、田间实测数据和文献报道的作物参数，应用 SWAP 模型模拟分析了 1980 ~ 1994 年小麦－棉花轮作农田的农户现状灌溉和节水灌溉对作物相对蒸腾和 WP 的影响。结果表明：当采用优质的渠系水灌溉时，在排水和未排水条件下应用节水灌溉可以有效地维持作物相对高的蒸腾并保障土壤健康，与农户的现状灌溉情形相比相当于节省了 25% 的渠系灌溉水，可以为工程区内 24% 的非灌溉面积所利用，且节水灌溉下的作物 WP 略高于农户现状灌溉下的作物 WP。Singh 等（2006c）在印度 Sirsa 地区不同地点的 5 个农田，根据实测的土壤水分和土壤盐分剖面，利用 PEST（Model-Independent Parameter ESTimation，简称 PEST）软件对 SWAP 模型的土壤水力参数进行了率定和验证，并由文献报道和田间观测值对 SWAP-WOFOST 模型的作物参数进行了手动调整，基于验证后的 SWAP 和 SWAP-WOFOST 模型分别模拟分析了 2001 ~ 2002 年各农田的水盐平衡，进一步计算了作物的 3 种 WP（基于实际蒸腾 T 的 WP_T、基于实际土壤蒸发 E 和实际蒸腾 T 的 WP_{ET}，以及基于实际土壤蒸发 E、实际蒸腾 T 和渗漏损失 Q_{bot} 的 WP_{ETQ}）。主要研究结论是：结合田间试验的 SWAP 模型可以量化水文变量（例如，蒸腾、蒸发和渗漏等）和生物物理变量（例如，干物质和籽粒产量等），而这些变量是分析灌溉农田的 WP 所需的；位于同一个地点的不同作物的 WP 具有差异且不同地点的同种作物的 WP 也具有相当的空间变异，这说明 WP 有一定的提升空间；对于水稻而言，为提高作物的 WP 可以通过改进农艺措施以尽可能地控制蒸发量在蒸散量中的比例，如种植旱稻或进行土壤覆盖以减少水分的无效蒸发；对于小麦而言，水盐胁迫下模拟的产量要比实际测定的产量高 20% ~ 60%，这可能是由于实际生产中作物还受到大量的氮素、农药、疾病和杂草的威胁，应进一步提高作物的田间管理措施，比如采用适宜的播种时间、优化施肥和更有效的抗病除草措施；对于棉花而言，严重的水分胁迫明显地影响了作物产量，应侧重确保棉花的灌溉充足，尤其是针对干旱年份。Vazifedoust 等（2008）在伊朗 Borkhar 灌区的 8 处农田，根据 2004 ~ 2005 年实测的土壤含水量，利用 PEST 软件对 SWAP-WOFOST 模型的土壤水力参数进行了率定，基于试验数据和文献确定了作物参数中的部分参数，再根据实测干物质量和储藏器官干物质量对作物参数中相对敏感的比叶面积、光利用率和最大 CO_2 同化速率进行了手动调整，基于验证后的模型计算了土壤水量平衡，分析了小麦、饲料玉米、向日葵和甜菜在现状和水分限制条件下的作物产量及 3 种 WP（WP_T、WP_{ET} 和基于灌溉 I 的 WP_I），并进一步对提高灌溉作物的 WP 提出了建议。主要研究结论如下：WP_T 和 WP_{ET} 之间的较大差异说明在研究区需要采用更有效的灌溉系统替代传统的灌溉系统；采取非充分灌溉和减少种植面积均可以提高经济收益；在灌水时间和灌水定额方面改进灌溉制度可以通过提高经济产量而提高作物的 WP，相比非充分灌溉，减少种植面积可以提高 WP 的幅度更大。Ma 等（2011）在我国北京通州的灌溉试验中心基于 2007 ~ 2009 年冬小麦－夏玉米轮作农田的 6 个灌溉试验处理，通过实测的分层土壤含水量、0 ~ 200 cm 土壤的储水量、根系带（0 ~ 100 cm）底部的水通量对 SWAP 模型进行了参数率定和验证，并应用验证后的 SWAP 模型分析了基于 1951 ~ 2005 年降水量数据所划分的典型水文年型（25%、50% 和 75%）下的 6 种灌溉情景的水分利用效率、节水量和地下水补给量。以水分利用效率最高为原则优化了非充分灌溉方式，结果显示：在枯水年，对于冬小麦分别在越冬期、抽穗期和灌浆期灌水 75 mm，对于夏玉米分别在播前和拔节期灌水

75 mm；在平水年，对于冬小麦的灌溉制度与枯水年保持一致，对于夏玉米则在播前灌水75 mm；在丰水年，对于冬小麦分别在越冬期和灌浆期灌水75 mm，对于夏玉米则不进行灌溉。Rodrigues和van Vliet（2014）在巴西Buriti Vermelho地区的试验田，利用基于试验观测值的SWAP模型就灌溉的玉米－菜豆－小麦轮作农田和雨养的大豆－玉米轮作农田的最优灌溉制度、作物WP的最大化、未来情景、扩大灌溉土地的可行性以及大豆最佳播种时间的评估进行了分析。结果表明：作物的WP随灌溉水的增加而减小，灌溉对于普通豆类、小麦和雨养玉米的产量有明显的影响；未来情景下作物的WP有所减小，未来需要更多的灌溉水用于维持作物产量；扩大灌溉土地仅可以提高雨养和灌溉条件下玉米的WP；建议大豆的播种时间为11月。Amiri（2017）在伊朗Shiraz地区的试验田，根据2011 ~ 2012年玉米季4个灌溉处理的田间试验，通过对比籽粒产量、叶面积指数、生物量和蒸散量对SWAP-WOFOST模型进行了参数率定和验证，进一步模拟分析了在玉米季不同灌溉处理下土壤水平衡组分以及4种WP（WP_T、WP_{ET}、WP_I以及基于灌溉I和降水P的WP_{I+P}），并通过评估不同灌溉情景的表现来优化灌溉管理。研究表明：灌溉制度是影响作物产量和生物量的重要因素，总体而言，SWAP-WOFOST模型模拟的籽粒产量、生物量和蒸散量的精度均在可接受范围内，4种WP的变化范围为1.74 ~ 3.22 kg/m^3，当灌溉量为500 mm时，WP达到最大值，故灌溉管理可以提高作物的WP。

在意大利（Tedeschi and Menenti，2002）、印度（Singh，2004）、伊朗（Hassanli *et al.*，2016）、以色列（Ben-Asher *et al.*，2006）以及中国的内蒙古河套灌区（王卫光等，2004）、宁夏引黄灌区（黄权中等，2009；杨建国等，2010）、甘肃石羊河流域（袁成福等，2014）等国家或地区，SWAP模型通过与站点尺度的田间试验相结合，在对模型参数开展率定与验证的基础上已经广泛用于模拟和评估站点尺度的咸水灌溉方案对土壤水盐运移和（或）作物生长的影响。Singh（2004）在印度哈里亚纳邦（Haryana）的一个定位点上，利用验证后的SWAP模型，针对2种土壤质地类型、6种灌溉水质和4种灌溉深度下的小麦－棉花轮作体系进行了5年的模拟，采用相对蒸散、土壤储水量变化、渗漏指数和盐渍化指数这4个水管理响应指标评估了每一个灌溉情景下的作物表现和0 ~ 200 cm土壤积盐与脱盐过程。主要研究结论是：在砂壤土和壤砂土中，交替使用14 dS/m的咸水和运河水（0.3 ~ 0.4 dS/m）对小麦－棉花轮作体系的灌溉是可能的，但在所有情景下，播前灌溉必须使用运河水；当地下水的水质超过10 dS/m，建议在播种后采取井渠交替灌溉的方式；当用于灌溉的地下水矿化度增大时，需要加大渗漏淋失量以维持作物根系层的盐分平衡，从而使作物的相对蒸散达到预先所确定的值。Mandare等（2008）在印度Haryana的一个定位点，基于2003 ~ 2004年在3个农田每两周观测的土壤含水量、压力头、盐分浓度以及作物产量数据对SWAP模型进行了参数率定和验证，利用验证后的模型模拟分析了灌溉水量的变化、水质的变化、水质与水量的联合效应、渠道水的可利用性等对作物产量和土壤盐分的影响，进而为田间水分管理提供方案。结果表明：即使采用11 dS/m的咸水灌溉，在精准平整的田间频繁灌溉也有助于提高10%的产量。Jiang等（2011）在我国甘肃石羊河试验站于2008 ~ 2009年开展了春小麦在3种水分水平（ET_c、80% ET_c和60% ET_c）和3个矿化度水平（0.7 g/L、3 g/L和6 g/L）组合的灌溉处理下的田间试验，利用观测数据对SWAP模型进行了率定和验证，并进一步利用验证后的模型模拟分析了连续 5 年的咸水灌溉对土壤盐分动态的影响。结果表明：基于田间观测数据所率定和验证的 SWAP 模型可用来预测多年采用咸水进行非充分灌溉的效果；当作物受到明显的盐分胁迫时会阻碍其根系吸水能力，较多的灌溉水量不能弥补盐分所产生的胁迫；冬季进行两次 90 mm 的灌溉用于储水洗盐则可以实现土壤盐分动态的平衡。Verma 等（2012）在印度 Agra 地区的一个定位点上于 2000 ~ 2003 年开展了不同灌水次数与灌水水质组合的 12 个灌溉处理下的田间试验，基于观测数据对 SWAP 模型进行了率定和验证，并进一步利用验证后的模型对这 12 个灌溉处理开展了 10 年（2000 ~ 2009 年）的模拟，以分析长期使用咸水灌溉对作物的相对产量和土壤盐分动态的影响。结果表明：在小麦播前利用 3.6 dS/m 的淡水灌溉后，在没有淡水的情况下可以采用 8.0 dS/m 的咸水对其进行补充灌溉，这样可以保证作物产量达到潜在产量的 80%，这个灌溉策略可以克服土壤盐分的累积，尤其在季风期的降水量低于平均水平的年份。Verma 等（2014）在印度 Agra 地区的一个定位点上于 2001 ~ 2003 年开展了 12 种不同的咸淡水轮（混）灌处理的田间试验，基于观测数据对 SWAP 模型进行了率定和验证，利用验证后的模型对这 12 个灌溉处理开展了 9 年（2001 ~ 2009 年）的模拟，进一步分析了模拟的相对产量和土壤盐分动态。结果表明：淡水（3.6 dS/m）灌溉模式下小麦的相对产量为 97% ~ 99%，咸水（15 dS/m）灌溉模式下小麦的相对产量为 65% ~ 79%，其余 10 种咸淡水轮（混）灌模式下小麦的相对产量为 80% ~ 98%；咸水灌溉会导致盐分的季节性积累，但由于雨季期间的淋洗使得土壤剖面不会长期积累盐分；短期的田间观测和 SWAP 模型的模拟结果表明，在地下水埋深较大且季风气候条件下长期采用咸淡水轮（混）灌模式或许具有长期的可持续性。Kumar 等（2015）在印度新德里农业研究所的水技术中心农场于 2009 ~ 2011 年开展了田间试验，观测 4 个小麦品种在 4 种矿化度的灌溉处理下的土壤盐分、作物的叶面积指数和产量，应用 SWAP 模型对不同品种和灌溉处理下的土壤盐分动态与作物的相对产量进行了模拟，通过将模拟值和观测值进行对比来评价 SWAP 模型的模拟精度。结果显示：SWAP 模型能够用于模拟咸水灌溉条件下根系层土壤的盐分动态和小麦产量，模拟精度在可接受的范围内。Hassanli 等（2016）在伊朗 Karaj 地区的一个定位点于 2012 年开展了 9 个咸淡水灌溉处理的田间试验，利用田间观测的土壤盐分和作物产量数据对 SWAP 模型进行了率定和验证，选择 R^2、最大误差、均方根误差、标准均方根误差等 8 个统计指标来评估模拟值与实测值的吻合程度。结果表明：SWAP 模型可以很好地模拟盐分胁迫下的作物产量。Jiang 等（2016）在甘肃石羊河试验站于 2008 ~ 2009 年开展了春玉米在 3 种水分水平（ET_c、67% ET_c 和 50% ET_c）和 2 个矿化度水平（0.7 g/L 和 3 g/L）组合的 6 个灌溉处理下的田间试验，利用田间观测的土壤含水量、土壤盐分、作物相对产量对 SWAP 模型进行率定和验证，利用验证后的模型模拟分析春玉米在不同灌溉方案下的土壤水盐平衡、相对产量和相对水分利用效率，以寻找春玉米的最佳灌溉方式。结果表明：在 50% 的水文年型下，对于淡水灌溉和咸水灌溉而言，种植春玉米最佳的灌溉方式均为灌水 4 次，灌溉定额为 460 mm；与淡水灌溉相比，咸水灌溉的土壤含水量和盐分浓度较高，相对产量和相对水分利用效率较低；对于生长在盐碱地上的玉米，高水平的灌溉量对于相对产量和相对水分利用效率的影响不明显，差异不到 4%；土壤水盐达到平衡后，采用最佳的灌溉方式，淡水灌溉和咸水灌溉下春玉米的相对产量分别为 0.74 和 0.63。Wang 等

（2016）在甘肃石羊河试验站于 2009 ~ 2011 年开展了 4 个灌溉处理的田间试验，利用观测的土壤含水量、土壤含盐量、春玉米的蒸散量和产量数据对 SWAP 模型的参数进行率定和验证，进一步利用验证后的模型分析 2011 年 9 种矿化度的灌溉处理与春玉米的产量、蒸散量和水分利用效率的关系，分析 2009 ~ 2018 年（依次使用 2009-2010-2011 年、2009-2010-2011 年、2009-2010-2011 年、2009 年的气象数据）咸水灌溉下春玉米的产量和 0 ~ 100 cm 土壤的含盐量。试验结果表明：连续 3 年采用矿化度小于 3 g/L 的咸水并结合播前淡水灌溉春玉米，没有使得春玉米的产量发生显著变化；连续 3 年的咸水灌溉导致 0 ~ 100 cm 土壤深度的盐分积累增加，表明春季的灌溉没有完全淋洗出由咸水灌溉引入的盐分。模拟结果表明：盐分浓度每增加 1 g/L，春玉米产量就下降 622 kg/hm^2；连续 10 年的咸水灌溉后，与 2009 年的产量相比，采用 3 g/L、6 g/L 和 9 g/L 的咸水灌溉后春玉米的产量分别下降 8%、33% 和 52%；尽管灌溉水的含盐量存在差异，但在 2011 年采用 3 g/L、6 g/L 和 9 g/L 的咸水灌溉后，0 ~ 100 cm 土层中的盐分残留量约占灌溉水含盐量的 60%，剩余的大约 40% 的盐分淋洗到 100 cm 以下的土壤层中；用矿化度低于 3 g/L 的咸水灌溉与淡水灌溉相比，产量降低不超过 10%，但即使盐分浓度很低，长期的咸水灌溉也会导致显著的产量损失，所以多年的咸水灌溉后土壤中的盐分积累需要通过适当的灌溉制度来解决，以确保咸水灌溉的可持续性。

此外，SWAP 模型或 SWAP-WOFOST 模型已被研究者们通过与地理信息系统（GIS）相结合，以分布式的方式应用于区域尺度上分析现状灌溉或特定的水管理情景下作物的产量和 WP 以及土壤的水分和（或）盐分平衡，以便为所研究的区域更好地进行水资源管理提出合理的建议。Droogers 等（2000）在土耳其的面积为 91 km^2 的 Salihli Right Bank 灌溉系统，首先根据 1 个气象站、4 种土壤类型、5 种种植模式和 1 种下边界类型组合了 14 种土地利用系统（Land Use System，LUS），根据 1997 年两个试验处理实测的土壤含水量对模型进行了验证。以分布式的方式应用 SWAP 模型模拟了 1985 ~ 1996 年每一个 LUS 的水量平衡和相对产量，并进一步在灌溉系统的 125 个三级单元中，根据每一个 LUS 的分布比例计算了在灌溉系统上的面积有效的水量平衡（area effective water balance）和相对产量，着重分析了干旱前的 1988 年和干旱的 1989 年这两个连续年份的水量平衡和相对产量的空间分布。主要研究结论为：1989 年的灌溉量大幅度减少，使得水量平衡也发生了改变，表现为侧向排水量减少，底部通量由对地下水的补给变为毛细上升，蒸散量降低，最重要的是相对产量也降低；使用容易获得的辅助数据（例如，气象数据、土壤图和土地利用图）和基于物理的仿真模型，可以为系统功能提供快速信息，分布式的 SWAP 模型可以作为分析整个灌溉系统水量平衡各项的有效工具。Singh 等（2006b）在印度的面积为 4270 km^2 的 Sirsa 地区，基于卫星影像和地面实况获取的 10 种土壤类型（土壤剖面质地构型）、4 种种植模式以及 323 个村庄尺度的地下水位、地下水质、地下水开采、渠系水供应、气象信息集合成 3168 个所谓均一的模拟单元及其相应的边界条件，构建了分布式的 SWAP-WOFOST 模型，基于文献报道的在研究区或相似气候条件的地区所率定和验证的作物参数，以 2001 ~ 2002 年为模拟时段开展了区域尺度的模拟，通过将分布式模型模拟的蒸散量与遥感反演的蒸散量、模拟的作物产量分别与独立获取的遥感估算、田间试验和统计的产量进行对比来验证模型的模拟精度和可靠性，并进一步评估了现状水管理条件下作物的 3 种 WP（WP_T、WP_{ET} 和 WP_{ETQ}）和水盐平衡。研究显示：现状水管理条件下模拟的区域年平均蒸散量比遥感模型估算的蒸散量低 15%，水分和盐分限制下模拟的作物产量与遥感估算、田间实测以及统计的作物产量均具有较好的一致性；若以作物的 WP、地下水净补给量和盐分累积量作为指标评价灌溉系统的表现，WP 偏低主要是由于蒸散量中土面蒸发所占比例偏高、田间渗漏和输水系统渗漏偏大；地下水净补给和盐分累积在不同渠系控制区的变异大，这威胁着研究区灌溉农业的可持续性。进一步地，利用验证后的分布式 SWAP-WOFOST 模型，Singh 等（2006a）针对 Sirsa 地区存在蒸散量中土面蒸发所占比例较高和渗漏量损失较大的问题，选取 1991 ~ 2001 年开展了 5 种情景的模拟。结果表明：在研究区通过改进作物耕作管理可以提高作物的产量和 WP，减少渗漏损失 25% ~ 30%；将运河水的 15% 由北部地下水位升高地区输送到中部地下水位下降地区，将明显地提高区域的 WP 并减轻盐渍化的问题。Noory 等（2011）在伊朗北部的面积为 273 km^2 的 Voshmgir 灌溉排水网，根据 1 个气象站、2 种主要土壤类型、4 种作物覆盖类型、13 个灌溉系统、10 个排水系统和地下水位等信息的空间分布，叠加得到分布式 SWAP-WOFOST 模型的 247 个均一的模拟单元，基于文献报道的在研究区或相似气候条件的地区所率定和验证的作物参数，以 2006 ~ 2007 年为模拟时段开展了区域尺度的模拟，通过将模拟的各排水单元月尺度的排水量与测量的排水量以及模拟的地下水位与分布在研究区的 11 个压力计观测的地下水位进行对比，来验证分布式 SWAP-WOFOST 模型的模拟精度，并进一步分析了现状灌溉和节水管理对区域水盐平衡的影响。结果表明：尽管全区域年平均排水量的模拟值比实测值小 14%，但仍可以较好地模拟各排水单元排水量的空间分布，地下水埋深的模拟值与实测值具有较好的一致性；针对该地区现有的水管理措施存在过度灌溉并导致排水量较大和盐分淋失的现象，通过研究而确定的以节水为目标的水管理措施，在不影响相对蒸腾和根区盐分的情况下，与现状水管理相比，可实现平均排水量和排盐量分别减少 22% ~ 48% 和 30% ~ 49% 的效果。刘鑫（2011）在我国内蒙古河套灌区面积为 52.4 km^2 的沙壕渠灌域，通过 1 个气象站、2 种灌溉方案、4 种种植类型、7 个地下水埋深分区和 9 种土壤亚类等信息进行空间叠加，得到分布式 SWAP 模型的 315 个土壤水分运动模拟单元，利用 2010 年田间实测的土壤含水量进行了模型参数的率定和验证，基于验证后的分布式 SWAP 模型模拟分析了 2008 年春小麦、春玉米和向日葵这 3 种作物种植条件下水量平衡分项的空间变异及其影响因素和区域灌水效率（某一时段内有效灌水量与总灌水量的百分比）及其影响因素，讨论了区域缺水条件下的节水策略。结果表明：现状灌溉条件下，春小麦生育期内的灌水效率仅为 72%，春玉米和向日葵生育期内的灌水效率分别为 98.0% 和 98.9%；若根据土壤类型的空间分布有选择地耕种，提高灌区下游地区的土地利用率和适当调整灌溉量，可以实现在未来缺水条件下的节水灌溉之目的。李彦（2012）以内蒙古河套灌区面积为 52.4 km^2 的沙壕渠灌域为研究区域，通过 1 个气象站、4 种种植类型、7 个地下水埋深分区、9 种土壤亚类和 4 种土壤盐分类型等信息进行空间叠加生成 345 个区域土壤水盐运移的分布式模拟单元，依据 2010 年田间实测的土壤含水量进行了模型参数的率定和验证，基于验证后的分布式 SWAP 模型模拟分析了 2008 年现状灌溉和节水灌溉条件下区域土壤水盐的时空变化和灌溉水利用效率的空间分布。结果表明：在现状灌溉基础上减少灌溉量 10%

的节水灌溉方案不会对作物产量造成显著影响，同时由于减少了深层渗漏和收获时的土壤储水量，使得田间灌溉水利用效率的提高幅度最大可达到72.3%。Xue和Ren（2017a）及任理和薛静（2017）在面积约为1.2万km^2的内蒙古河套灌区，根据2个气象分区、5个作物参数分区、5个灌溉分区、135个土壤水力参数分区、5个地下水埋深分区、5个地下水矿化度分区以及耕地分布等信息进行空间叠加，得到分布式的SWAP-WOFOST模型的165个“模拟分析单元”，在研究区内的5个试验站对土壤水分运动和作物生长模块的参数开展了局部敏感性分析，采用“试错法”在站点尺度对模型中的土壤水分运动、土壤盐分运移和作物生长这3个模块的参数进行了率定，并在区域尺度上利用作物产量、蒸散量、地下水埋深和区域排水量对模型进行了验证，接着利用验证后的分布式SWAP-WOFOST模型模拟了2000～2010年在特定的畦灌情景下春小麦、春玉米和向日葵的产量及WP，并对这3种作物在现状灌溉情形下节省田间灌溉水的潜力进行了分析，在区域尺度上给出了这3种主要作物畦灌的推荐灌溉方案，并在所推荐的灌溉方案下，以提高作物WP为目标，在河套灌区尺度下对耕地面积上这3种主要作物的种植结构进行了“因地制宜”的区划。结果表明：相比现状灌溉的基本情景，若采用所推荐的畦灌方案而区划后的作物种植结构，河套灌区每年可节省田间引黄灌溉量约为4.89亿m^3，每年作物生育期内的灌溉共需引黄水量约26.43亿m^3，灌区每年所需引黄灌溉量约为39.39亿m^3，较现状引黄灌溉量减少大约21%。Xue和Ren（2016）及任理和薛静（2017）在内蒙古河套灌区的区域尺度上对SWAP-WOFOST模型进行了参数率定和验证，接着应用该模型模拟了2000～2010年春小麦、春玉米和向日葵在预设的喷灌（灌水时间的标准选择允许的速效水消耗，即当水的消耗超出速效水量的f_2时进行灌溉，对于春小麦和向日葵f_2设置为0.95，对于春玉米f_2设置为0.5；3种作物的灌水定额均设置为45 mm）和地面灌溉情景下作物的产量和WP，并进一步通过定量地对比这3种主要作物的WP而对种植结构进行了区划。结果表明：与地面灌溉情景相比，在喷灌情景下优化的种植结构中，春小麦、春玉米和向日葵多年平均的产量分别增加大约16.9%、8.0%和11.4%，这3种作物多年平均的WP分别增加大约7.9%、5.0%和14.1%；总体而言，在灌区尺度上只种植这3种主要作物的前提下，相比现状灌溉情形，采用这种喷灌模式下的种植结构区划后，灌区每年可节省田间引黄灌溉量大约4.09亿m^3，每年作物生育期所需引黄灌溉量约为29.19亿m^3，而每年秋浇所需引黄灌溉量约为12.96亿m^3，因此，灌区每年农业灌溉所需引黄水量约为42.15亿m^3，如此，基本上能够实现削减内蒙古河套灌区引黄灌溉量为43.69亿m^3的规划目标，且不会造成地下水埋深的持续下降。Xue和Ren（2017b）及任理和薛静（2017）还在内蒙古河套灌区以分布式的方式应用农业水文模型SWAP-WOFOST，在对模型参数进行率定和验证的基础上，模拟评估2000～2010年春小麦、春玉米和向日葵在咸淡水轮（混）灌模式下的作物产量、作物WP和土壤盐分的变化，并基于模拟的这3种主要作物的WP对种植结构进行了区划。结果表明：在推荐的这3种主要作物种植结构的区划中，春小麦、春玉米和向日葵的多年平均产量较淡水灌溉方案下单一种植某种作物的平均产量分别变化约−0.2%、5.3%和8.2%，多年平均的作物WP较淡水灌溉方案下单一种植某种作物的WP的平均水平分别变化约−5.5%、2.6%和7.6%；连续多年采用该咸淡水轮（混）灌模式，不会使灌区土壤盐渍化程度加重，且所利用的地下水量在灌区浅层地下水可开采资源量的范围内。

通过阅读这些文献，我们注意到：迄今为止，尚未有将分布式的 SWAP-WOFOST 模型在区域尺度上就限水灌溉情景下作物的产量、WP 及农田水量平衡的模拟结果与 0-1 规划算法相结合来优化限水灌溉模式，并进一步基于“水粮权衡”的思路来估算所优化的灌溉模式对削减深层地下水开采量贡献方面的研究报道。与此同时，也尚未有在区域尺度上充分利用分布式 SWAP-WOFOST 模型所模拟的多种咸水灌溉情景下的结果，特别是考虑咸水灌溉条件下作物的减产效应和土壤的积盐效应而通过优化来获得适宜的咸水灌溉模式，并结合区域尺度的咸水资源在“水质”和“水量”这两个方面的空间分布，来进一步评估咸水资源与适宜的咸水灌溉模式之间匹配性的文献发表。然而，在这种“模拟－优化－评估”的框架下所获得的定量化研究结果，可以为农业水管理机构在区域尺度上因地制宜地制定限水和咸水灌溉方案提供重要的决策参考依据。此外，尽管定量化的模拟研究对探讨喷灌模式在区域尺度上推广的可行性很重要，然而，就多种喷灌情景应用 SWAP-WOFOST 模型开展区域尺度的分布式模拟，尤其是在特定的灌溉定额下从喷灌与限制性地面灌溉这两种模拟情景中，分别考虑作物产量、作物 WP 和农民净收益的最大化来选择灌溉方式，并进一步优化喷灌模式，进而评估所优化的喷灌模式相较于现状灌溉情形在农田节水与深层地下水压采方面的效应，这样的模拟研究迄今还鲜见报道。

1.3 研究目标和研究内容与技术路线

1.3.1 研究目标

基于上述研究背景与文献概述，针对河北省黑龙港地区这个华北平原典型的深层地下水井灌超采区，首先，我们通过深入挖掘迄今可以收集到的气象、土壤、作物、灌溉、土地利用、水资源等数据来构建充分反映多因素空间异质性的 SWAP-WOFOST 模型的分布式模拟单元，并对该模型多模块的参数进行全局敏感性分析，在此基础上，利用多源、多尺度数据开展多目标的参数率定与模型验证。然后，利用验证后的模型就冬小麦在不同的灌水次数和灌水时间下所组合的多种限水灌溉情景开展模拟，着重分析这些限水灌溉情景下作物的产量、生育期农田蒸散量、WP 和水量平衡各组分的变化，继而选出在特定的灌水次数下能使作物产量最大或作物 WP 最大的灌水时间（又称推荐的灌水时间）。接着，就当前政府相关部门为缓解深层地下水超采情势继续恶化而亟需相应的农业水管理措施这一现实需求，以冬小麦产量特定的减幅阈值为约束，以冬小麦生育期农田蒸散量（亦即农田耗水量）最小为目标，优化冬小麦的灌溉模式，并估算优化的灌溉模式下的农田节水量和深层地下水压采量，力求为华北平原黑龙港地区实施基于“水粮权衡”且可持续的农业水管理提供定量化的科学依据。

进一步地，在研究区的区域尺度上开展冬小麦生育期不同的咸水灌溉方案的情景模

拟，定量分析各咸水灌溉情景下作物的产量和 WP、土壤的水盐平衡分项及其相较于现状灌溉情形（亦即淡水灌溉情景）的变化，着重分析淡水和咸水灌溉情景下作物主要根系带两米土体的盐分在土壤剖面中的变化，以及季风气候下实施不同的灌溉方案后降水量对土壤剖面盐分淋洗的影响，继而以可容许的作物减产水平和规避次生盐渍化的土壤盐分水平为双约束条件，求解满足此约束条件的冬小麦生育期内灌溉水的最大矿化度（将不超过该矿化度的灌溉模式称之为适宜的咸水灌溉模式），并在空间尺度上分别将浅层地下水的矿化度和浅层咸水的可开采资源量与适宜的咸水灌溉模式中的灌溉水矿化度和灌溉所需的咸水资源量进行对比，从咸水资源的“水质”和“水量”这两方面，明晰适宜的咸水灌溉模式与咸水资源的匹配程度，力求为研究区压减深层地下水井灌开采量、合理开发利用浅层咸水资源、因地制宜地实施咸水灌溉方案提供决策参考依据，这不仅可为华北平原黑龙港地区实现可持续的农业水管理目标提供定量化的科学依据，而且也可为其他类似地区利用非常规水资源以缓解“水粮矛盾”提供一个可资借鉴的典型研究案例。

此外，华北平原的黑龙港地区可否采用喷灌方式提高冬小麦的 WP，不仅是我们从事该区域农业水文模拟的研究者所感兴趣的科学问题，而且也是该区域在生产中推广喷灌技术时所关心的实际应用问题。为此，我们将进一步应用所构建的分布式 SWAP-WOFOST 模型，参考田间尺度的喷灌试验处理并加以拓展来设置喷灌情景，对各情景下特定的喷灌方案开展细致的模拟分析与优化评估，分别从冬小麦产量、WP 和农民净收益这 3 个视角探讨在区域尺度上气象要素与土壤质地的空间变异对喷灌模式适用性的影响，力求定量化地多角度综合评估喷灌这种灌溉方式，以便为该地区压减深层地下水超采量而因地制宜地选择节水灌溉方式提供决策参考依据。

1.3.2 研究内容与技术路线

根据上述研究目标，我们将本研究分为四个部分：SWAP-WOFOST 模型的参数敏感性分析和率定及模型验证；限水灌溉情景的模拟分析与评估；咸水灌溉情景的模拟分析与评估；喷灌情景的模拟分析与评估。以上研究的结果分别在第 3 章、第 4 章、第 5 章和第 6 章进行详细阐述。具体地，各部分的研究内容与技术路线如下：

（一）参数的敏感性分析和率定及模型验证

（1）通过对文献资料的数据挖掘来采集研究区内 6 个试验站的田间试验观测数据，应用扩展的傅里叶幅度敏感性检验法（Extended Fourier Amplitude Sensitivity Test，EFAST），分别对在各试验站点尺度所构建的 SWAP-WOFOST 模型的土壤水分运动模块、土壤盐分运移模块和作物生长模块的参数开展全局敏感性分析，并基于参数的全局敏感性分析结果和观测数据对以上各模块的参数进行细致的率定和验证。

（2）基于多源获取的气象 - 土壤 - 作物 - 灌溉 - 土地利用 - 水资源 - 行政区划等 12 种信息叠加后生成 SWAP-WOFOST 模型的分布式模拟单元。在模拟单元尺度上就现状灌溉情形下的作物产量和农田蒸散量进行长达 20 年的模拟计算，并将结果尺度提升后与所收集的县（市）域尺度年鉴统计产量和研究区尺度遥感反演的蒸散量进行对比，以评判所构建的分布式 SWAP-WOFOST 模型在区域尺度的模拟精度。

上述研究内容所涉及的技术路线如图 1.1 所示。

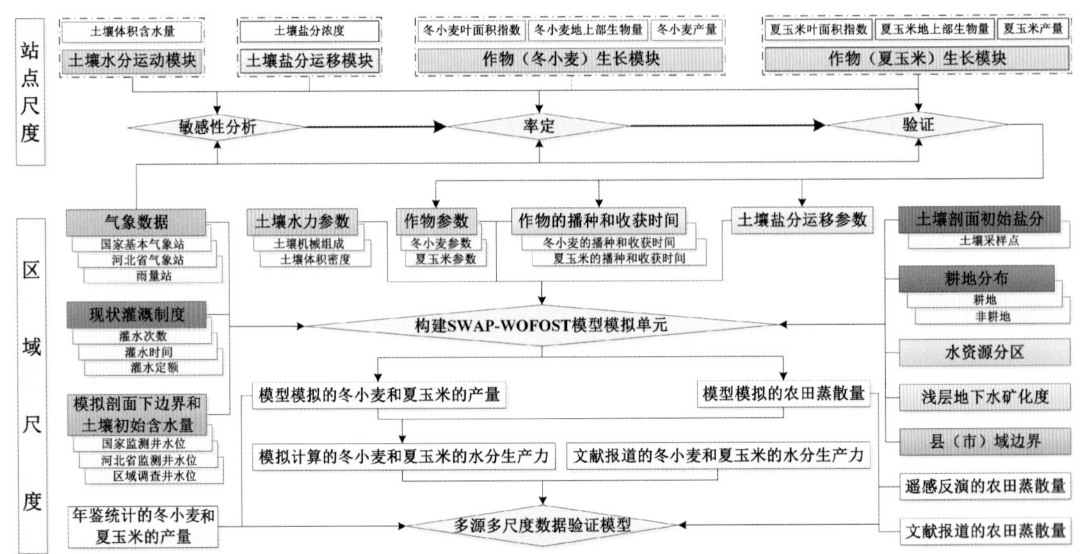

图 1.1　在研究区应用 SWAP-WOFOST 模型开展参数的敏感性分析和率定及模型验证的技术路线图

（二）限水灌溉情景的模拟分析与评估

（1）运用所构建并经过率定和验证的分布式 SWAP-WOFOST 模型，在研究区的模拟单元尺度上开展冬小麦在不同的灌水次数和灌水时间所组合而成的 11 种限水灌溉方案下的情景模拟，分析各限水灌溉情景下冬小麦和夏玉米的产量、生育期农田蒸散量、WP 和水量平衡组分的时空变化。

（2）在研究区的模拟单元尺度上选出当冬小麦生育期的灌水次数分别为 3 次、2 次和 1 次时基于冬小麦、夏玉米和轮作周年作物的产量最高或 WP 最高而推荐的灌水时间。

（3）在研究区的模拟单元尺度上优化得到模拟时段内冬小麦的平均产量在 14 种特定的减少幅度阈值约束下其生育期农田蒸散量最小的灌溉模式，在县（市）域尺度上评估优化的灌溉模式对冬小麦的产量和 WP 及其生育期的农田蒸散量和灌溉量的影响。

（4）在研究区尺度、研究区内所涉及的水资源三级区尺度和县（市）域尺度上估算在优化的灌溉模式下的深层地下水压采量。

上述研究内容所涉及的技术路线如图 1.2 所示。

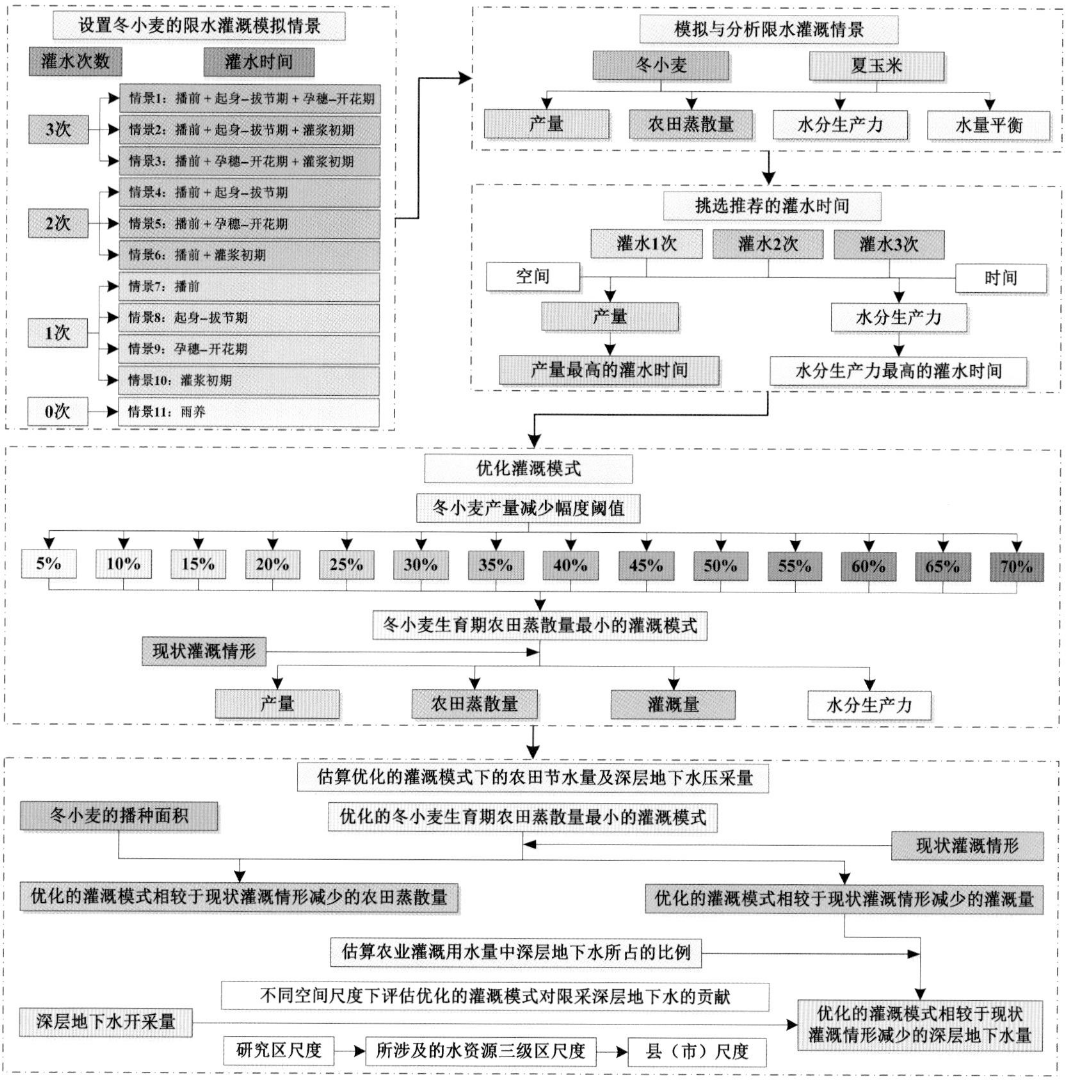

设置冬小麦的限水灌溉模拟情景

灌水次数 灌水时间

3次：情景1：播前＋起身–拔节期＋孕穗–开花期；情景2：播前＋起身–拔节期＋灌浆初期；情景3：播前＋孕穗–开花期＋灌浆初期

2次：情景4：播前＋起身–拔节期；情景5：播前＋孕穗–开花期；情景6：播前＋灌浆初期

1次：情景7：播前；情景8：起身–拔节期；情景9：孕穗–开花期；情景10：灌浆初期

0次：情景11：雨养

模拟与分析限水灌溉情景

冬小麦 夏玉米

产量 农田蒸散量 水分生产力 水量平衡

挑选推荐的灌水时间

灌水1次 灌水2次 灌水3次

空间 时间

产量 水分生产力

产量最高的灌水时间 水分生产力最高的灌水时间

优化灌溉模式

冬小麦产量减少幅度阈值

5% 10% 15% 20% 25% 30% 35% 40% 45% 50% 55% 60% 65% 70%

冬小麦生育期农田蒸散量最小的灌溉模式

现状灌溉情形

产量 农田蒸散量 灌溉量 水分生产力

估算优化的灌溉模式下的农田节水量及深层地下水压采量

冬小麦的播种面积

优化的冬小麦生育期农田蒸散量最小的灌溉模式

现状灌溉情形

优化的灌溉模式相较于现状灌溉情形减少的农田蒸散量

优化的灌溉模式相较于现状灌溉情形减少的灌溉量

估算农业灌溉用水量中深层地下水所占的比例

不同空间尺度下评估优化的灌溉模式对限采深层地下水的贡献

深层地下水开采量

优化的灌溉模式相较于现状灌溉情形减少的深层地下水量

研究区尺度 → 所涉及的水资源三级区尺度 → 县（市）尺度

图 1.2 在研究区应用 SWAP-WOFOST 模型开展限水灌溉情景的模拟分析与评估的技术路线图

（三）咸水灌溉情景的模拟分析与评估

（1）运用已经构建并经过率定和验证的分布式 SWAP-WOFOST 模型，在研究区的模拟单元尺度上就 5 种咸水灌溉情景开展 20 年的模拟，继而分析各咸水灌溉情景下冬小麦 - 夏玉米一年两熟制作物的产量、生育期农田蒸散量和 WP 的时空变化及其与淡水灌溉情形相比的变幅。接着，量化淡水灌溉情景（亦即现状灌溉情形）和不同的咸水灌溉情景下 0 ~ 200 cm 土体的水量平衡和盐分平衡，在此基础上，分析长时段的淡水灌溉和咸水灌溉下作物生育期土壤储盐量变化的动态和土壤剖面盐分的垂直分布以及季风气候下不同的降水水平对土壤剖面盐分淋洗的影响。

（2）在研究区的模拟单元尺度上，将咸水灌溉情景下可允许的冬小麦－夏玉米轮作周年特定的作物减产量和在轮作周年末特定的土壤盐分阈值作为双约束条件，求解满足这种双约束条件的冬小麦生育期内咸水灌溉所能允许的灌溉水矿化度的最大值，进而得到适宜的咸水灌溉模式（亦即灌溉水矿化度不超过该最大值的咸水灌溉模式）的空间分布，为相关管理部门基于考量作物减产和土壤积盐的风险而合理且因地制宜地制定冬小麦生育期内的咸水灌溉方案提供定量化的决策参考。

（3）在研究区的模拟单元尺度上，对比浅层地下水矿化度和满足双约束条件的冬小麦生育期内咸水灌溉所允许的最大矿化度，来评估浅层地下水是否满足适宜的咸水灌溉模式对“水质”的要求。进一步地，在县（市）域尺度上，对比咸水的可开采资源量与冬小麦生育期内咸水灌溉所需的咸水资源量，来评估浅层咸水是否满足适宜的咸水灌溉模式对“水量”的要求。通过对“水质”和“水量”这两方面的综合考量，在研究区的区域尺度上评估适宜的咸水灌溉模式与咸水资源的匹配程度并进行区划，继而在区域尺度上估算适宜的咸水灌溉模式下所减少的用于冬小麦灌溉的深层地下水开采量，力求为研究区实施基于合理利用非常规的咸水资源且可持续的农业水管理提供定量化的研究结果。

上述研究内容所涉及的技术路线如图 1.3 所示。

（四）喷灌情景的模拟分析与评估

（1）运用已经构建并经过率定和验证的分布式 SWAP-WOFOST 模型，在研究区的模拟单元尺度上，针对在冬小麦生育期设置的 6 种固定的喷灌情景（设置灌水次数、灌水时间和灌水定额）和 5 种预设的喷灌情景（选择某种灌水时间的确定标准并设置相应的阈值，同时选择某种灌水定额的确定标准，由模型模拟的土壤水分状况和我们所选择的标准及设置的阈值来确定灌水时间与灌水定额）开展模拟，分析研究区在各喷灌情景下冬小麦和夏玉米的产量、WP、生育期的农田蒸散量和水量平衡组分及农民净收益的时空变化；

（2）在研究区的模拟单元尺度上，针对冬小麦生育期不同的降水水平和土壤质地剖面类型，在 3 种灌溉定额（225 mm、150 mm 和 75 mm）下，基于冬小麦的产量最高或 WP 最高或农民净收益最高分别选择灌溉方式（喷灌或地面灌溉）及相应的灌溉方案（灌水次数、灌水时间和灌水定额）；

（3）在研究区的模拟单元尺度上，针对冬小麦生育期不同的降水水平，在与现状灌溉情形相比模拟时段内冬小麦生育期灌溉定额的减幅不小于 6 种特定的阈值约束下，以冬小麦的 WP 最高为目标函数来优化求解喷灌模式，并评估在所优化的喷灌模式下冬小麦的产量、灌溉定额、生育期农田蒸散量和 WP 以及深层地下水的压采量。

上述研究内容所涉及的技术路线如图 1.4 所示。

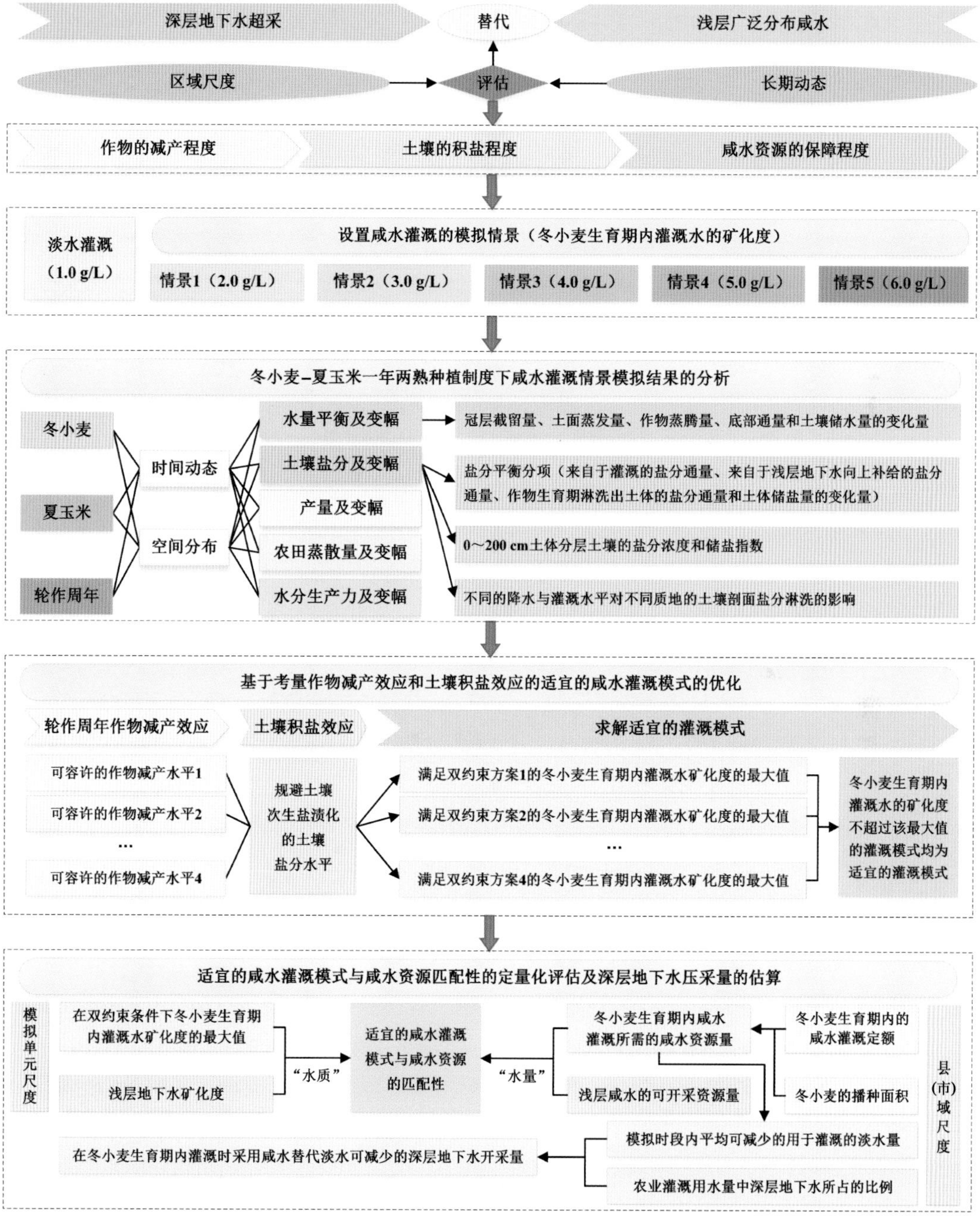

图 1.3 在研究区应用 SWAP-WOFOST 模型开展咸水灌溉情景的模拟分析与评估的技术路线图

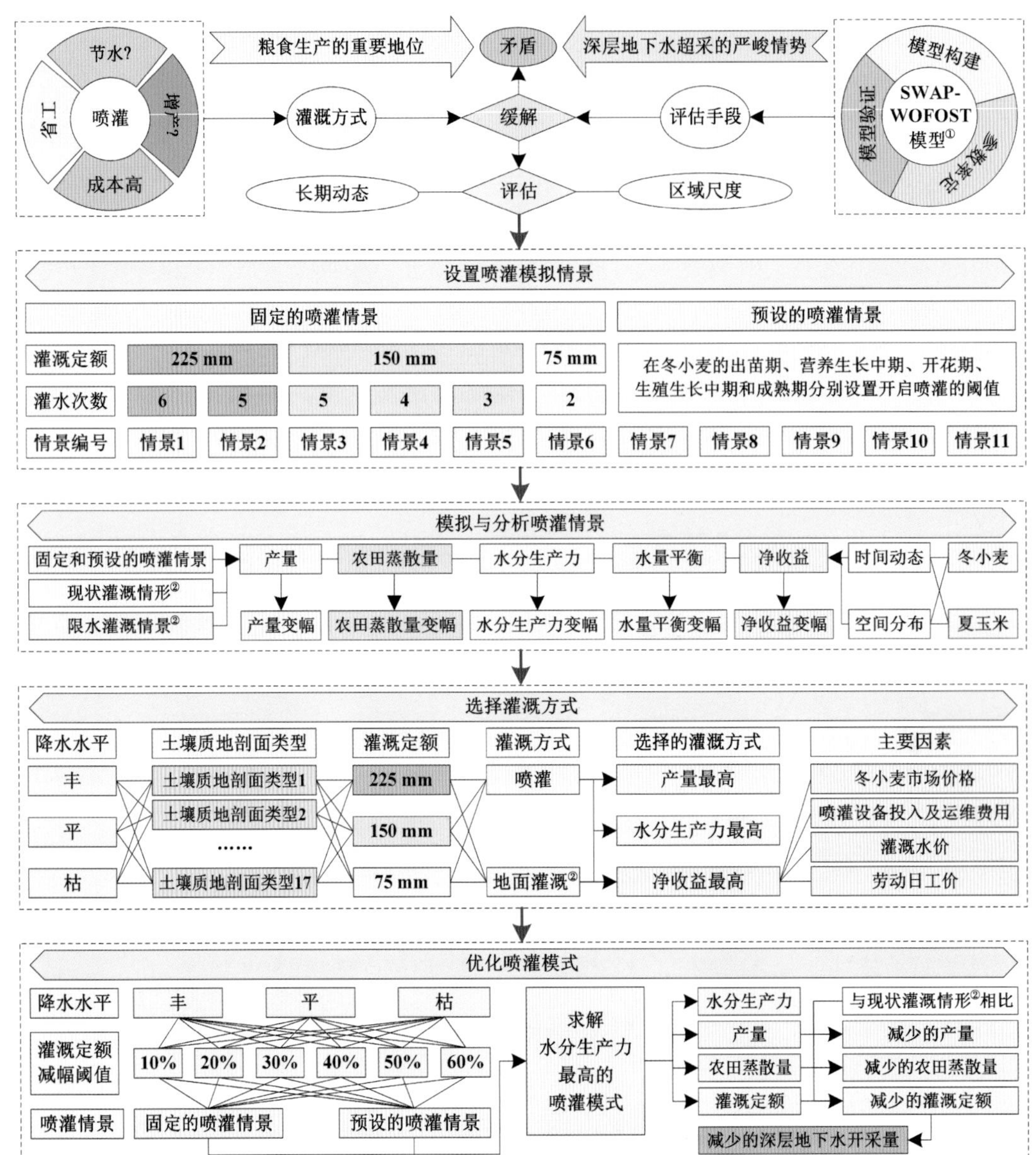

图 1.4 在研究区应用 SWAP-WOFOST 模型开展喷灌情景的模拟分析与评估的技术路线图

① 表示分布式 SWAP-WOFOST 模型的构建、参数率定和模型验证，详见文献（Li and Ren，2019a）以及本书的第 2 章和第 3 章；② 表示现状灌溉情形和限水灌溉（采用地面灌溉方式）情景下的模拟结果，详见文献（Li and Ren，2019b）和本书的第 4 章

第 2 章

材料与方法

2.1　研究区概况

2.1.1　行政区划和所选择的试验站

我们的研究区域为华北平原的河北省黑龙港地区，该地区是华北平原主要的深层地下水超采区［图 2.1（a）］，也是华北平原重要的浅层咸水分布区（张兆吉和费宇红，2009）。为了缓解深层地下水面临枯竭的严重情势，该地区也被列为河北省主要的深层地下水限采区［图 2.1（a）］。研究区的地理位置为东经 114°43′ ~ 117°48′、北纬 36°03′ ~ 39°37′，总面积约 4.0 万 km^2，共包括隶属于廊坊、保定、沧州、衡水、邢台和邯郸这 6 个地区的 53 个县（市）（王慧军，2010）［图 2.1（b）］。此外，研究区内分布有多个开展田间试验的站点，我们从北至南选择 6 个资料相对丰富的试验站开展模型参数的敏感性分析和率定及模型模拟的验证，它们依次是：中国农业科学院的廊坊试验站（简称廊坊站）、中国水利水电科学研究院的雄县试验站（简称雄县站）、中国科学院

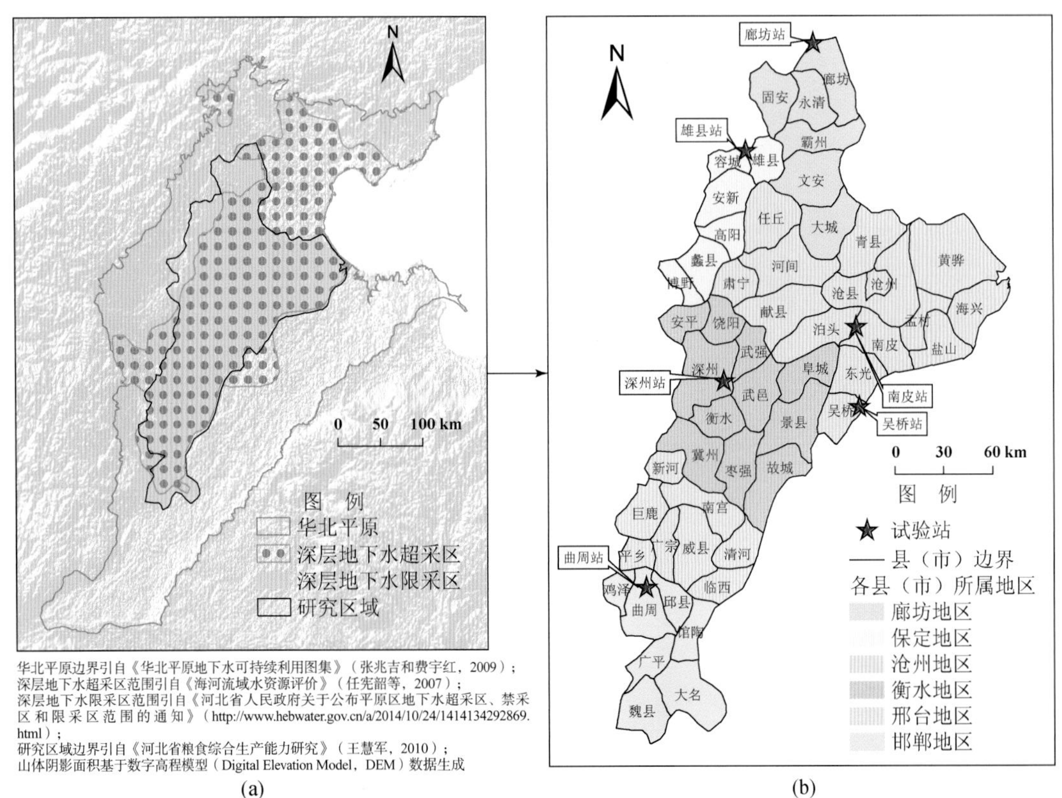

华北平原边界引自《华北平原地下水可持续利用图集》（张兆吉和费宇红，2009）；
深层地下水超采区范围引自《海河流域水资源评价》（任宪韶等，2007）；
深层地下水限采区范围引自《河北省人民政府关于公布平原区地下水超采区、禁采区和限采区范围的通知》（http://www.hebwater.gov.cn/a/2014/10/24/1414134292869.html）；
研究区域边界引自《河北省粮食综合生产能力研究》（王慧军，2010）；
山体阴影面积基于数字高程模型（Digital Elevation Model，DEM）数据生成

(a)　　(b)

图 2.1　研究区的地理位置图（a）及其所包含的 53 个县（市）和 6 个试验站在空间上的分布（b）

的南皮生态农业试验站（简称南皮站）、河北省农林科学院的深州试验站（简称深州站）、中国农业大学的吴桥试验站（简称吴桥站）、中国农业大学的曲周试验站（简称曲周站），6个试验站在空间上的分布如图2.1（b）所示。

2.1.2 气候与气象

研究区属于暖温带的半干旱半湿润季风气候区，平均气温为13～14℃，日照时数为2103～2363小时，无霜期为206天左右，光照十分充足，雨热同期，温度适宜，具有农业高产的气候特征（王慧军，2010）。根据多源所收集的气象数据，1992年10月至2012年10月冬小麦生育期（主要是10月中旬至次年6月上旬）和夏玉米生育期（主要是6月中旬至10月上旬）平均的降水量分别为119.0 mm和379.5 mm，分别约占全年总降水量的23.9%和76.1%，1～3月、4～6月、7～9月和10～12月的降水量分别约占全年总降水量的3.4%、25.1%、62.0%和9.5%。基于1975～2012年的降水量数据所计算的降水超过概率（Precipitation Exceedance Probability，PEP），在模拟时段内（1992年10月至2012年10月，简记为1993～2012年）的20年中，冬小麦生育期的降水水平为丰（PEP≤25%）、平（25%＜PEP＜75%）、枯（75%≤ PEP＜95%）和特枯（PEP≥95%）的年份分别有3年、12年、4年和1年[图2.2（a）]，夏玉米生育期的降水水平为丰、平、枯和特枯的年份分别有4年、11年、3年和2年[图2.2（b）]，可见：模拟时段内冬小麦和夏玉米在各自生育期的降水水平总体上为平偏枯。通过分析研究区及其毗邻地区13个国家基本气象站的气象数据可知：1993～2012年多年平均的降水量为519.3 mm，多年平均的参考作物蒸散量为955.3 mm，仅在夏玉米生育期内的7月和8月多年平均的降水量高于参考作物蒸散量，分别高出大约28.6 mm和11.0 mm，在其他月份多年平均的降水量均低于参考作物蒸散量，两者相差大约18.3～100.4 mm（图2.3）。研究区在冬小麦和夏玉米的生育期内需水量分别约为476.0 mm和338.9 mm（中国主要农作物需水量等值线图协作组，1993），作物生育期内的缺水量主要依赖于灌溉（王慧军，2011）。

2.1.3 土壤

研究区的土壤类型以潮土为主[①]（李承绪，1990）。通过分析我们从中国科学院南京土壤研究所购置的5层土壤（0～10 cm、10～20 cm、20～30 cm、30～70 cm和大于70 cm）的砂粒、粉粒和黏粒含量（Shi *et al.*，2004，2010；史学正等，2007）可知：研究区内0～30 cm的土壤质地以壤土和砂壤土为主[图2.4（a）～（c）]，该层位这2种质地的土壤的分布面积约占研究区面积的80%以上（图2.5）；大于30 cm的土壤质地以黏壤土、砂壤土和壤土为主[图2.4（d）、（e）]，该层位这3种质地的土壤的分布面积约占研究区面积的85%以上（图2.5）。分层土壤的质地均为壤土的区域约占45.4%；分

①土壤科学数据中心，http://soil.geodata.cn/。

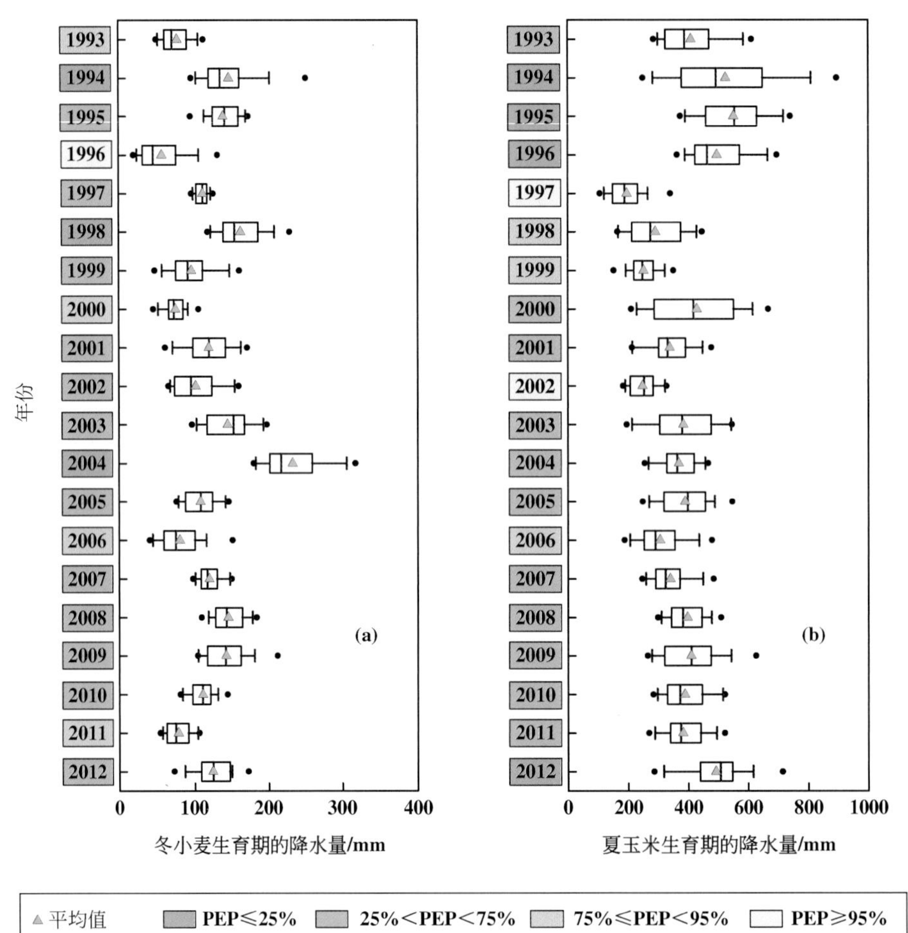

图 2.2　研究区中各气象分区内冬小麦（a）和夏玉米（b）在生育期的降水量与降水超过概率

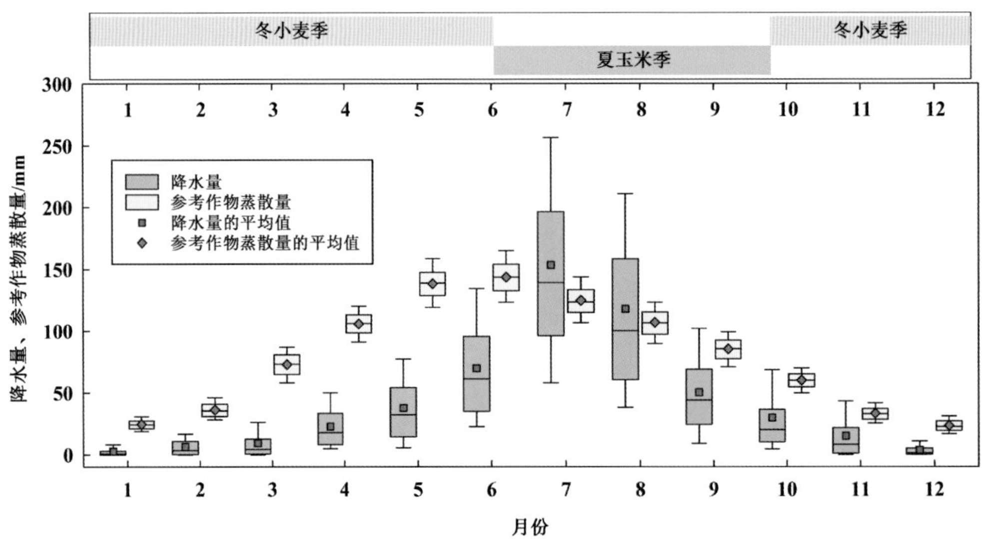

图 2.3　研究区及其毗邻地区的国家基本气象站在模拟时段内（1993 ~ 2012 年）的降水量和参考作物蒸散量的月动态

层土壤的质地均为砂壤土的区域约占16.3%；分层土壤的质地为壤土（0 ~ 70 cm）- 砂壤土（> 70 cm）的区域约占5.9%；分层土壤的质地均为黏壤土的区域约占5.7%；分层土壤的质地为壤土（0 ~ 30 cm）- 粉壤土（> 30 cm）的区域约占5.0%，这5种土壤质地剖面构型的分布面积约占研究区总面积的78%（Shi *et al.*，2004，2010）。此外，研究区内这5层土壤的体积密度（bulk density）约90%在1.21 ~ 1.50 g/cm^{3}范围内，其中：0 ~ 70 cm土壤的体积密度有60%以上在1.31 ~ 1.40 g/cm^3，大于70 cm土壤的体积密度有60%以上在1.41 ~ 1.50 g/cm^3（图2.6）。在研究区内平均的0 ~ 200 cm土壤的有效水容量（Available Water Capacity，AWC）约为240.7 mm，主要集中在222 ~ 249 mm范围内（Shi *et al.*，2004，2010；史学正等，2007），其空间分布如图2.7（a）所示。具体地，这5层土壤在研究区内平均的田间持水量分别约为0.31 cm^3/cm^3、0.31 cm^3/cm^3、0.29 cm^3/cm^3、0.32 cm^3/cm^{3}和0.32 cm^3/cm^3，平均的萎蔫系数分别约为0.17 cm^3/cm^3、0.17 cm^3/cm^3、0.17 cm^3/cm^3、0.19 cm^3/cm^{3}和0.20 cm^3/cm^3。由图2.7（b）可知：在研究区内除了20 ~ 30 cm土壤的田间持水量主要集中在0.251 ~ 0.300 cm^3/cm^{3}范围内，其余各层土壤的田间持水量主要集中在0.301 ~ 0.350 cm^3/cm^{3}范围内；0 ~ 30 cm土壤的萎蔫系数主要集中在0.151 ~ 0.200 cm^3/cm^{3}范围内，而大于30 cm各层土壤的萎蔫系数主要集中在0.201 ~ 0.250 cm^3/cm^{3}范围内。

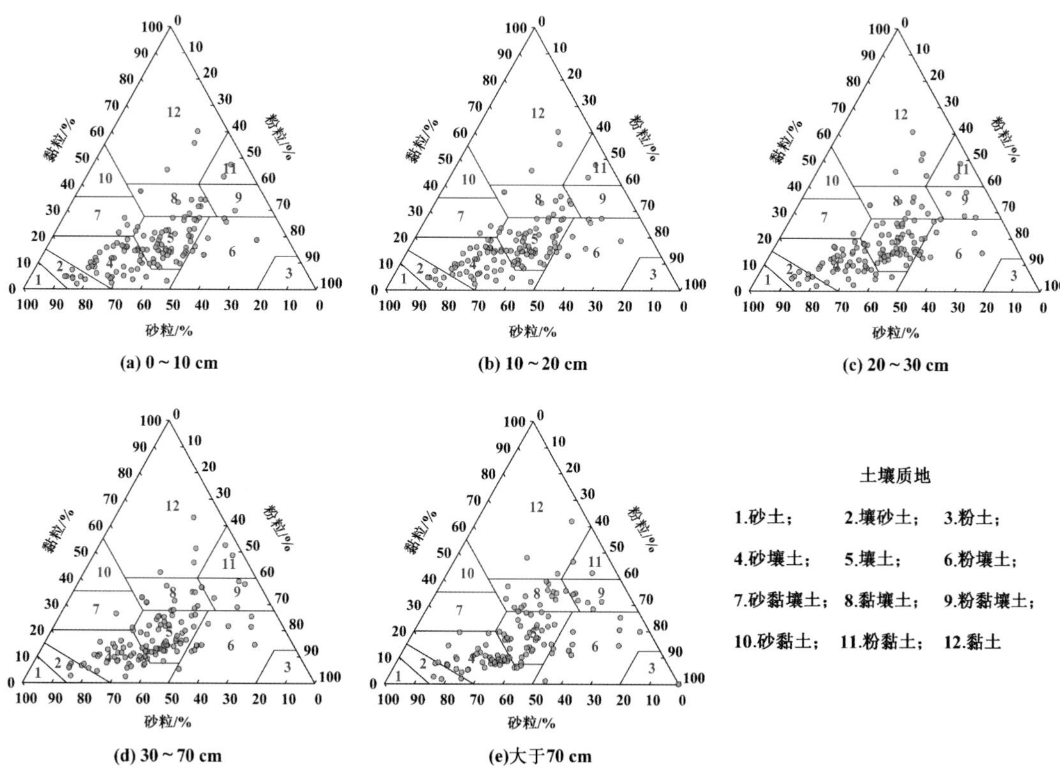

图2.4 研究区内0 ~ 10 cm（a）、10 ~ 20 cm（b）、20 ~ 30 cm（c）、30 ~ 70 cm（d）和大于70 cm（e）土层的质地三角图

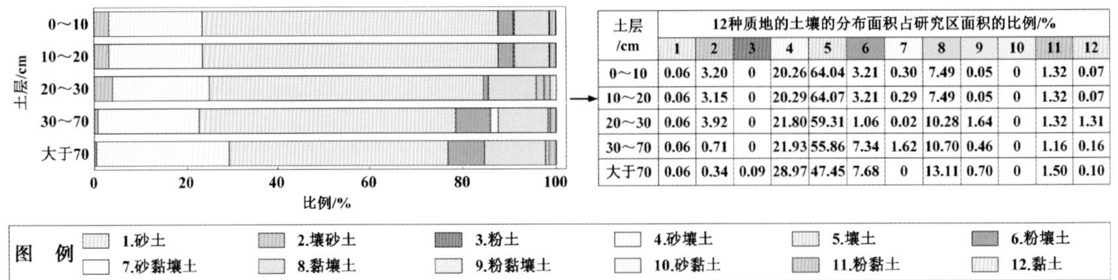

土层/cm	12种质地的土壤的分布面积占研究区面积的比例/%											
	1	2	3	4	5	6	7	8	9	10	11	12
0～10	0.06	3.20	0	20.26	64.04	3.21	0.30	7.49	0.05	0	1.32	0.07
10～20	0.06	3.15	0	20.29	64.07	3.21	0.29	7.49	0.05	0	1.32	0.07
20～30	0.06	3.92	0	21.80	59.31	1.06	0.02	10.28	1.64	0	1.32	1.31
30～70	0.06	0.71	0	21.93	55.86	7.34	1.62	10.70	0.46	0	1.16	0.16
大于70	0.06	0.34	0.09	28.97	47.45	7.68	0	13.11	0.70	0	1.50	0.10

图 2.5 研究区内 5 层土壤（0 ~ 10 cm、10 ~ 20 cm、20 ~ 30 cm、30 ~ 70 cm 和大于 70 cm）中 12 种质地的每种质地在各层的分布面积占研究区面积的比例

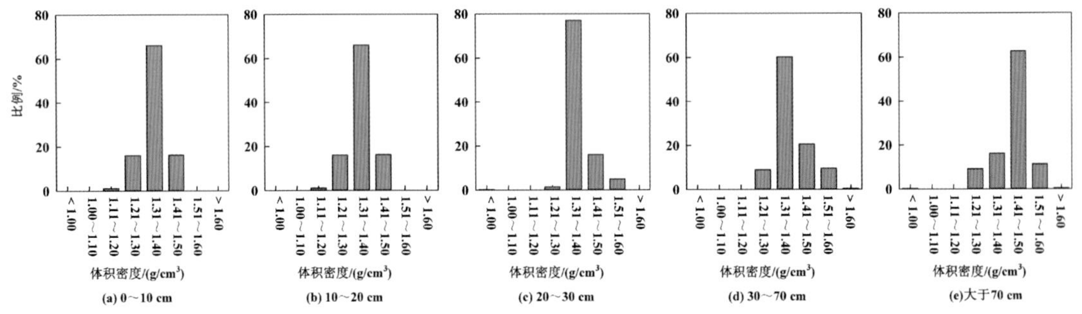

图 2.6 研究区内 5 层土壤（0 ~ 10 cm、10 ~ 20 cm、20 ~ 30 cm、30 ~ 70 cm 和大于 70 cm）中各层的体积密度在不同范围内的分布面积占研究区面积的比例

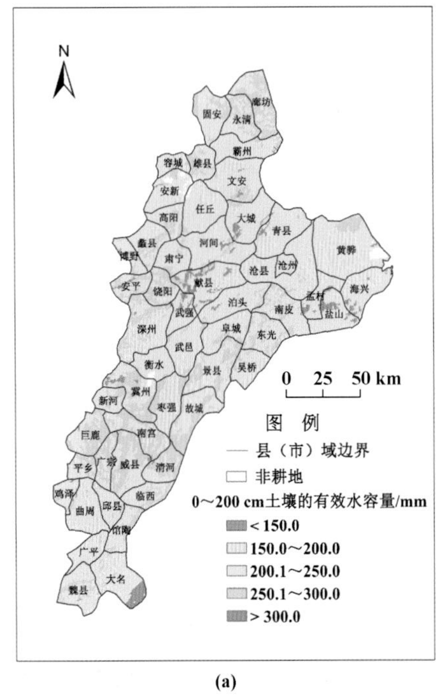

(a)

土层/cm	田间持水量 (cm³/cm³) 在不同范围内的分布面积所占的比例/%				
	< 0.250	0.250～0.300	0.301～0.350	0.351～0.400	> 0.400
0～10	8.9	5.7	72.4	8.7	4.3
10～20	8.8	6.6	71.7	8.6	4.3
20～30	10.6	58.7	14.0	12.2	4.5
30～70	7.0	22.7	55.1	11.6	3.6
大于70	15.3	16.3	51.8	13.0	3.6
土层/cm	**萎蔫系数 (cm³/cm³) 在不同范围内的分布面积所占的比例/%**				
	< 0.100	0.100～0.150	0.151～0.200	0.201～0.250	> 0.250
0～10	5.4	5.5	68.6	11.8	8.7
10～20	5.4	5.8	68.2	11.9	8.7
20～30	6.0	3.9	69.4	10.3	10.4
30～70	2.8	15.7	11.1	60.7	9.7
大于70	2.8	23.0	7.4	52.5	14.3

(b)

图 2.7 研究区内 0 ~ 200 cm 土壤的有效水容量的空间分布（a）和 5 层土壤（0 ~ 10 cm、10 ~ 20 cm、20 ~ 30 cm、30 ~ 70 cm 和大于 70 cm）中各层的田间持水量与萎蔫系数在不同范围内的分布面积占研究区面积的比例（b）

2.1.4　地形地貌

由收集的数据①可知：研究区内地势平坦，地势由西南向东北缓缓倾斜，地面高程由西南漳卫河平原的 50 m 左右向东北逐渐降低至滨海平原的 1 m 左右 [图 2.8（a）]。地面坡度在黑龙港地区自西南向东北①由 1/5000 变为 1/10000 ~ 1/20000（靳孟贵等，1999）。由收集的数据②可知：研究区内的地貌类型以低海拔冲积平原为主，此外，滨海的部分区域属于低海拔海积平原和低海拔海积冲积平原，廊坊地区和保定地区的部分区域属于低海拔洪积湖积平原，衡水地区西部和邯郸地区的部分区域属于低海拔低河漫滩 [图 2.8（b）]。

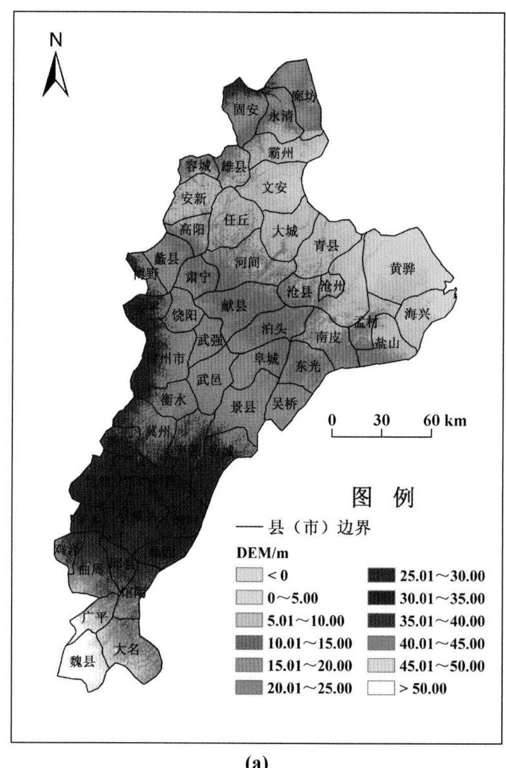

(a)

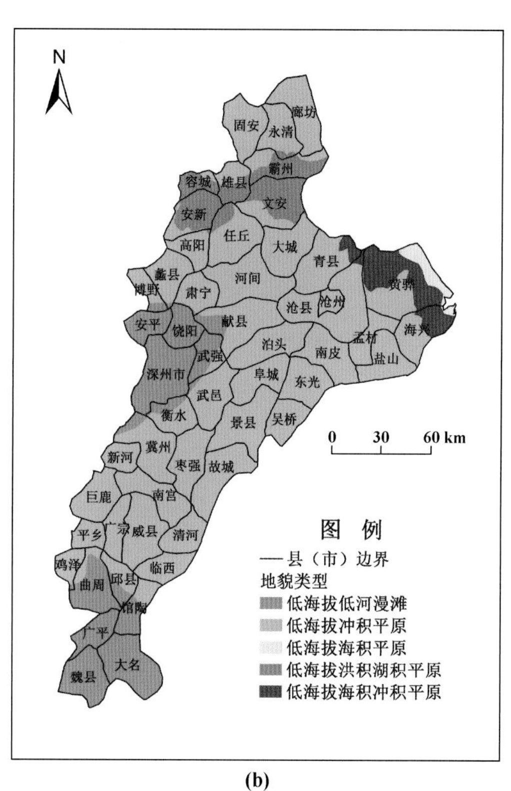

(b)

图 2.8　研究区内数字高程（a）和地貌类型（b）的空间分布

DEM 数据来源于地理空间数据云（http://www.gscloud.cn/sources/?cdataid=302&pdataid=10）；地貌类型数据来源于国家地球科学数据共享网（http://www.geodata.cn/）

2.1.5　土地利用

1990 年、1995 年、2000 年、2005 年和 2010 年这 5 期土地利用类型图③的统计结果表明：耕地是研究区内最主要的土地利用类型（图 2.9），平均的耕地面积约为 33619 km^2，约占

①地理空间数据云，http://www.gscloud.cn/sources/?cdataid=302&pdataid=10。
②国家地球科学数据共享网，http://www.geodata.cn/。
③中国科学院资源环境科学数据中心，http://www.resdc.cn。

研究区土地面积的 83.38%，自 1990 年至 2010 年耕地面积从 34957 km^2 下降至 33794 km^2（表 2.1），变化幅度约为 -3.33%，整体而言，这 20 年来耕地面积的变化不大；城乡、工矿和居民用地作为研究区内第二大土地利用类型（图 2.9），多年平均的面积约为 5078 km^2，约占研究区土地面积的 12.60%（表 2.1）；林地、草地、水域和未利用土地多年平均的面积分别约为 292 km^2、18 km^2、891 km^2 和 421 km^2，共约占研究区土地面积的 4.02%（表 2.1），其中，水域面积主要分布于保定地区的安新县（白洋淀）、衡水地区的衡水市和冀州市（衡水湖）等，而未利用地主要分布于滨海地区（图 2.9）。

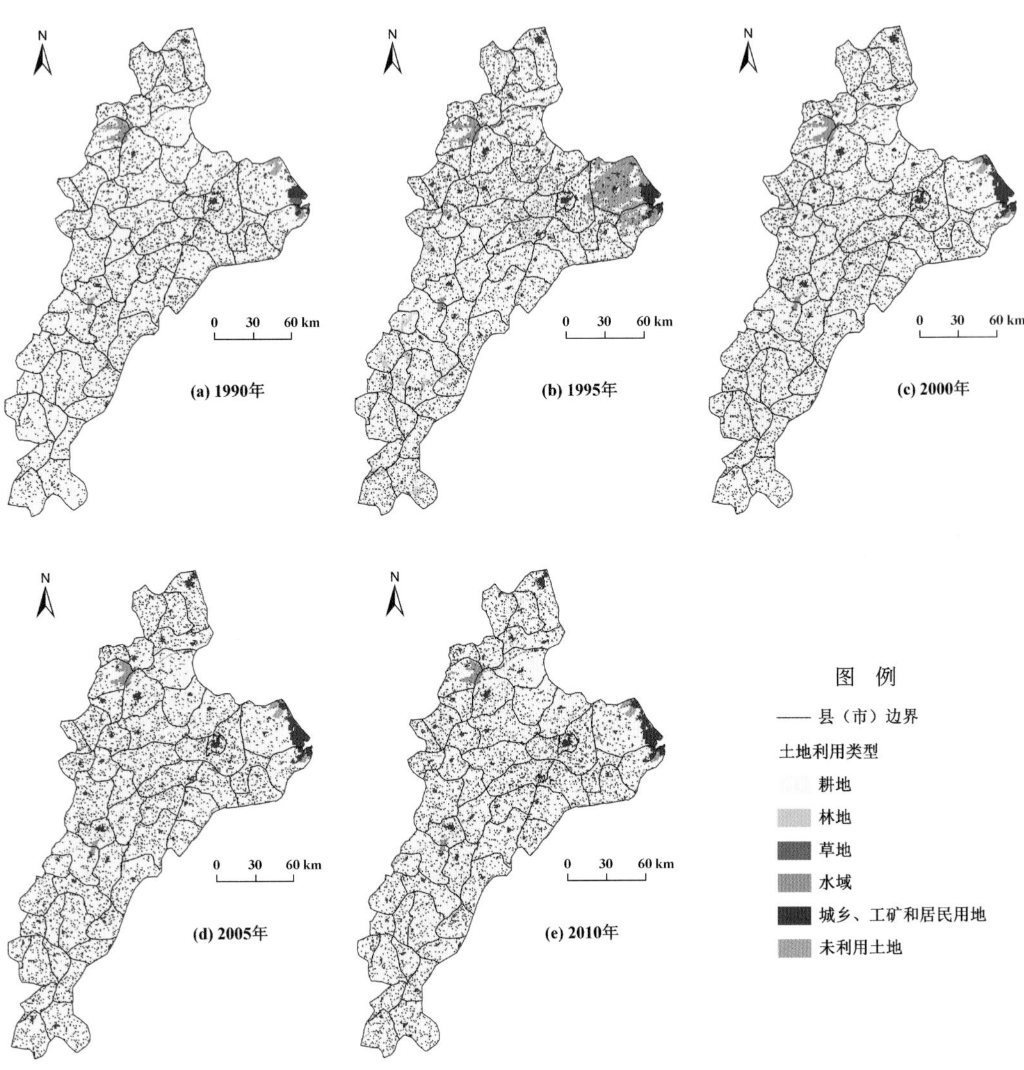

图 2.9　研究区在 1990 年（a）、1995 年（b）、2000 年（c）、2005 年（d）和 2010 年（e）的土地利用类型图

数据来源于中国科学院资源环境科学数据中心（http://www.resdc.cn）

表 2.1　研究区在 1990 年、1995 年、2000 年、2005 年和 2010 年的土地利用类型构成

土地利用类型	1990 年		1995 年		2000 年		2005 年		2010 年	
	面积/km^2	比例/%	面积/km^2	比例/%	面积/km^2	比例/%	面积/km^2	比例/%	面积/km^2	比例/%
耕地	34957	86.70	31423	77.94	34005	84.34	33914	84.11	33794	83.81
林地	99	0.25	1060	2.63	96	0.24	96	0.24	111	0.28
草地	68	0.17	7	0.02	5	0.01	5	0.01	7	0.02
水域	867	2.15	1143	2.83	856	2.12	786	1.95	803	1.99
城乡、工矿和居民用地	4185	10.38	5089	12.62	5243	13.00	5404	13.40	5471	13.57
未利用土地	144	0.35	1598	3.96	115	0.29	115	0.29	134	0.33

注：根据中国科学院资源环境科学数据中心（http://www.resdc.cn）的土地利用类型图分析计算获得。

2.1.6　种植制度与种植结构

研究区是河北省的粮食主产区之一（王慧军，2010），1995 ~ 2012 年平均的农作物总播种面积约为 34833 km^2，其中粮食作物（包括小麦、玉米和其他粮食作物）的播种面积约为 25151 km^2，占农作物总播种面积的大约 72.2%（河北省人民政府办公厅和河北省统计局，1995 ~ 2017）。从时间变化上来看，粮食作物的播种面积占农作物总播种面积的比例在 1995 ~ 2005 年呈现下降的趋势，该比例从 1995 年的约 75.9% 下降至 2005 年的约 67.7%，自 2005 年后该比例有所回升，到 2010 年该比例约为 69.9%（图 2.10）。小麦和玉米是研究区内最主要的粮食作物，多年平均的播种面积分别占粮食作物播种面积的大约 45.7% 和 40.6%，整体而言，在 1995 ~ 2012 年间小麦的播种面积占粮食作物播种面积的比例基本保持稳定，而玉米的播种面积占粮食作物播种面积的比例呈上升趋势，该比例从 1995 年的大约 31.1% 上升至 2012 年的大约 49.5%（图 2.11）。这表明：冬小麦 - 夏玉米一年两熟制是研究区内最主要的种植模式。此外，在研究区内农作物的播种面积中棉花的播种面积平均约占 13.0%（图 2.10）。然而，依据河北省粮棉结构调整规律，随着生产条件的改善和粮棉比较效益的提高，棉田改粮田的趋势增强，棉花将进一步向滨海盐碱地区转移（李振声等，2011）。换言之，在研究区内的棉田有望被调整用于粮食作物的生产。事实上，从 1990 年至 2017 年，河北省的棉花播种面积大约从 9109 km^2 下降至 2206 km^2（中华人民共和国国家统计局，1990 ~ 2017），下降了约 76%。所以，我们在开展农业水文模拟的研究中仅考虑冬小麦 - 夏玉米一年两熟制这一研究区内最重要的种植模式，换言之，我们在河北省黑龙港地区开展农业水文模拟时，将该区域作物的种植模式概化为冬小麦 - 夏玉米一年两熟制。

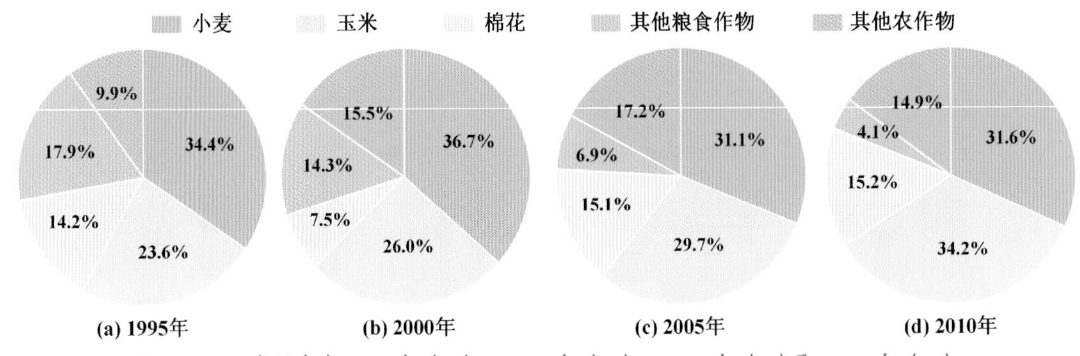

图 2.10　研究区内在 1995 年（a）、2000 年（b）、2005 年（c）和 2010 年（d）主要农作物的播种面积占农作物总播种面积的比例

数据来源于《河北农村统计年鉴》（河北省人民政府办公厅和河北省统计局，1995 ~ 2017）。其中，粮食作物是指小麦、玉米、稻谷、高粱、谷子、豆类和薯类等，其他粮食作物是指除了小麦和玉米以外的粮食作物；其他农作物是指除了粮食作物和经济作物棉花以外的其他农作物，包括油料作物、糖料作物、蔬菜、瓜果、麻类和烟叶等

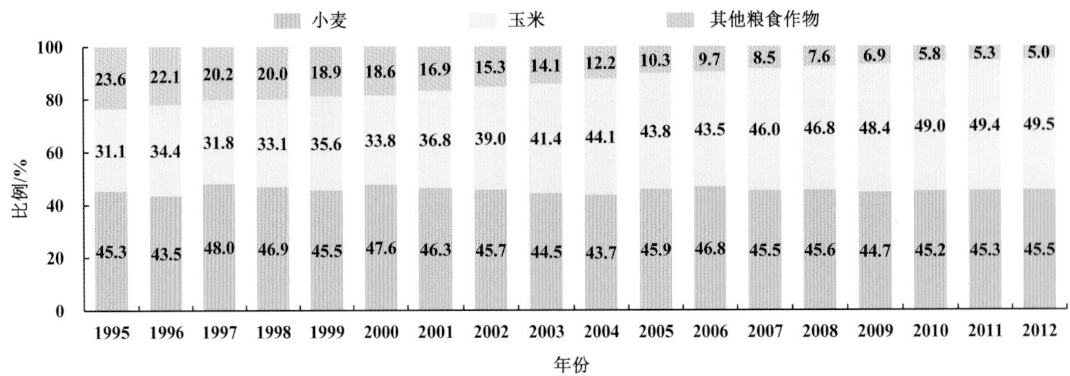

图 2.11　1995 ~ 2012 年研究区内主要粮食作物的播种面积占粮食作物总播种面积的比例

数据来源于《河北农村统计年鉴》（河北省人民政府办公厅和河北省统计局，1995 ~ 2017）。其中，其他粮食作物是指除了小麦和玉米以外的粮食作物，包括稻谷、高粱、谷子、豆类和薯类等

2.1.7　用水结构和喷灌概况

根据“新一轮全国地下水资源评价”附表①数据可知：研究区内 1999 年的总用水量约为 57.08 亿 m^3，其中农业用水量所占的比例最高，约为 81.6%，工业和生活用水量占总用水量的比例分别大约为 7.9% 和 10.5%，在研究区内各县（市）所属的廊坊地区、保定地区、沧州地区、衡水地区、邢台地区和邯郸地区，农业用水量占总用水量的比例依次大约为 87%、83%、74%、89%、84% 和 74%（图 2.12）。

地下水是研究区内最主要的供水水源（陈望和，1999；张宗祜和李烈荣，2005；张兆吉等，2009；河北省水利厅，2002 ~ 2012）。1999 年总用水量中来源于地表水和地下水的比例分别约为 14.6% 和 85.4%①，在保定地区和邯郸地区，总用水量中来源于地下水的比例大于 90%，在沧州地区和衡水地区，该比例介于 80% ~ 90%，在廊坊地区和邢台地区，该比例介于 70% ~ 80%（图 2.13）。由于在研究区内浅层广泛分布着咸水，

① “新一轮全国地下水资源评价”项目办公室，2004，“新一轮全国地下水资源评价”附表。

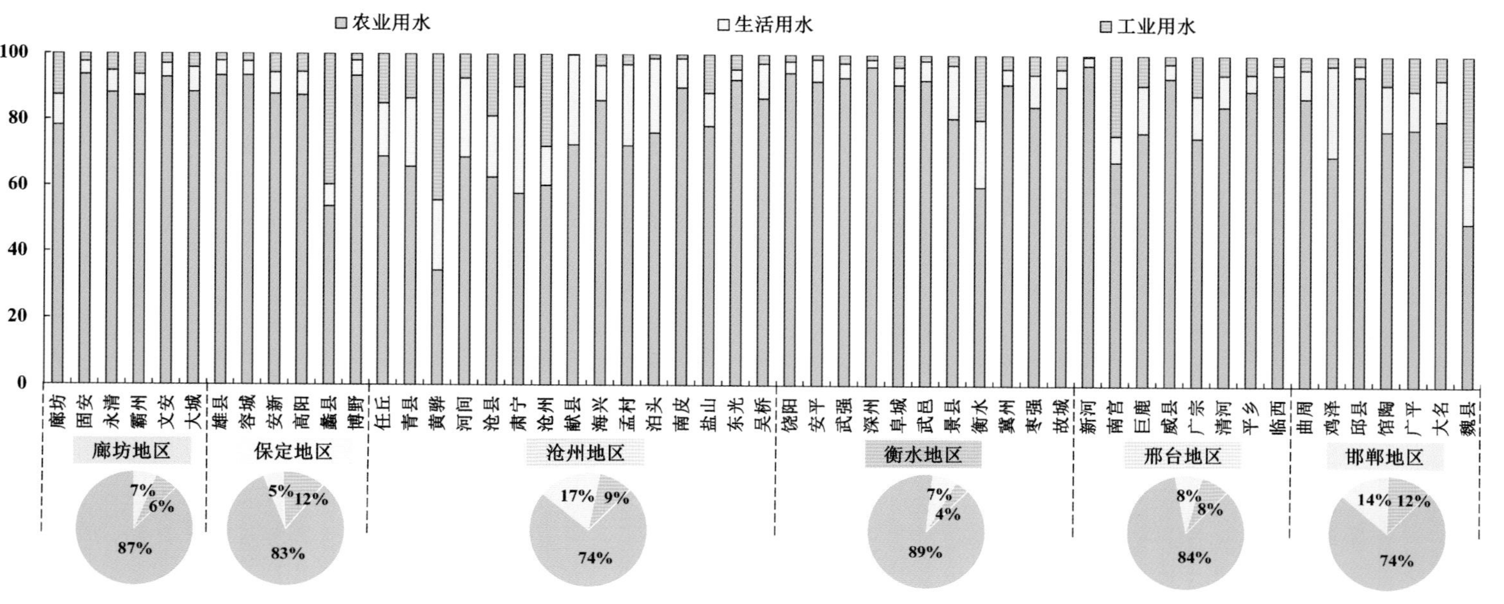

图 2.12 1999年研究区内各县（市）及其所属地区中农业、生活和工业的用水量占总用水量的比例

数据来源于“新一轮全国地下水资源评价”附表①

① “新一轮全国地下水资源评价”项目办公室，2004，“新一轮全国地下水资源评价”附表。

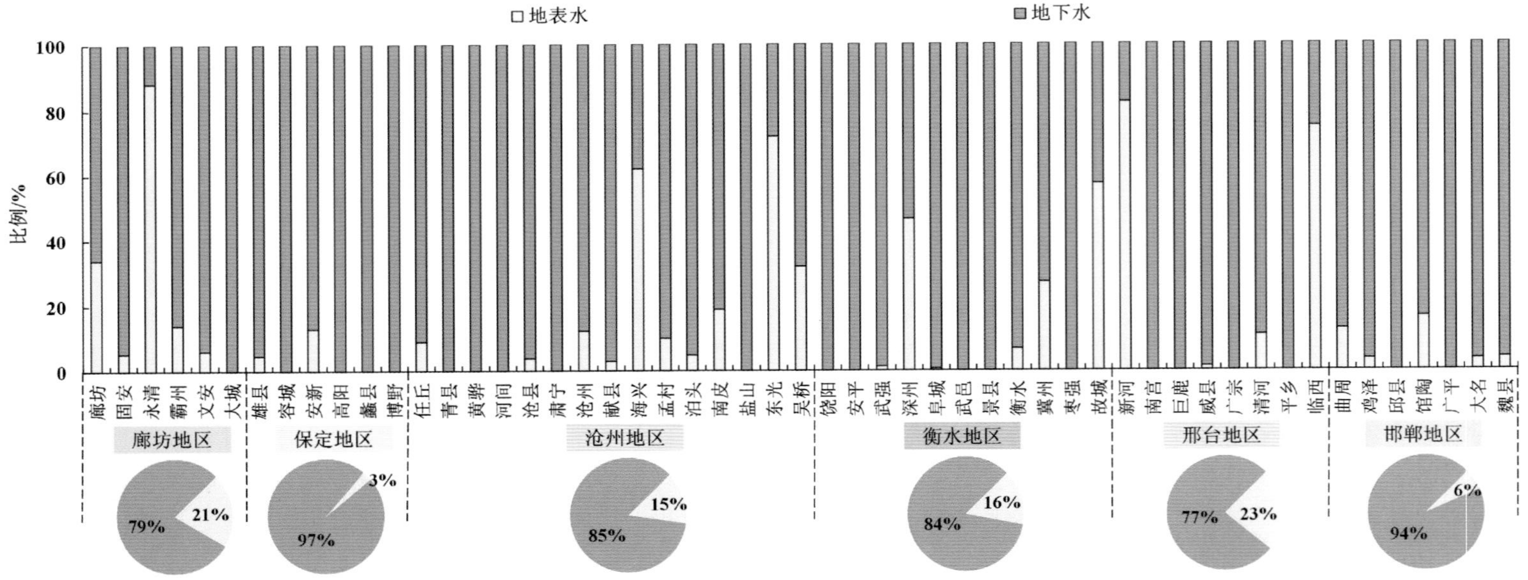

图 2.13 1999 年研究区内各县（市）及其所属地区的总用水量中来源于地表水和地下水的比例

数据来源于“新一轮全国地下水资源评价”附表①

① “新一轮全国地下水资源评价”项目办公室，2004，“新一轮全国地下水资源评价”附表。

浅层地下水矿化度的变化范围在＜1 g/L、1 ~ 2 g/L、2 ~ 3 g/L、3 ~ 5 g/L、5 ~ 10 g/L 和≥10 g/L 的区域分别约占研究区总面积的 18.8%、38.5%、22.4%、13.2%、6.9% 和 0.2%（张兆吉和费宇红，2009），使得在研究区内的农业用水，尤其是农业灌溉用水，不得不在一定程度上依靠开采深层地下水，所以造成了大面积的深层地下水严重超采（图 2.14），并形成了多个深层地下水降落漏斗（如沧州漏斗、衡水漏斗等）（陈望和，1999；张宗祜和李烈荣，2005；张兆吉等，2009）。需要说明的是，这里所谓的深层地下水习惯上是指第二至第四含水层组中的地下水（陈望和，1999；郑连生，2009）。河北平原第四系含水岩系中的第二含水层组、第三含水层组和第四含水层组的底界面埋深分别为 120 ~ 170 m、250 ~ 350 m 和 350 ~ 550 m（陈望和，1999）。

由《河北水利统计年鉴》中的统计数据计算得到：在 2011 年，研究区内有效灌溉面积约占河北省有效灌溉面积的大约 41.7%；研究区内节水灌溉的实施面积占研究区内总灌溉面积的比例从 2002 年的大约 49.7% 上升至 2011 年的大约 57.9%；在 2011 年，研究区内喷灌面积占节水灌溉面积的大约 6.4%（河北省水利厅，2002 ~ 2012）。

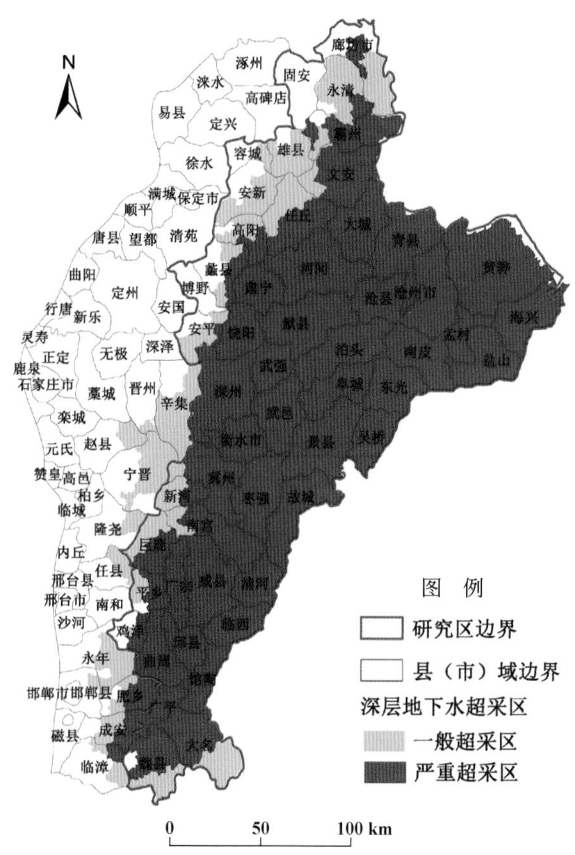

图 2.14　京津以南河北平原深层地下水一般超采区和严重超采区的空间范围

图中深层地下水超采区范围是根据河北省乡镇行政边界（数据来源：中国科学院资源环境科学与数据中心，http://www.resdc.cn）对《河北省人民政府关于公布地下水超采区、禁止开采区和限制开采区范围的通知（冀政字〔2017〕48 号）》中的插图矢量化获得

2.2 SWAP-WOFOST 模型的简介

SWAP 模型模拟渗流带（vadose zone）中的水分运动、溶质运移和热量传输，以及其与植物生长的相互作用（Kroes *et al.*，2009）。

2.2.1 土壤水分运动

在本研究中，不考虑与大孔隙的交换速率及饱和带中的排水速率，采用包含植物根系对土壤水吸取速率的 Richards 方程来模拟非饱和带 - 饱和带的水流（Kroes *et al.*，2009）：

$$\frac{\partial\theta}{\partial t}=\frac{\partial}{\partial z}\left[K(h)\left(\frac{\partial h}{\partial z}+1\right)\right]-S_{a}(h) \tag{2.1}$$

式中，θ 为土壤体积含水量，cm^3/cm^3；t 为时间，d；$K(h)$ 为土壤水力传导度，cm/d；h 为土壤水压力头，cm；z 为垂直坐标，cm，取向上为正；$S_a(h)$ 为植物根系吸取土壤水的速率，$cm^3/（cm^3 \cdot d）$。

SWAP 模型数值求解方程式（2.1）时，需要确定 θ、h 和 K 之间的关系，SWAP 模型应用众多研究中所使用的 Mualem-van Genuchten 方程来确定这种关系，具体公式（Kroes *et al.*，2009）如下：

$$\theta=\theta_{r}+\frac{\theta_{s}-\theta_{r}}{(1+|\alpha h|^{n})^{\frac{n-1}{n}}} \tag{2.2}$$

$$K(\theta)=K_{s}S_{e}^{\lambda}\left[1-(1-S_{e}^{\frac{n}{n-1}})^{\frac{n-1}{n}}\right]^{2} \tag{2.3}$$

$$S_{e}=\frac{\theta-\theta_{r}}{\theta_{s}-\theta_{r}} \tag{2.4}$$

式中，θ_r 为土壤残余含水量，cm^3/cm^3；θ_s 为土壤饱和含水量，cm^3/cm^3；S_e 为土壤相对饱和度，无量纲；K_s 为土壤饱和水力传导度，cm/d；α（1/cm）和 n（无量纲）为经验形状因子；λ 为形状参数，无量纲。在下文中将 α、n 和 λ 均统称为形状参数。

2.2.2 土壤盐分运移

土壤水中盐分运移的 3 种主要机制分别为扩散、对流和弥散。土壤水中盐分扩散、对流和弥散的通量分别根据如下 3 个方程来描述（Kroes *et al.*，2009）：

$$J_{\text{dif}}=-\theta D_{\text{dif}}\frac{\partial c}{\partial z} \tag{2.5}$$

$$J_{\text{con}}=qc \tag{2.6}$$

$$J_{dis}=-\theta D_{dis}\frac{\partial c}{\partial z} \tag{2.7}$$

式中，J_{dif} 为土壤水中盐分的分子扩散通量 g/（cm^2·d）；D_{dif} 为土壤水中盐分的扩散系数，cm^2/d；c 为土壤水中的盐分浓度，g/cm^3，亦即土壤溶液的盐分浓度；J_{con} 为土壤水中盐分的对流通量，g/（cm^2·d）；q 为土壤水通量密度或 Darcy 通量，cm/d，向上为正；J_{dis} 为土壤水中盐分的弥散通量，g/（cm^2·d）；D_{dis} 为土壤水中盐分的弥散系数，cm^2/ d。在层流条件下，D_{dis} 与孔隙水速度成正比（Kroes *et al.*，2009）：

$$D_{dis}=L_{dis}|v| \tag{2.8}$$

式中，L_{dis} 为弥散长度，cm，在下文中简称为弥散度；v 为孔隙水速度，cm/d，$v = q/\theta$。除了在回填土壤中水的流动很慢之外，弥散通量通常远大于扩散通量。

土壤剖面中盐分的运移主要受控于对流、弥散和扩散。在灌溉农田的条件下，扩散通量远小于弥散通量，故忽略扩散作用对盐分运移的影响（Singh *et al.*，2006c）。就本研究涉及的对土壤盐分运移的模拟而言，我们应用如下对流－弥散方程：

$$\frac{\partial \theta c}{\partial t}=\frac{\partial}{\partial z}\left[qL_{dis}\frac{\partial c}{\partial z}\right]-\frac{\partial qc}{\partial z} \tag{2.9}$$

2.2.3　降水截留和蒸散

要获得可靠的土壤水与地下水的通量需要精确地模拟蒸散和截留的通量（Kroes *et al.*，2009）。对于农作物和草地而言，SWAP 模型计算冠层截留量是基于 Von Hoyningen-Hüne 和 Braden 公式，计算公式（Kroes *et al.*，2009）如下：

$$P_i=a\cdot \mathrm{LAI}\left(1-\frac{1}{1+\frac{b\cdot P_{gross}}{a\cdot \mathrm{LAI}}}\right) \tag{2.10}$$

式中，P_i 为截留的降水量，cm/d；LAI 为叶面积指数（Leaf Area Index，LAI），cm^2/cm^2；P_{gross} 为总降水量，cm/d；a 为经验系数，cm/d，对于普通的农作物，模型中假设 a 的取值为 0.25 mm/d；b 代表土壤覆盖率，无量纲，其计算公式（Kroes *et al.*，2009）为

$$b=1-e^{-\kappa_{gr}\mathrm{LAI}} \tag{2.11}$$

式中，κ_{gr} 为太阳辐射的消光系数，无量纲，是模型的作物生长模块中需要输入的参数（相应的取值见下文）。

蒸散是指植物的蒸腾和土壤或植被截留水或土壤表面积水的蒸发。由于蒸腾和蒸发是不同的物理过程，因此，SWAP 模型对两者分开考虑。在 SWAP 模型中，通过模拟潜在蒸散，进一步考虑部分覆盖的土壤而将潜在蒸散划分为潜在蒸发和潜在蒸腾；然后，考虑干燥的上层土壤对潜在蒸发的折减，进而得到土壤的实际蒸发，考虑湿润、干燥和盐化的土壤状况对潜在蒸腾的折减，进而得到植物的实际蒸腾（Kroes *et al.*，2009）。潜在的蒸散通量仅由大气状况和植物（作物）特性所决定，本研究中对潜在蒸散的计算基于 Penman-Monteith 公式（Allen *et al.*，1998；Kroes *et al.*，2009）。对于一个密闭的且有

来自土壤的微小蒸发的冠层，Penman-Monteith 公式（Kroes *et al.*，2009）如下：

$$ET_p=\frac{\dfrac{\Delta_v}{\lambda_w}(R_n-G)+\dfrac{p_1\rho_{air}C_{air}}{\lambda_w}\dfrac{e_{sat}-e_a}{r_{air}}}{\Delta_v+\gamma_{air}\left(1+\dfrac{r_{crop}}{r_{air}}\right)} \tag{2.12}$$

式中，ET_p 为潜在蒸散速率，mm/d；Δ_v 为水汽压曲线的斜率，kPa/℃；λ_w 为汽化潜热，J/kg；R_n 为冠层表面的净辐射通量，J/（m^2・d）；G 为土壤热通量，J/（m^2・d）；p_1 为单位转换系数，其数值为 86400 s/d；ρ_{air} 为空气密度，kg/m^3；C_{air} 为湿润空气的热容量，J/（kg・℃）；e_{sat} 为饱和水汽压，kPa；e_a 为实际水汽压，kPa；γ_{air} 为湿度计常数，kPa/℃；r_{crop} 为作物阻力，s/m；r_{air} 为空气动力学阻力，s/m。计算 ET_p 需要每日的气象数据，包括气温（最好是最低气温和最高气温）、总辐射、风速和相对湿度。此外，计算 ET_p 还需要植物（作物）特性数据，如作物阻力（r_{crop}）、作物株高（h_{crop}）和反射系数（α_r）。

在 SWAP 模型中，通过对 r_{crop}、h_{crop} 和 α_r 设置不同的取值来计算 3 种均匀表面的蒸散速率，它们分别为完全覆盖土壤的湿润冠层的蒸散速率（ET_{w0}）、完全覆盖土壤的干燥冠层的蒸散速率（ET_{p0}）和湿润裸土的蒸发速率（E_{p0}）（Kroes *et al.*，2009）。在田间条件下，我们涉及的是部分覆盖的土壤以及或干燥或由于降水（或灌溉，在喷灌的情况下，灌溉水可能会被截留）的截留而湿润的植被（Kroes *et al.*，2009）。在本研究中，使用作为作物生长阶段函数的叶面积指数将 ET_p 划分为潜在的土壤蒸发速率和潜在的作物蒸腾速率（Singh *et al.*，2006c；Kroes *et al.*，2009）：

$$E_p=E_{p0}\left(1-\frac{P_i}{ET_{w0}}\right)e^{-\kappa_{gr}LAI} \tag{2.13}$$

式中，E_p 为潜在的土壤蒸发速率，cm/d；E_{p0} 为湿润裸土的蒸发速率，cm/d；ET_{w0} 为完全覆盖土壤的湿润冠层的蒸散速率，cm/d。进一步地，考虑降水的截留和部分覆盖的土壤，潜在的蒸腾速率可根据以下方程（Kroes *et al.*，2009）计算：

$$T_p=ET_{p0}\left(1-\frac{P_i}{ET_{w0}}\right)-E_p \tag{2.14}$$

式中，T_p 为潜在的蒸腾速率，cm/d；ET_{p0} 为完全覆盖土壤的干燥冠层的蒸散速率，cm/d。

对于湿土，土壤实际的蒸发速率等于潜在的土壤蒸发速率，亦即 $E_a=E_p$。当土壤变干时，土壤水力传导度减小，使得 E_p 减小到 E_a。在 SWAP 模型中，表层土壤能保持的最大蒸发速率通过达西定律计算（Kroes *et al.*，2009）：

$$E_{max}=K_{1/2}\left(\frac{h_{atm}-h_1-z_1}{z_1}\right) \tag{2.15}$$

式中，E_{max} 为表层土壤能维持的最大蒸发速率，cm/d；$K_{1/2}$ 为土壤表面和第一个节点之间的平均水力传导度，cm/d；h_{atm} 为与空气相对湿度平衡的土壤水压力头，cm；h_1 为第一个节点的土壤水压力头，cm；z_1 为第一个节点处的土层深度，cm。E_{max} 取决于土壤水力函

数 $\theta(h)$ 和 $K(\theta)$。土壤最上层的几厘米受到降雨的溅蚀、干燥结皮的形成、根的扩展和各种耕作活动的影响，对于几分米厚的第一层土壤的水力函数在多大程度上适用于最上层这几厘米的土壤目前尚不明晰，故在 SWAP 模型中可以选择是否使用经验的蒸发函数来估算 E_a（Kroes *et al.*，2009）。我们通过数值模拟试验，在本研究中选取 Black（1969）的经验函数来估算 E_a。SWAP 模型是在 E_p、E_{max} 和选择的经验函数所估算的 E_a 中选取最小值作为土壤实际的蒸发速率。

一般而言，每天通过冠层的水通量相较于冠层自身贮存的水量是大的，所以在 SWAP 模型中假定根系吸水速率等于植物蒸腾速率（Kroes *et al.*，2009）。最大可能的根系吸水速率在扎根深度内积分等于潜在的蒸腾速率 T_p（cm/d）。考虑根长密度分布，计算某个深度潜在的根系吸水速率 $S_p(z)$（1/d）的公式（Kroes *et al.*，2009）如下：

$$S_p(z)=\frac{l_{root}(z)}{\int_{-D_{root}}^{0} l_{root}(z)\mathrm{d}z}T_p \tag{2.16}$$

式中，D_{root} 为根系层厚度，cm；$l_{root}(z)$ 为根长密度，cm/cm^3。

由于干燥或湿润状况和（或）高盐分浓度的胁迫均可能会折减 $S_p(z)$。在 SWAP 模型中，水分胁迫对根系吸水速率的影响用 Feddes 等（1978）提出的函数加以描述，该函数涉及的参数有 h_1（cm）、h_2（cm）、h_3（cm）和 h_4（cm），其中当土壤水压力头介于 h_3 和 h_2 之间时，根系吸水处于最优状态；当土壤水压力头小于 h_3 时，由于干旱使得根系吸水速率呈线性下降，当下降至土壤水压力头为 h_4（亦即萎蔫点）时，根系吸水速率为 0；当土壤水压力头大于 h_2 时，由于缺乏充足的通气使得根系吸水速率也呈线性下降，当下降至土壤水压力头为 h_1 时，根系吸水速率为 0。这里需要说明的是，在 SWAP 模型中由模拟的根系生长动态将根系层划分为上下两层，并在模型中设置了这两层土壤的参数 h_2。在 SWAP 模型中，需要设置高潜在蒸腾水平和低潜在蒸腾水平的阈值（本研究选择默认值），也需要针对高潜在蒸腾水平和低潜在蒸腾水平分别设置参数 h_3。在 SWAP 模型中，盐分胁迫对根系吸水速率的影响用 Maas 和 Hoffman（1977）提出的函数加以刻画，该函数涉及的参数有 EC_{max}（dS/m）和 EC_{slope}（m/dS）。其中：当盐分浓度低于 EC_{max} 时，假定作物没有受到盐分胁迫；当盐分浓度高于 EC_{max} 时，根系吸水速率的下降率为 EC_{slope}。在水分和盐分胁迫下，作物实际的根系吸水速率为 $S_a(z)$（1/d），其计算公式（Kroes *et al.*，2009）为

$$S_a(z)=\alpha_{rd}\,\alpha_{rw}\,\alpha_{rs}\,S_p(z) \tag{2.17}$$

式中，α_{rd} 和 α_{rw} 分别为由于干旱胁迫和湿润条件对根系吸水速率的折减因子，无量纲；α_{rs} 为由于盐分胁迫对根系吸水速率的折减因子，无量纲。

在整个根系层对 $S_a(z)$ 积分便得到实际的蒸腾速率 T_a（cm/d），其计算公式（Kroes *et al.*，2009）如下：

$$T_a=\int_{-D_{root}}^{0} S_a(z)\mathrm{d}z \tag{2.18}$$

2.2.4 作物生长

SWAP 模型对于作物生长的模拟有两个子程序（Kroes *et al.*，2009）：简单的作物模块（simple crop module）和详细的作物模块（detailed crop module）。在简单的作物模块中，作物生长是由作为生长阶段函数的实测的叶面积指数、株高和扎根深度来描述，不能模拟潜在的作物产量和水、盐限制下的作物产量，也不能反映作物生长与水盐胁迫条件的反馈（Singh *et al.*，2006c），其主要用于为土壤水分运动提供恰当的上边界条件（Kroes *et al.*，2009），故我们在开展土壤水力参数和盐分运移参数的率定时，选择简单的作物模块。

详细的作物模块是基于 WOFOST 模型，可以细致地模拟光合作用和作物生长，并且可以考虑水分和盐分的胁迫对作物生长的影响。这里，我们对 WOFOST 模型中内嵌的作物生长过程模块的原理（Kroes *et al.*，2009）概述如下：冠层吸收的辐射能量是入射辐射和作物叶面积的函数。利用吸收的辐射并考虑光合作用的叶片特性来计算潜在的总光合作用，其由于水分和（或）盐分的胁迫被折减后得到实际的总光合作用，而这些胁迫通过相对蒸腾来定量化。产生的碳水化合物的一部分为维持呼吸提供能量，剩余的碳水化合物转化为结构物质，而在这种转化过程中，一部分结构物质的重量由于生长呼吸而损失。利用分配系数将产生的干物质在根、茎、叶和储藏器官之间进行分配，该分配系数是作物物候发展阶段的函数。分配至叶片的部分决定了叶面积的生长，由此决定了光截获的动态。在作物生长过程中，部分生物量会由于衰老而衰减。光截获和 CO_2 同化是主要的生长驱动过程，某些模拟的作物生长过程（例如，光合作用和维持呼吸）受到温度的影响，其他过程（例如，同化物的分配和作物组织的衰变）是作物物候发展阶段的函数。

在 SWAP-WOFOST 模型中，部分模拟过程是作物物候发展阶段的函数，对于大多数一年生的植物，物候发展可以便利地用生长阶段 D_s（无量纲）来表示，当 D_s 为 0、1 和 2 时分别代表出苗、开花和成熟，最重要的物候变化是植物从营养生长阶段（$0 < D_s < 1$）向生殖生长阶段（$1 < D_s < 2$）的转变，这急剧地改变了干物质向器官的分配。生长阶段 D_s 的计算公式（Kroes *et al.*，2009）如下：

$$D_s^{j+1} = D_s^j + \frac{T_{eff}}{T_{sum,i}} \tag{2.19}$$

式中，上标 j 为天数；T_{eff} 为根据每天的平均温度计算的有效积温，℃；$T_{sum,i}$ 为完成生长阶段 i（是指营养生长阶段或生殖生长阶段）所需的积温，℃。对于某些物种或品种，在营养生长阶段，需要考虑昼长对生长阶段的影响。需要说明的是，现代的栽培品种相较于传统的栽培品种，作物的光周期敏感性有所降低，为了模拟之目的，通过选择合适的积温而忽略昼长的影响也可以得到相同的作物生命周期（Kroes *et al.*，2009）。在本研究中，作物的生长阶段仅通过营养生长阶段和生殖生长阶段所需的积温来确定。

模型中输入的是每天的太阳辐射，由于入射辐射分为直射辐射和散射辐射，同时约

50% 的太阳辐射为光合有效辐射（Photosynthetically Active Radiation，PAR），故每天入射的光合有效辐射的计算公式（Kroes *et al.*，2009）为

$$\mathrm{PAR}=0.5\,R_s\frac{\sin\beta_{sun}(1+0.4\sin\beta_{sun})}{\int\sin\beta_{mod,\,sun}}\quad(2.20)$$

式中，PAR 为每天入射的光合有效辐射，J/（$m^2\cdot d$）；R_s 为每天的太阳辐射，J/（$m^2\cdot d$）；β_{sun} 为太阳高度角（度），其计算涉及太阳赤纬和地理纬度等；$\int\sin\beta_{mod,\,sun}$ 是对 $\sin\beta_{sun}$ 进行日积分，它在低太阳高度角用于修正大气传输的减少（Kroes *et al.*，2009）。

入射的光合有效辐射一部分会被冠层反射，当深入冠层时，光照强度会降低。在冠层中深度为 L 处光吸收速率（$\mathrm{PAR}_{L,\,a}$）的计算公式（Kroes *et al.*，2009）如下：

$$\mathrm{PAR}_{L,\,a}=\kappa(1-\rho_{rad})\mathrm{PAR}e^{-\kappa L}\quad(2.21)$$

式中，$\mathrm{PAR}_{L,\,a}$ 为在冠层中深度 L 处的光吸收速率，J/（m^2 叶片·d）；κ 为辐射的消光系数，无量纲；ρ_{rad} 为反射系数，无量纲。

在冠层中深度为 L 处单叶的总 CO_2 同化速率的计算公式（Kroes *et al.*，2009）为

$$A_L=A_{max}\left(1-e^{\frac{-\varepsilon_{PAR}\mathrm{PAR}_{L,\,a}}{A_{max}}}\right)\quad(2.22)$$

式中，A_L 为在冠层中深度为 L 处单叶的总 CO_2 同化速率，kg CO_2/（m^2 叶片·d）；A_{max} 为光饱和时的总同化速率，kg CO_2/（m^2 叶片·d）；ε_{PAR} 为光利用效率，kg CO_2/J 吸收的。

需要把每个叶层瞬时的 CO_2 同化速率对冠层叶面积指数和日进行积分，就可以得到每天的潜在总 CO_2 同化速率 A_{pgross} [kg CO_2/（$hm^2\cdot d$）]。由于较低的最低气温、水分胁迫和盐分胁迫对 A^1_{pgross} 的折减，并考虑到每千克的 CO_2 可以产生 30/44 kg 的生物量（CH_2O），故每天的总 CO_2 同化速率 A_{gross} [kg/（$hm^2\cdot d$）]（Kroes *et al.*，2009）为

$$A_{gross}=\frac{30}{44}f_{7\,min}\frac{T_a}{T_p}A^1_{pgross}\quad(2.23)$$

式中，A_{gross} 为每天的总 CO_2 同化速率，kg/（$hm^2\cdot d$）；f_{7min} 为考虑温度影响 CO_2 同化速率的折减因子，无量纲，它是前 7 天最低气温的函数；T_a/T_p 为相对蒸腾，无量纲，亦即实际的蒸腾与潜在的蒸腾之比值，作为水盐胁迫对 CO_2 同化速率的折减系数。

同化作用得到的碳水化合物中的一部分为维持呼吸提供能量，净 CO_2 同化速率 A_{net} [kg/（$hm^2\cdot d$）] 是可用于转化为结构物质的碳水化合物的数量。A_{net} 的计算公式（Kroes *et al.*，2009）为

$$A_{net}=A_{gross}-f_{senes}(c_{m,leaf}W_{leaf}+c_{m,stem}W_{stem}+c_{m,stor}W_{stor}+c_{m,root}W_{root})Q_{10}^{\frac{T_{avg}-25}{10}}\quad(2.24)$$

式中，A_{net} 为每天的净 CO_2 同化速率，kg/（$hm^2\cdot d$）；f_{senes} 为衰老的折减因子，无量纲；$c_{m,\,i}$ 为器官 i 的维持系数，kg/（kg·d）；W_i 为器官 i 的干重，kg/hm^2；i 为 leaf、stem、 stor 和 root 时分别代表叶、茎、储藏器官和根；Q_{10} 为温度每升高 10℃时呼吸速率的增长因子，无量纲；T_{avg} 为日平均温度，℃。

多于维持消耗的初级同化可用于转化成结构的植物材料，生长呼吸的大小由最终所形成产物的结构来决定，总干物质生长速率（w_{gross}）由 A_{net} 和各器官的转化因子（$C_{e,i}$）来确定，计算公式（Kroes *et al.*，2009）如下：

$$w_{gross}=A_{net}\left\{\frac{1}{\left(\frac{\xi_{leaf}}{C_{e,leaf}}+\frac{\xi_{stor}}{C_{e,stor}}+\frac{\xi_{stem}}{C_{e,stem}}\right)\left(1-\xi_{root}\right)+\frac{\xi_{root}}{C_{e,root}}}\right\} \tag{2.25}$$

式中，w_{gross} 为总干物质生长速率，kg/（hm^2·d）；$C_{e,i}$ 为器官 i 的平均转化因子，kg/kg；ξ_i 为器官 i 的分配因子，无量纲；i 为 leaf、stem、stor 和 root 时分别代表叶、茎、储藏器官和根。

基于根的分配因子，将总干物质生长首先在根和枝（包括叶、茎和储藏器官）之间分配，进一步地，叶、茎和贮藏器官的总生长速率仅仅是枝的总干物质生长速率与分配至这些器官的分数之乘积。植物各器官的净生长速率 $w_{net,i}$ [kg/（hm^2·d）] 起因于总生长速率和衰老速率 [kg/（kg·d）]。叶子的生长是个例外，在生长的初始阶段，叶片出现的速率和最终的叶片大小受温度而不是受同化物供应的限制，这个阶段被称为指数阶段，在该阶段的叶面积指数生长速率（w_{LAI}）的计算公式（Kroes *et al.*，2009）为

$$w_{LAI}=\mathrm{LAI}\,w_{LAI,max}T_{eff} \tag{2.26}$$

式中，w_{LAI} 为叶面积指数的生长速率，hm^2/（hm^2·d）；$w_{LAI,max}$ 为叶面积指数的最大相对增加，1/（℃·d）。WOFOST 模型假设叶面积指数的指数生长速率将持续到它等于叶面积指数的同化限制下的生长速率，这个阶段被称为源限制生长阶段。在该阶段 w_{LAI} 的计算公式（Kroes *et al.*，2009）为

$$w_{LAI}=w_{net,leaf}S_{la} \tag{2.27}$$

式中，$w_{net,leaf}$ 为叶的净生长速率，kg/（hm^2·d）；S_{la} 为比叶面积，hm^2/kg。

通过把 $w_{net,i}$ 对时间积分来计算各器官的干物质重（Kroes *et al.*，2009）。我们使用的 SWAP 版本尚未考虑养分缺乏、害虫、杂草和疾病对作物生长及产量的影响（Vazifedoust *et al.*，2008）。为了便于区分，我们在本研究应用 SWAP 模型时，当选择该模型中的简单作物模块对作物生长进行模拟时称之为 SWAP 模型，而当选择该模型中的详细作物模块时称之为 SWAP-WOFOST 模型。

2.2.5 灌溉

SWAP 模型的水量平衡模拟可通过评估替代的应用策略来制定最优的灌溉方案。灌溉策略可采用固定或预设的灌溉制度。固定的灌溉制度由灌水时间和灌水深度来确定，预设的灌溉制度由灌水时间和灌水深度的不同标准来确定（Kores *et al.*，2009）。对于预

设的灌溉制度，灌水时间的确定标准有5种，此外还有2种对于灌水间隔的设置（在本研究中不使用此设置），具体如下：

（1）允许的日胁迫（allowable daily stress）：干旱胁迫和盐分胁迫所引起的土壤水分亏缺程度可以由一个阈值来诊断，这个阈值定义为减少的蒸腾量与潜在蒸腾量的比值。当减少的蒸腾量小于等于该阈值规定的界限（亦即 $T_r \leqslant f_1 T_p$）时进行灌溉。其中，T_r 为由于干旱胁迫和（或）盐分胁迫所减少的蒸腾量，cm/d；T_p 为潜在蒸腾量，cm/d；f_1 为用户定义的允许的日胁迫因子。

（2）允许的速效水消耗（allowable depletion of readily available water）：为了获得在土壤水分胁迫出现前总是能够灌溉这样的优化灌溉制度，用户可以指定根系带速效水消耗的最大量。当根系带的水消耗量与速效水量之比大于等于 f_2 [亦即（$U_{field}-U_a$）$\geqslant f_2$（$U_{field}-U_{h_3}$）] 时进行灌溉。其中，U_a 为根系带的实际储水，cm；U_{field} 为在给定的田间持水量所对应的压力水头 h 时根系带的储水，cm；U_{h_3} 为当 $h = h_3$（h_3 为由于干旱胁迫导致根系吸水开始减少时的压力水头）时根系带的储水，cm；f_2 为用户定义的消耗比例。U_a 由根层含水量的数值积分来计算。对于亏缺灌溉，通过指定 f_2 大于1来允许胁迫。

（3）允许的总有效水消耗（allowable depletion of totally available water）：相对于根系带总有效水量（亦即田间持水量与萎蔫点之差），根系带的水消耗量也能够被评估。当根系带的水消耗量与总有效水量之比大于等于 f_3 [亦即（$U_{field}-U_a$）$\geqslant f_3$（$U_{field}-U_{h_4}$）] 时进行灌溉。其中，U_a 为根系带的实际储水，cm；U_{field} 为在给定的田间持水量所对应的压力水头 h 时根系带的储水，cm；U_{h_4} 为当 $h = h_4$（h_4 为根系吸水减少到零时的压力水头）时根系带的储水，cm；f_3 为用户定义的消耗比例。

（4）允许的田间持水量消耗（allowable depletion of field capacity water）：在高频率的灌溉系统（滴灌）情况下，可以指定在低于田间持水量时可以吸取的最大水量 ΔU_{max}。若 $U_a \leqslant U_{field}-\Delta U_{max}$ 时进行灌溉。其中，U_a 为根系带的实际储水，cm；U_{field} 为在给定的田间持水量所对应的压力水头 h 时根系带的储水，cm；ΔU_{max} 为用户指定的在低于田间持水量时可以吸取的最大水量，cm。

（5）临界压力水头或临界含水量（critical pressure head or moisture content）：用户可以指定一个土壤水分阈值 θ_{min} 或压力水头阈值 h_{min} 以及该阈值有效的相应深度。这个选项可用于通过依靠土壤水分监测的自动化系统来模拟灌溉。当 $\theta_{sensor} \leqslant \theta_{min}$ 或 $h_{sensor} \leqslant h_{min}$ 时进行灌溉。其中，θ_{sensor} 为传感器监测的土壤水分，cm^3/cm^3；θ_{min} 为用户指定的土壤水分阈值，cm^3/cm^3；h_{sensor} 为传感器监测的土壤水压力头，cm；h_{min} 为用户指定的压力水头阈值，cm。

（6）固定间隔（fixed interval）：在默认的情况下，灌水间隔的最小值为1天，灌水间隔的长度是可变的，并由前面提到的灌水时间标准之一生效的时刻来确定。用户可以在可能的灌溉事件之间选择一个一周的固定间隔。在作物生长阶段，每周的灌溉只在根区的土壤含水量与田间持水量之差大于所给定的阈值时发生，这个阈值可在模型中输入。

（7）最小间隔（minimum interval）：灌溉事件间隔的长度也是可变的，并由其中一个灌水时间标准生效的时刻来确定。除了前面的5个灌水时间的确定标准中的一个，用户可以选择设置最小灌水间隔。

SWAP 模型中对于灌水深度的 2 种确定标准（Kores *et al.*，2009）如下：

（1）回到田间持水量 ± 指定数量（back to field capacity ± specified amount）：根系带的土壤含水量回到田间持水量，用户可以定义一个额外的灌溉量来淋洗盐分或者在预期降水时定义一个较小的灌溉量。此选项在喷灌和微灌系统的情况下有用，它允许灌水深度的变化。

（2）固定的灌水深度（fixed irrigation depth）：用户可以指定灌溉的水量。此选项适用于大多数重力系统，允许灌水深度有微小的变化。此外，用户还可以限定深度（limited depth），换言之，只有当计算的灌水深度介于最小和最大限制之间（亦即 $I_{g,\min} \leqslant I_g \leqslant I_{g,\max}$）时才会出现预设的灌水深度。其中，$I_g$ 为灌水深度，cm；$I_{g,\min}$ 为灌水深度的最小阈值，cm；$I_{g,\max}$ 为灌水深度的最大阈值，cm。

灌水时间和灌水深度的确定标准都可以定义为作物生长阶段（Development Stage，DVS）的函数，灌溉形式可以选择地面灌溉和喷灌，在喷灌情形下，灌溉的水可能会被截留（Kores *et al.*，2009）。净灌溉水量 I_n（cm/d）为总灌溉深度 I_g（cm/d）与截留的灌溉深度 E_i（cm/d）之差（Kores *et al.*，2009）。

2.2.6　下边界条件

SWAP 模型针对典型的应用尺度提供了 8 种可供选择的下边界条件（Kores *et al.*，2009）。在本研究中，我们对 6 个试验站进行模型参数的率定和验证时，基于在站点尺度所收集的文献资料确定下边界条件，具体做法如下：由于在参数率定和验证的模拟时段内，廊坊站、南皮站、深州站、吴桥站和曲周站的浅层地下水埋深基本上大于 4 m，所以在这 5 个试验站作物根系层 2 m 土体的下边界选择自由排水的纽曼（Neumann）型条件；在雄县站实测的浅层地下水埋深在 4 m 以内，所以根据实测值选择描述地下水埋深的狄利赫莱（Dirichlet）型条件作为该站非饱和土体的下边界。而在区域尺度进行模型验证时，下边界条件的确定则是基于区域浅层地下水埋深的监测和调查数据。具体地，对于浅层地下水埋深大于 4 m 的区域，作物根系层 2 m 土体的下边界统一概化为自由排水的纽曼（Neumann）型条件，对于浅层地下水埋深小于等于 4 m 的区域，则将模拟剖面的下边界取在浅层含水层的隔水底板处，下边界统一概化为底部通量为零的纽曼（Neumann）型条件，具体确定的依据将在本书的 2.4.8 节中详细介绍。

2.3　参数敏感性分析与率定及验证

2.3.1　参数敏感性分析的方法

由于 SWAP-WOFOST 模型是涉及土壤 - 水 - 大气 - 作物的复杂的农业水文模型，涉及大量的模型参数，这些参数中有许多是迄今尚无测定方法的“理论”参数，即或是可以测定的参数，在田间尺度上进行测量也是费时费力的。为此，在 6 个试验站，我们通过敏感性分析来识别哪些模型参数对本研究中所关注的模型输出变量有显著的影响，旨在减少所需率定的参数。

我们开展参数的敏感性分析是采用 Saltelli 等（1999，2005）结合 Sobol' 法与傅里叶幅度敏感性检验法（Fourier Amplitude Sensitivity Test，FAST）而提出的扩展傅里叶幅度敏感性检验法（Extended Fourier Amplitude Sensitivity Test，EFAST），这是一个基于方差的定量化的全局敏感性分析方法。模型输出结果 Y 的总方差 $V(Y)$ 可以表示成如下形式（Saltelli *et al.*，2004，2008；Song *et al.*，2015）：

$$V(Y)=\sum_{i=1}^{k} V_i+\sum_{i=1}^{k}\sum_{i<j}^{k} V_{ij}+\cdots+V_{1,2,\cdots,k} \tag{2.28}$$

式中，$V(Y)$ 为模型输出结果 Y 的总方差；V_i 为参数 x_i 的一阶方差，$V_i=V[E(Y\mid x_i)]$；V_{ij}（$V_{ij}=V[E(Y\mid x_i,x_j)]-V_i-V_j$）至 $V_{1,2,\cdots,k}$ 刻画 k 个参数间的交互作用。基于方差的敏感性分析方法所认可的两个指数分别是参数 x_i 的一阶敏感性指数（S_i）和全局敏感性指数（$S_{\mathrm{T},i}$），具体计算公式如下（Saltelli *et al.*，2004，2008；Song *et al.*，2015）：

$$S_i=\frac{V_i}{V(Y)} \tag{2.29}$$

$$S_{\mathrm{T},i}=\sum S_i+\sum_{j\neq i} S_{ij}+\cdots+S_{1,2,\cdots,k} \tag{2.30}$$

式中，S_{ij} 至 $S_{1,2,\cdots,k}$ 为 k 个参数间的 k 阶敏感性指数。参数 x_i 的全局敏感性指数 $S_{\mathrm{T},i}$ 越大说明该参数直接和间接（与其他参数的交互作用）地对模型输出结果的影响越大（Saltelli *et al.*，2004，2008；Song *et al.*，2015）。

2.3.2　参数敏感性分析的步骤

应用 EFAST 方法进行敏感性分析的主要步骤如下：

1. 确定敏感性分析的参数和目标变量

由于我们在研究区所开展的模拟涉及土壤水分运动模块、土壤盐分运移模块、作物（涉及冬小麦和夏玉米）生长模块，此外，进行参数的敏感性分析是为了提高参数的率定效率，因此，本研究主要分析这 3 个模块的参数对我们可以收集到田间观测值的那些变量的敏感性。由于在 6 个试验站通过文献检索或收集的土壤剖面深度大多为 200 cm 左右（Talpur，2014；许迪等，2000；吴忠东和王全九，2010；戴丽，2011；金梁，2007；张娟，2006），故我们在这 6 个站点对上述模块开展参数敏感性分析时，模拟的土壤剖面的厚度均设置为 200 cm。

由于土壤盐分运移受土壤水分运动的影响，故我们将土壤水分运动模块和土壤盐分运移模块联合进行敏感性分析。具体地，在这 6 个试验站，对土壤水分运动 - 盐分运移模块，考察 0 ~ 20 cm、20 ~ 70 cm 和 70 ~ 200 cm 这 3 层土壤的残余含水量（ORES）、饱和含水量（OSAT）、饱和水力传导度（K_s）、形状参数（α、n、λ）和弥散度（L）等共 21 个参数对各层土壤含水量（Soil Water Content，SWC；这里是指土壤体积含水量，下文同）及土壤盐分浓度（Soil Salt Concentration，SSC；这里是指单位体积土壤中的盐分质量，即土壤溶液的盐分浓度与土壤体积含水量的乘积）的敏感性。这里需要说明的是，由于我们在 6 个试验站收集到了土壤的砂粒、粉粒和黏粒的含量及体积密度，而这些数据所表征的土壤层位在各个站点略有不同且同一站点垂向相邻的土层存在着质地相同或相近的情况，同时为了使得这 6 个试验站点分层土壤的水力参数和盐分运移参数的敏感性分析结果具有一定的可比性，我们在对土壤水分运动－盐分运移模块的参数进行敏感性分析时，将这 6 个试验站的土壤剖面层次统一概化为表层（0 ~ 20 cm）、中层（20 ~ 70 cm）和底层（70 ~ 200 cm）。这里所谓的概化是指：将这 3 层的每一层内由田间划分的土壤层的机械组成和体积密度按照该层内各土壤层的厚度取加权平均，以此分别作为这 3 个概化层土壤的机械组成和体积密度（表 2.2）。每个概化层中的层次划分依据是：尽可能地充分利用站点已有的土壤分层信息并考虑各层土壤性质的变异性（Talpur，2014；许迪等，2000；吴忠东和王全九，2010；戴丽，2011；金梁，2007；张娟，2006），同时兼顾区域尺度收集的土壤分层数据（Shi *et al.*，2004，2010；史学正等，2007）及参考研究区范围十多种土壤类型的典型剖面和统计剖面的层次划分①（李承绪，1990）。考虑到本研究涉及冬小麦和夏玉米这两种作物，故分别对这两种作物的生长模块开展参数敏感性分析。对作物模块中的冬小麦参数，考察其中的 54 个参数（表 2.3）分别对冬小麦的叶面积指数（LAI）、地上部生物量（Biomass）和产量（Yield）的敏感性；对作物模块中的夏玉米参数，考察其中的 56 个参数（表 2.3）分别对夏玉米的叶面积指数（LAI）、地上部生物量（Biomass）和产量（Yield）的敏感性。

2. 确定参数敏感性分析的取值范围及其概率密度分布

确定土壤水力参数（ORES、OSAT、K_s、α、n 和 λ）敏感性分析的取值范围之流程如下：第一步，根据各层土壤的机械组成和体积密度，采用国际土壤科学领域已广泛应用的基于土壤转换函数（Pedotransfer Functions，PTFs）的 Rosetta 软件（Schaap *et al.*，2001）生成 van Genuchten-Mualem（vG-M）型的土壤水力参数的参考值；第二步，在参考值的基础上采用非等幅扰动的方式确定参数的取值范围。这里，扰动幅度的确定步骤如下：首先，根据 Rosetta 数据库中各参数的变异系数确定扰动幅度大小的排序依次为 λ > ORES > K_s > α > n > OSAT；其次，为保证各参数扰动后的取值均在合理范围内，确定 λ、ORES、K_s、α、n、OSAT 的扰动幅度依次为 ±50%、±50%、±40%、±20%、±15%、±10%。由于纵向弥散度（L）常常用水流运动距离的 0.1 倍来估算（Fetter，1993），加之 L 在实验室测定的变化范围是 0.5 ~ 2.0 cm，在田间尺度的变化范围是 5.0 ~ 20.0 cm（Kroes *et al.*，2009），所以这里 L 的取值范围是 1 ~ 20 cm。我们对 6 个

①土壤科学数据中心，http://soil.geodata.cn/。

试验站点所概化的 3 层土壤的水分运动和盐分运移参数的敏感性分析取值范围列于表 2.2。冬小麦和夏玉米的参数敏感性分析的取值范围及确定取值范围所依据的多篇文献如表 2.3 所示，对于作物参数中的出苗阶段至开花阶段所需积温（TSUMEA）和开花阶段至成熟阶段所需积温（TSUMAM），我们根据作物的实际生育期和气象数据计算后确定，由于这两个参数不需要率定，因而对其不进行敏感性分析。同时，由于我们难以获知各参数分布的有关信息，所以在这里我们假设各参数呈均匀分布。

3. 确定参数的抽样次数

对于每一个参数，其样本大小 N_s 的计算公式为 $N_s=(2M\omega_{max}+1)N_r$，其中 M 为相互影响（interference）因子，通常设置为 4 或者大于 4；ω_{max} 为参数 x_i 所对应的一组频率为 ω_i 的集合的最大值；N_r 为再抽样的搜索曲线数（Saltelli *et al.*，1999）。EFAST 方法建议每个参数的最少抽样次数 N_s 为 65 次（此时 $M=4$，$N_r=1$，$\omega_i=8$）（Saltelli *et al.*，1999），N_s 通常在 500 ~ 1000 范围内（Saltelli *et al.*，2005）。此外，有研究（Wang *et al.*，2013）表明：参数样本空间的大小对敏感程度计算过程的收敛性有明显的影响，当参数样本数量大于 129（此时 $M=4$，$N_r=1$，$\omega_i=16$）时可以得到可靠的参数敏感性排序结果。因此，在本研究中我们确定每个参数的抽样次数为 513 次（此时 $M=4$，$N_r=1$，$\omega_i=64$）。由于模型的运行次数 $C=pN_s$，其中，p 为参数的个数，所以，对于每个试验站而言，土壤水分运动 - 盐分运移这两个模块同时进行参数敏感性分析需要运行模型 10773 次（21 × 513=10773），作物模块中所涉及的冬小麦参数的敏感性分析需要运行模型 27702 次（54 × 513=27702），作物模块中所涉及的夏玉米参数的敏感性分析需要运行模型 28728 次（56 × 513=28728）。总之，对 6 个试验站的这些参数，我们开展敏感性分析计算需要累积运行模型的次数为 403218 次。

4. 选择参数敏感性分析的工具

我们将欧盟委员会联合研究中心（European Commission Joint Research Center，JRC）研发的 SimLab 软件[①]以及 PEST 软件（Doherty，2010）中的 SENSAN 模块相结合来完成参数的敏感性分析。主要步骤为：首先，在 SimLab 软件中输入需要进行敏感性分析的参数的取值范围及其概率密度分布，其次，选择敏感性分析的方法（在本研究中选择 EFAST 方法），设置参数抽样的次数并对参数进行采样；接着，通过 PEST 中的 SENSAN 模块把参数按照采样的先后顺序写入 SWAP-WOFOST 模型的输入文件中，然后，依次实现批量地运行和读取模型的输出文件；最后，将运行 SENSAN 模块所得的结果整理为 SimLab 可以识别的格式后进行敏感性分析。

①下载地址：http://simlab.jrc.ec.europa.eu。

表 2.2 在研究区内 6 个试验站概化的 3 层土壤的机械组成、质地和体积密度及土壤水分运动与盐分运移的参数之敏感性分析的取值范围

试验站	层次/cm	砂粒/%	粉粒/%	黏粒/%	质地	体积密度/(g/cm³)	文献来源	ORES/(cm³/cm³)	OSAT/(cm³/cm³)	α/(1/cm)	n	K_s/(cm/d)	λ	L/cm
廊坊	0 ~ 20	63.10	33.20	3.70	砂壤土	1.39	Talpur, 2014	0.016 ~ 0.048	0.340 ~ 0.416	0.0243 ~ 0.0364	1.225 ~ 1.657	46.85 ~ 109.33	−1.382 ~ −0.461	1 ~ 20
	20 ~ 70	58.66	37.14	4.20	砂壤土	1.42		0.016 ~ 0.047	0.329 ~ 0.402	0.0205 ~ 0.0308	1.218 ~ 1.647	36.17 ~ 84.40	−1.283 ~ −0.428	1 ~ 20
	70 ~ 200	70.16	26.76	3.08	砂质黏壤土	1.49		0.016 ~ 0.049	0.330 ~ 0.404	0.0343 ~ 0.0515	1.282 ~ 1.735	44.80 ~ 104.53	−1.595 ~ −0.532	1 ~ 20
雄县	0 ~ 20	4.00	69.90	26.10	粉壤土	1.34	许迪等, 2000	0.042 ~ 0.126	0.423 ~ 0.517	0.0052 ~ 0.0077	1.346 ~ 1.821	8.81 ~ 20.56	0.041 ~ 0.122	1 ~ 20
	20 ~ 70	11.08	63.80	25.12	粉壤土	1.40		0.039 ~ 0.118	0.394 ~ 0.481	0.0049 ~ 0.0074	1.362 ~ 1.843	7.70 ~ 17.96	0.026 ~ 0.079	1 ~ 20
	70 ~ 200	35.08	52.02	12.90	粉壤土	1.42		0.025 ~ 0.075	0.340 ~ 0.415	0.0054 ~ 0.0081	1.365 ~ 1.847	14.19 ~ 33.10	0.035 ~ 0.106	1 ~ 20
南皮	0 ~ 20	51.05	31.45	17.50	壤土	1.40	吴忠东和王全九, 2010	0.028 ~ 0.085	0.364 ~ 0.445	0.0115 ~ 0.0173	1.250 ~ 1.691	14.12 ~ 32.94	−0.750 ~ −0.250	1 ~ 20
	20 ~ 70	50.59	31.31	18.10	壤土	1.40		0.029 ~ 0.087	0.366 ~ 0.447	0.0114 ~ 0.0171	1.249 ~ 1.690	13.48 ~ 31.46	−0.746 ~ −0.249	1 ~ 20
	70 ~ 200	43.52	29.08	27.40	黏质壤土	1.40		0.037 ~ 0.111	0.386 ~ 0.471	0.0108 ~ 0.0162	1.221 ~ 1.652	7.58 ~ 17.69	−0.885 ~ −0.295	1 ~ 20
深州	0 ~ 20	8.10	62.00	29.90	粉质黏壤土	1.43	戴丽, 2011	0.043 ~ 0.130	0.422 ~ 0.516	0.0059 ~ 0.0089	1.306 ~ 1.767	6.85 ~ 15.99	−0.098 ~ −0.033	1 ~ 20
	20 ~ 70	17.80	49.30	32.90	粉质黏壤土	1.33		0.044 ~ 0.131	0.416 ~ 0.509	0.0069 ~ 0.0104	1.264 ~ 1.710	7.41 ~ 17.29	−0.334 ~ −0.111	1 ~ 20
	70 ~ 200	7.36	57.71	34.93	粉质黏壤土	1.45		0.046 ~ 0.139	0.434 ~ 0.531	0.0073 ~ 0.0109	1.262 ~ 1.708	7.10 ~ 16.57	−0.395 ~ −0.132	1 ~ 20
吴桥	0 ~ 20	12.10	79.10	8.80	粉壤土	1.54	金梁, 2007	0.026 ~ 0.077	0.347 ~ 0.424	0.0053 ~ 0.0079	1.375 ~ 1.860	13.19 ~ 30.78	0.056 ~ 0.169	1 ~ 20
	20 ~ 70	13.30	76.54	10.16	粉壤土	1.51		0.027 ~ 0.081	0.351 ~ 0.429	0.0048 ~ 0.0073	1.390 ~ 1.881	13.50 ~ 31.51	0.078 ~ 0.233	1 ~ 20
	70 ~ 200	2.49	78.91	18.60	粉壤土	1.43		0.037 ~ 0.111	0.402 ~ 0.491	0.0048 ~ 0.0072	1.379 ~ 1.865	8.20 ~ 19.14	0.082 ~ 0.245	1 ~ 20
曲周	0 ~ 20	9.78	77.94	12.28	粉壤土	1.46	张娟, 2006	0.030 ~ 0.091	0.371 ~ 0.454	0.0045 ~ 0.0067	1.406 ~ 1.902	13.71 ~ 31.98	0.112 ~ 0.337	1 ~ 20
	20 ~ 70	9.11	74.96	15.93	粉壤土	1.44		0.030 ~ 0.091	0.371 ~ 0.454	0.0043 ~ 0.0065	1.406 ~ 1.902	11.36 ~ 26.50	0.104 ~ 0.312	1 ~ 20
	70 ~ 200	6.21	71.93	21.86	粉壤土	1.41		0.038 ~ 0.115	0.398 ~ 0.487	0.0047 ~ 0.0070	1.378 ~ 1.864	8.35 ~ 19.49	0.064 ~ 0.191	1 ~ 20

注：ORES 为残余含水量；OSAT 为饱和含水量；K_s 为饱和水力传导度；α、n、λ 均为形状参数；L 为弥散度。

表 2.3 作物（冬小麦和夏玉米）参数的默认值和敏感性分析的取值范围及其依据

参数	定义	单位	冬小麦			夏玉米		
			默认值	取值范围	取值依据	默认值	取值范围	取值依据
ALBEDO	作物反射系数	—	0.23	0.20 ~ 0.25	1	0.23	0.20 ~ 0.25	1
RSC	最小冠层阻力	s/m	70.0	5.0 ~ 70.0	1；2；3	70.0	5.0 ~ 70.0	1；2；4
RSW	截留水的冠层阻力	s/m	0	0 ~ 5.0	扰动 5	0	0 ~ 5.0	扰动 5
TDWI	初始总作物干重	kg/hm^2	210.0	0.5 ~ 300.0	5	5.0	0.5 ~ 300.0	5
LAIEM	作物出苗时的叶面积指数	m^2/m^2	0.1370	0.1000 ~ 0.2000	6	0.0074	0.0100 ~ 0.0900	7；8
RGRLAI	叶面积指数的最大相对增加量	$m^2/(m^2 \cdot d)$	0.0070	0.0070 ~ 0.0100	6	0.0294	0.0100 ~ 0.0500	7；8；9
SLATB0	出苗阶段（DVS=0）的比叶面积	hm^2/kg	0.0020	0.0010 ~ 0.0040	6；10	0.0035	0.0020 ~ 0.0035	7；8
SLATB0.78	生长阶段中期（DVS=0.78）的比叶面积	hm^2/kg	0.0020	0.0010 ~ 0.0040	6；10	0.0016	0.0010 ~ 0.0020	7
SLATB2.00	成熟阶段（DVS=2.00）的比叶面积	hm^2/kg	0.0020	0.0010 ~ 0.0040	6；10	0.0016	0.0010 ~ 0.0020	7
SPAN	叶片在最适宜条件下的寿命	d	35.0	26.0 ~ 36.0	6	31.0	32.0 ~ 40.0	8；9
TBASE	叶片衰老的低温阈值	℃	0	0 ~ 5.0	11	10.0	8.0 ~ 10.0	8
KDIF	漫射可见光的消光系数	—	0.60	0.44 ~ 0.70	5；6	0.65	0.44 ~ 0.65	5；8
KDIR	直射可见光的消光系数	—	0.75	0.65 ~ 0.75	1；12	0.75	0.65 ~ 0.75	1
EFF	叶片有效的光利用效率	$kg/(hm^2 \cdot h \cdot J \cdot m^2 \cdot s)$	0.45	0.40 ~ 0.50	5	0.45	0.40 ~ 0.50	5
AMAXTB0	出苗阶段（DVS=0）的最大 CO_2 同化速率	$kg/(hm^2 \cdot h)$	40.0	25.0 ~ 43.0	6；10	70.0	50.0 ~ 70.0	7

续表

参数	定义	单位	冬小麦			夏玉米		
			默认值	取值范围	取值依据	默认值	取值范围	取值依据
AMAXTB1.00	开花阶段（DVS=1.00）的最大 CO_2 同化速率	kg/（hm^2·h）	40.0	35.0 ~ 70.0	5；10			
AMAXTB1.25	生殖生长阶段前期（DVS=1.25）的最大 CO_2 同化速率	kg/（hm^2·h）				70.0	50.0 ~ 70.0	7
AMAXTB1.50	生殖生长阶段中期（DVS=1.50）的最大 CO_2 同化速率	kg/（hm^2·h）				63.0	50.0 ~ 70.0	7
AMAXTB1.75	生殖生长阶段后期（DVS=1.75）的最大 CO_2 同化速率	kg/（hm^2·h）				49.0	30.0 ~ 50.0	7
AMAXTB2.00	成熟阶段（DVS=2.00）的最大 CO_2 同化速率	kg/（hm^2·h）	20.0	2.0 ~ 20.0	1；6	21.0	15.0 ~ 25.0	8
TMPFTB0	当平均昼温等于 0℃时最大 CO_2 同化速率的折减系数	—	0.01	0 ~ 0.20	扰动 −0.01 和 0.19	0.01	0 ~ 0.10	扰动 −0.01 和 0.09
TMPFTB10	当平均昼温等于 10℃时最大 CO_2 同化速率的折减系数	—	0.60	0.50 ~ 0.70	扰动 ± 0.1	0.05	0 ~ 0.10	扰动 ± 0.05
TMPFTB15	当平均昼温等于 15℃时最大 CO_2 同化速率的折减系数	—	1.00	0.80 ~ 1.00	扰动 −0.2	1.00	0.80 ~ 1.00	扰动 −0.2
TMPFTB25	当平均昼温等于 25℃时最大 CO_2 同化速率的折减系数	—	1.00	0.80 ~ 1.00	扰动 −0.2	1.00	0.80 ~ 1.00	扰动 −0.2
TMPFTB35	当平均昼温等于 35℃时最大 CO_2 同化速率的折减系数	—	0	0 ~ 0.20	扰动 0.2	1.00	0.80 ~ 1.00	扰动 −0.2
TMNFTB0	当最小昼温等于 0℃时最大 CO_2 同化速率的折减系数	—	0	0 ~ 0.20	扰动 0.2			

续表

参数	定义	单位	冬小麦			夏玉米		
			默认值	取值范围	取值依据	默认值	取值范围	取值依据
TMNFTB3	当最小昼温等于3℃时最大CO_2同化速率的折减系数	—	1.00	0.80 ~ 1.00	扰动 −0.2			
TMNFTB5	当最小昼温等于5℃时最大CO_2同化速率的折减系数	—				0	0 ~ 0.20	扰动 0.2
TMNFTB8	当最小昼温等于8℃时最大CO_2同化速率的折减系数	—				1.00	0.80 ~ 1.00	扰动 −0.2
CVL	同化物转化为叶片的效率	kg/kg	0.685	0.600 ~ 0.760	5	0.680	0.610 ~ 0.750	7
CVO	同化物转化为储藏器官的效率	kg/kg	0.709	0.600 ~ 0.800	6	0.671	0.600 ~ 0.800	7
CVR	同化物转化为根的效率	kg/kg	0.694	0.650 ~ 0.760	5	0.690	0.650 ~ 0.760	5
CVS	同化物转化为茎的效率	kg/kg	0.662	0.630 ~ 0.760	5	0.658	0.630 ~ 0.720	5；8
Q10	呼吸速率随温度的相对增加量	1/（10·℃）	2.00	1.50 ~ 2.00	5	2.00	1.50 ~ 2.00	5
RML	叶片的相对维持呼吸速率	kg CH_2O/（kg·d）	0.030	0.027 ~ 0.030	5	0.030	0.027 ~ 0.030	5
RMO	储藏器官的相对维持呼吸速率	kg CH_2O/（kg·d）	0.010	0.003 ~ 0.017	5	0.010	0.005 ~ 0.015	7
RMR	根的相对维持呼吸速率	kg CH_2O/（kg·d）	0.015	0.010 ~ 0.015	5	0.015	0.010 ~ 0.015	5
RMS	茎的相对维持呼吸速率	kg CH_2O/（kg·d）	0.015	0.015 ~ 0.020	5	0.015	0.015 ~ 0.020	5
RFSETB0	出苗阶段（DVS=0）衰老的折减因子	—	1.00	0.80 ~ 1.00	扰动 −0.2	1.00	0.80 ~ 1.00	扰动 −0.2
RFSETB2.00	成熟阶段（DVS=2.00）衰老的折减因子	—	1.00	0.80 ~ 1.00	扰动 −0.2	0.25	0.15 ~ 0.35	扰动 ±0.1

续表

参数	定义	单位	冬小麦			夏玉米		
			默认值	取值范围	取值依据	默认值	取值范围	取值依据
PERDL	叶片由于水分胁迫的最大相对死亡速率	1/d	0.03	0.02 ~ 0.06	6	0.03	0.01 ~ 0.06	8；9
RDRRTB1.50	生殖生长阶段中期（DVS=1.50）根的相对死亡速率	—	0.02	0.01 ~ 0.03	扰动 ±0.01	0.02	0.01 ~ 0.03	扰动 ±0.01
RDRRTB2.00	成熟阶段（DVS=2.00）根的相对死亡速率	—	0.02	0.01 ~ 0.03	扰动 ±0.01	0.02	0.01 ~ 0.03	扰动 ±0.01
RDRSTB1.50	生殖生长阶段中期（DVS=1.50）茎的相对死亡速率	—	0.02	0.01 ~ 0.03	扰动 ± 0.01	0.02	0.01 ~ 0.03	扰动 ± 0.01
RDRSTB2.00	成熟阶段（DVS=2.00）茎的相对死亡速率	—	0.02	0.01 ~ 0.03	扰动 ± 0.01	0.02	0.01 ~ 0.03	扰动 ± 0.01
H1	高于此压力水头无根系吸水	cm	−10.0	−10.0 ~ −0.1	1；12	−10.0	−15.0 ~ −10.0	1；4；13
H2U	低于此压力水头上层土壤开始最优根系吸水	cm	−25.0	−30.0 ~ −1.0	1；12	−25.0	−30.0 ~ −20.0	4；13
H2L	低于此压力水头下层土壤开始最优根系吸水	cm	−25.0	−30.0 ~ −1.0	1；12	−25.0	−30.0 ~ −20.0	4；13
H3H	在高潜在蒸腾水平下根系吸水开始下降时的压力水头	cm	−320.0	−1000 ~ −320	1；3	−400.0	−500 ~ −300	1；4
H3L	在低潜在蒸腾水平下根系吸水开始下降时的压力水头	cm	−600.0	−2200 ~ −600	1；3	−500.0	−800 ~ −400	1；4
H4	低于此压力水头无根系吸水	cm	−8000.0	−16000 ~ −8000	1；3	−10000.0	−14000 ~ −8000	4；14
ECMAX	盐分胁迫开始时的饱和泥浆电导率	dS/m	2.0	2.0 ~ 6.0	1；12	1.8	1.5 ~ 2.5	1

续表

参数	定义	单位	冬小麦			夏玉米		
			默认值	取值范围	取值依据	默认值	取值范围	取值依据
ECSLOP	饱和泥浆电导率大于 ECMAX 时的根系吸水下降速率	m/dS	0%	0% ~ 7.5%	1	7.4%	7.0% ~ 12.0%	1
COFAB	Von Hoyningen-Hüne 和 Braden 公式中的截留系数	mm/d	0.25	0.20 ~ 0.30	扰动 ± 0.05	0.25	0.20 ~ 0.30	扰动 ± 0.05
RDCTB0	相对扎根深度等于 0 时的相对根密度	—	1.00	0.80 ~ 1.00	扰动 −0.2	1.00	0.80 ~ 1.00	扰动 −0.2
RDCTB1	相对扎根深度等于 1 时的相对根密度	—	1.00	0.80 ~ 1.00	扰动 −0.2	1.00	0.80-1.00	扰动 −0.2
RDI	初始扎根深度	cm	10.0	7.0 ~ 14.0	6	10.0	7.0 ~ 14.0	7
RRI	扎根深度的最大日增长量	cm/d	1.20	1.00 ~ 2.00	6	1.50	1.50 ~ 3.00	8
RDC	作物最大扎根深度	cm	125.0	125.0 ~ 200.0	15	100.0	90.0 ~ 120.0	7

注："—"代表无量纲；DVS 是指生长阶段（Development Stage），DVS = 0 代表出苗，DVS = 1.0 代表开花，DVS = 2.0 代表成熟。

取值依据中的 1 至 15 为如下文献编号：1. Kroes *et al.*，2009；2. Alfieri *et al.*，2008；3. Singh *et al.*，2006c；4. Hao *et al.*，2013；5. Boogaard *et al.*，1998；6. Zhou J. *et al.*，2012；7. Li *et al.*，2014；8. Ceglar *et al.*，2011；9. Wang *et al.*，2011；10. 马玉平等，2005；11. 武维华，2008；12. Kumar *et al.*，2015；13. Qureshi *et al.*，2013；14. Shafiei *et al.*，2014；15. 张喜英，1999。取值依据中的扰动值为对默认值的扰动数值。

2.3.3 站点尺度参数率定与验证及区域尺度模型验证的步骤

基于参数敏感性分析的结果，我们在试验站点尺度首先率定和验证土壤水力参数，然后，将率定的这些参数固定后再率定和验证站点尺度的土壤盐分运移参数，接着，将率定的土壤水分运动和土壤盐分运移参数都固定后再率定和验证站点尺度的作物参数。最后，将试验站点尺度经过率定和验证的土壤盐分运移参数和作物参数进行分区的展布，从而分别获得研究区内区域尺度的土壤盐分运移参数和作物参数，而研究区内区域尺度的土壤水力参数则由高分辨率的土壤数据通过 Rosetta 软件（Schaap *et al.*，2001）的估算而间接地获得。

我们在研究区内 6 个试验站收集和采集的田间试验数据及来源如表 2.4 所示，依据对各站点实测值的采集情况，首先，分别在 6 个站点基于实测的土壤含水量对 SWAP 模型的土壤水分运动模块进行有关参数的率定和验证，接着，对验证后的模型在 3 个站点基于实测的土壤盐分浓度对 SWAP 模型的土壤盐分运移模块进行有关参数的率定和验证；然后，在确定了土壤水力参数和盐分运移参数的基础上，利用冬小麦的叶面积指数（4 个站点）、地上部生物量（4 个站点）和产量（6 个站点）的实测值，对 SWAP-WOFOST 模型的作物模块中涉及冬小麦生长的有关参数进行率定和验证；最后，利用夏玉米的叶面积指数（5 个站点）、地上部生物量（4 个站点）和产量（6 个站点）的实测值，对 SWAP-WOFOST 模型的作物模块中涉及夏玉米生长的有关参数进行率定和验证。

为了在区域尺度上对现状灌溉情形下模型的模拟精度进行验证，首先，我们将模拟的作物产量从模拟单元尺度提升到县（市）域尺度，并与年鉴统计的作物产量进行对比；其次，我们将模拟的农田蒸散量从模拟单元尺度提升到研究区尺度，并与收集的遥感反演的蒸散量进行对比；最后，我们将研究区在模拟时段内作物生育期的农田蒸散量和作物 WP 的模拟计算值与文献报道的数值进行对比。通过以上对比来验证我们所构建的分布式 SWAP-WOFOST 模型在区域尺度上的模拟精度。

表 2.4 在研究区内 6 个试验站用于参数率定和模型验证的观测数据的时段与来源

观测数据	站点	率定		验证	
		时段（年份）	来源	时段（年份）	来源
土壤含水量	廊坊	2012 ~ 2013	杨毅宇，2014	2013	杨毅宇，2014
	雄县	1994 ~ 1996	许迪等，2000	1996 ~ 1997	许迪等，2000
	南皮	2013 ~ 2014	中国科学院遗传与发育生物学研究所农业资源研究中心	2014 ~ 2015	中国科学院遗传与发育生物学研究所农业资源研究中心
	深州	2007 ~ 2010	河北省农林科学院旱作农业研究所	2011 ~ 2012	河北省农林科学院旱作农业研究所
	吴桥	2002 ~ 2004	张永平，2004；吴永成，2005	2006 ~ 2009	张胜全，2009；刘克，2010
	曲周	1997 ~ 2000	乔玉辉，1999；毛振强，2003	2001 ~ 2002	毛振强，2003；刘云，2003；王纯枝，2006

续表

观测数据	站点	率定		验证	
		时段（年份）	来源	时段（年份）	来源
土壤盐分浓度	廊坊	—	—	—	—
	雄县	—	—	—	—
	南皮	2013 ~ 2014	中国科学院遗传与发育生物学研究所农业资源研究中心	2014 ~ 2015	中国科学院遗传与发育生物学研究所农业资源研究中心
	深州	2007 ~ 2011	河北省农林科学院旱作农业研究所	2011 ~ 2012	河北省农林科学院旱作农业研究所
	吴桥	—	—	—	—
	曲周	1998 ~ 2001	马文军，2009	2001 ~ 2005	马文军，2009
冬小麦叶面积指数	廊坊	2006 ~ 2007	付雪丽，2009	2007 ~ 2008	付雪丽，2009
	雄县	1994 ~ 1995	许迪等，2000	1994 ~ 1995	许迪等，2000
	南皮	—	—	—	—
	深州	—	—	—	—
	吴桥	2002 ~ 2003，2007 ~ 2008	张永平，2004；张胜全，2009	2004 ~ 2005，2006 ~ 2007	张胜全，2009
	曲周	1997 ~ 1998	张娟，2006	1999 ~ 2000	张娟，2006
冬小麦地上部生物量	廊坊	2006 ~ 2007	付雪丽，2009	2007 ~ 2008	付雪丽，2009
	雄县	—	—	—	—
	南皮	—	—	—	—
	深州	2007 ~ 2008，2010 ~ 2011	河北省农林科学院旱作农业研究所	2010 ~ 2011	河北省农林科学院旱作农业研究所
	吴桥	2002 ~ 2003	张永平，2004	2008 ~ 2009	刘克，2010
	曲周	1997 ~ 1998	马文军，2009	1998 ~ 1999	马文军，2009
冬小麦产量	廊坊	2007，2012	付雪丽，2009；Talpur，2014	2008，2013	付雪丽，2009；Talpur，2014
	雄县	1995 ~ 1997	许迪等，2000	1995 ~ 1997	许迪等，2000
	南皮	2013 ~ 2015	中国科学院遗传与发育生物学研究所农业资源研究中心	2013 ~ 2015	中国科学院遗传与发育生物学研究所农业资源研究中心
	深州	2007 ~ 2012	河北省农林科学院旱作农业研究所	2007 ~ 2010，2012	河北省农林科学院旱作农业研究所
	吴桥	2004 ~ 2005	张永平，2004；吴永成，2005	2008 ~ 2009	刘克，2010
	曲周	1998 ~ 2000	张娟，2006	2002，2004	张娟，2006

续表

观测数据	站点	率定		验证	
		时段（年份）	来源	时段（年份）	来源
夏玉米叶面积指数	廊坊	2007	付雪丽，2009	2008	付雪丽，2009
	雄县	1996	许迪等，2000	1996	许迪等，2000
	南皮	—	—	—	—
	深州	2010 ~ 2011	河北省农林科学院旱作农业研究所	2010 ~ 2011	河北省农林科学院旱作农业研究所
	吴桥	2006	刘明，2008	2007	刘明，2008
	曲周	2001 ~ 2002	张娟，2006	2003 ~ 2004	张娟，2006
夏玉米地上部生物量	廊坊	2007	付雪丽，2009	2008	付雪丽，2009
	雄县	—	—	—	—
	南皮	—	—	—	—
	深州	2010 ~ 2011	河北省农林科学院旱作农业研究所	2010	河北省农林科学院旱作农业研究所
	吴桥	2008	刘克，2010	2009	刘克，2010
	曲周	1999	曹云者，2007	2001	曹云者，2007
夏玉米产量	廊坊	2007，2012	付雪丽，2009；Talpur，2014	2008，2013	付雪丽，2009；Talpur，2014
	雄县	1996 ~ 1997	许迪等，2000	1996 ~ 1997	许迪等，2000
	南皮	2013，2015	中国科学院遗传与发育生物学研究所农业资源研究中心	2013，2015	中国科学院遗传与发育生物学研究所农业资源研究中心
	深州	2008 ~ 2012	河北省农林科学院旱作农业研究所	2008 ~ 2012	河北省农林科学院旱作农业研究所
	吴桥	2003 ~ 2004	吴永成，2005；刘明，2008	2005 ~ 2006，2009	刘明，2008；刘克，2010
	曲周	1998 ~ 2001	张娟，2006	2002 ~ 2005	张娟，2006

注：“—”表示未收集到该观测值。在廊坊站、深州站、吴桥站和曲周站，土壤含水量的测定方法为烘干法，在雄县站和南皮站土壤含水量采用中子仪测定；土壤盐分浓度在南皮站采用滴定法测定，在深州站和曲周站采用电导率仪测定；两种作物的叶面积先由长宽系数法计算得到，进而获得叶面积指数；作物的地上部分在70 ~ 80℃下烘至恒重，然后计算得到地上部干物重；植株收获、风干、脱粒后称重，得到作物产量。

2.3.4 率定方法

在每个试验站，对于土壤水分运动和盐分运移模块的参数采用PEST软件进行率定。对于非线性系统，PEST软件是基于Gauss-Marquardt-Levevberg（GML）算法对目标函数求解最小值，具体算法参见文献（Doherty，2010）。我们与Singh等（2006c）和Vazifedoust等（2008）的做法相仿，在每个试验站对作物参数基于敏感性分析的结果采用“试错法”进行率定。

2.3.5　模拟精度的评价指标

没有一个单独的指标可以充分地描述模型的表现，研究者需要采用一系列指标进行评价（Willmott，1982）。我们选择已广泛使用的 4 个统计指标进行模拟精度的评估，它们分别为平均偏差（Mean Bias Error，MBE）（Willmott，1982）、均方根误差（Root Mean Square Error，RMSE）（Willmott，1982）、标准均方根误差（Normalized Root Mean Square Error，NRMSE）（Jamieson *et al.*，1991）和一致性系数（index of agreement，*d*）（Willmott，1982），各指标的具体计算公式如下：

$$\mathrm{MBE}=\frac{1}{N}\left[\sum_{i=1}^{N}(S_i-O_i)\right] \tag{2.31}$$

$$\mathrm{RMSE}=\sqrt{\frac{1}{N}\sum_{i=1}^{N}(S_i-O_i)^2} \tag{2.32}$$

$$\mathrm{NRMSE}=\sqrt{\frac{1}{N}\sum_{i=1}^{N}(S_i-O_i)^2}\times\frac{100}{O} \tag{2.33}$$

$$d=1-\left[\frac{\sum_{i=1}^{N}(S_i-O_i)^2}{\sum_{i=1}^{N}(|S_i-O|+|O_i-O|)^2}\right] \tag{2.34}$$

式中，S_i 为模拟值；O_i 为实测值；O 为实测值的平均值；N 为观测值的个数。

各指标的评判标准如下：① MBE：若大于 0，表明模型给出的是高估的平均量；若小于 0，表明模型给出的是低估的平均量（Iqbal *et al.*，2014）。② RMSE：接近于 0，表明模型的表现较好（Iqbal *et al.*，2014）。③ NRMSE：小于 10%，表明模拟得很好；10% ~ 20%，表明模拟得好；20% ~ 30%，表明模拟得较好；大于 30%，表明模拟得不好（Jamieson *et al.*，1991）。④ *d*：其变化范围是 0 ~ 1，若 *d*=1，表明模拟值与实测值完全一致，若 *d*=0，表明模拟值与实测值完全不一致（Willmott，1981；Iqbal *et al.*，2014；Akumaga *et al.*，2017）。

2.4　SWAP-WOFOST 模型中分布式模拟单元的构建与模拟时段的选择

应用分布式 SWAP-WOFOST 模型在区域尺度进行模拟时，需要借助地理信息系统

（GIS）技术把上边界条件、下边界条件、初始条件、土壤数据和作物信息等反映空间异质性的数据进行叠加，得到所谓的均一模拟单元。本研究中每个模拟单元是基于特定的气象、土壤、作物、灌溉、土地利用、水资源和行政区划等 12 种信息组合而成（图 2.15）。各信息的数据来源如表 2.5 所示，下面对于各分区进行逐一描述。

2.4.1 气象数据及其分区

SWAP-WOFOST 模型需要输入的气象数据包括：最低气温、最高气温、水汽压、风速、太阳辐射和降水量（Kroes *et al.*，2009）。太阳辐射基于气象站实测的日照时数采用 Angstorm 公式（Allen *et al.*，1998）估算得到，其中的经验系数 a 和 b 的取值采用 FAO 在温带地区推荐的 0.18 和 0.55（Doorenbos and Pruitt，1977），此推荐值也与在华北平原 8 个气象站根据辐射的观测数据回归拟合得到的最佳 a 和 b 的平均值 0.18 和 0.54（Wang J. *et al.*，2015）较为一致。

气象要素中的温度与降水对冬小麦和夏玉米的生长有很关键的作用（贾银锁和郭进考，2009）。尽管我们通过多源收集到大量的气象数据，但各气象要素的数据丰富程度存在一定的差异。其中，作为模型上边界条件的降水量数据最为丰富，其来源包括：国家基本气象站（13 个，时段为 1975 ~ 2012 年）、河北省气象站 II（50 个，时段为 1975 ~ 2006 年）和雨量站（50 个，时段为 2007 ~ 2012 年），将 1975 ~ 2006 年和 2007 ~ 2012 年这两个时段有降水量数据的站点通过 ArcGIS 生成的泰森多边形进行叠加得到降水量分区。气温数据的来源包括：国家基本气象站（13 个，1975 ~ 2012 年）和河北省气象站 II（50 个，1975 ~ 2006 年），将 1975 ~ 2006 年和 2007 ~ 2012 年这两个时段有气温数据的站点所生成的泰森多边形进行叠加得到气温分区。其他气象要素包括：国家基本气象站（13 个，1975 ~ 2012 年）和河北省气象站 I（24 个，1975 ~ 1999 年），将 1975 ~ 1999 年和 2000 ~ 2012 年这两个时段有其他要素的站点所生成的泰森多边形进行叠加得到其他气象要素分区。最后，将降水量分区、气温分区和其他气象要素分区进行叠加，共得到 133 个气象分区 [图 2.15（a）]。

2.4.2 土壤水力参数及其分区

我们基于从中国科学院南京土壤研究所购置的包含研究区的空间分辨率为 1 km × 1 km 的 5 层土壤（0 ~ 10 cm、10 ~ 20 cm、20 ~ 30 cm、30 ~ 70 cm 和大于 70 cm）的砂粒、粉粒和黏粒的含量及体积密度，对这 5 层土壤的上述 4 个属性共 20 个属性值求异（亦即当 20 个属性值中有一个不同时，则认为是不同的单元），共得到 125 个相异的组合，即 125 个土壤水力参数分区 [图 2.15（b）]。考虑到基于 PTFs 来间接地估计土壤水力参数进而开展农业水文模拟是国际和国内的许多研究者们（Singh *et al.*，2006b；Govindarajan *et al.*，2008；Mishra *et al.*，2013；Jiang *et al.*，2015；Noory *et al.*，2011；Xue and Ren，2016，2017a）所采用的做法，这里，我们也采用这种间接估计土壤水力参数的方式，即使用知名的 Rosetta 软件（Schaap *et al.*，2001）对区域尺度的土壤水力参数进行估算。我们之所以这样做，还因为在这 125 个土壤水力参数分区中，土壤质地以壤土、砂壤土和黏壤土为主，土壤的体积密度基本介于 1.3 ~ 1.4 g/cm^3（Shi *et al.*，2004，2010；史学正等，2007），而 Schaap 等（2001）的研究结果表明：对这类土壤质地在这样的体积密度范围内使用砂粒、粉粒和黏粒的含量及体积密度作为预估子而运用 Rosetta 软件可以获得对土壤水力参数好的估算值，且这样的估算结果在灌溉农田作物根系层的土壤含水量的变化范围内具有相对较高的精度。因此，我们基于各分区中每层土壤的砂粒、粉粒和黏粒的含量及体积密度，采用 Rosetta 软件（Schaap *et al.*，2001）生成的 vG-M 型土壤水力参数来描述这些分区各层的土壤水力函数，参数中的 ORES、OSAT、K_s、α 和 n 采用 Rosetta 生成的值，对于形状参数 λ，取值均为 0.5（Mualem，1976；Schaap *et al.*，2001）。

2.4.3　土壤盐分运移参数及其分区

受限于所收集和采集的数据，我们仅在南皮站、深州站和曲周站进行土壤盐分运移参数的率定。综合考虑这 3 个试验站的空间分布，我们以南皮站近似地代表研究区北部涉及沧州地区、保定地区和廊坊地区的区域，深州站近似地代表研究区中部的衡水地区，曲周站近似地代表研究区南部涉及邢台地区和邯郸地区的区域，如此概化得到 3 个土壤盐分运移参数分区 [图 2.15（c）]。

2.4.4　土壤剖面初始盐分及其分区

模拟土壤盐分运移需要输入土壤剖面的初始盐分，由收集到的可以较为全面地反映研究区 20 世纪 90 年代的土壤盐分空间变异性的数据，亦即白由路（1999）在研究区及其毗邻地区采样测定的土壤含盐量（具体地，在研究区内每 25 km 左右布设 1 个采样点，测定了 0 ~ 10 cm、10 ~ 20 cm、20 ~ 40 cm、40 ~ 100 cm 和 100 ~ 200 cm 这 5 层土壤的含盐量），我们按照距离最近的原则，应用 ArcGIS 中的泰森多边形，以研究区内及其毗邻地区的 39 个土壤剖面为依据进行分区，“以点带面”地概化得到 2 m 土壤剖面初始盐分的空间分布，获得土壤剖面初始盐分的 39 个分区 [图 2.15（d）]。这里需要说明的是，SWAP 模型中初始的土壤盐分的输入为土壤溶液盐分浓度（单位为 mg/cm^3），而我们收集到的数据为土壤含盐量（单位为 kg/kg），这就需要将两者基于土壤含水量进行转化。由于我们模拟时段的起始时刻为冬小麦足墒播种时，此时土壤剖面的含水量可近似视为田间持水量。因为研究区内 0 ~ 200 cm 土壤的田间持水量差异不大且平均的田间持水量（质量含水量）约为 22.4%（Shi *et al.*，2004，2010；史学正等，2007），所以，我们可进一步地通过田间持水量将初始的土壤含盐量转化为初始的土壤溶液盐分浓度。

2.4.5　作物参数及其分区

我们在 6 个试验站对冬小麦和夏玉米的参数都进行率定和验证。由于在实际生产过程中，在特定地区对这两种作物往往有推荐的主栽品种（贾银锁和郭进考，2009），因此，我们在进行作物参数分区时以站点所在的特定地区代表研究区内所涉及的相应地区为基本原则。对于有且仅有一个试验站的地区，以该站点的作物参数代表该试验站所在地区的作物参数，亦即廊坊站代表廊坊地区、雄县站代表保定地区、深州站代表衡水地区、曲周站代表邯郸地区；对于有两个试验站的沧州地区，我们结合《渤海粮仓河北项目区推荐技术》①中的分区，以吴桥站代表沧州地区的吴桥县和东光县，以南皮站代表该地区的其他各县（市）；对于没有试验站的邢台地区，通过对比所收集的邢台地区及其毗邻地区的农业气象站的作物生育期信息，表明邢台地区与邯郸地区的作物生育期更为接近，再进一步地综合考虑《渤海粮仓河北项目区推荐技术》①中的分区后，我们以曲周站的作物参数来近似地代表邢台地区的作物参数。综上，共得到6个作物参数分区[图2.15（e）]。

2.4.6 作物的播种和收获时间及其分区

由于作物参数中的出苗阶段至开花阶段所需积温（TSUMEA）和开花阶段至成熟阶段所需积温（TSUMAM）与作物生育期密切相关，为了保证区域尺度作物参数和播种与收获时间在空间上的匹配性，我们将作物播种和收获时间的分区与作物参数的分区保持一致，得到6个作物播种和收获时间的分区[图2.15（f）]，在各分区内以试验站实际观测的播种和收获时间为主，同时参考我们所收集的相应地区农业气象站的作物生育期信息以及文献报道的适宜播期（贾银锁和郭进考，2009）来确定6个分区中冬小麦和夏玉米这两种作物的具体播种和收获时间。

2.4.7 灌溉制度及其分区

一方面，有文献（于振文，2015）报道：黑龙港地区80%以上的麦田有灌溉措施，另有300万亩的旱地，其中没有水浇条件的旱碱地主要位于沧州地区的黄骅、海兴、盐山、沧县和青县等县（市）。另一方面，也有文献（田汝森，2008）报道：沧州地区小麦分3个类型区，一类是高产麦田类型区，在一般情况下，地下水能保证浇3水；二是中产麦田类型区，地下水能保证浇1～2水；三是低产麦田类型区，纯靠天吃饭。因此，这启发我们：在研究区内尤其是在沧州地区，我们可以根据冬小麦产量水平的空间差异来间接地概化现状灌溉制度（亦即现状灌溉情形）的空间变化。基于此，由研究区内各县（市）1994～2012年冬小麦的年鉴统计产量的平均值（河北省人民政府办公厅和河北省统计局，1995～2017），我们参考田汝森（2008）提出的不同麦田类型区的产量水平，概化得到相应于3个产量水平的3个灌溉制度分区[图2.15（g）]如下：平均产量小于200 kg/亩（3000 kg/hm^2）的麦田为灌溉III区，平均产量在200～250 kg/亩（3000～3750 kg/hm^2）范围内的麦田为灌溉II区，平均产量大于250 kg/亩（3750 kg/hm^2）的麦田为灌溉I区。

在播种前底墒充足的前提下，冬小麦可灌3次水的情况下，灌水时间可以确定为越冬前、拔节期和孕穗－开花期或拔节期、孕穗期和灌浆初期；可灌2次水的情况下，以越冬前和拔节期或拔节期和开花期为宜；可灌1次水的情况下，以拔节期为宜（王璞，

① 渤海粮仓河北项目区管理办公室，2013，渤海粮仓河北项目区推荐技术。

2004）。结合文献报道中有关研究区内农民通常对冬小麦和夏玉米进行灌溉的生育期（夏爱萍，2006）、这两种作物的关键需水期（中国主要农作物需水量等值线图协作组，1993；于振文，2003；贾银锁和谢俊良，2008；贾银锁和郭进考，2009）和高效栽培技术中所建议的进行灌溉的生育期（陈秀敏等，2008；贾银锁和谢俊良，2008；于振文，2015），我们最终确定：在研究区内，冬小麦的灌水时间为播种前、起身－拔节期、孕穗－开花期、灌浆初期，夏玉米的灌水时间为播种和抽雄期。这里需要说明的是，考虑到在研究区对冬小麦灌溉播前水的重要性及便于水量平衡的分析，所以我们将播前水的灌水定额也纳入冬小麦生育期的灌溉定额（灌溉量）。此外，河北省自20世纪80年代以来在较大面积上推行播前蓄水灌溉（陈玉民等，1995）。90年代之后，河北省小麦以节水高产、优质高效和环境友好等多目标为栽培技术的主要特点，取消了返青水、麦黄水，许多地方还取消了冻水（陈秀敏等，2008）。值得注意的是，对河北中南部麦田，在提高整地播种质量和充足造墒的情况下，不提倡浇冻水（陈秀敏等，2008）。在河北中南部麦区土壤质地适中的麦田，均可采取足墒播种、播后镇压，免浇封冻水（李月华和杨利华，2017）。衡水以南地区，在播种前浇足底墒水的情况下，一般不再浇冻水，衡水以北地区酌情浇冻水（李月华和杨利华，2017）。沧州地区种植冬小麦浇冻水的面积约占总播种面积的15%，浇播种水的面积约占总播种面积的63%（田汝森，2008）。考虑到我们难以界定研究区内哪些县（市）灌溉越冬水，并参考以上信息，我们在设置现状灌溉情形时，主要考虑为足墒播种而灌溉播前水，而未考虑研究区内在越冬期的灌溉。综合参考《河北省用水定额》（河北省质量技术监督局和河北省水利厅，2009）、研究区内各试验站所开展的田间试验（表2.4）和高效栽培模式（陈秀敏等，2008；贾银锁和谢俊良，2008；于振文，2015）中所建议的灌水定额，我们最终确定灌水定额为75 mm。同时，由于灌水次数和灌溉定额（灌水定额之和）的确定还需要考虑不同的降水频率（河北省质量技术监督局和河北省水利厅，2009），故我们依据1975～2012年冬小麦和夏玉米生育期的降水量计算了各自生育期的降水超过概率，据此得到模拟时段内这两种作物在各自生育期的降水量所对应的降水超过概率。各灌溉分区在不同降水频率下概化的现状灌溉制度如表2.6所示。

2.4.8　模拟剖面下边界和土壤初始含水量及其分区

一方面，有研究文献（刘昌明和魏忠义，1989）报道：在华北平原，当地下水埋深大于4 m时，潜水蒸发等于零，农作物对地下水的利用趋近于零；与研究区内土壤剖面质地类型（Shi *et al.*，2004，2010；史学正等，2007）相近的土质类型的实测毛细上升高度约在2 m以内（张建国和赵惠君，1988）。另一方面，我们多源收集到如下浅层地下水埋深数据信息（表2.5）：研究区内1991～2012年18口国家级潜水监测井的月平均地下水埋深；沧州地区、衡水地区、邢台地区和邯郸地区2006～2012年144口浅层地下水监测井的月平均地下水埋深；研究区内2006～2010年和2012年302口区域调查井在6月的浅层地下水埋深；沧州地区2005～2010年和2012年12月的浅层地下水埋深的空间分布；廊坊地区、沧州地区、衡水地区、邢台地区和邯郸地区2011年第一次全国水利普查中158282口浅层地下水调查井的地下水埋深。据此，我们以浅层地下水埋深4 m为界，对于模拟时段内浅层地下水埋深基本大于4 m的区域，模拟剖面的下边界条件统一概化成根系带2 m土体下界面为自由排水的纽曼（Neumann）型边界；对于模拟时段内浅层地下水埋深基本在4 m内变化的区域，模拟剖面的下边界取在浅层含水层的隔水底板处，统一概化为通量为零的纽曼（Neumann）型边界。对于后者，我们不选择描述浅层地下水位动态的狄利赫莱（Dirichlet）型边界的理由在于：首先，我们难以收集到这个区域在较细的时间尺度上的浅层地下水埋深动态；其次，描述地下水位的狄利赫莱（Dirichlet）型下边界条件所应用的典型尺度为田间，而描述底部通量的纽曼（Neumann）型下边界所应用的典型尺度为区域（Kroes *et al.*，2009）；最后，在浅层地下水浅埋区域，由于地下水面的波动对土壤水力函数和上边界条件敏感，选择地下水埋深动态的边界条件意味着上、下边界能较好地匹配（Kroes *et al.*，2009），但我们收集到的浅层地下水埋深的观测数据和概化的灌溉制度，在时空尺度上难以保证上、下边界较好的匹配。这里需要说明的是，由于在浅层地下水埋深通常小于4 m的区域，其浅层地下水系统为第I含水组，厚度一般小于10 m，局部为10 ~ 20 m（陈望和，1999；张兆吉等，2009），所以我们将浅层含水层的隔水底板（不透水层）的位置概化为地面以下15 m处。还需要说明的是，在华北平原的滨海平原，浅层地下水的水力坡度为0.1‰左右，滨海地区浅层地下水径流几乎停滞（张兆吉等，2009），加之我们在构建模拟单元时仅考虑耕地分布区，由模拟时段内2005年的土地利用类型图可知：在海岸线附近区域的土地利用类型多为其他建设用地（厂矿、大型工业区、油田、盐场、采石场等用地，以及交通道路、机场及特殊用地）、沼泽地（地势平坦低洼，排水不畅，长期潮湿，季节性积水或常年积水，表层生长湿生植物的土地）和滩地（河、湖水域在平水期水位与洪水期水位之间的土地）等，而这些土地利用类型在我们的模拟中并未纳入。因此，我们可以将滨海区域这些模拟单元内的模拟剖面中浅层地下水的运动近似视为一维垂向运动。

对于下边界条件设置成自由排水的区域，由于模拟时段始于冬小麦的足墒播种时，故土壤初始含水量可近似地设置为2 m土体均为田间持水量（取 $h = -100$ cm）；对于下边界条件设置成通量为零的区域，根据该区域内收集到的17口浅层地下水监测井（3口国家级的监测井和14口河北省级的监测井）中测量的浅层地下水埋深，按照距离最近原则对这17口监测井进行分区，并将所收集的这些监测井数据起始年份的10月作为初始时刻，相应的观测值作为各个分区内浅层地下水埋深的初始值。对于国家级的监测井，将1991年10月实测的浅层地下水埋深作为初始值输入；对于河北省级的监测井，由于2006 ~ 2012年浅层地下水埋深趋于稳定，故以2006 ~ 2012年这7年中10月的浅层地下水平均埋深作为初始值输入。综上，共得到这2种模拟剖面下边界条件下非饱和带（对第一种）和非饱和－饱和带（对第二种）中土壤初始含水量（亦即土壤水初始压力头）的18个分区[图2.15（h）]。

2.4.9 浅层地下水矿化度及其分区

对于模拟剖面的下边界设置在浅层含水层底板处且其通量为零的区域，由于模拟剖面的初始盐分在饱和带的部分需要输入浅层地下水的矿化度，所以我们在模拟单元构建时相应地叠加了浅层地下水矿化度的分区（张兆吉和费宇红，2009）。矿化度分为小于 1 g/L、1 ~ 2 g/L、2 ~ 3 g/L、3 ~ 5 g/L、5 ~ 10 g/L 和≥ 10 g/L 这 6 个区域 [图 2.15（i）]，基于矿化度的取值范围，并考虑到浅层地下水矿化度≥ 10 g/L 的耕地面积只占总耕地面积的大约 0.2%，故我们在模型中依次按照 0.5 g/L、1.5 g/L、2.5 g/L、4.0 g/L、7.5 g/L 和 10 g/L 进行输入。

2.4.10　耕地与非耕地的分区

由于作物的种植区域仅分布在耕地上，所以构建模拟单元需要叠加耕地的空间分布图。由模拟时段内的 1990 年、1995 年、2000 年、2005 年和 2010 年这 5 期的土地利用类型图①的统计结果可知：1990 年至 2010 年耕地面积从 34957 km^2 下降至 33794 km^2，变化幅度约为 −3.33%，这表明模拟时段内耕地面积变化不大。同时，《河北农村统计年鉴》（河北省人民政府办公厅和河北省统计局，1995 ~ 2017）的统计结果也表明：1995 ~ 2010 年研究区内耕地面积趋于稳定。因此，我们在模拟时段内不考虑耕地分布的动态变化，而是用 2005 年耕地的空间分布来参与模拟单元的构建 [图 2.15（j）]，这一方面是因为 2005 年处于我们模拟时段的中期，另一方面 2005 年的耕地面积更接近这 5 期土地利用类型图中耕地面积的平均值，可以较好地反映模拟时段内耕地面积的平均水平。

2.4.11　水资源的分区

水资源分区是开展水资源量评价和水资源供需分析的地域单元（任宪韶等，2007）。为了使得我们的模拟计算结果可以与水资源的调查和评价结果进行对比分析，我们在构建分布式模拟单元时也叠加了水资源分区。研究区内共涉及 7 个水资源分区（任宪韶等，2007），分别是北四河下游平原、大清河淀东平原、大清河淀西平原、黑龙港及运东平原、子牙河平原、徒骇马颊河和漳卫河平原 [图 2.15（k）]。

2.4.12　县（市）域的分区

一方面，由于我们在区域尺度进行模拟精度评价时需要将模拟的作物产量与年鉴统计的作物产量进行对比，而年鉴统计的产量是在县（市）域尺度上的，另一方面，河北省实施地下水超采综合治理是以县（市）为单元的。因此，为了使我们的模拟分析结果可以从模拟单元尺度提升至县（市）域尺度，我们在模拟单元的构建时叠加了 53 个县（市）的边界 [图 2.15（l）]。这样不仅便于模型在区域尺度上的验证，而且使得本研究的模拟分析结果也便于有关部门制定相关政策时参考。

综上，基于研究区及其毗邻地区的国家基本气象站、河北省气象站和雨量站这 3 种气象信息源的数据，应用泰森多边形方法得到气象要素的 133 个分区数据；基于空间分辨

---

①中国科学院资源环境科学数据中心，http://www.resdc.cn。

率为 1 km × 1 km、2 m 土体剖面层次划分为 5 层的 4 个土壤物理属性数据，应用 Rosetta 软件得到土壤水力参数的 125 个分区数据；基于田间试验站所收集和采集的观测数据并考虑试验站的空间分布得到土壤盐分运移参数的 3 个分区数据；基于研究区及其毗邻地区空间采样距离约为 25 km 的 2 m 剖面的 5 层土壤盐分实测值，得到 2 m 土壤剖面初始盐分含量的 39 个分区数据；基于在 6 个试验站点对作物参数的率定，并参考有关的农业生产技术推广报告及农业气象站信息，得到作物参数的 6 个分区数据；基于作物参数是在 6 个试验站点上进行率定并参考有关文献和农业气象站信息，得到作物的播种与收获时间的 6 个分区数据；基于收集的农业、农田水利的相关文献和标准，并参考模拟时段作物生育期的降水频率，概化得到冬小麦 - 夏玉米轮作农田现状灌溉制度的 3 个分区数据；基于相关文献报道和从多源收集的浅层地下水埋深的观测和调查数据，概化得到模拟剖面的 2 种下边界条件以及在这 2 种模拟剖面下边界情形中土壤初始含水量的 18 个分区；基于华北平原浅层地下水矿化度的空间分布图，概化得到浅层地下水矿化度的 6 个分区；基于 5 期土地利用类型图，概化得到研究区内耕地与非耕地的 2 个分区；基于海河水利委员会对海河流域水资源评价中三级区的划分，得到研究区内分属于海河流域的 7 个水资源三级区的区域；基于有关文献得到研究区内县（市）域的 53 个分区。在此基础上，我们叠加生成了本研究中用于农业水文模型的 2809 个分布式模拟单元 [图 2.15（m）]。如此深入地挖掘多源多尺度数据和资料并将其加以融合来构建反映区域尺度空间异质性的模拟单元，就其信息的丰富性及模拟单元的规模而言，不仅在该区域的研究历史上鲜有报道，而且在国际农业水文模拟以往的研究中也不多见。在本研究中为了提高工作效率，采用 Excel 中的 VBA 语言编程以实现对各分区气象数据和灌溉数据的批量处理，使用 C 语言编程将处理后的气象数据整理为 SWAP 模型可以识别的格式，通过 Matlab 编程来实现模拟主文件的批量制作，使用 Access 数据库以实现模拟结果的批量整理。

在本研究中，我们分布式地应用 SWAP-WOFOST 模型是基于如下假设：单个均质的区域之集总能够等价地表征一个空间上非均质的区域。由于总体上我们的研究区域通常不存在明显的地表径流且浅层地下水埋深较大或浅层地下水的水力坡度很小（Li and Ren, 2019a），所以我们的分布式农业水文模型所基于的这种假设在本研究区内是合理的。当我们在区域尺度上以这种分布式的方式应用 SWAP-WOFOST 模型时，首先，独立地运行我们所构建的 SWAP-WOFOST 模型来模拟每一个模拟单元上的水盐平衡和作物产量，接着，将模型独立运行的输出结果加以集总来评价研究区内不同时空尺度上我们所设定的灌溉方案的表现。

2.4.13 模拟时段的选择

在本研究中，从多源收集的气象数据相对丰富的时段主要集中于 1975 ~ 2012 年，用于站点尺度模型参数率定与验证的田间试验观测数据（土壤含水量、土壤盐分浓度以及作物的叶面积指数、地上部生物量和产量）及用于区域尺度模型验证的年鉴统计产量和遥感反演的蒸散量等数据相对完备的时段主要集中于 1993 ~ 2012 年，模拟和评估所用到的地下水资源调查与评价的相关数据的时段主要集中于 1991 ~ 2012 年，同时，研

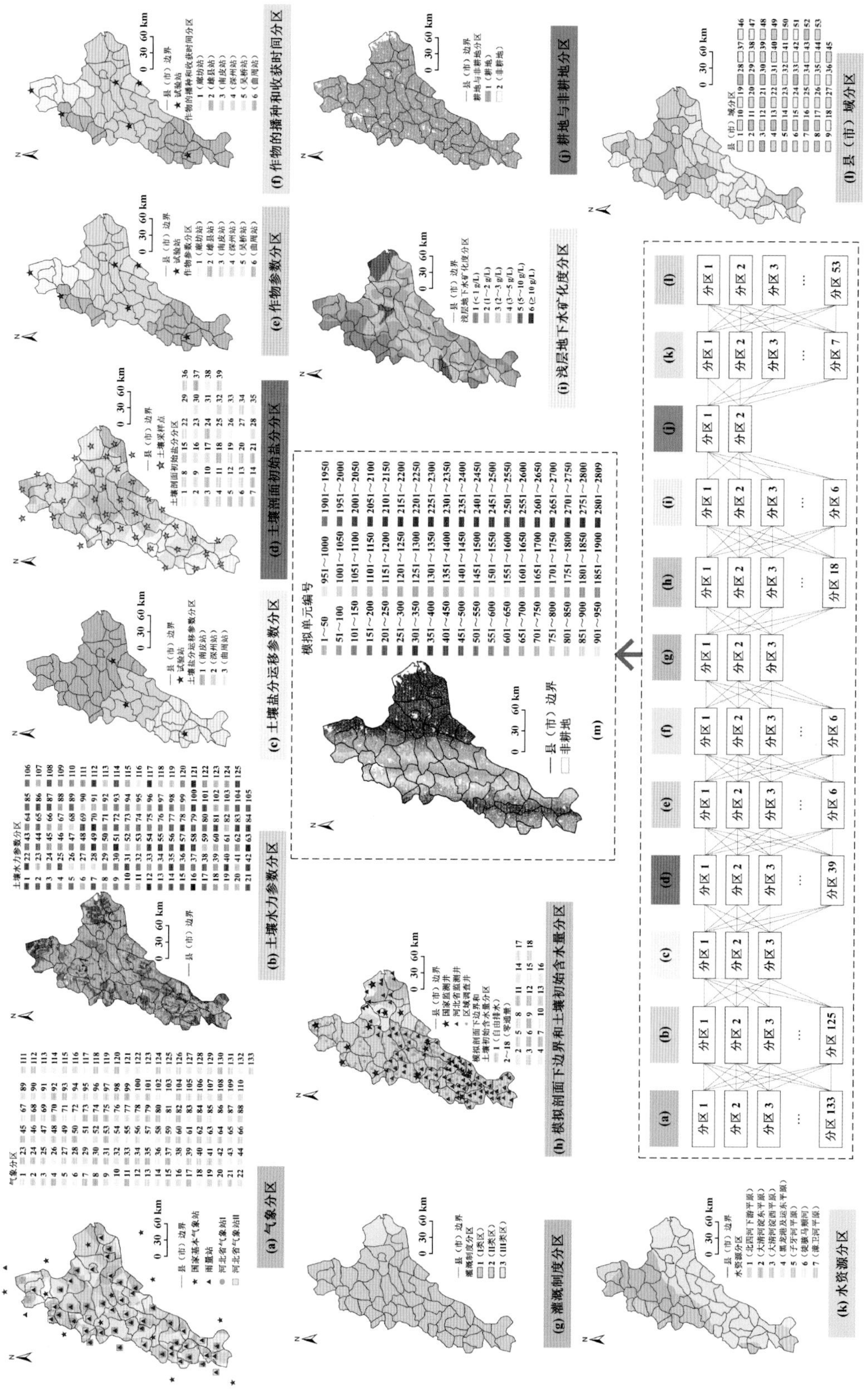

图 2.15　研究区内分布式模拟单元构建的框架图

究区农田中氮胁迫对作物生长不构成主要影响因素的时间节点大约在 1996 年（Sun and Ren，2014），综上，我们确定本研究的模拟时段为 1992 年 10 月至 2012 年 10 月，模型预热期为 1989 年 10 月至 1992 年 9 月。

表 2.5　用于研究区的分布式模拟单元构建和区域尺度模型验证而收集的数据信息及其来源

数据类型	数据描述	来源
气象数据	黑龙港地区及其毗邻地区 13 个国家基本气象站在 1975 ~ 2015 年的最低气温、最高气温、降水量、相对湿度、风速和日照时数的日值数据	中国气象数据网（http://data.cma.cn）
	黑龙港地区及其毗邻地区 24 个河北省气象站 I 在 1975 ~ 1999 年的相对湿度、风速和日照时数的日值数据	河北省气象科学研究所
	黑龙港地区及其毗邻地区 50 个河北省气象站 II 在 1975 ~ 2006 年的最低气温、最高气温和降水量的日值数据	河北省气象局
	黑龙港地区及其毗邻地区 50 个雨量站在 2007 ~ 2012 年的降水量日值数据	中华人民共和国水利部水文局①
土壤数据	黑龙港地区 5 层土壤（0 ~ 10 cm、10 ~ 20 cm、20 ~ 30 cm、30 ~ 70 cm 和大于 70 cm）的砂粒、粉粒和黏粒含量及体积密度（空间分辨率为 1 km × 1 km）	中国科学院南京土壤研究所；Shi *et al.*，2004，2010；史学正等，2007
作物的播种和收获时间	8 个农业气象站的作物生育期信息	中国气象数据网（http://data.cma.cn）
土壤剖面初始盐分	黑龙港地区及其毗邻地区 39 个剖面 5 层土壤（0 ~ 10 cm、10 ~ 20 cm、20 ~ 40 cm、40 ~ 100 cm 和 100 ~ 200 cm）的盐分含量	白由路，1999
浅层地下水埋深	1991 ~ 2012 年黑龙港地区内 18 口国家级潜水监测井的月平均埋深	中国地质环境监测院
	2006 ~ 2012 年黑龙港地区所包含的邢台地区、邯郸地区、衡水地区和沧州地区的区域内 144 口浅层地下水监测井的月平均水面埋深	中国水利水电科学研究院水资源研究所
	2006 ~ 2010 年和 2012 年黑龙港地区内 302 口调查井 6 月的浅层地下水埋深	中国地质环境监测院
	2005 ~ 2010 年和 2012 年黑龙港地区的沧州地区 12 月浅层地下水埋深的空间分布	沧州市地面沉降监测中心
	2011 年第一次全国水利普查的黑龙港地区所包含的邢台地区、邯郸地区、衡水地区、沧州地区和廊坊地区的区域内 158282 口浅层地下水调查井的水面埋深	中国水利水电科学研究院水利研究所
土地利用类型	黑龙港地区 1990 年、1995 年、2000 年、2005 年和 2010 年 5 期土地利用类型图（空间分辨率为 1 km × 1 km）	中国科学院资源环境科学数据中心（http://www.resdc.cn）
水资源分区	黑龙港地区水资源分区	任宪韶等，2007
浅层地下水矿化度	黑龙港地区浅层地下水矿化度的空间分布	张兆吉和费宇红，2009
县（市）域	黑龙港地区所包含的 53 个县（市）	王慧军，2010
作物单产	黑龙港地区各县（市）在 1994 ~ 2012 年冬小麦和夏玉米的播种面积和总产	河北省人民政府办公厅和河北省统计局，1995 ~ 2017
蒸散量	黑龙港地区在 2002 ~ 2008 年遥感反演的蒸散量（空间分辨率为 1 km × 1 km）	中国科学院遥感与数字地球研究所；Wu *et al.*，2012

注：① 中华人民共和国水利部水文局，2007~2012，中华人民共和国水文年鉴——海河流域水文资料。

表 2.6　概化的 3 个灌溉分区在作物生育期不同的降水超过频率下现状灌溉制度中的灌水次数和灌水时间

作物	灌溉分区	降水超过概率（PEP）/%	灌水次数	灌水时间	参考文献
冬小麦	Ⅰ区	25	3	播前、起身－拔节期、孕穗－开花期	中国主要农作物需水量等值线图协作组，1993；于振文，2003；王璞，2004；夏爱萍，2006；田汝森，2008；贾银锁和谢俊良，2008；陈秀敏等，2008；河北省质量技术监督局和河北省水利厅，2009；贾银锁和郭进考，2009；于振文，2015
		50	4	播前、起身－拔节期、孕穗－开花期、灌浆初期	
		75	4	播前、起身－拔节期、孕穗－开花期、灌浆初期	
		95	4	播前、起身－拔节期、孕穗－开花期、灌浆初期	
	Ⅱ区	25	2	播前、返青－拔节期	
		50	3	播前、起身－拔节期、孕穗－开花期	
		75	3	播前、起身－拔节期、孕穗－开花期	
		95	3	播前、起身－拔节期、孕穗－开花期	
	Ⅲ区	25	0	—	
		50	1	起身－拔节期	
		75	1	起身－拔节期	
		95	1	起身－拔节期	
夏玉米	Ⅰ区	25	0	—	
		50	0	—	
		75	1	播种	
		95	2	播种、抽雄期	
	Ⅱ区	25	0	—	
		50	0	—	
		75	0	—	
		95	1	播种	
	Ⅲ区	25	0	—	
		50	0	—	
		75	0	—	
		95	0	—	

注：“—”表示不灌溉。

2.5　限水灌溉情景的设置和模拟分析及评估

2.5.1　冬小麦限水灌溉模拟情景的设置

灌溉制度包括灌水次数、灌水时间和灌水定额及灌溉定额（刘肇祎等，2004）。我们开展冬小麦限水灌溉情景模拟之目的是针对研究区在现状灌溉情形下深层地下水的安全危机，为研究区应对深层地下水堪忧的情势提供减少井灌开采量的评估结果。在考虑限水灌溉模拟情景的设计时，对灌水次数的设置在严格意义上应该比现状灌溉情形下的平均灌水次数要少。由于黑龙港地区的现状灌溉条件在空间上存在差异，我们在开展现状灌溉情形下的模拟前，依据多源获得的相关文献将该地区按灌溉制度划分为3个分区（亦即I区、II区和III区）。由于在这3个分区内的现状灌溉情形有所不同，故我们针对每个分区分别设置其相应的限水灌溉模拟情景。

对于I区，在现状灌溉情形下冬小麦的灌水时间包括播种前、起身－拔节期、孕穗－开花期和灌浆初期。我们设置限水灌溉情景的灌水次数分别为3次、2次、1次和0次。由于研究区内冬小麦节水高产栽培通常要求播种前浇足75 mm的底墒水（王璞，2004；Li J. M. *et al.*，2005），所以当设置灌水次数为3次时，首先设置播前灌水，其次在灌浆初期或孕穗－开花期或起身－拔节期设置水分胁迫（亦即不灌溉），并分别作为情景1或情景2或情景3；当设置灌水次数为2次时，首先设置播前灌水，其次在起身－拔节期或孕穗－开花期或灌浆初期设置1次灌水，并分别作为情景4或情景5或情景6；当设置灌水次数为1次时，在播前或起身－拔节期或孕穗－开花期或灌浆初期设置1次灌水，并分别作为情景7或情景8或情景9或情景10；当灌水0次时，亦即雨养。上述限水灌溉模拟情景中对灌水次数的设置也综合参考了该区域内的吴桥站（Li J. M. *et al.*，2005；Zhang *et al.*，2011；Xu C. L. *et al.*，2016）、深州站（曹彩云等，2016）、南皮站（Zhang *et al.*，1999；吴忠东和王全九，2010）和曲周站（张娟，2006）的田间试验方案。此外，限水灌溉模拟情景中灌水定额的设置与现状灌溉情形相同，均为75 mm。综上，在I区冬小麦的11种限水灌溉模拟情景列于表2.7。当对冬小麦进行灌溉时（亦即情景1至情景10），夏玉米的灌溉方案与现状灌溉情形保持一致；当对冬小麦不灌溉时（亦即情景11），夏玉米也设置为雨养。

对于II区，在现状灌溉情形下冬小麦的灌水时间包括播种前、起身－拔节期和孕穗－开花期，我们设置限水灌溉模拟情景的灌水次数分别为2次、1次和0次。换言之，在该区域，上述的11种限水灌溉模拟情景中仅情景4至情景11在严格意义上可以称为限水灌溉情景。

对于III区，在现状灌溉情形下冬小麦的灌水时间仅为起身－拔节期，限水灌溉模拟情景中的灌水次数只能设置为0次，亦即在该区域上述的11种限水灌溉情景中仅情景11（即雨养）可以称为严格意义上的限水灌溉情景。

此外，我们参考有关文献（王慧军，2010），将灌溉分区中的II区（包括孟村、盐山、青县、沧县和沧州市）和III区（包括黄骅、海兴）的这7个县（市）划归为滨海平原区。虽然，在滨海平原区，由于现状灌溉条件较差，实际生产中多实施的是限水灌溉（王慧军，2011），然而，我们考虑到：一方面，在《河北省人民政府关于加快粮食生产核心区建设的指导意见（2008～2010年）》（河北省人民政府，2008）中提出对研究区要加快以节水灌溉为重点的农田水利建设，另一方面，南水北调工程实施后，每年在滨海平原区约有2.48亿 m^3 的水量分配（张兆吉等，2009），这或许意味着在II区和III区有提高现状灌溉水平的潜在可能性。基于此，为了便于就各限水灌溉情景在区域尺度开展统一的模拟计算，我们在II区和III区也开展所设计的11种限水灌溉情景下的模拟计算，然而，在具体分析这11种限水灌溉模拟情景对作物的产量、生育期农田蒸散量和WP的影响时，我们对 3 个灌溉分区都是分别进行分析的。

表 2.7　在研究区内设置的冬小麦生育期限水灌溉模拟情景

模拟情景	灌水时间				灌水次数	灌溉定额/mm
	播前	起身－拔节期	孕穗－开花期	灌浆初期		
情景 1	75 mm	75 mm	75 mm	—	3	225
情景 2	75 mm	75 mm	—	75 mm	3	225
情景 3	75 mm	—	75 mm	75 mm	3	225
情景 4	75 mm	75 mm	—	—	2	150
情景 5	75 mm	—	75 mm	—	2	150
情景 6	75 mm	—	—	75 mm	2	150
情景 7	75 mm	—	—	—	1	75
情景 8	—	75 mm	—	—	1	75
情景 9	—	—	75 mm	—	1	75
情景 10	—	—	—	75 mm	1	75
情景 11	—	—	—	—	0	0

注：“—”表示不灌溉。

2.5.2　冬小麦灌水时间的推荐原则

WP 是指作物在单位面积的产量与农田在单位面积的用水量之比（Singh *et al.*，2006b，2006c），在本研究中，农田单位面积的用水量是指作物生育期农田蒸散量。前已述及，我们对冬小麦的限水灌溉模拟情景（雨养除外）中的灌水次数分别设置了 3 次、2 次和 1 次，且对于相同的灌水次数又设置了不同的灌水时间。由于我们对限水灌溉情景的模拟旨在为“水粮权衡”提供定量化的参考，而 WP 的概念提供了分析灌溉农业中作物产量增加或节水的一个有用的框架（van Dam *et al.*，2006）。因此，我们针对每一个模拟单元，在相同灌水次数不同灌水时间的限水灌溉模拟情景下，分别对比冬小麦、夏玉米、冬小麦－夏玉米轮作周年作物的产量和 WP，选出在特定的灌水次数下作物产量最高或 WP 最高的限水灌溉情景，如此遍历 2809 个模拟单元便可获得在这种特定的灌水次数下作物产量最高或 WP 最高的限水灌溉情景的空间分布及其年际变化。具体地，当设置冬小麦的灌水次数为 3 次时，冬小麦产量最高的限水灌溉情景的空间分布及其动态的确定步骤如下：首先，针对每一个模拟单元，选出情景 1、情景 2 和情景 3 中在模拟时段内平均的冬小麦产量最高的情景，继而得到冬小麦产量最高的限水灌溉模拟情景的空间分布；其次，针对模拟时段内的每一年，我们在每一个模拟单元上从情景 1、情景 2 和情景 3 中选出使得冬小麦产量最高的限水灌溉情景，如此遍历所有的模拟单元，便可得到模拟时段内每一年使得冬小麦产量最高的限水灌溉情景的空间分布；然后，在每一年分别统计使得冬小麦产量最高的限水灌溉情景中情景 1、情景 2 和情景 3 的分布面积各占模拟单元总面积的比例，从而得到冬小麦产量最高的限水灌溉情景在空间上分布的年际变化。

对夏玉米的产量、轮作周年作物的产量、冬小麦的 WP、夏玉米的 WP 和轮作周年作物的 WP，其产量或 WP 最高的限水灌溉情景的空间分布及其年际变化的确定步骤同上。当设置冬小麦的灌水次数为 2 次时，按照上述步骤对比情景 4、情景 5 和情景 6 的产量或 WP 来确定产量最高或 WP 最高的限水灌溉情景的空间分布及其年际变化；当设置冬小麦的灌水次数为 1 次时，也按照上述步骤对比情景 7、情景 8、情景 9 和情景 10 的产量或 WP 来确定产量最高或 WP 最高的限水灌溉情景的空间分布及其年际变化。

由按上述步骤选出的在特定灌水次数下作物产量最高或 WP 最高的限水灌溉情景的空间分布及其年际变化，以及表 2.7 中各限水灌溉模拟情景的灌水时间，就可以知道在特定灌水次数下作物产量最高或 WP 最高的灌水时间的空间分布及其年际变化。这里，我们不妨将特定灌水次数下作物产量最高或 WP 最高的灌水时间称之为冬小麦生育期推荐的灌水时间（简称为推荐的灌水时间），如此，也就知道了研究区内推荐的灌水时间的空间分布及其年际变化。

2.5.3 冬小麦灌溉模式的优化

针对研究区深层地下水限采的现实需求，兼顾冬小麦产量对保障口粮安全的重要性，我们将 SWAP-WOFOST 模型的模拟结果与 0–1 规划算法相结合。0–1 规划是整数线性规划的一种特殊形式，在本研究中采用 Excel 中的规划求解工具。我们以农田节水为目标，以冬小麦产量为约束，开展冬小麦灌溉模式的优化。具体地，在每一个模拟单元，以模拟时段内（亦即 1992 年 10 月—2012 年 10 月）平均的冬小麦生育期农田蒸散量最小为目标函数，以模拟时段内平均的冬小麦产量的特定减少幅度为约束条件，在 2809 个模拟单元上依次求解这样的 0–1 规划模型，进而得到优化的灌溉模式的空间分布。我们所建立的 0–1 规划模型如下：

$$\text{目标函数：} \min z = \sum_{i=0}^{11} p_i x_i \quad (i=0, 1, \cdots, 11) \tag{2.35}$$

$$\text{约束条件：} \begin{cases} \sum_{i=0}^{11} y_i x_i \leqslant b & (i=0, 1, \cdots, 11) \\ x_i = 0 \text{ 或 } 1 & (i=0, 1, \cdots, 11) \end{cases} \tag{2.36}$$

式中，$\min z$ 为模拟时段内平均的冬小麦生育期农田蒸散量取最小值，mm；p_i 为第 i 种灌溉情景下的灌溉模式在模拟时段内平均的冬小麦生育期农田蒸散量，mm；x_i 代表是否选择第 i 种灌溉情景下的灌溉模式，x_i 等于 0 代表不选择第 i 种灌溉情景下的灌溉模式，x_i 等于 1 代表选择第 i 种灌溉情景下的灌溉模式；i 为灌溉情景的取值，0 代表现状灌溉情形，1 ~ 11 代表各限水灌溉情景；y_i 为第 i 种灌溉情景下的灌溉模式相较于现状灌溉情形在模拟时段内平均的冬小麦产量的减少幅度，%；b 为冬小麦减产幅度的阈值，%。

我们通过考察 11 种限水灌溉情景下模拟时段内平均的冬小麦产量的减少幅度，设置了 5%、10%、15%、20%、25%、30%、35%、40%、45%、50%、55%、60%、65% 和 70% 这 14 种冬小麦产量的减少幅度阈值，将它们依次作为我们所构建的 0–1 规划模型的约束条件，这样的优化模型求解后所得到的限水灌溉情景下的灌溉模式，其灌水次数就能涵盖灌水 3 次、2 次、1 次和 0 次的情形，这不仅使我们在优化中可以充分利用模拟结果，而且也可为政策制定者提供较大的决策空间。在本研究中，我们在上述每种约束条件下对 2809 个模拟单元依次进行 0-1 规划模型的求解。鉴于 2809 个模拟单元和 14 种约束条件共需累积进行 39326 次 0-1 规划模型的求解，我们采用 Excel 中的 VBA 语言编程以实现 0-1 规划模型的批量计算。

2.5.4　农田节水量及深层地下水压采量的估算思路

我们在模拟时段内平均的冬小麦产量特定的减少幅度阈值约束下，首先，在模拟单元尺度上，通过 0-1 规划模型优化得到冬小麦生育期农田蒸散量最小的灌溉模式，进一步计算得到较现状灌溉情形下冬小麦在模拟时段内平均减少的灌溉量（单位为 mm）和蒸散量（单位为 mm）；其次，针对某一个县（市），按照其中各模拟单元在该县（市）所占的面积进行面积加权平均的计算，得到该县（市）较现状灌溉情形下冬小麦在模拟时段内平均减少的灌溉量（单位为 mm）和蒸散量（单位为 mm），如此遍历研究区内的 53 个县（市），即可得到县（市）域尺度上较现状灌溉情形下冬小麦在模拟时段内平均减少的灌溉量（单位为 mm）和蒸散量（单位为 mm），最后，乘以各县（市）1994 ~ 2012 年冬小麦的平均播种面积（河北省人民政府办公厅和河北省统计局，1995 ~ 2017），便得到与现状灌溉情形相比冬小麦在模拟时段内平均减少的灌溉量（单位为亿 m^3）和蒸散量（单位为亿 m^3）。

尽管深层地下水是研究区灌溉用水的重要水源，但是农业灌溉的水源还涉及地表水和浅层地下水[①]（张宗祜和李烈荣，2005；王慧军，2011），若我们想要估算模拟时段内平均的冬小麦产量在不同的减少幅度阈值约束下所优化的灌溉模式相较于现状灌溉情形下减少的灌溉量中深层地下水的用量，就需要知道研究区内各县（市）农业灌溉用水量中有多大比例来源于深层地下水。为此，我们基于多源数据来估算模拟时段内研究区各县（市）农业灌溉用水量中地表水、浅层地下水和深层地下水所占的比例。估算此比例的具体步骤如下：① 由收集到的有关资料[①]，通过 1999 年各县（市）农业所用的地表水和农业所用的地下水求和得到农业用水量（图 2.16）。② 根据浅层地下水矿化度的空间分布（张兆吉和费宇红，2009）及相关数据[①]和文献（陈望和，1999；张宗祜和李烈荣，2005；张兆吉等，2009）分区估算研究区内各县（市）1999 年农业所用的深层地下水量（图 2.16）。③ 利用研究区内各县（市）1999 年农业所用的地下水量减去我们所估算的各县（市）农业所用的深层地下水量，即可得到各县（市）农业所用的浅层地下水量（图 2.16）。④ 基于研究区内各县（市）1999 年农业所用的地表水量、浅层地下水量和深层地下水量估算得到农业用水量中这三者所占的比例（图 2.16）。这里需要说明的是，我们针对沧州地区所概化的 1999 年农业用水量中地表水、浅层地下水和深层地下水所占比例分别约为 20%、52% 和 28%，对衡水地区所概化的 1999 年农业用水量中地表水、浅层地下水和深层地下水所占比例分别约为 18%、30% 和 52%。我们所概化的 1999 年沧州地

① “新一轮全国地下水资源评价”项目办公室，2004，“新一轮全国地下水资源评价”附表。

区和衡水地区农业所用的深层地下水量与地下水开采量[①]的比值分别约为 35% 和 63%，它们与这两个地区在 2000 年基于地下水开采量的统计结果所计算的比例（分别约为 32% 和 60%）（张宗祜和李烈荣，2005）是较为接近的，故而在一定程度上支撑了我们上述概化思路的合理性。⑤ 由于研究区内农业用水量中约 94% 用于农业灌溉（河北省水利厅，2002 ~ 2012），因而，我们假设各县（市）农业用水量中地表水、浅层地下水和深层地下水所占的比例即为农业灌溉用水量中地表水、浅层地下水和深层地下水所占的比例（图 2.17）。⑥ 由于黑龙港地区 2000 ~ 2012 年深层地下水开采量动态平稳[②]（张宗祜和李烈荣，2005；张兆吉等，2009），在此，我们也将 1993 ~ 1999 年深层地下水开采量的动态近似视为平稳。因此，我们将基于多源数据概化得到的 1999 年各县（市）农业灌溉用水量中地表水、浅层地下水和深层地下水所占的比例近似作为模拟时段内该比例的多年平均值。这样，我们基于各县（市）农业灌溉用水量中深层地下水所占比例，便可估算：模拟时段内平均的冬小麦产量在不同的减少幅度阈值约束下，所优化的灌溉模式与现状

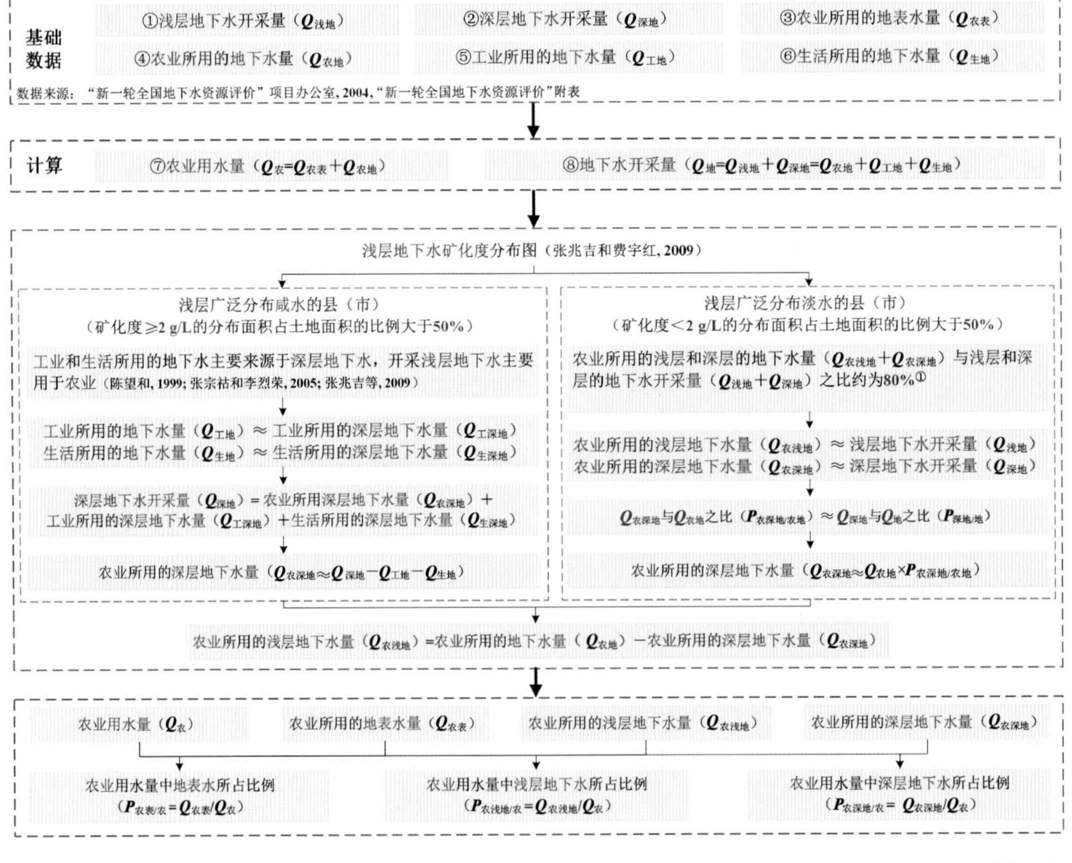

图 2.16　研究区内各县（市）1999 年农业用水量中地表水、浅层地下水和深层地下水所占比例的估算思路

① “新一轮全国地下水资源评价”项目办公室，2004，“新一轮全国地下水资源评价”附表。
② 河北省水利厅，2000~2012，河北省水资源公报。

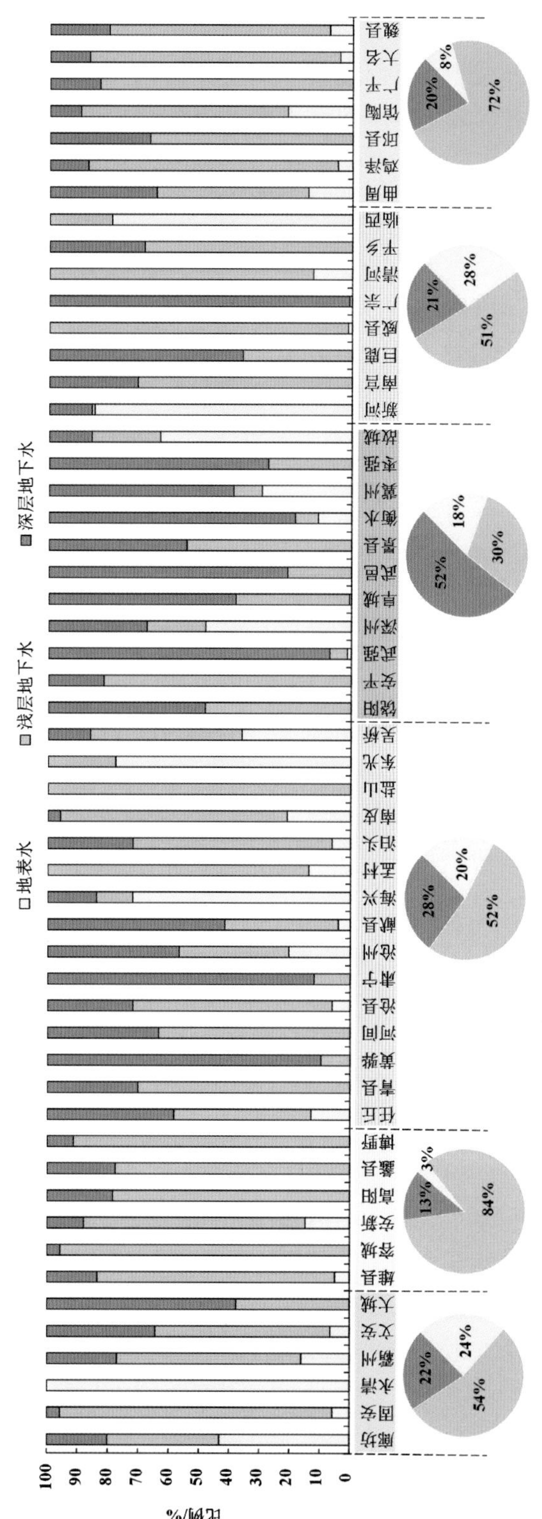

图 2.17　估算的 1999 年研究区各县（市）农业灌溉用水量中地表水、浅层地下水和深层地下水所占比例

灌溉情形下相比减少的灌溉量中有多少深层地下水量。进一步地，通过面积加权求和，将各县（市）域尺度上减少的灌溉量中的深层地下水量提升至研究区内所涉及的每一个水资源三级区尺度和研究区尺度。在本研究中为了评估这些特定的空间尺度下冬小麦的灌溉模式对深层地下水限采的效应，我们定义了冬小麦的优化灌溉模式对深层地下水的限采贡献指数（Contribution Index of Reducing Exploitation，CIRE），具体计算公式如下：

$$\mathrm{CIRE}=\frac{\mathrm{RDE}}{\mathrm{DE}} \tag{2.37}$$

式中，RDE 为模拟时段内平均的冬小麦产量在特定减少幅度阈值约束下优化的灌溉模式所削减的用于冬小麦灌溉的深层地下水年开采量，亿 m^3，这是基于我们的模拟和优化结果进一步估算得到的；DE 为深层地下水年开采量，亿 m^3，在研究区及各县（市）域尺度上的深层地下水开采量，引自“新一轮全国地下水资源评价”附表①中的 1999 年的开采量，在研究区内所涉及的水资源三级区尺度上的深层地下水开采量，根据《海河流域水资源评价》（任宪韶等，2007）中的海河流域各水资源三级区 2005 年的开采量，以研究区内所涉及的各水资源三级区的面积与相应的三级区面积的比例作为权重，将这些权重分别与各自的开采量相乘后得到。

2.6　咸水灌溉情景的设置和模拟分析及评估

2.6.1　冬小麦咸水灌溉模拟情景的设置

为了量化研究区在现状灌溉情形下若采用浅层咸水作为替代水源进行灌溉在区域尺度上的表现如何，我们设置咸水灌溉情景的灌水次数、灌水时间、灌水定额和灌溉定额均与概化的现状灌溉制度（Li and Ren，2019a）保持一致，模型运行时段也与我们先前的研究（Li and Ren，2019a）一样，统一设置为 1989 年 10 月至 2012 年 10 月（其中，1992 年 10 月至 2012 年 10 月为模型的模拟时段，1989 年 10 月至 1992 年 9 月为模型的预热期）。在研究区内，考虑到在模拟时段内的大多数年份夏玉米生育期的降水量基本上可以满足其需水量（中国主要农作物需水量等值线图协作组，1993；Li and Ren，2019a），同时玉米的耐盐性往往低于小麦（Maas and Hoffman，1977），所以我们仅对冬小麦设置咸水灌溉情景。鉴于在小麦的发芽和出苗阶段保持较低的土壤盐分水平很重要（Maas and Poss，1989），因而我们仅在冬小麦的灌水时间处于起身－拔节期、孕穗－开花期和灌浆初期设置咸水灌溉。此外，兼顾研究区内浅层地下水矿化度的空间分布，我们将冬小麦生育期内灌溉水的矿化度分别设置为 2 g/L、3 g/L、4 g/L、5 g/L 和 6 g/L，并依次作为情

①“新一轮全国地下水资源评价”项目办公室，2004，“新一轮全国地下水资源评价”附表。

景 1 至情景 5，而在冬小麦的播种前和夏玉米的生育期，灌溉水的矿化度仍设置为 1 g/L。这里，我们将冬小麦生育期内灌溉水矿化度为 2 ~ 6 g/L 的灌溉情景统称为咸水灌溉情景。需要说明的是，我们在概化冬小麦 - 夏玉米一年两熟制农田的现状灌溉制度时，既考虑到研究区内现状灌溉情形的空间差异而划分了 3 个灌溉制度分区 [图 2.18（a）]，又考虑到在各灌溉分区这两种作物生育期降水量的年际变化而针对不同的降水频率确定了相应的灌水次数和灌水时间（Li and Ren，2019a）。综上，在研究区内的 3 个灌溉分区，针对冬小麦 - 夏玉米一年两熟制农田考虑两种作物生育期不同的降水频率，设置 5 种咸水灌溉情景 [图 2.18（b）]，我们在研究区内的 2809 个模拟单元上依次对这 5 种咸水灌溉情景开展 20 个轮作周年的模拟与分析。

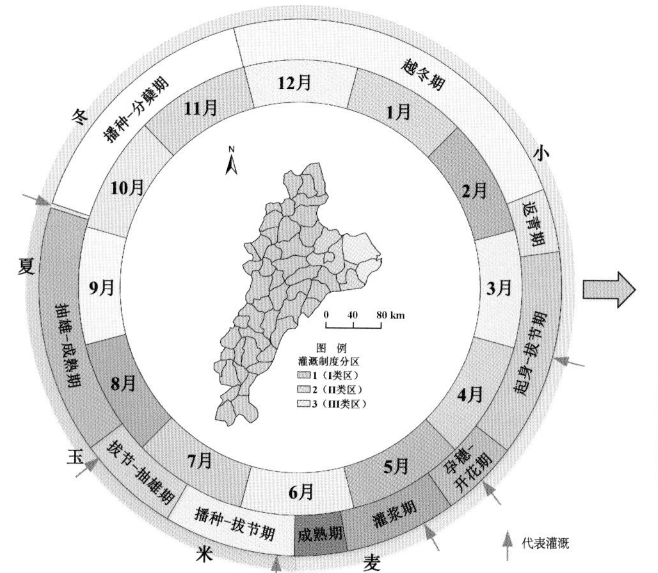

(a)

灌溉分区	PEP /%	冬小麦				夏玉米	
		播前	起身–拔节期	孕穗–开花期	灌浆初期	播种	抽雄期
I区	25	√	☆	☆	×	×	×
	50	√	☆	☆	☆	×	×
	75	√	☆	☆	☆	√	×
	95	√	☆	☆	☆	√	√
II区	25	√	☆	×	×	×	×
	50	√	☆	☆	×	×	×
	75	√	☆	☆	×	×	×
	95	√	☆	☆	×	√	×
III区	25	×	×	×	×	×	×
	50	×	☆	×	×	×	×
	75	×	☆	×	×	×	×
	95	×	☆	×	×	×	×

注：(1) “√” 代表淡水灌溉；“×” 代表不灌溉；“☆” 代表咸水灌溉，在咸水灌溉情景1、情景2、情景3、情景4和情景5下，冬小麦生育期内灌溉所用咸水的矿化度依次为2.0 g/L、3.0 g/L、4.0 g/L、5.0 g/L和6.0 g/L，冬小麦播种前和夏玉米生育期内灌溉水的矿化度均为1.0 g/L。(2) PEP是指降水超过概率（Precipitation Exceedance Probability）。

(b)

图 2.18　在研究区内设置的咸水灌溉模拟情景

2.6.2　适宜的咸水灌溉模式的求解

针对研究区开采深层地下水用于井灌难以为继的严酷现实以及浅层广泛分布的咸水资源用于农田灌溉的潜在可能，兼顾研究区在河北省保障粮食生产中的重要地位以及咸水灌溉条件下规避次生盐渍化风险的现实需求，这里，我们将分布式 SWAP-WOFOST 模型的模拟结果与 0-1 规划算法相结合，以冬小麦生育期内灌溉水矿化度最大为目标函数，以可允许的作物减产量和规避次生盐渍化的土壤含盐量作为双约束条件，在 2809 个模拟单元上依次求解 0-1 规划模型。由于咸水灌溉相较于淡水灌溉可能会造成作物减产（Fang and Chen，1997；Ma *et al.*，2008），而且在冬小麦生育期内实施咸水灌溉可能会使得后茬作物夏玉米在生长前期的土壤盐分增加而对其产量产生负面影响（陈素英等，2011；

Liu *et al.*，2016），所以，我们在求解冬小麦生育期内灌溉水矿化度的最大值时，考虑咸水灌溉情景下冬小麦－夏玉米轮作周年的作物减产效应。此外，在冬小麦生育期内实施咸水灌溉会使得土壤盐分累积，但夏玉米生育期的降水又会将土壤盐分向深层淋洗（Liu *et al.*，2019），因而我们在求解冬小麦生育期内灌溉水矿化度的最大值时，同时也考虑咸水灌溉情景下冬小麦－夏玉米轮作周年的土壤积盐效应，换言之，我们是以轮作周年末（亦即夏玉米收获时）作物主要根系带 2 m 土体的含盐量小于特定的阈值为约束条件。具体地，我们对于每一个模拟单元建立如下的 0–1 规划模型：

$$\text{目标函数：}\max z=\sum_{i=0}^{5} c_i x_i \quad (i=0,1,\cdots,5) \tag{2.38}$$

$$\text{约束条件：}\begin{cases}\sum_{i=0}^{5} y_i x_i \leqslant a & (i=0,1,\cdots,5)\\ \sum_{i=0}^{5} s_i x_i < b & (i=0,1,\cdots,5)\\ \sum_{i=0}^{5} x_i=1 & (i=0,1,\cdots,5)\\ x_i=0\text{ 或 }1 & (i=0,1,\cdots,5)\end{cases} \tag{2.39}$$

式中，$\max z$ 为冬小麦生育期内灌溉水的矿化度取最大值，g/L；c_i 为第 i 种灌溉情景所对应的灌溉模式下冬小麦生育期内灌溉水的矿化度，g/L；x_i 代表是否选择第 i 种灌溉情景下的灌溉模式，x_i 等于 0 代表不选择第 i 种灌溉情景所对应的灌溉模式，x_i 等于 1 代表选择第 i 种灌溉情景所对应的灌溉模式；i 为灌溉情景的取值，0 代表淡水灌溉情景，1、2、3、4 和 5 分别代表第 1、2、3、4 和 5 种咸水灌溉情景；y_i 为第 i 种灌溉情景下的灌溉模式相较于淡水灌溉情景在模拟时段内平均的冬小麦－夏玉米轮作周年作物的减产量，kg/hm^2；s_i 为第 i 种灌溉情景下的灌溉模式在模拟时段内平均的夏玉米收获时 2 m 土体的含盐量，g/kg；a 为轮作周年作物减产量的约束阈值，kg/hm^2；b 为夏玉米收获时 2 m 土体含盐量的约束阈值，g/kg。

基于 5 种咸水灌溉情景相较于淡水灌溉情景在模拟时段内平均的冬小麦－夏玉米轮作周年作物的减产量，我们共设置了 500 kg/hm^2、1000 kg/hm^2、1500 kg/hm^2、2000 kg/hm^2 这 4 个轮作周年作物的减产量阈值。考虑到土壤的盐分小于 3.0 g/kg 为轻度盐渍化或非盐渍化（鲍士旦，2010），所以我们将 3.0 g/kg 作为夏玉米收获时 2 m 土体含盐量的约束阈值。我们将其依次与前述的轮作周年作物减产量的 4 个阈值组合成双约束条件，并分别在这 4 种组合的双约束条件下，针对每一个模拟单元求解 0–1 规划模型，得到冬小麦生育期内灌溉水矿化度的最大值，并选出冬小麦生育期内灌溉水矿化度不超过该最大值的咸水灌溉模式，将其作为适宜的咸水灌溉模式，继而得到能维持作物特定产量水平且规避土壤次生盐渍化风险的咸水灌溉模式（亦即适宜的咸水灌溉模式）的空间分布。我们采用 Excel 的 VBA 语言编程来实现 11236 次（2809 个模拟单元和 4 组双约束条件）0–1 规划模型的批量求解。

2.6.3 适宜的咸水灌溉模式与咸水资源匹配性的评估及深层地下水压采量的估算

为了在研究区内因地制宜地实施咸水灌溉，基于在模拟单元尺度上求解得到的适宜的咸水灌溉模式，我们将浅层地下水矿化度的空间变化与满足双约束条件的冬小麦生育期内灌溉所允许的最大矿化度的空间分布在模拟单元尺度上进行对比，以确定浅层地下水是否满足适宜的咸水灌溉模式对“水质”的要求，与此同时，我们还将咸水的可开采资源量与灌溉所需的咸水资源量在县（市）域尺度上进行对比，以评估浅层咸水是否满足适宜的咸水灌溉模式对“水量”的要求。具体地，在模拟单元尺度上，当浅层地下水矿化度小于等于求解得到的冬小麦生育期内灌溉水矿化度的最大值时，则从“水质”的角度认为咸水资源与适宜的咸水灌溉模式相匹配，反之则不匹配。在县（市）域尺度上，我们定义咸水资源保障系数为咸水的可开采资源量（Q_s）与冬小麦生育期内咸水灌溉所需的咸水资源量（I_s）之比，若该比值越大，我们从“水量”的角度便认为咸水资源对咸水灌溉的保障程度越高。

我们对研究区内各县（市）的 I_s 和 Q_s 进行估算。I_s 的估算思路如下：① 由于冬小麦生育期不同的降水水平下生育期内的咸水灌溉定额会有所差异，所以我们在模拟单元尺度上计算模拟时段平均的冬小麦生育期内的咸水灌溉定额（单位为 mm），这里的咸水灌溉定额是指冬小麦生育期内咸水的灌水定额之和；② 在县（市）域尺度上，把县（市）域内各模拟单元在冬小麦生育期内的咸水灌溉定额进行面积加权平均后，得到各县（市）域在模拟时段内平均的咸水灌溉定额（单位为 mm）；③ 在县（市）域尺度上，将模拟时段内平均的咸水灌溉定额与 1994 ~ 2012 年平均的冬小麦播种面积（河北省人民政府办公厅和河北省统计局，1995 ~ 2017）的乘积作为 I_s（单位为亿 m^3）。Q_s 的估算思路如下：① “新一轮全国地下水资源评价”的附表[①]中列出了各县（市）微咸水（1 ~ 3 g/L）和半咸水（3 ~ 5 g/L）的天然补给量以及微咸水的可开采资源量。由于研究区内的青县、冀州和曲周等 25 个县（市）的半咸水的天然补给量大于零[①]，其他县（市）的半咸水的天然补给量等于零[①]，因此，我们将根据半咸水的天然补给量来估算其可开采资源量；② 由于总补给量等于天然补给量与井灌回归量之和（张宗祜和李烈荣，2005），且河北平原区半咸水的井灌回归量约占其总补给量的 1.3% ~ 2.5%[①]（张宗祜和李烈荣，2005），所以我们将各县（市）的半咸水的天然补给量近似视为半咸水的总补给量；③ 由于总补给量减去不可夺取的地下水越流量和潜水蒸发量即为现状条件下的可采资源量（张宗祜和李烈荣，2005），且我们根据《华北平原地下水可持续利用调查评价》（张兆吉等，2009）中的数据计算得到廊坊地区、保定地区、沧州地区、衡水地区、邢台地区和邯郸地区的半咸水的潜水蒸发量和越流量之和约占总补给量的比例分别约为 40.00%、0%、45.45%、41.35%、13.93% 和 25.00%，所以我们可以基于以上比例在属于相应地区的各个县（市）分别将半咸水的总补给量折算为半咸水的可开采资源量；④ 在县（市）域尺度上，我们

① “新一轮全国地下水资源评价”项目办公室，2004，“新一轮全国地下水资源评价”附表。

将微咸水的可开采资源量和估算的半咸水的可开采资源量之和记为 Q_s。

针对研究区内的每一个县（市），我们估算在冬小麦生育期内采用浅层咸水灌溉相较于现状淡水灌溉在模拟时段内平均可减少的用于灌溉的淡水量（单位为亿 m^3）（涉及地表水量、浅层淡水量和深层地下水量）。在每一个县（市），模拟时段内平均可减少的用于灌溉的淡水量在数值上等于我们以上估算的模拟时段平均的冬小麦生育期内的咸水灌溉定额 I_s（单位为亿 m^3）。进一步地，我们基于各县（市）的农业灌溉用水量中深层地下水量所占的比例（图 2.17），可估算出在冬小麦生育期内灌溉时采用咸水替代淡水所减少的淡水量中深层地下水的开采量（单位为亿 m^3）。

2.7 喷灌情景的设置和模拟分析及评估

2.7.1 冬小麦喷灌模拟情景的设置

针对研究区内最主要的种植模式——冬小麦－夏玉米一年两熟制，考虑到模拟时段内大部分年份夏玉米在生育期的降水量可以满足其生长对水分的需求（Li and Ren，2019a），而且夏玉米生育期与冬小麦生育期相比，喷灌条件下的净截留损失量要高（Li，2018），因而，在深层地下水安全危机如此严峻的黑龙港地区，我们仅在冬小麦生育期设置喷灌模拟情景。由于研究区内面临着削减深层地下水开采量的迫切需求，我们设置喷灌模拟情景下的灌溉定额不超过采用地面灌溉方式的现状灌溉情形下的灌溉定额。基于 SWAP-WOFOST 模型的灌溉模块中所提供的选项，我们分别设置了固定的喷灌情景（情景 1 至情景 6）和预设的喷灌情景（情景 7 至情景 11）。

首先，在华北平原（尤其是在研究区内）的试验站点尺度上所开展的喷灌（或微喷灌）田间试验中，通常选择在冬小麦的关键需水期实施喷灌，灌水定额大多为 30 ~ 50 mm，灌溉定额大多为 60 ~ 240 mm（Li *et al.*，2018，2019a，2019b）。为了便于将喷灌情景的模拟结果与研究区已开展的喷灌（或微喷灌）的田间试验结果以及我们开展的限水灌溉情景的模拟研究结果（Li and Ren，2019b）进行对比分析，我们设置固定的喷灌情景的灌溉定额包括 225 mm（相当于限水灌溉情景下灌水 3 次且灌水定额为 75 mm）、150 mm（相当于限水灌溉情景下灌水 2 次且灌水定额为 75 mm）和 75 mm（相当于限水灌溉情景下灌水 1 次且灌水定额为 75 mm），灌水次数涉及 2 次、3 次、4 次、5 次和 6 次，灌水定额涉及 30 mm、45 mm 和 50 mm。在喷灌时间的确定中，我们参考：① 有关文献报道的冬小麦在不同生育期对水分胁迫敏感程度的排序；② 田间试验中在特定的灌水次数下通常选择的灌水时间；③ 基于模拟结果选出的在特定的灌水次数下使得冬小麦的产量最高或 WP 最高而推荐的灌水时间（Li and Ren，2019b）。综上，我们所设置的 6 种固定的喷灌情景（情景 1 至情景 6）见图 2.19（a）。

在 SWAP-WOFOST 模型中，设置预设的喷灌情景需要定义灌水时间和灌水深度的确定标准。该模型提供了 5 种灌水时间和 2 种灌水深度的确定标准（详见 2.2.5 节），为了便于在区域尺度上考虑土壤的空间异质性来开展预设的喷灌情景的模拟分析，同时兼顾灌水时间的确定标准易于在田间操作，我们选择“允许的总有效水消耗”（第 3 种）这种灌水时间的确定标准。

我们不选择第 1 种灌水时间的确定标准是因为：该标准是当减少的蒸腾量小于等于特定阈值规定的界限时（亦即 $T_r \leqslant f_1 T_p$）进行灌溉，虽然我们通过情景模拟分析可以明确适宜的 f_1 值，但若在田间采用这种确定标准，需要知道每一天的潜在蒸腾量和由于胁迫所减少的蒸腾量，而这些数据在实际的田间管理中是难以获取的。

我们不选择第 2 种灌水时间的确定标准是因为：该标准是当根系带土壤水的消耗量与速效水量之比大于等于 f_2 [亦即（$U_{field}-U_a$）$\geqslant f_2$（$U_{field}-U_{h_3}$）] 时进行灌溉，f_2 可允许的取值范围是 [0，1]，在此范围内作物的根系吸水不会明显受到干旱胁迫的影响，但此标准难以满足喷灌情景的灌溉定额不超过本研究区地面灌溉的现状灌溉定额。

我们不选择第 4 种灌水时间的确定标准是因为：该标准是当根系带实际储水量小于等于特定的差值（亦即 $U_a \leqslant U_{field}-\Delta U_{max}$）时进行灌溉，该差值是当土壤含水量为田间持水量时的根系带储水量与用户指定的在田间持水量以下吸取的最大水量之差。在区域尺度上开展喷灌情景模拟时，由于在土壤水力参数的不同分区，其土壤物理特性（砂粒、粉粒和黏粒的含量以及体积密度）的差异使得相应的田间持水量可能存在差异，所以我们需要基于每一个土壤水力参数分区的田间持水量来设置特定的 ΔU_{max} 值，这会使得模型输入的工作量增大。

我们不选择第 5 种灌水时间的确定标准是因为：该标准是当特定深度的传感器监测的土壤含水量小于等于特定的土壤含水量阈值（亦即 $\theta_{sensor} \leqslant \theta_{min}$）或土壤水的压力水头小于等于特定的临界压力水头阈值（亦即 $h_{sensor} \leqslant h_{min}$）时进行灌溉。该选项是针对具备自动监测土壤水分的灌溉系统。

我们选择第 3 种灌水时间的确定标准是因为：该标准是当根系带土壤水的消耗量与有效水量之比超过 f_3 [亦即（$U_{field}-U_a$）$\geqslant f_3$（$U_{field}-U_{h_4}$）] 时进行灌溉。在区域尺度上进行模拟时，对于每一个土壤水力参数分区，U_{h_4} 值是基于特定的 h_4 值和土壤水力参数在模型运行过程中自动计算的，所以我们只需确定 f_3 值即可，而 f_3 的取值可以通过数值模拟试验来获得，在区域尺度上实施具有一定的可行性。Khan 和 Abbas（2007）也指出 SWAP-WOFOST 模型中“允许的总有效水消耗”这一标准是确定灌水时间有效且可行的方法。

对于本研究中所选择的第 3 种灌水时间的确定标准，我们在研究区内的 6 个试验站（廊坊站、雄县站、南皮站、深州站、吴桥站和曲周站）开展了大量的数值模拟试验，分析了在冬小麦的出苗期（DVS=0）、营养生长中期（DVS=0.5）、开花期（DVS=1.0）、生殖生长中期（DVS=1.5）、成熟期（DVS=2.0）设置不同的阈值 f_3 对其产量、灌溉定额、蒸散量和 WP 的敏感性，还通过分析不同阈值下冬小麦的产量、灌溉定额和 WP 以寻求阈值 f_3 适宜的取值范围，目的是使得预设的喷灌情景下的灌溉定额不超过现状的地面灌溉情形的灌溉定额，同时保证其产量和 WP 尽可能的高。基于数值模拟试验的结果，我们将 DVS 为 0、0.5、1.0、1.5 和 2.0 时的阈值 f_3 依次设置为 0.90、0.90、0.70、0.70 和 0.80 作为情景 7，依次设置为 0.90、0.90、0.75、0.75 和 0.85 作为情景 8，依次设置为 0.90、0.90、

0.80、0.80 和 0.90 作为情景 9，依次设置为 0.90、0.90、0.85、0.85 和 0.90 作为情景 10，依次设置为 0.90、0.90、0.90、0.90 和 0.90 作为情景 11。

对于灌水深度的确定标准，《土壤墒情评价指标》中指出：在二类墒情（亦即苗期至返青期土壤相对含水量介于田间持水量的 55% ~ 70%，拔节期至灌浆中后期土壤相对含水量介于田间持水量的 65% ~ 80%，灌浆后期至成熟期土壤相对含水量介于田间持水量的 50% ~ 55%）下小麦的生长只受到轻微的影响（中华人民共和国水利部，2012），考虑到研究区内压采深层地下水的实际需求，我们不选择“回到田间持水量 ± 指定数量”这一标准，而选择“固定的灌水深度”这一标准，因为我们所选择的这一标准更便于在区域尺度上实施。参考有关文献报道的田间试验方案和我们的数值模拟试验结果，设置固定的灌水深度为 30 mm。

综上，就所选择的灌水时间和灌水深度的确定标准，我们设置了 5 种预设的喷灌情景（情景 7 至情景 11）如图 2.19（b）所示。

固定的喷灌情景	灌溉定额/mm	灌水次数	冬小麦各生育期的灌水定额/mm					
			越冬期	起身期	拔节期	孕穗期	开花期	灌浆期
情景1（S1）	225	6	30	30	30	45	45	45
情景2（S2）		5	45	—	45	45	45	45
情景3（S3）	150	5	30	—	30	30	30	30
情景4（S4）		4	30	—	30	—	45	45
情景5（S5）		3	—	—	50	—	50	50
情景6（S6）	75	2	—	—	30	—	—	45

(a)

预设的喷灌情景	冬小麦不同生长阶段的阈值f_3				
	DVS=0	DVS=0.5	DVS=1.0	DVS=1.5	DVS=2.0
情景7（S7）	0.90	0.90	0.70	0.70	0.80
情景8（S8）	0.90	0.90	0.75	0.75	0.85
情景9（S9）	0.90	0.90	0.80	0.80	0.90
情景10（S10）	0.90	0.90	0.85	0.85	0.90
情景11（S11）	0.90	0.90	0.90	0.90	0.90

(b)

图 2.19　设置的研究区在冬小麦生育期内的固定的喷灌情景（a）和预设的喷灌情景（b）

“—”表示该生育期不灌溉；DVS（Development Stage）代表作物生长阶段，DVS 为 0、0.5、1.0、1.5 和 2.0 分别代表出苗期、营养生长中期、开花期、生殖生长中期和成熟期；预设的喷灌情景下每次的灌水定额为 30 mm

尽管研究区内由于现状灌溉情形的空间差异，我们在概化现状灌溉制度时划分了 3 个灌溉分区（亦即 I 区、II 区和 III 区），但为了就各喷灌情景在区域尺度上开展统一的模拟分析，同时便于与采用地面灌溉方式的限水灌溉情景的模拟结果进行对比分析，我们仍分别在 3 个灌溉分区对 11 种喷灌情景均开展模拟计算。为了与我们对现状灌溉情形（Li and Ren，2019a）、限水灌溉情景（Li and Ren，2019b）和咸水灌溉情景（Li and Ren，2021）的模拟研究保持一致，模型预热期和模拟时段仍分别设置为 1989 年 10 月至 1992 年 9 月和 1992 年 10 月至 2012 年 10 月。还需要说明的是，由于在研究区内的 6 个试验站点未检索到有关喷灌（非水肥一体化）的田间试验报道也未能收集到喷灌（非水肥一体化）处理下的田间试验数据，因而我们难以在喷灌条件下对作物参数进行重新的率定和验证，而是参考 Xue 和 Ren（2016）的做法，将地面灌溉条件下所率定和验证的 SWAP-WOFOST 模型的作物参数应用于喷灌条件下的模拟研究。

2.7.2　农民净收益变化的估算思路

我们计算了固定的喷灌情景（S1 ~ S6）、预设的喷灌情景（S7 ~ S11）和限水灌溉情景（L1 ~ L10）与现状灌溉情形相比农民净收益的变化。注意：这里所述的限水灌溉情景不包括雨养情景。限水灌溉情景下的模拟结果可参见 Li 和 Ren（2019b）并详见本书第 4 章，在此不再赘述。在其他田间管理措施不变的情况下，与现状灌溉情形相比，喷灌情景下农民净收益的变化主要涉及收益（亦即产品产值）的变化、年均设备初始投资费用、设备运行与维护费用、灌溉水费的变化和人工成本的变化（王华亮，2010；Zou *et al.*，2013）；限水灌溉情景下农民净收益的变化主要涉及收益的变化、灌溉水费的变化和人工成本的变化。具体地，在每一年的冬小麦生育期，喷灌情景与现状灌溉情形相比，农民净收益的变化 ΔN_S（元 /hm^2）的计算公式如下：

$$\Delta N_S=(Y_S-Y_C)\times P_Y-P_S+\Delta I_S\times P_I+\Delta L_S\times P_L \tag{2.40}$$

在每一年的冬小麦生育期，限水灌溉情景与现状灌溉情形相比，农民净收益的变化 ΔN_L（元 /hm^2）的计算公式如下：

$$\Delta N_L=(Y_L-Y_C)\times P_Y+\Delta I_L\times P_I+\Delta L_L\times P_L \tag{2.41}$$

式中，Y_S 为喷灌情景下冬小麦的产量，kg/hm^2；Y_C 为现状灌溉情形下冬小麦的产量，kg/hm^2；Y_L 为限水灌溉情景下冬小麦的产量，kg/hm^2；P_Y 为小麦的市场价格，元 /kg；P_S 为喷灌设备多年平均的初始投资费用与每一年喷灌设备的运行和维护费用之和，元 /hm^2；ΔI_S 为喷灌情景与现状灌溉情形相比冬小麦生育期减少的灌溉定额，m^3/hm^2；ΔI_L 为限水灌溉情景与现状灌溉情形相比冬小麦生育期减少的灌溉定额，m^3/hm^2；P_I 为灌溉水价，元 /m^3；ΔL_S 为喷灌情景与现状灌溉情形相比冬小麦生育期减少的劳动用工日，d/hm^2；ΔL_L 为限水灌溉情景与现状灌溉情形相比冬小麦生育期减少的劳动用工日，d/hm^2；P_L 为劳动日工价，元 /d。

其中，现状灌溉情形和限水灌溉情景下冬小麦的产量（亦即 Y_C 和 Y_L）根据 SWAP-WOFOST 模型的模拟结果得到。由于地面灌溉的渠系和畦埂一般占地 7% ~ 13%，而喷灌无需这两项占地，平均节省用地约 10%，实际播种面积的扩大使得产量提高（赵竞成，1999）；与地面灌溉相比喷灌麦田节省了垄沟的面积，小麦产量提高约 10%（Wang *et al.*，2020）。因而，我们将喷灌情景下模拟的冬小麦产量按照 10% 的增幅重新计算后得到 Y_S。河北省小麦的市场价格（P_Y）引自《全国农产品成本收益资料汇编》（国家发展和改革委员会价格司，2004 ~ 2012），2004 ~ 2012 年小麦市场价格的变化范围约为 1.46 ~ 2.28 元 /kg，平均值约为 1.80 元 /kg（表 2.8）。喷灌设备初始投资费用的变化范围约为 8345.7 ~ 10239.3 元 /hm^2，平均值约为 9292.5 元 /hm^2（Zou *et al.*，2013）；喷灌设备的寿命一般是 10 ~ 20 年，假定喷灌设备的寿命为 15 年，喷灌设备多年平均的运行与维护费用约占其设备初始投资费用的 5%（Zou *et al.*，2013）。基于此，我们得到喷灌设备多年平均的初始投资费用（喷灌设备初始投资费用除以喷灌设备的寿命）与每一年喷灌设备的运行和维护费用之和 P_S 的变化范围约为 973.7 ~ 1194.6 元 /hm^2，平均值约为 1084.2 元 /hm^2（表 2.8）。《河北省地下水超采综合治理试点区农业水价综合改革意见》（河北省水利厅等，2014）中指出：河北省农业灌溉用电的综合电价为 0.65 ~ 0.95 元 /（kw·h）。根据 2011 年全国第一次水利普查中研究区的井灌区内 37240 口深层承压水井的普查数据，我们计算得到单位耗电量下平均的深层承压水的取水量约为 2.2 m^3/（kw·h），并进一步估算得到研究区内灌溉水价（P_I）的变化范围约为 0.30 ~ 0.43 元 /m^3，平均值约为 0.37 元 /m^3（表 2.8）。此外，罗仲朋（2016）利用 2013 年的调查数据和统计数据计算得到河北平原农业灌溉水价约为 0.34 元 /m^3，王西琴等（2020）对南皮县和献县的灌溉小麦所估算的现状水价分别约为 0.44 元 /m^3 和 0.37 元 /m^3，这些研究也在一定程度上佐证了我们所估算的 P_I 范围的合理性。各喷灌情景和限水灌溉情景与现状灌溉情形相比，在每一年冬小麦生育期减少的灌溉定额（亦即 ΔI_S 和 ΔI_L）依据我们针对各情景所设置的灌溉定额计算得到。

实施喷灌可以减少灌溉过程中的劳动力配置，参考在河北省邢台市山前平原区实施喷灌相较于地面灌溉可以节省用工 6 d/hm^2（马静和乔光建，2009；王华亮，2010），在此我们假设：本研究中设置的各喷灌情景与现状灌溉情形相比，在每一年冬小麦生育期所减少的劳动用工日（ΔL_S）为 6 d/hm^2。减少 1 次地面灌溉可以减少劳动用工日 1.25 d/hm^2（Wang *et al.*，2020），据此，对于本研究设置的采用地面灌溉方式的限水灌溉情景而言，在每一年冬小麦生育期，与现状地面灌溉情形相比，所减少的劳动用工时间（ΔL_L）按 1.25 d/（hm^2·次）与减少的灌水次数的乘积来计算。河北省的劳动日工价（P_L）引自《全国农产品成本收益资料汇编》（国家发展和改革委员会价格司，2004 ~ 2012），2004 ~ 2012 年劳动日工价的变化范围为 13.7 ~ 56.0 元 /d，平均值约为 26.5 元 /d（表 2.8）。

这里需要说明的是，在模拟时段内每一年冬小麦生育期，我们计算每一种喷灌情景和限水灌溉情景（采用地面灌溉方式）相较于现状灌溉情形下农民净收益的变化，在计算的过程中主要考虑的因素（P_Y、P_S、P_I 和 P_L）均采用平均值（表 2.8）；接着，根据每一年冬小麦生育期的降水水平的划分，分别计算当降水水平为丰、平和枯时在模拟时段内平均的农民净收益的变化。

表 2.8　喷灌和限水灌溉的情景下影响农民净收益变化的 4 个主要因素的取值范围

主要因素	平均值	最小值	最大值	取值依据
小麦的市场价格 P_Y/（元 /kg）	1.80	1.46	2.28	国家发展和改革委员会价格司，2004 ~ 2012
喷灌设备多年平均的初始投资费用与每一年喷灌设备的运行和维护费用之和 P_S/（元 /hm^2）	1084.2	973.7	1194.6	Zou *et al.*，2013
灌溉水价 P_I/（元 /m^3）	0.37	0.30	0.43	河北省水利厅等，2014；全国第一次水利普查
劳动日工价 P_L/（元 /d）	26.5	13.7	56.0	国家发展和改革委员会价格司，2004 ~ 2012

2.7.3　在冬小麦生育期 3 种灌溉定额下灌溉方式的选择

我们模拟分析了在冬小麦生育期的灌溉定额分别为 225 mm、150 mm 和 75 mm 下不同的灌水次数和灌水时间的 10 种限水灌溉（指地面灌溉）情景（L1 ~ L10）中模拟时段内每一年冬小麦的产量和 WP，详见文献（Li and Ren，2019b）和本书的第 4 章。这里，将模拟分析在这 3 种灌溉定额下涉及不同的灌水次数和灌水时间的 6 种喷灌情景（S1 ~ S6）中模拟时段内每一年冬小麦的产量和 WP，并且估算每一种喷灌和限水灌溉的情景与现状灌溉情形相比农民净收益的变化。由于我们所构建的分布式模拟单元可以在一定程度上反映研究区内土壤特性的空间变异，与此同时，我们所选定的时间跨度为 20 年的模拟时段也可反映冬小麦生育期不同的降水水平（Li and Ren，2019a），因此，我们将基于模拟计算与分析的结果力求定量化地回答：就冬小麦生育期特定的灌溉定额而言，在考虑模拟时段内冬小麦生育期的降水水平与概化的研究区内土壤质地的典型剖面下，若使得冬小麦的产量最高或冬小麦的 WP 最高或农民的净收益最高，应该选择怎样的灌溉方式（地面灌溉方式或固定的喷灌方式）及相应的灌溉模式（灌水次数、灌水时间和灌水定额）。

前已述及，一方面，我们基于研究区 1975 ~ 2012 年的降水量数据所计算的冬小麦生育期的降水超过概率 PEP，确定了模拟时段内（1993 ~ 2012 年）每一年冬小麦生育期的降水水平（丰：PEP ≤ 25%；平：25% < PEP < 75%；枯：75% ≤ PEP < 95%；特枯：PEP ≥ 95%）。另一方面，我们基于空间分辨率为 1 km × 1 km 的 5 层土壤（0 ~ 10 cm、10 ~ 20 cm、20 ~ 30 cm、30 ~ 70 cm 和大于 70 cm）的砂粒、粉粒和黏粒的含量所确定的各层土壤的质地（按照美国制的 12 种质地类型划分）表明：研究区内共涉及 67 种土壤质地剖面类型（我们把 5 层土壤中有一层的质地不同就记为 1 种土壤质地剖面类型）。需要说明的是，为简便起见，我们将冬小麦生育期的降水水平为丰、平、枯和特枯时分别简称为冬小麦的丰水期、平水期、枯水期和特枯水期。由于模拟时段内在某些模拟单元冬小麦生育期没有特枯的降水水平，故为了便于分析，我们将冬小麦的枯水期和特枯水期统称为枯水期。同样为了便于分析，我们按照砂质土（包括：砂土和壤质砂土）、壤质土（包括：砂质壤土、壤土、粉壤土、粉土、砂质黏壤土、粉质黏壤土和黏壤土）和黏质土（包括：砂质黏土、粉质黏土和黏土）这 3 种质地类型来进一步划分，这样在面积约为 4 万 km^2 的研究区内共概化了 17 种土壤质地剖面类型，换言之，研究区被如此划分为 17 个土壤质地剖面类型区。

当冬小麦生育期的灌溉定额为 225 mm 时，地面灌溉情景包括限水灌溉情景 1 至限水灌溉情景 3（L1 ~ L3），喷灌情景包括固定的喷灌情景 1（S1）和固定的喷灌情景 2（S2）。首先，在每种情景下，我们针对每一个模拟单元分别计算模拟时段内在冬小麦的丰水期、平水期和枯水期下平均的冬小麦产量；其次，在每一个模拟单元上从情景 L1、L2、L3、S1 和 S2 中选出在特定的降水水平下使得冬小麦产量最高的灌溉情景；接着，按空间尺度为 1 km × 1 km 的分辨率分别统计我们所概化的每一种土壤质地剖面类型在研究区内的分布面积，进而在每一种土壤质地剖面类型分布的区域上再分别统计使得冬小麦产量最高的灌溉情景中 L1、L2、L3、S1 和 S2 的分布面积；然后，按照以上步骤从 L1、L2、L3、S1 和 S2 中选出使得冬小麦的 WP 最高或农民净收益最高的灌溉情景。当冬小麦生育期的灌溉定额为 150 mm 时，地面灌溉情景包括限水灌溉情景 4 至限水灌溉情景 6（L4 ~ L6），喷灌情景包括固定的喷灌情景 3 至固定的喷灌情景 5（S3 ~ S5），挑选的步骤同上。当冬小麦生育期的灌溉定额为 75 mm 时，地面灌溉情景包括限水灌溉情景 7 至限水灌溉情景 10（L7 ~ L10），喷灌情景包括固定的喷灌情景 6（S6），挑选的步骤也同上。这里，需要说明的是，我们在选择使得农民净收益最高的灌溉方式时，对主要考虑的因素（P_Y、P_S、P_I 和 P_L）均采用平均值（表 2.8）。此外，我们还针对不同的降水水平和土壤质地剖面类型，进一步分析了这些要素的变化（表 2.8）是否会影响灌溉方式的选择结果。

2.7.4　冬小麦喷灌模式的优化与评估及深层地下水压采量的估算

在研究区内针对冬小麦实施喷灌，一方面是为了减少其生育期的灌溉定额进而削减深层地下水开采量，另一方面是为了提高其水分生产力。因此，我们把 SWAP-WOFOST 模型针对固定的喷灌情景和预设的喷灌情景所模拟的结果与 0–1 规划算法相结合，以冬小麦的 WP 最大为目标函数，以与现状灌溉情形相比灌溉定额的减幅不小于特定的阈值为约束条件，开展喷灌模式的优化求解。具体地，在每一个模拟单元上，就冬小麦生育期特定的降水水平，以模拟时段内该降水水平下冬小麦平均的 WP 取最大值为目标函数，以在该降水水平下相较于现状灌溉情形冬小麦生育期灌溉定额的减幅不小于所设定的阈值为约束条件，在 2809 个模拟单元上依次求解这样的 0–1 规划模型，得到优化的喷灌模式的空间分布。我们所建立的 0–1 规划模型如下：

$$\text{目标函数：}\max z_j = \sum_{i=1}^{11} \mathrm{WP}_{i,j} x_{i,j} \quad (i=1, \cdots, 11; j=1,2,3) \tag{2.42}$$

$$\text{约束条件：}\begin{cases} \sum_{i=1}^{11} I_{i,j} x_{i,j} \geqslant b & (i=1, \cdots, 11; j=1,2,3) \\ \sum_{i=1}^{11} x_{i,j} = 1 & (i=1, \cdots, 11; j=1,2,3) \\ x_{i,j} = 0 \text{ 或 } 1 & (i=1, \cdots, 11; j=1,2,3) \end{cases} \tag{2.43}$$

式中，$\max z_j$ 为模拟时段内冬小麦生育期的降水水平为 j 时平均的冬小麦 WP 取最大值，kg/m^3；j 为冬小麦生育期特定的降水水平的序号，当 j 分别取 1、2 和 3 时，代表冬小麦生育期的降水水平分别为丰、平和枯；i 为冬小麦生育期喷灌情景的序号，当 i 分别取 1，2，…，11 时，分别代表第 1 种、第 2 种、…、第 11 种喷灌情景；$\mathrm{WP}_{i,j}$ 为第 i 种喷灌情景所对应的喷灌模式下模拟时段内冬小麦生育期的降水水平为 j 时平均的冬小麦 WP，kg/m^3；$x_{i,j}$ 代表在冬小麦生育期的降水水平为 j 时是否选择第 i 种喷灌情景下的喷灌模式，$x_{i,j}$ 等于 0 代表在冬小麦生育期的降水水平为 j 时不选择第 i 种喷灌情景下的喷灌模式，$x_{i,j}$ 等于 1 代表在冬小麦生育期的降水水平为 j 时选择第 i 种喷灌情景下的喷灌模式；$I_{i,j}$ 为第 i 种喷灌情景相较于现状地面灌溉情形在模拟时段内冬小麦生育期的降水水平为 j 时平均的灌溉定额的减幅，%；b 为冬小麦生育期灌溉定额减幅的约束阈值，%。

为了充分利用模拟结果进行优化，同时为政策制定者提供较大的决策空间，我们设置 10%、20%、30%、40%、50% 和 60% 这 6 种灌溉定额减幅阈值依次作为 0–1 规划模型的约束条件，在每一种约束条件下对 2809 个模拟单元依次求解 0–1 规划模型。需要说明的是，若 11 种喷灌情景都不能满足这些约束条件，则我们所推荐的灌溉模式为现状灌溉情形。在 2809 个模拟单元、6 种约束阈值和 3 个冬小麦生育期的降水水平下，共需求解 0–1 规划模型累积达 50562 次，我们采用 Excel 的 VBA 语言编程以实现该模型的批量

求解。

进一步地，我们对通过求解 0-1 规划模型所优化的喷灌模式进行评估。首先，在模拟单元尺度上，针对特定的冬小麦生育期的降水水平，我们计算得到模拟时段内该降水水平下优化的喷灌模式与现状灌溉情形相比平均减少的冬小麦产量（kg/hm^2）、冬小麦生育期灌溉定额（mm）和冬小麦生育期农田蒸散量（mm）；其次，针对每一个县（市），按照其中各模拟单元所占的面积进行面积加权平均的计算，得到该县（市）与现状灌溉情形相比优化的喷灌模式平均减少的冬小麦产量（kg/hm^2）、冬小麦生育期灌溉定额（mm）和冬小麦生育期农田蒸散量（mm）；接着，乘以各县（市）1994 ~ 2012 年平均的冬小麦播种面积（hm^2）（河北省人民政府办公厅和河北省统计局，1995 ~ 2017），便得到各县（市）与现状灌溉情形相比优化的喷灌模式平均减少的冬小麦产量（亿 kg）、冬小麦生育期灌溉定额（亿 m^3）和冬小麦生育期农田蒸散量（亿 m^3）。此外，基于我们通过多源收集的资料与有关文献所概化的研究区内各县（市）农业灌溉用水量中来源于深层地下水的比例（图 2.17），来估算各县（市）在冬小麦生育期特定的降水水平下优化的喷灌模式相较于现状灌溉情形可以减少的用于灌溉的深层地下水开采量（亿 m^3）。

第 3 章

参数敏感性分析与率定及验证的结果

3.1 参数的敏感性

3.1.1 土壤水分运动与盐分运移模块的参数

土壤水分运动 - 盐分运移模块参数的一阶敏感性指数和全局敏感性指数分别如图 3.1（a）和图 3.1（b）所示。在 6 个试验站，以土壤含水量为目标变量的基于一阶敏感性指数和全局敏感性指数所确定的最敏感的参数均是相同的。具体地，除了在吴桥站对 0 ~ 20 cm 土壤的体积含水量（SWC_1）最敏感的参数为该层土壤的饱和水力传导度（K_{s1}）之外，在其余各试验站对各层土壤含水量最敏感的参数均为该层土壤的形状参数 n [图 3.1（a）、（b）]，这主要是由于形状参数 n 决定了水分特征曲线的斜率（van Genuchten，1980），而水分特征曲线的斜率间接地反映了土壤的质地（雷志栋等，1988）和持水性。EFAST 敏感性分析方法划分敏感参数的依据为：一阶敏感性指数大于 0.01，全局敏感性指数大于 0.1（Ma *et al.*，2013）。在各试验站，基于一阶和全局敏感性指数确定的对于土壤体积含水量敏感的参数均包括各层土壤的形状参数 n 与饱和含水量（OSAT），在大部分试验站的部分土层对土壤含水量敏感的参数还有相应土层的形状参数 α。Xu X. 等（2016）采用 LH-OAT（latin hypercube one-factor-at-a-time）方法对 SWAP-EPIC 模型中的土壤水力参数进行了敏感性分析，结果表明：对 0 ~ 100 cm 各层土壤含水量最敏感的参数为相应土层的饱和含水量，此外，形状参数 n 和 α 也是对土壤含水量敏感的参数。Stahn 等（2017）采用 Sobol' 方法对 SWAP 模型中的土壤水力参数进行了敏感性分析，结果显示：对土壤含水量敏感的参数包括土壤的饱和含水量、饱和水力传导度和形状参数 n。本研究通过敏感性分析识别出的对土壤含水量敏感的参数与 Xu X. 等（2016）和 Stahn 等（2017）的结果大致相近。故我们在各试验站点以土壤含水量为目标变量时仅对 OSAT、n 和 α 这 3 个参数进行率定，而对土壤含水量不敏感的残余含水量（ORES）和饱和水力传导度（K_s），我们采用 Rosetta 软件（Schaap *et al.*，2001）生成的参考值，对于 λ 我们取值为 0.5（Mualem，1976；Schaap *et al.*，2001）。

根据一阶和全局敏感性指数，对于各层土壤盐分浓度最敏感的参数涉及形状参数 n、饱和水力传导度（K_s）和弥散度（L）[图 3.1（a）、（b）]。Xu X. 等（2016）的研究表明：弥散度（L）和形状参数 n 是对土壤盐分浓度敏感的参数，这与我们对土壤盐分运移参数的敏感性分析结果是较为一致的。下面我们在各土壤水力参数均已确定的基础上以土壤盐分浓度为目标变量率定参数时只考虑弥散度（L）。这里需要说明的是，由于仅在南皮站、深州站和曲周站可以收集到土壤盐分的实测值，故我们只在这 3 个试验站对 L 进行率定。

(a) 一阶敏感性指数（色标：0，0.45，0.90）；纵轴：参数；横轴：目标变量

参数	廊坊站						雄县站						南皮站					
	SWC$_1$	SWC$_2$	SWC$_3$	SSC$_1$	SSC$_2$	SSC$_3$	SWC$_1$	SWC$_2$	SWC$_3$	SSC$_1$	SSC$_2$	SSC$_3$	SWC$_1$	SWC$_2$	SWC$_3$	SSC$_1$	SSC$_2$	SSC$_3$
ORES$_1$	4	16	21	5	11	21	5	15	10	4	6	10	6	18	16	5	7	21
OSAT$_1$	2	13	12	3	21	19	3	10	17	6	12	13	4	11	21	7	16	14
K_{s1}	14	4	10	2	2	4	6	11	9	3	2	7	2	3	4	2	1	1
α_1	3	18	11	4	7	20	4	7	16	2	4	6	3	13	11	3	6	20
n_1	1	10	14	1	4	16	1	8	20	1	1	4	1	6	10	1	3	5
λ_1	17	12	20	14	14	17	13	13	21	12	14	19	5	14	20	4	21	7
L_1	19	21	5	20	15	13	18	20	7	15	15	16	16	19	6	18	19	17
ORES$_2$	20	6	9	18	19	15	11	3	14	11	10	12	15	4	17	20	9	10
OSAT$_2$	16	2	17	12	3	7	10	2	11	10	8	8	8	2	14	12	4	12
K_{s2}	8	15	15	9	9	11	9	9	12	9	7	20	10	10	15	10	10	16
α_2	10	3	19	13	5	7	2	4	19	5	11	10	7	5	12	7	5	13
n_2	12	1	18	11	1	5	8	1	18	6	3	3	18	1	13	14	2	4
λ_2	11	17	16	15	17	9	19	12	15	17	16	21	14	15	18	6	15	18
L_2	18	19	8	21	20	14	17	18	8	13	20	17	20	16	9	17	20	11
ORES$_3$	15	9	5	16	18	12	16	16	3	21	17	9	12	17	3	11	12	6
OSAT$_3$	13	14	2	17	16	2	21	14	2	19	18	2	19	21	2	13	17	3
K_{s3}	9	5	4	7	10	3	14	6	4	8	5	5	21	12	7	19	8	7
α_3	5	20	13	6	13	18	7	5	13	14	9	18	11	7	19	15	13	7
n_3	6	8	1	8	6	1	12	19	1	16	21	1	9	8	1	21	11	2
λ_3	6	7	3	9	8	6	20	17	6	20	13	15	13	9	5	9	14	15
L_3	21	11	7	19	12	10	15	21	5	18	19	14	17	20	8	15	18	19

参数	深州站						吴桥站						曲周站					
	SWC$_1$	SWC$_2$	SWC$_3$	SSC$_1$	SSC$_2$	SSC$_3$	SWC$_1$	SWC$_2$	SWC$_3$	SSC$_1$	SSC$_2$	SSC$_3$	SWC$_1$	SWC$_2$	SWC$_3$	SSC$_1$	SSC$_2$	SSC$_3$
ORES$_1$	4	8	12	4	11	17	8	12	11	6	8	16	4	19	16	5	8	14
OSAT$_1$	2	14	13	8	13	21	4	15	21	4	9	11	2	9	13	6	10	10
K_{s1}	8	10	11	5	6	9	1	8	4	1	1	2	9	4	4	1	1	1
α_1	3	9	7	6	5	7	3	7	8	3	3	4	3	7	8	8	4	3
n_1	1	7	10	1	4	8	2	10	14	2	5	5	1	10	15	2	11	4
λ_1	19	17	21	16	19	19	16	14	20	13	10	20	15	18	20	10	14	12
L_1	16	20	9	2	14	10	18	20	9	20	17	15	16	20	9	3	21	21
ORES$_2$	21	3	14	19	7	18	9	5	13	11	6	18	18	3	14	17	7	19
OSAT$_2$	14	2	18	11	3	16	20	2	17	18	4	19	13	2	19	16	5	17
K_{s2}	9	12	17	13	20	15	12	21	15	5	7	8	10	21	18	9	12	11
α_2	10	4	16	7	8	11	14	3	12	7	13	9	8	5	17	7	9	16
n_2	7	1	20	12	2	14	11	1	19	10	2	6	12	1	12	12	3	7
λ_2	13	11	19	14	21	20	21	15	18	15	18	21	11	12	21	14	18	5
L_2	12	19	6	3	1	5	19	13	7	21	21	14	20	13	7	4	2	5
ORES$_3$	15	18	3	17	16	4	6	17	3	16	15	10	17	16	3	21	17	15
OSAT$_3$	17	16	2	20	18	2	12	11	2	12	19	3	14	17	2	19	15	8
K_{s3}	5	6	5	10	12	3	7	4	5	8	10	13	5	8	5	20	12	18
α_3	11	5	15	9	9	13	5	6	16	8	12	7	7	6	10	11	16	13
n_3	6	13	1	21	15	1	10	9	1	19	14	1	6	11	1	15	20	2
λ_3	20	21	4	18	17	12	15	18	6	14	16	12	21	15	6	18	19	20
L_3	18	15	8	14	10	6	17	19	10	17	20	17	19	14	11	13	6	9

(b) 全局敏感性指数（色标：0，0.25，0.50，0.75，1.00）；纵轴：参数；横轴：目标变量

参数	廊坊站						雄县站						南皮站					
	SWC$_1$	SWC$_2$	SWC$_3$	SSC$_1$	SSC$_2$	SSC$_3$	SWC$_1$	SWC$_2$	SWC$_3$	SSC$_1$	SSC$_2$	SSC$_3$	SWC$_1$	SWC$_2$	SWC$_3$	SSC$_1$	SSC$_2$	SSC$_3$
ORES$_1$	4	14	21	5	21	20	3	18	21	2	4	12	5	21	21	5	9	16
OSAT$_1$	2	21	20	2	14	8	2	12	13	6	12	14	2	15	16	11	18	8
K_{s1}	14	9	6	3	3	5	7	9	10	3	1	6	3	5	5	2	2	2
α_1	3	17	15	4	17	18	4	8	6	5	5	7	4	10	8	3	6	10
n_1	1	12	17	1	18	12	1	14	20	1	2	5	1	9	7	1	3	6
λ_1	16	16	8	11	12	19	14	11	9	13	18	19	6	13	11	4	11	14
L_1	17	20	14	17	16	15	21	20	17	21	15	15	9	19	17	14	19	7
ORES$_2$	15	3	12	19	9	10	12	2	11	14	8	10	16	3	15	21	5	17
OSAT$_2$	18	2	18	16	2	9	11	3	18	11	7	8	12	2	18	9	4	12
K_{s2}	8	10	19	9	8	11	10	7	19	8	6	17	15	11	13	8	10	20
α_2	10	4	16	12	4	13	5	4	16	4	11	11	8	4	19	15	16	9
n_2	11	1	13	10	1	7	9	1	7	7	3	3	14	1	20	7	1	4
λ_2	12	11	11	15	13	16	15	15	15	15	14	20	18	12	10	10	14	21
L_2	19	13	7	21	10	21	20	16	14	20	21	21	17	17	14	19	21	18
ORES$_3$	13	15	3	14	11	6	17	13	3	18	16	9	20	16	3	13	13	5
OSAT$_3$	20	18	2	18	20	2	18	17	2	12	17	2	19	18	2	12	15	3
K_{s3}	7	5	5	13	6	3	8	5	4	9	9	4	11	6	4	18	7	11
α_3	6	7	9	6	15	14	6	6	5	10	10	13	7	8	12	16	8	13
n_3	9	8	1	7	7	1	16	10	1	17	20	1	10	7	1	20	12	1
λ_3	5	6	4	8	5	4	13	21	8	16	13	16	13	14	6	6	17	15
L_3	21	19	10	20	19	17	19	19	12	19	19	18	21	20	9	17	20	19

参数	深州站						吴桥站						曲周站					
	SWC$_1$	SWC$_2$	SWC$_3$	SSC$_1$	SSC$_2$	SSC$_3$	SWC$_1$	SWC$_2$	SWC$_3$	SSC$_1$	SSC$_2$	SSC$_3$	SWC$_1$	SWC$_2$	SWC$_3$	SSC$_1$	SSC$_2$	SSC$_3$
ORES$_1$	3	14	14	4	12	18	5	17	21	4	12	18	4	18	18	5	12	17
OSAT$_1$	2	13	11	8	14	19	3	14	13	5	13	15	2	16	9	9	13	15
K_{s1}	11	7	7	5	6	7	1	7	5	1	1	2	7	6	5	1	1	1
α_1	4	8	6	6	5	9	4	9	6	3	3	4	3	9	7	6	4	5
n_1	1	10	5	1	4	8	2	16	18	2	10	7	1	11	14	2	8	2
λ_1	19	19	18	20	21	17	13	10	9	19	14	21	19	14	11	12	17	14
L_1	18	21	12	2	9	10	21	21	15	20	16	14	17	21	19	3	14	20
ORES$_2$	13	3	13	17	7	20	12	4	10	10	5	19	16	3	12	21	7	21
OSAT$_2$	17	2	20	13	3	16	15	3	20	15	4	10	14	2	21	11	5	9
K_{s2}	8	11	19	12	20	13	8	13	19	8	9	13	11	12	16	14	21	16
α_2	7	4	17	7	8	11	14	2	16	12	8	11	10	4	10	7	10	13
n_2	10	1	16	11	2	12	11	1	12	11	2	8	12	1	15	16	3	10
λ_2	15	15	21	16	15	21	20	15	8	13	19	17	9	10	20	10	16	3
L_2	12	12	10	3	1	4	18	18	11	21	21	20	13	13	8	4	2	6
ORES$_3$	16	18	2	19	19	6	10	12	3	18	15	5	15	17	3	17	18	12
OSAT$_3$	21	20	3	18	17	3	9	11	2	9	20	3	21	20	2	20	20	7
K_{s3}	6	6	4	9	13	5	6	5	4	7	7	6	6	7	4	13	11	11
α_3	5	5	9	10	10	15	7	6	17	6	6	9	5	5	6	8	9	18
n_3	9	9	1	21	16	1	19	8	1	16	11	1	8	8	1	18	19	4
λ_3	14	16	8	15	18	14	16	20	7	14	17	12	18	19	13	15	15	19
L_3	20	16	15	14	11	2	17	19	14	17	18	16	20	15	17	19	6	8

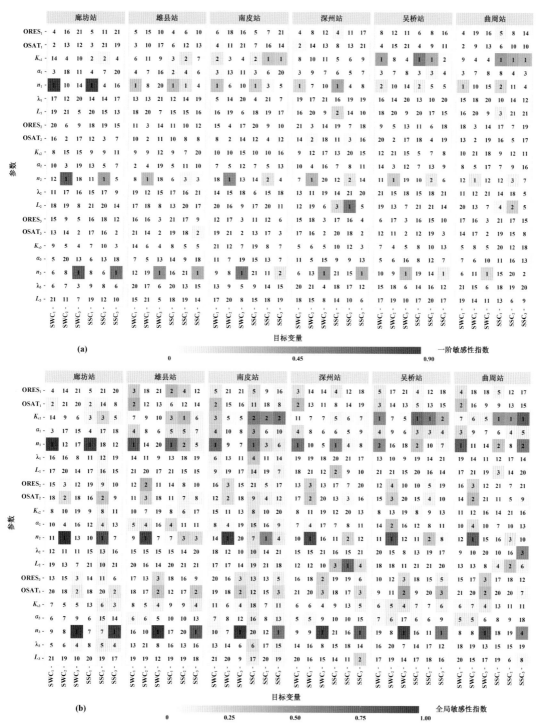

图 3.1　在 6 个试验站土壤水分运动－盐分运移模块参数的一阶敏感性（a）和全局敏感性（b）的指数及其排序

ORES$_i$ 为第 i 层土壤的残余含水量；OSAT$_i$ 为第 i 层土壤的饱和含水量；K_{si} 为第 i 层土壤的饱和水力传导度；α_i、n_i 和 λ_i 为第 i 层土壤的形状参数；L_i 为第 i 层土壤的弥散度；SWC$_i$ 为第 i 层土壤的体积含水量；SSC$_i$ 为第 i 层土壤的盐分浓度；当 i 等于 1、2 和 3 时，分别表示 0 ~ 20 cm、20 ~ 70 cm 和 70 ~ 200 cm 的土壤

3.1.2　作物（冬小麦）生长模块的参数

基于一阶敏感性指数 [图 3.2（a）]，在廊坊站、雄县站和深州站，对冬小麦的叶面积指数、地上部生物量最敏感的参数均为出苗阶段（DVS=0）的比叶面积（SLATB0），对产量最敏感的参数均为最小冠层阻力（RSC）；在南皮站和吴桥站，对冬小麦的叶面积指数、地上部生物量和产量最敏感的参数均为出苗阶段（DVS=0）的比叶面积（SLATB0）；在曲周站，对冬小麦的叶面积指数、地上部生物量和产量最敏感的参数分别为叶片衰老的低温阈值（TBASE）、初始总作物干重（TDWI）和开花阶段（DVS=1.00）的最大 CO_2 同化速率（AMAXTB1.00）。由于全局敏感性指数考虑了参数间的交互作用（Baroni and Tarantola，2014），故基于全局敏感性指数和基于一阶敏感性指数所确定的最敏感参数略有不同。具体的差异如下：基于全局敏感性指数，在廊坊站和雄县站对冬小麦产量最敏感的参数为出苗阶段（DVS=0）的比叶面积（SLATB0）而不是 RSC，在曲周站对冬小麦的地上部生物量和产量最敏感的参数为生长阶段中期（DVS=0.78）的比叶面积（SLATB0.78）而不是 TDWI 和 AMAXTB1.00 [图 3.2（b）]。整体而言，对冬小麦的叶面积指数、地上部生物量和产量最敏感的参数主要是影响光截获的 SLATB0、SLATB0.78 和 TBASE、影响 CO_2 同化的 AMAXTB1.00 和影响潜在蒸散量计算的 RSC。这主要是由于光截获和 CO_2 同化在 SWAP-WOFOST 模型中是最主要的生长驱动过程（Kroes *et al.*，2009），且潜在蒸散量是进一步计算根系吸水速率的基础（Kroes *et al.*，2009），换言之，RSC 可以间接影响冬小麦生长对水分胁迫的响应。

综合各个站点敏感性分析的结果 [图 3.2（a）、（b）] 并依据一阶和全局敏感参数的划分标准，对冬小麦的叶面积指数敏感的参数除了前已述及的最敏感的 SLATB0 和 TBASE，还涉及初始总作物干重（TDWI）、生长阶段中期（DVS=0.78）的比叶面积（SLATB0.78）、漫射可见光的消光系数（KDIF）、开花阶段（DVS=1.00）的最大 CO_2 同化速率（AMAXTB1.00）、当最小昼温（日间温度，daytime temperature）等于 3℃时最大 CO_2 同化速率的折减系数（TMNFTB3）和叶面积指数的最大相对增长量（RGRLAI）；对冬小麦的地上部生物量敏感的参数除了前已述及的最敏感的 SLATB0、TDWI 和 SLATB0.78，还涉及出苗阶段（DVS=0）的最大 CO_2 同化速率（AMAXTB0）、开花阶段（DVS=1.00）的最大 CO_2 同化速率（AMAXTB1.00）、叶片衰老的低温阈值（TBASE）、漫射可见光的消光系数（KDIF）、最小冠层阻力（RSC）和当最小昼温等于 3℃时最大 CO_2 同化速率的折减系数（TMNFTB3）；对冬小麦的产量敏感的参数除了前已述及的最敏感的 RSC、SLATB0、AMAXTB1.00 和 SLATB0.78，还涉及同化物转化为储藏器官的效率（CVO）、出苗阶段（DVS=0）的最大 CO_2 同化速率（AMAXTB0）、初始总作物干重（TDWI）、漫射可见光的消光系数（KDIF）、当最小昼温等于 3℃时最大 CO_2 同化速率的折减系数（TMNFTB3）、叶片有效的光利用效率（EFF）、叶片在最适宜条件下的寿命（SPAN）、成熟阶段（DVS=2.00）的最大 CO_2 同化速率（AMAXTB2.00）和当平均昼温（average daytime temperature）等于 25℃时最大 CO_2 同化速率的折减系数（TMPFTB25）等。

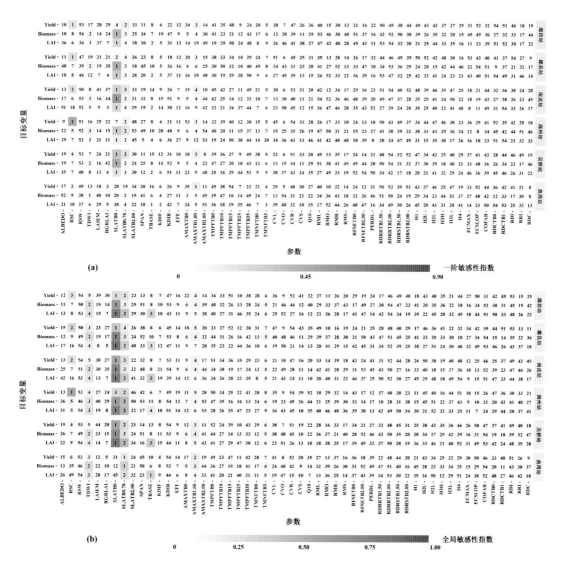

图 3.2　在 6 个试验站冬小麦参数的一阶敏感性（a）和全局敏感性（b）的指数及其排序

LAI 为叶面积指数；Biomass 为地上部生物量；Yield 为产量。冬小麦参数的描述见表 2.3

3.1.3　作物（夏玉米）生长模块的参数

基于一阶敏感性指数，在 6 个试验站，对夏玉米的叶面积指数和地上部生物量最敏感的参数均为初始总作物干重（TDWI）[图 3.3（a）]。对夏玉米的产量而言，在廊坊站和深州站，对其最敏感的参数也均为初始总作物干重（TDWI）；在雄县站、吴桥站和曲周站，对其最敏感的参数均为当最小昼温等于 8℃时最大 CO_2 同化速率的折减系数（TMNFTB8）；而在南皮站，对其最敏感的参数为生长阶段中期（DVS=0.78）的比叶面积（SLATB0.78）[图 3.3（a）]。除了在雄县站基于全局敏感性指数确定的对夏玉米产量最敏感的参数为 TDWI 而不是 TMNFTB8，在吴桥站基于全局敏感性指数确定的对夏玉米的叶面积指数最敏感的参数为出苗阶段（DVS=0）的比叶面积（SLATB0）而不是TDWI，在各试验站点基于全局敏感性指数确定的对夏玉米的叶面积指数、地上部生物量和产量最敏感的参数[图3.3（b）]与基于一阶敏感性指数确定的最敏感参数相同[图3.3（a）]。整体而言，对夏玉米的叶面积指数、地上部生物量和产量最敏感的参数主要是反映初始总作物干重的TDWI、影响CO_2同化速率的TMNFTB8和影响光截获的SLATB0.78。Wang等（2013）应用EFAST对WOFOST模型中玉米参数开展敏感性分析的结果显示：对春玉米产量最敏感的参数是SPAN、CVO、TBASE和EFF，我们用EFAST方法对夏玉米参数的敏感性分析结果与Wang等（2013）的研究结果存在差异，这可能是由于不同的环境因素（例如，土壤、气候和灌溉）以及不同的参数取值范围所致。

综合各个站点敏感性分析的结果[图3.3（a）、（b）]并依据一阶和全局敏感参数的划分标准，对夏玉米的叶面积指数敏感的参数除了前已述及的最敏感的TDWI和SLATB0，还涉及当最小昼温等于8℃时最大CO_2同化速率的折减系数（TMNFTB8）、叶片在最适宜条件下的寿命（SPAN）、生长阶段中期（DVS=0.78）的比叶面积（SLATB0.78）、成熟阶段（DVS=2.00）的比叶面积（SLATB2.00）、叶片有效的光利用效率（EFF）、叶面积指数的最大相对增加量（RGRLAI）、作物出苗时的叶面积指数（LAIEM）、漫射可见光的消光系数（KDIF）、生殖生长阶段前期（DVS=1.25）的最大CO_2同化速率（AMAXTB1.25）等；对夏玉米的地上部生物量敏感的参数除了前已述及的最敏感的TDWI，还涉及出苗阶段（DVS=0）的比叶面积（SLATB0）、生长阶段中期（DVS=0.78）的比叶面积（SLATB0.78）、成熟阶段（DVS=2.00）的比叶面积（SLATB2.00）、当最小昼温等于8℃时最大CO_2同化速率的折减系数（TMNFTB8）、叶片有效的光利用效率（EFF）、叶片在最适宜条件下的寿命（SPAN）、叶面积指数的最大相对增加量（RGRLAI）、漫射可见光的消光系数（KDIF）、出苗阶段（DVS=0）的最大CO_2同化速率（AMAXTB0）、盐分胁迫开始时的饱和泥浆电导率（ECMAX）、饱和泥浆电导率大于ECMAX时的根系吸水下降速率（ECSLOP）等；对夏玉米的产量敏感的参数除了前已述及的最敏感的TDWI、SLATB0.78和TMNFTB8，还涉及出苗阶段（DVS=0）的比叶面积（SLATB0）、同化物转化为储藏器官的效率（CVO）、叶片有效的光利用效率（EFF）、叶片在最适宜条件下的寿命（SPAN）、出苗阶段（DVS=0）的最大CO_2同化速率（AMAXTB0）、生殖生长阶段前期（DVS=1.25）的最大CO_2同化速率（AMAXTB1.25）、盐分胁迫开始时的饱和泥浆电导率（ECMAX）、饱和泥浆电导率大于ECMAX时的根系吸水下降速率（ECSLOP）等。在我们上述的这些对夏玉米生长过程敏感的参数中，涉及叶子扩展与光截获的过程和同化过程的参数在模拟中的重要性，这与Wang等（2013）对春玉米的研究结果是基本一致的。

在6个试验站采用EFAST方法开展全局敏感性分析之目的在于识别出对那些具有实测值的目标变量敏感的参数。对于同一个目标变量，在各试验站存在普遍敏感的参数，例如，在6个试验站，冬小麦的叶片衰老的低温阈值（TBASE）、生长阶段中期（DVS=0.78）的比叶面积（SLATB0.78）和初始总作物干重（TDWI）均对冬小麦的叶面积指数敏感。然而，由于各试验站的气象、土壤、灌溉条件、作物播种和收获时间等不尽相同，对同一目标变量，敏感参数的排序也有所差异；在相同的试验站，对于同一模块不同的目标变量而言，其敏感的参数也存在差异，例如，在廊坊站、雄县站、吴桥站和曲周站，冬小麦出苗阶段（DVS=0）的最大 CO_2 同化速率（AMAXTB0）对产量不敏感，但它影响反映作物生长过程的地上部生物量。

总之，我们在站点尺度细致地对相关模块开展多目标的参数率定与验证前，分别在 6 个试验站识别出了对模型的 8 个输出变量敏感的参数，从而为提高参数率定的效率打下了良好的基础。此外，我们的敏感性分析结果也为今后深化模拟研究时应该尽可能地获取哪些参数的观测值或实验值以减少模拟结果的不确定性提供了指向。

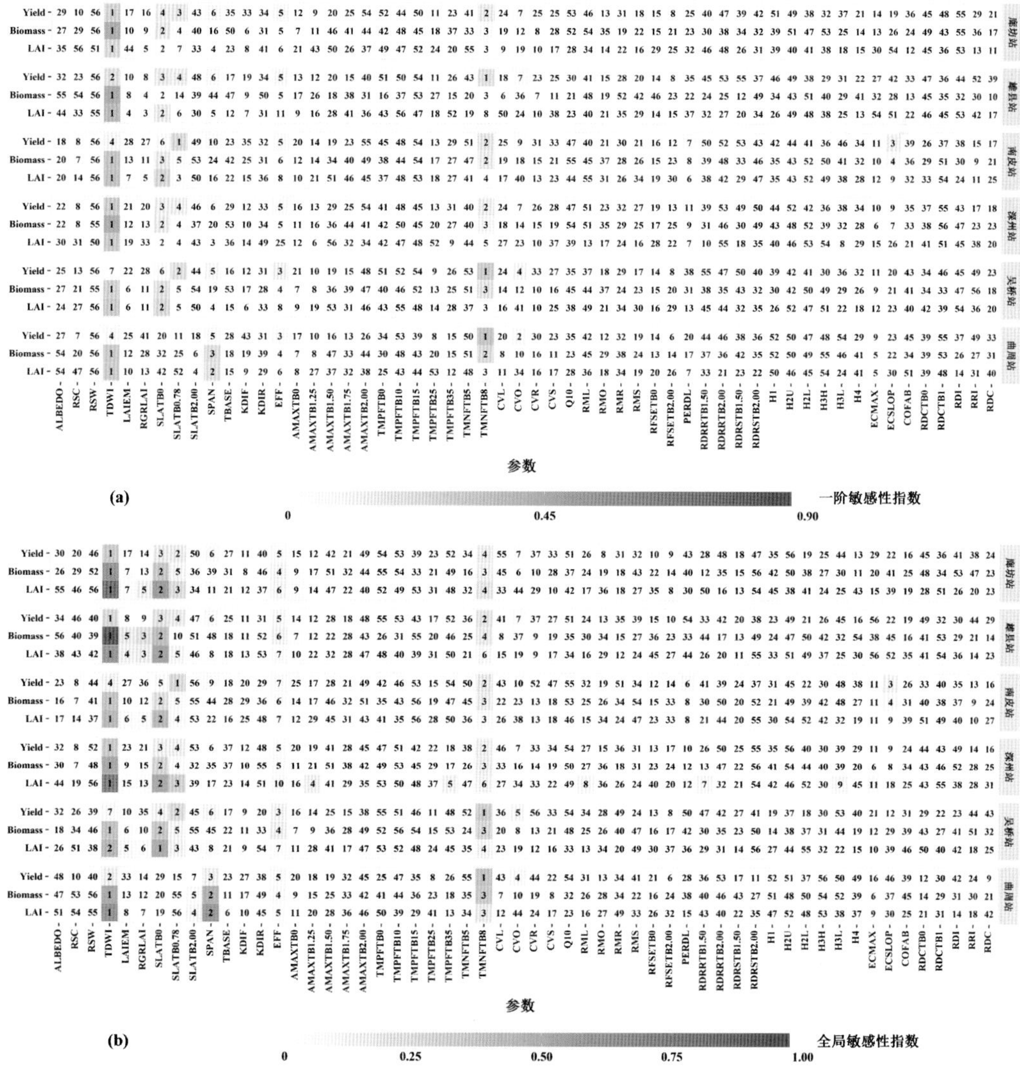

图 3.3　在 6 个试验站夏玉米参数的一阶敏感性（a）和全局敏感性（b）的指数及其排序

LAI 为叶面积指数；Biomass 为地上部生物量；Yield 为产量。夏玉米参数的描述见表 2.3

3.2 试验站点尺度的参数率定与验证

3.2.1 土壤水力参数

图 3.4（a）和图 3.5（a）分别展示了在率定阶段和验证阶段各试验站点土壤含水量的模拟值与实测值对比的 1 ：1 线图，从 6 个试验站的率定和验证的整体精度看，土壤含水量的模拟值与实测值具有较好的一致性。统计指标如表 3.1 所示：在率定和验证阶段土壤含水量的 MBE 分别约为 0 cm^3/cm^3 和 −0.01 cm^3/cm^3，这表明：就这 6 个站点平均而言，模拟值没有明显高估或低估实测的土壤含水量；RMSE 分别约为 0.05 cm^3/cm^3 和 0.05 cm^3/cm^3；NRMSE 分别约为 14.93% 和 16.26%，都介于 10% ~ 20%；d 分别约为 0.91 和 0.88。以上统计指标表明：SWAP 模型对土壤含水量的模拟精度高。在 6 个试验站率定后的土壤水力参数见表 3.2。

3.2.2 土壤盐分运移参数

由于仅在南皮站、深州站和曲周站收集到土壤盐分的实测数据（表 2.4），所以我们仅在这 3 个试验站进行土壤盐分运移参数的率定和验证。在率定和验证阶段土壤盐分浓度的模拟值与实测值对比的 1 ：1 线图分别如图 3.4（b）和图 3.5（b）所示。统计指标（表 3.1）表明：率定和验证阶段土壤盐分浓度的 MBE 分别约为 0.01 mg/cm^3 和 0.21 mg/cm^3；RMSE 分别约为 0.81 mg/cm^3 和 0.91 mg/cm^3；NRMSE 分别约为 27.20% 和 29.36%，都介于 20% ~ 30%；d 分别约为 0.91 和 0.87。以上统计指标说明：3 个站点在率定阶段的模拟精度略高于验证阶段，但整体而言，对田间土壤盐分浓度的模拟精度是合理的。在 3 个试验站率定后的土壤盐分运移参数见表 3.2。

3.2.3 冬小麦参数

以冬小麦的叶面积指数、地上部生物量和产量为目标变量，对冬小麦参数进行率定，模拟值与实测值对比的 1 ：1 线图如图 3.4（c）~（e）所示，验证结果对比的 1 ：1 线图如图 3.5（c）~（e）所示，表明：模拟值与实测值的吻合度较高。统计指标列于表 3.1，可见：在率定和验证阶段，冬小麦的叶面积指数、地上部生物量、产量的模拟值与实测值的 MBE 分别约为 0 cm^2/cm^2 和 0.46 cm^2/cm^2、661.07 kg/hm^2 和 713.99 kg/hm^2、−379.24 kg/hm^2 和 −335.70 kg/hm^2，整体来说，叶面积指数的模拟值在率定阶段几乎没有低估或高估实测值，在验证阶段有些高估实测值。在率定和验证阶段，地上部生物量的模拟值均高估实测值而产量的模拟值均低估实测值。率定结果表明：冬小麦的叶面积指数、地上部生物量和产量的 RMSE 分别约为 0.90 cm^2/cm^2、1893.68 kg/hm^2 和 1490.69 kg/hm^2，NRMSE 分别约为 24.60%、25.27% 和 23.12%，d 分别约为 0.95、0.97 和 0.69。验证结果表明：冬小麦的叶面积指数、地上部生物量和产量的 RMSE 分别约为 0.95 cm^2/cm^2、1529.41 kg/hm^2 和 1398.78 kg/hm^2，NRMSE 分别约为 24.20%、22.75% 和 21.77%，*d* 分别约为 0.95、0.98 和 0.68。以上表明：率定的冬小麦参数（表 3.3）对冬小麦产量的模拟较好，且模拟的反映冬小麦生长动态过程的叶面积指数和地上部生物量与实测值相比的一致性较高。

我们在各站点率定的冬小麦参数是最敏感和敏感的参数中的 RSC、TDWI、SLATB0、SLATB0.78、SPAN、KDIF、EFF、TBASE、AMAXTB0、AMAXTB1.00、AMAXTB2.00 和 CVO 这几个参数。需要说明的是，对于敏感参数中的 TMNFTB3 和 TMPFTB25，由于这 2 个参数反映的是不适宜的温度对冬小麦特定生长阶段最大 CO_2 同化速率的折减，其值在一定程度上依赖于最大 CO_2 同化速率，考虑到出苗阶段、开花阶段和成熟阶段的最大 CO_2 同化速率（AMAXTB0、AMAXTB1.00 和 AMAXTB2.00）这 3 个敏感参数将被率定，为了降低率定过程中的“异参同效”，同时，也考虑到应用 SWAP-WOFOST 模型开展研究的诸多学者并未对其进行率定或调整（Singh *et al.*，2006b；Noory *et al.*，2011；Xue and Ren，2016，2017a），所以我们对这两个参数也不进行率定，而取 SWAP-WOFOST 模型中所设定的默认值。

在各试验站率定后的 RSC 的变化范围是 44 ～ 47 s/m。Kroes 等（2009）给出 RSC 的变化范围是 30（农作物）～ 150 s/m（树木）。Singh 等（2006b）在印度应用 SWAP 模型时，对小麦、棉花和水稻的 RSC 均设置为 70 s/m。袁国富等（2002）在华北平原的禹城试验站测定了冬小麦不同生育阶段的平均 RSC 为 20.3 s/m。这些文献报道，特别是针对小麦所给出的 RSC 的取值在一定程度上支撑了我们对 RSC 率定结果的合理性。率定后的 TDWI 的变化范围是 100 ～ 110 kg/hm^2，而曲周站在 1998 年冬小麦出苗时实测的生物量约为 100 kg/hm^2（乔玉辉，1999），这在某种程度上表明我们率定的 TDWI 具有一定的合理性。率定后的 SLATB0、SLATB0.78 和 SLATB2.00 在各试验站的变化范围分别为 0.0021 ～ 0.0032 hm^2/kg、0.0027 ～ 0.0032 hm^2/kg 和 0.0016 ～ 0.0020 hm^2/kg，我们注意到，曲周站在 1998 ～ 1999 年实测的冬小麦比叶面积在越冬前基本保持在 0.0025 hm^2/kg，且上下变化幅度不大，返青时最大比叶面积可以达到 0.0040 hm^2/kg，灌浆期减少至 0.0018 ～ 0.0020 hm^2/kg，同时，品种间的比叶面积值没有明显差别（乔玉辉等，2002），这些试验观测结果至少在一个试验站点上说明了我们对这 3 个参数的率定结果是较合理的。AMAXTB0、AMAXTB1.00 和 AMAXTB2.00 在各试验站率定值的变化范围分别为 40.0 ～ 43.0 kg/（hm^2·h）、45.0 ～ 48.0 kg/（hm^2·h）和 20.0 ～ 25.0 kg/（hm^2·h），而植物的 AMAXTB 可以在 1.0 ～ 70.0 kg/（hm^2·h）范围内变化（Boogaard *et al.*，1998）。对于华北平原的冬小麦而言，由于温度低于 0℃时麦苗会出现损伤或死苗，将叶温降低到 0℃以下作为霜冻发生的指标（陈秀敏等，2008），所以我们将 TBASE 的默认值（0℃）视为各试验站的率定值。SPAN 和 KDIF 在各试验站率定值的变化范围分别为 35 ～ 36 天和 0.48 ～ 0.50，EFF 和 CVO 在各试验站的率定值均分别为 0.50 kg/（hm^2·h·J·m^2·s）和 0.80 kg/kg，而在有关文献中对 SPAN、KDIF、EFF 和 CVO 所建议的取值范围分别为 26 ～ 36 天（Zhou J. *et al.*，2012）、0.44 ～ 0.70（Boogaard *et al.*，1998；Zhou J. *et al.*，2012）、0.40 ～ 0.50 kg/（hm^2·h·J·m^2·s）（Boogaard *et al.*，1998）和 0.60 ～ 0.80 kg/

kg（Zhou J. *et al.*，2012），这表明：我们对这 4 个参数率定后的值均在相关文献所建议的取值范围内。

此外，尽管反映水分胁迫对根系吸水速率影响的参数 H1、H2U、H2L、H3H、H3L 和 H4 以及反映盐分胁迫对根系吸水速率影响的参数 ECMAX 和 ECSLOP 对于冬小麦的叶面积指数、地上部生物量和产量的敏感性不高，但我们仍力求将这些参数的默认值依据相关文献进行局地化。具体地，虽然在 SWAP 模型和 SWAP-WOFOST 模型中均有冬小麦的 H1、H2U、H2L、H3H、H3L 和 H4 这 6 个参数的默认值，但由于研究区内自 20 世纪 90 年代以后选育和种植的冬小麦品种多具有抗旱节水的特性（陈秀敏等，2008；贾银锁和郭进考，2009；于振文，2015），而 SWAP 模型较 SWAP-WOFOST 模型对上述 6 个参数的建议值所反映的小麦的抗旱能力较强，所以，我们对这 6 个参数没有进行率定，而是取 SWAP 模型中的建议值（Kroes *et al.*，2009）。对 ECMAX 和 ECSLOP 参考有关文献报道中对小麦的取值（Kroes *et al.*，2009；李月华和杨利华，2017）后分别确定为 5.9 dS/m 和 3.8% m/dS。

对于没有进行敏感性分析的参数 TSUMEA 和 TSUMAM，则根据各站点田间观测的生育期和所在气象分区的数据计算得到。由于 SWAP-WOFOST 模型模拟土壤盐分运移是基于土壤溶液的盐分浓度（单位为 mg/cm^3），盐分胁迫对作物根系吸水影响的阈值是基于饱和泥浆的电导率（单位为 dS/m），故需要将两者进行转化，转化过程涉及经验系数 a 和 b 以及考虑泥浆过饱和的因子 f，其中，f 的建议取值为 2.0，FAO48 对 a 和 b 的建议取值分别为 1.492 和 1.0（Kroes *et al.*，2009）。当我们对 a、b 和 f 分别取值为 1.492、1.0 和 2.0 时，与有关文献报道的在研究区内南皮县采样测定而建立的土壤含盐量和饱和泥浆电导率之间的经验关系（He *et al.*，2017）较为接近，这也在一定程度上说明我们的取值是较合理的。

3.2.4 夏玉米参数

以夏玉米的叶面积指数、地上部生物量和产量为目标变量，对夏玉米参数进行率定，模拟值与实测值对比结果的 1 ∶ 1 线图如图 3.4（f）～（h）所示，验证结果对比的 1 ∶ 1 线图如图 3.5（f）～（h）所示。模拟精度的统计指标（表 3.1）显示：在率定和验证阶段，夏玉米的叶面积指数、地上部生物量、产量的模拟值与实测值的 MBE 分别约为 −0.34 cm^2/cm^2 和 −0.10 cm^2/cm^2、−943.50 kg/hm^2 和 −748.03 kg/hm^2、−495.76 kg/hm^2 和 −652.86 kg/hm^2，整体而言，对夏玉米的叶面积指数、地上部生物量和产量在率定与验证阶段的模拟值均低估实测值。率定结果表明：夏玉米的叶面积指数、地上部生物量和产量的 RMSE 分别约为 0.76 cm^2/cm^2、1522.80 kg/hm^2 和 1525.51 kg/hm^2，NRMSE 分别约为 24.55%、21.33% 和 17.94%，d 分别约为 0.93、0.98 和 0.54。验证结果表明：夏玉米的叶面积指数、地上部生物量和产量的 RMSE 分别约为 0.59 cm^2/cm^2、1773.72 kg/hm^2 和 1486.48 kg/hm^2，NRMSE 分别约为 22.03%、24.38% 和 18.62%，d 分别约为 0.95、0.97 和 0.57。率定后的夏玉米参数（表 3.4）对于叶面积指数、地上部生物量和产量的模拟较好。

我们在各站点率定的夏玉米参数是最敏感和敏感的参数中的 RSC、TDWI、SLATB0、

SLATB0.78、SPAN、EFF、KDIF、AMAXTB0、AMAXTB1.25、AMAXTB2.00、CVO、ECMAX 和 ECSLOP 这几个参数。需要说明的是，对于最敏感参数中的 TMNFTB8，该参数也是反映不适宜的温度对夏玉米特定生长阶段的最大 CO_2 同化速率的折减，与冬小麦的处理相仿，我们对其取 SWAP-WOFOST 模型中所设定的默认值。

对各站点率定后的 RSC 的变化范围是 30 ~ 32 s/m。Kroes 等（2009）给出了 RSC 对农作物的取值为 30 s/m，王卫星等（2006）在华北平原的禹城试验站测定了夏玉米不同生育阶段的平均 RSC 为 19.21 s/m，这说明我们率定的 RSC 在一定程度上是合理的。对各站点率定后的 TDWI 均为 5 kg/hm^2，而曲周站在 1998 年和 1999 年夏玉米出苗阶段实测的生物量均约为 5 kg/hm^2（乔玉辉，1999），这表明我们率定的 TDWI 具有一定的合理性。我们率定后的 SLATB0 和 SLATB0.78 在各站点的变化范围分别为

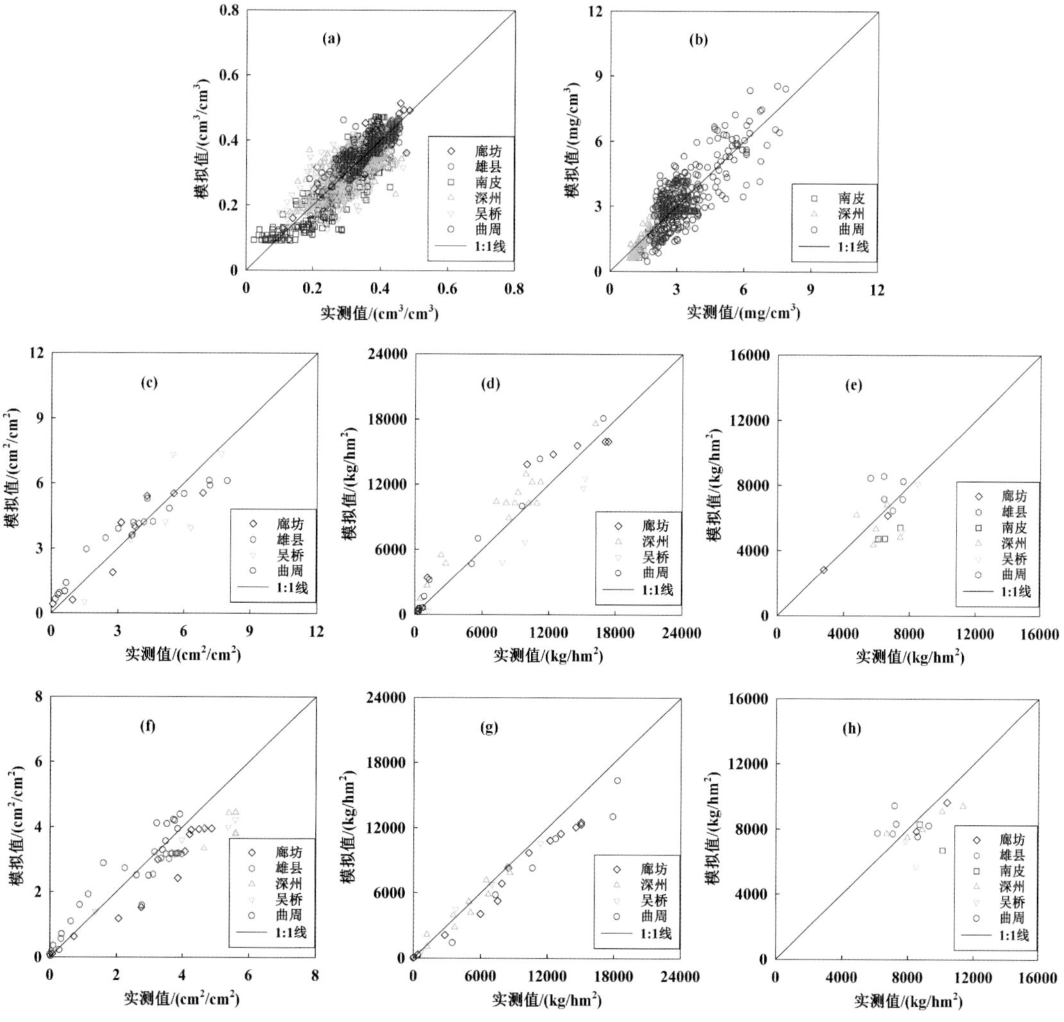

图 3.4 6 个试验站在参数率定阶段土壤含水量（a）、土壤盐分浓度（b）、冬小麦的叶面积指数（c）、冬小麦的地上部生物量（d）、冬小麦产量（e）、夏玉米的叶面积指数（f）、夏玉米的地上部生物量（g）和夏玉米产量（h）的模拟值与实测值对比

0.0021 ~ 0.0032 hm^2/kg 和 0.0023 ~ 0.0032 hm^2/kg。参数 AMAXTB0、AMAXTB1.25、AMAXTB1.50、AMAXTB1.75 和 AMAXTB2.00 在各试验站的率定值的变化范围分别为 65.0 ~ 70.0 kg/（hm^2·h）、63.0 ~ 70.0 kg/（hm^2·h）、40.0 ~ 70.0 kg/（hm^2·h）、30.0 ~ 49.0 kg/（hm^2·h）和 10.0 ~ 21.0 kg/（hm^2·h），而植物的 AMAXTB 可以在 1.0 ~ 70.0 kg/（hm^2·h）的范围内变化（Boogaard *et al.*，1998）。参数 SPAN、KDIF、EFF 和 CVO 在各试验站率定值的变化范围分别为 36 ~ 39 天、0.60 ~ 0.65、0.44 ~ 0.50 kg/（hm^2·h·J·m^2·s）和 0.600 ~ 0.621 kg/kg，而相关文献对这几个参数建议的取值范围分别为 32 ~ 40 天（Ceglar *et al.*，2011；Wang *et al.*，2011）、0.44 ~ 0.65（Boogaard *et al.*，1998；Ceglar *et al.*，2011）、0.40 ~ 0.50 kg/（hm^2·h·J·m^2·s）（Boogaard *et al.*，1998）和 0.60 ~ 0.80 kg/kg（Li *et al.*，2014），这表明以上 4 个参数率定后的值均在合理的取值范围内。参数 ECMAX 和 ECSLOP 也参考有关文献报道中对玉米的取值（Kroes *et al.*，2009）后分别确定为 1.8 dS/m 和 7.4% m/dS。

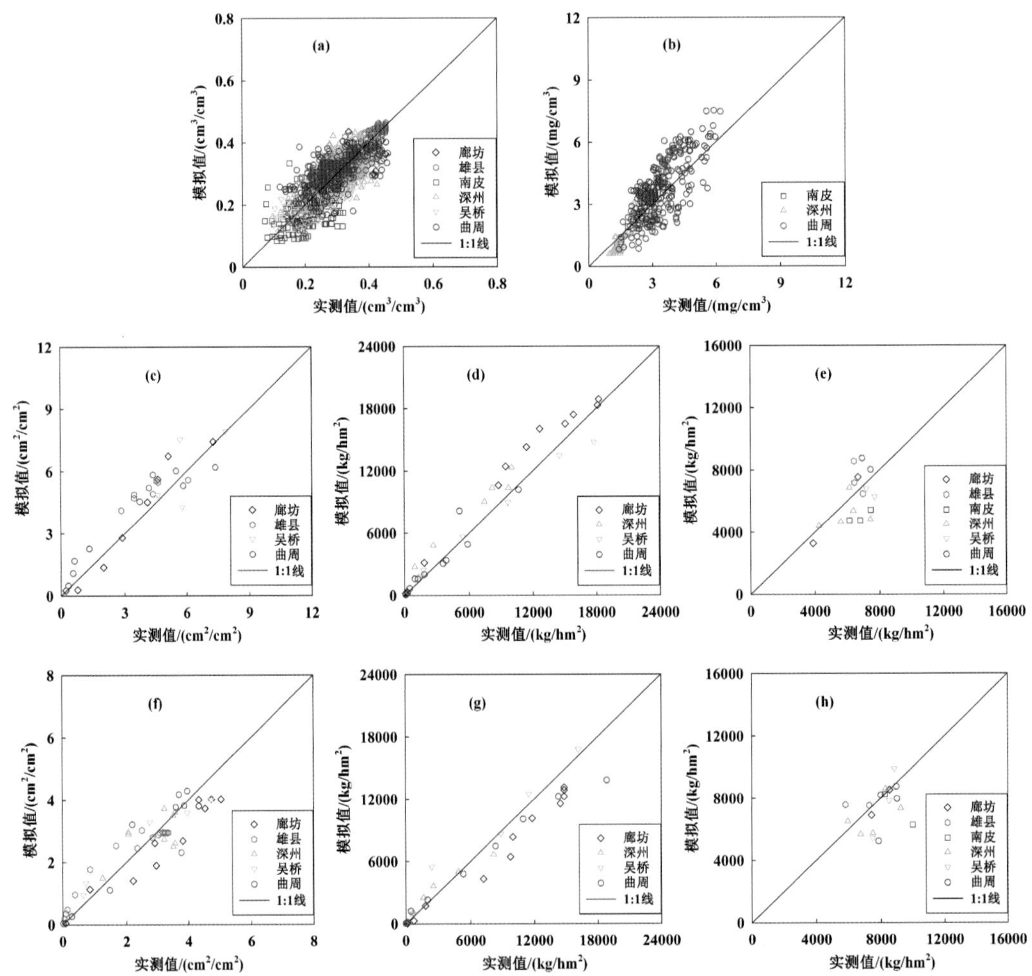

图 3.5 6 个试验站在参数验证阶段土壤含水量（a）、土壤盐分浓度（b）、冬小麦的叶面积指数（c）、冬小麦的地上部生物量（d）、冬小麦产量（e）、夏玉米的叶面积指数（f）、夏玉米的地上部生物量（g）和夏玉米产量（h）的模拟值与实测值对比

此外，尽管参数 H1、H2U、H2L、H3H、H3L 和 H4 对于夏玉米的叶面积指数、地上部生物量和产量的敏感性不高，但与前面对冬小麦的处理相仿，这 6 个参数的取值我们也同样参考 SWAP 模型的建议值（Kroes *et al.*，2009）。参数 TSUMEA 和 TSUMAM 均根据各站点田间观测的生育期和站点所在气象分区的数据计算得到。由于 *a*、*b* 和 *f* 只是为了将土壤溶液的盐分浓度转化为饱和泥浆的电导率，与作物类型无关，故这 3 个参数的取值与前相仿。

总之，我们对站点尺度进行如此细致的参数率定和验证，不仅为我们进一步运用所构建的模型开展情景模拟奠定了基础，也为其他研究者今后应用 SWAP 模型、SWAP-WOFOST 模型或 WOFOST 模型对这个在中国乃至全球具有典型意义的区域开展相关的模拟研究提供了可供参考和借鉴的参数值。

表 3.1　6 个试验站的土壤含水量、土壤盐分浓度、冬小麦的叶面积指数、冬小麦的地上部生物量、冬小麦产量、夏玉米的叶面积指数、夏玉米的地上部生物量和夏玉米产量在参数率定和验证阶段的模拟精度

阶段	目标变量	*N*	MBE	RMSE	NRMSE/%	*d*
率定	土壤含水量 / （cm^3/cm^3）	1259	0	0.05	14.93	0.91
	土壤盐分浓度 / （mg/cm^3）	410	0.01	0.81	27.20	0.91
	冬小麦的叶面积指数 / （cm^2/cm^2）	36	0	0.90	24.60	0.95
	冬小麦的地上部生物量 / （kg/hm^2）	39	661.07	1893.68	25.27	0.97
	冬小麦产量 / （kg/hm^2）	19	−379.24	1490.69	23.12	0.69
	夏玉米的叶面积指数 / （cm^2/cm^2）	58	−0.34	0.76	24.55	0.93
	夏玉米的地上部生物量 / （kg/hm^2）	36	−943.50	1522.80	21.33	0.98
	夏玉米产量 / （kg/hm^2）	17	−495.76	1525.51	17.94	0.54
验证	土壤含水量 / （cm^3/cm^3）	1431	−0.01	0.05	16.26	0.88
	土壤盐分浓度 / （mg/cm^3）	341	0.21	0.91	29.36	0.87
	冬小麦的叶面积指数 / （cm^2/cm^2）	29	0.46	0.95	24.20	0.95
	冬小麦的地上部生物量 / （kg/hm^2）	35	713.99	1529.41	22.75	0.98
	冬小麦产量 / （kg/hm^2）	17	−335.70	1398.78	21.77	0.68
	夏玉米的叶面积指数 / （cm^2/cm^2）	53	−0.10	0.59	22.03	0.95
	夏玉米的地上部生物量 / （kg/hm^2）	30	−748.03	1773.72	24.38	0.97
	夏玉米产量 / （kg/hm^2）	18	−652.86	1486.48	18.62	0.57

NRMSE/%　0　10　20　30

注：*N* 为实测值的个数；MBE 为平均偏差（Mean Bias Error）；RMSE 为均方根误差（Root Mean Square Error）；NRMSE 为标准均方根误差（Normalized Root Mean Square Error）；*d* 为一致性系数（index of agreement）。

表 3.2 在 6 个试验站率定后的土壤水分运动和盐分运移的参数

站点	层次 /cm	ORES /（cm^3/cm^3）	OSAT /（cm^3/cm^3）	α /（1/cm）	n	K_s /（cm/d）	λ	L /cm
廊坊	0 ~ 20	0.0319	0.3600	0.0130	1.300	80.04	0.5	—
	20 ~ 40	0.0315	0.3600	0.0132	1.362	75.84	0.5	—
	40 ~ 60	0.0320	0.3711	0.0245	1.300	83.76	0.5	—
	60 ~ 80	0.0365	0.3500	0.0196	1.300	57.33	0.5	—
	80 ~ 100	0.0357	0.3558	0.0090	1.320	57.88	0.5	—
	100 ~ 120	0.0315	0.5500	0.0100	1.100	73.79	0.5	—
	120 ~ 140	0.0363	0.5500	0.0090	1.200	8.51	0.5	—
	140 ~ 160	0.0372	0.5000	0.0090	1.200	39.93	0.5	—
	160 ~ 180	0.0429	0.4888	0.0090	1.250	29.84	0.5	—
	180 ~ 200	0.0451	0.5300	0.0090	1.200	24.47	0.5	—
雄县	0 ~ 20	0.0500	0.3950	0.0170	1.198	13.30	0.5	—
	20 ~ 40	0.0910	0.4010	0.0210	1.249	13.30	0.5	—
	40 ~ 70	0.0970	0.3980	0.0190	1.222	13.30	0.5	—
	70 ~ 100	0.2340	0.4860	0.0110	1.271	18.00	0.5	—
	100 ~ 220	0.0000	0.4370	0.0020	1.387	24.40	0.5	—
	＞220	0.0600	0.4300	0.0020	1.387	0.50	0.5	—
南皮	0 ~ 20	0.0272	0.3600	0.0221	1.300	22.54	0.5	18
	20 ~ 60	0.0278	0.3700	0.0100	1.330	22.47	0.5	18
	60 ~ 100	0.0343	0.4800	0.0100	1.300	12.64	0.5	18
	100 ~ 200	0.0282	0.5000	0.0100	1.200	12.64	0.5	18
深州	0 ~ 45	0.0870	0.3700	0.0083	1.405	11.42	0.5	18
	45 ~ 75	0.0857	0.4940	0.0100	1.255	8.94	0.5	18
	75 ~ 90	0.1019	0.4976	0.0096	1.200	12.84	0.5	18
	90 ~ 200	0.0920	0.5280	0.0105	1.347	11.52	0.5	18
吴桥	0 ~ 30	0.0514	0.3700	0.0060	1.320	21.98	0.5	—
	30 ~ 75	0.0544	0.4130	0.0050	1.320	22.86	0.5	—
	75 ~ 100	0.0731	0.4840	0.0050	1.320	13.97	0.5	—
	100 ~ 140	0.0666	0.5000	0.0051	1.300	25.77	0.5	—
	140 ~ 200	0.0792	0.5000	0.0057	1.200	8.27	0.5	—
曲周	0 ~ 35	0.0740	0.4000	0.0200	1.267	12.08	0.5	18
	35 ~ 85	0.0710	0.4000	0.0080	1.458	5.20	0.5	18
	85 ~ 145	0.0700	0.4300	0.0150	1.222	6.44	0.5	18
	145 ~ 200	0.1700	0.4700	0.0180	1.470	1.95	0.5	18

注：“—”代表在该试验站由于未收集到土壤盐分实测数据故未进行盐分运移参数的率定；ORES 为残余含水量；OSAT 为饱和含水量；K_s 为饱和水力传导度；α、n、λ 均为形状参数；L 为弥散度。

表 3.3　在 6 个试验站对作物模块的冬小麦参数率定和计算的结果

参数	单位	默认值	廊坊	雄县	南皮	深州	吴桥	曲周
RSC	s/m	70	45	45	47	44	47	44
TSUMEA	℃	1255	1250	1280	1260	1200	1300	1230
TSUMAM	℃	909	800	792	880	790	706	820
TDWI	kg/hm^2	210	110	100	110	110	110	100
SLATB0	hm^2/kg	0.0020	0.0022	0.0021	0.0028	0.0026	0.0032	0.0024
SLATB0.78	hm^2/kg	0.0020	0.0030	0.0027	0.0030	0.0028	0.0032	0.0032
SLATB2.00	hm^2/kg	0.0020	0.0020	0.0020	0.0016	0.0020	0.0020	0.0020
SPAN	d	35	36	36	36	36	36	35
KDIF	—	0.60	0.50	0.50	0.48	0.50	0.48	0.50
TBASE	℃	0	0	0	0	0	0	0
EFF	$kg/(hm^2 \cdot h \cdot J \cdot m^2 \cdot s)$	0.45	0.50	0.50	0.50	0.50	0.50	0.50
AMAXTB0	$kg/(hm^2 \cdot h)$	40.0	42.0	43.0	43.0	40.0	43.0	40.0
AMAXTB1.00	$kg/(hm^2 \cdot h)$	40.0	48.0	48.0	48.0	45.0	48.0	46.0
AMAXTB2.00	$kg/(hm^2 \cdot h)$	20.0	20.0	20.0	25.0	25.0	25.0	20.0
CVO	kg/kg	0.709	0.800	0.800	0.800	0.800	0.800	0.800
PERDL	1/d	0.030	0.005	0.005	0.005	0.005	0.005	0.005
H1	cm	−10	0	0	0	0	0	0
H2U	cm	−25	−1	−1	−1	−1	−1	−1
H2L	cm	−25	−1	−1	−1	−1	−1	−1
H3H	cm	−320	−500	−500	−500	−500	−500	−500
H3L	cm	−600	−900	−900	−900	−900	−900	−900
H4	cm	−8000	−16000	−16000	−16000	−16000	−16000	−16000
ECMAX	dS/m	6.0	5.9	5.9	5.9	5.9	5.9	5.9
ECSLOP	m/dS	3.0%	3.8%	3.8%	3.8%	3.8%	3.8%	3.8%
a	—	4.21	1.429	1.429	1.429	1.429	1.429	1.429
b	—	0.763	1.0	1.0	1.0	1.0	1.0	1.0
f	—	1.7	2.0	2.0	2.0	2.0	2.0	2.0

注：“—”表示无量纲；TSUMEA 为出苗阶段至开花阶段所需积温；TSUMAM 为开花阶段至成熟阶段所需积温；系数 a、b 和 f 用于将土壤溶液浓度转化为饱和泥浆电导率；冬小麦的其他参数的描述见表 2.3。

表 3.4　在 6 个试验站对作物模块的夏玉米参数率定和计算的结果

参数	单位	默认值	廊坊	雄县	南皮	深州	吴桥	曲周
RSC	s/m	70	30	30	32	31	31	30
TSUMEA	℃	693	904	1000	1150	890	1007	1100
TSUMAM	℃	786	869	711	722	750	768	753
TDWI	kg/hm^2	5	5	5	5	5	5	5
SLATB0	hm^2/kg	0.0035	0.0030	0.0024	0.0030	0.0030	0.0032	0.0021
SLATB0.78	hm^2/kg	0.0016	0.0032	0.0032	0.0030	0.0030	0.0032	0.0023
SPAN	d	31	36	38	36	38	36	39
KDIF	—	0.65	0.65	0.60	0.60	0.60	0.60	0.60
EFF	$kg/（hm^2 \cdot h \cdot J \cdot m^2 \cdot s）$	0.45	0.44	0.45	0.46	0.44	0.44	0.50
AMAXTB0	$kg/（hm^2 \cdot h）$	70	70	65	68	68	65	70
AMAXTB1.25	$kg/（hm^2 \cdot h）$	70	63	65	68	65	63	70
AMAXTB1.50	$kg/（hm^2 \cdot h）$	60	40	50	63	45	55	70
AMAXTB1.75	$kg/（hm^2 \cdot h）$	49	30	35	49	32	35	45
AMAXTB2.00	$kg/（hm^2 \cdot h）$	21	10	10	21	12	13	21
CVO	kg/kg	0.671	0.600	0.601	0.621	0.600	0.601	0.610
H1	cm	−10	−15	−15	−15	−15	−15	−15
H2U	cm	−25	−30	−30	−30	−30	−30	−30
H2L	cm	−25	−30	−30	−30	−30	−30	−30
H3H	cm	−400	−325	−325	−325	−325	−325	−325
H3L	cm	−500	−600	−600	−600	−600	−600	−600
H4	cm	−10000	−8000	−8000	−8000	−8000	−8000	−8000
ECMAX	dS/m	1.8	1.8	1.8	1.8	1.8	1.8	1.8
ECSLOP	m/dS	6.5%	7.4%	7.4%	7.4%	7.4%	7.4%	7.4%
a	—	4.21	1.429	1.429	1.429	1.429	1.429	1.429
b	—	0.763	1.0	1.0	1.0	1.0	1.0	1.0
f	—	1.7	2.0	2.0	2.0	2.0	2.0	2.0

注：“—”表示无量纲；TSUMEA 为出苗阶段至开花阶段所需积温；TSUMAM 为开花阶段至成熟阶段所需积温；系数 a、b 和 f 用于将土壤溶液浓度转化为饱和泥浆电导率；夏玉米的其他参数的描述见表 2.3。

3.3　区域尺度的模型验证

3.3.1　作物产量

应用我们在区域尺度上集合气象 - 土壤 - 作物 - 灌溉 - 土地利用 - 水资源 - 行政区划等 12 种空间分布信息而构建的分布式 SWAP-WOFOST 模型，得到研究区冬小麦 - 夏玉米一年两熟制农田在概化的现状灌溉制度下各模拟单元的作物产量，并进一步通过面积加权平均将模拟结果尺度提升至县（市）域 [图 3.6（a）]，然后与相应尺度的年鉴统计产量进行对比（这里需要说明的是：年鉴统计产量仅收集到 1994 ~ 2012 年），研究区内各县（市）冬小麦产量的模拟计算值与年鉴统计值的对比如图 3.6（b）所示，夏玉米产量的模拟计算值与年鉴统计值的对比如图 3.6（c）所示，可见：县（市）域尺度上的模拟计算值与年鉴统计值的吻合度均较高。在区域尺度上验证模型对作物产量模拟精度的统计指标如表 3.5 所示，表明：冬小麦产量和夏玉米产量的模拟计算值与年鉴统计值的 MBE 分别约为 −274.26 kg/hm^2 和 454.83 kg/hm^2，这说明：冬小麦产量的模拟计算值低于年鉴统计值，夏玉米产量的模拟计算值高于年鉴统计值；RMSE 分别约为 672.82 kg/hm^2 和 839.96 kg/hm^2；NRMSE 分别约为 13.47% 和 15.74%，均小于 20%；d 分别约为 0.87 和 0.73。综合考量多个统计指标后表明：无论是冬小麦产量还是夏玉米产量在区域尺度上的模拟精度都是较好的。

表 3.5　研究区在现状灌溉情形下冬小麦和夏玉米的模拟计算产量与年鉴统计产量之对比的统计指标

作物	地区	MBE/（kg/hm^2）	RMSE/（kg/hm^2）	NRMSE/%	d
冬小麦	廊坊地区	−592.00	819.71	16.87	0.58
	保定地区	−782.35	1019.04	18.89	0.29
	沧州地区	36.85	651.84	15.53	0.93
	衡水地区	−69.64	363.05	6.42	0.55
	邢台地区	−657.44	671.00	13.54	0.41
	邯郸地区	−72.28	570.33	10.61	0.20
	研究区	−274.26	672.82	13.47	0.87
夏玉米	廊坊地区	835.42	1036.12	19.41	0.58
	保定地区	240.08	1120.82	18.72	0.13
	沧州地区	562.92	828.60	17.54	0.78
	衡水地区	486.21	753.86	13.30	0.31
	邢台地区	203.21	397.56	8.07	0.89
	邯郸地区	334.79	892.93	15.02	0.39
	研究区	454.83	839.96	15.74	0.73

NRMSE/%

0　10　20　30

注：MBE 为平均偏差（Mean Bias Error）；RMSE 为均方根误差（Root Mean Square Error）；NRMSE 为标准均方根误差（Normalized Root Mean Square Error）；d 为一致性系数（index of agreement）。

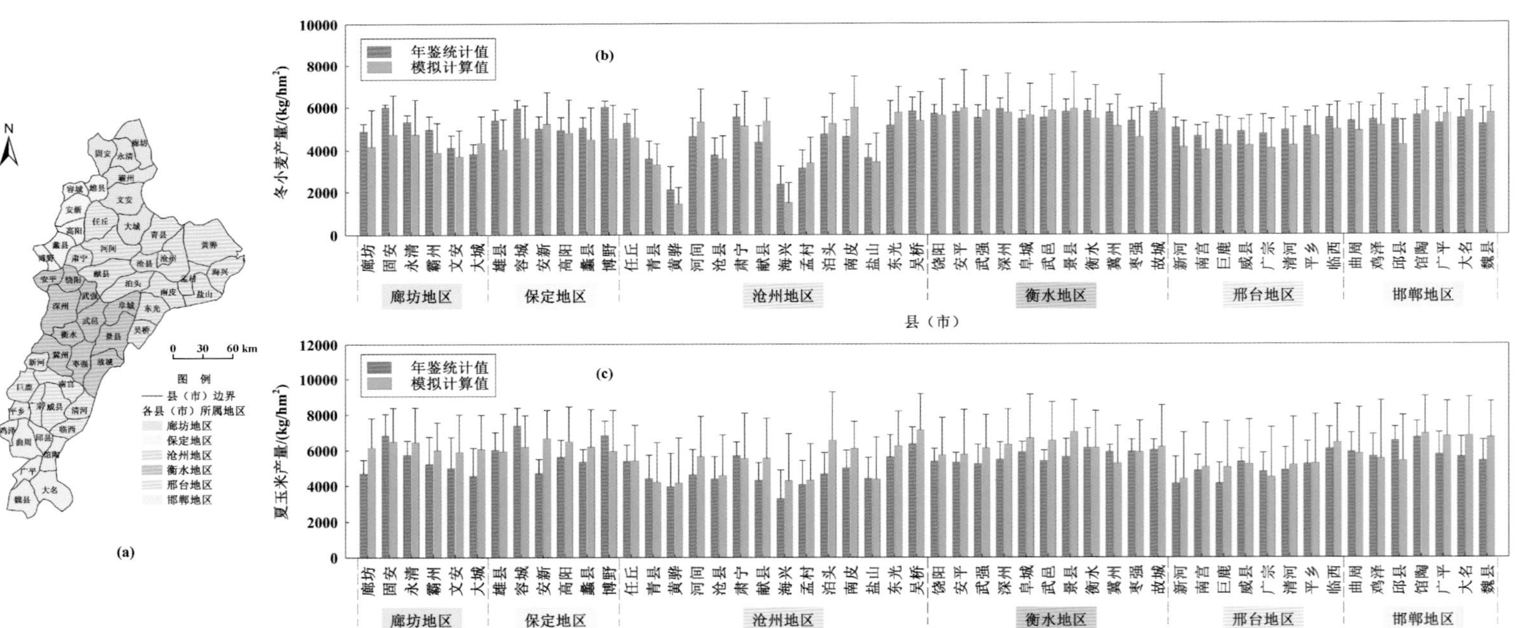

图 3.6 研究区内各县（市）（a）冬小麦（b）和夏玉米（c）的多年平均产量之模拟计算值与年鉴统计值的对比

作物产量的年鉴统计值根据《河北农村统计年鉴》（河北省人民政府办公厅和河北省统计局，1995 ~ 2017）中的播种面积和总产计算得到；平均产量为 1994 ~ 2012 年产量的平均值；在统计年鉴的大多数年份中，沧州的有关数据信息是与沧县归并在一起的，为一致起见，我们将模拟计算的沧州和沧县产量的平均值与相应的年鉴统计产量进行对比具体地，在研究区内各县（市）所属的6个地区[图3.6（a）]分别评估了冬小麦和夏玉米的产量模拟精度（表3.5）。反映冬小麦产量模拟精度的MBE、RMSE、NRMSE和d的变化范围分别约为−782.35 ~ 36.85 kg/hm^2、363.05 ~ 1019.04 kg/hm^2、6.42% ~ 18.89%和0.20 ~ 0.93，反映夏玉米产量模拟精度的MBE、RMSE、NRMSE和d的变化范围分别约为203.21 ~ 835.42 kg/hm^2、397.56 ~ 1120.82 kg/hm^2、8.07% ~ 19.41%和0.13 ~ 0.89。我们注意到，冬小麦和夏玉米的产量模拟精度的指标d在部分地区小于0.5，这提示我们：今后在这些地区若能收集到更多的灌溉信息，应该对现状灌溉制度的概化进一步地细化。总之，模型对作物产量的模拟精度在研究区内的6个地区是较好的，这表明：我们所构建的分布式SWAP-WOFOST模型和概化的现状灌溉制度可以较好地反映研究区内作物产量水平的空间差异。

3.3.2　农田蒸散量

为进一步考量所构建的分布式SWAP-WOFOST模型在区域尺度上的模拟精度，我们将模拟的农田蒸散量与由MODIS遥感反演的蒸散量在整个研究区尺度上进行对比，关于遥感反演的蒸散量数据的详细介绍参见Wu等（2012）。首先，为了使得蒸散量的模拟值与遥感反演值在空间尺度上匹配，我们基于构建模拟单元时所使用的2005年的土地利用图，利用ArcGIS裁剪出在耕地面积上遥感反演的蒸散量数据，这样，模拟的蒸散量和遥感反演的蒸散量均是在耕地上且空间分辨率都是1 km × 1 km；其次，为了使得蒸散量的模拟值与遥感反演值在时间尺度匹配，我们将模拟的日尺度的蒸散量累计至年尺度，并将收集的遥感反演的月尺度的蒸散量也累计到年尺度，这样，模拟的蒸散量和遥感反演的蒸散量均是在年尺度上；最后，计算研究区内33888个栅格上的模拟和遥感反演的蒸散量的平均值与标准差（图3.7）。模拟的蒸散量与遥感反演的蒸散量的MBE约为157.07 mm，表明：在研究区尺度上的模拟值高估遥感反演值，可能的原因是我们对研究区内的种植结构均概化为冬小麦－夏玉米一年两熟制这一高耗水的种植模式，而未考虑其他种植结构，因而使得模拟的蒸散量较遥感反演的蒸散量偏高。模拟的蒸散量与遥感反演的蒸散量之对比的RMSE、NRMSE和d分别约为167.48 mm、29.25%和0.21，表明：就整个研究区在年尺度而言，模拟精度在可接受的范围内。

进一步地，在模拟时段的1993 ~ 2012年这20个轮作周年，模拟得到的研究区在冬小麦生育期和夏玉米生育期平均的农田蒸散量分别约为406.58 ± 30.61 mm和325.38 ± 17.24 mm，其年际变化范围分别约为326.75 ~ 464.74 mm和283.06 ~ 359.86 mm（图3.8）。有关文献表明：小麦的一生总需水量为400 ~ 600 mm（陈秀敏等，2008；贾银锁和郭进考，2009）。河北省的产量约3000 kg/hm^{2}的冬小麦，其生育期内耗水量约为285 mm，产量约7500 kg/hm^{2}的冬小麦，其生育期内耗水量约为525 mm（贾银锁和郭进考，2009）。冀中南地区，当冬小麦生育期的降水量和灌溉量分别约为136 mm和210 mm时，生育期内总耗水量约为468 mm；当冬小麦生育期的降水量和灌溉量分别约为68 mm和270 mm时，生育期内总耗水量约为497 mm（李月华和杨利华，2017）。夏玉米的一生总需水量约376 mm，冀中南地区，夏玉米单产在6000 kg/hm^{2}以上，全生育期的耗水量在 237 ~ 589 mm 范围内（贾银锁和郭进考，2009）。由此可见，我们模拟的冬小麦生育期和夏玉米生育期的农田蒸散量均与研究区内这些相关文献所报道的数值较为接近。

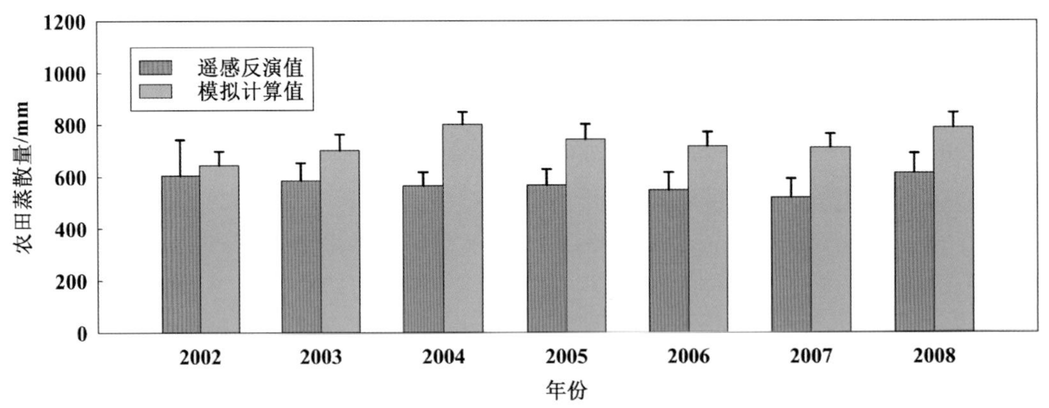

图 3.7 2002 ~ 2008 年研究区内农田蒸散量的模拟计算值与遥感反演值的对比

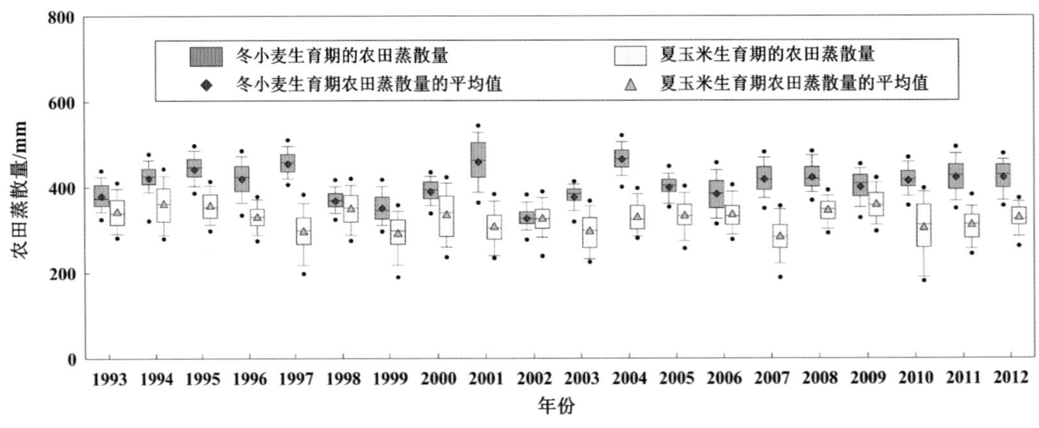

图 3.8 1993 ~ 2012 年研究区内在冬小麦和夏玉米的生育期农田蒸散量的动态

3.3.3 作物水分生产力

模拟计算的现状灌溉情形下研究区在模拟时段内冬小麦和夏玉米的平均 WP 分别约为 1.14 kg/m^3 和 1.72 kg/m^3，两种作物 WP 的年际动态变化较大，模拟时段内冬小麦 WP 和夏玉米 WP 的变化范围分别约为 0.75 ~ 1.73 kg/m^3 和 0.79 ~ 2.58 kg/m^3（图 3.9）。全球范围内小麦和玉米的平均 WP 分别约为 1.09 kg/m^3 和 1.80 kg/m^3，小麦和玉米的 WP 变化范围分别约为 0.60 ~ 1.70 kg/m^3 和 1.10 ~ 2.70 kg/m^3（Zwart and Bastiaanssen，2004）。我国冬小麦平均的 WP 在灌溉农田和旱地分别约为 1.32 kg/m^3 和 1.01 kg/m^3，夏玉米在灌溉农田平均的 WP 约为 1.74 kg/m^3（Deng *et al.*，2006）。Mo 等（2005）在华北平原的河北平原区基于遥感数据和 SVAT-crop 模型模拟了 1991 ~ 1993 年作物的产量和 WP，模拟的灌溉条件下冬小麦和夏玉米的 WP 的变化范围分别约为 1.23 ~ 1.58 kg/m^3 和

1.10 ~ 1.93 kg/m^3；Mo 等（2009）在华北平原基于 VIP 模型模拟了 1997 ~ 2006 年冬小麦和夏玉米的 WP，变化范围分别约为 0.78 ~ 1.51 kg/m^3 和 1.04 ~ 1.88 kg/m^3。总之，我们在研究区内县（市）域尺度上模拟的现状灌溉情形下的冬小麦和夏玉米的 WP 及其变化范围与这些文献报道是较为一致的。

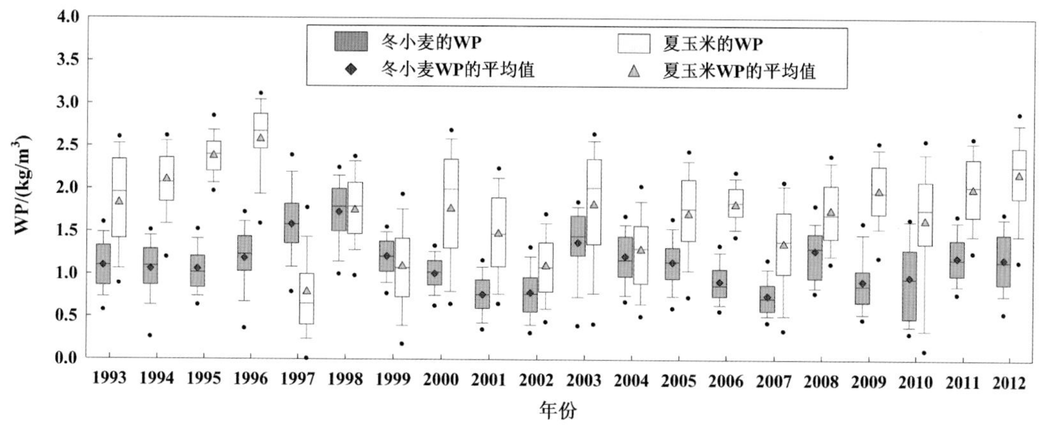

图 3.9　1993 ~ 2012 年研究区内冬小麦和夏玉米的 WP 的动态

3.4　小　　结

在本章，我们应用 EFAST 算法对研究区内 6 个试验站点尺度所构建的 SWAP-WOFOST 模型的土壤水分运动 - 盐分运移模块、冬小麦生长模块和夏玉米生长模块的参数开展了全局敏感性分析。根据敏感性分析的结果和收集的田间试验观测数据，分别以土壤含水量和土壤盐分浓度为目标变量对土壤水力参数和土壤盐分运移参数进行了率定和验证，接着，以冬小麦和夏玉米的叶面积指数、地上部生物量和产量为目标变量对这两种作物的参数进行了率定和验证。然后，将气象 - 土壤 - 作物 - 灌溉 - 土地利用 - 水资源 - 行政区划等 12 种信息加以叠加生成了反映区域尺度空间异质性的 2809 个模拟单元，并在概化的现状灌溉制度下开展了 20 年的模拟。进一步地，通过将现状灌溉情形下模拟的作物产量在县（市）域尺度与年鉴统计的产量进行对比，将模拟的农田蒸散量在研究区尺度与收集的遥感反演的蒸散量进行对比，并将模拟计算的作物生育期农田蒸散量和 WP 与文献报道的数据进行对比，从而验证了我们所构建的分布式 SWAP-WOFOST 模型在区域尺度的模拟精度。主要结果如下：

（1）在研究区内的 6 个试验站，基于一阶敏感性指数和全局敏感性指数，对于土壤含水量敏感的参数包括：形状参数 n、饱和含水量（OSAT）和形状参数 α，对于土壤盐分浓度敏感的参数包括：形状参数 n、饱和水力传导度（K_s）和弥散度（L）。对于冬小麦的叶面积指数、地上部生物量和产量最敏感的参数包括：影响光截获过程的叶片衰老的低温阈值（TBASE）及出苗阶段和生长阶段中期的比叶面积（SLATB0 和

SLATB0.78）、影响同化过程的开花阶段（DVS=1.00）的最大CO_2同化速率（AMAXTB1.00）和影响蒸腾计算的最小冠层阻力（RSC）。对于夏玉米的叶面积指数、地上部生物量和产量最敏感的参数包括：初始总作物干重（TDWI）、当最小昼温等于8℃时最大CO_2同化速率的折减系数（TMNFTB8）及出苗阶段和生长阶段中期的比叶面积（SLATB0和SLATB0.78）。我们通过敏感性分析识别出了在各试验站对同一目标变量相同和相异的敏感参数，为提高参数的率定效率奠定了基础。

（2）在研究区内6个试验站的参数率定与验证阶段，土壤含水量模拟结果的NRMSE分别约为14.93%和16.26%。土壤含水量的模拟值在这两个阶段均没有明显地高估和低估实测值。土壤盐分浓度模拟结果的NRMSE分别约为27.20%和29.36%。土壤盐分浓度的模拟值在率定阶段没有明显地高估实测值，但在验证阶段则高估。冬小麦叶面积指数的模拟结果的NRMSE分别约为24.60%和24.20%。冬小麦叶面积指数的模拟值在率定阶段没有明显地高估实测值，但在验证阶段则高估。冬小麦地上部生物量的模拟结果的NRMSE分别约为25.27%和22.75%。冬小麦地上部生物量的模拟值在这两个阶段均高估实测值。冬小麦产量模拟结果的NRMSE分别约为23.12%和21.77%。冬小麦产量的模拟值在这两个阶段均低估实测值。夏玉米叶面积指数的模拟结果的NRMSE分别约为24.55%和22.03%。夏玉米叶面积指数的模拟值在这两个阶段均低估实测值。夏玉米地上部生物量的模拟结果的NRMSE分别约为21.33%和24.38%。夏玉米地上部生物量的模拟值在这两个阶段均低估实测值。夏玉米产量模拟结果的NRMSE分别约为17.94%和18.62%。夏玉米产量的模拟值在这两个阶段均低估实测值。整体而言：我们的模型对土壤含水量、作物的叶面积指数、地上部生物量和产量的模拟精度较高，对土壤盐分浓度的模拟精度尚可。

（3）在研究区内各县（市）分别所属的廊坊地区、保定地区、沧州地区、衡水地区、邢台地区和邯郸地区，现状灌溉情形下对冬小麦产量模拟结果的NRMSE分别约为16.87%、18.89%、15.53%、6.42%、13.54%和10.61%，对夏玉米产量模拟结果的NRMSE分别约为19.41%、18.72%、17.54%、13.30%、8.07%和15.02%，NRMSE的值均小于20%，这表明：在各县（市）所属的地区，对于这两种作物产量的模拟精度均较高。在整个研究区耕地的区域尺度上，年蒸散量的模拟计算值与遥感反演值的对比精度在可接受的范围内。此外，模拟计算的作物生育期农田蒸散量和WP的变化范围与文献报道的值也较为一致。综上，我们在区域尺度上构建的分布式SWAP-WOFOST模型可以较好地模拟县（市）域尺度的作物产量，对研究区内耕地上的年蒸散量的模拟精度尚可，这表明：所构建的模型可供研究区用于模拟分析区域尺度农业水文循环中的作物产量和WP及水量平衡。

第 4 章

限水灌溉情景的模拟分析与评估的结果

4.1 限水灌溉情景模拟结果的分析

由于研究区在模拟时段内的灌溉条件存在空间差异，故我们在开展现状灌溉情形下的模拟时将研究区概化为3个灌溉分区，分别是I区、II区和III区。其中，III区包括海兴和黄骅这2个县（市）；II区包括孟村、盐山、青县、沧县和沧州这5个县（市），其余的46个县（市）均属于I区。需要说明的是，灌水3次情形下冬小麦或夏玉米平均的产量、农田蒸散量、WP、水量平衡各分项为情景1、情景2和情景3在模拟时段内空间上的平均值；灌水2次情形下冬小麦或夏玉米平均的产量、农田蒸散量、WP、水量平衡各分项为情景4、情景5和情景6在模拟时段内空间上的平均值；灌水1次情形下冬小麦或夏玉米平均的产量、农田蒸散量、WP、水量平衡各分项为情景7、情景8、情景9和情景10在模拟时段内空间上的平均值。

4.1.1 作物产量

在I区，当对冬小麦分别设置灌水3次（情景1、情景2和情景3）、2次（情景4、情景5和情景6）和1次（情景7、情景8、情景9和情景10）且对夏玉米保持现状灌溉情形时，该区域模拟时段内冬小麦平均产量分别约为3785.4 kg/hm^2、2396.7 kg/hm^{2}和1505.9 kg/hm^2，相较于该区域在现状灌溉情形下冬小麦平均产量的变幅分别约为−23.64%、−51.65%和−69.62%，在情景1至情景10下，冬小麦平均产量及其与该区域在现状灌溉情形下冬小麦平均产量的变幅见表4.1。模拟时段内平均的冬小麦产量相较于现状灌溉情形在I区的每个县（市）均呈现不同程度的减少，减少幅度大约在2.0% ~ 91.5%范围内[图4.1（a）]。由于冬小麦的灌水次数和灌水时间不同，对夏玉米这种后茬作物的产量也产生了一定的影响，具体地，当对冬小麦分别设置灌水3次、2次和1次时，I区在模拟时段内夏玉米平均产量分别约为5791.6 kg/hm^2、5484.2 kg/hm^{2}和5528.9 kg/hm^2，相较于该区域现状灌溉情形中夏玉米平均产量的变幅分别约为−4.05%、−9.14%和−8.40%，在情景1至情景10中，夏玉米平均产量及其与该区域在现状灌溉情形下的夏玉米平均产量的变幅见表4.2。在情景3下I区内的各县（市），在情景6下邢台地区和邯郸地区的部分县（市），在情景10下廊坊地区、保定地区、沧州地区、邢台地区和邯郸地区的大部分县（市），模拟结果与现状灌溉情形下的相比，夏玉米产量均有不同程度的增加，在其余各限水灌溉情景下，模拟时段内夏玉米平均产量都减少[图4.2（a）]，其原因可能是：在概化的现状灌溉制度中，虽然夏玉米仅在其生育期当PEP ≥ 75%时才会有1 ~ 2次的灌溉，在大多数年份不进行灌溉，然而，在情景3、情景6和情景10中，对冬小麦设置的灌浆初期灌水可以缓解在夏玉米生长阶段、尤其是在

营养生长阶段的水分胁迫，有利于增加夏玉米的叶面积指数，进而提高其产量。当冬小麦和夏玉米均为雨养时（亦即情景 11），I 区在模拟时段内冬小麦和夏玉米的平均产量分别约为 674.8 kg/hm^2 和 4846.3 kg/hm^2，与该区域在现状灌溉情形下的平均产量相比，变幅分别约为 −86.39% 和 −19.71%（表 4.1 和表 4.2）。由此可见，I 区在模拟时段内冬小麦的平均产量随其生育期灌水次数的减少而减少，但在相同的灌水次数下，冬小麦平均产量的最大差异可达到约 1413.8 kg/hm^2（情景 4 和情景 5），夏玉米平均产量的最大差异也可达到约 994.4 kg/hm^2（情景 1 和情景 3），这提示我们：在该区域对冬小麦实施限水灌溉时，选择合适的灌水时间对于维持冬小麦和夏玉米一定的产量水平都是重要的。

在 II 区，当对冬小麦分别设置灌水 3 次、2 次和 1 次且对夏玉米保持现状灌溉情形时，该区域模拟时段内冬小麦平均产量分别约为 4239.1 kg/hm^2、2776.5 kg/hm^2 和 1947.0 kg/hm^2，相较于该区域在现状灌溉情形下冬小麦平均产量的变幅分别约为 23.26%、−19.27% 和 −43.39%，在情景 1 至情景 10 下，冬小麦平均产量及其与该区域在现状灌溉情形下冬小麦平均产量的变幅见表 4.1。当对冬小麦分别设置灌水 3 次、2 次和 1 次时，该区域模拟时段内夏玉米平均产量分别约为 4846.5 kg/hm^2、4702.3 kg/hm^2 和 4789.1 kg/hm^2，相较于该区域现状灌溉情形中夏玉米平均产量的变幅分别约为 10.91%、7.61% 和 9.59%，在情景 1 至情景 10 中，夏玉米平均产量及其与该区域在现状灌溉情形下的夏玉米平均产量的变幅见表 4.2。在相同的灌水次数下，该区域冬小麦和夏玉米平均产量的最大差异分别可达到约 1913.7 kg/hm^2（情景 4 和情景 6）和 988.8 kg/hm^2（情景 1 和情景 3）。当冬小麦和夏玉米均为雨养时（亦即情景 11），II 区在模拟时段内冬小麦和夏玉米的平均产量分别约为 1084.3 kg/hm^2 和 4580.1 kg/hm^2，与该区域在现状灌溉情形下的平均产量相比，变幅分别约为 −68.47% 和 4.81%（表 4.1 和表 4.2）。

在 III 区，当对冬小麦分别设置灌水 3 次、2 次和 1 次且对夏玉米保持现状灌溉情形时，该区域模拟时段内冬小麦平均产量分别约为 4185.9 kg/hm^2、2840.7 kg/hm^2 和 2086.1 kg/hm^2，相较于该区域在现状灌溉情形下冬小麦平均产量的变幅分别约为 189.38%、96.38% 和 44.21%，在情景 1 至情景 10 下，冬小麦平均产量及其与该区域在现状灌溉情形下冬小麦平均产量的变幅见表 4.1。当对冬小麦分别设置灌水 3 次、2 次和 1 次时，该区域模拟时段内夏玉米平均产量分别约为 4733.6 kg/hm^2、4524.1 kg/hm^2 和 4563.9 kg/hm^2，相较于该区域现状灌溉情形中夏玉米平均产量的变幅分别约为 14.06%、9.01% 和 9.97%，在情景 1 至情景 10 中，夏玉米平均产量及其与该区域在现状灌溉情形下的夏玉米平均产量的变幅见表 4.2。在相同的灌水次数下，该区域冬小麦和夏玉米平均产量的最大差异分别可达到约 1758.5 kg/hm^2（情景 4 和情景 6）和 1092.0 kg/hm^2（情景 1 和情景 3）。当冬小麦和夏玉米均为雨养时（亦即情景 11），III 区在模拟时段内冬小麦和夏玉米的平均产量分别约为 1242.6 kg/hm^2 和 4368.8 kg/hm^2，与该区域在现状灌溉情形下的平均产量相比，变幅分别约为 −14.10% 和 5.27%（表 4.1 和表 4.2）。

在现状灌溉情形下，II 区的冬小麦在丰水期设置播前和返青－拔节期灌 2 水，在平水期、枯水期和特枯水期均设置播前、返青－拔节期和孕穗－开花期灌 3 水，III 区的冬小麦在丰水期无灌水，在平水期、枯水期和特枯水期均设置返青－拔节期灌 1 水，这表明：在滨海平原区对冬小麦在现状灌溉情形的基础上增加 1 ～ 2 次灌水可以显著地提高冬小麦

表 4.1　3 个灌溉分区在现状灌溉和不同的限水灌溉情景下冬小麦的产量、生育期农田蒸散量、WP 及其相较于现状灌溉情形下的变幅

灌溉模式	I 区						II 区						III 区					
	产量		农田蒸散量		WP		产量		农田蒸散量		WP		产量		农田蒸散量		WP	
	kg/hm²	变幅/%	mm	变幅/%	kg/m³	变幅/%	kg/hm²	变幅/%	mm	变幅/%	kg/m³	变幅/%	kg/hm²	变幅/%	mm	变幅/%	kg/m³	变幅/%
现状灌溉	4957.4		415.1		1.19		3439.3		410.1		0.83		1446.5		288.6		0.50	
情景 1	3799.6	−23.35	379.5	−8.58	0.99	−16.81	3933.9	14.38	422.4	3.00	0.92	10.84	3909.6	170.28	441.8	53.08	0.87	74.00
情景 2	3376.6	−31.89	368.5	−11.23	0.91	−23.53	3992.4	16.08	411.5	0.34	0.96	15.66	3934.6	172.01	430.1	49.03	0.91	82.00
情景 3	4179.9	−15.68	343.7	−17.20	1.19	0.00	4791.1	39.30	388.0	−5.39	1.21	45.78	4713.5	225.86	405.4	40.47	1.14	128.00
情景 4	1559.5	−68.54	314.1	−24.33	0.48	−59.66	1544.0	−55.11	349.3	−14.83	0.43	−48.19	1706.6	17.98	372.4	29.04	0.44	−12.00
情景 5	2973.3	−40.02	303.7	−26.84	0.96	−19.33	3327.9	−3.24	342.2	−16.56	0.95	14.46	3350.3	131.61	363.4	25.92	0.90	80.00
情景 6	2657.2	−46.40	289.3	−30.31	0.89	−25.21	3457.7	0.53	327.0	−20.26	1.03	24.10	3465.1	139.55	346.9	20.20	0.98	96.00
情景 7	1098.8	−77.84	239.2	−42.38	0.43	−63.87	1473.4	−57.16	270.8	−33.97	0.52	−37.35	1636.4	13.13	294.3	1.98	0.53	6.00
情景 8	1239.0	−75.01	248.0	−40.26	0.48	−59.66	1434.5	−58.29	281.1	−31.46	0.49	−40.96	1604.1	10.90	306.1	6.06	0.51	2.00
情景 9	1957.4	−60.52	231.2	−44.30	0.78	−34.45	2441.1	−29.02	267.2	−34.85	0.86	3.61	2570.9	77.73	290.2	0.55	0.84	68.00
情景 10	1728.5	−65.13	217.5	−47.60	0.71	−40.34	2439.1	−29.08	251.7	−38.62	0.89	7.23	2532.8	75.10	272.8	−5.47	0.87	74.00
情景 11	674.8	−86.39	171.5	−58.68	0.34	−71.43	1084.3	−68.47	201.7	−50.82	0.48	−42.17	1242.6	−14.10	225.8	−21.76	0.51	2.00

注：III 区包括海兴和黄骅这 2 个县（市），II 区包括孟村、盐山、青县、沧县和沧州市这 5 个县（市），I 区包括其余 46 个县（市）。

表 4.2　3 个灌溉分区在现状灌溉和不同的限水灌溉情景下夏玉米的产量、生育期农田蒸散量、WP 及其相较于现状灌溉情形下的变幅

灌溉模式	I 区						II 区						III 区					
	产量		农田蒸散量		WP		产量		农田蒸散量		WP		产量		农田蒸散量		WP	
	kg/hm^2	变幅/%	mm	变幅/%	kg/m^3	变幅/%	kg/hm^2	变幅/%	mm	变幅/%	kg/m^3	变幅/%	kg/hm^2	变幅/%	mm	变幅/%	kg/m^3	变幅/%
现状灌溉	6035.8		326.2		1.81		4369.9		311.6		1.31		4150.2		317.6		1.19	
情景 1	5334.8	−11.61	308.0	−5.58	1.66	−8.29	4402.2	0.74	312.6	0.32	1.31	0	4235.9	2.06	321.2	1.13	1.21	1.68
情景 2	5710.8	−5.38	317.3	−2.73	1.74	−3.87	4746.3	8.61	322.5	3.50	1.39	6.11	4637.0	11.73	332.7	4.75	1.30	9.24
情景 3	6329.2	4.86	333.9	2.36	1.85	2.21	5391.0	23.37	342.6	9.95	1.51	15.27	5327.9	28.38	354.6	11.65	1.42	19.33
情景 4	5074.7	−15.92	301.4	−7.60	1.60	−11.60	4375.0	0.12	311.2	−0.13	1.30	−0.76	4119.0	−0.75	317.1	−0.16	1.18	−0.84
情景 5	5460.1	−9.54	311.1	−4.63	1.69	−6.63	4639.5	6.17	318.9	2.34	1.36	3.82	4466.5	7.62	326.9	2.93	1.25	5.04
情景 6	5917.8	−1.96	322.8	−1.04	1.78	−1.66	5092.3	16.53	332.6	6.74	1.45	10.69	4986.7	20.16	342.5	7.84	1.36	14.29
情景 7	5160.9	−14.50	303.6	−6.93	1.62	−10.50	4575.6	4.71	317.1	1.77	1.34	2.29	4325.9	4.23	323.1	1.73	1.22	2.52
情景 8	5136.7	−14.90	303.1	−7.08	1.62	−10.50	4398.2	0.65	311.7	0.03	1.31	0	4097.6	−1.27	316.0	−0.50	1.18	−0.84
情景 9	5709.0	−5.41	317.5	−2.67	1.73	−4.42	4882.4	11.73	325.2	4.36	1.41	7.63	4664.2	12.38	331.7	4.44	1.30	9.24
情景 10	6109.1	1.21	328.0	0.55	1.81	0.00	5300.0	21.28	338.6	8.66	1.49	13.74	5167.8	24.52	347.6	9.45	1.40	17.65
情景 11	4846.3	−19.71	285.2	−12.57	1.54	−14.92	4580.1	4.81	313.3	0.55	1.33	1.53	4368.8	5.27	323.8	1.95	1.23	3.36

注：III 区包括海兴和黄骅这 2 个县（市），II 区包括孟村、盐山、青县、沧县和沧州市这 5 个县（市），I 区包括其余 46 个县（市）。

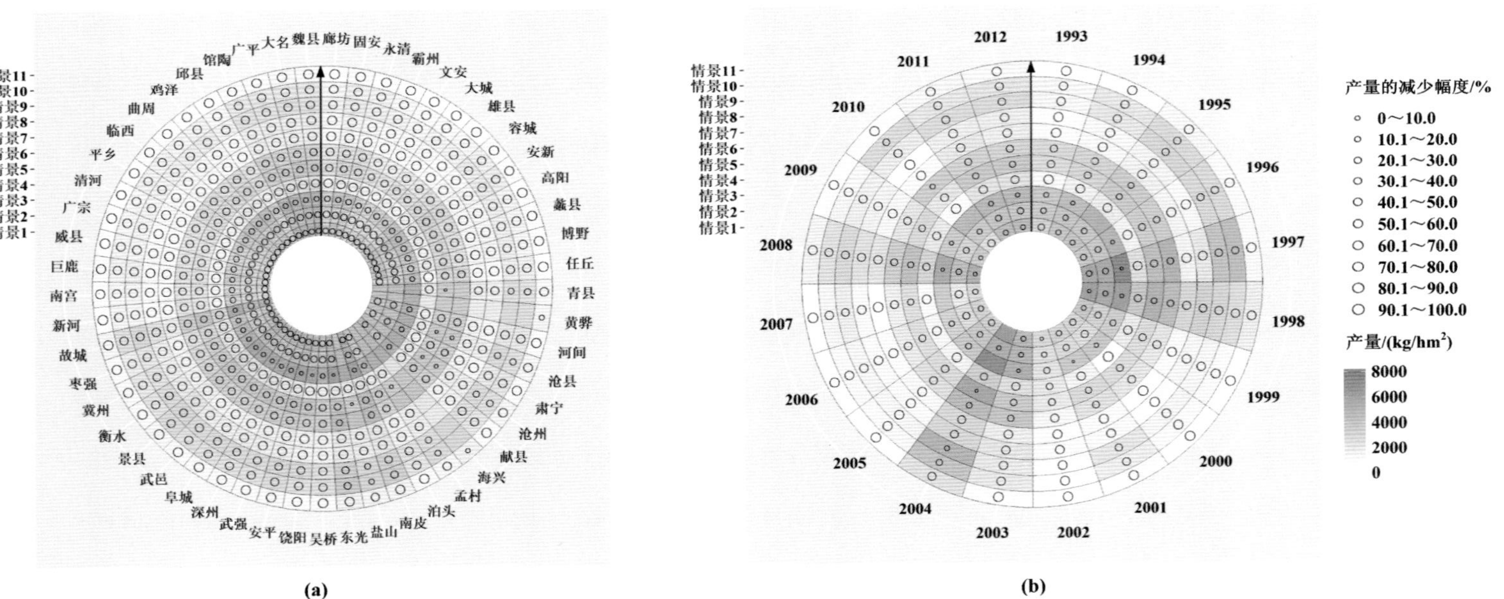

图 4.1 11 种限水灌溉情景下冬小麦产量及其与现状灌溉情形相比的减少幅度在县（市）域尺度的空间分布（a）和在研究区尺度的年际变化（b）

在某些县（市）域或年份，未显示部分限水灌溉情景下冬小麦产量的减少幅度，这是由于在这些县（市）域或年份，该限水灌溉情景下冬小麦的产量高于现状灌溉下的情形

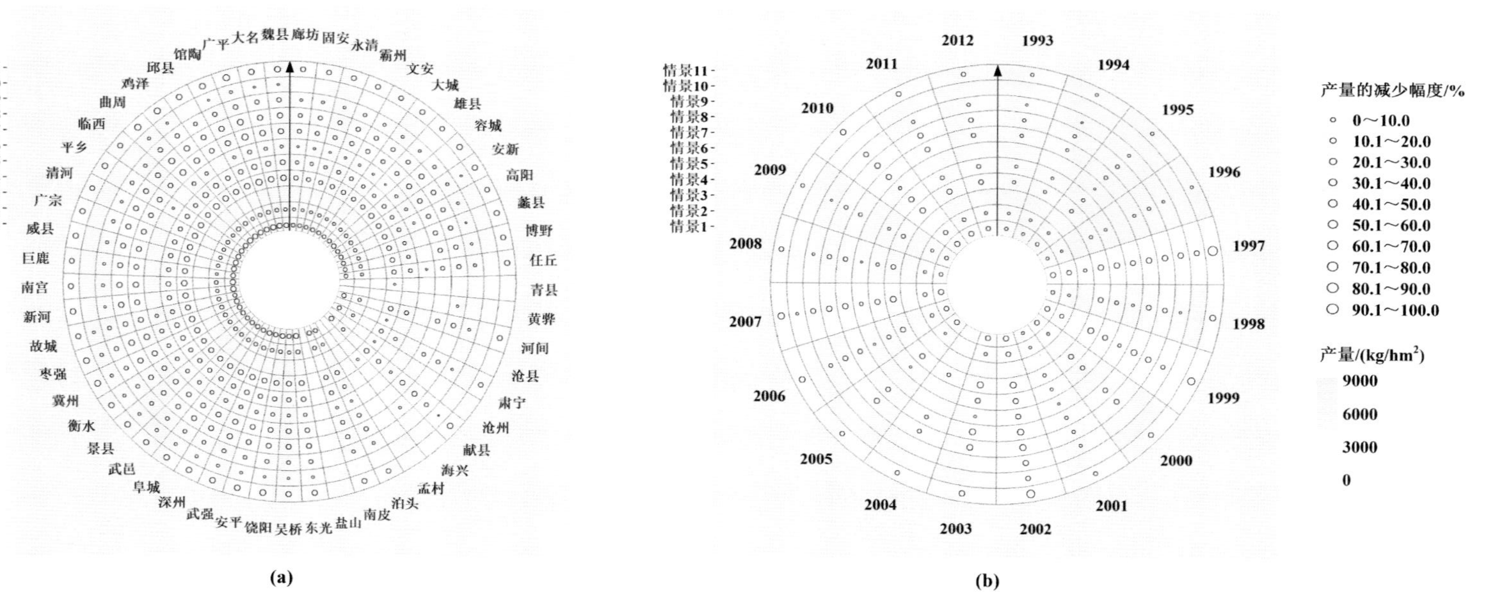

图 4.2　11 种限水灌溉情景下夏玉米产量及其与现状灌溉情形相比的减少幅度在县（市）域尺度的空间分布（a）和在研究区尺度的年际变化（b）

在某些县（市）域或年份，未显示部分限水灌溉情景下夏玉米产量的减少幅度，这是由于在这些县（市）域或年份，该限水灌溉情景下夏玉米的产量高于现状灌溉下的情形和夏玉米的产量。

在不同的限水灌溉模拟情景下，尤其是情景 11，研究区内冬小麦平均产量在 1995 年、1997 年、1998 年、2004 年和 2008 年较其他年份偏高，而在 1993 年、2000 年、2002 年、2006 年较其他年份偏低 [图 4.1（b）]，这主要是受到相应年份冬小麦生育期降水量的影响 [图 2.2（a）]。由于夏玉米是雨热同期的作物，在大部分年份的降水量是可以满足作物的生长所需，故研究区内夏玉米平均产量的年际变化 [图 4.2（b）] 与相应年份夏玉米生育期的降水量 [图 2.2（b）] 相对更为密切。

4.1.2 作物生育期农田蒸散量

在 I 区，当对冬小麦分别设置灌水 3 次、2 次和 1 次且对夏玉米保持现状灌溉情形时，该区域在模拟时段内平均的冬小麦生育期农田蒸散量分别约为 363.9 mm、302.4 mm 和 234.0 mm，相较于现状灌溉情形下平均的冬小麦生育期农田蒸散量的变幅分别约为 -12.33%、-27.16% 和 -43.64%，在情景 1 至情景 10 下，平均的冬小麦生育期农田蒸散量及其与该区域在现状灌溉情形下平均的冬小麦生育期农田蒸散量的变幅见表 4.1。模拟时段内平均的冬小麦生育期农田蒸散量相较于现状灌溉情形在 I 区的每个县（市）均呈现不同程度的减少，减少幅度约在 5.4% ~ 64.1% 的范围内 [图 4.3（a）]。随着对冬小麦灌水次数的减少，模拟时段内平均的冬小麦生育期农田蒸散量呈现降低的趋势，这一方面是由于限水灌溉限制了冬小麦的叶片伸展，从而降低了作物蒸腾量（Xu C. L. *et al.*，2016），另一方面限水灌溉也降低了表层土壤含水量，土面蒸发会随着表层土壤含水量的降低而减少（刘昌明等，1998）。在相同的灌水次数下，由于灌水时间的差异，模拟时段内平均的冬小麦生育期农田蒸散量也会有 25 ~ 36 mm 的差异。当对冬小麦分别设置灌水 3 次、2 次和 1 次时，该区域在模拟时段内平均的夏玉米生育期农田蒸散量分别约为 319.7 mm、311.8 mm 和 313.1 mm，相较于现状灌溉情形下平均的夏玉米生育期农田蒸散量的变幅分别约为 -1.99%、-4.42% 和 -4.04%，在情景 1 至情景 10 下，平均的夏玉米生育期农田蒸散量及其与该区域在现状灌溉情形下平均的夏玉米生育期农田蒸散量的变幅见表 4.2。对冬小麦实施限水灌溉，相较于现状灌溉情形，平均的夏玉米生育期农田蒸散量的变幅均在大约 8% 以内（表 4.2），换言之，冬小麦的限水灌溉对夏玉米生育期农田蒸散量没有明显的影响。当冬小麦和夏玉米均为雨养（亦即情景 11）时，I 区在模拟时段内平均的冬小麦生育期和夏玉米生育期的农田蒸散量分别约为 171.5 mm 和 285.2 mm，与现状灌溉情形下的农田蒸散量相比，变幅分别约为 -58.68% 和 -12.57%（表 4.1 和表 4.2）。在情景 3 下 I 区的各县（市），在情景 6 下邢台地区和邯郸地区的部分县（市），以及在情景 10 下廊坊地区、保定地区、沧州地区、邢台地区和邯郸地区的大部分县（市），模拟结果与现状灌溉情形下的相比，夏玉米生育期的农田蒸散量略有增加，在其余各限水灌溉情景下，模拟时段内夏玉米生育期的农田蒸散量均减少 [图 4.4（a）]。

在 II 区，当对冬小麦分别设置灌水 3 次、2 次和 1 次且对夏玉米保持现状灌溉情形时，该区域在模拟时段内平均的冬小麦生育期农田蒸散量分别约为 407.3 mm、339.5 mm 和 267.7 mm，相较于现状灌溉情形下平均的冬小麦生育期农田蒸散量的变幅分别约

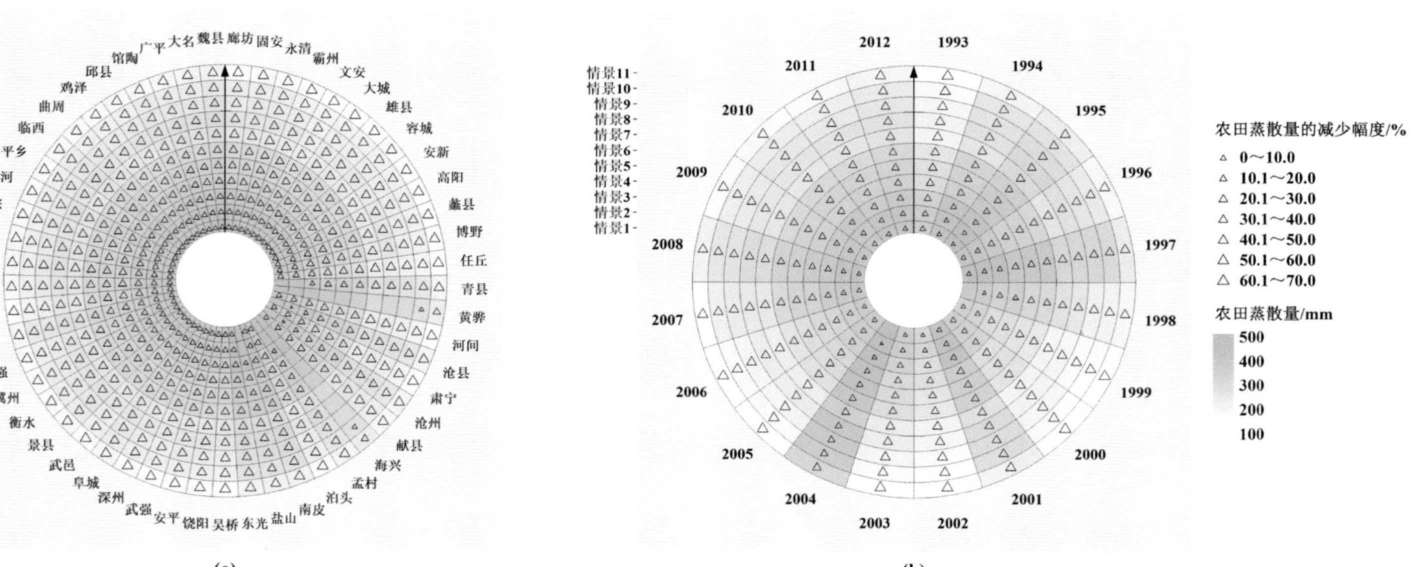

图 4.3　11 种限水灌溉情景下冬小麦生育期农田蒸散量及其与现状灌溉情形相比的减少幅度在县（市）域尺度的空间分布（a）和在研究区尺度的年际变化（b）

在某些县（市）域或年份，未显示部分限水灌溉情景下冬小麦生育期农田蒸散量的减少幅度，这是由于在这些县（市）域或年份，该限水灌溉情景下冬小麦生育期农田蒸散量高于现状灌溉下的情形

为 -0.68%、-17.22% 和 -34.72%，在情景 1 至情景 10 下，平均的冬小麦生育期农田蒸散量及其与该区域在现状灌溉情形下平均的冬小麦生育期农田蒸散量的变幅见表 4.1。当对冬小麦分别设置灌水 3 次、2 次和 1 次时，该区域在模拟时段内平均的夏玉米生育期农田蒸散量分别约为 325.9 mm、320.9 mm 和 323.2 mm，相较于现状灌溉情形下平均的夏玉米生育期农田蒸散量的变幅分别约为 4.59%、2.98% 和 3.71%，在情景 1 至情景 10 下，平均的夏玉米生育期农田蒸散量及其与该区域在现状灌溉情形下平均的夏玉米生育期农田蒸散量的变幅见表 4.2。当冬小麦和夏玉米均为雨养时（亦即情景 11），II 区在模拟时段内平均的冬小麦生育期和夏玉米生育期的农田蒸散量分别约为 201.7 mm 和 313.3 mm，与现状灌溉情形下的农田蒸散量相比，变幅分别约为 -50.82% 和 0.55%（表 4.1 和表 4.2）。

在 III 区，当对冬小麦分别设置灌水 3 次、2 次和 1 次且对夏玉米保持现状灌溉情形时，该区域在模拟时段内平均的冬小麦生育期农田蒸散量分别约为 425.8 mm、360.9 mm 和 290.9 mm，相较于现状灌溉情形下平均的冬小麦生育期农田蒸散量的变幅分别约为 47.53%、25.05% 和 0.78%，在情景 1 至情景 10 下，平均的冬小麦生育期农田蒸散量及其与该区域在现状灌溉情形下平均的冬小麦生育期农田蒸散量的变幅见表 4.1。当对冬小麦分别设置灌水 3 次、2 次和 1 次时，该区域在模拟时段内平均的夏玉米生育期农田蒸散量分别约为 336.2 mm、328.8 mm 和 329.6 mm，相较于现状灌溉情形下平均的夏玉米生育期农田蒸散量的变幅分别约为 5.85%、3.54% 和 3.78%，在情景 1 至情景 10 下，平均的夏玉米生育期农田蒸散量及其与该区域在现状灌溉情形下平均的夏玉米生育期农田蒸散量的变幅见表 4.2。当冬小麦和夏玉米均为雨养时（亦即情景 11），III 区在模拟时段内平均的冬小麦生育期和夏玉米生育期的农田蒸散量分别约为 225.8 mm 和 323.8 mm，与现状灌溉情形下的农田蒸散量相比，变幅分别约为 -21.76% 和 1.95%（表 4.1 和表 4.2）。

此外，在冬小麦限水灌溉情景下，研究区内平均的冬小麦生育期 [图 4.3（b）] 和夏玉米生育期 [图 4.4（b）] 的农田蒸散量的年际变化与这两种作物各自生育期中降水量的年际变化（图 2.2）也密切相关。我们的模拟结果定量化地给出了不同的限水灌溉情景下作物生育期农田蒸散量年际变化的强弱。

4.1.3 作物水分生产力

在 I 区，当对冬小麦分别设置灌水 3 次、2 次和 1 次且对夏玉米保持现状灌溉情形时，该区域在模拟时段内平均的冬小麦的 WP 分别约为 1.03 kg/m^3、0.78 kg/m^3 和 0.60 kg/m^3，相较于现状灌溉情形下冬小麦 WP 的变幅分别约为 -13.45%、-34.73% 和 -49.58%，在情景 1 至情景 10 下，平均的冬小麦 WP 及其与该区域在现状灌溉情形下平均的冬小麦 WP 的变幅见表 4.1。由此可见：平均而言，冬小麦的 WP 随着灌水次数的减少而降低。但值得注意的是，灌水时间相较于灌水次数对于冬小麦 WP 的影响更为显著，例如，同为灌水 2 次的情景 4 和情景 5，模拟时段内平均的冬小麦 WP 可以相差近一倍（表 4.1）。在情景 3 下，与现状灌溉情形下相比，沧州地区和衡水地区在模拟时段内平均的冬小麦的 WP 略有增加，其余情景下该区域各县（市）在模拟时段内平均的冬小麦 WP 均较现状灌溉情形下的有所降低 [图 4.5（a）]。当对冬小麦分别设置灌水 3 次、2 次和 1 次且对夏

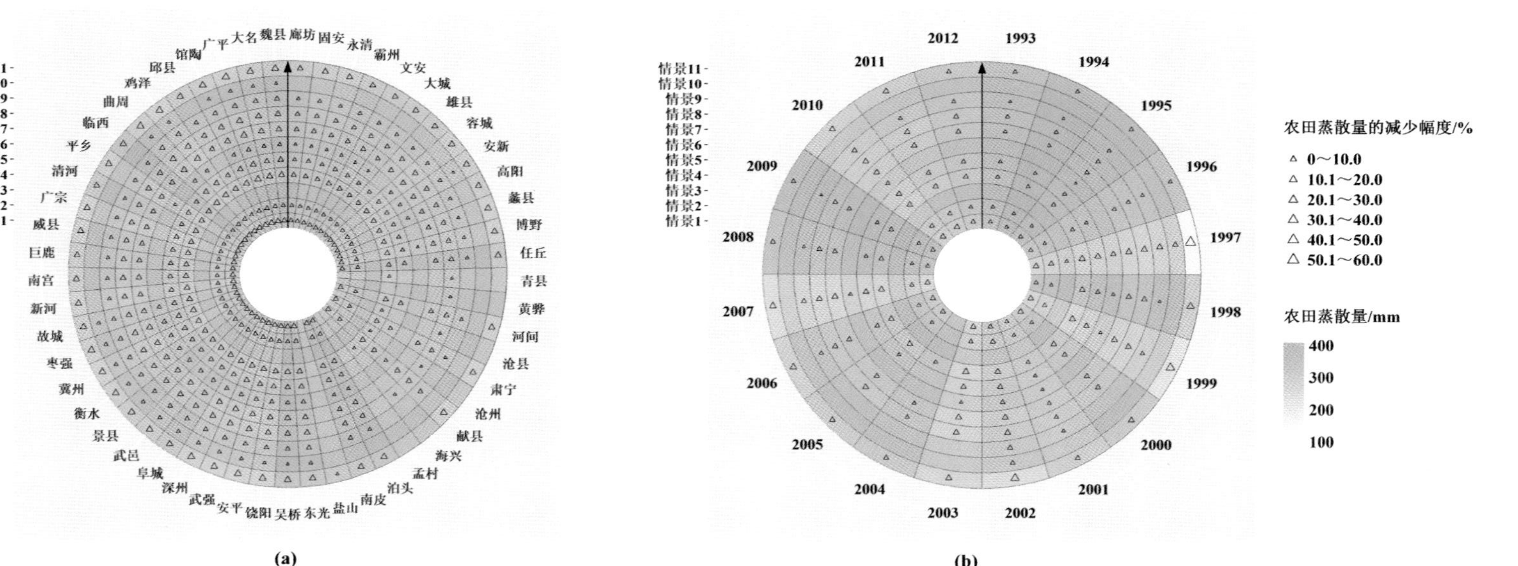

图 4.4　11 种限水灌溉情景下夏玉米生育期农田蒸散量及其与现状灌溉情形相比的减少幅度在县（市）域尺度的空间分布（a）和在研究区尺度的年际变化（b）

在某些县（市）域或年份，未显示部分限水灌溉情景下夏玉米生育期农田蒸散量的减少幅度，这是由于在这些县（市）域或年份，该限水灌溉情景下夏玉米生育期农田蒸散量高于现状灌溉下的情形

玉米保持现状灌溉情形时，I 区在模拟时段内平均的夏玉米的 WP 分别约为 1.75 kg/m^3、1.69 kg/m^3 和 1.70 kg/m^3，相较于现状灌溉情形下的夏玉米 WP 的变幅分别约为 −3.31%、−6.63% 和 −6.35%，在情景 1 至情景 10 中，平均的夏玉米 WP 及其与该区域在现状灌溉情形下平均的夏玉米 WP 的变幅见表 4.2。当冬小麦和夏玉米均为雨养时（亦即情景 11），I 区在模拟时段内平均的冬小麦和夏玉米的 WP 分别约为 0.34 kg/m^3 和 1.54 kg/m^3，相较于现状灌溉情形下 WP 的变幅分别约为 −71.43% 和 −14.92%（表 4.1 和表 4.2）。在情景 3 下 I 区的各县（市），在情景 6 下邢台地区和邯郸地区的部分县（市），在情景 10 下廊坊地区、保定地区、沧州地区、邢台地区和邯郸地区的大部分县（市），模拟结果与现状灌溉情形下的相比，夏玉米的 WP 略有增加，其余各限水灌溉情景在模拟时段内夏玉米的 WP 均呈现减少的趋势 [图 4.6（a）]。

在 II 区，当对冬小麦分别设置灌水 3 次、2 次和 1 次且对夏玉米保持现状灌溉情形时，该区域在模拟时段内平均的冬小麦的 WP 分别约为 1.03 kg/m^3、0.80 kg/m^3 和 0.69 kg/m^3，相较于现状灌溉情形下冬小麦 WP 的变幅分别约为 24.10%、−3.21% 和 −16.87%，在情景 1 至情景 10 下，平均的冬小麦 WP 及其与该区域在现状灌溉情形下平均的冬小麦 WP 的变幅见表 4.1。当对冬小麦设置灌水 3 次、2 次和 1 次时，该区域在模拟时段内平均的夏玉米的 WP 分别约为 1.40 kg/m^3、1.37 kg/m^3 和 1.39 kg/m^3，相较于现状灌溉情形中夏玉米 WP 的变幅分别约为 7.12%、4.58% 和 5.92%，在情景 1 至情景 10 中，平均的夏玉米 WP 及其与该区域在现状灌溉情形下平均的夏玉米 WP 的变幅见表 4.2。当冬小麦和夏玉米均为雨养时（亦即情景 11），II 区在模拟时段内平均的冬小麦和夏玉米的 WP 分别约为 0.48 kg/m^3 和 1.33 kg/m^3，相较于现状灌溉情形下 WP 的变幅分别约为 −42.17% 和 1.53%（表 4.1 和表 4.2）。

在 III 区，当对冬小麦分别设置灌水 3 次、2 次和 1 次且对夏玉米保持现状灌溉情形时，该区域在模拟时段内平均的冬小麦的 WP 分别约为 0.97 kg/m^3、0.77 kg/m^3 和 0.69 kg/m^3，相较于现状灌溉情形下冬小麦 WP 的变幅分别约为 94.67%、54.67% 和 37.50%，在情景 1 至情景 10 下，平均的冬小麦 WP 及其与该区域在现状灌溉情形下平均的冬小麦 WP 的变幅见表 4.1。当对冬小麦设置灌水 3 次、2 次和 1 次时，该区域在模拟时段内平均的夏玉米的 WP 分别约为 1.31 kg/m^3、1.26 kg/m^3 和 1.28 kg/m^3，相较于现状灌溉情形中夏玉米 WP 的变幅分别约为 10.08%、6.16% 和 7.14%，在情景 1 至情景 10 中，平均的夏玉米 WP 及其与该区域在现状灌溉情形下平均的夏玉米 WP 的变幅见表 4.2。当冬小麦和夏玉米均为雨养时（亦即情景 11），III 区在模拟时段内平均的冬小麦和夏玉米的 WP 分别约为 0.51 kg/m^3 和 1.23 kg/m^3，相较于现状灌溉情形下 WP 的变幅分别约为 2.00% 和 3.36%（表 4.1 和表 4.2）。

在冬小麦限水灌溉情景下，研究区内平均的冬小麦 [图 4.5（b）] 和夏玉米 [图 4.6（b）] 的 WP 的年际变化与这两种作物在各自生育期的降水量的年际变化（图 2.2）也密切相关。我们的模拟结果不仅量化了各限水灌溉情景下作物 WP 在年尺度上的变化，而且量化了不同的限水灌溉情景下作物 WP 在年际间的差异。

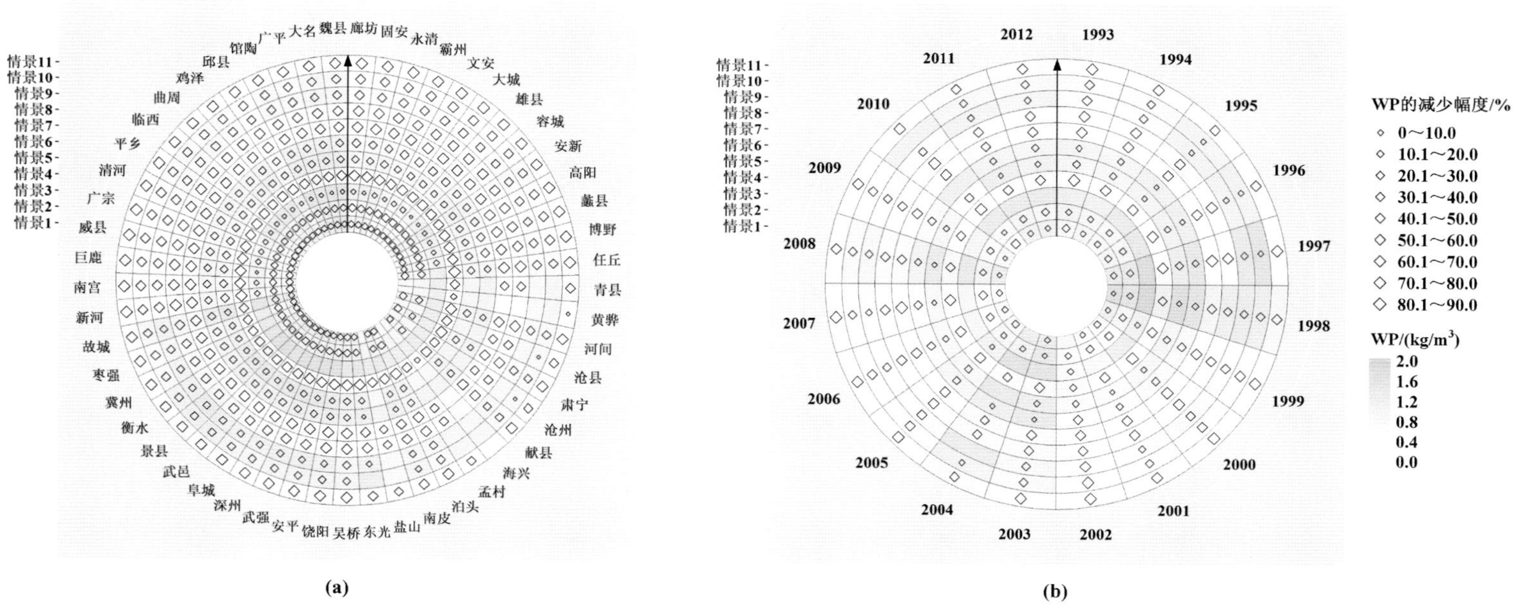

(a)

(b)

图 4.5　11 种限水灌溉情景下冬小麦的 WP 及其与现状灌溉情形相比的减少幅度在县（市）域尺度的空间分布（a）和在研究区尺度的年际变化（b）

在某些县（市）域或年份，未显示部分限水灌溉情景下冬小麦 WP 的减少幅度，这是由于在这些县（市）域或年份，该限水灌溉情景下冬小麦的 WP 高于现状灌溉下的情形

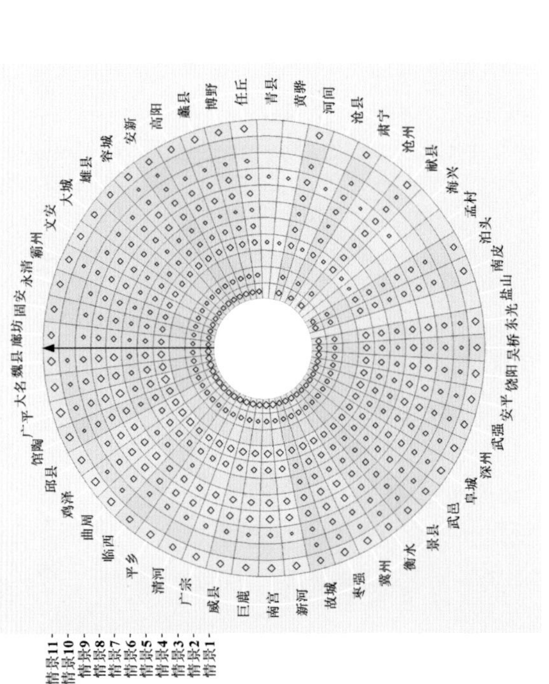

(a)

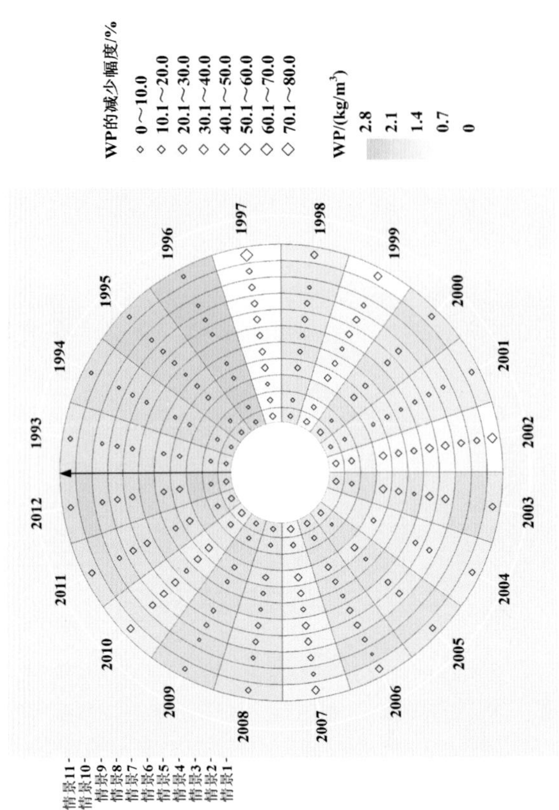

(b)

图 4.6　11 种限水灌溉情景下夏玉米的 WP 及其与现状灌溉情形相比的减少幅度在县（市）域尺度的空间分布（a）和在研究区尺度的年际变化（b）

在某些县（市）域或年份，未显示部分限水灌溉情景下夏玉米 WP 的减少幅度，这是由于在这些县（市）域或年份，该限水灌溉情景下夏玉米的 WP 高于现状灌溉情景下的情形

4.1.4　水量平衡

我们根据研究区的实际情况，将模型的下边界条件概化为两种类型，并依据不同类型的下边界条件对研究区进行了分区，即地面以下 2 m 土体的下边界为自由排水的区域（下文简称为 A 类区）和地面以下 15 m 土体的下边界为水通量为零的区域（下文简称为 B 类区）。由于这两个区域的水量平衡分项不尽相同，故我们分别来加以分析。这里需要说明的是，在对冬小麦生育期水量平衡进行计算时，起止时段为灌溉播前水的前一天至收获当天，换言之，冬小麦的播前水包括在灌溉定额中；在对夏玉米生育期水量平衡进行计算时，起止时段为播种当天至收获当天。

当灌溉方案为现状灌溉、灌水 3 次、灌水 2 次、灌水 1 次和灌水 0 次时，A 类区在模拟时段内平均的灌溉量（亦即灌溉定额）分别约为 286.4 mm、225.0 mm、150.0 mm、75.0 mm 和 0 mm，平均的冠层截留量分别约为 7.6 mm、6.9 mm、6.1 mm、4.3 mm 和 3.2 mm，冠层截留量占出流量（冠层截留量、蒸发量、蒸腾量及渗漏量之和）的比例约在 1.4% ~ 2.2% 范围内 [图 4.7（a）]；B 类区在模拟时段内平均的灌溉量分别约为 181.6 mm、225.0 mm、150.0 mm、75.0 mm 和 0 mm，平均的冠层截留量分别约为 8.5 mm、8.9 mm、7.9 mm、5.7 mm 和 4.3 mm，冠层截留量占出流量（冠层截留量、蒸发量及蒸腾量之和）的比例约在 1.6% ~ 2.6% 范围内 [图 4.7（b）]。可见：冠层截留量仅占出流量的很少一部分。整体而言，冠层截留量会随着灌溉量的减少而减少，这主要是由于：灌溉量的减少会使得冬小麦受到水分胁迫的程度增加，从而加剧了叶片衰老（Kroes *et al.*，2009），于是进一步减小了冬小麦在生育期内平均的叶面积指数，而冠层截留量会随着叶面积指数的减小而降低（Kroes *et al.*，2009）。此外，冠层截留量不仅受灌溉量的影响，还与灌水时间密切相关，例如，尽管情景 3 较情景 4 的灌溉量多 75 mm，然而，A 类区和 B 类区在情景 3 下的冠层截留量较情景 4 分别减少大约 1.7 mm 和 2.1 mm，这主要是由于：情景 3 的灌水时间为播前、孕穗 - 开花期和灌浆初期，情景 4 的灌水时间为播前和拔节期，而冬小麦在拔节 - 抽穗期叶面积指数迅速增加，在开花 - 成熟期叶片等器官的生理功能减退（贾银锁和郭进考，2009），由此可见，在拔节期灌溉虽更有利于增加叶面积指数，但也会进一步增加冠层截留量。

当灌溉方案为现状灌溉、灌水 3 次、灌水 2 次、灌水 1 次和灌水 0 次时，A 类区在模拟时段内平均的冬小麦生育期的蒸腾量分别约为 320.6 mm、273.8 mm、219.0 mm、161.4 mm 和 109.4 mm，蒸腾量占出流量的比例从大约 73.5% 下降到 61.3% [图 4.7（a）]；B 类区在模拟时段内平均的冬小麦生育期的蒸腾量分别约为 307.8 mm、333.8 mm、272.6 mm、209.8 mm 和 153.0 mm，蒸腾量占出流量的比例从大约 79.6% 下降到 71.3% [图 4.7（b）]。可见：冬小麦的蒸腾量是其生育期最主要的耗水方式。冬小麦生育期的蒸腾量及其所占出流量的比例均会随着灌溉量的减少而减少，这主要是由于作物发生水分亏缺时往往会通过气孔调节减少蒸腾以避免脱水死亡（武维华，2008）。在相同的灌溉情景下，B 类区在模拟时段内平均的冬小麦生育期的蒸腾量高于 A 类区，这主要是由于在 B 类区浅层地下水埋深较浅，这样，地下水可补给到作物根系带而有利于缓解冬小麦所遭受的水分胁迫。此外，在相同的灌溉定额下，冬小麦在返青后的灌水时间越晚，其蒸腾量越小。例如，对于灌水 3 次而言，在 A 类区和 B 类区模拟时段内平均的冬小麦生育期的蒸腾量均是：情景 1 ＞ 情景 2 ＞ 情景 3，这主要是由于在冬小麦的拔节－抽穗期，麦田耗水主要以蒸腾为主，在开花至成熟期，麦田耗水以蒸腾为主逐渐向棵间蒸发为主过渡（贾银锁和郭进考，2009），故冬小麦在拔节期至成熟期的灌水时间越早，其蒸腾量越大。

当灌溉方案为现状灌溉、灌水 3 次、灌水 2 次、灌水 1 次和灌水 0 次时，A 类区在模拟时段内平均的冬小麦生育期的土面蒸发量分别约为 91.9 mm、87.8 mm、81.4 mm、70.7 mm 和 60.5 mm，土面蒸发量占出流量的比例由大约 21.1% 增加到 33.9% [图 4.7（a）]；B 类区在模拟时段内平均的冬小麦生育期的土面蒸发量分别约为 76.3 mm、80.5 mm、75.3 mm、66.7 mm 和 57.2 mm，蒸发量占出流量的比例从大约 18.2% 上升到 26.7% [图 4.7（b）]。这主要是由于：随着灌水次数的减少，土壤含水量降低，土壤的导水率与土壤水压力头梯度都会变小，所以蒸发速率会变小（Hillel，1971），进而蒸发量也会随着灌溉量的减少而减小；尽管如此，但蒸发量的减小幅度小于出流量的减少幅度，因而，蒸发量占出流量的比例会随着灌溉量的减少而增大。

我们在此仅分析在 A 类区模拟剖面的底部通量，这是因为在 B 类区模拟剖面的底部通量为零。当灌溉方案为现状灌溉、灌水 3 次、灌水 2 次、灌水 1 次和灌水 0 次时，模拟时段内平均的冬小麦生育期的渗漏量分别约为 16.0 mm、14.8 mm、13.3 mm、8.0 mm 和 5.3 mm，渗漏量占出流量的比例均不超过 5% [图 4.7（a）]。这表明：随着灌溉量的减少，渗漏量依次降低，冬小麦生育期的降水量与灌溉量在很大程度上被作物蒸腾和土面蒸发所消耗，换言之，在冬小麦生育期，采用限水灌溉进一步减少根系带 2 m 土体水分渗漏量的可能性很小。

当灌溉方案为现状灌溉、灌水 3 次、灌水 2 次、灌水 1 次和灌水 0 次时，A 类区在模拟时段内平均的冬小麦生育期的储水量变化分别约为 −33.7 mm、−42.3 mm、−53.7 mm、−53.4 mm 和 −62.4 mm [图 4.7（a）]；B 类区在模拟时段内平均的冬小麦生育期的储水量变化分别约为 −91.7 mm、−78.9 mm、−86.5 mm、−87.9 mm 和 −95.2 mm [图 4.7（b）]。由此可见：冬小麦生育期土壤储水量都是负均衡；灌水次数的减少将使得冬小麦更多地利用土壤水分来满足其生长所需。

A 类区和 B 类区在模拟时段内平均的夏玉米生育期的降水量分别约为 357.2 mm [图 4.8（a）] 和 393.4 mm [图 4.8（b）]。在 A 类区和 B 类区，除了情景 11（即雨养），其余各灌溉方案在模拟时段内平均的夏玉米生育期的灌溉量均相同，分别约为 23.7 mm 和 7.3 mm，但由于在冬小麦生育期灌水次数和灌水时间的变化，一定程度上影响了夏玉米生育期的水量平衡 [图 4.8（a）、（b）]。具体地，从现状灌溉至情景 10，在 A 类区 [图 4.8（a）] 和 B 类区 [图 4.8（b）]，模拟时段内平均的夏玉米生育期冠层截留量的变化范围分别约为 10.8 ~ 13.7 mm 和 12.1 ~ 15.3 mm，平均的蒸腾量的变化范围分别约为 226.0 ~ 265.3 mm 和 237.0 ~ 277.5 mm，平均的土面蒸发量的变化范围分别约为 69.1 ~ 75.9 mm 和 71.4 ~ 78.9 mm，平均的土壤储水量变化的变化范围分别约为 16.6 ~ 59.0 mm 和 36.5 ~ 72.7 mm。在 A 类区，模拟时段内平均的夏玉米生育期的农田渗漏量的变化范围为 8.2 ~ 16.2 mm。冬小麦在相同的灌水次数下，其在返青后的灌水时间越晚，后茬作物

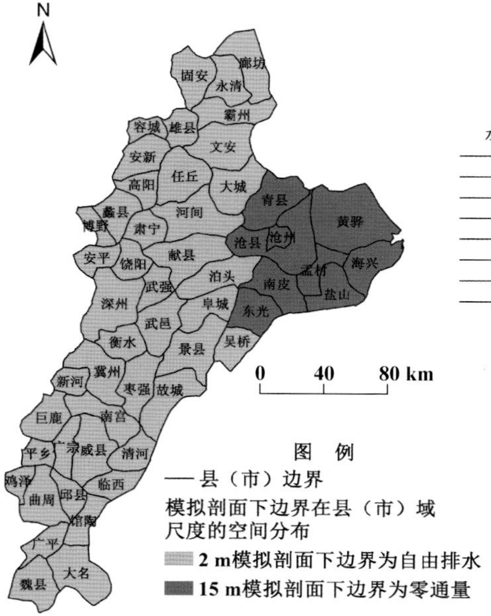

图　例

—— 县（市）边界

模拟剖面下边界在县（市）域尺度的空间分布

2 m模拟剖面下边界为自由排水

15 m模拟剖面下边界为零通量

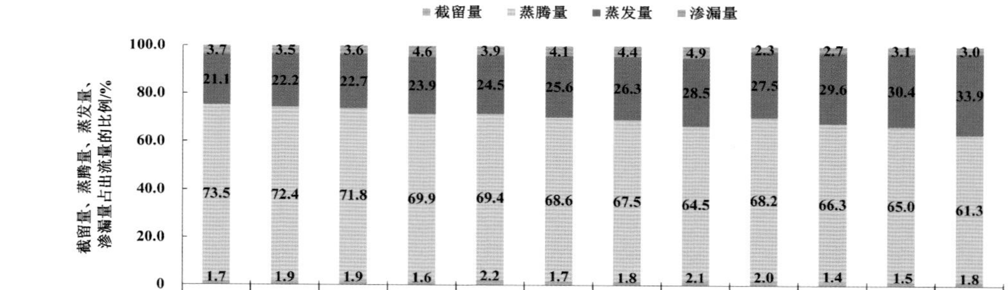

0　40　80 km

N

截留量、蒸腾量、蒸发量、渗漏量占出流量的比例/%

	现状	情景1	情景2	情景3	情景4	情景5	情景6	情景7	情景8	情景9	情景10	情景11
渗漏量	3.7	3.5	3.6	4.6	3.9	4.1	4.4	4.9	2.3	2.7	3.1	3.0
蒸发量	21.1	22.2	22.7	23.9	24.5	25.6	26.3	28.5	27.5	29.6	30.4	33.9
蒸腾量	73.5	72.4	71.8	69.9	69.4	68.6	67.5	64.5	68.2	66.3	65.0	61.3
截留量	1.7	1.9	1.9	1.6	2.2	1.7	1.8	2.1	2.0	1.4	1.5	1.8

水量平衡分项/mm	现状	情景1	情景2	情景3	情景4	情景5	情景6	情景7	情景8	情景9	情景10	情景11
降水量	116.0	116.0	116.0	116.0	116.0	116.0	116.0	116.0	116.0	116.0	116.0	116.0
灌溉量	286.4	225.0	225.0	225.0	150.0	150.0	150.0	75.0	75.0	75.0	75.0	0.0
截留量	7.6	7.5	7.5	5.7	7.4	5.5	5.4	5.3	5.1	3.3	3.3	3.2
蒸腾量	320.6	288.7	278.3	254.5	230.6	219.7	206.6	164.8	175.3	158.6	146.9	109.4
蒸发量	91.9	88.4	87.9	87.0	81.6	81.9	80.7	72.7	70.8	70.6	68.8	60.5
渗漏量	16.0	13.9	13.8	16.7	12.9	13.3	13.6	12.6	5.9	6.5	7.1	5.3
储水量变化	−33.7	−57.5	−46.5	−22.9	−66.5	−54.4	−40.3	−64.4	−66.1	−48.0	−35.1	−62.4

(a) 2 m模拟剖面下边界为自由排水的区域（A类区）

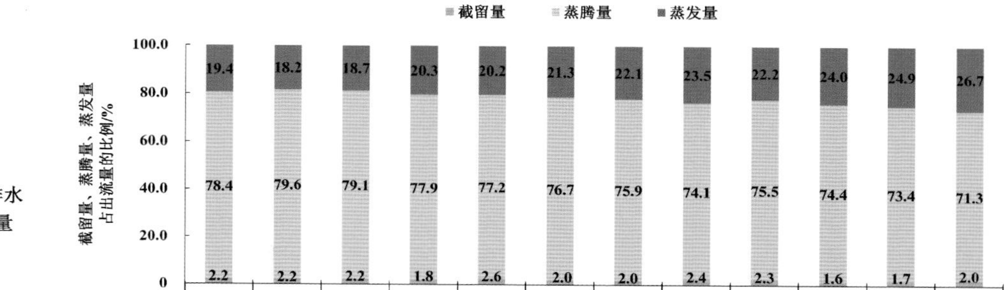

截留量、蒸腾量、蒸发量占出流量的比例/%

	现状	情景1	情景2	情景3	情景4	情景5	情景6	情景7	情景8	情景9	情景10	情景11
蒸发量	19.4	18.2	18.7	20.3	20.2	21.3	22.1	23.5	22.2	24.0	24.9	26.7
蒸腾量	78.4	79.6	79.1	77.9	77.2	76.7	75.9	74.1	75.5	74.4	73.4	71.3
截留量	2.2	2.2	2.2	1.8	2.6	2.0	2.0	2.4	2.3	1.6	1.7	2.0

水量平衡分项/mm	现状	情景1	情景2	情景3	情景4	情景5	情景6	情景7	情景8	情景9	情景10	情景11
降水量	119.3	119.3	119.3	119.3	119.3	119.3	119.3	119.3	119.3	119.3	119.3	119.3
灌溉量	181.6	225.0	225.0	225.0	150.0	150.0	150.0	75.0	75.0	75.0	75.0	0.0
截留量	8.5	9.7	9.6	7.4	9.5	7.1	7.0	6.8	6.8	4.6	4.5	4.3
蒸腾量	307.8	349.6	338.4	313.5	283.8	274.5	259.6	212.3	224.1	208.7	194.1	153.0
蒸发量	76.3	80.0	79.9	81.5	74.3	76.1	75.5	67.5	66.0	67.2	66.0	57.2
储水量变化	−91.7	−95.0	−83.6	−58.1	−98.3	−88.4	−72.8	−92.3	−102.6	−86.2	−70.3	−95.2

(b) 15 m模拟剖面下边界为零通量的区域（B类区）

图 4.7　模拟单元剖面下边界分别设置为自由排水（a）和通量为零（b）的区域在现状灌溉情形和不同的限水灌溉情景下冬小麦生育期水量平衡各项的变化

出流量在A类区是指截留量、蒸腾量、蒸发量及渗漏量之和，在B类区是指截留量、蒸腾量及蒸发量之和

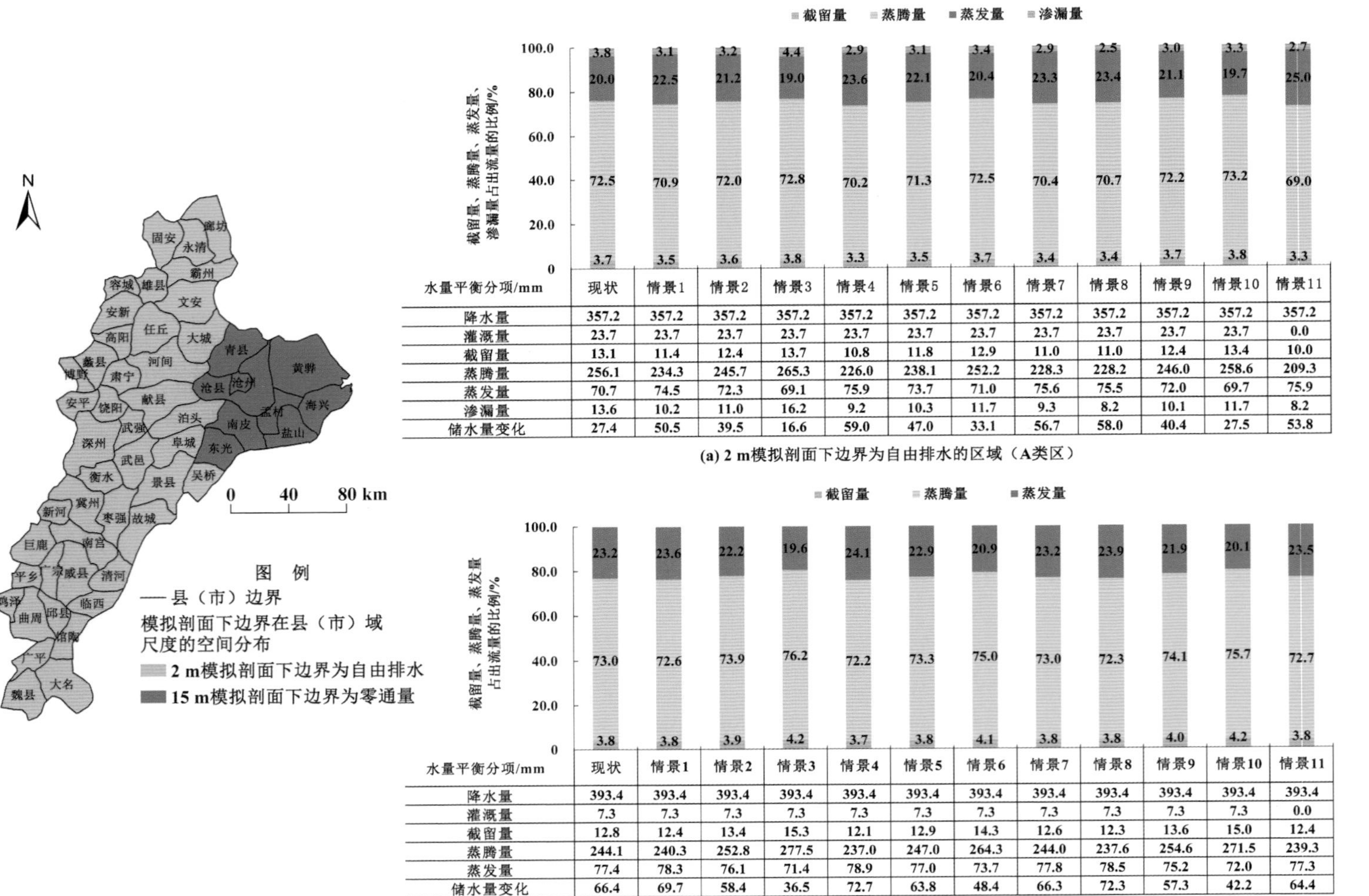

水量平衡分项/mm	现状	情景1	情景2	情景3	情景4	情景5	情景6	情景7	情景8	情景9	情景10	情景11
截留量/%	3.7	3.5	3.6	3.8	3.3	3.5	3.7	3.4	3.4	3.7	3.8	3.3
蒸腾量/%	72.5	70.9	72.0	72.8	70.2	71.3	72.5	70.4	70.7	72.2	73.2	69.0
蒸发量/%	20.0	22.5	21.2	19.0	23.6	22.1	20.4	23.3	23.4	21.1	19.7	25.0
渗漏量/%	3.8	3.1	3.2	4.4	2.9	3.1	3.4	2.9	2.5	3.0	3.3	2.7
降水量	357.2	357.2	357.2	357.2	357.2	357.2	357.2	357.2	357.2	357.2	357.2	357.2
灌溉量	23.7	23.7	23.7	23.7	23.7	23.7	23.7	23.7	23.7	23.7	23.7	0.0
截留量	13.1	11.4	12.4	13.7	10.8	11.8	12.9	11.0	11.0	12.4	13.4	10.0
蒸腾量	256.1	234.3	245.7	265.3	226.0	238.1	252.2	228.3	228.2	246.0	258.6	209.3
蒸发量	70.7	74.5	72.3	69.1	75.9	73.7	71.0	75.6	75.5	72.0	69.7	75.9
渗漏量	13.6	10.2	11.0	16.2	9.2	10.3	11.7	9.3	8.2	10.1	11.7	8.2
储水量变化	27.4	50.5	39.5	16.6	59.0	47.0	33.1	56.7	58.0	40.4	27.5	53.8

(a) 2 m模拟剖面下边界为自由排水的区域（A类区）

水量平衡分项/mm	现状	情景1	情景2	情景3	情景4	情景5	情景6	情景7	情景8	情景9	情景10	情景11
截留量/%	3.8	3.8	3.9	4.2	3.7	3.8	4.1	3.8	3.8	4.0	4.2	3.8
蒸腾量/%	73.0	72.6	73.9	76.2	72.2	73.3	75.0	73.0	72.3	74.1	75.7	72.7
蒸发量/%	23.2	23.6	22.2	19.6	24.1	22.9	20.9	23.2	23.9	21.9	20.1	23.5
降水量	393.4	393.4	393.4	393.4	393.4	393.4	393.4	393.4	393.4	393.4	393.4	393.4
灌溉量	7.3	7.3	7.3	7.3	7.3	7.3	7.3	7.3	7.3	7.3	7.3	0.0
截留量	12.8	12.4	13.4	15.3	12.1	12.9	14.3	12.6	12.3	13.6	15.0	12.4
蒸腾量	244.1	240.3	252.8	277.5	237.0	247.0	264.3	244.0	237.6	254.6	271.5	239.3
蒸发量	77.4	78.3	76.1	71.4	78.9	77.0	73.7	77.8	78.5	75.2	72.0	77.3
储水量变化	66.4	69.7	58.4	36.5	72.7	63.8	48.4	66.3	72.3	57.3	42.2	64.4

(b) 15 m模拟剖面下边界为零通量的区域（B类区）

图 4.8 模拟单元剖面下边界分别设置为自由排水（a）和通量为零（b）的区域在现状灌溉情形和不同的限水灌溉情景下夏玉米生育期水量平衡各项的变化

出流量在 A 类区是指截留量、蒸腾量、蒸发量及渗漏量之和，在 B 类区是指截留量、蒸腾量及蒸发量之和

夏玉米生育期的冠层截留量及其占出流量的比例、蒸腾量及其占出流量的比例和渗漏量及其占出流量的比例均越大，而土面蒸发量及其占出流量的比例和土壤储水量的增加量越小。这主要是由于：在概化的现状灌溉情形中对夏玉米仅在其生育期为枯水期和特枯水期时才会有 1 ~ 2 次的灌溉，在大多数年份不进行灌溉，而冬小麦生育期的灌水时间越晚，可以使得夏玉米在其生育期尤其是营养生长阶段的土壤水分状况越好，夏玉米受到的水分胁迫程度就越弱，蒸腾量就越多，消耗的土壤储水量也就越多，也越有利于增加叶面积指数，从而既增加了冠层截留量也减少了土面蒸发量。

4.2　灌水时间推荐结果的分析

由于在对冬小麦实施限水灌溉时，在相同的灌水次数下，灌水时间的差异会不同程度地影响冬小麦和夏玉米的产量与 WP，所以当冬小麦的灌水次数为 3 次、2 次和 1 次时，我们分别以冬小麦、夏玉米和轮作周年作物的产量最高或 WP 最高为目标，选择推荐的灌水时间。

4.2.1　灌水 3 次

当冬小麦的限水灌溉情景设置为灌水 3 次且夏玉米的灌溉制度保持不变时，亦即在情景 1、情景 2 和情景 3 中，位于研究区北部的大城、文安、霸州、安新、高阳和蠡县，以及南部的魏县、大名、广平和曲周等县（市），模拟时段内平均的冬小麦产量在情景 1 时最高，在其他区域，模拟时段内平均的冬小麦产量主要在情景 3 时最高 [图 4.9（a-1）左]。冬小麦产量最高的灌溉情景的空间分布动态显示：在 1998 年、1999 年、2002 年、2006 年和 2009 年，情景 1 的分布面积占模拟单元总面积的比例超过 50%，仅 2005 年情景 2 的分布面积占模拟单元总面积的比例超过 40%，其余各年份均是情景 3 的分布面积占模拟单元总面积的比例最高 [图 4.9（a-1）右]。在冬小麦产量最高的限水灌溉情景中，情景 1、情景 2 和情景 3 的分布面积占模拟单元总面积的比例在模拟时段内的平均值分别约为 32%、7% 和 61%。与上相仿，模拟时段内平均的冬小麦 WP 最高的限水灌溉情景以情景 3 为主 [图 4.10（a-1）左]，冬小麦 WP 最高的灌溉情景的空间分布动态 [图 4.10（a-1）右] 与产量最高的灌溉情景的空间分布动态 [图 4.9（a-1）右] 较为接近。在冬小麦 WP 最高的限水灌溉情景中，情景 1、情景 2 和情景 3 的分布面积占模拟单元总面积的比例在模拟时段内的平均值分别约为 18%、5% 和 77%。由此可见：当灌水 3 次时，冬小麦的产量最高或 WP 最高的限水灌溉情景以情景 3（亦即在冬小麦的播前、孕穗 – 开花期和灌浆初期灌水）的分布面积最大，其次是情景 1（亦即在冬小麦的播前、起身 – 拔节期和孕穗 – 开花期灌水），情景 2（亦即在冬小麦的播前、起身 – 拔节期和灌浆初期灌水）的分布面积最小。由于冬小麦生育期的推荐灌水时间和降水时间及降水量更好地适应了冬小麦生长对水分的需求，使得冬小麦在其生殖生长阶段的相对蒸腾最高，进而获得相对最高的产量和 WP。

在研究区内的吴桥站，1994 ~ 1997 年（Li J. M. *et al.*，2005）、2001 ~ 2003 年（Zhang *et al.*，2011）和 2005 ~ 2007 年（张胜全等，2009）的田间试验结果均表明：若灌水 3 次，在冬小麦的播前、拔节期和开花期灌水可以实现高产和节水的统一；在研究区内的南皮站，2003 ~ 2004 年的田间试验结果表明：冬小麦播前足墒，在拔节期和抽穗期灌水的产量最高（吴忠东和王全九，2010）；在研究区内的深州站，2012 ~ 2014 年的田间试验结果表明：冬小麦播前墒情良好，拔节期和扬花期或拔节期和灌浆初期灌水可以获得较高的产量和水分生产力（曹彩云等，2016）。在河北麦区，冬小麦在播前、拔节期和开花期灌水可以实现高产节水（王璞，2004），在河北低平原，冬小麦播前足墒且在起身 - 拔节期和抽穗 - 扬花期灌水可以实现高产高效（于振文，2015）。以上文献报道中所建议的灌水时间与本研究基于模拟结果所推荐的灌水时间之对比在一定程度上支撑了我们模拟研究结果的合理性，然而，总的说来，我们模拟后选出的推荐灌水时间大多略迟于文献报道中推荐的灌水时间。可能的原因如下：由于冬小麦的拔节至抽穗期一般历时 30 ~ 35 天，开花至成熟期一般历时 35 ~ 40 天（贾银锁和郭进考，2009），所以特定的生育期通常会持续一段时间，而田间管理过程中，在作物特定生育期的灌水时间会根据田间实时的土壤墒情进行适当调整，一般情况下，随着灌水次数的减少，在特定生育期内的灌水时间会有所推迟（王璞，2004；李月华和杨利华，2017）。以曹彩云等（2016）在深州站于 2013 ~ 2014 年开展的田间试验为例，灌水分别为 4 次、3 次和 2 次时，同样是在拔节期灌水，但具体的灌水日期依次为 3 月 20 日、3 月 25 日和 4 月 10 日，开花期和灌浆期的灌水日期也相应地有所推迟。由于难以收集到研究区内与我们所设置的限水灌溉情景相近的田间试验中每年实际的灌水时间，所以我们不得不将各种限水灌溉情景在特定生育期的灌水日期概化为不随灌水次数的变化而改变，这可能导致了我们推荐的灌水时间较上述文献报道的灌水时间有所推迟。

当冬小麦的限水灌溉情景中的灌水次数设置为 3 次且夏玉米的灌溉制度保持不变时，在模拟时段内平均的夏玉米产量最高 [图 4.9（b-1）左] 或 WP 最高 [图 4.10（b-1）左] 的灌溉情景均主要是情景 3。在夏玉米产量最高的限水灌溉情景中，情景 1、情景 2 和情景 3 的分布面积占模拟单元总面积的比例在模拟时段内的平均值分别约为 1%、1% 和 98% [图 4.9（b-1）右]，在夏玉米 WP 最高的限水灌溉情景中，情景 1、情景 2 和情景 3 的分布面积占模拟单元总面积的比例在模拟时段内的平均值分别约为 7%、2% 和 91% [图 4.10（b-1）右]。这主要是由于：现状灌溉情形下的夏玉米在大多数年份不灌溉，冬小麦在灌浆初期相较于其在起身 - 拔节期和（或）孕穗 - 开花期进行灌溉，可以使得夏玉米生长前期在缺乏降水时，土壤含水量仍相对较高，因而可以降低耐旱性较弱的夏玉米在这个生长阶段所受的水分胁迫程度，使得夏玉米具有较高的产量和 WP。

冬小麦 - 夏玉米轮作体系需要考虑水分的综合利用（贾银锁和郭进考，2009）。当冬小麦的限水灌溉情景中的灌水次数设置为 3 次且夏玉米的灌溉制度保持不变时，模拟时段内平均的轮作周年作物的产量最高 [图 4.9（c-1）左] 或 WP 最高 [图 4.10（c-1）左] 的灌溉情景也主要是情景 3，在模拟时段内轮作周年作物产量最高的限水灌溉情景中，情景 1、情景 2 和情景 3 的分布面积占模拟单元总面积的比例在模拟时段内的平均值分别约为 10%、3% 和 87% [图 4.9（c-1）右]，在轮作周年作物 WP 最高的限水灌溉情景中，情景 1、情景 2 和情景 3 的分布面积占模拟单元总面积的比例在模拟时段内的平均值分别约为 4%、3% 和 93% [图 4.10（c-1）右]。

4.2.2　灌水 2 次

当冬小麦的限水灌溉情景设置为灌水 2 次且夏玉米的灌溉制度保持不变时，亦即情景 4、情景 5 和情景 6，位于沧州地区的河间、任丘、肃宁、孟村、盐山、东光和邢台地区的新河、南宫、临西等县（市）的大部分区域，在模拟时段内平均的冬小麦产量在情景 6 时最高，其他区域大多在情景 5 时平均的冬小麦产量最高 [图 4.9（a-2）左]，仅在 2002 年情景 4 的分布面积占模拟单元总面积的比例超过 50%，在 1993 年、1997 年、2003 年和 2010 年，情景 6 的分布面积占模拟单元总面积的比例超过 40%，尤其是在 2010 年该比例接近 100%，其余各年份均是情景 5 的分布面积占模拟单元总面积的比例最高 [图 4.9（a-2）右]。与上相仿，在冬小麦产量最高的限水灌溉情景中，情景 4、情景 5 和情景 6 的分布面积占模拟单元总面积的比例在模拟时段内的平均值分别约为 7%、67% 和 26%。冬小麦 WP 最高的限水灌溉情景的空间分布 [图 4.10（a-2）左] 及其动态 [图 4.10（a-2）右] 与产量最高的限水灌溉情景的空间分布 [图 4.9（a-2）左] 及其动态 [图 4.9（a-2）右] 也具有一定的相似性。在冬小麦 WP 最高的限水灌溉情景中，情景 4、情景 5 和情景 6 的分布面积占模拟单元总面积的比例在模拟时段内的平均值分别约为 4%、65% 和 31%。由此可见，当灌水 2 次时，冬小麦的产量最高或 WP 最高的限水灌溉情景以情景 5（亦即在冬小麦的播前和孕穗 – 开花期灌水）的分布面积最大，其次是情景 6（亦即在冬小麦的播前和灌浆初期灌水），情景 4（亦即在冬小麦的播前和起身 – 拔节期灌水）的分布面积最小。

我们检索的相关文献表明：孕穗期是小麦对水分的第一个敏感期，开花期是第二个敏感期（贾银锁和郭进考，2009）；小麦产量对水分亏缺的敏感程度依次为：抽穗灌浆期 ＞ 拔节抽穗期 ＞ 灌浆成熟期 ＞ 返青拔节期 ＞ 播种封冻期 ＞ 封冻返青期（中国主要农作物需水量等值线图协作组，1993）；华北平原冬小麦在拔节 – 抽穗期和抽穗 – 灌浆期对水分胁迫的敏感性高（Zhang *et al.*，1999）。由此可见，在孕穗 – 开花期进行灌水对确保冬小麦产量和水分生产力是至关重要的，这与我们的模拟结果是基本一致的。在研究区内的吴桥站，1994 ~ 1997 年（Li J. M. *et al.*，2005）、2008 ~ 2009 年（薛丽华等，2010）、2013 ~ 2015 年（Xu C. L. *et al.*，2016）开展的田间试验结果表明：当灌水 2 次时，冬小麦在播前和拔节期或播前和拔节 – 抽穗期灌水，其产量和水分生产力最优。在河北麦区，冬小麦的播前、拔节 – 孕穗期灌水可以实现高产节水（王璞，2004）。这些文献也在一定程度上支撑了我们模拟结果的合理性。尽管由于我们在模拟时对灌水时间不得不近似地进行统一概化，从而导致基于模拟结果推荐的灌水时间较文献报道的灌水时间有所推迟，但这与对冬小麦实施限水灌溉时需要适当地推迟春季第一水的灌水时间（李月华和杨利华，2017）在定性上是一致的。

当冬小麦的限水灌溉情景中的灌水次数设置为 2 次且夏玉米的灌溉制度保持不变时，在模拟时段内平均的夏玉米产量最高 [图 4.9（b-2）左] 或 WP 最高 [图 4.10（b-2）左]

的灌溉情景均主要是情景 6。与上相仿，在夏玉米产量最高的限水灌溉情景中，情景 4、情景 5 和情景 6 的分布面积占模拟单元总面积的比例在模拟时段内的平均值分别约为 1%、2% 和 97% [图 4.9（b-2）右]，在夏玉米 WP 最高的限水灌溉情景中，情景 4、情景 5 和情景 6 的分布面积占模拟单元总面积的比例在模拟时段内的平均值分别约为 8%、5% 和 87% [图 4.10（b-2）右]。

当冬小麦的限水灌溉情景中的灌水次数设置为 2 次且夏玉米的灌溉制度保持不变时，在沧州地区、邢台地区和邯郸地区的大部分县（市），模拟时段内平均的轮作周年作物产量以情景 6 最高，其他地区在情景 5 下平均的轮作周年作物产量最高 [图 4.9（c-2）左]，轮作周年作物 WP 最高的灌水时间的空间分布 [图 4.10（c-2）左] 及其动态 [图 4.10（c-2）右] 与产量最高的灌水时间的空间分布 [图 4.9（c-2）左] 及其动态 [图 4.9（c-2）右] 接近。在轮作周年作物产量最高的限水灌溉情景中，情景 4、情景 5 和情景 6 的分布面积占模拟单元总面积的比例在模拟时段内的平均值分别约为 2%、55% 和 43% [图 4.9（c-2）右]，在轮作周年作物 WP 最高的限水灌溉情景中，情景 4、情景 5 和情景 6 的分布面积占模拟单元总面积的比例在模拟时段内的平均值分别约为 2%、53% 和 45% [图 4.10（c-2）右]。

4.2.3 灌水 1 次

当冬小麦的限水灌溉情景设置为灌水 1 次且夏玉米的灌溉制度保持不变时，亦即情景 7、情景 8、情景 9 和情景 10，在沧州地区的河间、任丘、肃宁、孟村、盐山、东光等县（市）的大部分区域，模拟时段内平均的冬小麦产量以情景 10 为最高，其他区域基本上以情景 9 的冬小麦的平均产量最高 [图 4.9（a-3）左]。在 1998 年、1999 年、2002 年和 2003 年，情景 8 的分布面积占模拟单元总面积的比例超过 40%，在 1997 年和 2010 年，情景 10 的分布面积占模拟单元总面积的比例超过 50%，其余各年份均是情景 9 的分布面积占模拟单元总面积的比例大于 40% [图 4.9（a-3）右]。与上相仿，在冬小麦产量最高的限水灌溉情景中，情景 7、情景 8、情景 9 和情景 10 的分布面积占模拟单元总面积的比例在模拟时段内的平均值分别约为 7%、22%、54% 和 17%。在冬小麦 WP 最高的限水灌溉情景中，情景 7、情景 8、情景 9 和情景 10 的分布面积占模拟单元总面积的比例在模拟时段内的平均值分别约为 5%、19%、53% 和 23% [图 4.10（a-3）右]。由此可见：冬小麦的产量最高或 WP 最高的限水灌溉情景的分布面积由大到小依次为情景 9（亦即在冬小麦的孕穗 - 开花期灌水）、情景 10（亦即在冬小麦的灌浆初期灌水）、情景 8（亦即在冬小麦的起身 - 拔节期灌水）和情景 7（亦即在冬小麦的播前灌水）。若仅灌水 1 次，为确保冬小麦能有相对较高的产量和水分生产力，推荐的灌水时间应该在冬小麦的孕穗 - 开花这一需水关键期。

当冬小麦的限水灌溉情景中的灌水次数设置为 1 次且夏玉米的灌溉制度保持不变时，在模拟时段内平均的夏玉米产量最高 [图 4.9（b-3）左] 或 WP 最高 [图 4.10（b-3）左] 的灌溉情景均主要是情景 10。与上相仿，在夏玉米产量最高的限水灌溉情景中，情景 7、情景 8、情景 9 和情景 10 的分布面积占模拟单元总面积的比例在模拟时段内的平均值分别约为 5%、0%、1% 和 94% [图 4.9（b-3）右]，在夏玉米 WP 最高的限水灌溉情景中，情景 7、情景 8、情景 9 和情景 10 的分布面积占模拟单元总面积的比例在模拟时段内的平均值分别约为 13%、2%、3% 和 82% [图 4.10（b-3）右]。

当冬小麦的限水灌溉情景中的灌水次数设置为 1 次时，在衡水地区、保定地区和廊坊地区的大部分县（市），模拟时段内平均的轮作周年作物的产量 [图 4.9（c-3）左] 或 WP [图 4.10（c-3）左] 以情景 9 最高，其余地区则在情景 10 下平均的轮作周年作物的产量最高或 WP 最高。在轮作周年作物产量最高的限水灌溉情景中，情景 7、情景 8、情景 9 和情景 10 的分布面积占模拟单元总面积的比例在模拟时段内的平均值分别约为 2%、6%、

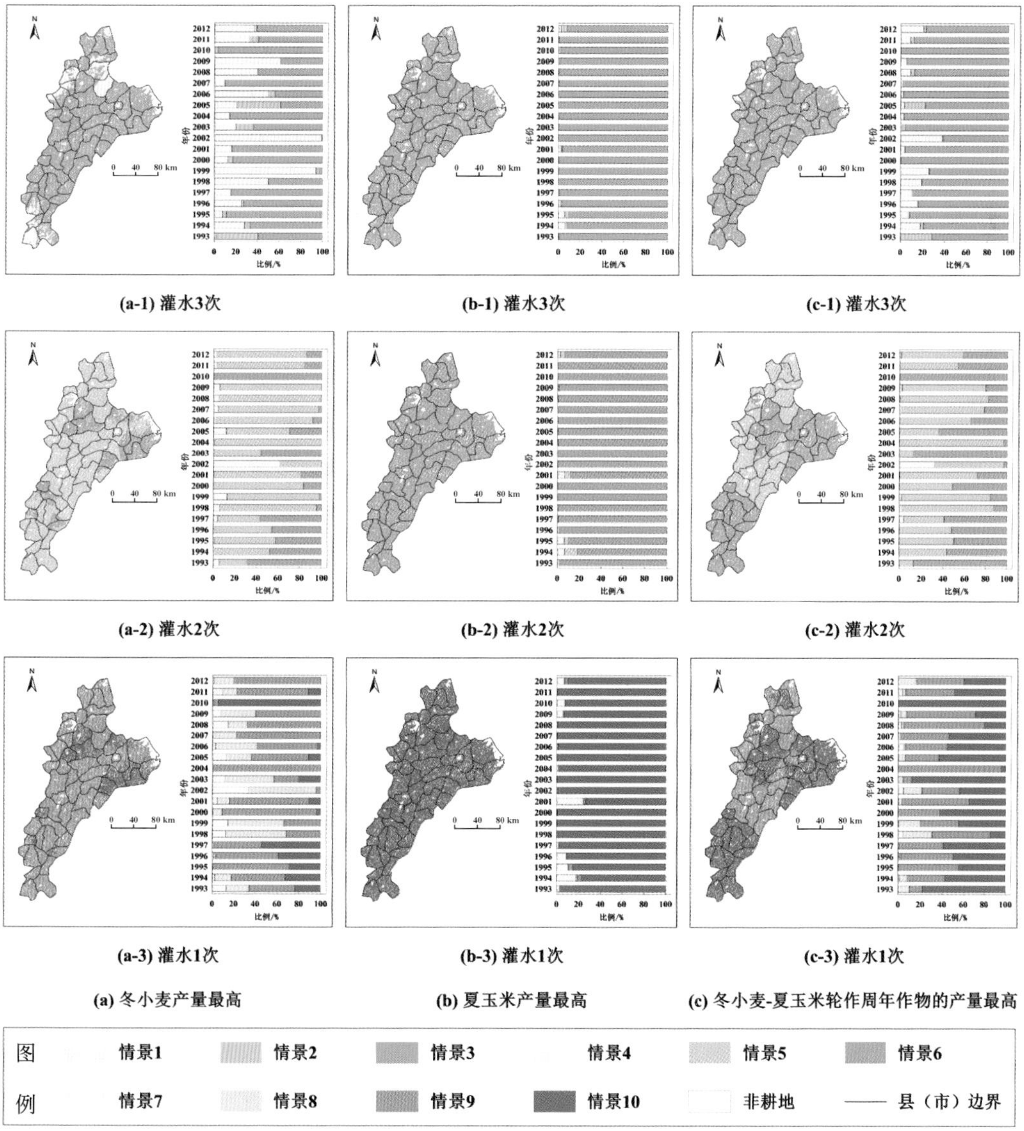

(a-1) 灌水3次　(b-1) 灌水3次　(c-1) 灌水3次

(a-2) 灌水2次　(b-2) 灌水2次　(c-2) 灌水2次

(a-3) 灌水1次　(b-3) 灌水1次　(c-3) 灌水1次

(a) 冬小麦产量最高　(b) 夏玉米产量最高　(c) 冬小麦-夏玉米轮作周年作物的产量最高

图例：情景1　情景2　情景3　情景4　情景5　情景6　情景7　情景8　情景9　情景10　非耕地　县（市）边界

图 4.9　分别灌水 3 次、2 次和 1 次时冬小麦产量（a- 左）、夏玉米产量（b- 左）和轮作周年作物的产量（c- 左）在模拟时段内平均值最高的限水灌溉情景的空间分布及分别灌水 3 次、2 次和 1 次时冬小麦产量（a- 右）、夏玉米产量（b- 右）和轮作周年作物的产量（c- 右）最高的限水灌溉情景的分布面积占模拟单元总面积的比例在模拟时段内的年际变化

43% 和 49% [图 4.9（c-3）右]，在轮作周年作物 WP 最高的限水灌溉情景中，情景 7、情景 8、情景 9 和情景 10 的分布面积占模拟单元总面积的比例在模拟时段内的平均值分别约为 1%、3%、41% 和 55% [图 4.10（c-3）右]。

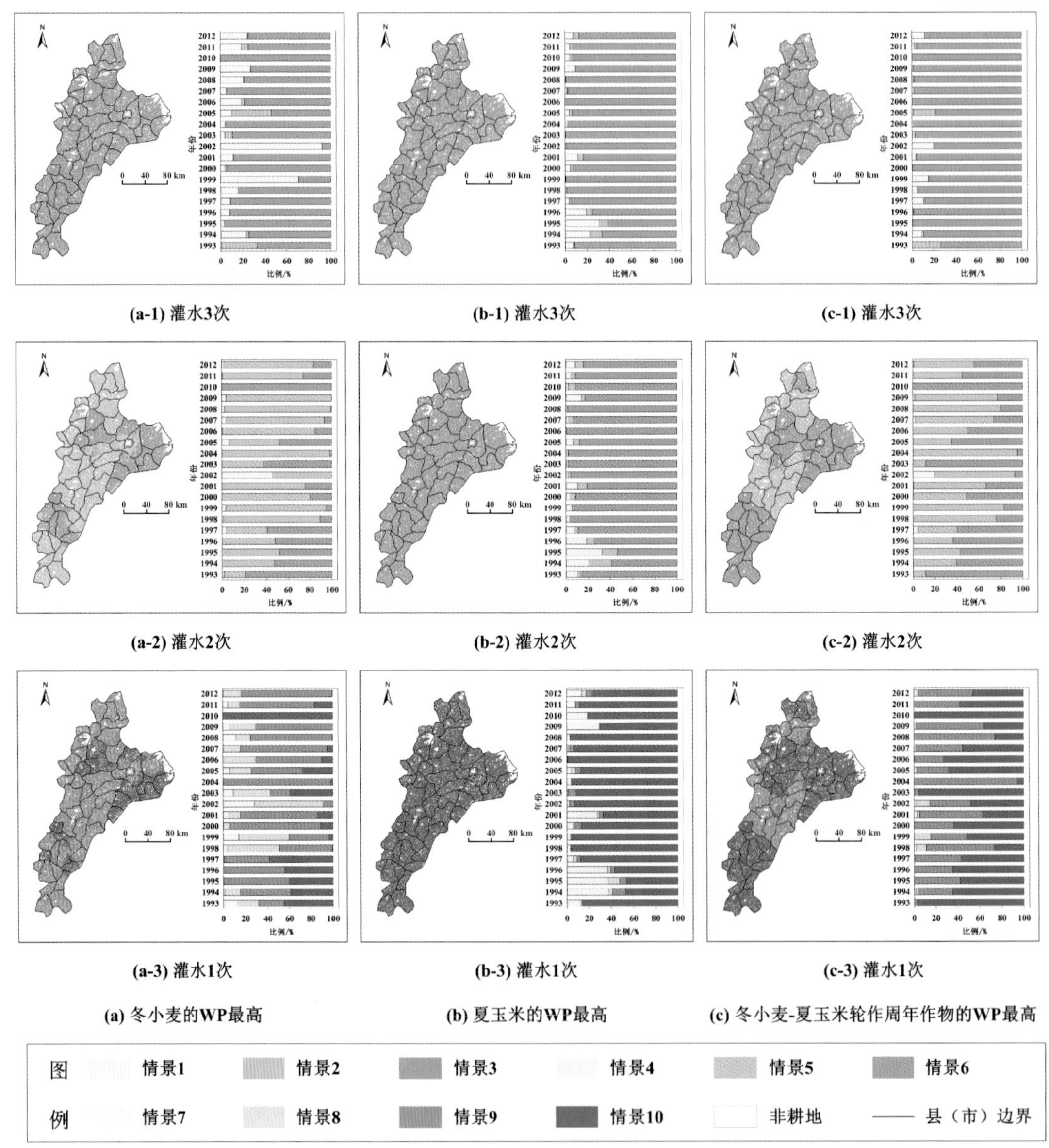

图 4.10 分别灌水 3 次、2 次和 1 次时冬小麦的 WP（a- 左）、夏玉米的 WP（b- 左）和轮作周年作物的 WP（c- 左）在模拟时段内平均值最高的限水灌溉情景的空间分布及分别灌水 3 次、2 次和 1 次时冬小麦的 WP（a- 右）、夏玉米的 WP（b- 右）和轮作周年作物的 WP（c- 右）最高的限水灌溉情景的分布面积占模拟单元总面积的比例在模拟时段内的年际变化

4.3　基于模拟结果优化的灌溉模式

我们运用经过多源多尺度数据验证后的分布式 SWAP-WOFOST 模型，获得了针对冬小麦的 11 种限水灌溉情景下的模拟结果，下面我们将这些模拟结果进一步结合 0-1 规划算法，以当前政府相关部门亟需缓解深层地下水超采情势的农业水管理措施这一现实需求为背景，将冬小麦产量特定的减少幅度阈值作为约束条件，将冬小麦生育期农田蒸散量最小作为目标函数，优化冬小麦的灌溉模式。为此，我们分别设置了 5%、10%、15%、20%、25%、30%、35%、40%、45%、50%、55%、60%、65% 和 70% 这 14 个特定的冬小麦减产幅度阈值依次作为约束条件，求解得到了在相应的约束条件下模拟时段内平均的冬小麦生育期农田蒸散量最小的灌溉模式（亦即优化的灌溉模式）的空间分布（图 4.11）。由于我们是以冬小麦特定的减产幅度阈值为约束条件，因而下面进一步分析在这些特定的约束条件下所优化的灌溉模式对冬小麦产量、灌溉量、蒸散量和 WP 的影响。此外，从便于农业水管理的角度，通过面积加权平均的方式，我们将各模拟单元上优化的灌溉模式下的 WP [图 4.12（a）] 以及优化的灌溉模式相较于现状灌溉情形下冬小麦产量、灌溉量和蒸散量的变幅 [图 4.12（b）] 提升至县（市）域尺度（图 4.13 ~ 图 4.15），我们还给出了相较于现状灌溉情形各县（市）在优化的灌溉模式下冬小麦 WP 的变幅（图 4.16）。

与现状灌溉情形相比，研究区在优化的灌溉模式下，模拟时段内平均的冬小麦产量、灌溉量和蒸散量均随着冬小麦减产幅度阈值的增加而减少 [图 4.12（b）]。当冬小麦产量减少幅度阈值设置在 5% 至 35% 的范围内时，优化的灌溉模式相较于现状灌溉，模拟时段内平均的冬小麦产量变幅大约从 2.05% 变化至大约 −20.58% [图 4.12（b）]，各县（市）在模拟时段内平均的冬小麦产量的变幅如图 4.13（a）~（g）所示。相应地，减少的灌溉量则从大约 2.25% 增至大约 29.80% [图 4.12（b）]，各县（市）在模拟时段内平均的冬小麦生育期灌溉量的变幅如图 4.14（a）~（g）所示；减少的蒸散量则从大约 2.49% 增至大约 20.59% [图 4.12（b）]，各县（市）在模拟时段内平均的冬小麦生育期农田蒸散量的变幅如图 4.15（a）~（g）所示。然而，由于冬小麦平均产量的减少幅度小于蒸散量的减少幅度，使得研究区在模拟时段内平均的冬小麦 WP 约在 1.14 ~ 1.19 kg/m^3 范围内，与现状灌溉情形下冬小麦的 WP 约为 1.14 kg/m^3 相比，其增幅约在 5.0% 的范围内 [图 4.12（a）]，各县（市）在模拟时段内平均的冬小麦 WP 的变幅如图 4.16（a）~（g）所示。换言之，这样的冬小麦灌溉模式可以达到节水稳效。当冬小麦产量减少幅度阈值设置在 40% 至 70% 的范围内时，优化的灌溉模式相较于现状灌溉情形，模拟时段内平均的冬小麦产量的变幅大约从 −29.36% 降至大约 −61.08% [图 4.12（b）]，各县（市）在模拟时段内平均的冬小麦产量的变幅如图 4.13（h）~（n）所示。相应地，减少的灌溉量则从大约 39.04% 增至大约 73.52% [图 4.12（b）]，各县（市）在模拟时段内平均的冬小麦生育期灌溉量的变幅如图 4.14（h）~（n）所示；

减少的蒸散量则从大约 24.27% 增至大约 44.55% [图 4.12（b）]，各县（市）在模拟时段内平均的冬小麦生育期农田蒸散量的变幅如图 4.15（h）~（n）所示。由于平均的产量减少幅度大于蒸散量减少幅度，使得与现状灌溉情形相比，研究区在模拟时段内平均的冬小麦 WP 逐渐下降且减幅约在 30% 以内 [图 4.12（a）]，各县（市）在模拟时段内平均的冬小麦 WP 的变幅如图 4.16（h）~（n）所示。由于在研究区东部的县（市）现状灌溉条件相对较差，在实际生产中的灌溉已经多为限水灌溉，所以在进一步减少灌溉定额的限水灌溉情景下冬小麦产量再降低的幅度要小于 I 区的县（市）（图 4.13）。需要说明的是，Zhang 等（2016）指出：在不增加灌溉用水量的情况下，存在通过采用新品种、改良土壤肥力和改善管理措施来增加粮食产量的可能性；Xu C. L. 等（2016）也指出：冬小麦在限水灌溉模式下虽然对产量产生负面影响，但可以通过发展新的农业技术或品种来补偿产量损失。我们在评估优化的灌溉模式对冬小麦产量的影响时，未能考虑实际生产中的诸如品种改良、改善土壤肥力和秸秆覆盖等措施对减产的补偿作用，这可能使得我们对于产量减幅的模拟评估结果偏于悲观。

当模拟时段内冬小麦平均产量的减少幅度阈值分别设置为 5% 和 10% 时，与现状灌溉情形相比，研究区各县（市）在模拟时段内平均的冬小麦产量呈现稳产或略有增产 [图 4.13（a）、（b）]。研究区在模拟时段内平均的冬小麦产量的变幅分别约为 2.05% 和 0%，灌溉量分别大约减少 2.25% 和 5.47%，蒸散量分别大约减少 2.49% 和 4.52% [图 4.12（b）]。在研究区内，模拟时段内平均的冬小麦生育期农田蒸散量最小的灌溉模式除了在中部的东光、饶阳等部分县（市）为情景 3 之外，在滨海区域的海兴和黄骅以情景 10 为主，在孟村、盐山、沧县、青县等以情景 6 为主，在其他区域均为现状灌溉情形 [图 4.11（a）、（b）]，这主要是由于研究区内冬小麦的各限水灌溉情景较现状灌溉情形在大部分区域难以满足冬小麦减产幅度阈值不超过 10% 这一约束条件，这意味着灌水次数是黑龙港地区的大部分区域维持冬小麦产量水平至关重要的因素。

当模拟时段内冬小麦平均产量的减少幅度阈值分别设置为 15% 和 20% 时，与现状灌溉情形相比，研究区各县（市）在模拟时段内平均的冬小麦产量变幅分别如图 4.13（c）、（d）所示，研究区在模拟时段内平均的冬小麦产量分别大约减少 4.45% 和 9.24%，灌溉量分别大约减少 12.05% 和 18.06%，蒸散量分别大约减少 8.98% 和 13.35% [图 4.12（b）]。在研究区内，模拟时段内平均的冬小麦生育期农田蒸散量最小的灌溉模式在衡水地区及沧州地区南部等的部分县（市）为情景 3，在海兴和黄骅以情景 10 和情景 11 为主，在孟村、盐山、沧县和青县等区域以情景 6 为主，在北部的廊坊地区和南部的邢台部分地区则仍为现状灌溉情形 [图 4.11（c）、（d）]。

当模拟时段内冬小麦平均产量的减少幅度阈值分别设置为 25% 和 30% 时，与现状灌溉情形相比，研究区各县（市）在模拟时段内平均的冬小麦产量变幅分别如图 4.13（e）、（f）所示，研究区在模拟时段内平均的冬小麦产量分别大约减少 14.05% 和 16.04%，灌溉量分别大约减少 23.47% 和 25.54%，蒸散量分别大约减少 17.40% 和 18.86% [图 4.12（b）]。在研究区内，模拟时段内平均的冬小麦生育期农田蒸散量最小的灌溉模式在海兴和黄骅以情景 11 为主，在孟村、盐山、沧县和青县等区域以情景 6、

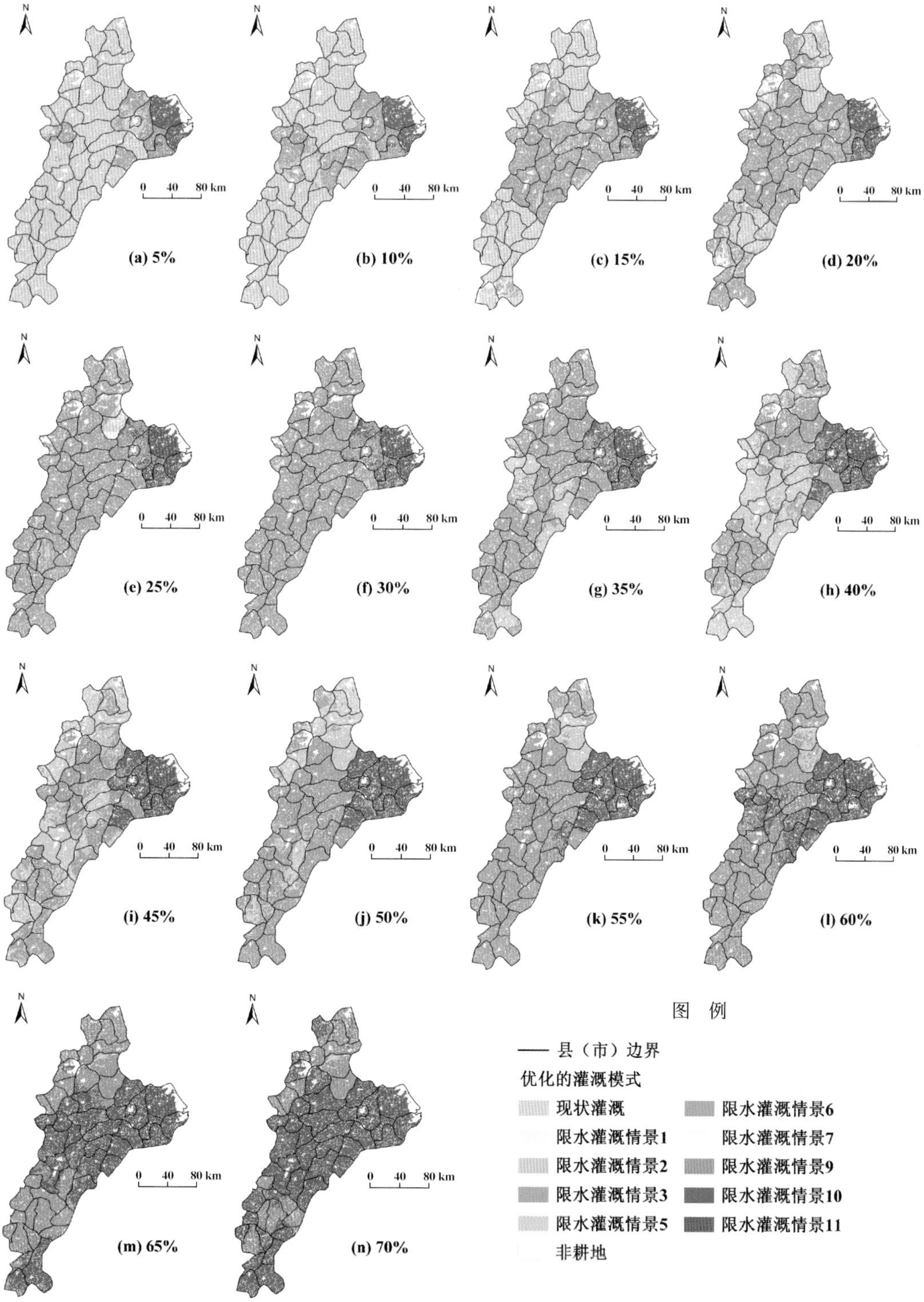

(a) 5%　(b) 10%　(c) 15%　(d) 20%

(e) 25%　(f) 30%　(g) 35%　(h) 40%

(i) 45%　(j) 50%　(k) 55%　(l) 60%

(m) 65%　(n) 70%

0　40　80 km

图　例

—— 县（市）边界

优化的灌溉模式

现状灌溉　限水灌溉情景6

限水灌溉情景1　限水灌溉情景7

限水灌溉情景2　限水灌溉情景9

限水灌溉情景3　限水灌溉情景10

限水灌溉情景5　限水灌溉情景11

非耕地

图 4.11　模拟时段内平均的冬小麦产量在 14 种减少幅度阈值约束下生育期农田蒸散量最小的灌溉模式的空间分布

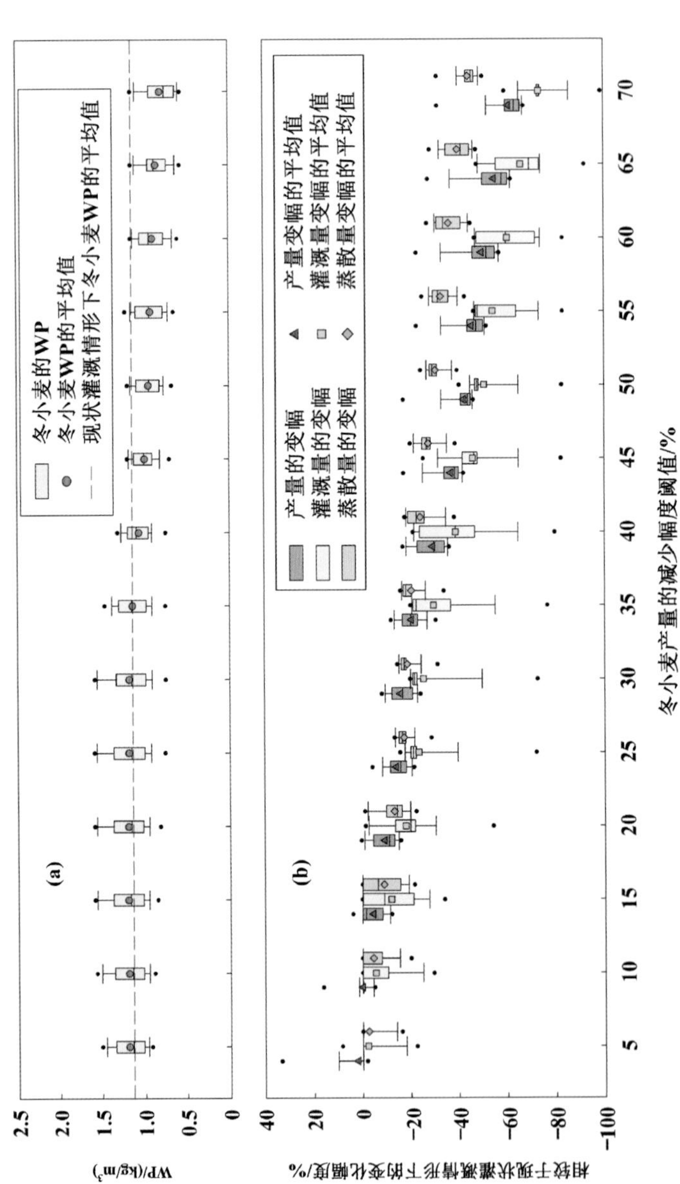

图 4.12 研究区各县（市）域模拟时段内平均的冬小麦产量在 14 种减少幅度阈值约束下所优化的灌溉模式中冬小麦的 WP 以及与现状灌溉情形相比的产量、灌溉量和农田蒸散量的变幅

情景 9 和情景 10 为主，在其余地区情景 3 占绝对优势 [图 4.11（e）、（f）]。

当模拟时段内冬小麦平均产量的减少幅度阈值分别设置为 35% 和 40% 时，与现状灌溉情形相比，研究区各县（市）在模拟时段内平均的冬小麦产量变幅分别如图 4.13（g）、（h）所示，研究区在模拟时段内平均的冬小麦产量分别大约减少 20.58% 和 29.36%，灌溉量分别大约减少 29.80% 和 39.04%，蒸散量分别大约减少 20.59% 和 24.27% [图 4.12（b）]。在研究区内，模拟时段内平均的冬小麦生育期农田蒸散量最小的灌溉模式在海兴和黄骅为情景 11，在孟村、盐山、沧县、青县等区域以情景 9 和情景 10 为主，在衡水地区的部分区域有情景 5 的分布，在其他区域情景 3 广泛分布 [图 4.11（g）、（h）]。

当模拟时段内冬小麦平均产量的减少幅度阈值设置为 45% 时，与现状灌溉情形相比，研究区各县（市）在模拟时段内平均的冬小麦产量变幅如图 4.13（i）所示，研究区在模拟时段内平均的冬小麦产量、灌溉量和蒸散量分别大约减少 37.03%、46.19% 和 27.07% [图 4.12（b）]。在研究区内，模拟时段内平均的冬小麦生育期农田蒸散量最小的灌溉模式在海兴和黄骅为情景 11，在孟村、盐山、沧县、青县、东光等区域以情景 10 为主，在廊坊地区、保定地区、衡水地区南部、邯郸地区北部以情景 5 为主，在沧州地区西部、邯郸地区南部以情景 6 为主，在其他区域还有情景 3 的零星分布 [图 4.11（i）]。

当模拟时段内冬小麦平均产量的减少幅度阈值分别设置为 50%、55% 和 60% 时，与现状灌溉情形相比，在研究区各县（市）模拟时段内平均的冬小麦产量变幅分别如图 4.13（j）~（l）所示，研究区在模拟时段内平均的冬小麦产量分别大约减少 42.44%、45.78% 和 49.97%，灌溉量分别大约减少 50.88%、54.48% 和 60.44%，蒸散量分别大约减少 30.68%、33.00% 和 36.38% [图 4.12（b）]。在研究区内，模拟时段内平均的冬小麦生育期农田蒸散量最小的灌溉模式在海兴和黄骅为情景 11，在孟村、盐山、沧县、青县、东光等区域以情景 10 为主，在其他区域以情景 6 占绝对优势 [图 4.11（j）~（l）]。

当模拟时段内冬小麦平均产量的减少幅度阈值分别设置为 65% 和 70% 时，与现状灌溉情形相比，研究区各县（市）在模拟时段内平均的冬小麦产量变幅分别如图 4.13（m）、（n）所示，研究区在模拟时段内平均的冬小麦产量分别大约减少 55.15% 和 61.08%，灌溉量分别大约减少 66.07% 和 73.52%，蒸散量分别大约减少 40.10% 和 44.55% [图 4.12（b）]。在研究区内，模拟时段内平均的冬小麦生育期农田蒸散量最小的灌溉模式在廊坊地区、保定地区和邢台地区的部分区域主要是情景 6 或情景 9，在沧州地区的滨海区域主要是情景 11，在沧州地区的其他区域、衡水地区以及邯郸地区的大部分区域主要是情景 10 [图 4.11（m）、（n）]。

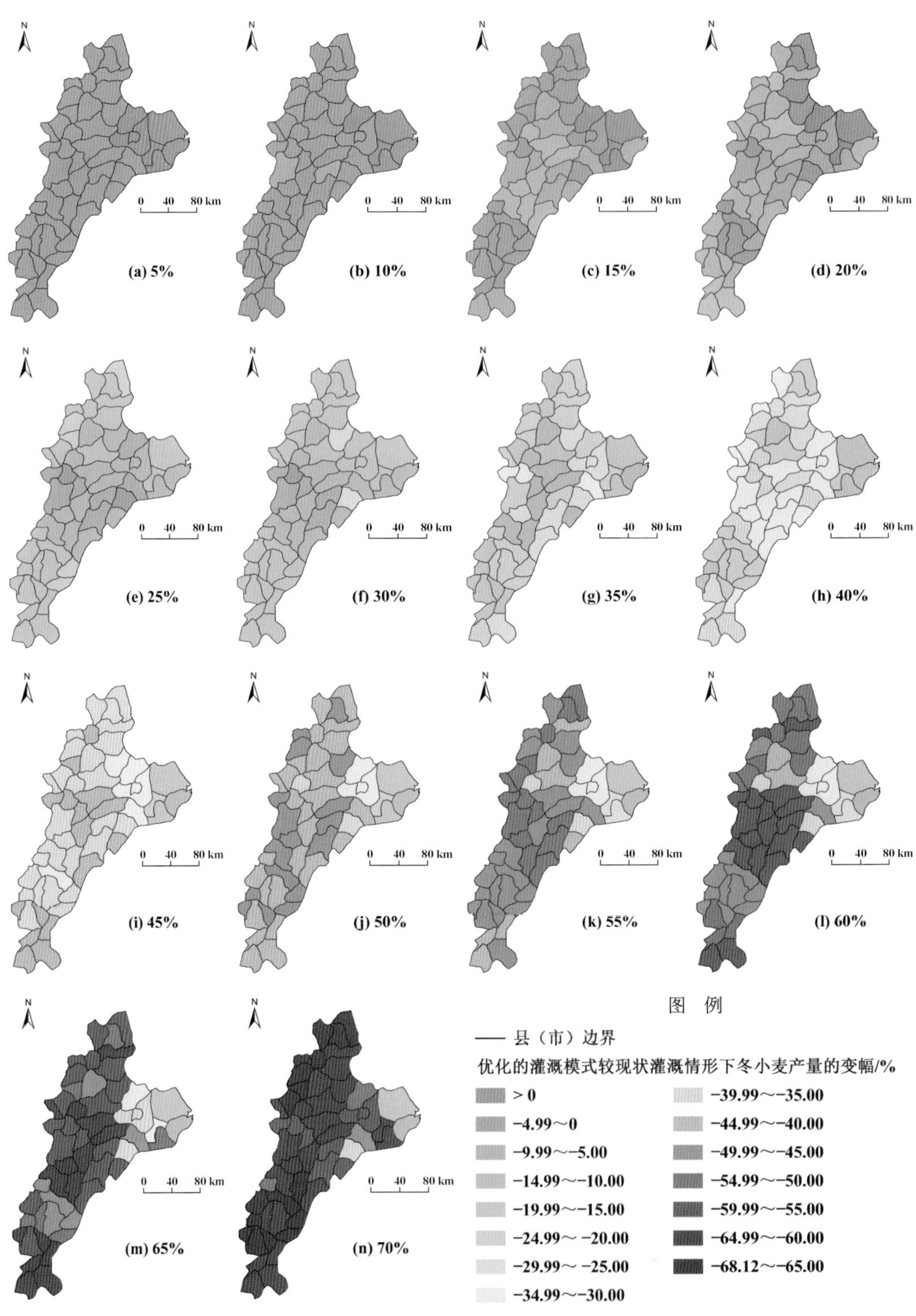

图 4.13　模拟时段内平均的冬小麦产量在 14 种减少幅度阈值约束下优化的灌溉模式与现状灌溉情形相比研究区各县（市）冬小麦产量变幅的空间分布

(a) 5%　(b) 10%　(c) 15%　(d) 20%

(e) 25%　(f) 30%　(g) 35%　(h) 40%

(i) 45%　(j) 50%　(k) 55%　(l) 60%

(m) 65%　(n) 70%

图　例

—— 县（市）边界

优化的灌溉模式较现状灌溉情形下冬小麦生育期灌溉量的变幅/%

< −80.0	−39.9～−30.0
−80.0～−70.0	−29.9～−20.0
−69.9～−60.0	−19.9～−10.0
−59.9～−50.0	−9.9～0
−49.9～−40.0	> 0

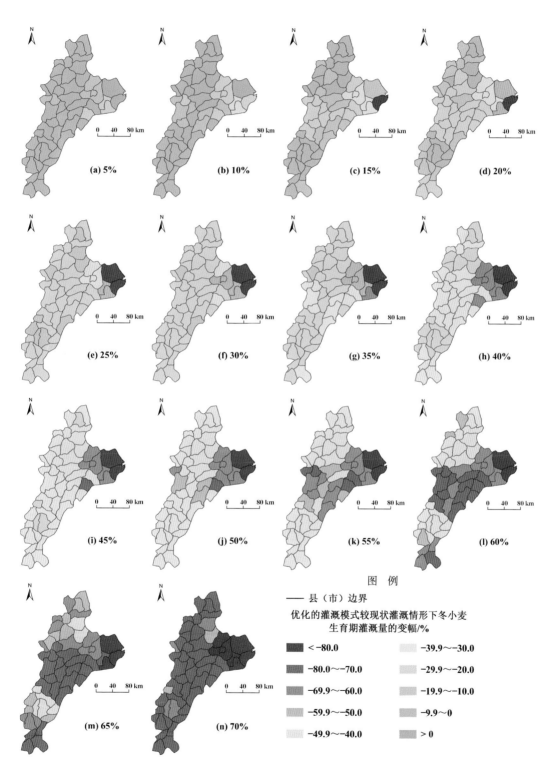

图 4.14　模拟时段内平均的冬小麦产量在 14 种减少幅度阈值约束下优化的灌溉模式与现状灌溉情形相比研究区各县（市）冬小麦生育期灌溉量变幅的空间分布

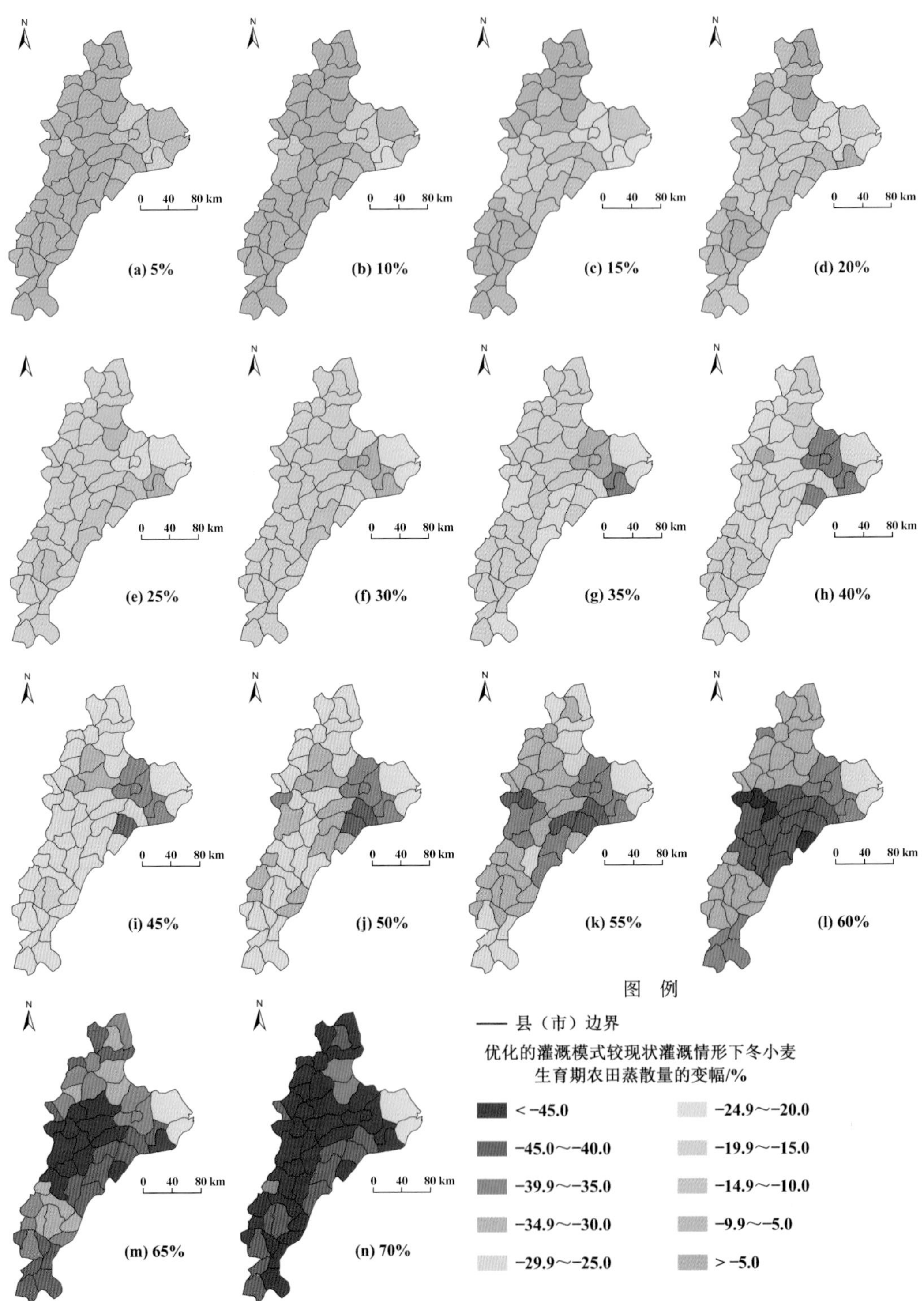

图 4.15　模拟时段内平均的冬小麦产量在 14 种减少幅度阈值约束下优化的灌溉模式与现状灌溉情形相比研究区各县（市）冬小麦生育期农田蒸散量变幅的空间分布

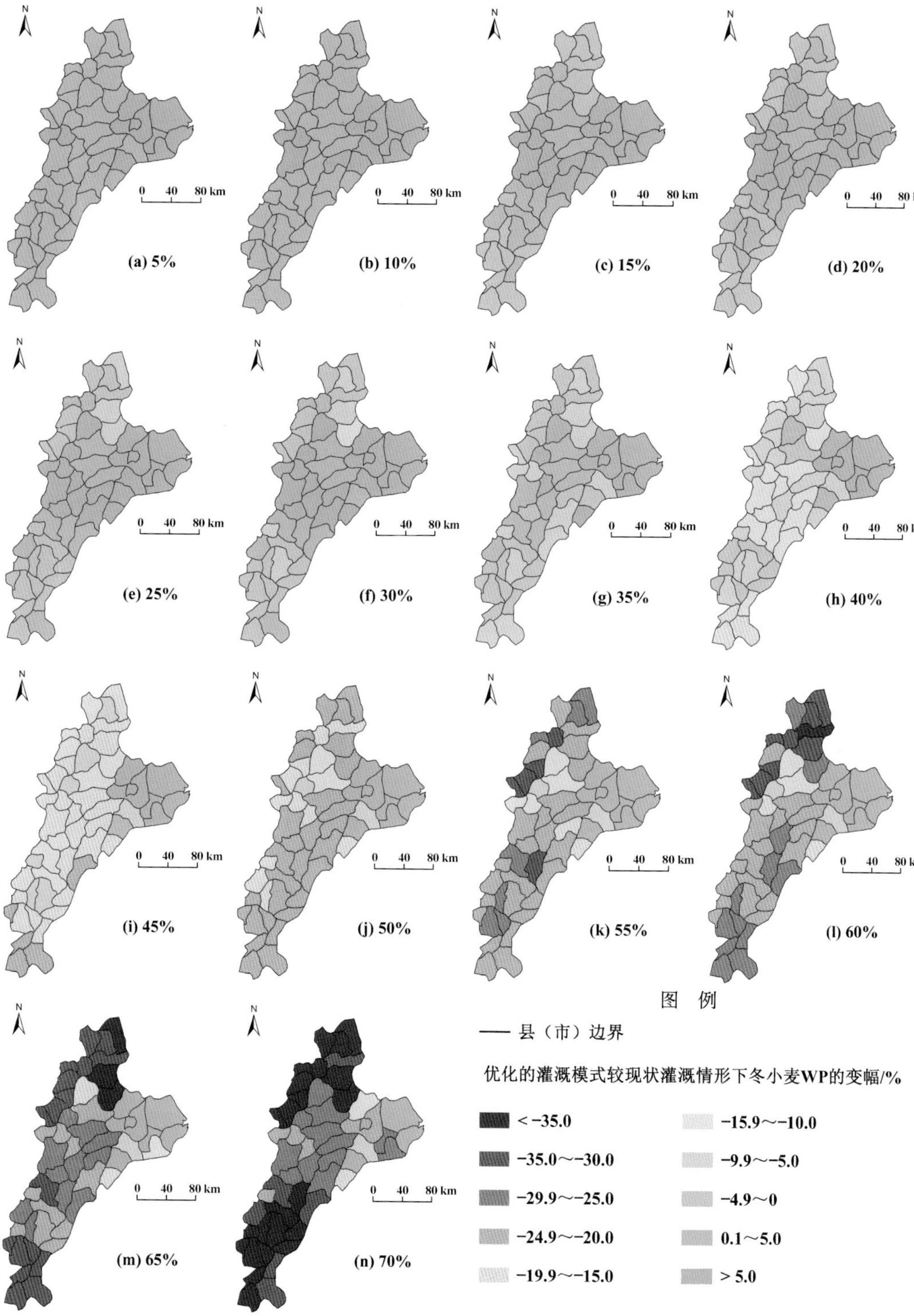

N
0 40 80 km
(a) 5%
(b) 10%
(c) 15%
(d) 20%
(e) 25%
(f) 30%
(g) 35%
(h) 40%
(i) 45%
(j) 50%
(k) 55%
(l) 60%
(m) 65%
(n) 70%

图　例

—— 县（市）边界

优化的灌溉模式较现状灌溉情形下冬小麦WP的变幅/%

< −35.0	−15.9～−10.0
−35.0～−30.0	−9.9～−5.0
−29.9～−25.0	−4.9～0
−24.9～−20.0	0.1～5.0
−19.9～−15.0	> 5.0

图 4.16　模拟时段内平均的冬小麦产量在 14 种减少幅度阈值约束下优化的灌溉模式与现状灌溉情形相比研究区各县（市）冬小麦 WP 变幅的空间分布

4.4 优化的灌溉模式下的农田节水量及深层地下水压采量

当冬小麦产量减少幅度阈值从 5% 依次增加至 70% 时，优化的灌溉模式较现状灌溉情形下在研究区模拟时段内的冬小麦平均产量的变幅大约从 2.05% 变化至大约 −61.08% [图 4.12（b）]，相应地，研究区在模拟时段内平均减少的灌溉量从大约 0.74 亿 m^3 增加到大约 22.94 亿 m^3，相当于最多可削减研究区 2010 年农业灌溉用水量（47.14 亿 m^3）（河北省水利厅，2002 ~ 2012）的近 50% [图 4.17（a）]，研究区在模拟时段内平均减少的蒸散量从大约 1.13 亿 m^3 增加到大约 21.19 亿 m^3，相当于最多可削减研究区 2010 年农业灌溉用水量的近 45% [图 4.17（a）]。这表明：在研究区内当对冬小麦采用优化的灌溉模式来大幅度削减灌溉用水量时，将不得不付出较大的减产代价。

尽管在研究区内向农业灌溉供水的工程类型包括蓄水工程、引水工程、取排水泵站和机电井工程（河北省水利厅，2002 ~ 2012），然而，考虑到研究区内深层地下水超采的严峻现实，我们在此重点估算：若采用优化的冬小麦灌溉模式，对深层地下水的压采量有多少？就研究区在模拟时段内的多年平均而言，当冬小麦产量的减少幅度阈值从 5% 依次增加至 70% 时，所优化的灌溉模式与现状灌溉相比，减少的灌溉量中取自深层地下水的水量从大约 0.10 亿 m^3 增加到大约 7.15 亿 m^3 [图 4.17（b）]，相当于最多可削减深层地下水开采量（大约 21.29 亿 m^3）（参考“新一轮全国地下水资源评价”附表①；河北省地下水超采综合治理方案②）的大约 34%。此外，研究区的地下水超采量大约为 27.0 亿 $m^3$②，其中深层地下水超采量大约为 21.5 亿 $m^3$②，故该区域地下水超采量中深层地下水所占比例约为 79.63%。河北省的有关部门提出 2015 年在研究区实现压减农业所用的地下水开采量 7.60 亿 m^3 的目标②，若将这一目标按照 79.63% 进行折算，便可得到压减深层地下水开采量的目标大约为 6.05 亿 m^3。当冬小麦的产量减少幅度阈值为 60%（亦即研究区在模拟时段内冬小麦的平均产量减幅约为 50%）时，我们优化的灌溉模式可以减少的用于冬小麦灌溉的深层地下水开采量约为 6.10 亿 m^3，换言之，可以实现压减农业所用的深层地下水开采量 6.05 亿 m^3 的目标。若采用此优化模式，在沧州地区、衡水地区和邯郸地区南部推荐孕穗 - 开花期或灌浆初期灌水 1 次的冬小麦限水灌溉方案，在其他区域推荐播前和灌浆初期灌水 2 次的冬小麦限水灌溉方案。河北省农业厅和河北省财政厅（2016）针对研究区曾提出要完成实现 5.31 亿 m^3 压采能力的节水任务，我们的模拟 - 优化的结果显示：当冬小麦的减产幅度阈值为 55%（亦即冬小麦平均产量减幅约 46%）时，所优化的灌溉模式可以减少用于冬小麦灌溉的深层地下水开采量 5.37 亿 m^3 左右，可见：若采用我们优化的这些灌溉模式，就可以仅仅通过减少冬小麦的灌溉定额来完成 5.31 亿 m^3 的节水目标。

---

① “新一轮全国地下水资源评价”项目办公室，2004，“新一轮全国地下水资源评价”附表。
② 河北省农业厅、河北省财政厅、河北省水利厅，2014，河北省地下水超采综合治理方案。

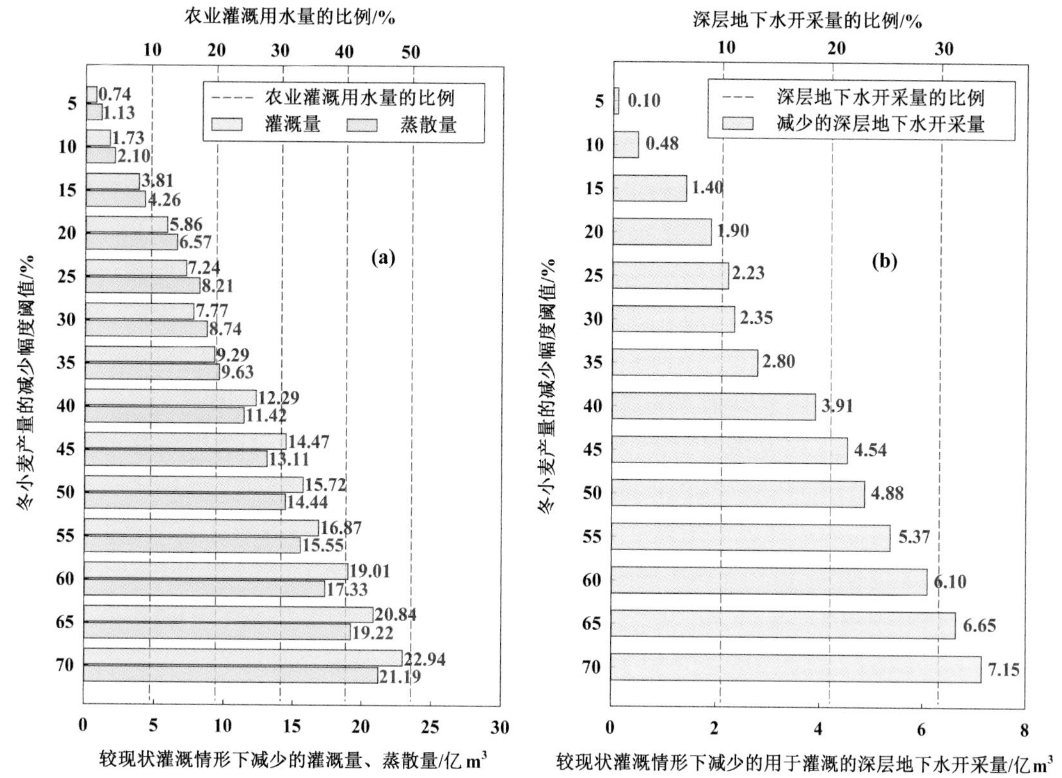

图 4.17　研究区的冬小麦产量在 14 种减少幅度阈值约束下所优化的灌溉模式在冬小麦生育期减少的灌溉量和蒸散量（a）及减少的灌溉量中的深层地下水量（b）

进一步地，我们在研究区内两个典型的深层地下水超采区（即沧州地区和衡水地区）分别估算了冬小麦在不同的减产幅度阈值约束下所优化的灌溉模式对深层地下水的压采量。在沧州地区和衡水地区，2000 年的深层地下水开采量分别约为 5.38 亿 m^3 和 7.46 亿 m^3，2000 年用于农业的深层地下水开采量分别约为 2.51 亿 m^3 和 6.12 亿 m^3（张宗祜和李烈荣，2005）。在沧州地区，当冬小麦减产幅度阈值从 5% 依次增加至 70% 时，优化的灌溉模式较现状灌溉情形下在该地区模拟时段内平均的冬小麦产量的变幅从大约 6.38% 变化至大约 −56.00%，模拟时段内多年平均减少的灌溉量中取自深层地下水的量从大约 0.07 亿 m^3 增加到大约 2.29 亿 m^3，相当于多年平均最多可削减该地区深层地下水开采量的大约 42.57%，也相当于多年平均最多可削减农业所用深层地下水开采量的大约 91.24%（表 4.3）。当冬小麦的产量减幅约为 28.59%（阈值为 40%）时，优化的灌溉模式在模拟时段内多年平均减少的灌溉量中取自深层地下水的量约为 1.33 亿 m^3，可以完成沧州地区削减农田灌溉所用深层地下水量为 1.12 亿 m^3 ①的压采目标。在衡水地区，当冬小麦减产幅度阈值从 5% 依次增加至 70% 时，优化的灌溉模式较现状灌溉情形下在该地区模拟时段内平均的冬小麦产量的变幅从大约 −0.48% 降至大约 −60.71%，模拟时段内多年平均减

①河北省农业厅、河北省财政厅、河北省水利厅，2014，河北省地下水超采综合治理方案。

少的灌溉量中取自深层地下水的量从大约 0.03 亿 m^3 增加到大约 2.76 亿 m^3，相当于多年平均最多可削减该地区深层地下水开采量的大约 37.00%，也相当于多年平均最多可削减该地区用于农业的深层地下水开采量的大约 45.10%（表 4.3）。我们注意到，当冬小麦平均产量减幅达到约 60.71%（阈值为 70%）时，虽然我们所优化的灌溉模式在模拟时段内多年平均可以压减用于冬小麦灌溉的深层地下水开采量约为 2.76 亿 m^3，然而，即使在这样大的减产幅度下，也只能完成衡水地区削减用于农田灌溉的深层地下水为 3.80 亿 $m^3$①这一压采目标的大约 73%。由此可见，若要实现该压采目标，衡水地区可能需要进一步减少冬小麦的播种面积，亦即通过调整种植结构或休耕来完成对深层地下水的这个压采任务。

由于水资源三级区是开展水资源评价的基本单元（任宪韶等，2007），故我们在这个便于水资源评价和流域水资源管理的尺度上进一步估算在冬小麦的优化灌溉模式下的深层地下水压采量。研究区内共涉及 7 个水资源三级区，亦即北四河下游平原、大清河淀东平原、大清河淀西平原、黑龙港及运东平原、徒骇马颊河、漳卫河平原和子牙河平原，各自在研究区内的分布面积占研究区面积的比例分别约为 3.0%、21.1%、5.7%、54.6%、1.0%、3.7% 和 10.9%。当冬小麦减产幅度阈值从 5% 增加至 70% 时，研究区内所涉及的各水资源三级区中最多可减少的灌溉量中取自深层地下水的量分别约为 0.047 亿 m^3、1.554 亿 m^3、0.207 亿 m^3、3.634 亿 m^3、0.060 亿 m^3、0.264 亿 m^3 和 1.381 亿 m^3（图 4.18）。前已述及，为了定量地评估在冬小麦特定的减产幅度阈值下所优化的灌溉模式对压减深层地下水开采量的贡献，我们定义了 CIRE 这一指标，该指标反映了冬小麦产量在特定的减少幅度阈值约束下优化的灌溉模式相较于现状灌溉情形所减少的用于冬小麦灌溉的深层地下水开采量占深层地下水（总）开采量的比例，该指标越大说明采用与之相应的冬小麦的优化灌溉模式对压减深层地下水开采量的贡献越大。整体而言，冬小麦的优化灌溉模式在研究区内属于北四河下游平原和大清河淀东平原的区域，最大的 CIRE 均小于 0.30（图 4.18），这主要是由于该区域深层地下水的开采主要用于工业和生活（张宗祜和李烈荣，2005），故采用冬小麦的优化灌溉模式对深层地下水限采的贡献不高；在研究区内属于大清河淀西平原的区域和黑龙港及运东平原，CIRE 的最大值介于 0.40 ~ 0.50（图 4.18），表明：在这两个区域若采用冬小麦的优化灌溉模式，最多可分别削减大约 46.7% 和 43.4% 的深层地下水在 2005 年的开采量。在研究区内属于漳卫河平原和子牙河平原的区域，CIRE 的最大值介于 0.50 ~ 0.60（图 4.18），表明：在这两个区域若采用冬小麦的优化灌溉模式，最多可分别削减大约 56.1% 和 59.2% 的深层地下水在 2005 年的开采量；在研究区内属于徒骇马颊河的区域，CIRE 的最大值可达到大约 0.82（图 4.18），可见：在这个区域若采用冬小麦的优化灌溉模式，对深层地下水限采的贡献是相对最高的。

①河北省农业厅、河北省财政厅、河北省水利厅，2014，河北省地下水超采综合治理方案。

表 4.3　在沧州地区和衡水地区冬小麦的优化灌溉模式与现状灌溉情形下相比模拟时段内平均减少的冬小麦生育期的农田蒸散量和灌溉量及减少的灌溉量中的地下水量和深层地下水量

冬小麦产量减少幅度阈值/%	冬小麦产量的变幅/%		减少的农田蒸散量/亿 m^3		减少的灌溉量/亿 m^3		减少的灌溉量中的地下水量/亿 m^3		减少的灌溉量中的地下水量占农业所用的地下水开采量的比例/%		减少的灌溉量中的深层地下水量/亿 m^3		减少的灌溉量中的深层地下水量占农业所用深层地下水开采量的比例/%	
	沧州	衡水	沧州	衡水	沧州	衡水	沧州	衡水	沧州	衡水	沧州	衡水	沧州	衡水
5	6.38	−0.48	1.02	0.11	0.64	0.10	0.53	0.09	6.82	0.88	0.07	0.03	2.79	0.49
10	1.83	−3.29	1.36	0.74	1.02	0.71	0.84	0.60	10.81	5.85	0.15	0.33	5.98	5.39
15	−5.19	−8.89	2.38	1.56	1.95	1.49	1.65	1.22	21.23	11.89	0.56	0.77	22.31	12.58
20	−8.98	−9.12	2.92	1.61	2.46	1.53	2.14	1.25	27.54	12.18	0.74	0.80	29.48	13.07
25	−12.06	−9.12	3.18	1.67	2.73	1.58	2.39	1.26	30.76	12.28	0.85	0.80	33.86	13.07
30	−15.80	−9.60	3.44	1.72	3.06	1.64	2.60	1.29	33.46	12.57	0.90	0.81	35.86	13.24
35	−19.13	−21.36	3.75	2.14	3.44	2.41	2.94	1.89	37.83	18.41	0.99	1.12	39.44	18.30
40	−28.59	−34.40	4.45	2.68	4.35	3.38	3.69	2.70	47.48	26.30	1.33	1.70	52.99	27.78
45	−34.43	−40.04	4.93	2.86	4.95	3.52	4.22	2.81	54.31	27.38	1.55	1.78	61.75	29.08
50	−37.44	−44.57	5.21	3.21	5.17	3.85	4.40	3.06	56.62	29.81	1.59	1.89	63.35	30.88
55	−38.69	−50.56	5.40	3.87	5.39	4.63	4.61	3.64	59.32	35.46	1.70	2.24	67.73	36.60
60	−41.62	−56.38	5.81	4.58	5.88	5.38	5.03	4.25	64.73	41.41	1.86	2.68	74.10	43.79
65	−48.25	−59.34	6.44	4.76	6.49	5.51	5.62	4.36	72.32	42.48	2.10	2.76	83.67	45.10
70	−56.00	−60.71	7.00	4.83	7.15	5.52	6.24	4.37	80.30	42.57	2.29	2.76	91.24	45.10

研究区内所涉及的水资源三级区	5	10	15	20	25	30	35	40	45	50	55	60	65	70
子牙河平原	0.059	0.196	0.363	0.393	0.403	0.409	0.568	0.825	0.887	0.926	1.150	1.314	1.361	1.381
漳卫河平原	0	0	0.031	0.073	0.073	0.073	0.111	0.168	0.169	0.169	0.172	0.253	0.264	0.264
徒骇马颊河	0	0	0.009	0.017	0.017	0.017	0.031	0.038	0.038	0.038	0.041	0.058	0.060	0.060
黑龙港及运东平原	0.014	0.253	0.751	1.001	1.206	1.279	1.492	2.042	2.336	2.510	2.740	3.169	3.382	3.634
大清河淀西平原	0	0	0.004	0.038	0.060	0.060	0.060	0.088	0.124	0.132	0.135	0.138	0.169	0.207
大清河淀东平原	0.023	0.035	0.247	0.369	0.458	0.503	0.523	0.736	0.963	1.070	1.101	1.135	1.377	1.554
北四河下游平原	0	0	0	0.003	0.014	0.014	0.014	0.015	0.025	0.030	0.030	0.031	0.036	0.047

冬小麦产量的减少幅度阈值/%

图　例　优化的灌溉模式较现状灌溉情形下减少的深层地下水开采量/亿 m^3　0.059　0　0.1　0.2　0.3　0.4　0.5　0.6　0.7　0.8　0.9　CIRE

图 4.18　模拟时段内平均的冬小麦产量在 14 种减幅阈值约束下研究区内所涉及的水资源三级区中优化的灌溉模式较现状灌溉情形下减少的灌溉量中的深层地下水量及对深层地下水的限采贡献指数（CIRE）

在研究区内各县（市），我们在 14 种特定的冬小麦减产幅度阈值约束下分别优化的灌溉模式（图 4.11）的 CIRE 如图 4.19 所示。首先，各县（市）的 CIRE 随着冬小麦产量

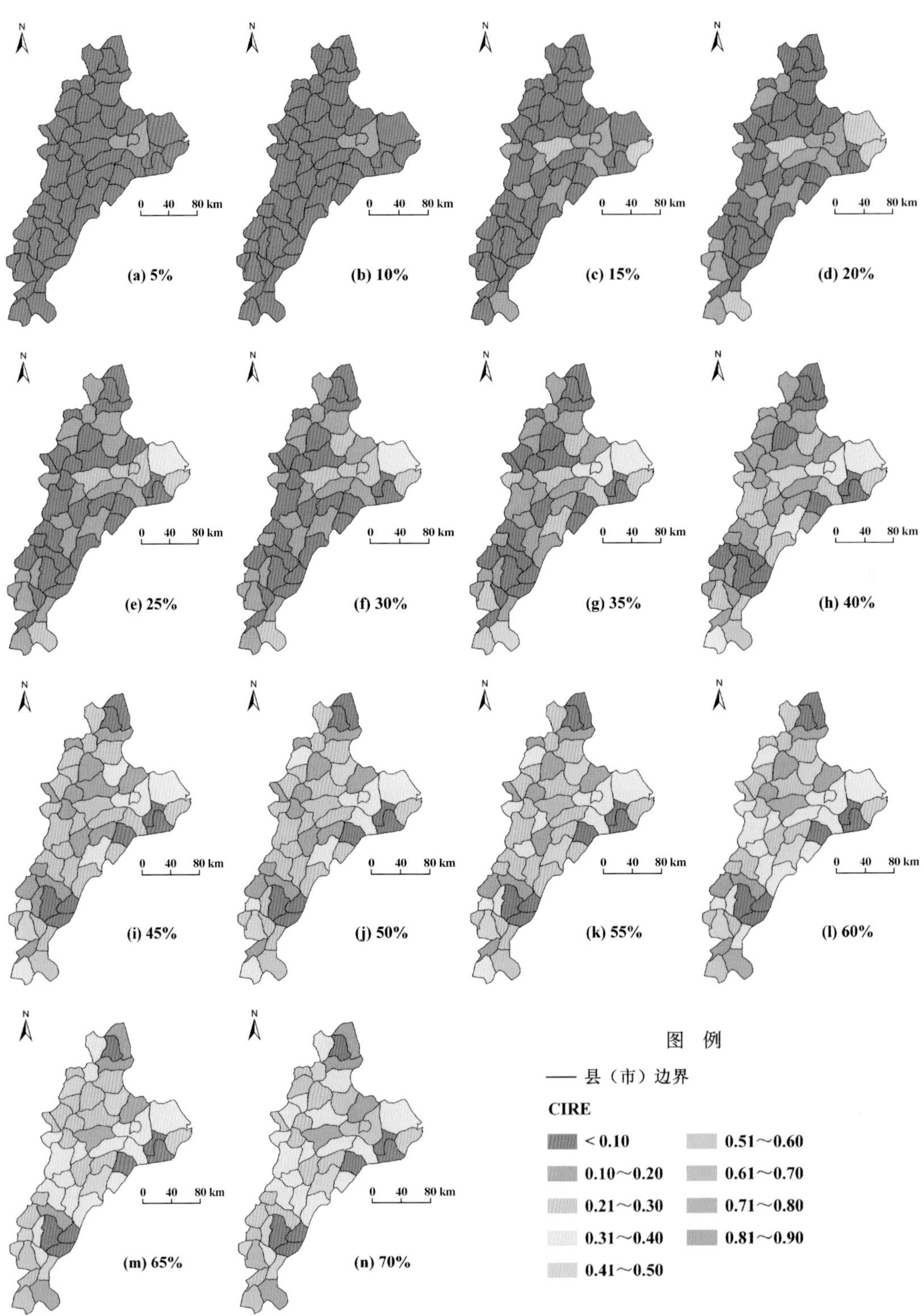

图 4.19 模拟时段内平均的冬小麦产量在 14 种减少幅度阈值约束下研究区内各县（市）中优化的灌溉模式对深层地下水的限采贡献指数（CIRE）的空间分布

减少幅度阈值的增加而增加；当冬小麦产量减少幅度阈值小于 40% 时，CIRE 的空间变异性较弱，基本介于 0 ~ 0.3，但是随着冬小麦产量减少幅度阈值的逐渐增大，CIRE 的空间变异性也逐渐增加，CIRE 较高的区域分布在河间、大名、曲周、魏县、景县等县（市）（图 4.19），换言之，若在这些县（市）对冬小麦实施优化的灌溉模式，则限采深层地下水的效应较明显，这一方面是由于这些县（市）在冬小麦特定的减产幅度阈值约束下可以削减的灌溉量较多，另一方面这些县（市）农业灌溉用水量中深层地下水所占比例较高。而对于 CIRE 较低的县（市），即使在这些县（市）实施冬小麦的优化灌溉模式，对深层地下水的限采效应也不明显，换言之，即或以牺牲冬小麦的单产水平为代价来减少灌溉量，也对缓解这些县（市）深层地下水的超采状况贡献不大。图 4.11 显示了各县（市）的每个模拟单元尺度上冬小麦在 14 种减产幅度阈值约束下所优化的灌溉模式，图 4.13 展示了各县（市）在冬小麦 14 种减产幅度阈值约束下所优化的灌溉模式较现状灌溉情形下冬小麦平均产量的变幅，图 4.19 给出了各县（市）在冬小麦 14 种减产幅度阈值约束下所优化的灌溉模式较现状灌溉情形可以削减的深层地下水开采量的比例（亦即 CIRE）。我们在这三幅图中直观地展现了在便于行政管理的县（市）域尺度上多种用于“水粮权衡”决策的定量化评估结果，这些研究结果可以回答：“如何因地制宜地对冬小麦实施限水灌溉？这样的限水灌溉模式在多大程度上能确保冬小麦在某个产量水平下实现对深层地下水的特定限采目标？”因此，我们这种基于“模拟－优化－评估”的科学思路而获得的针对实际问题的定量化研究结果是目前河北省黑龙港地区的农业水管理与决策所需要的。

4.5　小　结

在本章，我们运用基于多源多尺度数据所构建、率定和验证后的 SWAP-WOFOST 模型，开展了冬小麦在不同的灌水次数与灌水时间组合下 11 种限水灌溉情景的模拟，分析了限水灌溉对冬小麦和夏玉米的产量、生育期农田蒸散量、WP 和水量平衡组分的影响，并基于模拟结果就冬小麦的灌水次数相同而灌水时间不同的限水灌溉情景，在冬小麦的灌水次数分别为 3 次、2 次和 1 次时，获得了冬小麦、夏玉米和轮作周年作物的产量最高或 WP 最高的灌水时间（亦即冬小麦生育期推荐的灌水时间）的空间分布及其动态。进一步地，针对研究区当前缓解深层地下水超采情势的现实需求，我们将 SWAP-WOFOST 模型对冬小麦 11 种限水灌溉情景下的模拟结果与 0–1 规划算法相结合，在模拟单元尺度上优化得到了模拟时段内平均的冬小麦产量在 14 种特定的减幅阈值约束下其生育期农田蒸散量最小的灌溉模式，并分析了所优化的灌溉模式相较于现状灌溉情形下冬小麦的产量和 WP 及灌溉量和蒸散量的变化，在此基础上，在研究区尺度上评估了优化的灌溉模式的农田节水效应，并在研究区和研究区内属于不同的水资源三级区范围的区域及县（市）域的尺度上估算了优化的灌溉模式对深层地下水的压采量。主要研究结果如下：

（1）在研究区内的 I 区、II 区和 III 区，模拟时段内冬小麦的产量和 WP 及冬小麦生育期的农田蒸散量之平均值都随着冬小麦的灌水次数的减少而降低。尽管对夏玉米的灌溉制度仍保持不变，但在冬小麦特定的灌水次数下，冬小麦在起身期后的灌水时间越晚，夏玉米的产量和 WP 及夏玉米生育期的农田蒸散量之平均值越高。在冬小麦的灌水次数相同而灌水时间不同的情景下，在研究区内的 I 区、II 区和 III 区的空间尺度上，模拟时段内平均的冬小麦产量的最大差异分别可达到大约 1413.7 kg/hm^2、1913.7 kg/hm^2 和 1758.5 kg/hm^2，模拟时段内平均的冬小麦生育期农田蒸散量的最大差异分别可达到大约 35.8 mm、34.4 mm 和 36.4 mm，模拟时段内平均的冬小麦 WP 的最大差异分别可达到大约 0.48 kg/m^3、0.60 kg/m^3 和 0.54 kg/m^3。由于冬小麦的灌水时间的不同，在 I 区、II 区和 III 区的空间尺度上，模拟时段内平均的夏玉米产量的最大差异分别可达到大约 994.4 kg/hm^2、988.8 kg/hm^2 和 1092.0 kg/hm^2，模拟时段内平均的夏玉米生育期农田蒸散量的最大差异分别可达到大约 25.9 mm、30.0 mm 和 33.4 mm，模拟时段内平均的夏玉米 WP 的最大差值分别可达到大约 0.19 kg/m^3、0.20 kg/m^3 和 0.22 kg/m^3。综上可见：冬小麦的限水灌溉中的灌水次数和灌水时间对冬小麦和夏玉米的产量和 WP 及作物生育期的农田蒸散量均会产生影响，尤其是灌水时间会显著地影响冬小麦和夏玉米的产量和 WP。因此，我们以相对高产或高效为标准，在模拟单元尺度上，选出了在相同灌水次数下使作物产量最高或 WP 最高的冬小麦生育期灌水时间的空间分布及其动态。

（2）在特定的灌水次数下，基于作物产量最高而选出的推荐的灌水时间与基于作物的 WP 最高而选出的推荐的灌水时间较为一致。当冬小麦的灌水次数为 3 次时，若要使冬小麦的产量或 WP 最高，就模拟时段平均而言，研究区内 60% 以上的区域推荐在冬小麦的播前、孕穗－开花期和灌浆初期灌水，不足 10% 的区域推荐在冬小麦的播前、起身－拔节期和灌浆初期灌水，其余的区域推荐在冬小麦的播前、起身－拔节期和孕穗－开花期灌水；若要使夏玉米的产量或 WP 最高、轮作周年作物的产量或 WP 最高，研究区内 90% 左右的区域推荐在冬小麦的播前、孕穗－开花期和灌浆初期灌水。当冬小麦的灌水次数为 2 次时，若要使冬小麦的产量或 WP 最高，研究区内 60% 以上的区域推荐在冬小麦的播前和孕穗－开花期灌水，不足 10% 的区域推荐在冬小麦的播前和起身－拔节期灌水，其余的区域推荐在冬小麦的播前和灌浆初期灌水；若要使夏玉米的产量或 WP 最高，研究区内 85% 以上的区域推荐在冬小麦的播前和灌浆初期灌水；若要使轮作周年作物的产量或 WP 最高，研究区内推荐在冬小麦的播前和孕穗－开花期灌水及在播前和灌浆初期灌水的区域各约占一半。当冬小麦的灌水次数为 1 次时，若要使冬小麦的产量或 WP 最高，研究区内 50% 以上的区域推荐在冬小麦的孕穗－开花期灌水，20% 以上的区域推荐在冬小麦的灌浆初期灌水，20% 左右的区域推荐在冬小麦的起身－拔节期灌水，不足 10% 的区域推荐在冬小麦的播前灌水；若要使夏玉米的产量或 WP 最高，研究区内 80% 以上的区域推荐在冬小麦的灌浆初期灌水；若要使轮作周年作物的产量或 WP 最高，研究区内约有 50% 的区域推荐在冬小麦的灌浆初期灌水，40% 以上的区域推荐在冬小麦的孕穗－开花期灌水。以上模拟分析结果可为河北省黑龙港地区因地制宜地制定冬小麦的限水灌溉方案提供定量化的参考。

（3）当冬小麦的产量减幅阈值分别为 5% ~ 15%、20% ~ 40%、45%、50% ~ 60% 和 65% ~ 70% 时，在研究区内分布面积最大的优化灌溉模式依次为现状灌溉、情景 3（分别在冬小麦的播前、孕穗－开花期和灌浆初期灌溉，亦即灌水 3 次）、情景 5（分别在冬

小麦的播前和孕穗 - 开花期灌溉，亦即灌水 2 次）、情景 6（分别在冬小麦的播前和灌浆初期灌溉，亦即灌水 2 次）和情景 10（在冬小麦的灌浆初期灌溉，亦即灌水 1 次）。当冬小麦的产量减幅阈值小于等于 35%（亦即冬小麦减产不超过大约 21%）时，优化的灌溉模式相较于现状灌溉情形，研究区在模拟时段内平均的冬小麦生育期的灌溉量和农田蒸散量最多可分别减少大约 29.80% 和 20.59%，平均的 WP 的增幅在 5% 以内，在此阈值范围内所优化的灌溉模式基本上可以实现冬小麦的节水稳效。

（4）当冬小麦的产量减幅阈值为 70%（亦即冬小麦减产大约 61%）时所优化的灌溉模式相较于现状灌溉情形多年平均可以减少的用于冬小麦的灌溉量约为 22.94 亿 m^3，相当于削减了 2010 年农业灌溉用水量的大约二分之一，多年平均可以减少的用于冬小麦灌溉的深层地下水开采量大约 7.15 亿 m^3，相当于削减了模拟时段内深层地下水年开采量的大约三分之一。基于冬小麦减产幅度阈值为 60% 而优化的灌溉模式，可以实现研究区年压减 6.05 亿 m^3 用于农业的深层地下水开采量的目标，但冬小麦的平均产量会减少大约 50%。依据在本研究中定义的 CIRE 这个冬小麦的优化灌溉模式对深层地下水的限采贡献指数，我们还分别计算了在研究区内所涉及的 7 个水资源三级区尺度上实施冬小麦的优化灌溉模式对压减深层地下水开采量贡献的排序，它们依次为：徒骇马颊河、子牙河平原、漳卫河平原、大清河淀西平原、黑龙港及运东平原、大清河淀东平原和北四河下游平原。特别地，我们在各县（市）域尺度上通过计算获得了 14 种特定的冬小麦减产幅度阈值约束下优化的灌溉模式，以及这些优化的灌溉模式相较于现状灌溉情形下冬小麦在模拟时段平均产量的变幅和 CIRE 的空间分布，这些模拟、优化和评估的结果可为河北省黑龙港地区权衡压减深层地下水的井灌开采量与降低冬小麦的产量水平提供定量化的参考。

第 5 章

咸水灌溉情景的模拟分析与评估的结果

5.1 咸水灌溉情景模拟结果的分析

5.1.1 作物产量

在Ⅰ区、Ⅱ区和Ⅲ区，冬小麦生育期内分别设置咸水灌溉 2 ~ 3 次、1 ~ 2 次和 0 ~ 1 次（图 2.18）。除了Ⅰ区在情景 5（亦即冬小麦生育期内灌溉水的矿化度为 6 g/L）下模拟时段内冬小麦平均产量相较于该区域在淡水灌溉情景下冬小麦平均产量减少约 14.0 kg/hm^{2}之外，在Ⅰ区、Ⅱ区和Ⅲ区，不同的咸水灌溉情景下模拟时段内冬小麦平均产量相较于相应分区在淡水灌溉情景下冬小麦平均产量分别增加约 27.5 ~ 50.2 kg/hm^2、104.6 ~ 503.3 kg/hm^2 和 26.7 ~ 148.2 kg/hm^2，增幅分别约为 0.55% ~ 1.01%、3.04% ~ 14.63% 和 1.85% ~ 10.25%（表 5.1）。尽管对夏玉米仍采用淡水灌溉，但是冬小麦生育期内不同矿化度的咸水灌溉会使得模拟时段内夏玉米平均产量在Ⅰ区、Ⅱ区和Ⅲ区分别减少约 199.9 ~ 1364.1 kg/hm^2、299.5 ~ 1421.4 kg/hm^2 和 160.9 ~ 842.7 kg/hm^2，减幅分别约为 3.31% ~ 22.60%、6.85% ~ 32.53% 和 3.88% ~ 20.31%（表 5.1）。在冬小麦生育期内不同的咸水灌溉情景下，由于模拟时段内夏玉米平均减产量高于冬小麦平均增产量，使得在Ⅰ区、Ⅱ区和Ⅲ区模拟时段内冬小麦 - 夏玉米轮作周年的平均作物产量与相应分区在淡水灌溉情景下轮作周年的平均作物产量相比分别减少约 172.4 ~ 1378.1 kg/hm^2、194.9 ~ 918.1 kg/hm^2 和 134.2 ~ 694.5 kg/hm^2，减幅分别约为 1.57% ~ 12.54%、2.50% ~ 11.76% 和 2.40% ~ 12.41%（表 5.1）。总体而言，冬小麦生育期内的咸水灌溉使得冬小麦产量略有增加而夏玉米产量减少，可能的原因是：一方面，由于在现状灌溉下模拟时段内大多数年份对夏玉米不进行灌溉，所以在夏玉米生长前期若没有充足的降水对冬小麦生育期内咸水灌溉带入的盐分进行淋洗，就会使得耐盐性相对较弱的夏玉米在生长阶段受到盐分胁迫，对其根系吸水和产量造成负面影响；另一方面，冬小麦起身期后的耐盐性相对较强（Maas and Poss，1989；方生和陈秀玲，2008），采用矿化度不超过 6 g/L 的咸水在这个阶段对冬小麦进行灌溉不会使其生长受到明显的盐分胁迫。在Ⅱ区和Ⅲ区，当冬小麦生育期内的淡水灌溉变为咸水灌溉时，由于夏玉米的根系吸水受到盐分胁迫的影响，于是增加了下一季冬小麦生育期内主要根系带 2 m 土体中可以利用的水量，值得注意的是，因为在这 2 个区域冬小麦的现状灌溉条件较差（Li and Ren，2019a），从而在一定程度上缓解了下一季冬小麦生育期内所受的水分胁迫，进而使得其产量略有增加。Fang 和 Chen（1997）在南皮试验区于 1989 ~ 1990 年开展的田间试验结果表明：在冬小麦苗期采用淡水灌溉，拔节期后采用 5 ~ 6 g/L 的咸水灌溉，冬小麦的产量相较于淡水灌溉减少大约 2.2%。Liu 等（2016）在南皮试验站于 2009 ~ 2012 年开展的田间试验结果表明：在冬小麦的越冬期采用淡水灌溉且在拔节期采用咸水（灌溉水的电导率分别为 2.8 dS/m 和 8.2 dS/m，大约相当于矿化度分别为 1.9 g/L 和 5.5 g/L）代替淡水灌溉没有显著降低冬小麦的产量，但会增加土壤盐分对后茬作物夏玉米产生不利的影响。Soothar 等（2019）在衡水试验站开展的田间试验结果表明：在冬小麦的拔节期和开花期采用 4.7 dS/m 的咸水灌溉，相较于淡水灌溉，冬小麦的产量降低了 2%。Pang 等（2010）在与黑龙港地区毗邻的陵县试验站开展的田间试验结果表明：在冬小麦的拔节期和开花期采用 3 g/L 的咸水灌溉，增加了冬小麦的产量，而降低了后茬作物夏玉米的产量。这几个站点尺度上的田间试验结果一定程度上支撑了我们在区域尺度上模拟结果的合理性。

我们注意到，在 3 个灌溉分区，模拟时段内夏玉米和轮作周年作物的平均产量均随着冬小麦生育期内灌溉水矿化度的增加而降低；在 II 区和 III 区，模拟时段内冬小麦的平均产量均随着其生育期内灌溉水矿化度的增加而略有增加；在 I 区，模拟时段内冬小麦的平均产量随着其生育期内灌溉水矿化度的增加呈现先增加后降低的趋势，但整体而言的变幅基本在 1% 以内，且在情景 3 下（亦即当冬小麦生育期内灌溉水的矿化度为 4 g/L 时），模拟时段内冬小麦的平均产量相对最高（表 5.1）。此外，当冬小麦生育期内灌溉水的矿化度相同时，在区域尺度上模拟时段内轮作周年作物减产量的平均值基本上是 I 区＞ II 区＞ III 区（表 5.1），这是由于：冬小麦生育期内咸水灌溉的平均次数是 I 区＞ II 区＞ III 区，尽管灌溉水的矿化度相同，但咸水灌溉次数的增加将使得带入土体的盐分增加，从而导致轮作周年作物减产量的平均值增加。以上模拟结果为黑龙港地区实施咸水灌溉时权衡灌溉水的矿化度和灌水次数提供了定量参考。

在冬小麦生育期内采用不超过 6 g/L 的咸水灌溉相较于淡水灌溉，研究区内冬小麦平均产量的变化量在模拟时段（1993 ~ 2012 年）内的年际变化不大，冬小麦平均产量的变幅基本在 10% 以内 [图 5.1（a）~（e）]。随着冬小麦生育期内灌溉水矿化度的增加，研究区内夏玉米平均产量的变化量在模拟时段（1993 ~ 2012 年）内的年际变化逐渐增大（图 5.1）。以情景 5（亦即冬小麦生育期内灌溉水的矿化度为 6 g/L）为例，除了在 1997 年、1998 年、1999 年、2001 年、2002 年和 2004 年冬小麦生育期内的咸水灌溉对夏玉米产量影响不大外，其余各年份研究区内夏玉米的平均减产量均超过 1000 kg/hm^2 [图 5.1（e）]。对此，我们的解释如下：在 1997 年、1998 年、1999 年和 2002 年由于夏玉米生育期的降水水平为枯或特枯，在现状灌溉情形下这些年份的夏玉米由于受到较大的水分胁迫使得其产量相较于其他年份偏低（Li and Ren，2019b），在此情况下，由于冬小麦生育期内的咸水灌溉而对夏玉米生长造成的盐分胁迫所导致的进一步降低夏玉米产量的可能性相对较小；而在 2001 年和 2004 年由于冬小麦生育期的降水量相对较多（Li and Ren，2019b），会将冬小麦生育期内咸水灌溉带入的盐分更多地向下淋洗，使得夏玉米生长前期的土壤含盐量相对较低或者土壤含水量相对较高，从而降低了土壤溶液中的盐分浓度。

表 5.1　3 个灌溉分区在淡水灌溉和 5 种咸水灌溉情景下冬小麦、夏玉米和轮作周年作物的产量及其相较于淡水灌溉情景下的变幅

灌溉情景	I 区						II 区						III 区					
	冬小麦		夏玉米		轮作周年		冬小麦		夏玉米		轮作周年		冬小麦		夏玉米		轮作周年	
	产量/(kg/hm²)	变幅/%	产量/(kg/hm²)	变幅/%	产量/(kg/hm²)	变幅/%	产量/(kg/hm²)	变幅/%	产量/(kg/hm²)	变幅/%	产量/(kg/hm²)	变幅/%	产量/(kg/hm²)	变幅/%	产量/(kg/hm²)	变幅/%	产量/(kg/hm²)	变幅/%
淡水灌溉	4957.4		6035.8		10993.2		3439.3		4369.9		7809.2		1446.5		4150.2		5596.7	
情景 1	4984.9	0.55	5835.9	−3.31	10820.8	−1.57	3543.9	3.04	4070.4	−6.85	7614.3	−2.50	1473.2	1.85	3989.3	−3.88	5462.5	−2.40
情景 2	5004.9	0.96	5587.5	−7.43	10592.4	−3.65	3654.7	6.26	3771.3	−13.70	7426.0	−4.91	1500.7	3.75	3825.0	−7.84	5325.7	−4.84
情景 3	5007.6	1.01	5304.6	−12.11	10312.2	−6.19	3762.1	9.39	3486.0	−20.23	7248.1	−7.19	1530.7	5.82	3646.4	−12.14	5177.1	−7.50
情景 4	4991.0	0.68	4995.8	−17.23	9986.8	−9.15	3858.5	12.19	3211.1	−26.52	7069.6	−9.47	1561.4	7.94	3475.8	−16.25	5037.2	−10.00
情景 5	4943.4	−0.28	4671.7	−22.60	9615.1	−12.54	3942.6	14.63	2948.5	−32.53	6891.1	−11.76	1594.7	10.25	3307.5	−20.31	4902.2	−12.41

注：III 区包括海兴和黄骅这 2 个县（市），II 区包括孟村、盐山、青县、沧县和沧州这 5 个县（市），I 区包括其余 46 个县（市）；数据条的颜色为绿色和橙色分别代表变幅为正和负，数据条的长度代表变幅绝对值的大小。

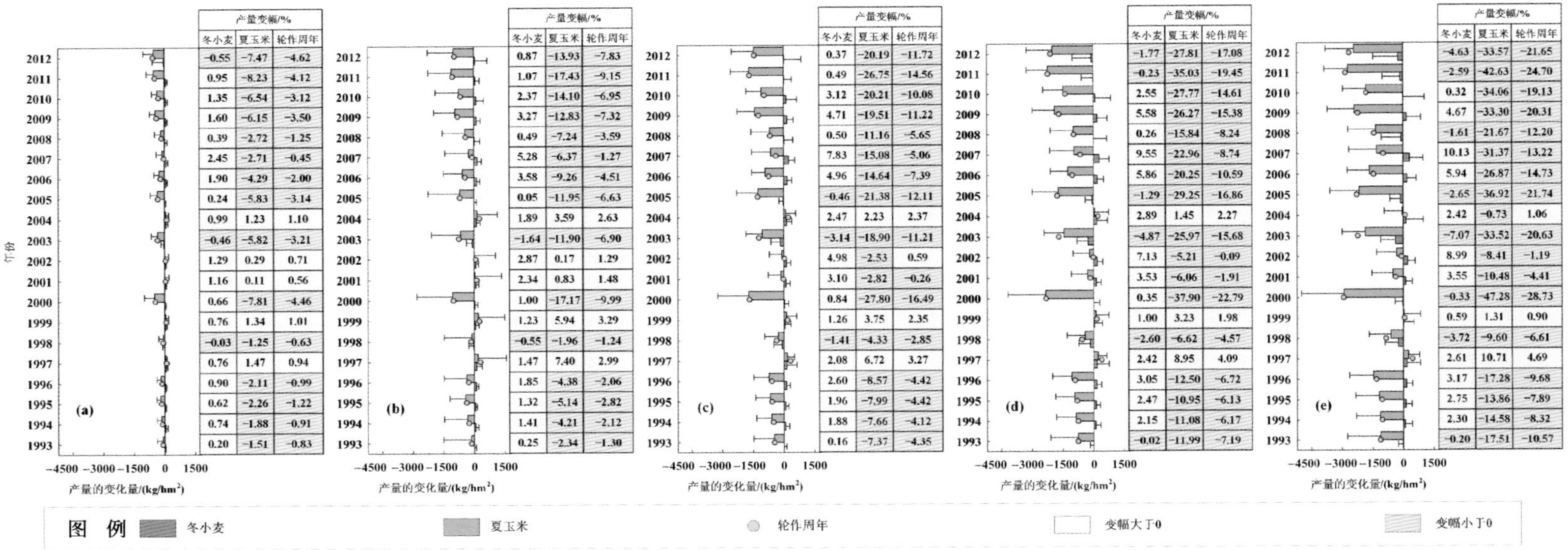

(a)

年份	冬小麦 产量变幅/%	夏玉米 产量变幅/%	轮作周年 产量变幅/%
2012	-0.55	-7.47	-4.62
2011	0.95	-8.23	-4.12
2010	1.35	-6.54	-3.12
2009	1.60	-6.15	-3.50
2008	0.39	-2.72	-1.25
2007	2.45	-2.71	-0.45
2006	1.90	-4.29	-2.00
2005	0.24	-5.83	-3.14
2004	0.99	1.23	1.10
2003	-0.46	-5.82	-3.21
2002	1.29	0.29	0.71
2001	1.16	0.11	0.56
2000	0.66	-7.81	-4.46
1999	0.76	1.34	1.01
1998	-0.03	-1.25	-0.63
1997	0.76	1.47	0.94
1996	0.90	-2.11	-0.99
1995	0.62	-2.26	-1.22
1994	0.74	-1.88	-0.91
1993	0.20	-1.51	-0.83

(b)

年份	冬小麦 产量变幅/%	夏玉米 产量变幅/%	轮作周年 产量变幅/%
2012	0.87	-13.93	-7.83
2011	1.07	-17.43	-9.15
2010	2.37	-14.10	-6.95
2009	3.27	-12.83	-7.32
2008	0.49	-7.24	-3.59
2007	5.28	-6.37	-1.27
2006	3.58	-9.26	-4.51
2005	0.05	-11.95	-6.63
2004	1.89	3.59	2.63
2003	-1.64	-11.90	-6.90
2002	2.87	0.17	1.29
2001	2.34	0.83	1.48
2000	1.00	-17.17	-9.99
1999	1.23	5.94	3.29
1998	-0.55	-1.96	-1.24
1997	1.47	7.40	2.99
1996	1.85	-4.38	-2.06
1995	1.32	-5.14	-2.82
1994	1.41	-4.21	-2.12
1993	0.25	-2.34	-1.30

(c)

年份	冬小麦 产量变幅/%	夏玉米 产量变幅/%	轮作周年 产量变幅/%
2012	0.37	-20.19	-11.72
2011	0.49	-26.75	-14.56
2010	3.12	-20.21	-10.08
2009	4.71	-19.51	-11.22
2008	0.50	-11.16	-5.65
2007	7.83	-15.08	-5.06
2006	4.96	-14.64	-7.39
2005	-0.46	-21.38	-12.11
2004	2.47	2.23	2.37
2003	-3.14	-18.90	-11.21
2002	4.98	-2.53	0.59
2001	3.10	-2.82	-0.26
2000	0.84	-27.80	-16.49
1999	1.26	3.75	2.35
1998	-1.41	-4.33	-2.85
1997	2.08	6.72	3.27
1996	2.60	-8.57	-4.42
1995	1.96	-7.99	-4.42
1994	1.88	-7.66	-4.12
1993	0.16	-7.37	-4.35

(d)

年份	冬小麦 产量变幅/%	夏玉米 产量变幅/%	轮作周年 产量变幅/%
2012	-1.77	-27.81	-17.08
2011	-0.23	-35.03	-19.45
2010	2.55	-27.77	-14.61
2009	5.58	-26.27	-15.38
2008	0.26	-15.84	-8.24
2007	9.55	-22.96	-8.74
2006	5.86	-20.25	-10.59
2005	-1.29	-29.25	-16.86
2004	2.89	1.45	2.27
2003	-4.87	-25.97	-15.68
2002	7.13	-5.21	-0.09
2001	3.53	-6.06	-1.91
2000	0.35	-37.90	-22.79
1999	1.00	3.23	1.98
1998	-2.60	-6.62	-4.57
1997	2.42	8.95	4.09
1996	3.05	-12.50	-6.72
1995	2.47	-10.95	-6.13
1994	2.15	-11.08	-6.17
1993	-0.02	-11.99	-7.19

(e)

年份	冬小麦 产量变幅/%	夏玉米 产量变幅/%	轮作周年 产量变幅/%
2012	-4.63	-33.57	-21.65
2011	-2.59	-42.63	-24.70
2010	0.32	-34.06	-19.13
2009	4.67	-33.30	-20.31
2008	-1.61	-21.67	-12.20
2007	10.13	-31.37	-13.22
2006	5.94	-26.87	-14.73
2005	-2.65	-36.92	-21.74
2004	2.42	-0.73	1.06
2003	-7.07	-33.52	-20.63
2002	8.99	-8.41	-1.19
2001	3.55	-10.48	-4.41
2000	-0.33	-47.28	-28.73
1999	0.59	1.31	0.90
1998	-3.72	-9.60	-6.61
1997	2.61	10.71	4.69
1996	3.17	-17.28	-9.68
1995	2.75	-13.86	-7.89
1994	2.30	-14.58	-8.32
1993	-0.20	-17.51	-10.57

图 5.1　1993 ~ 2012 年咸水灌溉情景 1（a）、情景 2（b）、情景 3（c）、情景 4（d）和情景 5（e）相较于淡水灌溉下研究区内平均的冬小麦、夏玉米和轮作周年作物的产量的变化量及变幅动态

5.1.2 作物生育期农田蒸散量

在冬小麦生育期内的 5 种咸水灌溉情景下，在 I 区、II 区和 III 区，模拟时段内平均的冬小麦生育期农田蒸散量与相应分区在淡水灌溉情景下的相比，分别增加约 2.7 ~ 12.0 mm、6.2 ~ 27.0 mm 和 3.6 ~ 19.2 mm，增幅分别约为 0.65% ~ 2.89%、1.51% ~ 6.58% 和 1.25% ~ 6.65%（表 5.2）。虽然在不同的咸水灌溉情景中对夏玉米仍保持现状灌溉情形不变，但在冬小麦生育期内采用不超过 6 g/L 的咸水灌溉会使得模拟时段内平均的夏玉米生育期农田蒸散量在这 3 个灌溉分区分别减少约 5.4 ~ 33.3 mm、9.4 ~ 44.1 mm 和 4.9 ~ 25.9 mm，减幅分别约为 1.66% ~ 10.21%、3.02% ~ 14.15% 和 1.54% ~ 8.15%（表 5.2）。就冬小麦－夏玉米轮作周年而言，在不同的咸水灌溉情景下，模拟时段内平均的轮作周年作物生育期农田蒸散量与淡水灌溉相比差异不大，在 I 区、II 区和 III 区分别减少约 2.7 ~ 21.3 mm、3.2 ~ 17.0 mm 和 1.2 ~ 6.7 mm，减幅分别约为 0.36% ~ 2.87%、0.44% ~ 2.36% 和 0.20% ~ 1.11%（表 5.2）。整体而言，在 3 个灌溉分区，随着冬小麦生育期内灌溉水矿化度的增加，模拟时段内平均的冬小麦生育期农田蒸散量稍有增加，模拟时段内平均的夏玉米生育期农田蒸散量有所减少，模拟时段内平均的轮作周年作物生育期农田蒸散量略有减少（表 5.2）。当冬小麦生育期内灌溉水的矿化度相同时，模拟时段内平均的轮作周年作物生育期农田蒸散量的减少量在 3 个灌溉分区的排序为：I 区＞II 区＞III 区（表 5.2），这是由于：就 3 个灌溉分区而言，在 I 区冬小麦生育期内咸水灌溉的平均次数最多，因而相同矿化度的咸水灌溉所带入土体的盐分就较多，这使得轮作周年作物的根系吸水受到盐分胁迫的影响较大，于是轮作周年作物生育期农田蒸散量的平均减少量也较大。

冬小麦生育期内不同的咸水灌溉情景相较于淡水灌溉，研究区内平均的夏玉米生育期农田蒸散量在模拟时段内的每一年均有不同程度的减少，其最大减幅不超过 22%，而研究区平均的冬小麦生育期农田蒸散量在模拟时段内的大多数年份略有增加，其最大增幅不超过 9% [图 5.2（a）~（e）]。当冬小麦生育期内灌溉水的矿化度分别为 2 g/L、3 g/L、4 g/L、5 g/L 和 6 g/L 时，与淡水灌溉情景相比，研究区内平均的冬小麦生育期农田蒸散量的变化量之年际变化范围分别约为 0.2 ~ 7.5 mm、−0.2 ~ 14.6 mm、−1.0 ~ 21.1 mm、−2.2 ~ 27.3 mm 和 −4.2 ~ 31.5 mm，研究区内平均的夏玉米生育期农田蒸散量的减少量之年际变化范围分别约为 0.3 ~ 11.9 mm、0.8 ~ 26.8 mm、1.8 ~ 42.4 mm、2.9 ~ 57.5 mm 和 4.4 ~ 71.4 mm [图 5.2（a）~（e）]。

表 5.2　3 个灌溉分区在淡水灌溉和 5 种咸水灌溉情景下冬小麦、夏玉米和轮作周年作物的生育期农田蒸散量及其相较于淡水灌溉情景下的变幅

灌溉情景	I区						II 区						III 区					
	冬小麦		夏玉米		轮作周年		冬小麦		夏玉米		轮作周年		冬小麦		夏玉米		轮作周年	
	蒸散量/mm	变幅/%	蒸散量/mm	变幅/%	蒸散量/mm	变幅/%	蒸散量/mm	变幅/%	蒸散量/mm	变幅/%	蒸散量/mm	变幅/%	蒸散量/mm	变幅/%	蒸散量/mm	变幅/%	蒸散量/mm	变幅/%
淡水灌溉	415.1		326.2		741.3		410.1		311.6		721.7		288.6		317.6		606.2	
情景 1	417.8	0.65	320.8	−1.66	738.6	−0.36	416.3	1.51	302.2	−3.02	718.5	−0.44	292.2	1.25	312.7	−1.54	605.0	−0.20
情景 2	420.8	1.37	314.0	−3.74	734.9	−0.86	422.2	2.95	292.8	−6.03	715.1	−0.91	296.1	2.60	307.6	−3.15	603.6	−0.43
情景 3	423.7	2.07	306.6	−6.01	730.3	−1.48	427.7	4.29	283.9	−8.89	711.6	−1.40	300.0	3.95	302.2	−4.85	602.2	−0.66
情景 4	425.8	2.58	299.2	−8.28	725.0	−2.20	432.7	5.51	275.5	−11.59	708.2	−1.87	303.9	5.30	297.0	−6.49	600.9	−0.87
情景 5	427.1	2.89	292.9	−10.21	720.0	−2.87	437.1	6.58	267.5	−14.15	704.7	−2.36	307.8	6.65	291.7	−8.15	599.5	−1.11

注：III 区包括海兴和黄骅这 2 个县（市），II 区包括孟村、盐山、青县、沧县和沧州这 5 个县（市），I 区包括其余 46 个县（市）；数据条的颜色为绿色和橙色分别代表变幅为正和负，数据条的长度代表变幅绝对值的大小。

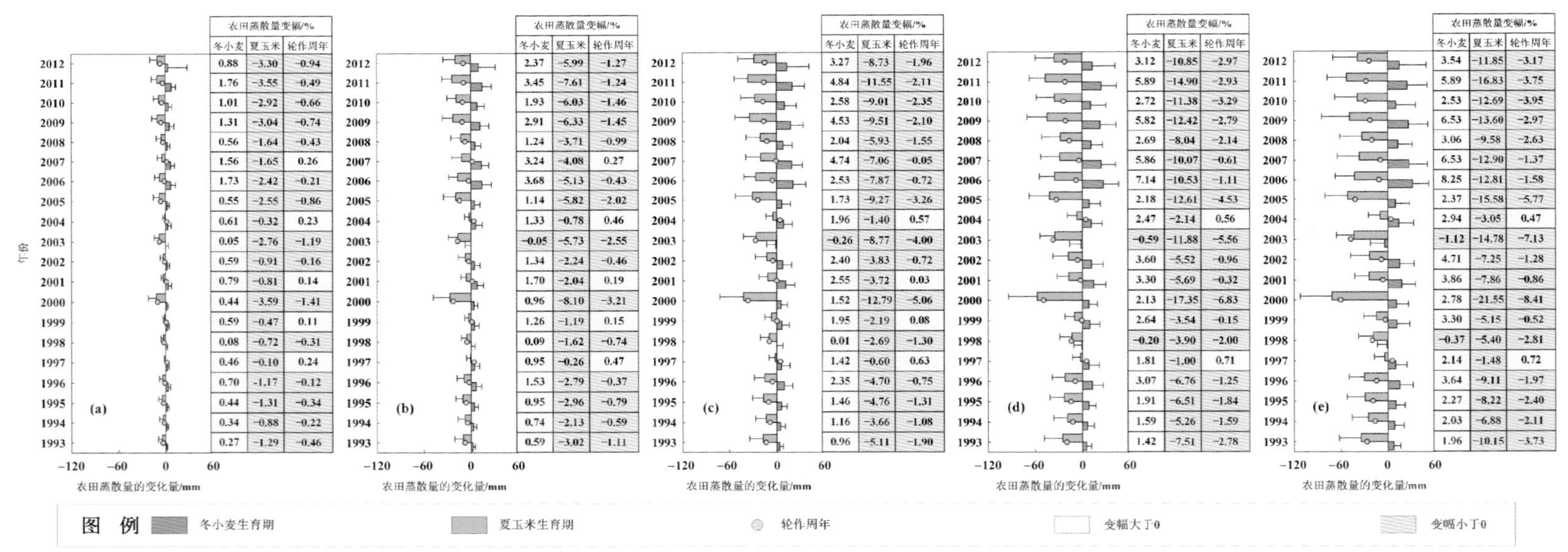

(a)

年份	农田蒸散量变幅/% 冬小麦	夏玉米	轮作周年
2012	0.88	−3.30	−0.94
2011	1.76	−3.55	−0.49
2010	1.01	−2.92	−0.66
2009	1.31	−3.04	−0.74
2008	0.56	−1.64	−0.43
2007	1.56	−1.65	0.26
2006	1.73	−2.42	−0.21
2005	0.55	−2.55	−0.86
2004	0.61	−0.32	0.23
2003	0.05	−2.76	−1.19
2002	0.59	−0.91	−0.16
2001	0.79	−0.81	0.14
2000	0.44	−3.59	−1.41
1999	0.59	−0.47	0.11
1998	0.08	−0.72	−0.31
1997	0.46	−0.10	0.24
1996	0.70	−1.17	−0.12
1995	0.44	−1.31	−0.34
1994	0.34	−0.88	−0.22
1993	0.27	−1.29	−0.46

(b)

年份	农田蒸散量变幅/% 冬小麦	夏玉米	轮作周年
2012	2.37	−5.99	−1.27
2011	3.45	−7.61	−1.24
2010	1.93	−6.03	−1.46
2009	2.91	−6.33	−1.45
2008	1.24	−3.71	−0.99
2007	3.24	−4.08	0.27
2006	3.68	−5.13	−0.43
2005	1.14	−5.82	−2.02
2004	1.33	−0.78	0.46
2003	−0.05	−5.73	−2.55
2002	1.34	−2.24	−0.46
2001	1.70	−2.04	0.19
2000	0.96	−8.10	−3.21
1999	1.26	−1.19	0.15
1998	0.09	−1.62	−0.74
1997	0.95	−0.26	0.47
1996	1.53	−2.79	−0.37
1995	0.95	−2.96	−0.79
1994	0.74	−2.13	−0.59
1993	0.59	−3.02	−1.11

(c)

年份	农田蒸散量变幅/% 冬小麦	夏玉米	轮作周年
2012	3.27	−8.73	−1.96
2011	4.84	−11.55	−2.11
2010	2.58	−9.01	−2.35
2009	4.53	−9.51	−2.10
2008	2.04	−5.93	−1.55
2007	4.74	−7.06	−0.05
2006	2.53	−7.87	−0.72
2005	1.73	−9.27	−3.26
2004	1.96	−1.40	0.57
2003	−0.26	−8.77	−4.00
2002	2.40	−3.83	−0.72
2001	2.55	−3.72	0.03
2000	1.52	−12.79	−5.06
1999	1.95	−2.19	0.08
1998	0.01	−2.69	−1.30
1997	1.42	−0.60	0.63
1996	2.35	−4.70	−0.75
1995	1.46	−4.76	−1.31
1994	1.16	−3.66	−1.08
1993	0.96	−5.11	−1.90

(d)

年份	农田蒸散量变幅/% 冬小麦	夏玉米	轮作周年
2012	3.12	−10.85	−2.97
2011	5.89	−14.90	−2.93
2010	2.72	−11.38	−3.29
2009	5.82	−12.42	−2.79
2008	2.69	−8.04	−2.14
2007	5.86	−10.07	−0.61
2006	7.14	−10.53	−1.11
2005	2.18	−12.61	−4.53
2004	2.47	−2.14	0.56
2003	−0.59	−11.88	−5.56
2002	3.60	−5.52	−0.96
2001	3.30	−5.69	−0.32
2000	2.13	−17.35	−6.83
1999	2.64	−3.54	−0.15
1998	−0.20	−3.90	−2.00
1997	1.81	−1.00	0.71
1996	3.07	−6.76	−1.25
1995	1.91	−6.51	−1.84
1994	1.59	−5.26	−1.59
1993	1.42	−7.51	−2.78

(e)

年份	农田蒸散量变幅/% 冬小麦	夏玉米	轮作周年
2012	3.54	−11.85	−3.17
2011	5.89	−16.83	−3.75
2010	2.53	−12.69	−3.95
2009	6.53	−13.60	−2.97
2008	3.06	−9.58	−2.63
2007	6.53	−12.90	−1.37
2006	8.25	−12.81	−1.58
2005	2.37	−15.58	−5.77
2004	2.94	−3.05	0.47
2003	−1.12	−14.78	−7.13
2002	4.71	−7.25	−1.28
2001	3.86	−7.86	−0.86
2000	2.78	−21.55	−8.41
1999	3.30	−5.15	−0.52
1998	−0.37	−5.40	−2.81
1997	2.14	−1.48	0.72
1996	3.64	−9.11	−1.97
1995	2.27	−8.22	−2.40
1994	2.03	−6.88	−2.11
1993	1.96	−10.15	−3.73

图 5.2　1993 ~ 2012 年咸水灌溉情景 1（a）、情景 2（b）、情景 3（c）、情景 4（d）和情景 5（e）相较于淡水灌溉下研究区内平均的冬小麦、夏玉米和轮作周年作物的生育期农田蒸散量的变化量及变幅动态

5.1.3　作物水分生产力

由于在冬小麦生育期内不同的咸水灌溉情景下模拟时段平均的冬小麦产量和冬小麦生育期农田蒸散量的变幅在 3 个灌溉分区不尽相同，使得冬小麦生育期内灌溉水矿化度的增加所引起的模拟时段内平均的冬小麦 WP 的变化趋势在各灌溉分区存在差异(表 5.3)。具体地，在情景 1 和情景 2 下，I 区和 III 区在模拟时段内平均的冬小麦 WP 与淡水灌溉相比基本保持不变；在情景 3 至情景 5 下，I 区在模拟时段内平均的冬小麦 WP 随着灌溉水矿化度的增加而略有降低，与淡水灌溉下该区域在模拟时段内平均的冬小麦 WP 相比减少大约 0.01 ~ 0.03 kg/m^3，减幅约为 0.84% ~ 2.52%，而 III 区在模拟时段内平均的冬小麦 WP 随着其生育期内灌溉水矿化度的增加而略有增加，与淡水灌溉下该区域在模拟时段内平均的冬小麦 WP 相比增加大约 0.01 ~ 0.02 kg/m^3，增幅约为 2.00% ~ 4.00%；在 5 种咸水灌溉情景下，II 区在模拟时段内平均的冬小麦 WP 随着其生育期内灌溉水矿化度的增加而增加，与淡水灌溉下该区域在模拟时段内平均的冬小麦 WP 相比增加大约 0.02 ~ 0.07 kg/m^3，增幅约为 2.41% ~ 8.43%（表 5.3）。除了 II 区在情景 2 下模拟时段内平均的夏玉米 WP 相较于淡水灌溉增加大约 1.53% 之外，在 I 区、II 区和 III 区，5 种咸水灌溉情景下模拟时段内平均的夏玉米 WP 相较于相应分区在淡水灌溉情景下的分别减少大约 0.03 ~ 0.26 kg/m^3、0.06 ~ 0.32 kg/m^3 和 0.03 ~ 0.18 kg/m^3，减幅分别约为 1.66% ~ 14.36%、4.58% ~ 24.43% 和 2.52% ~ 15.13%（表 5.3）；同时，在这 3 个灌溉分区，模拟时段内平均的冬小麦－夏玉米轮作周年作物的 WP 与相应分区在淡水灌溉情景下的相比分别减少大约 0.01 ~ 0.14 kg/m^3、0.02 ~ 0.10 kg/m^3 和 0.02 ~ 0.10 kg/m^3，减幅分别约为 0.68% ~ 9.46%、1.85% ~ 9.26% 和 2.17% ~ 10.87%（表 5.3）。就模拟时段内的平均水平而言，在冬小麦生育期内采用咸水进行灌溉，冬小麦基本上稳产稳效，但后茬作物夏玉米以及轮作周年的作物会减产减效。我们的分布式模拟的研究结果在区域尺度上量化了冬小麦生育期内实施咸水灌溉对夏玉米 WP 的负面影响。

在冬小麦生育期内采用矿化度不超过 6 g/L 的咸水灌溉相较于淡水灌溉，研究区内平均的冬小麦和夏玉米以及轮作周年作物的 WP 在模拟时段内的多数年份呈现不同程度的减少，在部分年份则略有增加 [图 5.3（a）~（e）]。整体而言，在 5 种咸水灌溉情景下，研究区内平均的冬小麦 WP 的变化量在年际间的差异较小，变化量在 0.04 kg/m^3 以内，而平均的夏玉米 WP 的变化量之年际差异随着冬小麦生育期内灌溉水矿化度的增加而增加 [图 5.3（a）~（e）]。Wang X. P. 等（2015）在与本研究区毗邻的豫北平原的封丘试验站所开展的田间试验结果表明：在冬小麦生育期内实施咸水（3.3 dS/m、5.0 dS/m 和 6.8 dS/m）灌溉，灌溉水矿化度的变化对冬小麦 WP 的影响不显著，我们的模拟结果与他们的田间试验结果是较为一致的。

表 5.3 3 个灌溉分区在淡水灌溉和 5 种咸水灌溉情景下冬小麦、夏玉米和轮作周年作物的 WP 及其相较于淡水灌溉情景下的变幅

灌溉情景	I 区						II 区						III 区					
	冬小麦		夏玉米		轮作周年		冬小麦		夏玉米		轮作周年		冬小麦		夏玉米		轮作周年	
	WP /(kg/m³)	变幅 /%	WP /(kg/m³)	变幅 /%	WP /(kg/m³)	变幅 /%	WP /(kg/m³)	变幅 /%	WP /(kg/m³)	变幅 /%	WP /(kg/m³)	变幅 /%	WP /(kg/m³)	变幅 /%	WP /(kg/m³)	变幅 /%	WP /(kg/m³)	变幅 /%
淡水灌溉	1.19		1.81		1.48		0.83		1.31		1.08		0.50		1.19		0.92	
情景 1	1.19	0	1.78	−1.66	1.47	−0.68	0.85	2.41	1.25	−4.58	1.06	−1.85	0.50	0	1.16	−2.52	0.90	−2.17
情景 2	1.19	0	1.75	−3.31	1.44	−2.70	0.86	3.61	1.33	1.53	1.04	−3.70	0.50	0	1.15	−3.36	0.88	−4.35
情景 3	1.18	−0.84	1.68	−7.18	1.41	−4.73	0.88	6.02	1.13	−13.74	1.02	−5.56	0.51	2.00	1.09	−8.40	0.86	−6.52
情景 4	1.17	−1.68	1.62	−10.50	1.38	−6.76	0.89	7.23	1.06	−19.08	1.00	−7.41	0.51	2.00	1.05	−11.76	0.84	−8.70
情景 5	1.16	−2.52	1.55	−14.36	1.34	−9.46	0.90	8.43	0.99	−24.43	0.98	−9.26	0.52	4.00	1.01	−15.13	0.82	−10.87

注：III 区包括海兴和黄骅这 2 个县（市），II 区包括孟村、盐山、青县、沧县和沧州这 5 个县（市），I 区包括其余 46 个县（市）；数据条的颜色为绿色和橙色分别代表变幅为正和负，数据条的长度代表变幅绝对值的大小。

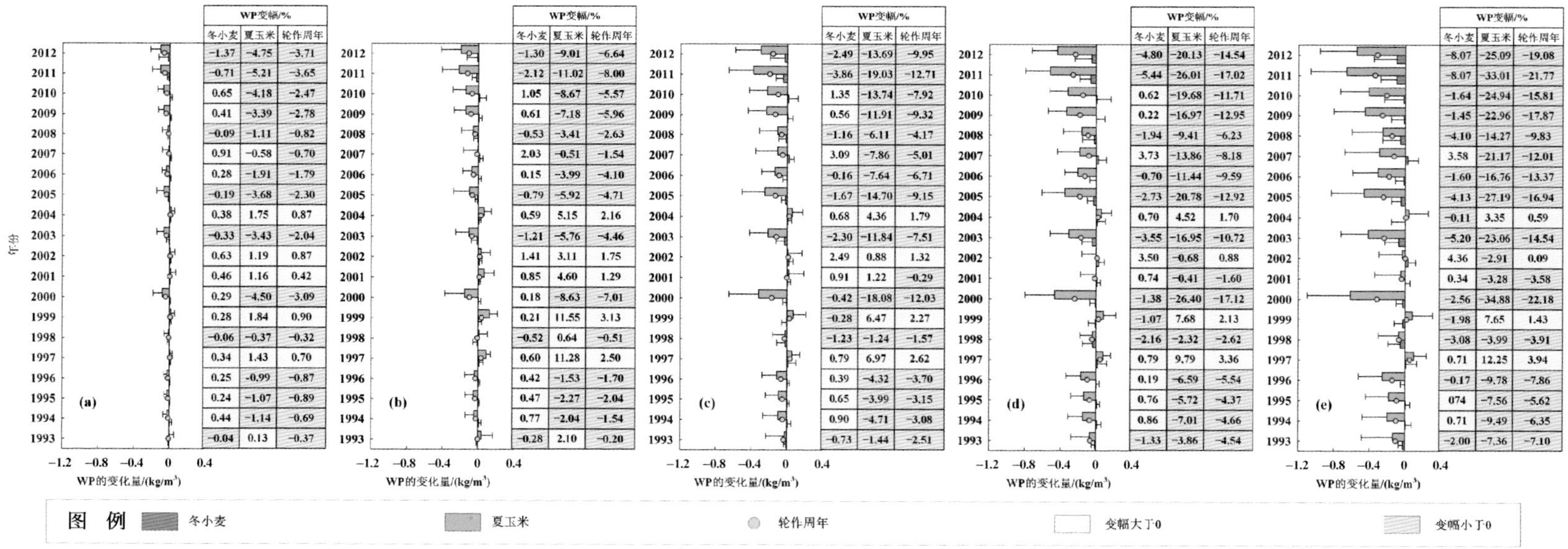

(a)

年份	WP变幅/% 冬小麦	夏玉米	轮作周年
2012	-1.37	-4.75	-3.71
2011	-0.71	-5.21	-3.65
2010	0.65	-4.18	-2.47
2009	0.41	-3.39	-2.78
2008	-0.09	-1.11	-0.82
2007	0.91	-0.58	-0.70
2006	0.28	-1.91	-1.79
2005	-0.19	-3.68	-2.30
2004	0.38	1.75	0.87
2003	-0.33	-3.43	-2.04
2002	0.63	1.19	0.87
2001	0.46	1.16	0.42
2000	0.29	-4.50	-3.09
1999	0.28	1.84	0.90
1998	-0.06	-0.37	-0.32
1997	0.34	1.43	0.70
1996	0.25	-0.99	-0.87
1995	0.24	-1.07	-0.89
1994	0.44	-1.14	-0.69
1993	-0.04	0.13	-0.37

(b)

年份	WP变幅/% 冬小麦	夏玉米	轮作周年
2012	-1.30	-9.01	-6.64
2011	-2.12	-11.02	-8.00
2010	1.05	-8.67	-5.57
2009	0.61	-7.18	-5.96
2008	-0.53	-3.41	-2.63
2007	2.03	-0.51	-1.54
2006	0.15	-3.99	-4.10
2005	-0.79	-5.92	-4.71
2004	0.59	5.15	2.16
2003	-1.21	-5.76	-4.46
2002	1.41	3.11	1.75
2001	0.85	4.60	1.29
2000	0.18	-8.63	-7.01
1999	0.21	11.55	3.13
1998	-0.52	0.64	-0.51
1997	0.60	11.28	2.50
1996	0.42	-1.53	-1.70
1995	0.47	-2.27	-2.04
1994	0.77	-2.04	-1.54
1993	-0.28	2.10	-0.20

(c)

年份	WP变幅/% 冬小麦	夏玉米	轮作周年
2012	-2.49	-13.69	-9.95
2011	-3.86	-19.03	-12.71
2010	1.35	-13.74	-7.92
2009	0.56	-11.91	-9.32
2008	-1.16	-6.11	-4.17
2007	3.09	-7.86	-5.01
2006	-0.16	-7.64	-6.71
2005	-1.67	-14.70	-9.15
2004	0.68	4.36	1.79
2003	-2.30	-11.84	-7.51
2002	2.49	0.88	1.32
2001	0.91	1.22	-0.29
2000	-0.42	-18.08	-12.03
1999	-0.28	6.47	2.27
1998	-1.23	-1.24	-1.57
1997	0.79	6.97	2.62
1996	0.39	-4.32	-3.70
1995	0.65	-3.99	-3.15
1994	0.90	-4.71	-3.08
1993	-0.73	-1.44	-2.51

(d)

年份	WP变幅/% 冬小麦	夏玉米	轮作周年
2012	-4.80	-20.13	-14.54
2011	-5.44	-26.01	-17.02
2010	0.62	-19.68	-11.71
2009	0.22	-16.97	-12.95
2008	-1.94	-9.41	-6.23
2007	3.73	-13.86	-8.18
2006	-0.70	-11.44	-9.59
2005	-2.73	-20.78	-12.92
2004	0.70	4.52	1.70
2003	-3.55	-16.95	-10.72
2002	3.50	-0.68	0.88
2001	0.74	-0.41	-1.60
2000	-1.38	-26.40	-17.12
1999	-1.07	7.68	2.13
1998	-2.16	-2.32	-2.62
1997	0.79	9.79	3.36
1996	0.19	-6.59	-5.54
1995	0.76	-5.72	-4.37
1994	0.86	-7.01	-4.66
1993	-1.33	-3.86	-4.54

(e)

年份	WP变幅/% 冬小麦	夏玉米	轮作周年
2012	-8.07	-25.09	-19.08
2011	-8.07	-33.01	-21.77
2010	-1.64	-24.94	-15.81
2009	-1.45	-22.96	-17.87
2008	-4.10	-14.27	-9.83
2007	3.58	-21.17	-12.01
2006	-1.60	-16.76	-13.37
2005	-4.13	-27.19	-16.94
2004	-0.11	3.35	0.59
2003	-5.20	-23.06	-14.54
2002	4.36	-2.91	0.09
2001	0.34	-3.28	-3.58
2000	-2.56	-34.88	-22.18
1999	-1.98	7.65	1.43
1998	-3.08	-3.99	-3.91
1997	0.71	12.25	3.94
1996	-0.17	-9.78	-7.86
1995	074	-7.56	-5.62
1994	0.71	-9.49	-6.35
1993	-2.00	-7.36	-7.10

WP的变化量/(kg/m³)

图例　冬小麦　夏玉米　轮作周年　变幅大于0　变幅小于0

图 5.3　1993 ~ 2012 年咸水灌溉情景 1（a）、情景 2（b）、情景 3（c）、情景 4（d）和情景 5（e）相较于淡水灌溉下研究区内平均的冬小麦、夏玉米和轮作周年作物的 WP 的变化量及变幅动态

5.1.4 水量平衡

前已述及，我们将研究区内的下边界根据实际情况分区概化成如下两种类型：地面以下 2 m 土体的下边界为自由排水；地面以下 15 m 土体的下边界为水通量等于零。由于冬小麦生育期内的咸水灌溉会影响作物主要根系带中土壤的水分与盐分状况，进而影响冬小麦和夏玉米的生长，所以我们针对整个研究区统一分析咸水灌溉情景下 0 ~ 200 cm 土体的水量平衡各分项。

在淡水灌溉情景和 5 种咸水灌溉情景下，冬小麦生育期和夏玉米生育期以及轮作周年的降水量与灌溉量均保持不变，仅由于冬小麦生育期内灌溉水矿化度的改变而在不同程度上影响冬小麦生育期 [图 5.4（a）] 和夏玉米生育期 [图 5.4（b）] 及冬小麦 – 夏玉米轮作周年 [图 5.4（c）] 的 0 ~ 200 cm 土体的水量平衡分项。

当冬小麦生育期内灌溉水的矿化度从 1 g/L 增加至 6 g/L 时，研究区在模拟时段内平均的冬小麦生育期冠层截留量从大约 7.8 mm 增加至大约 8.2 mm，平均的冠层截留量占出流量（亦即冠层截留量、蒸发量、蒸腾量及渗漏量之和）的比例基本维持在 1.8% 左右 [图 5.4（a）]，而研究区在模拟时段内平均的夏玉米生育期冠层截留量从大约 13.0 mm 降低至大约 9.0 mm，平均的冠层截留量占出流量的比例从大约 3.7% 降低至大约 2.8% [图 5.4（b）]。当冬小麦生育期内灌溉水的矿化度从 1 g/L 增加至 6 g/L 时，研究区在模拟时段内平均的冬小麦生育期的蒸腾量从大约 318.1 mm 增加至大约 328.9 mm 再降低至大约 328.4 mm，当灌溉水的矿化度为 5 g/L 时平均的蒸腾量最大，最大增幅约为 3.4%，平均的蒸腾量占出流量的比例从大约 74.6% 降低至大约 72.5% [图 5.4（a）]，研究区在模拟时段内平均的夏玉米生育期的蒸腾量从大约 253.7 mm 降低至大约 204.4 mm，最大减幅约为 19.4%，平均的蒸腾量占出流量的比例从大约 72.3% 降低至大约 63.8% [图 5.4（b）]。研究区在模拟时段内平均的冬小麦生育期 [图 5.4（a）] 和夏玉米生育期 [图 5.4（b）] 的蒸发量与渗漏量均随着冬小麦生育期内灌溉水矿化度的增加而增加。具体地，当冬小麦生育期内灌溉水的矿化度从 1 g/L 增加至 6 g/L 时，研究区在模拟时段内平均的冬小麦生育期和夏玉米生育期的蒸发量分别增加了大约 3.3 mm 和大约 15.7 mm，平均的渗漏量分别增加了大约 12.6 mm 和大约 7.0 mm [图 5.4（a）、（b）]。当冬小麦生育期内灌溉水的矿化度从 1 g/L 增加至 6 g/L 时，研究区在模拟时段内平均的冬小麦生育期 0 ~ 200 cm 土体储水量的变化量从大约 −44.3 mm 减少至大约 −70.9 mm [图 5.4（a）]，研究区在模拟时段内平均的夏玉米生育期 0 ~ 200 cm 土体储水量的变化量从大约 34.1 mm 增加至大约 64.7 mm [图 5.4（b）]。冬小麦生育期内采用咸水灌溉，与淡水灌溉相比，平均而言，会使得冬小麦生育期出流量增加大约 4.8 ~ 26.6 mm [图 5.4（a）]。Soothar 等（2019）在衡水站的田间试验结果表明：在冬小麦生育期内采用 4.7 dS/m 的咸水进行 1 ~ 2 次替代淡水的灌溉，与淡水灌溉相比，冬小麦生育期出流量的差异在统计意义上不显著。

整体而言，由于冬小麦生育期内灌溉水矿化度的增加，导致后茬作物夏玉米生长前期的土壤盐分增加，影响夏玉米的根系吸水进而降低了其蒸腾量，同时，由于盐分胁迫

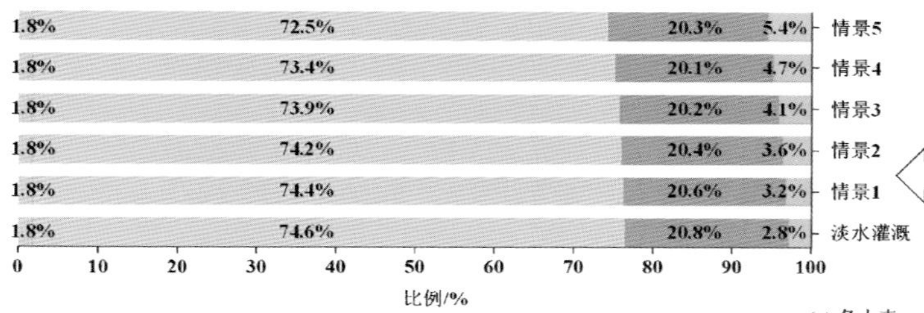

水量平衡分项/mm	淡水灌溉	情景1	情景2	情景3	情景4	情景5
降水量	116.6	116.6	116.6	116.6	116.6	116.6
灌溉量	265.6	265.6	265.6	265.6	265.6	265.6
截留量	7.8	7.9（1.3%）	8.0（2.6%）	8.1（3.8%）	8.2（5.1%）	8.2（5.1%）
蒸腾量	318.1	321.0（0.9%）	324.3（1.9%）	327.1（2.8%）	328.9（3.4%）	328.4（3.2%）
蒸发量	88.8	88.9（0.1%）	89.1（0.3%）	89.4（0.7%）	90.0（1.4%）	92.1（3.7%）
渗漏量	11.8	13.5（14.4%）	15.5（31.4%）	17.9（51.7%）	21.1（78.8%）	24.4（106.8%）
储水量变化	−44.3	−49.1（10.8%）	−54.7（23.5%）	−60.3（36.1%）	−66.0（49.0%）	−70.9（60.0%）

注：括号内的数字代表与淡水灌溉情形相比水量平衡各分项的变幅。

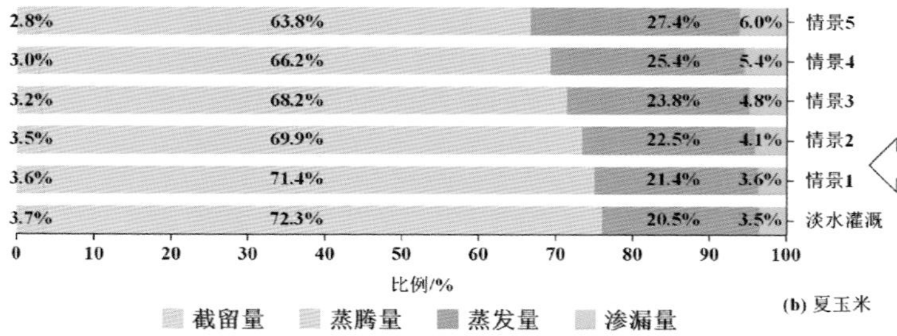

(a) 冬小麦

水量平衡分项/mm	淡水灌溉	情景1	情景2	情景3	情景4	情景5
降水量	364.4	364.4	364.4	364.4	364.4	364.4
灌溉量	20.5	20.5	20.5	20.5	20.5	20.5
截留量	13.0	12.5（−3.8%）	11.7（−10.0%）	10.8（−16.9%）	9.9（−23.8%）	9.0（−30.8%）
蒸腾量	253.7	246.2（−3.0%）	236.8（−6.7%）	226.5（−10.7%）	215.8（−14.9%）	204.4（−19.4%）
蒸发量	72.0	73.8（2.5%）	76.2（5.8%）	79.1（9.9%）	82.6（14.7%）	87.7（21.8%）
渗漏量	12.1	12.5（3.3%）	13.9（14.9%）	15.9（31.4%）	17.6（45.5%）	19.1（57.9%）
储水量变化	34.1	39.9（17.0%）	46.3（35.8%）	52.6（54.3%）	59.0（73.0%）	64.7（89.7%）

注：括号内的数字代表与淡水灌溉情形相比水量平衡各分项的变幅。

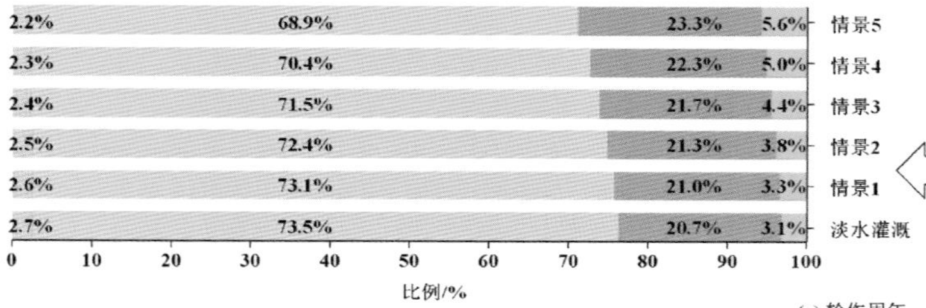

(b) 夏玉米

截留量　蒸腾量　蒸发量　渗漏量

水量平衡分项/mm	淡水灌溉	情景1	情景2	情景3	情景4	情景5
降水量	481.0	481.0	481.0	481.0	481.0	481.0
灌溉量	286.1	286.1	286.1	286.1	286.1	286.1
截留量	20.8	20.4（−1.9%）	19.7（−5.3%）	18.9（−9.1%）	18.1（−13.0%）	17.2（−17.3%）
蒸腾量	571.8	567.2（−0.8%）	561.1（−1.9%）	553.6（−3.2%）	544.7（−4.7%）	532.8（−6.8%）
蒸发量	160.8	162.7（1.2%）	165.3（2.8%）	168.5（4.8%）	172.6（7.3%）	179.8（11.8%）
渗漏量	23.9	26.0（8.8%）	29.4（23.0%）	33.8（41.4%）	38.7（61.9%）	43.5（82.0%）
储水量变化	−10.2	−9.2（−9.8%）	−8.4（−17.6%）	−7.7（−24.5%）	−7.0（−31.4%）	−6.2（−39.2%）

注：括号内的数字代表与淡水灌溉情形相比水量平衡各分项的变幅。

(c) 轮作周年

图 5.4　淡水灌溉和 5 种咸水灌溉情景下冬小麦生育期（a）和夏玉米生育期（b）及轮作周年（c）0 ~ 200 cm 土体水量平衡各项在研究区于 1993 ~ 2012 年的平均值及咸水灌溉情景相较于淡水灌溉情景中水量平衡各项平均值的变幅

程度的增加会导致夏玉米生育期内平均的叶面积指数减小，进而降低了其冠层截留量。在研究区内，模拟时段内平均的夏玉米生育期的降水量与灌溉量中被冠层截留和蒸腾所消耗的量，随着冬小麦生育期内灌溉水矿化度的增加而减少，平均的夏玉米生育期的土面蒸发量、渗漏量和 0 ~ 200 cm 土体的储水量的变化量有所增加。尽管平均的冬小麦生育期 0 ~ 200 cm 土体的储水量仍以负均衡为主，但随着冬小麦生育期内灌溉水矿化度的增加，平均的夏玉米生育期 0 ~ 200 cm 土体储水量的增加量，与冬小麦生育期淡水灌溉的情形相比有所增加，这就使得这季夏玉米的后茬冬小麦不仅有其生育期的降水与灌溉水可供消耗，而且 0 ~ 200 cm 土体也有更多的前期储水量可被这季冬小麦的生长所消耗，这有利于增加这季冬小麦生育期内平均的叶面积指数，从而使得模拟时段内平均的冬小麦生育期的冠层截留量和蒸腾量稍有增加。与此同时，夏玉米生育期 0 ~ 200 cm 土体储水量的增加也会增加冬小麦生育期的蒸发量与渗漏量。在冬小麦生育期内不同的咸水灌溉情景下，与冬小麦生育期内淡水灌溉相比，研究区在模拟时段内平均的冬小麦生育期的蒸腾量略有增加，这或许是由于我们选择在冬小麦生育期内相对耐盐的阶段进行咸水灌溉时，夏玉米季的降水与灌溉以及其后茬冬小麦播前的淡水灌溉会将上一季冬小麦的咸水灌溉所带入土体的盐分向深层淋洗，加之这季夏玉米在其生育期所受到的盐分胁迫又在一定程度上增加了下一季冬小麦可利用的土壤储水量。综上，在冬小麦 – 夏玉米一年两熟制下，冬小麦生育期内的咸水灌溉未对当季冬小麦生长造成明显的盐分胁迫，并在一定程度上缓解了下一季冬小麦所受的水分胁迫。就研究区在模拟时段内的平均水平而言，随着冬小麦生育期内灌溉水矿化度的增加，冬小麦 – 夏玉米轮作周年作物的冠层截留量和蒸腾量随之降低，轮作周年的土面蒸发量和渗漏量以及 0 ~ 200 cm 土体储水量的变化量则随之增加 [图 5.4（c）]。

5.1.5 盐分的平衡和分布及淋洗

储盐指数（salt storage index）是指土壤剖面储盐量的变化量（g/cm^3）与土壤剖面初始储存的盐分含量（g/cm^3）之比值，它表示根系带盐分的累积，对于一个可持续的系统，储盐量的变化量在长期应该接近于零或为负值（Singh *et al.*，2003）。

在淡水灌溉和 5 种咸水灌溉情景下，就研究区在模拟时段内的平均水平而言，外源输入 0 ~ 200 cm 土体的盐分主要来自于冬小麦生育期和夏玉米生育期的灌溉，由于在冬小麦生育期从 0 ~ 200 cm 土体累积淋洗的盐分通量小于在其生育期累积的来自于灌溉的盐分通量，因而冬小麦生育期累积的储盐量的变化量均为正；与此相反，夏玉米生育期累积的储盐量的变化量均为负；就冬小麦 – 夏玉米轮作周年的整体而言，0 ~ 200 cm 土体的储盐量的变化量也均为正 [图 5.5（a）~（f）]。当冬小麦生育期内灌溉水的矿化度为 1 g/L 时，研究区 0 ~ 200 cm 土体在冬小麦生育期和夏玉米生育期分别累积的来自于灌溉的盐分通量在模拟时段内的平均值约为 26.56 mg/cm^2 和 2.05 mg/cm^2，分别约占冬小麦和夏玉米各自生育期累积的来自于灌溉的总盐分通量（亦即盐分通量之和，这里为 28.61 mg/cm^2）的 92.8% 和 7.2%，而研究区在模拟时段内冬小麦和夏玉米的生育期分别从 0 ~ 200 cm 土体累积淋洗的盐分通量分别约占这两种作物在各自生育

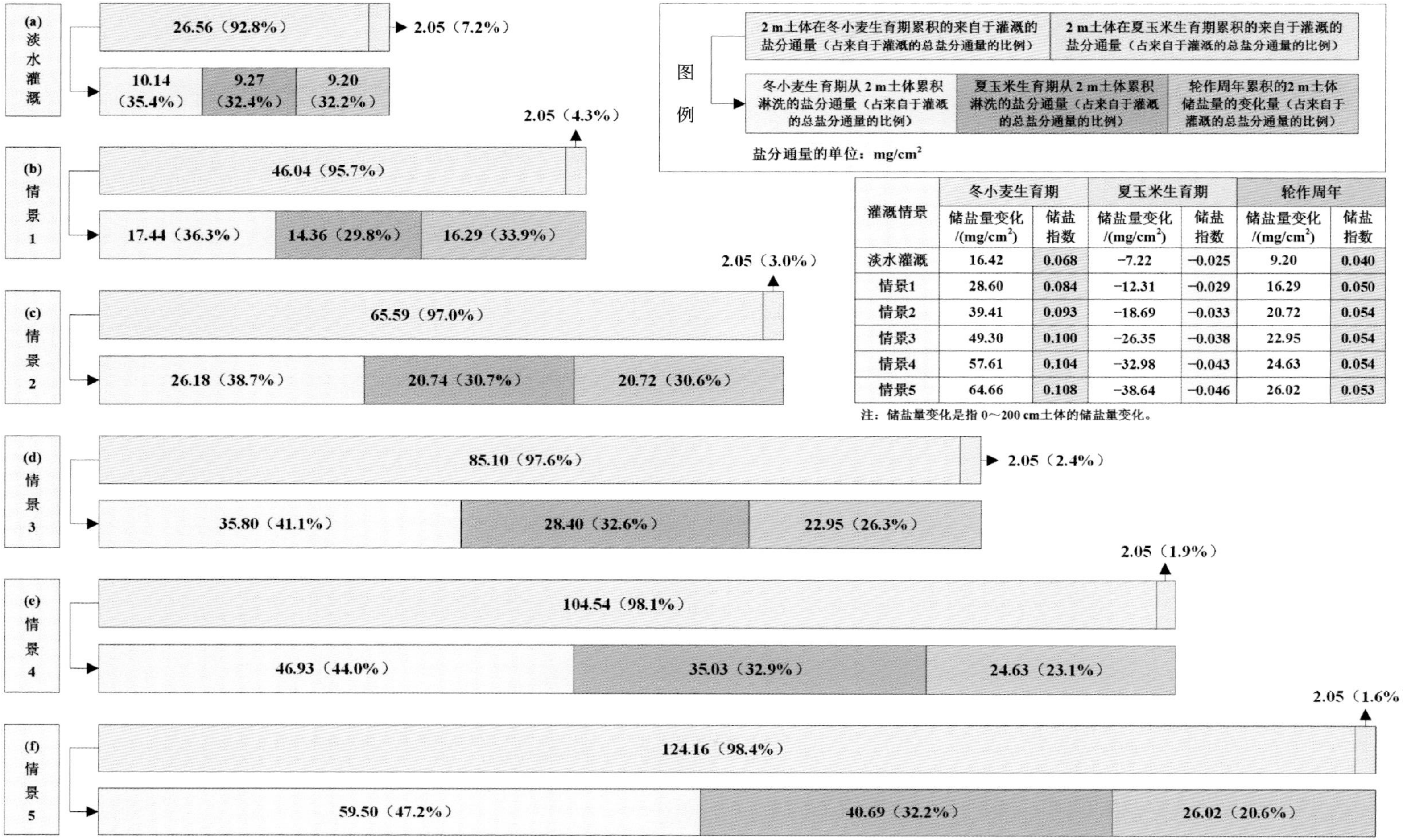

(a) 淡水灌溉
26.56（92.8%）　2.05（7.2%）
10.14（35.4%）　9.27（32.4%）　9.20（32.2%）

(b) 情景 1
46.04（95.7%）　2.05（4.3%）
17.44（36.3%）　14.36（29.8%）　16.29（33.9%）

(c) 情景 2
65.59（97.0%）　2.05（3.0%）
26.18（38.7%）　20.74（30.7%）　20.72（30.6%）

(d) 情景 3
85.10（97.6%）　2.05（2.4%）
35.80（41.1%）　28.40（32.6%）　22.95（26.3%）

(e) 情景 4
104.54（98.1%）　2.05（1.9%）
46.93（44.0%）　35.03（32.9%）　24.63（23.1%）

(f) 情景 5
124.16（98.4%）　2.05（1.6%）
59.50（47.2%）　40.69（32.2%）　26.02（20.6%）

图例
2 m土体在冬小麦生育期累积的来自于灌溉的盐分通量（占来自于灌溉的总盐分通量的比例）
2 m土体在夏玉米生育期累积的来自于灌溉的盐分通量（占来自于灌溉的总盐分通量的比例）
冬小麦生育期从 2 m土体累积淋洗的盐分通量（占来自于灌溉的总盐分通量的比例）
夏玉米生育期从 2 m土体累积淋洗的盐分通量（占来自于灌溉的总盐分通量的比例）
轮作周年累积的2 m土体储盐量的变化量（占来自于灌溉的总盐分通量的比例）
盐分通量的单位：mg/cm²

灌溉情景	冬小麦生育期		夏玉米生育期		轮作周年	
	储盐量变化/(mg/cm²)	储盐指数	储盐量变化/(mg/cm²)	储盐指数	储盐量变化/(mg/cm²)	储盐指数
淡水灌溉	16.42	0.068	−7.22	−0.025	9.20	0.040
情景1	28.60	0.084	−12.31	−0.029	16.29	0.050
情景2	39.41	0.093	−18.69	−0.033	20.72	0.054
情景3	49.30	0.100	−26.35	−0.038	22.95	0.054
情景4	57.61	0.104	−32.98	−0.043	24.63	0.054
情景5	64.66	0.108	−38.64	−0.046	26.02	0.053

注：储盐量变化是指 0～200 cm土体的储盐量变化。

图 5.5　淡水灌溉（a）和咸水灌溉情景 1（b）、情景 2（c）、情景 3（d）、情景 4（e）和情景 5（f）下在研究区于 1993 ～ 2012 年冬小麦和夏玉米的生育期及轮作周年平均的 0 ～ 200 cm 土体的盐分平衡分项和储盐指数

期累积的来自于灌溉的总盐分通量的 35.4% 和 32.4%，如此，在冬小麦 - 夏玉米轮作周年 0 ~ 200 cm 土壤剖面中来自灌溉的盐分而引起的储盐量的变化约占 32.2% [图 5.5（a）]。在 5 种咸水灌溉情景下，由于在夏玉米生育期的灌溉制度均与淡水灌溉情景保持一致，所以 0 ~ 200 cm 土体在夏玉米生育期累积的来自于灌溉的盐分通量保持不变（约为 2.05 mg/cm^2）[图 5.5（b）~（f）]。当冬小麦生育期内灌溉水的矿化度从 1 g/L 增加至 6 g/L 时，研究区在模拟时段内平均的冬小麦生育期累积的来自于灌溉的盐分通量从大约 26.56 mg/cm^2 增加至大约 124.16 mg/cm^2，平均的在冬小麦生育期从 0 ~ 200 cm 土体累积淋洗的盐分通量从大约 10.14 mg/cm^2 增加至大约 59.50 mg/cm^2；平均的在夏玉米生育期从 0 ~ 200 cm 土体累积淋洗的盐分通量从大约 9.27 mg/cm^2 增加至大约 40.69 mg/cm^2，研究区在轮作周年累积的 0 ~ 200 cm 土体储盐量之变化量在模拟时段内的平均值从大约 9.20 mg/cm^2 增加至大约 26.02 mg/cm^2，其占累积的来自于灌溉的总盐分通量的比例从大约 32.2% 降低至大约 20.6% [图 5.5（a）~（f）]。结果表明：冬小麦生育期内灌溉水矿化度的增大会增加 0 ~ 200 cm 土体累积的来自于灌溉的盐分通量，同时也会增加冬小麦生育期和夏玉米生育期分别从 0 ~ 200 cm 土体累积淋洗的盐分通量，使得研究区在轮作周年累积的 0 ~ 200 cm 土体储盐量之变化量在模拟时段内的平均值有所增加。此外，当冬小麦生育期内灌溉水的矿化度大于等于 3 g/L 时，研究区在模拟时段内轮作周年 0 ~ 200 cm 土体储盐指数的平均值基本保持稳定且接近于零。这意味着：总体而言，从规避土壤次生盐渍化的角度来看，在研究区的模拟时段内，冬小麦生育期采用矿化度不超过 6 g/L 的咸水进行灌溉具有一定的可行性。

在本研究中，模拟时段内平均的 0 ~ 200 cm 土体储盐量的变化量是这样计算的：冬小麦生育期和夏玉米生育期分别累积的来自于灌溉的盐分通量之和，加上冬小麦生育期和夏玉米生育期分别累积的来自于地下水向上补给的盐分净通量之和，再减去冬小麦生育期和夏玉米生育期分别从 0 ~ 200 cm 土体累积淋洗的盐分通量之和。前已述及，我们在研究区内划分了 3 个灌溉分区和 2 种下边界类型分区（Li and Ren，2019a），在淡水灌溉和 5 种咸水灌溉情景下，在灌溉 I 区且 2 m 模拟剖面下边界为自由排水的区域，模拟时段内平均的 0 ~ 200 cm 土体储盐量的变化量为该土体在冬小麦生育期和夏玉米生育期分别累积的来自于灌溉的盐分通量之和减去这两个作物生育期分别从该土体累积淋洗的盐分通量之和（图 5.6）；在灌溉 II 区且 15 m 模拟剖面下边界为零通量的区域，基于模拟结果的计算，分别得到在冬小麦生育期和夏玉米生育期 0 ~ 200 cm 土体来自于地下水向上补给的盐分净通量为零，因而，模拟时段内平均的 0 ~ 200 cm 土体储盐量的变化量为该土体在冬小麦生育期和夏玉米生育期分别累积的来自于灌溉的盐分通量之和减去这两个作物生育期分别从该土体累积淋洗的盐分通量之和（图 5.7）；在灌溉 I 区且 15 m 模拟剖面下边界为零通量的区域，基于模拟结果的计算，得到冬小麦生育期从 0 ~ 200 cm 土体累积淋洗的盐分通量和夏玉米生育期在 0 ~ 200 cm 土体累积的来自于地下水向上补给的盐分净通量为零，因而，模拟时段内平均的 0 ~ 200 cm 土体储盐量的变化量为该土体在冬小麦生育期和夏玉米生育期分别累积的来自于灌溉的盐分通量之和加上该土体在冬小麦生育期累积的来自于地下水向上补给的盐分净通量再减去夏玉米生育期从该土体累积淋洗的盐分通量（图 5.8）；在灌溉 III 区，15 m 模拟剖面下边界为零通量且夏玉米

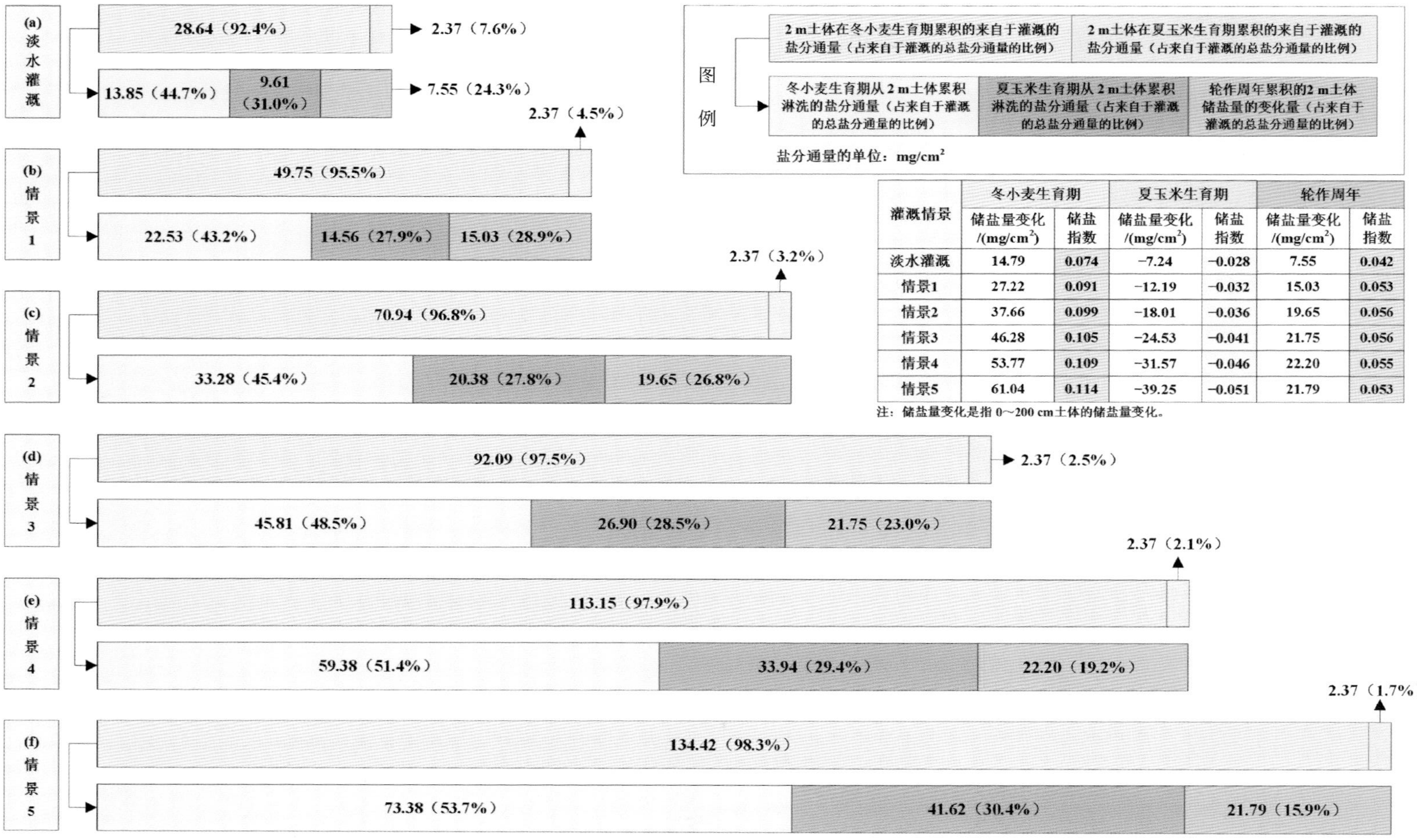

(a) 淡水灌溉
28.64（92.4%）　→ 2.37（7.6%）
13.85（44.7%）　9.61（31.0%）　→ 7.55（24.3%）

(b) 情景 1
49.75（95.5%）　→ 2.37（4.5%）
22.53（43.2%）　14.56（27.9%）　15.03（28.9%）

(c) 情景 2
70.94（96.8%）　→ 2.37（3.2%）
33.28（45.4%）　20.38（27.8%）　19.65（26.8%）

(d) 情景 3
92.09（97.5%）　→ 2.37（2.5%）
45.81（48.5%）　26.90（28.5%）　21.75（23.0%）

(e) 情景 4
113.15（97.9%）　→ 2.37（2.1%）
59.38（51.4%）　33.94（29.4%）　22.20（19.2%）

(f) 情景 5
134.42（98.3%）　→ 2.37（1.7%）
73.38（53.7%）　41.62（30.4%）　21.79（15.9%）

图例
2 m土体在冬小麦生育期累积的来自于灌溉的盐分通量（占来自于灌溉的总盐分通量的比例）
2 m土体在夏玉米生育期累积的来自于灌溉的盐分通量（占来自于灌溉的总盐分通量的比例）
冬小麦生育期从 2 m土体累积淋洗的盐分通量（占来自于灌溉的总盐分通量的比例）
夏玉米生育期从 2 m土体累积淋洗的盐分通量（占来自于灌溉的总盐分通量的比例）
轮作周年累积的2 m土体储盐量的变化量（占来自于灌溉的总盐分通量的比例）
盐分通量的单位：mg/cm²

灌溉情景	冬小麦生育期		夏玉米生育期		轮作周年	
	储盐量变化/(mg/cm²)	储盐指数	储盐量变化/(mg/cm²)	储盐指数	储盐量变化/(mg/cm²)	储盐指数
淡水灌溉	14.79	0.074	−7.24	−0.028	7.55	0.042
情景1	27.22	0.091	−12.19	−0.032	15.03	0.053
情景2	37.66	0.099	−18.01	−0.036	19.65	0.056
情景3	46.28	0.105	−24.53	−0.041	21.75	0.056
情景4	53.77	0.109	−31.57	−0.046	22.20	0.055
情景5	61.04	0.114	−39.25	−0.051	21.79	0.053

注：储盐量变化是指 0～200 cm土体的储盐量变化。

图 5.6　淡水灌溉（a）和咸水灌溉情景 1（b）、情景 2（c）、情景 3（d）、情景 4（e）和情景 5（f）下在灌溉 I 区且 2 m 模拟剖面下边界为自由排水的区域于 1993 ～ 2012 年冬小麦和夏玉米的生育期及轮作周年平均的 0 ～ 200 cm 土体的盐分平衡分项和储盐指数

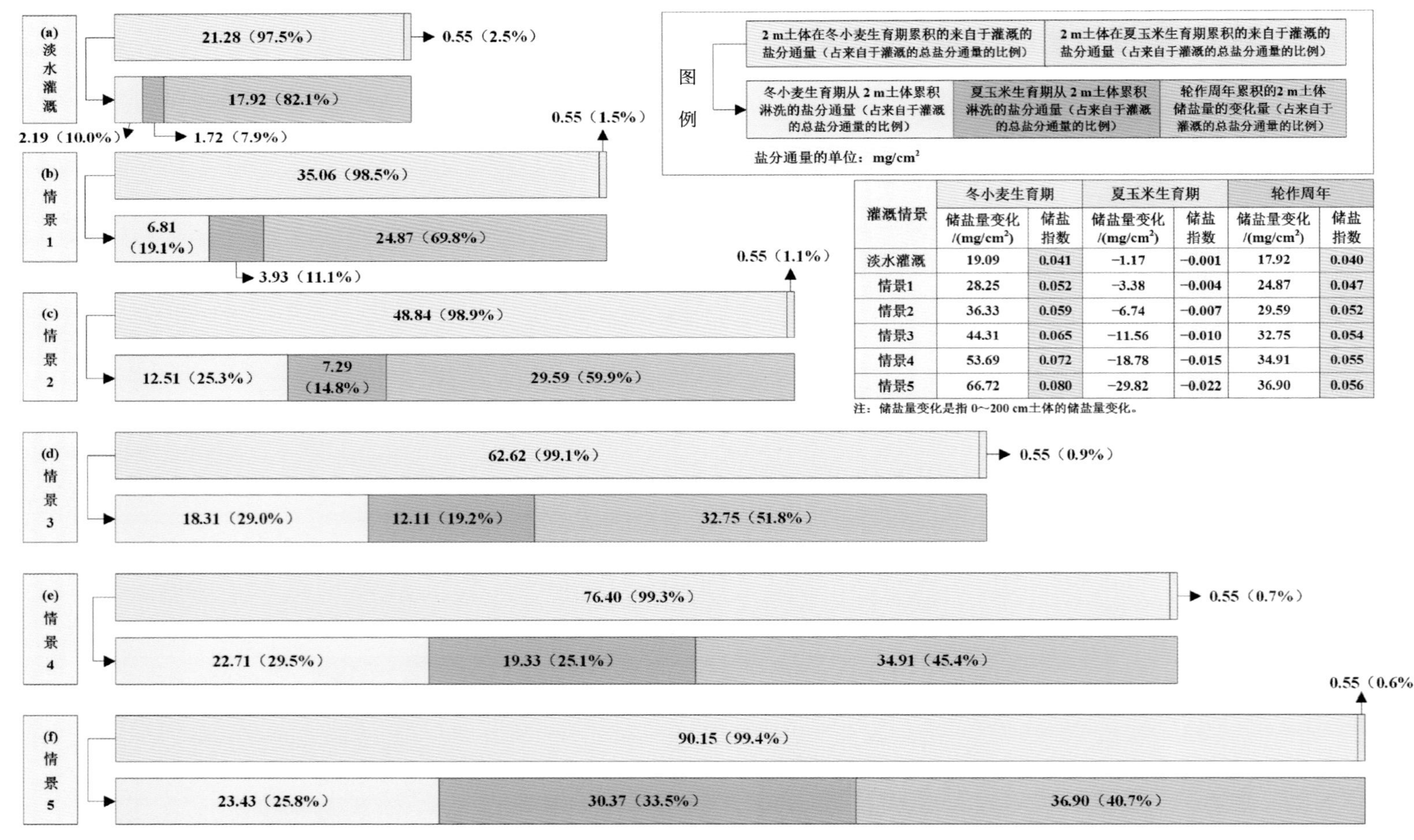

灌溉情景	冬小麦生育期		夏玉米生育期		轮作周年	
	储盐量变化/(mg/cm²)	储盐指数	储盐量变化/(mg/cm²)	储盐指数	储盐量变化/(mg/cm²)	储盐指数
淡水灌溉	19.09	0.041	−1.17	−0.001	17.92	0.040
情景1	28.25	0.052	−3.38	−0.004	24.87	0.047
情景2	36.33	0.059	−6.74	−0.007	29.59	0.052
情景3	44.31	0.065	−11.56	−0.010	32.75	0.054
情景4	53.69	0.072	−18.78	−0.015	34.91	0.055
情景5	66.72	0.080	−29.82	−0.022	36.90	0.056

注：储盐量变化是指 0~200 cm土体的储盐量变化。

图 5.7 淡水灌溉（a）和咸水灌溉情景 1（b）、情景 2（c）、情景 3（d）、情景 4（e）和情景 5（f）下在灌溉 II 区且 15 m 模拟剖面下边界为零通量的区域于 1993 ~ 2012 年冬小麦和夏玉米的生育期及轮作周年平均的 0 ~ 200 cm 土体的盐分平衡分项和储盐指数

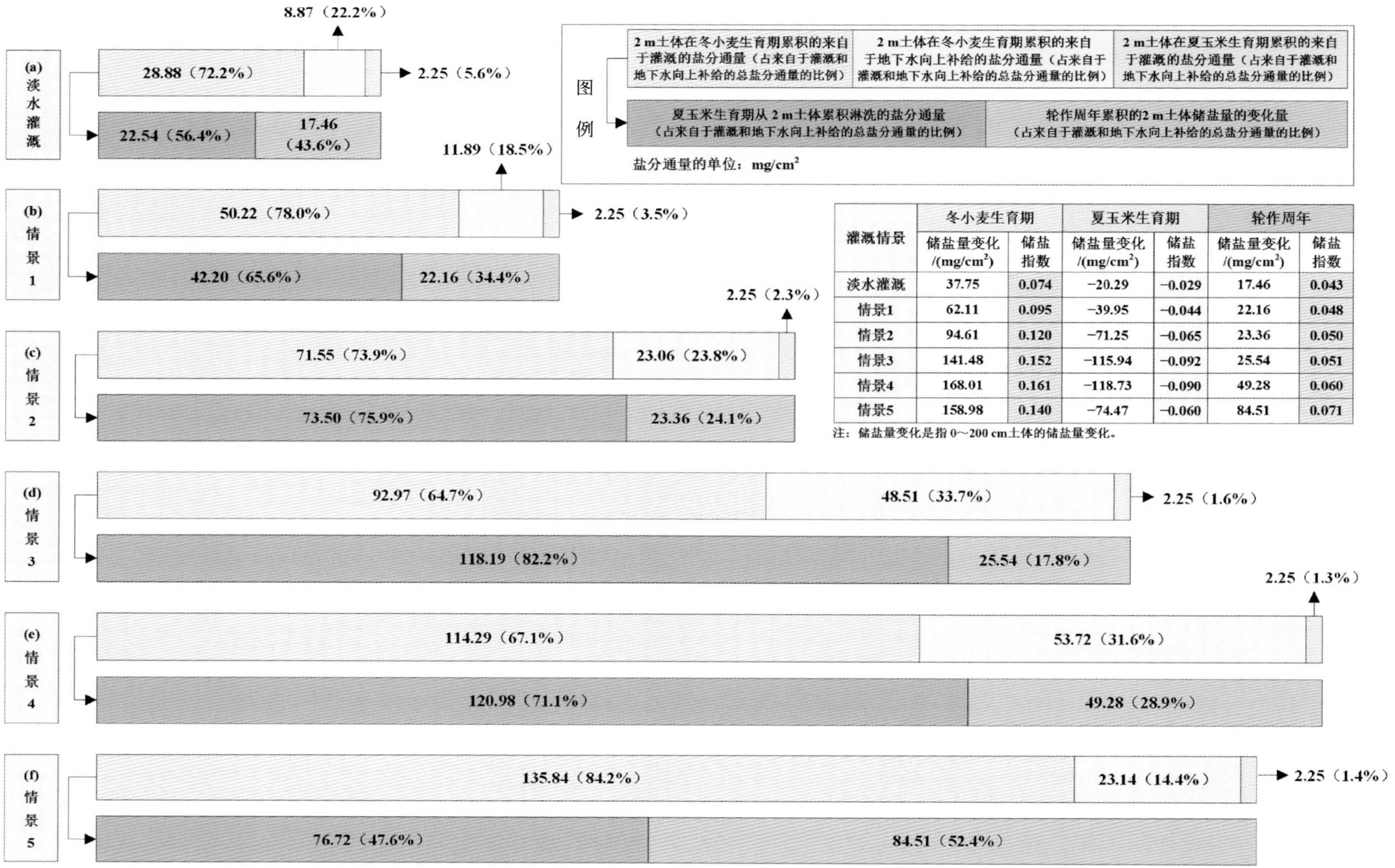

图例

2 m土体在冬小麦生育期累积的来自于灌溉的盐分通量（占来自于灌溉和地下水向上补给的总盐分通量的比例）

2 m土体在冬小麦生育期累积的来自于地下水向上补给的盐分通量（占来自于灌溉和地下水向上补给的总盐分通量的比例）

2 m土体在夏玉米生育期累积的来自于灌溉的盐分通量（占来自于灌溉和地下水向上补给的总盐分通量的比例）

夏玉米生育期从 2 m土体累积淋洗的盐分通量（占来自于灌溉和地下水向上补给的总盐分通量的比例）

轮作周年累积的2 m土体储盐量的变化量（占来自于灌溉和地下水向上补给的总盐分通量的比例）

盐分通量的单位：mg/cm²

(a) 淡水灌溉
28.88（72.2%）
8.87（22.2%）
2.25（5.6%）
22.54（56.4%）
17.46（43.6%）

(b) 情景 1
50.22（78.0%）
11.89（18.5%）
2.25（3.5%）
42.20（65.6%）
22.16（34.4%）

(c) 情景 2
71.55（73.9%）
23.06（23.8%）
2.25（2.3%）
73.50（75.9%）
23.36（24.1%）

(d) 情景 3
92.97（64.7%）
48.51（33.7%）
2.25（1.6%）
118.19（82.2%）
25.54（17.8%）

(e) 情景 4
114.29（67.1%）
53.72（31.6%）
2.25（1.3%）
120.98（71.1%）
49.28（28.9%）

(f) 情景 5
135.84（84.2%）
23.14（14.4%）
2.25（1.4%）
76.72（47.6%）
84.51（52.4%）

灌溉情景	冬小麦生育期		夏玉米生育期		轮作周年	
	储盐量变化/(mg/cm²)	储盐指数	储盐量变化/(mg/cm²)	储盐指数	储盐量变化/(mg/cm²)	储盐指数
淡水灌溉	37.75	0.074	−20.29	−0.029	17.46	0.043
情景1	62.11	0.095	−39.95	−0.044	22.16	0.048
情景2	94.61	0.120	−71.25	−0.065	23.36	0.050
情景3	141.48	0.152	−115.94	−0.092	25.54	0.051
情景4	168.01	0.161	−118.73	−0.090	49.28	0.060
情景5	158.98	0.140	−74.47	−0.060	84.51	0.071

注：储盐量变化是指 0～200 cm土体的储盐量变化。

图 5.8　淡水灌溉（a）和咸水灌溉情景 1（b）、情景 2（c）、情景 3（d）、情景 4（e）和情景 5（f）下在灌溉 I 区且 15 m 模拟剖面下边界为零通量的区域于 1993 ~ 2012 年冬小麦和夏玉米的生育期及轮作周年平均的 0 ~ 200 cm 土体的盐分平衡分项和储盐指数

生育期无灌溉，由于夏玉米生育期累积的来自于灌溉的盐分通量为零，且基于模拟结果的计算得到冬小麦生育期从 0 ~ 200 cm 土体累积淋洗的盐分通量和夏玉米生育期在 0 ~ 200 cm 土体累积的来自于地下水向上补给的盐分净通量为零，因而，模拟时段内平均的 0 ~ 200 cm 土体储盐量的变化量为该土体在冬小麦生育期累积的来自于灌溉和地下水向上补给的盐分净通量之和再减去夏玉米生育期从该土体累积淋洗的盐分通量（图 5.9）。

就模拟时段内的平均水平而言，在 2 m 模拟剖面下边界为自由排水的区域，5 种咸水灌溉情景下 0 ~ 200 cm 土体来自于冬小麦和夏玉米各自生育期灌溉的总盐分通量的 71.1% ~ 84.1% 被淋洗出该土体（图 5.6）。Verma 等（2012）在印度 Agra 地区站点尺度上的试验结果表明：在冬季使用咸水灌溉导致季节性盐分累积，但季风季节集中分布的过量降水会淋洗累积的盐分，从而使得在地下水面较深且自由排水的区域作物根区不积盐。在年平均降雨量超过 500 mm 的季风气候区且分布砂壤土和壤土的区域，小麦种植过程中积累的 80% 以上的盐分会被淋洗，土壤盐分不会长期增加（Sharma *et al.*，1994；Chauhan *et al.*，2008）。

需要说明的是，受限于 SWAP-WOFOST 模型的功能，我们在模拟过程中难以刻画从浅层含水层“抽取”咸水用于灌溉，这意味着灌溉带入的盐分相当于从“外源”获得，就盐分平衡的角度而言，这样的咸水灌溉会在一定程度上增加非饱和 - 饱和土体的含盐量，从而会导致浅层地下水矿化度的增加。对于浅层地下水深埋区（亦即 2 m 模拟剖面下边界为自由排水的区域），浅层地下水埋深基本上大于 4 m，地下水位的波动对于 0 ~ 200 cm 土体水盐运动的影响较小，换言之，这类区域浅层地下水矿化度的变化对作物主要根系带 2 m 土体的水盐动态影响不大，因此，我们在模拟时将这类区域浅层地下水的矿化度近似视为不变来模拟评估 0 ~ 200 cm 土体的水盐动态是合理的。对于浅层地下水浅埋区（亦即 15 m 模拟剖面下边界为零通量的区域），我们分别从灌溉 I 区、II 区和 III 区的中部选择了 3 个模拟单元开展数值模拟试验，结果显示：即或在模拟中难以考虑抽取浅层含水层中的咸水，而连续 20 年采用“外源”咸水进行灌溉，浅层地下水的矿化度也不会显著增加。因此，对这类区域基于浅层地下水矿化度近似不变的假设来模拟评估咸水灌溉所导致的次生盐渍化风险是可行的。综上，就研究区总体而言，我们对咸水灌溉情景下 0 ~ 200 cm 土体次生盐渍化的风险或许是高估的，然而，这样或许偏于悲观的模拟评估结果对决策管理来说风险是相对较小的。

在淡水灌溉和 5 种咸水灌溉情景下，仅在 2001 年和 2004 年，冬小麦生育期累积的 0 ~ 200 cm 土体储盐量的变化量在研究区的平均值为负值，在模拟时段（1993 ~ 2012 年）内的其他年份均大于零 [图 5.10（b）~（g）]，这表明冬小麦生育期 0 ~ 200 cm 土体有不同程度的盐分累积。以情景 5（亦即冬小麦生育期内灌溉水的矿化度为 6 g/L 时）为例，冬小麦生育期累积的 0 ~ 200 cm 土体储盐量的变化量在研究区的平均值在 2004 年达到大约 −227.0 mg/cm^2 [图 5.10（g）]，这可能的原因是：一方面，由于 2004 年冬小麦生育期的降水量在模拟时段内最高 [图 5.10（a）]，降水水平为丰（Li and Ren，2019b），故而在设置的咸水灌溉情景中相较于平水期、枯水期和特枯水期少灌溉 1 次咸水，使得由灌溉带入的盐分相对较少；另一方面，根据芮孝芳（2004）依照 24 小时的雨量划分不同级别降水的标准，我们统计了每一年冬小麦生育期不同级别的降水量，其结果表明：在

(a) 淡水灌溉
5.79（29.8%）　13.65（70.2%）
8.13（41.8%）　11.31（58.2%）

(b) 情景 1
11.58（46.3%）　13.43（53.7%）
9.97（39.9%）　15.04（60.1%）

(c) 情景 2
17.38（57.1%）　13.06（42.9%）
12.06（39.6%）　18.38（60.4%）

(d) 情景 3
23.17（64.8%）　12.60（35.2%）
14.55（40.7%）　21.22（59.3%）

(e) 情景 4
28.96（70.9%）　11.91（29.1%）
17.26（42.2%）　23.61（57.8%）

(f) 情景 5
34.75（75.6%）　11.21（24.4%）
20.28（44.1%）　25.68（55.9%）

图例
2 m土体在冬小麦生育期累积的来自于灌溉的盐分通量（占来自于灌溉和地下水向上补给的总盐分通量的比例）
2 m土体在冬小麦生育期累积的来自于地下水向上补给的盐分通量（占来自于灌溉和地下水向上补给的总盐分通量的比例）
夏玉米生育期从 2 m土体累积淋洗的盐分通量（占来自于灌溉和地下水向上补给的总盐分通量的比例）
轮作周年累积的2 m土体储盐量的变化量（占来自于灌溉和地下水向上补给的总盐分通量的比例）
盐分通量的单位：mg/cm²

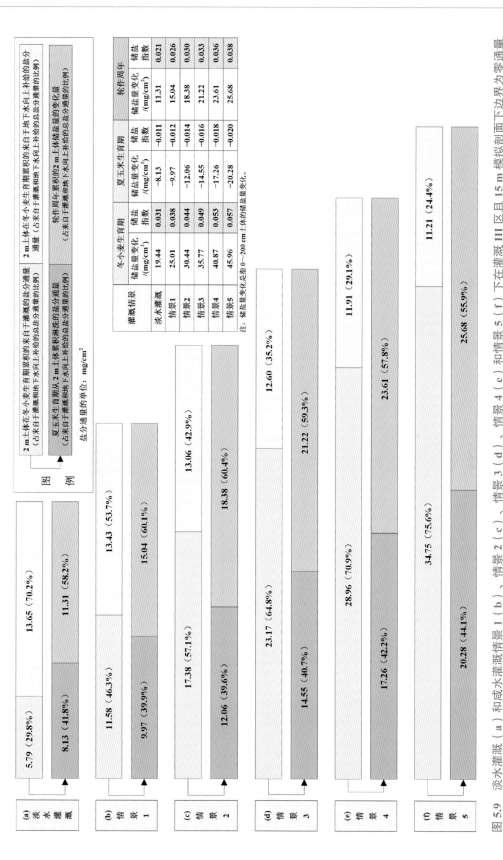

灌溉情景	冬小麦生育期		夏玉米生育期		轮作周年	
	储盐量变化/(mg/cm²)	储盐指数	储盐量变化/(mg/cm²)	储盐指数	储盐量变化/(mg/cm²)	储盐指数
淡水灌溉	19.44	0.031	−8.13	−0.011	11.31	0.021
情景1	25.01	0.038	−9.97	−0.012	15.04	0.026
情景2	30.44	0.044	−12.06	−0.014	18.38	0.030
情景3	35.77	0.049	−14.55	−0.016	21.22	0.033
情景4	40.87	0.053	−17.26	−0.018	23.61	0.036
情景5	45.96	0.057	−20.28	−0.020	25.68	0.038

注：储盐量变化是指 0～200 cm土体的储盐量变化。

图 5.9　淡水灌溉（a）和咸水灌溉情景 1（b）、情景 2（c）、情景 3（d）、情景 4（e）和情景 5（f）下在灌溉 III 区且 15 m 模拟剖面下边界为零通量的区域于 1993 ～ 2012 年冬小麦和夏玉米的生育期及轮作周年平均的 0 ～ 200 cm 土体的盐分平衡分项和储盐指数

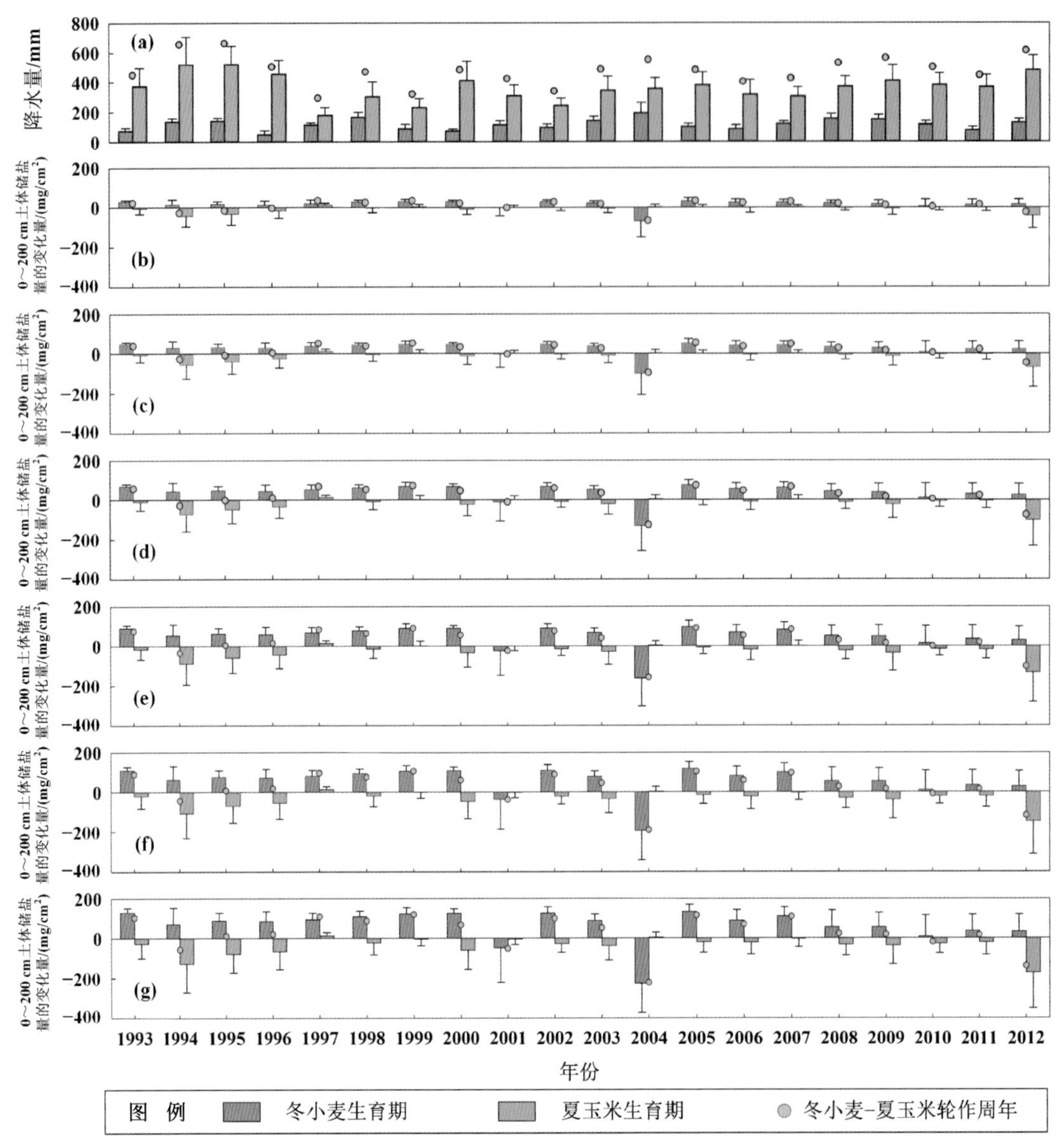

图 5.10 1993 ~ 2012 年研究区 2809 个模拟单元中冬小麦生育期和夏玉米生育期的降水量（a）及在淡水灌溉（b）、咸水灌溉情景 1（c）、情景 2（d）、情景 3（e）、情景 4（f）和情景 5（g）下冬小麦和夏玉米的生育期及轮作周年 0 ~ 200 cm 土体储盐量变化的动态

研究区内的大部分区域，2004 年冬小麦生育期出现了 24 小时雨量在 50 ~ 100 mm 范围内的暴雨和 100 ~ 200 mm 范围内的大暴雨，这会使得 0 ~ 200 cm 土体脱盐效果明显。此外，由于研究区处于半干旱半湿润季风气候区，在夏玉米生育期（6 ~ 9 月）通常有较为集中的降水，这使得模拟时段内夏玉米生育期累积的 0 ~ 200 cm 土体储盐量的变化量在研究区的平均值基本为负，夏玉米生育期累积的 0 ~ 200 cm 土体储盐量的变化量在研究区的平均值的年际差异随着冬小麦生育期内灌溉水矿化度的增加而增大 [图 5.10（b）~（g）]。其中，在 1994 年、1995 年、1996 年和 2012 年的夏玉米生育期的降水量

较多 [图 5.10（a）]，降水水平为丰（Li and Ren，2019b），因而，在这些年份夏玉米生育期 0 ~ 200 cm 土体储盐量的减少量高于其他各年份。

我们通过模拟计算得到：在淡水灌溉和 5 种咸水灌溉情景下，模拟时段内的每一年，研究区内 2809 个模拟单元在冬小麦和夏玉米的生育期以及轮作周年 0 ~ 200 cm 土体中分层土壤（0 ~ 20 cm、20 ~ 40 cm、40 ~ 60 cm、60 ~ 80 cm、80 ~ 100 cm、100 ~ 120 cm、120 ~ 140 cm、140 ~ 160 cm、160 ~ 180 cm 和 180 ~ 200 cm）盐分浓度（mg/cm^3）的变化量。进一步地，我们依据每一个模拟单元的面积统计了每一年各层土壤盐分浓度的变化量在特定范围内（< −2 mg/cm^3、−2 ~ −1 mg/cm^3、−1 ~ 0 mg/cm^3、0 ~ 1 mg/cm^3、1 ~ 2 mg/cm^3 和 > 2 mg/cm^3）的分布面积占研究区耕地总面积的比例，并计算了冬小麦 [图 5.11（a）] 和夏玉米 [图 5.11（b）] 的生育期以及轮作周年 [图 5.11（c）] 该比例在模拟时段内的平均值以及研究区在模拟时段内平均的各层土壤的储盐指数。就研究区在模拟时段内的平均水平而言，在这 5 种咸水灌溉情景下，冬小麦生育期 0 ~ 120 cm 土体中各层土壤平均的储盐指数为正。具体地，就模拟时段的平均水平而言，在研究区内 0 ~ 120 cm 土体中各层土壤平均的盐分浓度的变化量以大于 0 mg/cm^3（亦即积盐）为主，其中在研究区内约 90% 以上的区域 0 ~ 60 cm 土体中各层土壤均呈现积盐的态势，0 ~ 120 cm 土体中各层土壤平均的盐分浓度的变化量大于 0 mg/cm^3 的分布比例及平均的储盐指数均随着土壤深度的增加而降低 [图 5.11（a）]。120 ~ 200 cm 土体中各层土壤平均的储盐指数为负值或趋于零，在研究区 60% 以上的区域，120 ~ 200 cm 土体中各层土壤的盐分浓度的变化量小于 0 mg/cm^3（亦即脱盐）[图 5.11（a）]。总之，我们的模拟结果表明：在模拟时段研究区内的大部分区域，冬小麦生育期内的咸水灌溉会增加 0 ~ 120 cm 土体的盐分，尤其是 60 cm 以上土层的盐分，但 120 ~ 200 cm 土体的盐分有所降低。乔玉辉等（1999）在曲周试验站于 1997 ~ 1998 年开展的田间试验结果表明：利用 3.2 g/L 的咸水对冬小麦进行灌溉主要增加表层 0 ~ 40 cm 土壤的盐分。Ma 等（2008）在曲周试验站于 1997 ~ 2005 年开展的田间试验结果表明：咸水灌溉使得土壤盐分累积量迅速增加，尤其是冬小麦生长季 80 cm 以上的土层。在咸水灌溉情景下，研究区内冬小麦生育期土壤积盐深度的空间差异性是由于在冬小麦生育期咸水灌溉定额和降水量以及土壤剖面质地垂直分布的空间变化所致。

在淡水灌溉和 5 种咸水灌溉情景下，夏玉米生育期在平水期和丰水期的降水量或夏玉米生育期在枯水期和特枯水期的降水量与所补充的灌溉量，使得研究区内 50% 以上区域 0 ~ 100 cm 土体中各层土壤平均的盐分浓度的变化量小于 0 mg/cm^3（亦即脱盐），且研究区在模拟时段内夏玉米生育期平均的储盐指数为负 [图 5.11（b）]。这表明：就研究区在模拟时段内的平均水平而言，由灌溉带入的盐分经过夏玉米生育期会淋洗至 100 cm 以下的土体中。我们注意到，夏玉米生育期土壤盐分浓度的变化量小于 0 mg/cm^3 的区域占模拟单元总面积的比例会随着土壤深度的增加而有所降低，这或许意味着夏玉米生育期的降水量与灌溉量在时空尺度上的差异会影响土壤盐分的脱盐深度，因此，我们进一步分析在夏玉米生育期不同的降水与灌溉水平下 0 ~ 200 cm 土体盐分的变化情况。具体地，当模拟时段内每一年夏玉米生育期的降水量与灌溉量之和分别在不同的范围内（＜200 mm、200 ~ 250 mm、251 ~ 300 mm、301 ~ 350 mm、351 ~ 400 mm、401 ~ 450 mm、451 ~ 500 mm、＞500 mm）时，我们对夏玉米生育期 0 ~ 200 cm 土体中各层土壤盐分浓度平均变化量为负值（亦即脱盐）的分布面积进行统计，并计算该分布面积占夏玉米生育期降水量与灌溉量之和在相应范围时的模拟单元总面积的比例以及相应土层的平均储盐指数，进而展示淡水灌溉和不同的咸水灌溉情景中夏玉米生育期内不同的降水与灌溉水平对夏玉米生育期 0 ~ 200 cm 土体的盐分脱盐深度的影响 [图 5.12（a）~（f）]。结果显示：当夏玉米生育期的降水量与灌溉量之和大于 450 mm 时，若在冬小麦生育期内采用不同矿化度的咸水灌溉（亦即情景 1 至情景 5），0 ~ 120 cm 土体中各层土壤平均的储盐指数均小于零或等于零，亦即土壤盐分的脱盐深度可以达到 120 cm，此时，研究区内 50% 以上的区域 0 ~ 120 cm 土体均为脱盐状态且盐分主要累积在 120 ~ 200 cm 土层中 [图 5.12（b）~（f）]；当夏玉米生育期的降水量与灌溉量之和在 401 ~ 450 mm 范围内时，在情景 1 至情景 5 下，0 ~ 100 cm 土体中各层土壤平均的储盐指数均为负值，此时，研究区内 60% 以上的区域 0 ~ 100 cm 土体均为脱盐状态且盐分主要累积在 100 ~ 200 cm 土层中 [图 5.12（b）~（f）]；当夏玉米生育期的降水量与灌溉量之和在 351 ~ 400 mm 范围内时，在情景 1 至情景 3 下，0 ~ 80 cm 土体中各层土壤平均的储盐指数均为负值 [图 5.12（b）~（d）]，在情景 4 和情景 5 下，0 ~ 100 cm 土体中各层土壤平均的储盐指数均为负值或等于零 [图 5.12（e）、（f）]；当夏玉米生育期的降水量与灌溉量之和在 301 ~ 350 mm 范围内时，在情景 1 和情景 2 下，0 ~ 60 cm 土体中各层土壤平均的储盐指数均为负值 [图 5.12（b）、（c）]，在情景 3 至情景 5 下，0 ~ 80 cm 土体中各层土壤平均的储盐指数均为负值或等于零 [图 5.12（d）~（f）]；当夏玉米生育期的降水量与灌溉量之和在 200 ~ 300 mm 范围内时，在情景 1 至情景 5 下，0 ~ 60 cm 土体中各层土壤平均的储盐指数均为负值 [图 5.12（b）~（f）]；当夏玉米生育期的降水量与灌溉量之和小于 200 mm 时，在情景 1 至情景 5 下，0 ~ 40 cm 土体中各层土壤平均的储盐指数均为负值且盐分主要累积在 40 ~ 120 cm [图 5.12（b）~（f）]。以上结果表明：在夏玉米生育期内土壤盐分的脱盐深度与其生育期内的灌溉量和降水量之和呈正相关。当夏玉米生育期的降水量与灌溉量之和在 300 ~ 400 mm 范围内时，随着冬小麦生育期内灌溉水矿化度的增加，夏玉米生育期的土壤脱盐深度也有所增大，这或许是由于随着冬小麦生育期内灌溉水矿化度的增加会导致在夏玉米生育期根系吸水受到抑制，使得土壤水流通量有所增大，于是便增大了夏玉米生育期的土壤盐分脱盐深度。Fang 和 Chen（1997）在南皮试验站于 1980 ~ 1989 年开展的田间试验结果表明：当 7 ~ 8 月降水量大于 300 mm 时，可以保证根系带 0 ~ 40 cm 土壤盐分淋洗；40 ~ 80 cm 土层在湿润年份处于脱盐状态，但在部分干旱年份处于积盐状态。Ma 等（2008）在曲周试验站于 1997 ~ 2005 年开展的田间试验结果表明：土壤盐分在湿润季节淋洗的最大深度约为 150 cm。He 等（2017）在南皮试验站利用验证后的 HYDRUS-1D 模型对冬小麦 - 夏玉米一年两熟制下 4 种咸水灌溉情景开展了 15 年的模拟，结果表明：降水量是决定土壤盐分淋洗速率和深度的关键因素，夏玉米播种前进行的淡水灌溉以及夏玉米生育期的降水将有助于 0 ~ 100 cm 根区的土壤盐分淋洗，盐分主要积累在 160 ~ 220 cm 土层中。Liu 等（2019）在河北省南皮

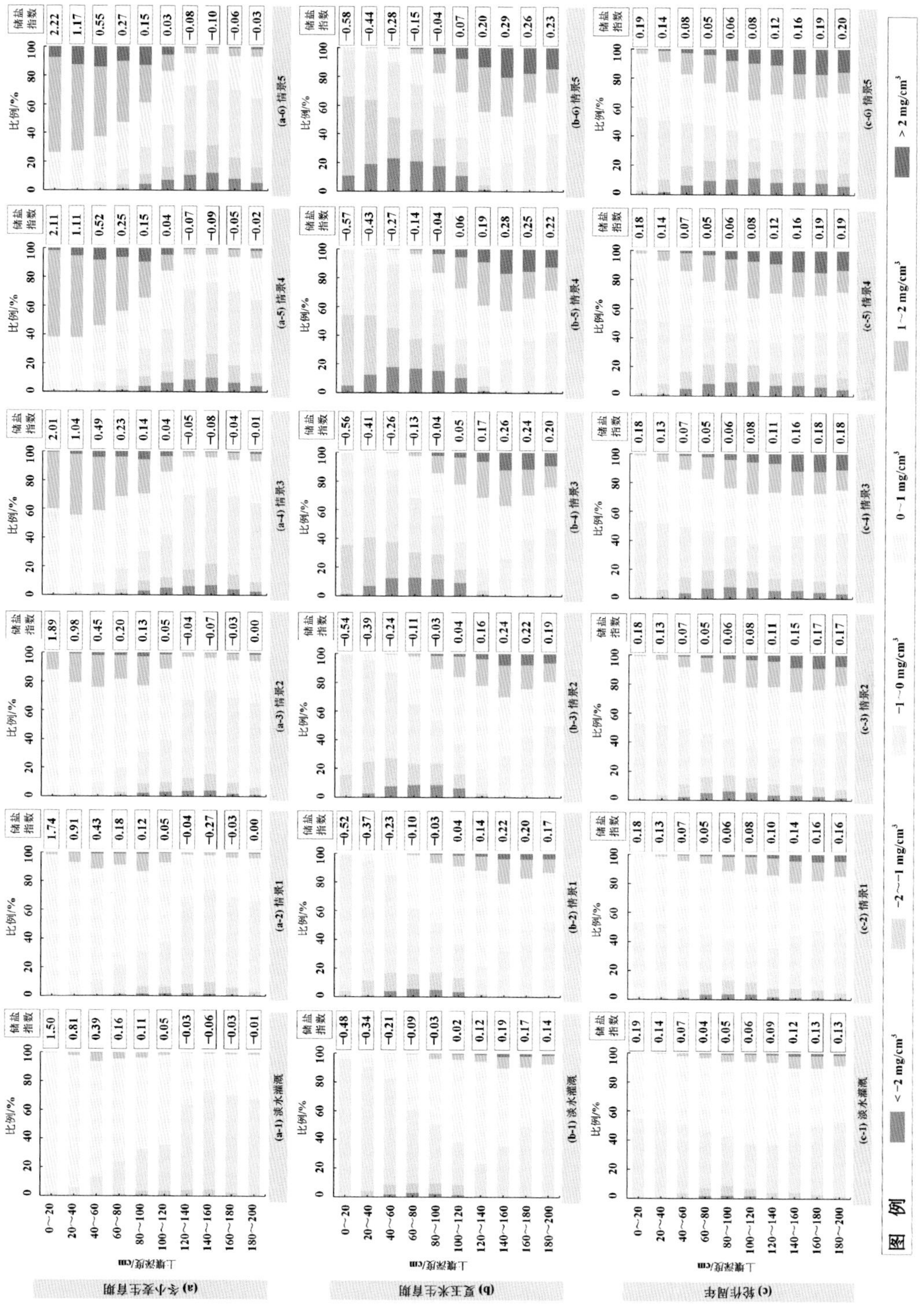

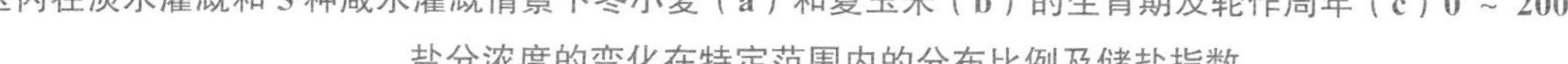

图 5.11　研究区内在淡水灌溉和 5 种咸水灌溉情景下冬小麦（a）和夏玉米（b）的生育期及轮作周年（c）0 ~ 200 cm 土体中各层土壤盐分浓度的变化在特定范围内的分布比例及储盐指数

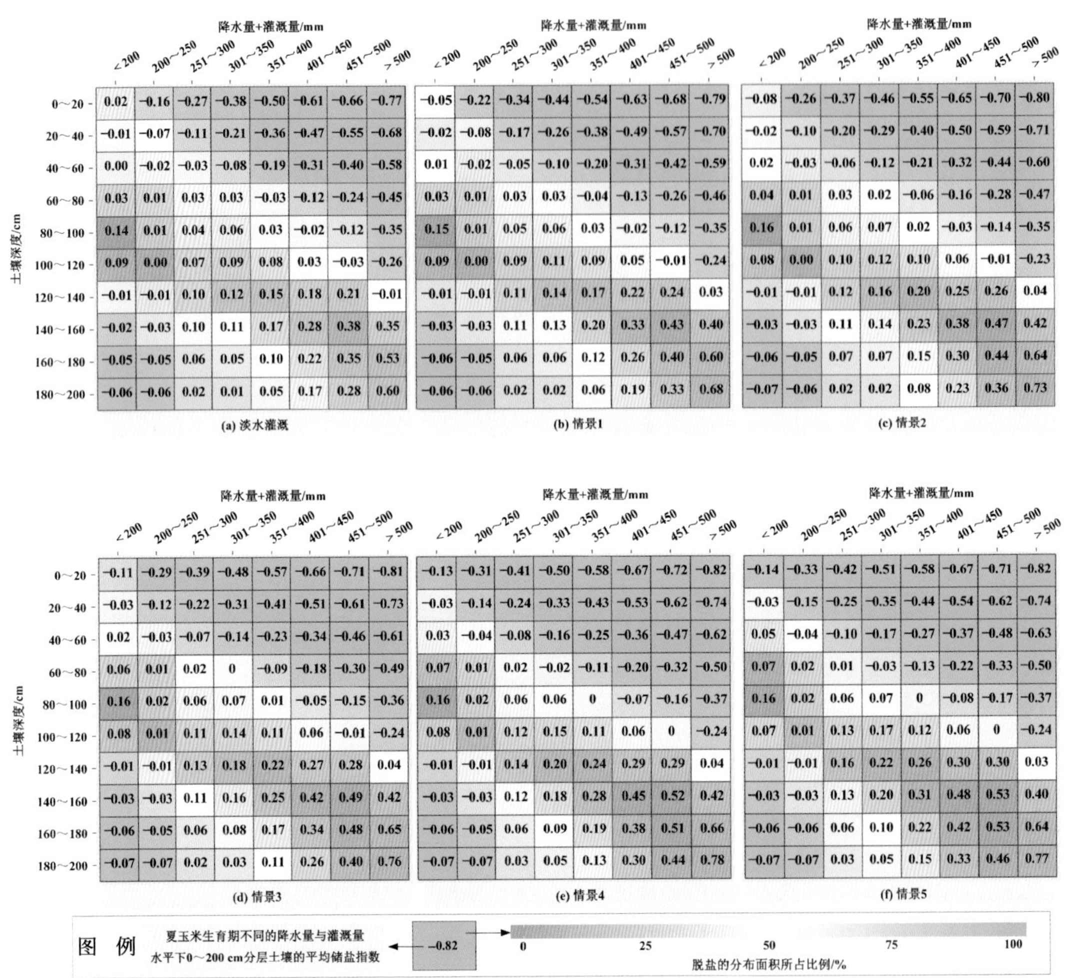

图 5.12 在淡水灌溉（a）和咸水灌溉情景 1（b）、情景 2（c）、情景 3（d）、情景 4（e）和情景 5（f）中夏玉米生育期不同的降水量与灌溉量对 0 ~ 200 cm 分层土壤盐分的影响

县 2 个土壤质地类型的冬小麦－夏玉米一年两熟制灌溉农田对 HYDRUS-1D 模型进行了率定和验证，并针对 2 种咸水灌溉情景开展了 20 年的模拟，结果表明：土壤盐分动态受季节性降水和水文年型的影响，季节性降水分布决定上层土壤（0 ~ 100 cm）盐分变化的季节特征。我们在区域尺度上的模拟结果及以上学者在研究区站点尺度上开展田间试验和模拟研究的结果都表明：夏玉米生长阶段充沛的降水会使得土壤盐分向深层淋洗，但由于土壤条件、夏玉米生育期内降水量与灌溉量及它们在时间上分布的不同会使得土壤盐分的脱盐深度不尽相同。总之，在研究区的区域尺度上，我们应用精心构建的分布式农业水文模型，在半干旱半湿润的季风气候条件下，定量地分析夏

玉米生育期内降水与灌溉对土壤盐分淋洗的影响，将对研究区在不同时空尺度上评估咸水灌溉情景下的积盐效应具有重要的参考意义。

前已述及，冬小麦生育期内若实施咸水灌溉，在冬小麦生育期主要根系带以积盐为主，而夏玉米生育期主要根系带以脱盐为主。然而，在冬小麦生育期内实施咸水灌溉对冬小麦的生长和产量影响不大，但却造成后茬夏玉米的产量有所下降。这里，为了更好地解释这样的模拟结果，首先分析冬小麦播前的淡水灌溉对播前水灌溉前后土壤盐分的淋洗，并评估冬小麦播种前的土壤盐分状况对冬小麦生长的影响；其次分析夏玉米生育期的降水与灌溉对夏玉米生育期土壤盐分的淋洗，并评估夏玉米播种前的土壤盐分状况对夏玉米生长的影响。为此，我们将计算在冬小麦播前水灌溉的前后以及在夏玉米播种前和收获时的土壤溶液盐分浓度，考虑到在研究区内夏玉米的收获时间与冬小麦播前水灌溉的前一天仅相差几日，土壤溶液盐分浓度往往不会发生大的变化，且在冬小麦和夏玉米的生育期平均约有 80% 以上的根系集中在 0 ~ 40 cm 土层中（张喜英，1999），所以，我们仅分别分析研究区在模拟时段内的每一年冬小麦播前水灌溉的前一天和后一天及夏玉米播种的前一天 0 ~ 40 cm 土壤溶液的平均盐分浓度。随着冬小麦生育期内灌溉水矿化度的增加，会使得冬小麦播前水灌溉的前一天和后一天及夏玉米播种的前一天 0 ~ 40 cm 土壤溶液平均的盐分浓度在模拟时段的每一年有不同程度的增加 [图 5.13（a）~（f）]。以情景 5 为例，研究区在冬小麦播前水灌溉的前一天和后一天及夏玉米播种的前一天 0 ~ 40 cm 土壤溶液平均的盐分浓度在模拟时段内的变化范围分别约为 3.7 ~ 14.2 mg/cm^3 和 2.2 ~ 8.1 mg/cm^3 及 11.8 ~ 31.4 mg/cm^3 [图 5.13（f）]。Fang 和 Chen（1997）在南皮站的试验结果表明：小麦的生理耐盐阈值为土壤溶液盐分浓度在出苗阶段不超过 10 mg/cm^3，在拔节期不超过 20 mg/cm^3。这意味着：在冬小麦生育期内采用不超过 6 g/L 的咸水进行灌溉，会使得夏玉米播种的前一天 0 ~ 40 cm 土壤溶液的盐分浓度明显升高，因而会对夏玉米的生长造成盐分胁迫。然而，由于夏玉米生育期的降水与灌溉对土壤盐分的淋洗使得冬小麦播前水灌溉的前一天 0 ~ 40 cm 土壤溶液平均的盐分浓度大幅度降低，仅在模拟时段内的部分年份超过小麦的耐盐阈值，但冬小麦播前的淡水灌溉会进一步降低土壤溶液的盐分浓度 [图 5.13（a）~（f）]，这就使得冬小麦在苗期的生长基本不会受到盐分胁迫的影响。从这个意义上看，冬小麦播前的灌溉不仅有利于储墒，而且有助于在一定程度上缓解咸水灌溉下冬小麦生长所受的盐分胁迫，特别是当冬小麦生育期内灌溉水的矿化度为 5 g/L（情景 4）和 6 g/L（情景 5）时，模拟时段内有近一半的年份在冬小麦播前水灌溉的前一天 0 ~ 40 cm 土壤溶液平均的盐分浓度超过了冬小麦的耐盐阈值，但播前水灌溉的后一天土壤溶液平均的盐分浓度均在冬小麦适宜生长的范围内。总之，上述模拟结果量化了冬小麦播种前的淡水灌溉对播种时 0 ~ 40 cm 土壤盐分的淋洗效应。

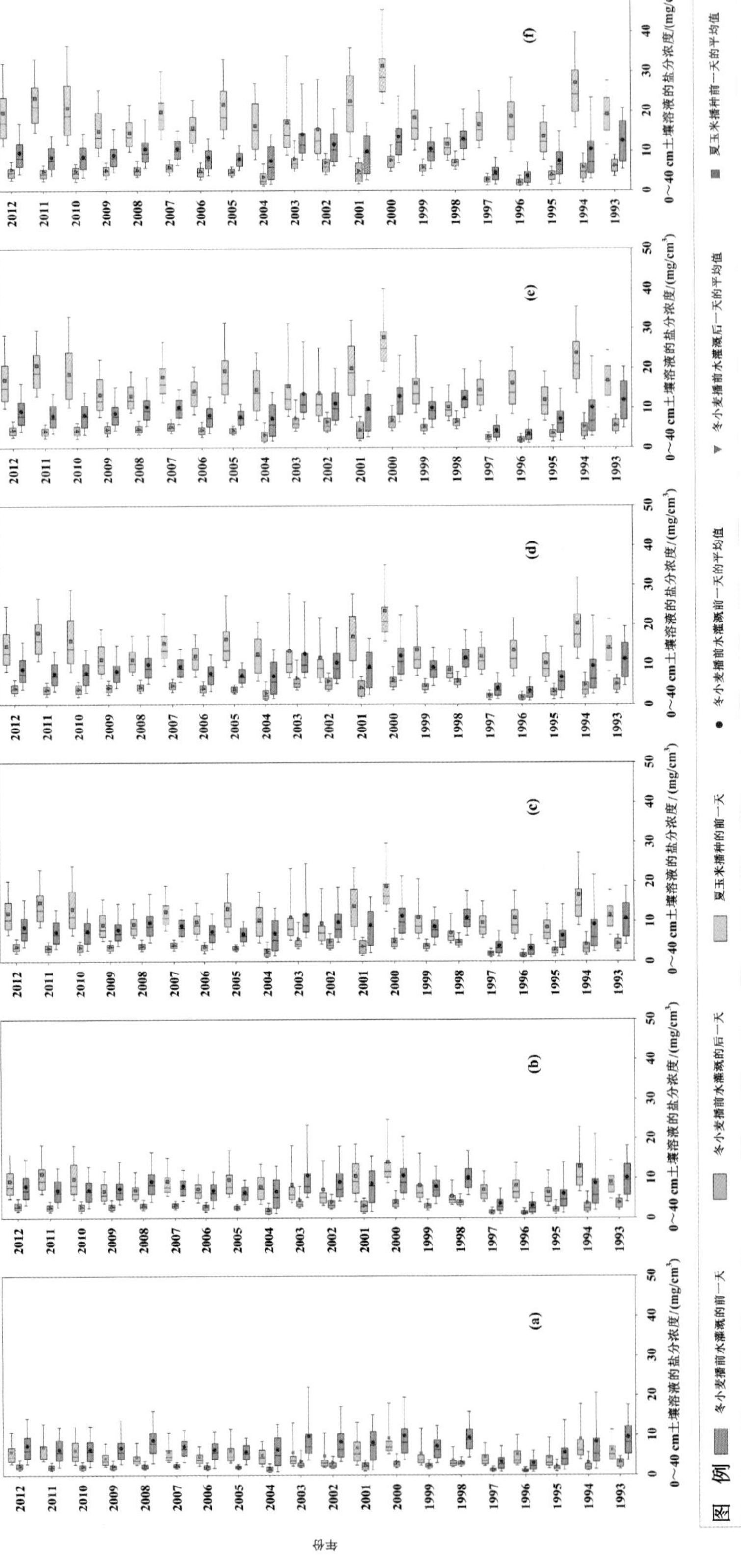

图 5.13 1993 ~ 2012 年研究区在淡水灌溉（a）和咸水灌溉情景 1（b）、情景 2（c）、情景 3（d）、情景 4（e）和情景 5（f）下冬小麦播前水灌溉的前一天和后一天及夏玉米播种的前一天 0 ~ 40 cm 土壤溶液盐分浓度的动态

5.2 适宜的咸水灌溉模式

与淡水灌溉情景相比，在情景 1 下，20 个轮作周年平均的作物减产量（p）在研究区内 98% 以上的区域不超过 500 kg/hm^2；在情景 2 下，p 在研究区内 97% 以上的区域不超过 1000 kg/hm^2；在情景 3 和情景 4 下，p 在研究区内 93% 以上的区域不超过 1500 kg/hm^2；在情景 5 下，p 在研究区内 94% 以上的区域不超过 2000 kg/hm^2 [图 5.14（a-1）]。在淡水灌溉和咸水灌溉情景 1 下，20 个轮作周年在夏玉米收获时 0 ~ 200 cm 土体的平均含盐量（q）在研究区内 95% 以上的区域小于 3 g/kg；在情景 2 至情景 5 下，q 在研究区内 96% 以上的区域小于 5 g/kg [图 5.14（a-2）]。我们依次以 20 个轮作周年作物减产量的平均值不超过特定的阈值，且 20 个轮作周年在夏玉米收获时 0 ~ 200 cm 土体的平均含盐量小于 3 g/kg 作为双约束条件，在研究区内各模拟单元上求解冬小麦生育期内灌溉水矿化度的最大值。

在研究区内满足双约束方案 1（亦即 $p \leqslant 500$ kg/hm^2 且 $q < 3$ g/kg）的冬小麦生育期内灌溉水矿化度的最大值分别为 1 g/L、2 g/L、3 g/L、4 g/L、5 g/L 和 6 g/L 的分布面积占总面积的比例分别约为 4.4%、23.9%、42.7%、21.4%、4.5% 和 2.0% [图 5.14（b-1）]。为此，我们建议：冬小麦生育期内适宜的灌溉水矿化度在沧州地区东南部和邢台地区的部分区域不超过 2 g/L，在位于廊坊地区北部和衡水地区东北部的部分区域不超过 4 g/L，在其他大部分区域不超过 3 g/L [图 5.14（b-2）]。在研究区内满足双约束方案 2（亦即 $p \leqslant 1000$ kg/hm^2 且 $q < 3$ g/kg）的冬小麦生育期内灌溉水矿化度的最大值分别为 1 g/L、2 g/L、3 g/L、4 g/L、5 g/L 和 6 g/L 的分布面积占总面积的比例分别约为 3.8%、9.8%、16.7%、28.7%、22.4% 和 17.5% [图 5.14（b-1）]。为此，我们建议：冬小麦生育期内适宜的灌溉水矿化度在位于沧州地区东南部的部分区域不超过 2 g/L，在位于沧州地区西部、衡水地区南部和邢台地区北部的部分区域不超过 3 g/L，在位于廊坊地区北部和衡水地区东北部的部分区域不超过 6 g/L，在其他区域则以不超过 4 g/L 或 5 g/L 为主 [图 5.14（b-3）]。在研究区内满足双约束方案 3（亦即 $p \leqslant 1500$ kg/hm^2 且 $q < 3$ g/kg）的冬小麦生育期内灌溉水矿化度的最大值分别为 1 g/L、2 g/L、3 g/L、4 g/L、5 g/L 和 6 g/L 的分布面积占总面积的比例分别约为 3.8%、9.6%、10.7%、15.8%、24.2% 和 34.8% [图 5.14（b-1）]。为此，我们建议：冬小麦生育期内适宜的灌溉水矿化度在位于沧州地区东南部的部分区域不超过 2 g/L，在位于沧州地区西部、衡水地区西部和邢台地区西北部的部分区域不超过 3 g/L，在位于廊坊地区北部和衡水地区东北部的部分区域不超过 4 g/L 或 5 g/L，在其他区域不超过 6 g/L [图 5.14（b-4）]。在研究区内满足双约束方案 4（亦即 $p \leqslant 2000$ kg/hm^2 且 $q < 3$ g/kg）的冬小麦生育期内灌溉水矿化度的最大值分别为 1 g/L、2 g/L、3 g/L、4 g/L、5 g/L 和 6 g/L 的分布面积占总面积的比例分别约为 3.8%、9.6%、10.7%、14.1%、15.7% 和 45.0% [图 5.14（b-1）]。为此，我们建议：冬小麦生育期内适宜的灌溉水矿化度在位于沧州地区东南部的部分区域不超过 2 g/L，在位于沧州地区西部、衡水地区西部和邢台

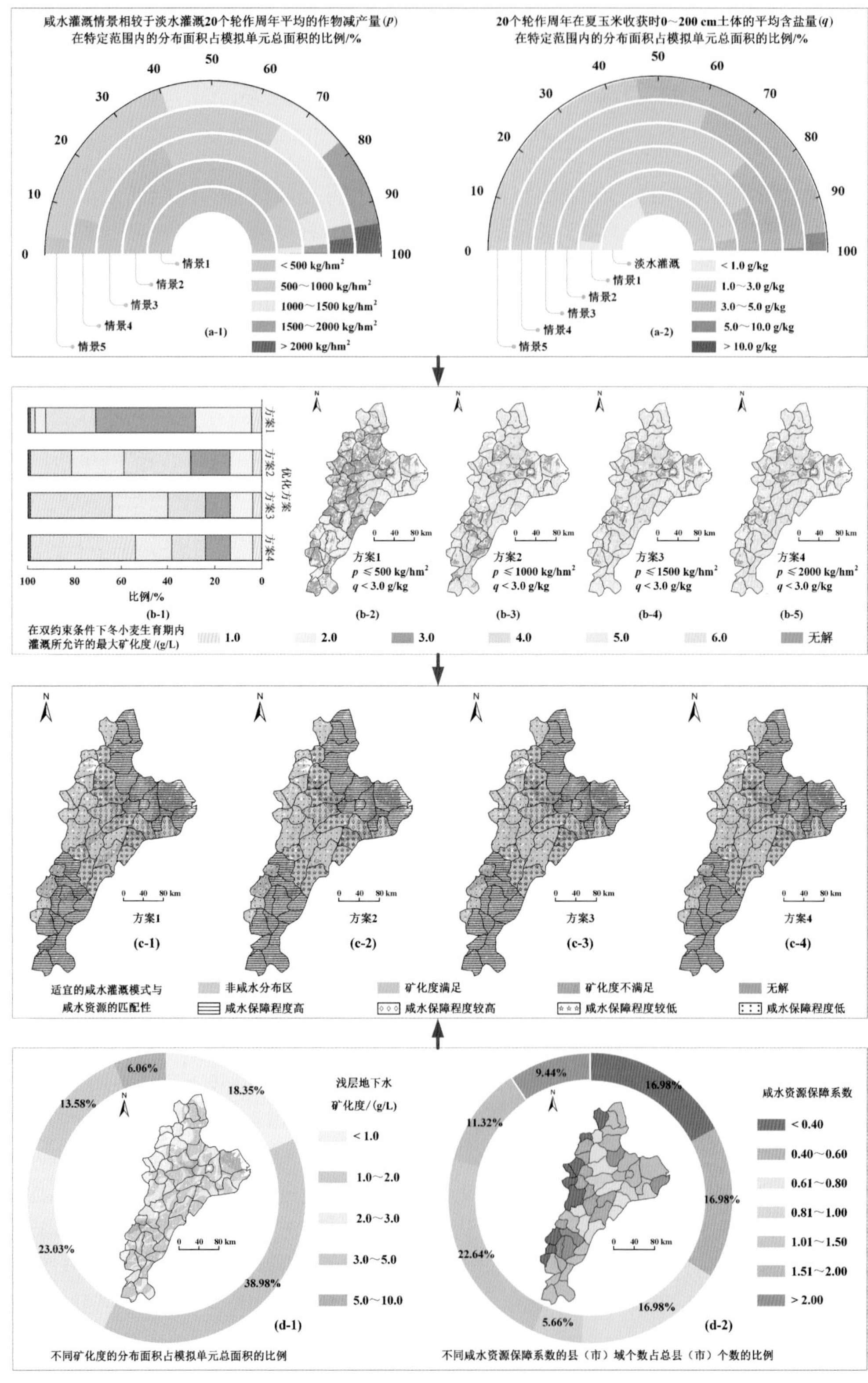

图 5.14　研究区内适宜的咸水灌溉模式的空间分布及其与咸水资源的匹配性

地区西北部的部分区域不超过 3 g/L，在位于沧州地区中西部和邢台地区北部的部分区域不超过 4 g/L 或 5 g/L，在其他区域不超过 6 g/L [图 5.14（b-5）]。此外，在研究区内大约 1.1% 的区域上，所有的灌溉模式均不能满足这 4 种双约束方案，具体说来，在所有的灌溉模式下均不能满足 q 小于 3 g/kg，这些区域主要分布在滨海地区的黄骅市，这是由于：这些区域土壤的初始含盐量较高（白由路，1999），浅层地下水埋深浅且浅层地下水矿化度高（张兆吉和费宇红，2009）。

值得注意的是，在特定的双约束方案下，冬小麦生育期内适宜的灌溉水矿化度最大值在研究区内的部分区域较低，其中，在曲周、广平、深州、衡水、武强、献县、任丘、青县、海兴和黄骅等县（市）的部分区域 0 ~ 200 cm 土壤的质地偏黏（Shi *et al.*，2004，2010），不利于咸水灌溉后土壤盐分的淋洗，因而在这些区域咸水灌溉的矿化度不宜较高；在孟村、盐山、东光和南皮等县（市），浅层地下水埋深较浅（Li and Ren，2019a）且矿化度较高（张兆吉和费宇红，2009），作物生育期内地下水的向上补给会将盐分带入根系带使得作物生长受到盐分胁迫，所以在这些区域咸水灌溉的矿化度也不宜较高。我们也注意到，郑春莲等（2010）和曹彩云等（2013）根据在深州站分别于 2006 ~ 2008 年和 2010 ~ 2011 年开展的田间试验结果，考虑咸水灌溉下作物的产量和耐盐性，曾建议利用咸水直接灌溉时矿化度不宜超过 4 g/L。但就整个研究区尺度 20 个轮作周年而言，我们基于充分利用分布式 SWAP-WOFOST 模型在 5 种咸水灌溉情景下的模拟结果，在 2809 个模拟单元上所求解的满足 4 个方案的双约束条件下的咸水灌溉模式，将为相关管理部门在考虑气象、土壤、作物和灌溉等多因素空间异质性的同时，兼顾一定的作物产量水平且规避土壤次生盐渍化风险来制定适宜的咸水灌溉方案提供定量化的参考。

5.3　适宜的咸水灌溉模式与咸水资源的匹配性及对深层地下水的压采量

在“模拟 - 优化”的框架下，以可允许的作物减产量和规避次生盐渍化的土壤含盐量作为双约束条件，在研究区内的每一个模拟单元上求解得到了冬小麦生育期内所允许的灌溉水矿化度的最大值，我们将矿化度不超过该最大值的咸水灌溉模式统称为适宜的咸水灌溉模式。研究区内浅层广泛分布的咸水资源存在空间异质性，因此，我们从咸水资源的“水质”和“水量”这两个方面评估咸水资源与适宜的咸水灌溉模式之间的匹配性 [图 5.14（c）]，旨在为区域尺度上因地制宜地实施咸水灌溉方案提供定量化的参考依据。在研究区内 2809 个模拟单元中，浅层地下水矿化度的变化范围是＜1 g/L、1 ~ 3 g/L、3 ~ 5 g/L 和＞5 g/L 的区域面积分别约占模拟单元总面积的 18.35%、62.01%、13.58% 和 6.06% [图 5.14（d-1）]，浅层主要分布的是矿化度为 1 ~ 3 g/L 的微咸水。就研究区整体而言，我们基于“新一轮全国地下水资源评价”附表[①]和文献（张宗祜和李烈荣，2005；

① “新一轮全国地下水资源评价”项目办公室，2004，“新一轮全国地下水资源评价”附表。

张兆吉等，2009）所估算的浅层咸水的年可开采资源量约为 20.87 亿 m^3，而在咸水灌溉情景下模拟时段平均的冬小麦生育期内灌溉所需的咸水资源量约为 22.78 亿 m^3，两者相差约 1.91 亿 m^3。各县（市）的咸水保障系数的空间分布如图 5.14（d-2）所示，由此可见：研究区内的 53 个县（市）中咸水保障系数的变化范围是＞ 1.00、0.81 ~ 1.00、0.60 ~ 0.80 和＜ 0.60 的县（市）分别有 23 个、3 个、9 个和 18 个，占总县（市）域个数的比例分别大约为 43.40%、5.66%、16.98% 和 33.96%，我们将咸水保障系数在这 4 个变化范围内的县（市）的咸水资源保障程度依次定义为高、较高、较低和低。

咸水资源保障程度高的区域主要位于廊坊地区东部的廊坊、永清、霸州、文安和大城，沧州地区北部的青县、沧州、沧县、海兴、黄骅和孟村，邢台地区的南宫、威县、清河、广宗和临西，邯郸地区的曲周、邱县、馆陶、广平、大名和魏县及衡水地区西南部的冀州。这 23 个县（市）咸水的可开采资源量可以满足冬小麦生育期内灌溉所需的咸水资源量 [图 5.14（c）]。在这些县（市）中的部分区域由于浅层地下水的矿化度高于在 4 种双约束方案下求解的冬小麦生育期内所允许的灌溉水矿化度的最大值 [图 5.14（c）]，所以需要将这些区域的浅层咸水与淡水（如地表水或深层地下水）进行掺混，将其矿化度降低至适宜的范围内后再用于灌溉，而在这些县（市）的其他区域，咸水灌溉的“水质”和“水量”均可满足适宜的咸水灌溉模式的要求，两者的匹配性高 [图 5.14（c）]。

在研究区内除上述各县（市）以外的其他县（市），咸水的可开采资源量均小于冬小麦生育期内灌溉所需的咸水资源量，其中，咸水保障程度较高的县（市）主要位于沧州地区东南部的献县、南皮和盐山，咸水保障程度较低的县（市）主要位于沧州地区西南部的任丘、河间、泊头、东光和吴桥，衡水地区南部的衡水、枣强和故城及保定地区东北部的雄县，其余各县（市）的咸水保障程度低 [图 5.14（c）]。在研究区西北部属于保定地区和廊坊地区的部分区域为非咸水分布区 [图 5.14（c）]，这些区域已在不同程度上面临着浅层淡水资源超采或严重超采的严峻情势（任宪韶等，2007），因而可首先考虑利用外调水资源的工程（例如，“南水北调”中线配套的骨干输水工程和“引黄入冀补淀”工程，参见“河北省地下水超采综合治理试点工作总结报告”①）或非常规水资源（再生水、集蓄雨水等）来缓解浅层地下水超采情势。在保定地区和廊坊地区约有坑塘 3706 个②，这些坑塘蓄积的雨水往往具有一定的矿化度，坑塘中的蓄水可视为这些区域“额外的咸水资源”，对这些坑塘蓄水的使用也是我国北方水资源缺乏地区的一种水资源利用模式（孙宏勇等，2016）。

对于咸水的可开采资源量不能满足冬小麦生育期内灌溉所需的咸水资源量，但浅层地下水的矿化度满足适宜的咸水灌溉模式的那些区域，一方面可以考虑采用其他外调水资源或非常规水资源用以灌溉来补充咸水资源的不足，另一方面也可以考虑将咸水灌溉与限水灌溉相结合，根据咸水的可开采资源量范围仅在冬小麦生育期内的关键需水期进行 1 ~ 2 次咸水灌溉，这也是环渤海低平原粮食生产可持续发展的重要措施之一（张喜英等，2016）。对于咸水的可开采资源量不能满足冬小麦生育期内灌溉所需的咸水资源量，

① 河北省地下水超采综合治理试点工作领导小组办公室，2017 年 8 月，河北省地下水超采综合治理试点工作总结报告。

② 孙宏勇，2016，坑塘雨洪资源特点及水分转化初步研究。

且浅层地下水的矿化度也不能满足适宜的咸水灌溉模式的那些区域，可以因地制宜地考虑综合采用咸淡水轮（混）灌、利用其他水源、减少冬小麦生育期内咸水灌溉的次数等方式以压减深层地下水的开采量。此外，研究区内约有 1.1% 的区域不能通过优化求解得到满足双约束条件的灌溉模式，我们将其视为无解区，在这些区域采用咸水灌溉的风险性较高，建议维持现状灌溉或实施雨养。

针对研究区内每一个县（市），我们估算了在冬小麦生育期内实施浅层咸水灌溉可以减少的用于灌溉的淡水量（涉及地表水量、浅层淡水量和深层地下水量），进一步地，基于各县（市）的农业灌溉用水量中深层地下水量所占的比例，我们估算了在冬小麦生育期内利用浅层咸水灌溉可以减少的用于灌溉的深层地下水开采量。我们对适宜的咸水灌溉模式所压减的用于灌溉的深层地下水开采量的估算表明：就整个研究区而言，在冬小麦生育期内若采用我们模拟与优化得到的适宜的咸水灌溉模式，则与现状灌溉情形相比，可减少用于灌溉的深层地下水开采量大约为 7.20 亿 m^3，而压减农业所用的深层地下水开采量的目标值约为 6.05 亿 m^3。

综上，这些“模拟 - 优化 - 评估”的结果可为“华北地区地下水超采综合治理行动方案”中这个最重要的区域因地制宜地实施咸水灌溉方案、压减深层地下水的井灌开采量提供决策参考，这不仅为该地区实现可持续的农业水管理目标提供了定量化的科学依据，而且也为其他类似地区利用咸水这种非常规水资源缓解“水粮矛盾”提供了一个可资借鉴的典型研究案例。

5.4　小　　结

在本章，我们考虑到黑龙港地区是河北省冬小麦的主产区之一，在华北平原特别是河北省保障国家小麦这一重要口粮安全中占有一定的份额，虽然该地区面临着开采深层地下水用于农田灌溉难以为继的严酷现实，然而，合理地开发利用咸水资源用于井灌，以维持适度的冬小麦产能或许具有一定的现实可行性。为此，我们运用已经在该区域构建并率定和验证的分布式农业水文模型 SWAP-WOFOST，在区域尺度上针对冬小麦生育期内不同的咸水灌溉情景开展模拟与分析，在此基础上，求解既满足轮作周年作物特定的减产量又满足规避次生盐渍化的土壤含盐量之适宜的咸水灌溉模式，并在区域尺度上评估这些适宜的咸水灌溉模式与咸水资源的匹配性。主要结论如下：

（1）对于研究区内的 3 个灌溉分区而言，I 区在冬小麦生育期内采用矿化度为 2 ~ 6 g/L 的咸水灌溉 2 ~ 3 次，与淡水灌溉相比，模拟时段内平均的冬小麦产量和 WP 基本保持稳定，变幅均不超过 3%，而平均的夏玉米产量和 WP 的减幅分别在 23% 和 15% 以内且减幅随着冬小麦生育期内灌溉水矿化度的增加而增大；在现状灌溉条件相对较差的 II 区和 III 区，在冬小麦生育期内采用不超过 6 g/L 的咸水分别灌溉 1 ~ 2 次和 0 ~ 1 次，模拟时段内平均的冬小麦产量和 WP 略有增加，最大增幅不超过 15%，而平均的夏玉米产量和 WP 有所减少，最大减幅可达到大约 33%。

（2）就研究区在模拟时段内的平均水平而言，与淡水灌溉相比，在冬小麦生育期内采用矿化度为 2 ~ 6 g/L 的咸水灌溉，降低了后茬作物夏玉米生育期的冠层截留量和蒸腾量而增加了蒸发量和渗漏量及 0 ~ 200 cm 土体储水量的变化量，进而增加了下一季冬小麦对 0 ~ 200 cm 土体储水量的消耗，使得下一季冬小麦生育期的冠层截留量、蒸腾量、蒸发量和渗漏量均有不同程度的增加。当冬小麦生育期内灌溉水的矿化度从 1 g/L 增加至 6 g/L 时，就研究区在模拟时段内的平均水平而言，对于 0 ~ 200 cm 土体，在冬小麦生育期累积的来自于灌溉的盐分通量以及在冬小麦和夏玉米的生育期分别从土体累积淋洗的盐分通量均随之增加，轮作周年累积的 0 ~ 200 cm 土体储盐量的变化量则有所增加。若冬小麦生育期内采用矿化度不超过 6 g/L 的咸水灌溉，在冬小麦生育期，0 ~ 120 cm 土体以积盐为主，尤其是 60 cm 以上的土壤，而在夏玉米生育期，0 ~ 100 cm 土体以脱盐为主。在夏玉米生育期不同的降水与灌溉水平会影响土壤盐分的脱盐深度，当夏玉米生育期的降水量与灌溉量之和的变化范围分别为＞ 450 mm、401 ~ 450 mm、351 ~ 400 mm、200 ~ 350 mm 和＜ 200 mm 时，土壤盐分的脱盐深度可分别达到约 120 cm、100 cm、80 cm、60 cm 和 40 cm。在冬小麦生育期内实施咸水灌溉，尽管会使夏玉米播种的前一天 0 ~ 40 cm 土壤溶液的平均盐分浓度明显升高而对其生长造成盐分胁迫，但夏玉米生育期的降水与灌溉以及随后的冬小麦播前的淡水灌溉，又会使冬小麦播前水灌溉的后一天 0 ~ 40 cm 土壤溶液的平均盐分浓度降至适宜冬小麦生长的范围内。

（3）当模拟时段内冬小麦 - 夏玉米轮作周年作物减产量的平均值分别不超过 500 kg/hm^2 和 1000 kg/hm^2 且夏玉米收获时 0 ~ 200 cm 土体的平均含盐量小于 3 g/kg 时，研究区在冬小麦生育期内灌溉水矿化度的最大值分别以 3 g/L 和 4 g/L 为主，当轮作周年作物减产量的平均值分别不超过 1500 kg/hm^2 和 2000 kg/hm^2 且夏玉米收获时 0 ~ 200 cm 土体的平均含盐量小于 3 g/kg 时，研究区在冬小麦生育期内灌溉水矿化度的最大值均以 6 g/L 为主。在研究区内 0 ~ 200 cm 土壤的质地偏黏以及浅层地下水埋深较浅且矿化度较高的那些区域，冬小麦生育期内咸水灌溉适宜的矿化度低于其他区域。

（4）就研究区尺度而言，在咸水灌溉情景下模拟时段平均的冬小麦生育期内灌溉所需的咸水资源量约为 22.78 亿 m^3，较浅层咸水的年可开采资源量（20.87 亿 m^3）多 1.91 亿 m^3。在位于研究区东北部和南部的 23 个县（市），其浅层咸水的可开采资源量可以满足冬小麦生育期内的咸水灌溉所需，咸水保障程度高，其中，大部分区域浅层咸水的“水质”也可满足我们通过模拟和优化得到的适宜的咸水灌溉模式的要求，可开采的咸水资源与适宜的咸水灌溉模式的匹配性高。对其他咸水保障程度较高、较低和低的县（市），在考虑浅层地下水矿化度空间分布的基础上，为缓解这些区域深层地下水超采的严峻情势，我们也给出了可供参考的灌溉用水方式的建议。此外，在研究区尺度上，若在冬小麦生育期内采用我们基于模拟结果所优化的适宜的咸水灌溉模式，相较于现状灌溉情形，可削减用于灌溉的深层地下水开采量大约 7.20 亿 m^3，这可超额完成压减农业所用深层地下水开采量约 6.05 亿 m^3 的目标值。

第 6 章

喷灌情景的模拟分析与评估的结果

6.1 喷灌情景模拟结果的分析

这里，我们首先在冬小麦生育期特定的灌溉定额（225 mm、150 mm 和 75 mm）下，就冬小麦或夏玉米平均的产量和 WP 及这两种作物在各自生育期平均的农田蒸散量和水量平衡各分项，分别在喷灌和地面灌溉这两种方式下的计算进行如下说明：当灌溉定额为 225 mm 时，在喷灌方式下为喷灌的情景 1（S1）和情景 2（S2）在模拟时段内空间上的平均值，在地面灌溉方式下为限水灌溉的情景 1（L1）、情景 2（L2）和情景 3（L3）在模拟时段内空间上的平均值；当灌溉定额为 150 mm 时，在喷灌方式下为喷灌的情景 3（S3）、情景 4（S4）和情景 5（S5）在模拟时段内空间上的平均值，在地面灌溉方式下为限水灌溉的情景 4（L4）、情景 5（L5）和情景 6（L6）在模拟时段内空间上的平均值；当灌溉定额为 75 mm 时，在喷灌方式下为喷灌情景 6（S6）在模拟时段内空间上的平均值，在地面灌溉方式下为限水灌溉的情景 7（L7）、情景 8（L8）、情景 9（L9）和情景 10（L10）在模拟时段内空间上的平均值。

6.1.1 作物产量

前已述及，我们将研究区划分为 3 个灌溉分区（Li and Ren，2019a），对现状灌溉制度概化后的灌溉情形下作物生育期的灌水次数在这 3 个分区依次为：I 区＞ II 区＞ III 区。在 6 种固定的喷灌情景（S1 ~ S6）下，当冬小麦生育期的灌溉定额分别为 225 mm、150 mm 和 75 mm 时，模拟时段内冬小麦的平均产量在 I 区分别约为 3492.4 kg/hm^2、2238.6 kg/hm^2 和 1206.0 kg/hm^2 [图 6.1（a-1）]，在 II 区分别约为 4027.2 kg/hm^2、2892.4 kg/hm^2 和 1745.0 kg/hm^2 [图 6.1（a-2）]，在 III 区分别约为 3960.3 kg/hm^2、2924.9 kg/hm^2 和 1845.5 kg/hm^2 [图 6.1（a-3）]。当冬小麦生育期的灌溉定额从 225 mm 减少至 75 mm 时，每减少 75 mm，在 I 区、II 区和 III 区，模拟时段内冬小麦的平均产量分别减少约 1032.6 ~ 1253.8 kg/hm^2、1134.8 ~ 1147.4 kg/hm^2 和 1035.4 ~ 1079.4 kg/hm^2 [图 6.1（a）]。在 5 种预设的喷灌情景（S7 ~ S11）下，随着我们在冬小麦生育期所设置的开启喷灌的阈值 f_3（亦即用户自定义的根系带土壤水消耗量占有效水量的可容许的比例）的增大，冬小麦生育期的灌溉定额依次减少，模拟时段内冬小麦的平均产量也随之降低。此时，在 I 区、II 区和 III 区，模拟时段内冬小麦的平均产量的变化范围分别约为 2569.5 ~ 4822.1 kg/hm^2、2869.3 ~ 5108.9 kg/hm^2 和 2481.9 ~ 4436.4 kg/hm^2 [图 6.1（a）]。在这 3 个灌溉分区的模拟结果均表明：在固定的喷灌情景和预设的喷灌情景下，冬小麦生育期灌溉定额的减少均会使得其产量呈现不同程度的降低。Li 等（2019b）在吴桥试验站于 2016 ~ 2018 年开展的田间试验结果表明：在冬小麦生育期实施微喷灌，当灌溉定额的变化范围为 60 ~ 150 mm 时，灌溉定额每减少 30 mm，其产量减少约

23.2 ~ 1332.5 kg/hm^2。Jha 等（2019）在新乡试验站于 2014 ~ 2016 年开展的田间试验结果表明：在冬小麦生育期实施喷灌，当灌溉定额从 150 mm 减少至 90 mm 时，其产量减少约 700 ~ 1030 kg/hm^2。这两个站的田间试验结果与我们的模拟结果是较为一致的。此外，虽然也有文献报道：在喷灌条件下，随着冬小麦生育期灌溉定额的增加，冬小麦的产量会呈现先增加后降低的趋势（Liu H. J. *et al.*，2011；Jha *et al.*，2019；吕丽华等，2020），但在我们设置的 11 种喷灌情景所对应的灌溉定额范围内，模拟的冬小麦产量未呈现出这样的变化趋势。

当冬小麦生育期的灌溉定额为 225 mm 时，在 I 区、II 区和 III 区，喷灌与地面灌溉情景下模拟时段内冬小麦的平均产量的差异分别约为 −293 kg/hm^2、−212 kg/hm^2 和 −226 kg/hm^2 [图 6.1（a）]；当灌溉定额为 150 mm 时，在这 3 个灌溉分区，喷灌与地面灌溉情景下模拟时段内冬小麦的平均产量的差异分别约为 −158 kg/hm^2、116 kg/hm^2 和 84 kg/hm^2 [图 6.1（a）]；当灌溉定额为 75 mm 时，在这 3 个灌溉分区，喷灌与地面灌溉情景下模拟时段内冬小麦的平均产量的差异分别约为 −300 kg/hm^2、−202 kg/hm^2 和 −241 kg/hm^2 [图 6.1（a）]。以上结果表明：在每个灌溉分区，就模拟时段内的平均水平而言，喷灌与地面灌溉的情景下冬小麦产量的差异不大；在这 3 种灌溉定额下的 I 区以及在 225 mm 和 75 mm 这 2 种灌溉定额下的 II 区和 III 区，喷灌情景与地面灌溉情形相比，冬小麦的产量要低，但不超过 300 kg/hm^2，而在 150 mm 这种灌溉定额下的 II 区和 III 区，喷灌情景与地面灌溉情形相比，冬小麦的产量要高，但不超过 120 kg/hm^2。Jha 等（2019）在新乡试验站于 2015 ~ 2016 年开展的田间试验结果表明：当冬小麦生育期的灌溉定额为 240 mm 时，喷灌处理与畦灌相比产量无显著差异，喷灌处理下冬小麦的产量仅比畦灌高约 70 kg/hm^2。Fang 等（2018）在栾城试验站开展的田间试验结果表明：当冬小麦生育期的灌溉定额为 160 mm 时，喷灌处理与畦灌相比产量无显著差异，喷灌处理下冬小麦的产量在 2012 ~ 2013 年比畦灌高约 19.5 kg/hm^2，在 2013 ~ 2014 年比畦灌低约 115.5 kg/hm^2。这两个站点尺度的试验结果也一定程度上佐证了我们在区域尺度上模拟结果的合理性。

就 3 个灌溉分区而言，当固定的喷灌情景中冬小麦生育期的灌溉定额分别为 225 mm 和 150 mm 时，在各喷灌情景下模拟时段内冬小麦平均产量的最大差异分别约为 130 kg/hm^2（II 区，S1 和 S2）和 414 kg/hm^2（II 区，S3 和 S5），而在相同灌溉定额的各地面灌溉情景下模拟时段内冬小麦平均产量的最大差异分别约为 857 kg/hm^2（II 区，L1 和 L3）和 1914 kg/hm^2（II 区，L4 和 L6）[图 6.1（a）]。这表明：就冬小麦生育期这两个特定的灌溉定额而言，当分别实施少量多次的喷灌时，冬小麦的产量水平对灌水时间的敏感性都较弱。此外，我们还注意到，在 I 区，当灌溉定额为 225 mm 时，在灌水 6 次的喷灌情景（S1）下该区域模拟时段内冬小麦的平均产量比灌水 5 次的喷灌情景（S2）高大约 58.2 kg/hm^2；当灌溉定额为 150 mm 时，灌水 3 次的喷灌情景（S5）下该区域模拟时段内冬小麦的平均产量略高于灌水 4 次（S4）和灌水 5 次（S3）的喷灌情景 [图 6.1（a-1）]；在 II 区 [图 6.1（a-2）] 和 III 区 [图 6.1（a-3）] 我们也可以看到相似的结果。这表明：就我们所设定的这两个灌溉定额而言，各自在不同灌水次数和灌水定额的喷灌情景之间的冬小麦产量差异不大；当灌溉定额较大时，采用少量多次（增加灌水次数、减少灌水定额）的喷灌可能更有利于冬小麦达到较高的产量水平，而当灌溉定额较小时，采用多量少次（减少灌水次数、增加灌水定额）的喷灌，并选择恰当的灌水时间才能更好地满足冬小麦在生殖生长阶段对水分的需求而获得较高的产量。有关研究表明（姚素梅等，2005）：与地面灌溉相比，抽穗后喷灌有利于植株对干物质的积累，喷灌对冬小麦群体生长优势主要表现在生长后期。由此也就不难解释为什么在开花期和灌浆期的灌水定额较多的喷灌情景 5（S5）下模拟的冬小麦产量要高于喷灌情景 3（S3）和情景 4（S4）的产量。在华北平原某些试验站开展的田间试验也有与我们类似的研究结果。例如，Li 等（2019a）在吴桥试验站于 2012 ~ 2014 年开展的田间试验结果表明：当灌溉定额为 150 mm 时，在灌水 3 次和 4 次的微喷灌处理下冬小麦产量的差异不显著。董志强等（2016）在藁城试验站于 2012 ~ 2013 年开展的田间试验结果表明：当灌溉定额为 120 mm 时，设置不同的灌水次数（3 次和 4 次）和灌水时间的微喷灌处理下冬小麦的产量差异不显著。研究区在模拟时段的年尺度 [图 6.2（a-1）] 和模拟时段在模拟单元的栅格尺度 [图 6.2（a-2）] 上，就固定的喷灌情景的灌溉定额而言，不同灌水次数的喷灌情景之间（即 S1 和 S2；S3、S4 和 S5）冬小麦产量的时空差异与相同灌溉定额的地面灌溉情景相比要小。换言之，与地面灌溉相比，采用少量多次的喷灌方式可以降低冬小麦产量的时空差异。

尽管在冬小麦生育期模拟固定的喷灌情景、预设的喷灌情景和限水灌溉情景时，对夏玉米的灌溉制度保持不变，但由于冬小麦生育期的灌溉方式及其相应的灌溉模式（灌水次数、灌水时间和灌水定额）的差异也会对后茬夏玉米的产量产生一定的影响 [图 6.1（b）]。在 I 区，除了预设的喷灌情景 7（S7）外，其余各喷灌情景下冬小麦生育期的灌溉定额均小于现状灌溉情形，这 11 种喷灌情景相较于现状灌溉情形，该区域模拟时段内夏玉米平均产量的变幅约为 -2.3% ~ 6.6% [图 6.1（b-1）]。整体而言，在冬小麦生殖生长阶段的中后期，其灌水时间越晚、灌水定额越高，夏玉米的平均产量越高，这主要是因为对冬小麦如此喷灌可以更好地缓解夏玉米营养生长阶段前期由于降水或灌溉不足所导致的水分胁迫。需要说明的是，在 II 区和 III 区，由于现状灌溉条件相对较差，在生产中往往实施限水灌溉，因此，与采用地面灌溉方式的限水灌溉情景的设置所出现的情况相同，在研究区也会出现所设置的 11 种喷灌情景在这个两个灌溉分区的部分情景下的灌溉定额高于现状灌溉的情况。在 II 区，虽然现状灌溉情形中的夏玉米仅在特枯水期灌水 1 次，然而，在固定的喷灌情景 1 和情景 2（S1 和 S2）和预设的喷灌情景 7 至情景 10（S7 ~ S10）下，冬小麦生育期的灌溉定额高于现状地面灌溉的情形，这会使得该区域在模拟时段内夏玉米的平均产量较现状灌溉情形增加大约 14.9% ~ 26.3% [图 6.1（b-2）]；在其他的喷灌情景下，尽管冬小麦生育期的灌溉定额低于现状灌溉情形，但由于冬小麦生育期的灌溉方式由地面灌溉变为喷灌及其相应的喷灌模式的差异，却使得夏玉米的平均产量增加了大约 12.8% ~ 21.0% [图 6.1（b-2）]。在 III 区，尽管现状灌溉情形中的夏玉米为雨养，然而，由于 11 种喷灌情景下冬小麦生育期的灌溉定额均高于地面现状灌溉的情形，所以使得该区域在模拟时段内夏玉米的平均产量增加大约 13.1% ~ 27.7% [图 6.1（b-3）]。整体而言，在冬小麦生育期采用少量多次喷灌会使得夏玉米的产量稳定或有所增加，这主要表现在现状灌溉条件相对较差的区域（如 II 区和 III 区）；同时，对冬小麦采用喷灌方式，也会弱化夏玉米产量在研究区的模拟时段年尺度 [图 6.2（b-1）] 和模拟时段的模拟单元栅格尺度 [图 6.2（b-2）] 上的差异程度。

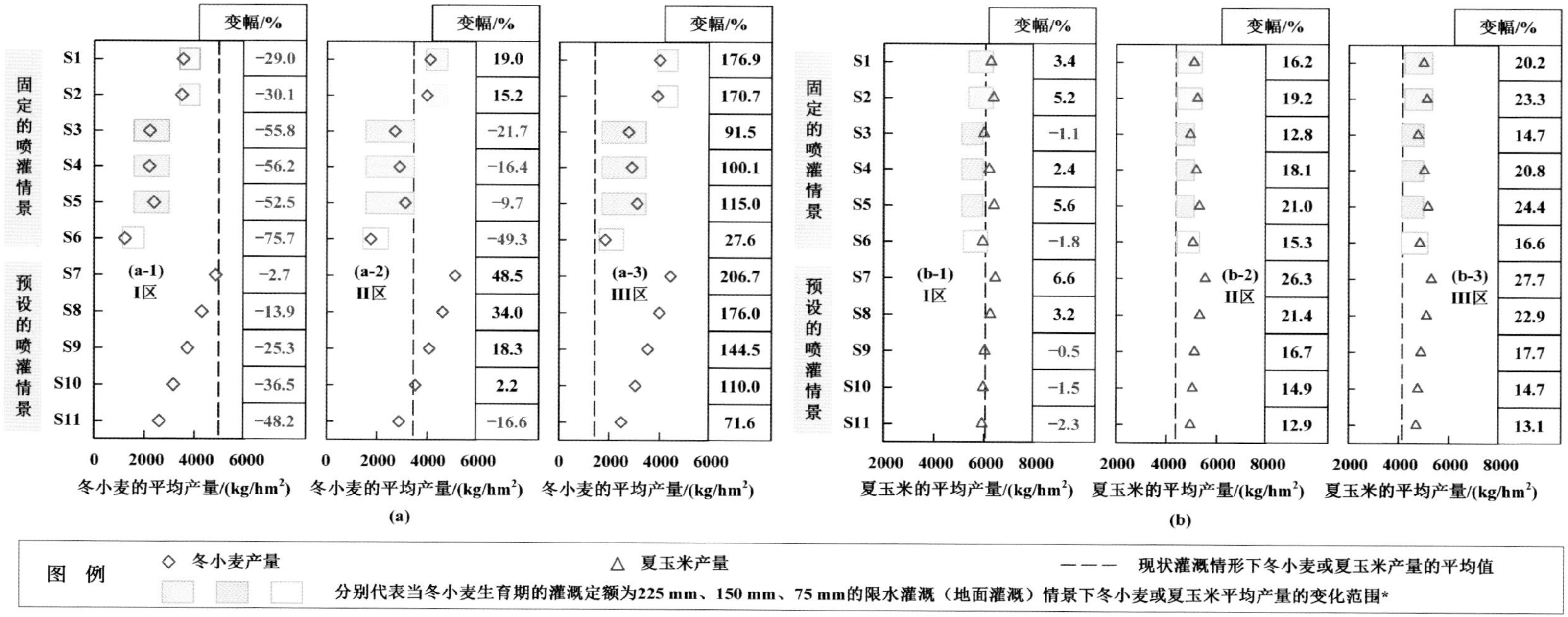

情景		(a-1) I区 冬小麦 变幅/%	(a-2) II区 冬小麦 变幅/%	(a-3) III区 冬小麦 变幅/%	(b-1) I区 夏玉米 变幅/%	(b-2) II区 夏玉米 变幅/%	(b-3) III区 夏玉米 变幅/%
固定的喷灌情景	S1	−29.0	19.0	176.9	3.4	16.2	20.2
	S2	−30.1	15.2	170.7	5.2	19.2	23.3
	S3	−55.8	−21.7	91.5	−1.1	12.8	14.7
	S4	−56.2	−16.4	100.1	2.4	18.1	20.8
	S5	−52.5	−9.7	115.0	5.6	21.0	24.4
	S6	−75.7	−49.3	27.6	−1.8	15.3	16.6
预设的喷灌情景	S7	−2.7	48.5	206.7	6.6	26.3	27.7
	S8	−13.9	34.0	176.0	3.2	21.4	22.9
	S9	−25.3	18.3	144.5	−0.5	16.7	17.7
	S10	−36.5	2.2	110.0	−1.5	14.9	14.7
	S11	−48.2	−16.6	71.6	−2.3	12.9	13.1

冬小麦的平均产量/(kg/hm²)　(a)

夏玉米的平均产量/(kg/hm²)　(b)

图例　◇ 冬小麦产量　△ 夏玉米产量　——— 现状灌溉情形下冬小麦或夏玉米产量的平均值

分别代表当冬小麦生育期的灌溉定额为225 mm、150 mm、75 mm的限水灌溉（地面灌溉）情景下冬小麦或夏玉米平均产量的变化范围*

图 6.1　3 个灌溉分区在各喷灌情景下冬小麦（a）和夏玉米（b）的产量在模拟时段内的平均值及其相较于现状灌溉情形的变幅

* 表示冬小麦特定灌溉定额的限水灌溉情景下作物平均产量的变化范围详见文献（Li and Ren，2019b）和本书的第 4 章；III 区包括海兴和黄骅这 2 个县（市），II 区包括孟村、盐山、青县、沧县和沧州这 5 个县（市），I 区包括其余 46 个县（市）

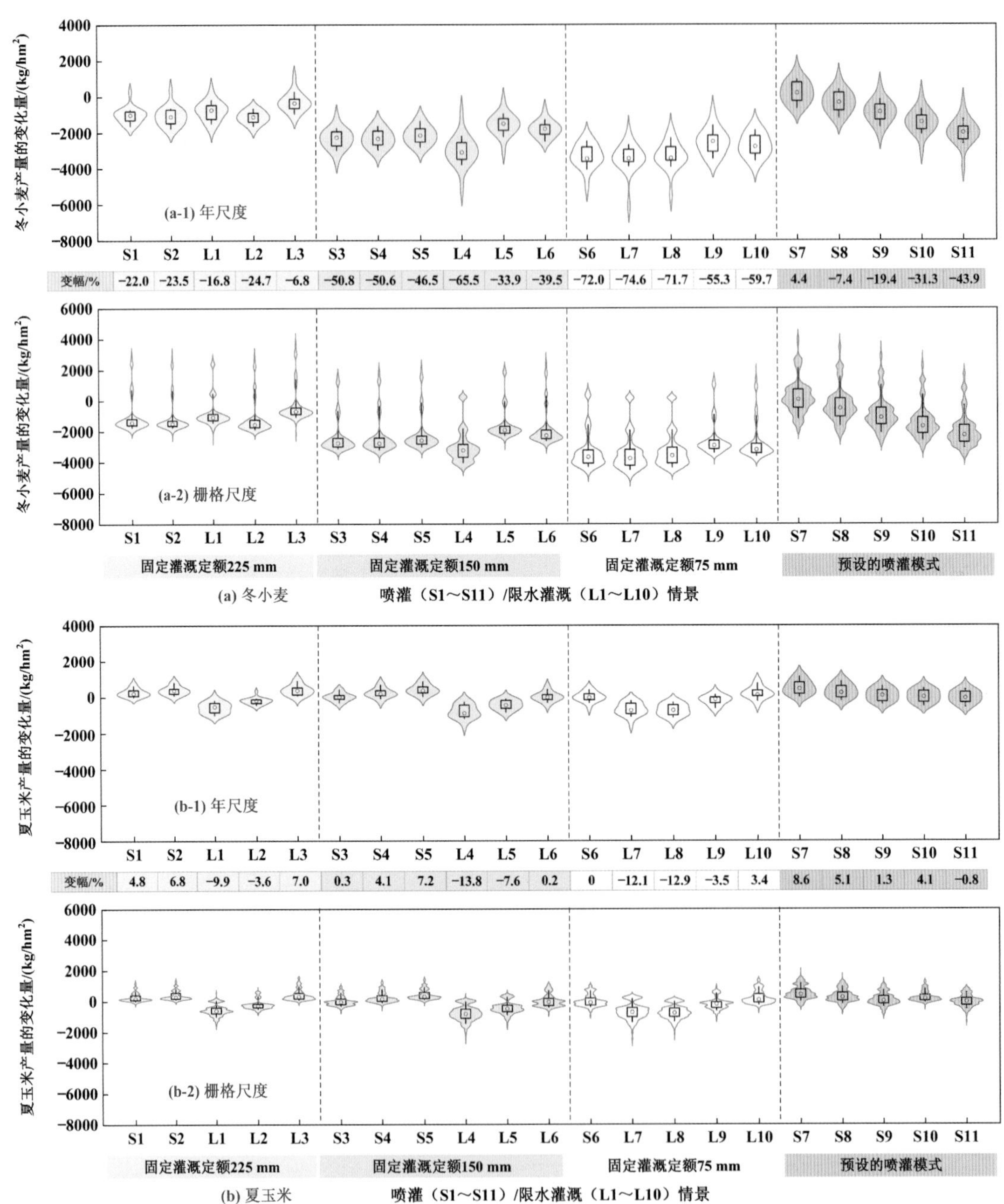

图 6.2 冬小麦生育期的灌溉定额分别为 225 mm、150 mm 和 75 mm 下的喷灌情景（S1 ~ S6）和限水灌溉情景（L1 ~ L10）以及预设的喷灌情景（S7 ~ S11）与现状灌溉情形相比冬小麦（a）和夏玉米（b）的产量的变化量在研究区内的年尺度和模拟时段内的栅格尺度上的分布

限水灌溉情景下作物产量的变化量和变幅根据文献（Li and Ren，2019b）和本书第 4 章中的数据计算得到

6.1.2　作物生育期农田蒸散量

在 6 种固定的喷灌情景下，当冬小麦生育期的灌溉定额分别为 225 mm、150 mm 和 75 mm 时，模拟时段内平均的冬小麦生育期农田蒸散量在 I 区分别约为 350.8 mm、285.9 mm 和 225.0 mm [图 6.3（a-1）]，在 II 区分别约为 396.7 mm、326.4 mm 和 258.4 mm [图 6.3（a-2）]，在 III 区分别约为 413.4 mm、346.0 mm 和 281.1 mm [图 6.3（a-3）]。整体而言，在这 3 个灌溉定额的固定的喷灌情景下，冬小麦生育期农田蒸散量在 III 区＞ II 区＞ I 区，这可能是由于 III 区位于滨海区域而 II 区毗邻 III 区，这 2 个区域浅层地下水埋深较浅，使得浅层地下水易于补给作物根系带，从而有更多的土壤水分可用于作物蒸腾和土面蒸发。冬小麦生育期的灌溉定额每减少 75 mm，在 I 区、II 区和 III 区，模拟时段内平均的冬小麦生育期农田蒸散量分别减少大约 60.9 ~ 64.9 mm、68.0 ~ 70.3 mm 和 64.9 ~ 67.4 mm [图 6.3（a）]。在 5 种预设的喷灌情景下，模拟时段内平均的冬小麦生育期农田蒸散量的变化范围在 I 区、II 区和 III 区分别约为 352.3 ~ 419.1 mm、395.2 ~ 460.6 mm 和 379.4 ~ 446.4 mm，且随着我们所设置的开启喷灌的阈值 f_3（亦即用户自定义的根系带土壤水的消耗量占有效水量的可容许的比例）的增大，冬小麦生育期农田蒸散量相应地减少 [图 6.3（a）]。这些模拟结果表明：在固定的喷灌情景和预设的喷灌情景下，冬小麦生育期灌溉定额的减少均会使得其生育期农田蒸散量降低。Li 等（2019b）在吴桥试验站于 2016 ~ 2018 年开展的田间试验结果表明：在微喷灌处理下，冬小麦生育期的灌溉定额每减少 30 mm，其农田蒸散量便减少约 1.4 ~ 17.6 mm。Jha 等（2019）在新乡试验站于 2014 ~ 2016 年开展的田间试验结果表明：在冬小麦生育期实施喷灌，灌溉定额每减少 60 mm，其农田蒸散量便减少约 16.0 ~ 28.0 mm。高鹭等（2005）在栾城试验站于 2001 ~ 2002 年开展的田间试验结果表明：在喷灌处理下，当冬小麦生育期的灌溉定额依次为 200 mm、160 mm 和 150 mm 时，灌溉定额的减少会使得冬小麦生育期农田蒸散量减少。Liu H. J. 等（2011）和吕丽华等（2020）分别基于通州试验站和藁城试验站的田间试验结果也指出：在喷灌条件下，随着冬小麦生育期灌溉定额的减少其生育期农田蒸散量呈现降低的趋势。这些田间试验结果定性地支撑了我们的模拟结果。

当冬小麦生育期的灌溉定额为 225 mm 时，在 I 区、II 区和 III 区，喷灌与地面灌溉的情景在模拟时段内平均的冬小麦生育期农田蒸散量的差异分别约为 -13.1 mm、-10.6 mm 和 -12.4 mm [图 6.3（a）]；当灌溉定额为 150 mm 时，在这 3 个灌溉分区，喷灌与地面灌溉的情景在模拟时段内平均的冬小麦生育期农田蒸散量的差异分别约为 -16.5 mm、-13.1 mm 和 -14.9 mm [图 6.3（a）]；当灌溉定额为 75 mm 时，在这 3 个灌溉分区，喷灌与地面灌溉的情景在模拟时段内平均的冬小麦生育期农田蒸散量的差异分别约为 -9.0 mm、-9.3 mm 和 -9.8 mm [图 6.3（a）]。这表明：就模拟时段内这 3 个区域各自的平均水平而言，喷灌情景下的冬小麦生育期农田蒸散量低于地面灌溉的情形（不超过 17 mm）。Li 等（2019a）在吴桥试验站于 2012 ~ 2016 年开展的田间试验结果表明：当灌溉定额为 150 mm 或 120 mm 时，微喷灌处理与畦灌处理相比，冬小麦生育期农田蒸散量会有所降低。Li 等（2019b）在吴桥试验站开展的田间试验结果表明：在冬小麦生育期的灌溉定额为 120

mm 的微喷灌处理相较于畦灌处理，农田蒸散量在 2016 ~ 2017 年和 2017 ~ 2018 年分别减少了 11.8 mm 和 12.4 mm。Li 等（2018）在吴桥试验站于 2014 ~ 2017 年开展的田间试验结果表明：当灌溉定额为 120 mm 时，微喷灌处理与畦灌处理相比，冬小麦生育期农田蒸散量会减少大约 8.9 ~ 20.8 mm。Fang 等（2018）在栾城试验站的田间试验结果表明：冬小麦生育期的灌溉定额为 160 mm 的喷灌处理与畦灌相比，农田蒸散量在 2012 ~ 2013 年和 2013 ~ 2014 年分别减少了 10.3 mm 和 1.5 mm。以上这些田间试验结果与我们在区域尺度的模拟结果是较为一致的。

在 I 区，当冬小麦生育期灌溉定额为 225 mm 时，在灌水 6 次的喷灌情景（S1）下，该区域模拟时段内平均的冬小麦生育期农田蒸散量较灌水 5 次的喷灌情景（S2）多大约 4.8 mm；当灌溉定额为 150 mm 时，在灌水 5 次的喷灌情景（S3）下，该区域模拟时段内平均的冬小麦生育期农田蒸散量比灌水 4 次（S4）和灌水 3 次（S5）的喷灌情景大约分别多 8.4 mm 和 15.7 mm [图 6.3（a-1）]。这表明：在这两个灌溉定额的喷灌情景下，冬小麦生育期灌水次数的增加会增加农田蒸散量。在 II 区 [图 6.3（a-2）] 和 III 区 [图 6.3（a-3）] 我们也可以看到相似的模拟结果。这可能是由于喷灌次数较多会使得表层土壤在较长时段内的含水量较高而增加了土面蒸发量和农田蒸散量。董志强等（2016）在藁城试验站于 2012 ~ 2013 年开展的田间试验结果表明：当冬小麦生育期的灌溉定额为 120 mm 时，灌水 3 次的微喷灌处理下的冬小麦生育期农田蒸散量略低于灌水 4 次的处理，两者相差约 2.2 ~ 4.1 mm。然而，Li 等（2019a）在吴桥试验站于在 2012 ~ 2014 年开展的田间试验结果表明：在冬小麦生育期的灌溉定额为 150 mm 的微喷灌处理下，随着灌水次数的增加会使得其生育期农田蒸散量有所减少，这与我们模拟得到的冬小麦生育期农田蒸散量随灌水次数的变化趋势并非完全一致。这可能是由于农田蒸散量的变化不仅与灌水次数有关，还与不同灌水次数下所设定的灌水时间有关。与对冬小麦产量模拟的结果相仿，无论在研究区内模拟时段的年尺度 [图 6.4（a-1）] 还是在模拟时段内模拟单元的栅格尺度 [图 6.4（a-2）] 上，在这两个特定的灌溉定额下，与地面灌溉相比，不同灌水次数和灌水时间的喷灌情景都可以减少冬小麦生育期农田蒸散量的时空差异。

虽然在设置各灌溉模拟情景时对夏玉米所概化的灌溉制度保持不变，但将冬小麦生育期的灌溉方式由地面灌溉改为喷灌后，相应的灌溉模式也会在一定程度上影响后茬夏玉米生育期的农田蒸散量 [图 6.3（b）]。在 I 区，11 种喷灌情景相较于现状灌溉情形，该区域模拟时段内平均的夏玉米生育期农田蒸散量的变幅约为 -0.6% ~ 4.2% [图 6.3（b-1）]。整体而言，当冬小麦生育期灌溉定额为 225 mm 和 150 mm 时，冬小麦生育期的灌水次数越少，夏玉米生育期农田蒸散量越高。在 II 区，当冬小麦生育期喷灌情景的灌溉定额高于现状灌溉的情形时，会使得该区域模拟时段内平均的夏玉米生育期农田蒸散量增加大约 6.2% ~ 12.0% [图 6.3（b-2）]；当冬小麦生育期喷灌情景的灌溉定额低于现状灌溉的情形时，灌水时间和灌水次数的差异会使得该区域模拟时段内平均的夏玉米生育期农田蒸散量增加大约 5.0% ~ 8.9% [图 6.3（b-2）]。在 III 区，由于 11 种喷灌情景下冬小麦生育期的灌溉定额均高于现状灌溉的情形，故使得该区域模拟时段内平均的夏玉米生育期农田蒸散量增加大约 5.8% ~ 12.6% [图 6.3（b-3）]。整体而言，冬小麦生育期采用喷灌会使得夏玉米生育期的农田蒸散量略有增加，同时也会降低夏玉米生育期农

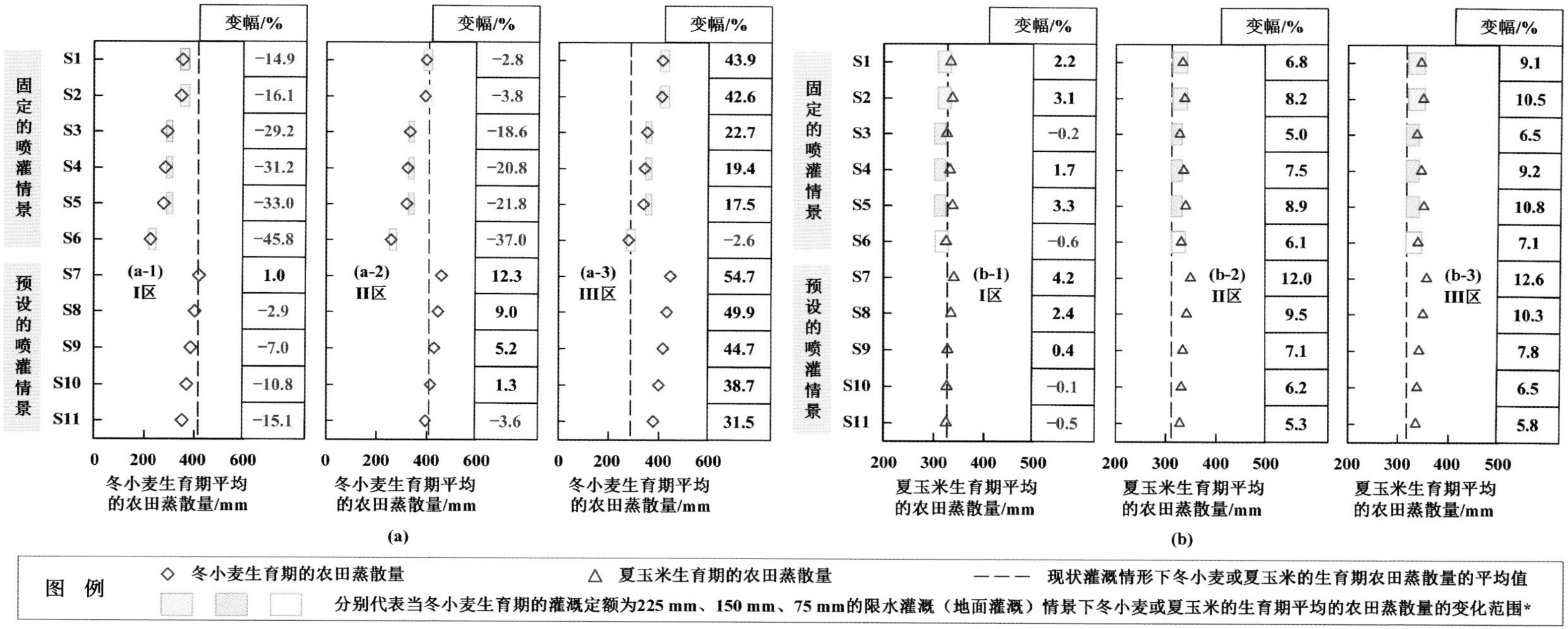

情景		(a-1) I区 变幅/%	(a-2) II区 变幅/%	(a-3) III区 变幅/%	(b-1) I区 变幅/%	(b-2) II区 变幅/%	(b-3) III区 变幅/%
固定的喷灌情景	S1	−14.9	−2.8	43.9	2.2	6.8	9.1
	S2	−16.1	−3.8	42.6	3.1	8.2	10.5
	S3	−29.2	−18.6	22.7	−0.2	5.0	6.5
	S4	−31.2	−20.8	19.4	1.7	7.5	9.2
	S5	−33.0	−21.8	17.5	3.3	8.9	10.8
	S6	−45.8	−37.0	−2.6	−0.6	6.1	7.1
预设的喷灌情景	S7	1.0	12.3	54.7	4.2	12.0	12.6
	S8	−2.9	9.0	49.9	2.4	9.5	10.3
	S9	−7.0	5.2	44.7	0.4	7.1	7.8
	S10	−10.8	1.3	38.7	−0.1	6.2	6.5
	S11	−15.1	−3.6	31.5	−0.5	5.3	5.8

图 6.3　3 个灌溉分区在各喷灌情景下冬小麦生育期（a）和夏玉米生育期（b）的农田蒸散量在模拟时段内的平均值及其相较于现状灌溉情形的变幅

* 表示冬小麦特定灌溉定额的限水灌溉情景下作物生育期平均农田蒸散量的变化范围详见本书的第 4 章；III 区包括海兴和黄骅这 2 个县（市），II 区包括孟村、盐山、青县、沧县和沧州这 5 个县（市），I 区包括其余 46 个县（市）

田蒸散量在研究区年尺度 [图 6.4（b-1）] 和模拟时段内栅格尺度 [图 6.4（b-2）] 上的差异程度。在各喷灌情景下，冬小麦和夏玉米的生育期农田蒸散量的变化受到作物蒸腾量和土面蒸发量这两部分变化的影响，其变化趋势详见 6.1.4 节。

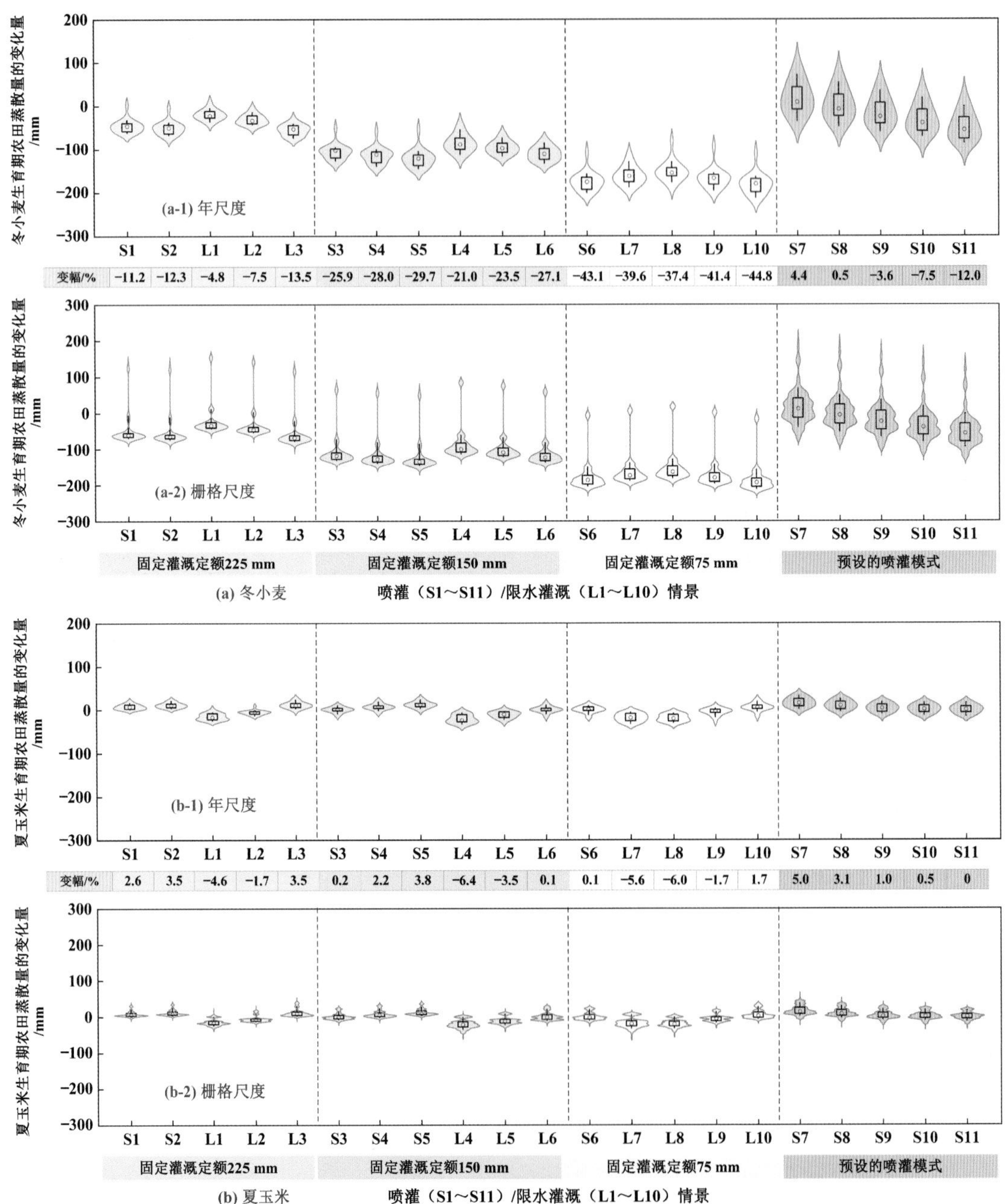

图 6.4　冬小麦生育期的灌溉定额分别为 225 mm、150 mm 和 75 mm 下的喷灌情景（S1 ～ S6）和限水灌溉情景（L1 ～ L10）以及预设的喷灌情景（S7 ～ S11）与现状灌溉情形相比冬小麦生育期（a）和夏玉米生育期（b）的农田蒸散量的变化量在研究区内的年尺度和模拟时段内的栅格尺度上的分布

限水灌溉情景下作物生育期农田蒸散量的变化量和变幅根据本书第 4 章中的数据计算得到

6.1.3　作物水分生产力

在 6 种固定的喷灌情景下，当冬小麦生育期的灌溉定额分别为 225 mm、150 mm 和 75 mm 时，就模拟时段平均而言，冬小麦的 WP 在 I 区分别约为 0.98 kg/m^3、0.75 kg/m^3 和 0.50 kg/m^3［图 6.5（a-1）］；冬小麦的 WP 在 II 区分别约为 1.00 kg/m^3、0.86 kg/m^3 和 0.64 kg/m^3［图 6.5（a-2）］；冬小麦的 WP 在 III 区分别约为 0.95 kg/m^3、0.83 kg/m^3 和 0.63 kg/m^3［图 6.5（a-3）］。冬小麦生育期的灌溉定额每减少 75 mm，在 I 区、II 区和 III 区，模拟时段内平均的冬小麦的 WP 分别减少约 0.23 ～ 0.25 kg/m^3、0.14 ～ 0.22 kg/m^3 和 0.12 ～ 0.20 kg/m^3［图 6.5（a）］。在 5 种预设的喷灌情景下，在 I 区、II 区和 III 区，模拟时段内平均的冬小麦的 WP 的变化范围分别约为 0.74 ～ 1.16 kg/m^3、0.73 ～ 1.11 kg/m^3 和 0.65 ～ 0.99 kg/m^3，且随着我们所设置的根系带土壤水的消耗量占有效水量的可容许的比例（亦即阈值 f_3）的增大，冬小麦生育期的灌溉定额会减少，相应的冬小麦 WP 会降低［图 6.5（a）］。以上结果表明：在冬小麦生育期固定的喷灌情景和预设的喷灌情景所对应的灌溉定额的变化范围内，灌溉定额的减少均会降低冬小麦的 WP。Li 等（2019b）在吴桥试验站于 2016 ～ 2018 年开展的田间试验结果表明：对冬小麦实施微喷灌时，当灌溉定额从 120 mm 降低至 60 mm 时，冬小麦的 WP 减少了 0.22 ～ 0.49 kg/m^3。Jha 等（2019）在新乡试验站于 2014 ～ 2016 年开展的田间试验结果表明：对冬小麦实施喷灌时，当灌溉定额从 150 mm 降低至 90 mm 时，冬小麦的 WP 减少了 0.04 ～ 0.14 kg/m^3。高鹭等（2005）在栾城试验站于 2001 ～ 2002 年开展的田间试验结果表明：在喷灌处理下，当冬小麦生育期内的灌溉定额从 200 mm 降低至 150 mm 时，冬小麦的 WP 减少了 0.13 kg/m^3。这些田间试验结果与我们的模拟结果也是较为一致的。

当冬小麦生育期的灌溉定额为 225 mm 时，在 I 区、II 区和 III 区，喷灌与地面灌溉的情景下模拟时段内平均的冬小麦的 WP 分别相差大约 −0.05 kg/m^3、−0.03 kg/m^3 和 −0.02 kg/m^3［图 6.5（a）］；当灌溉定额为 150 mm 时，在这 3 个灌溉分区，喷灌与地面灌溉的情景下模拟时段内平均的冬小麦的 WP 分别相差大约 −0.03 kg/m^3、0.06 kg/m^3 和 0.06 kg/m^3［图 6.5（a）］；当灌溉定额为 75 mm 时，在这 3 个灌溉分区，喷灌与地面灌溉的情景下模拟时段内平均的冬小麦的 WP 分别相差大约 −0.10 kg/m^3、−0.05 kg/m^3 和 −0.06 kg/m^3［图 6.5（a）］。以上结果表明：就模拟时段内的平均水平而言，在喷灌与地面灌溉的情景下，冬小麦的 WP 差异不大；在这 3 种灌溉定额下的 I 区以及在 225 mm 和 75 mm 这 2 种灌溉定额下的 II 区和 III 区，喷灌情景与地面灌溉情形相比，冬小麦的 WP 要低，但不超过 0.10 kg/m^3，而在 150 mm 这种灌溉定额下的 II 区和 III 区，喷灌情景与地面灌溉情形相比，冬小麦的 WP 要高，但不超过 0.06 kg/m^3。Fang 等（2018）在栾城试验站的田间试验结果表明：当冬小麦生育期的灌溉定额为 160 mm，喷灌处理和畦灌处理下的 WP 差异不显著，在 2012 ～ 2013 年喷灌处理下的 WP 比畦灌处理下的高 0.05 kg/m^3，在 2013 ～ 2014 年喷灌处理下的 WP 比畦灌处理下的低 0.02 kg/m^3。Jha 等（2019）在新乡试验站于 2015 ～ 2016 年开展的田间试验结果表明：当冬小麦生育期的灌溉定额为 240 mm，喷灌处理和畦灌处理下的 WP 差异不显著，喷灌处理下的 WP 仅比畦灌处理下的高 0.02 kg/m^3。

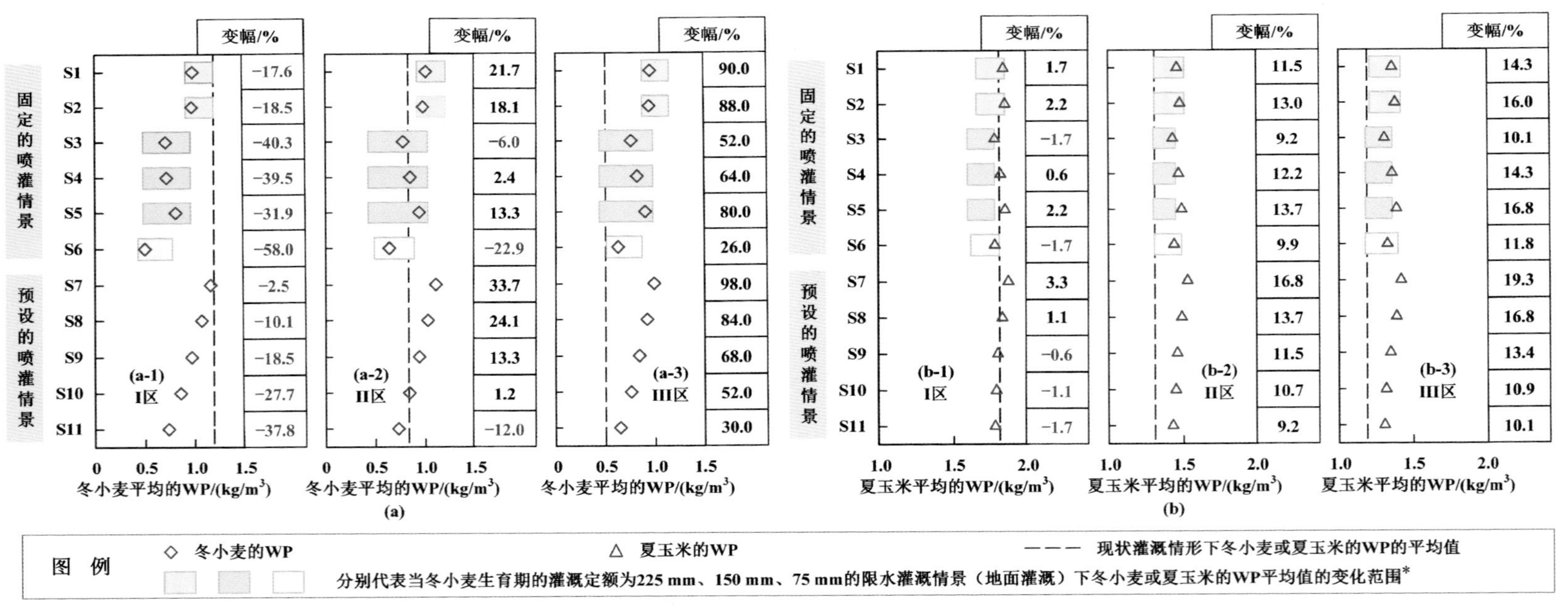

图 6.5　3 个灌溉分区在各喷灌情景下冬小麦（a）和夏玉米（b）的 WP 在模拟时段内的平均值及其相较于现状灌溉情形的变幅

* 表示冬小麦特定灌溉定额的限水灌溉情景下作物平均 WP 的变化范围详见文献（Li and Ren，2019b）和本书的第 4 章；III 区包括海兴和黄骅这 2 个县（市），II 区包括孟村、盐山、青县、沧县和沧州这 5 个县（市），I 区包括其余 46 个县（市）

就 3 个灌溉分区而言，当固定的喷灌情景中冬小麦生育期的灌溉定额为 225 mm 和 150 mm 时，在各喷灌情景下模拟时段内平均的冬小麦的 WP 的最大差异分别大约为 0.03 kg/m^3（II 区，S1 和 S2）和 0.16 kg/m^3（II 区，S3 和 S5），而在相同灌溉定额的各地面灌溉情景下模拟时段内平均的冬小麦的 WP 的最大差异分别大约为 0.29 kg/m^3（II 区，L1 和 L3）和 0.60 kg/m^3（II 区，L4 和 L6）[图 6.5（a）]。此外，我们还注意到，在 I 区，当灌溉定额为 225 mm 时，在灌水 5 次的喷灌情景（S2）下该区域模拟时段内平均的冬小麦的 WP 较灌水 6 次的喷灌情景（S1）差异不大（0.01 kg/m^3）；当灌溉定额为 150 mm 时，灌水 3 次的喷灌情景（S5）下该区域模拟时段内平均的冬小麦的 WP 高于灌水 4 次（S4）和灌水 5 次（S3）的喷灌情景 [图 6.5（a-1）]。换言之，在 150 mm 的灌溉定额下，冬小麦生育期内减少喷灌的次数有利于提高冬小麦的 WP，这主要是由于：尽管不同的灌水次数下的产量水平相当，但相对较少的灌水次数有着更低的农田蒸散量。我们在 II 区 [图 6.5（a-2）] 和 III 区 [图 6.5（a-3）] 也得到了相似的结果。无论是在研究区的模拟时段内的年尺度 [图 6.6（a-1）] 还是在模拟时段的模拟单元内的栅格尺度 [图 6.6（a-2）] 上，就所设置的这 3 种固定灌溉定额的喷灌情景而言，不同灌水次数的喷灌情景下冬小麦 WP 的时空差异较小。

虽然在模拟中我们将概化的夏玉米生育期的现状灌溉情形保持不变，但是冬小麦生育期的灌溉方式及其灌溉模式也会影响后茬夏玉米的 WP。在 I 区，冬小麦生育期的 11 种喷灌情景相较于现状灌溉情形，该区域模拟时段内平均的夏玉米的 WP 的变幅约为 -1.7% ~ 3.3% [图 6.5（b-1）]。在 II 区，当冬小麦生育期的灌溉定额高于现状灌溉情形时，会使得该区域模拟时段内平均的夏玉米的 WP 增加大约 10.7% ~ 16.8% [图 6.5（b-2）]；当冬小麦生育期的灌溉定额低于现状灌溉情形时，由于灌水时间和灌水次数的差异也会使得该区域模拟时段内平均的夏玉米的 WP 增加大约 9.2% ~ 13.7% [图 6.5（b-2）]。在 III 区，由于现状灌溉情形中夏玉米为雨养且 11 种喷灌情景下冬小麦生育期的灌溉定额均高于现状灌溉情形，这使得该区域模拟时段内平均的夏玉米的 WP 增加大约 10.1% ~ 19.3% [图 6.5（b-3）]。整体而言，在冬小麦生育期采用喷灌会使得后茬作物夏玉米的 WP 有所增加，同时也会削弱夏玉米的 WP 在研究区的年尺度 [图 6.6（b-1）] 和模拟时段的栅格尺度 [图 6.6（b-2）] 上的差异程度。

6.1.4　水量平衡

前已述及，我们将研究区按下边界条件概化成 2 m 模拟剖面下边界为自由排水的 A 区（亦即 A 类区）和 15 m 模拟剖面下边界为零通量的 B 区（亦即 B 类区）。

首先，我们分析冬小麦生育期灌溉方式（地面灌溉和喷灌）的差异对冬小麦生育期水量平衡分项的影响。对于冬小麦生育期特定的灌溉定额（225 mm、150 mm 和 75 mm），在 A 区 [图 6.7（a）] 和 B 区 [图 6.7（b）]，在冬小麦生育期，喷灌相较于地面灌溉均会减少作物的蒸腾量和土壤储水量的消耗量而增加土面的蒸发量。通过将冬小麦生育期在特定的灌溉定额时不同的喷灌情景下各水量平衡分项的平均值与不同的地面灌溉情景下各水量平衡分项的平均值进行对比 [图 6.7（a）、（b）] 可知：当灌溉定额分别为 225 mm、150 mm 和 75 mm 时，在冬小麦生育期，喷灌相较于地面灌溉，作物的蒸腾量在 A 区大约分别减少了 24.6 mm、26.1 mm 和 15.5 mm，在 B 区大约分别减少了 23.3 mm、24.0 mm 和 15.1 mm；土壤储水量的消耗量在 A 区大约分别减少了

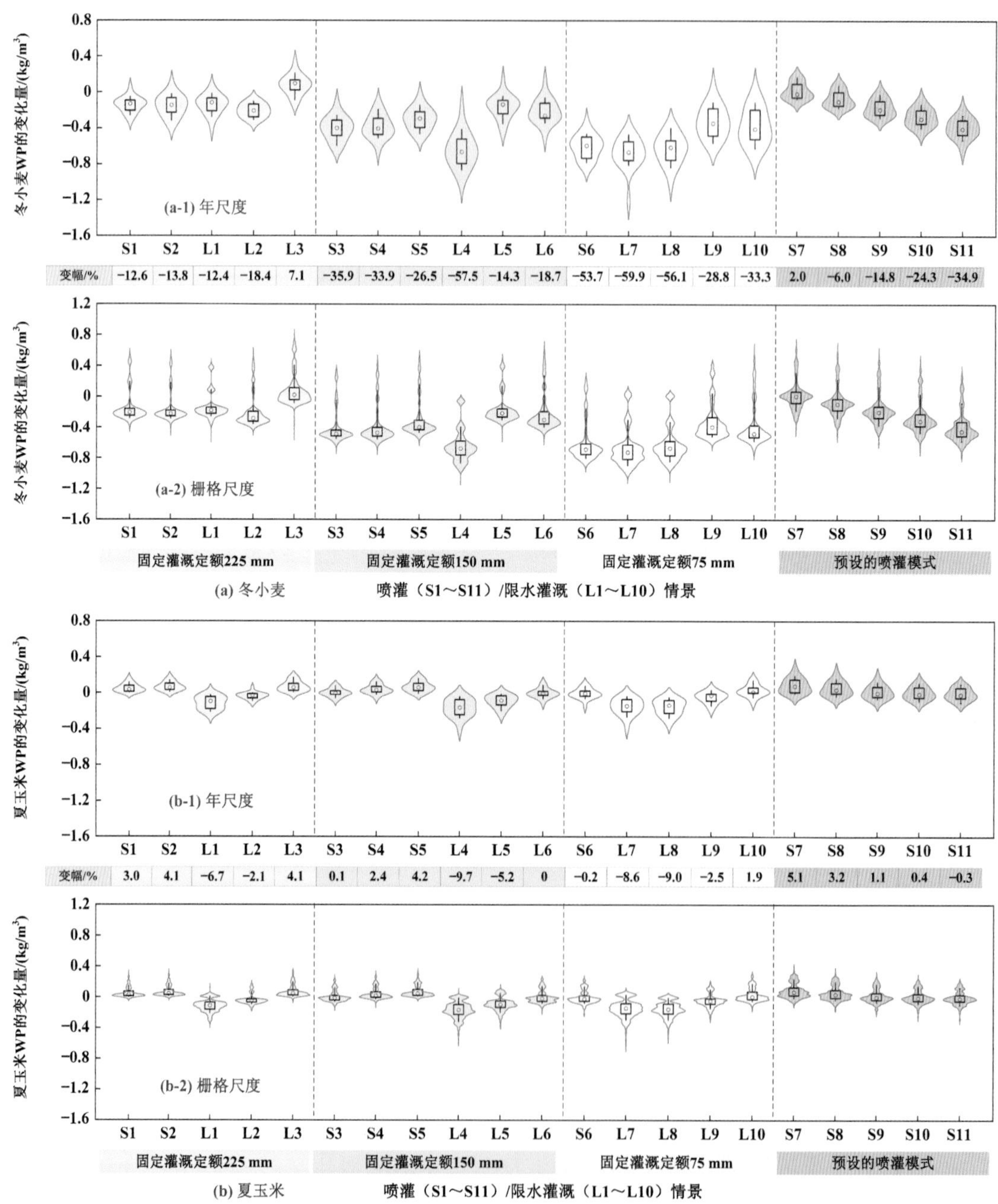

图 6.6 冬小麦生育期的灌溉定额分别为 225 mm、150 mm 和 75 mm 下的喷灌情景（S1 ~ S6）和限水灌溉情景（L1 ~ L10）以及预设的喷灌情景（S7 ~ S11）与现状灌溉情形相比冬小麦（a）和夏玉米（b）的 WP 的变化量在研究区内的年尺度和模拟时段内的栅格尺度上的分布

限水灌溉情景下作物 WP 的变化量和变幅根据文献（Li and Ren，2019b）和本书第 4 章中的数据计算得到

17.2 mm、22.6 mm 和 11.4 mm，在 B 区大约分别减少了 8.8 mm、13.1 mm 和 8.3 mm；土面的蒸发量在 A 区大约分别增加了 11.1 mm、9.0 mm 和 6.0 mm，在 B 区大约分别增加了 12.2 mm、10.7 mm 和 6.5 mm。同时，灌溉定额分别为 225 mm、150 mm 和 75 mm 下的喷灌与地面灌溉相比，冠层截留量略有增加且不超过 3 mm [图 6.7（a）、（b）]。这里需要说明的是，对喷灌而言，冠层截留量为降水的截留量与灌溉的截留量之和；对地面灌溉而言，冠层截留量仅为降水的截留量。此外，在 A 区（亦即下边界条件为自由排水的情形），喷灌相较于地面灌溉 2 m 土体的水分渗漏量也减少了大约 1.8 ~ 5.2 mm（减幅大约为 22.7% ~ 39.4%）[图 6.7（a）]。以上依据模拟结果分析的在喷灌和地面灌溉下冬小麦生育期作物蒸腾量、土面蒸发量和土壤水渗漏量的变化趋势，分别与杨晓光等（2000）、Lv 等（2010）和 Li J. S. 等（2005）在研究区的毗邻地区所开展的田间试验的结果是一致的。

其次，我们针对冬小麦生育期在特定灌溉定额下的喷灌情景，分析灌水次数和灌水定额的差异对冬小麦生育期水量平衡分项的影响。在冬小麦生育期特定的灌溉定额下，随着灌水次数的减少，喷灌截留量、冠层截留量、土面蒸发量和土壤储水量的消耗量均减少，2 m 土体水分渗漏量增加，而冬小麦的蒸腾量未呈现出一致的变化趋势 [图 6.7（a）、（b）]。以灌溉定额为 150 mm 的情景（S3、S4 和 S5）为例，灌水次数从 5 次减少到 3 次，喷灌截留量、冠层截留量、蒸发量和土壤储水量的消耗量在 A 区大约分别减少了 0.8 mm、1.1 mm、13.5 mm 和 16.0 mm [图 6.7（a）]，在 B 区大约分别减少了 1.0 mm、1.0 mm、12.7 mm 和 14.5 mm [图 6.7（b）]；渗漏量在 A 区增加了大约 1.0 mm [图 6.7（a）]；蒸腾量在 A 区先减少了约 3.1 mm 后增加了约 0.7 mm [图 6.7（a）]，在 B 区先减少了约 4.3 mm 后增加了约 3.5 mm [图 6.7（b）]。以上我们在灌溉定额分别为 225 mm 和 150 mm 的喷灌下获得的冬小麦生育期土面蒸发量随着灌水次数减少而减少的趋势，与 Yu 等（2009）在通州试验基地开展的灌溉定额约为 155 mm 下的田间试验结果是一致的。我们在区域尺度的模拟结果还表明：当灌溉定额为 225 mm 或 150 mm 时，增加喷灌次数更有利于消耗土壤的储水量，喷灌次数的变化对土面蒸发的影响大于对冬小麦蒸腾的影响。

然后，我们分析冬小麦的 5 种预设的喷灌情景对其生育期水量平衡分项的影响。从情景 7（S7）至情景 11（S11），随着设置的开启喷灌的阈值 f_3 的增大，冬小麦生育期的灌溉定额依次降低。在 A 区和 B 区，冬小麦生育期的灌溉定额大约分别从 306.7 mm 和 302.4 mm 减少至 211.3 mm 和 203.9 mm，冠层截留量大约分别减少了 3.7 mm 和 4.5 mm，冬小麦的蒸腾量分别减少了 63.6 mm 和 63.4 mm，土面的蒸发量大约分别减少了 3.2 mm 和 2.0 mm，土壤储水量的消耗量大约分别增加了 22.4 mm 和 28.6 mm [图 6.7（a）、（b）]；在 A 区，2 m 土体的土壤水渗漏量减少了约 2.5 mm [图 6.7（a）]。在预设的喷灌情景下，灌溉定额的减少在显著降低冬小麦的蒸腾量的同时，也增加了冬小麦对土壤储水量的利用，对其他的水量平衡分项的影响不超过 5 mm。

此外，我们还分析冬小麦生育期在固定的喷灌情景（S1 ~ S6）和预设的喷灌情景（S7 ~ S11）下的喷灌截留量。在 A 区，固定和预设的喷灌情景下，喷灌的截留量占喷灌定额比例的变化范围分别约为 0.80%（S6）~ 1.42%（S1）和 1.85%

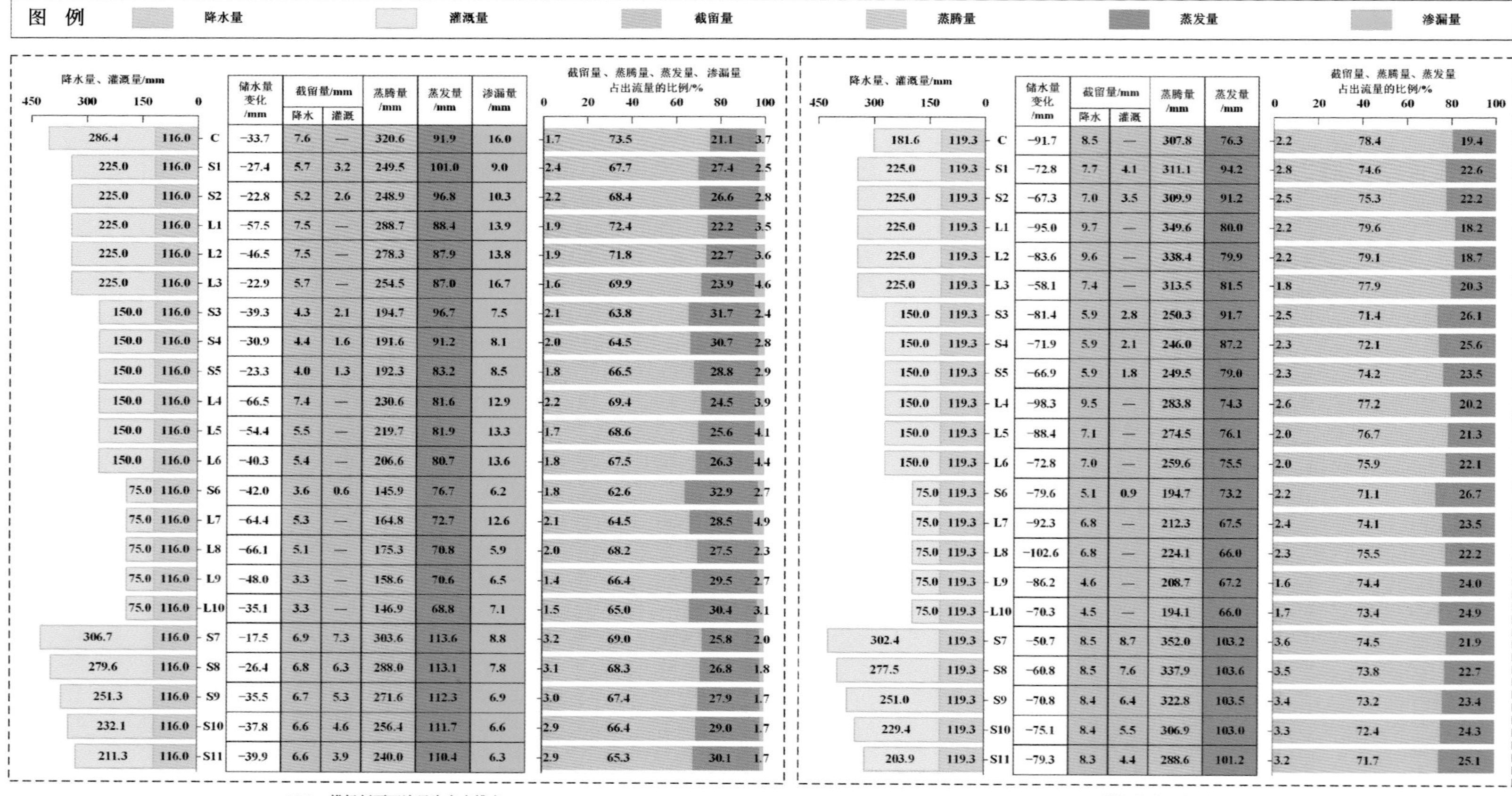

(a) 2 m模拟剖面下边界为自由排水

情景	降水量/mm	灌溉量/mm	储水量变化/mm	截留量/mm 降水	截留量/mm 灌溉	蒸腾量/mm	蒸发量/mm	渗漏量/mm	截留量比例/%	蒸腾量比例/%	蒸发量比例/%	渗漏量比例/%
C	116.0	286.4	−33.7	7.6	—	320.6	91.9	16.0	1.7	73.5	21.1	3.7
S1	116.0	225.0	−27.4	5.7	3.2	249.5	101.0	9.0	2.4	67.7	27.4	2.5
S2	116.0	225.0	−22.8	5.2	2.6	248.9	96.8	10.3	2.2	68.4	26.6	2.8
L1	116.0	225.0	−57.5	7.5	—	288.7	88.4	13.9	1.9	72.4	22.2	3.5
L2	116.0	225.0	−46.5	7.5	—	278.3	87.9	13.8	1.9	71.8	22.7	3.6
L3	116.0	225.0	−22.9	5.7	—	254.5	87.0	16.7	1.6	69.9	23.9	4.6
S3	116.0	150.0	−39.3	4.3	2.1	194.7	96.7	7.5	2.1	63.8	31.7	2.4
S4	116.0	150.0	−30.9	4.4	1.6	191.6	91.2	8.1	2.0	64.5	30.7	2.8
S5	116.0	150.0	−23.3	4.0	1.3	192.3	83.2	8.5	1.8	66.5	28.8	2.9
L4	116.0	150.0	−66.5	7.4	—	230.6	81.6	12.9	2.2	69.4	24.5	3.9
L5	116.0	150.0	−54.4	5.5	—	219.7	81.9	13.3	1.7	68.6	25.6	4.1
L6	116.0	150.0	−40.3	5.4	—	206.6	80.7	13.6	1.8	67.5	26.3	4.4
S6	116.0	75.0	−42.0	3.6	0.6	145.9	76.7	6.2	1.8	62.6	32.9	2.7
L7	116.0	75.0	−64.4	5.3	—	164.8	72.7	12.6	2.1	64.5	28.5	4.9
L8	116.0	75.0	−66.1	5.1	—	175.3	70.8	5.9	2.0	68.2	27.5	2.3
L9	116.0	75.0	−48.0	3.3	—	158.6	70.6	6.5	1.4	66.4	29.5	2.7
L10	116.0	75.0	−35.1	3.3	—	146.9	68.8	7.1	1.5	65.0	30.4	3.1
S7	116.0	306.7	−17.5	6.9	7.3	303.6	113.6	8.8	3.2	69.0	25.8	2.0
S8	116.0	279.6	−26.4	6.8	6.3	288.0	113.1	7.8	3.1	68.3	26.8	1.8
S9	116.0	251.3	−35.5	6.7	5.3	271.6	112.3	6.9	3.0	67.4	27.9	1.7
S10	116.0	232.1	−37.8	6.6	4.6	256.4	111.7	6.6	2.9	66.4	29.0	1.7
S11	116.0	211.3	−39.9	6.6	3.9	240.0	110.4	6.3	2.9	65.3	30.1	1.7

(b) 15 m模拟剖面下边界为零通量

情景	降水量/mm	灌溉量/mm	储水量变化/mm	截留量/mm 降水	截留量/mm 灌溉	蒸腾量/mm	蒸发量/mm	截留量比例/%	蒸腾量比例/%	蒸发量比例/%
C	119.3	181.6	−91.7	8.5	—	307.8	76.3	2.2	78.4	19.4
S1	119.3	225.0	−72.8	7.7	4.1	311.1	94.2	2.8	74.6	22.6
S2	119.3	225.0	−67.3	7.0	3.5	309.9	91.2	2.5	75.3	22.2
L1	119.3	225.0	−95.0	9.7	—	349.6	80.0	2.2	79.6	18.2
L2	119.3	225.0	−83.6	9.6	—	338.4	79.9	2.2	79.1	18.7
L3	119.3	225.0	−58.1	7.4	—	313.5	81.5	1.8	77.9	20.3
S3	119.3	150.0	−81.4	5.9	2.8	250.3	91.7	2.5	71.4	26.1
S4	119.3	150.0	−71.9	5.9	2.1	246.0	87.2	2.3	72.1	25.6
S5	119.3	150.0	−66.9	5.9	1.8	249.5	79.0	2.3	74.2	23.5
L4	119.3	150.0	−98.3	9.5	—	283.8	74.3	2.6	77.2	20.2
L5	119.3	150.0	−88.4	7.1	—	274.5	76.1	2.0	76.7	21.3
L6	119.3	150.0	−72.8	7.0	—	259.6	75.5	2.0	75.9	22.1
S6	119.3	75.0	−79.6	5.1	0.9	194.7	73.2	2.2	71.1	26.7
L7	119.3	75.0	−92.3	6.8	—	212.3	67.5	2.4	74.1	23.5
L8	119.3	75.0	−102.6	6.8	—	224.1	66.0	2.3	75.5	22.2
L9	119.3	75.0	−86.2	4.6	—	208.7	67.2	1.6	74.4	24.0
L10	119.3	75.0	−70.3	4.5	—	194.1	66.0	1.7	73.4	24.9
S7	119.3	302.4	−50.7	8.5	8.7	352.0	103.2	3.6	74.5	21.9
S8	119.3	277.5	−60.8	8.5	7.6	337.9	103.6	3.5	73.8	22.7
S9	119.3	251.0	−70.8	8.4	6.4	322.8	103.5	3.4	73.2	23.4
S10	119.3	229.4	−75.1	8.4	5.5	306.9	103.0	3.3	72.4	24.3
S11	119.3	203.9	−79.3	8.3	4.4	288.6	101.2	3.2	71.7	25.1

图 6.7 模拟单元剖面下边界分别设置为自由排水（a）和通量为零（b）的区域在冬小麦不同的灌溉情景下其生育期水量平衡各项的变化

C 指现状灌溉情形，S1 至 S11 指喷灌情景 1 至喷灌情景 11，L1 至 L10 指限水灌溉情景 1 至限水灌溉情景 10；“—”表示现状灌溉情形和限水灌溉情景下仅有降水的冠层截留；现状灌溉情形和 10 种限水灌溉情景下作物生育期的水量平衡分析数据详见文献（Li and Ren，2019b）和本书的第 4 章；B 类区（15 m 模拟剖面下边界为零通量的区域）包括青县、沧州、沧县、南皮、东光、孟村、盐山、海兴、黄骅，A 类区（2 m 模拟剖面下边界为自由排水的区域）包括其余 44 个县（市）；出流量在 A 类区是指截留量、蒸腾量、蒸发量及渗漏量之和，在 B 类区是指截留量、蒸腾量及蒸发量之和

（S11）~ 2.38%（S7）[图 6.7（a）]；在 B 区，该比例的变化范围分别约为 1.20%（S5 和 S6）~ 1.87%（S3）和 2.16%（S11）~ 2.88%（S7）[图 6.7（b）]。整体而言，喷灌的截留量只占喷灌的灌溉定额的很少一部分；喷灌的截留量会随着喷灌定额和喷灌次数的减少而减少，预设的喷灌模式与固定的喷灌模式相比，由于能“实时地”开启喷灌以满足冬小麦各生育阶段的水分需求，从而增加了冬小麦的叶面积指数，继而增加了喷灌的截留量。Kang 等（2005）在与我们的研究区毗邻的通州试验基地于 2003 年开展的田间试验表明：单次喷灌下冬小麦冠层对喷灌的截留量的最大值不超过 1 mm；冬小麦生长季共喷灌 4 次，总的喷灌截留量（2.4 mm）仅占喷灌定额（194.6 mm）的大约 1.3%，这与我们在区域尺度上的模拟结果较为一致。

在研究区内，对于冬小麦 - 夏玉米一年两熟制，尽管在冬小麦生育期的喷灌情景与地面限水灌溉情景中夏玉米生育期保持现状灌溉情形不变，但由于冬小麦生育期灌溉方式、灌水次数、灌水时间和灌水定额的差异也会使得夏玉米生育期水量平衡各项在 A 区 [图 6.8（a）] 和 B 区 [图 6.8（b）] 发生变化。在冬小麦生育期的各喷灌情景（S1 ~ S11）和各限水灌溉情景（L1 ~ L10）下，夏玉米生育期的冠层截留量、蒸腾量、蒸发量和土壤储水量变化量与现状灌溉情形相比的变化范围，在 A 区大约分别为 −2.3 ~ 1.4 mm、−30.1 ~ 15.1 mm、−3.0 ~ 5.2 mm 和 −15.8 ~ 31.6 mm [图 6.8（a）]，在 B 区大约分别为 −0.7 ~ 3.5 mm、−7.1 ~ 40.2 mm、−7.7 ~ 1.5 mm 和 −36.0 ~ 6.3 mm [图 6.8（b）]；在 A 区，2 m 土体水分渗漏量的变化范围大约为 −5.4 ~ 2.6 mm [图 6.8（a）]。由此可知：夏玉米生育期的蒸腾量和土壤储水量的变化量是受冬小麦生育期的灌溉方式及相应的灌溉模式影响最大的水量平衡分项。在冬小麦生育期固定的喷灌情景下，其灌水次数的减少（或灌水定额的增加）增加了后茬夏玉米生育期的冠层截留量、蒸腾量和渗漏量，减少了蒸发量和土壤储水量的增加量（参见图 6.8）。在对夏玉米概化的现状灌溉情形中，仅在夏玉米生育期的降水水平为枯和特枯时才会灌溉 1 ~ 2 次，在特定的灌溉定额下，冬小麦生长后期的灌水定额越大，越有利于改善夏玉米营养生长阶段的土壤水分状况，缓解夏玉米受到的水分胁迫，从而增加夏玉米生育期的截留量、蒸腾量和土壤储水量的消耗量，并减少土面蒸发量和 2 m 土体水分渗漏量。在冬小麦生育期的预设的喷灌情景下，其灌溉定额的减少增加了冬小麦生育期土壤储水量的消耗，从而增加了后茬夏玉米生长前期受到的水分胁迫，于是减少了夏玉米生育期的截留量、蒸腾量和 2 m 土体水分渗漏量，并增加了土面蒸发量和土壤储水量（图 6.8）。

6.1.5　农民净收益的变化

在研究区内包含 46 个县（市）的灌溉 I 区，当冬小麦生育期降水水平为丰时，平均的农民净收益相较于现状灌溉情形的变化，仅在预设的喷灌情景 7（S7）和限水灌溉情景 3（L3）下为正，分别约为 170 元 /hm^2 和 265 元 /hm^2，而平均的农民净收益的变化，在其他的灌溉（包括喷灌和地面限水灌溉）情景下均为负 [图 6.9（a）]；当冬小麦生育期的降水水平为平和枯时，平均的农民净收益相较于现状灌溉情形的变化，在设置的所有

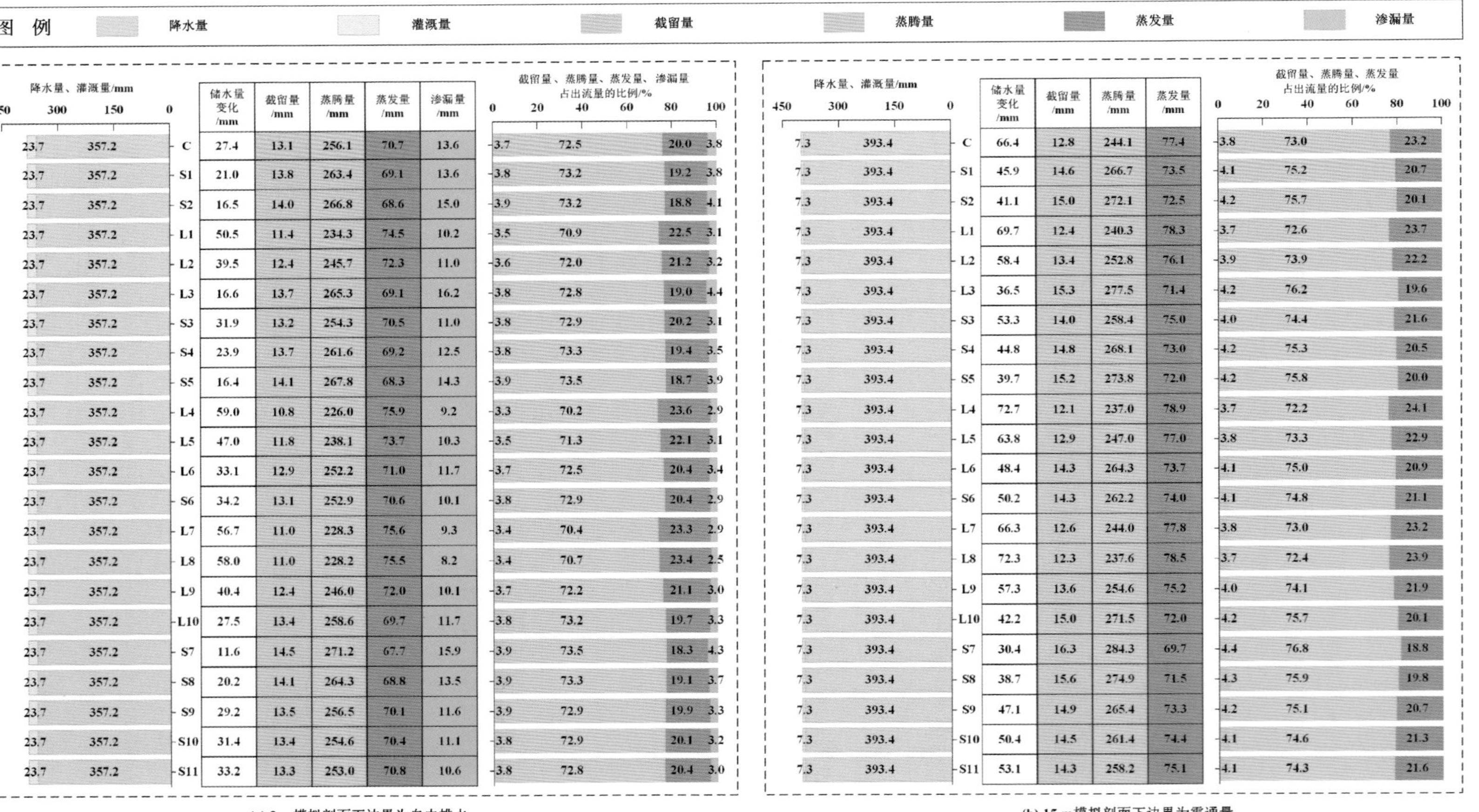

情景	降水量/mm	灌溉量/mm	储水量变化/mm	截留量/mm	蒸腾量/mm	蒸发量/mm	渗漏量/mm	截留量/%	蒸腾量/%	蒸发量/%	渗漏量/%
C	23.7	357.2	27.4	13.1	256.1	70.7	13.6	3.7	72.5	20.0	3.8
S1	23.7	357.2	21.0	13.8	263.4	69.1	13.6	3.8	73.2	19.2	3.8
S2	23.7	357.2	16.5	14.0	266.8	68.6	15.0	3.9	73.2	18.8	4.1
L1	23.7	357.2	50.5	11.4	234.3	74.5	10.2	3.5	70.9	22.5	3.1
L2	23.7	357.2	39.5	12.4	245.7	72.3	11.0	3.6	72.0	21.2	3.2
L3	23.7	357.2	16.6	13.7	265.3	69.1	16.2	3.8	72.8	19.0	4.4
S3	23.7	357.2	31.9	13.2	254.3	70.5	11.0	3.8	72.9	20.2	3.1
S4	23.7	357.2	23.9	13.7	261.6	69.2	12.5	3.8	73.3	19.4	3.5
S5	23.7	357.2	16.4	14.1	267.8	68.3	14.3	3.9	73.5	18.7	3.9
L4	23.7	357.2	59.0	10.8	226.0	75.9	9.2	3.3	70.2	23.6	2.9
L5	23.7	357.2	47.0	11.8	238.1	73.7	10.3	3.5	71.3	22.1	3.1
L6	23.7	357.2	33.1	12.9	252.2	71.0	11.7	3.7	72.5	20.4	3.4
S6	23.7	357.2	34.2	13.1	252.9	70.6	10.1	3.8	72.9	20.4	2.9
L7	23.7	357.2	56.7	11.0	228.3	75.6	9.3	3.4	70.4	23.3	2.9
L8	23.7	357.2	58.0	11.0	228.2	75.5	8.2	3.4	70.7	23.4	2.5
L9	23.7	357.2	40.4	12.4	246.0	72.0	10.1	3.7	72.2	21.1	3.0
L10	23.7	357.2	27.5	13.4	258.6	69.7	11.7	3.8	73.2	19.7	3.3
S7	23.7	357.2	11.6	14.5	271.2	67.7	15.9	3.9	73.5	18.3	4.3
S8	23.7	357.2	20.2	14.1	264.3	68.8	13.5	3.9	73.3	19.1	3.7
S9	23.7	357.2	29.2	13.5	256.5	70.1	11.6	3.9	72.9	19.9	3.3
S10	23.7	357.2	31.4	13.4	254.6	70.4	11.1	3.8	72.9	20.1	3.2
S11	23.7	357.2	33.2	13.3	253.0	70.8	10.6	3.8	72.8	20.4	3.0

(a) 2 m模拟剖面下边界为自由排水

情景	降水量/mm	灌溉量/mm	储水量变化/mm	截留量/mm	蒸腾量/mm	蒸发量/mm	截留量/%	蒸腾量/%	蒸发量/%
C	7.3	393.4	66.4	12.8	244.1	77.4	3.8	73.0	23.2
S1	7.3	393.4	45.9	14.6	266.7	73.5	4.1	75.2	20.7
S2	7.3	393.4	41.1	15.0	272.1	72.5	4.2	75.7	20.1
L1	7.3	393.4	69.7	12.4	240.3	78.3	3.7	72.6	23.7
L2	7.3	393.4	58.4	13.4	252.8	76.1	3.9	73.9	22.2
L3	7.3	393.4	36.5	15.3	277.5	71.4	4.2	76.2	19.6
S3	7.3	393.4	53.3	14.0	258.4	75.0	4.0	74.4	21.6
S4	7.3	393.4	44.8	14.8	268.1	73.0	4.2	75.3	20.5
S5	7.3	393.4	39.7	15.2	273.8	72.0	4.2	75.8	20.0
L4	7.3	393.4	72.7	12.1	237.0	78.9	3.7	72.2	24.1
L5	7.3	393.4	63.8	12.9	247.0	77.0	3.8	73.3	22.9
L6	7.3	393.4	48.4	14.3	264.3	73.7	4.1	75.0	20.9
S6	7.3	393.4	50.2	14.3	262.2	74.0	4.1	74.8	21.1
L7	7.3	393.4	66.3	12.6	244.0	77.8	3.8	73.0	23.2
L8	7.3	393.4	72.3	12.3	237.6	78.5	3.7	72.4	23.9
L9	7.3	393.4	57.3	13.6	254.6	75.2	4.0	74.1	21.9
L10	7.3	393.4	42.2	15.0	271.5	72.0	4.2	75.7	20.1
S7	7.3	393.4	30.4	16.3	284.3	69.7	4.4	76.8	18.8
S8	7.3	393.4	38.7	15.6	274.9	71.5	4.3	75.9	19.8
S9	7.3	393.4	47.1	14.9	265.4	73.3	4.2	75.1	20.7
S10	7.3	393.4	50.4	14.5	261.4	74.4	4.1	74.6	21.3
S11	7.3	393.4	53.1	14.3	258.2	75.1	4.1	74.3	21.6

(b) 15 m模拟剖面下边界为零通量

图 6.8 模拟单元剖面下边界分别设置为自由排水（a）和通量为零（b）的区域在冬小麦不同的灌溉情景下夏玉米生育期水量平衡各项的变化

C 指现状灌溉情形，S1 至 S11 指喷灌情景 1 至喷灌情景 11，L1 至 L10 指限水灌溉情景 1 至限水灌溉情景 10；现状灌溉情形和 10 种限水灌溉情景下作物生育期的水量平衡分析数据详见文献（Li and Ren，2019b）和本书的第 4 章；B 类区（15 m 模拟剖面下边界为零通量的区域）包括青县、沧州、沧县、南皮、东光、孟村、盐山、海兴、黄骅，A 类区（2 m 模拟剖面下边界为自由排水的区域）包括其余 44 个县（市）；出流量在 A 类区是指截留量、蒸腾量、蒸发量及渗漏量之和，在 B 类区是指截留量、蒸腾量及蒸发量之和

灌溉（地面限水灌溉和喷灌）情景下均为负 [图 6.9（a）]。在研究区分别包含 5 个县（市）的 II 区和包含 2 个县（市）的 III 区，考虑到现状灌溉条件较差，我们把这两个区域的现状灌溉制度都概化成某种程度的地面限水灌溉，这就使得在这 2 个区域无论是地面限水灌溉还是喷灌的设置都会出现某些灌溉情景下的灌溉定额高于现状灌溉情形。在灌溉分区的 II 区 [图 6.9（b）] 和 III 区 [图 6.9（c）]，当冬小麦生育期的灌溉定额小于现状灌溉情形下的灌溉定额时，与现状灌溉情形相比，在冬小麦生育期特定的降水水平时平均的农民净收益的变化基本为负，反之则为正。

与现状灌溉情形相比，净收益的变化主要受到冬小麦的产品产值及喷灌设备的投入、运行与维护费用的影响，而受到灌溉水费与人工成本变化的影响很小。这是由于：尽管各灌溉情景下的灌溉定额和劳动用工日会有明显的变化，但我们所收集到的研究区的小麦市场价格、喷灌设备多年平均的初始投资费用与每一年喷灌设备的运行和维护费用相对较高，而灌溉水价和劳动日工价相对较低。有文献（Nascimento *et al.*，2019）报道：在西班牙的半干旱地区，尽管喷灌可以明显减少总的灌溉用水量，但由于灌溉用水的成本低使得采用喷灌对于生产成本的影响很小，从这点来看，与我们的研究区有某种程度的相似。

在固定的喷灌情景下，冬小麦在丰水期时农民的净收益往往高于平水期和枯水期（图 6.9），这主要是由于在丰水期冬小麦的单产水平较高，因而通过实施喷灌来增加耕地面积的增产增收效果更为明显。在预设的喷灌情景下，农民净收益的变化受冬小麦生育期降水水平的影响较小（图 6.9），这主要是因为在预设的喷灌情景中我们通过设置开启喷灌的阈值 f_3 实现了某种“自适应”的灌溉功能，换言之，当冬小麦生育期的降水量减少时，喷灌定额会随之增加，因而降低了冬小麦生育期的降水水平对其产量及农民净收益的影响。从 S7 至 S11，随着阈值 f_3 的增大，冬小麦在生殖生长阶段所承受的水分胁迫程度增加，导致冬小麦的产量降低，因而降低了农民的净收益（图 6.9）。在相同的灌溉定额（225 mm、150 mm 和 75 mm）下，限制性地面灌溉情景（亦即前文中的限水灌溉情景）下农民的净收益往往高于喷灌情景（图 6.9）。这主要是因为：与限制性地面灌溉情景相比，在研究区内尽管喷灌可以通过节省用地来实现增产增收，同时减少更多的人工成本来增加农民收入，但相较于喷灌设备的多年平均初始投资费用以及运行和维护费用（共计 1084 元 /hm^2），收入的增加不足以抵消成本的增加，从而使得农民的净收益降低。Zou 等（2013）指出在喷灌情景下对成本效益率最敏感的是多年平均的喷灌设备初始投资费用。Fang 等（2018）在栾城试验站于 2012 ~ 2015 年开展的田间试验结果表明：在相同的灌溉定额下，由于喷灌的安装成本较高，与淹灌相比其净收益减少了 30%。我们的研究结果也表明：采用地面灌溉的方式种植冬小麦与喷灌相比经济效益更高。

在山东兖州，喷灌条件下增加的收益中通过节约人工成本、增加种植面积和节省灌溉水费的贡献率分别约占 62.50%、23.44% 和 14.06%，每年冬小麦季可以节约人工成本约 1000 元 /hm^2（Wang *et al.*，2020）。在河北栾城，喷灌相较于淹灌（灌溉 2 ~ 4 次）可以节省人工费用 500 ~ 900 元 /hm^2（Fang *et al.*，2018）。在印度北方邦（Uttar Pradesh），基于农户调查数据可知喷灌相较于漫灌（flood irrigation）可以节省劳动力 11%（Kishore，

2019）。在厄瓜多尔 Cangahua 自治市，实施喷灌的农户可以减少用于灌溉的劳动时间，同时拥有更多的土地和水资源来加强农业活动（Communal *et al.*，2016）。然而，河北省邢台市山前平原区在冬小麦生育期实施喷灌多年平均可以节省劳动用工 6 d/hm^2（马静和乔光建，2009；王华亮，2010），按照河北省 2004 ~ 2012 年平均的劳动日工价大约 26.5 元 /d（国家发展和改革委员会价格司，2004 ~ 2012）计算，多年平均可以减少的人工成本大约为 159 元 /hm^2，仅约占喷灌设备多年平均的初始投资费用与每一年喷灌设备的运行和维护费用之和（1084 元 /hm^2）的大约 15%。若我们的模拟和估算的结果可以反映实际情况，则对于农户在现状种植规模下冬小麦生育期推广喷灌来增加净收益而言是难有吸引力的。在山东兖州，喷灌每年可以节约劳动用工约 20 d/hm^2（其中，用于平整土地约 15 d/hm^2，用于灌溉约 5 d/hm^2），劳动日工价约为 50 元 /d（Wang *et al.*，2020）；在河北栾城，用于灌溉的劳动日工价约为 100 元 /d（Fang *et al.*，2018）。基于我们的模拟结果和对以上所引用的相关数据的计算分析，我们可以认为：在黑龙港地区通过将地面灌溉改为喷灌来节省劳动用工继而增加农民净收益在目前情况下是不现实的。然而，我国劳动力要素价格上涨是必然趋势（Wang *et al.*，2020），从 2004 年至 2018 年河北省劳

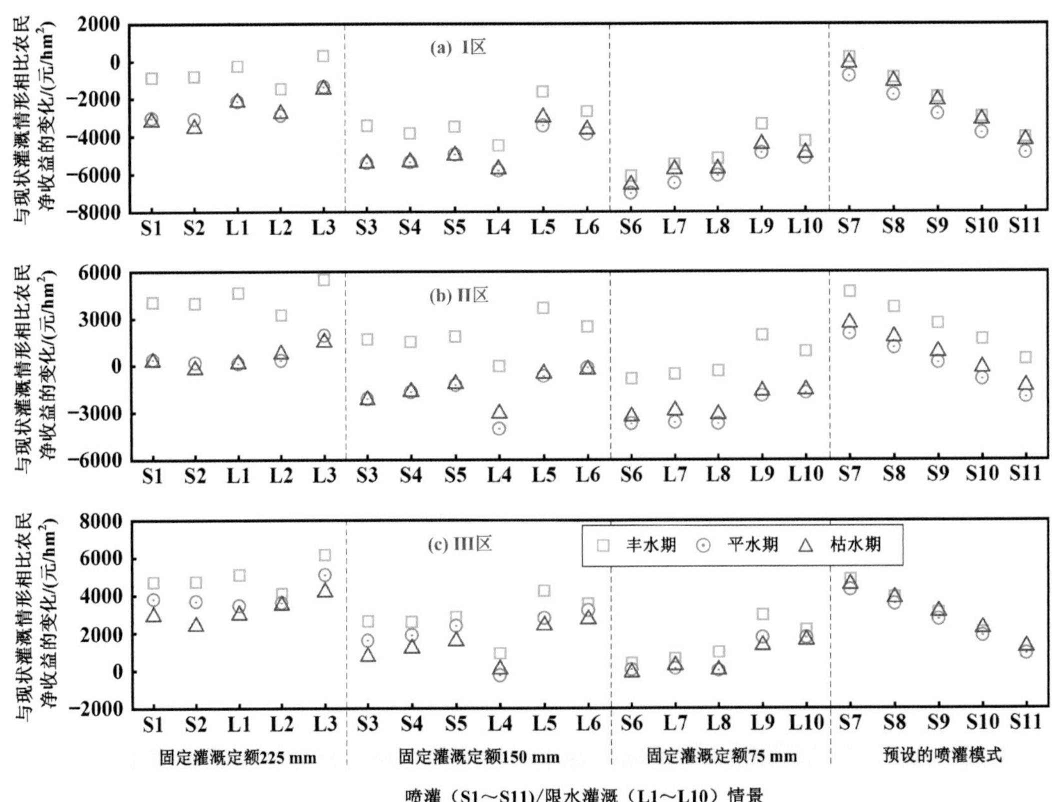

图 6.9 灌溉 I 区（a）、II 区（b）和 III 区（c）不同的灌溉情景与现状灌溉情形相比在冬小麦生育期的特定降水水平下平均的农民净收益的变化

动日工价从大约 14 元 /d（国家发展和改革委员会价格司，2004 ~ 2012）上涨至大约 98 元 /d（国家发展和改革委员会价格司，2018），涨幅大约 600%。我们有理由相信：随着劳动日工价的增加，会显著提高实施喷灌所节约的劳动力成本，这可能会成为未来在华北平原的黑龙港地区推广冬小麦生育期实施喷灌的主要激励因素。值得注意的是，由于黑龙港地区的灌溉水价较低，因而通过节约灌溉水费来激励农户实施喷灌的驱动效应不大。然而，我们注意到河北省发布了《河北省地下水超采综合治理试点区农业水价综合改革意见》（河北省水利厅等，2014），这将推进农业水价综合改革，促进农业节约用水，这或许有助于未来在华北平原黑龙港地区规模化种植冬小麦时从节水和稳产及增收等综合效益的角度推广喷灌这种灌溉方式。

6.2　选出的灌溉方式

前已述及，我们把研究区内土壤质地剖面类型概化成 17 种，按冬小麦生育期的降水水平把模拟时段内（1993 ~ 2012 年）的冬小麦生育期划分为丰水期、平水期和枯水期。我们针对冬小麦生育期特定的灌溉定额，在不同的降水水平和各种土壤质地剖面类型下，从喷灌和地面灌溉中选出了能使冬小麦产量最大化或者冬小麦 WP 最大化或者农民净收益最大化的灌溉方式及其相应的灌溉模式（亦即灌水次数、灌水时间和灌水定额）。整体而言，为了使得冬小麦的产量最高（图 6.10）或者冬小麦的 WP 最高（图 6.11）或者农民的净收益最高（图 6.12），所选择的灌溉方式以地面灌溉为主，尤其是随着灌溉定额的减少，选出的灌溉方式中喷灌所占的比例也减少。这是由于：喷灌条件下冬小麦生育期的蒸腾量低于相同灌溉定额下地面灌溉的情形（参见图 6.7），因而喷灌条件下冬小麦产量低于地面灌溉的情形 [参见图 6.1（a）]；虽然喷灌条件下冬小麦的产量和生育期农田蒸散量均低于相同灌溉定额下地面灌溉的情形，但由于产量的降低程度大于农田蒸散量的降低程度，从而使得喷灌条件下冬小麦的 WP 低于地面灌溉的情形 [参见图 6.5（a）]；喷灌与相同灌溉定额下的地面灌溉情形相比，多年平均所节省的人工费用不足以抵消喷灌成本中多出的喷灌设备的初始投资费用和运行与维护费用，故而使得喷灌条件下农民的净收益低于地面灌溉的情形（参见图 6.9）。Yu 等（2020）基于全局 Meta 分析的结果也表明：在亏缺灌溉条件下，地面灌溉（畦灌和漫灌）对于小麦产量和水分利用效率的正效应高于喷灌。Fang 等（2018）的研究表明：与喷灌相比，采用地面灌溉的方式种植冬小麦更为经济。尽管这些文献报道的结果与我们在区域尺度上的模拟分析结果在定性上是一致的，然而，得益于精细的分布式农业水文模拟的计算，我们才得以在区域尺度上获得这样一个定量化的结果：在华北平原的黑龙港地区存在某些特定的土壤质地剖面类型（如第 14 种和第 16 种土壤质地剖面类型），这些土壤质地剖面类型所在区域的农田，在冬小麦生育期特定的降水水平和灌溉定额下，灌溉方式采用喷灌要优于地面灌溉。换言之，正是由于我们分布式地运用了农业水文模型，才得以在区域尺度上对喷灌的适用性进行了因地制宜地评估。

当冬小麦生育期的灌溉定额为 225 mm 时，在丰水期，使冬小麦产量最高的灌溉情景的挑选结果为：在第 14 种（0 ~ 70 cm 为砂质土、＞ 70 cm 为壤质土）和第 16 种（5 层均为砂质土）土壤质地剖面类型分布的区域中分别有约 64% 和 100% 的面积上为喷灌情景 S1（即在越冬期、起身期和拔节期分别喷灌 30 mm 且在孕穗期、开花期和灌浆期分别喷灌 45 mm），在第 6 种土壤质地剖面（0 ~ 70 cm 为壤质土、＞ 70 cm 为黏质土）分布的区域中有约 7% 的面积上为喷灌情景 S2（即在越冬期、拔节期、孕穗期、开花期和灌浆期分别喷灌 45 mm）[图 6.10（a）]；使冬小麦 WP 最高的灌溉情景的挑选结果为：在第 9 种（0 ~ 20 cm 为壤质土、20 ~ 70 cm 为砂质土、＞ 70 cm 为壤质土）、第 11 种（0 ~ 20 cm 为壤质土、20 ~ 30 cm 为砂质土、＞ 30 cm 为壤质土）、第 14 种和第 16 种土壤质地剖面类型分布的区域中分别有约 6%、29%、23% 和 100% 的面积上为喷灌情景 S1，在第 14 种土壤质地剖面类型分布的区域还有约 41% 的面积上为喷灌情景 S2 [图 6.11（a）]；使农民的净收益最高的灌溉情景的挑选结果为：在第 14 种和第 16 种土壤质地剖面类型分布的区域中分别有约 55% 和 100% 的面积上为喷灌情景 S1，在第 1 种（5 层均为黏质土）、第 6 种和第 17 种（0 ~ 30 cm 为砂质土、＞ 30 cm 为壤质土）土壤质地剖面类型分布的区域中分别有约 27%、11% 和 7% 的面积上为喷灌情景 S2 [图 6.12（a）]。在平水期，仅在第 16 种土壤质地剖面类型分布的区域中约 79% 的面积上，喷灌情景 S1 使得冬小麦的产量达到最高 [图 6.10（a）] 或者使得冬小麦的 WP 达到最高 [图 6.11（a）] 或者使得农民的净收益达到最高 [图 6.12（a）]。在枯水期，仅在第 16 种土壤质地剖面类型分布的区域中约 79% 的面积上，喷灌情景 S1 使得冬小麦的产量达到最高 [图 6.10（a）] 或者使得农民的净收益达到最高 [图 6.12（a）]。

当冬小麦生育期的灌溉定额为 150 mm 时，在丰水期，使冬小麦产量最高的灌溉情景的挑选结果为：在第 16 种土壤质地剖面类型分布的区域中约 79% 的面积上为喷灌情景 S4（即在越冬期、拔节期、开花期和灌浆期分别喷灌 30 mm、30 mm、45 mm 和 45 mm），在第 6 种、第 14 种和第 16 种土壤质地剖面类型分布的区域中分别有约 7%、14% 和 21% 的面积上为喷灌情景 S5（即在拔节期、开花期和灌浆期分别喷灌 50 mm）[图 6.10（b）]；使冬小麦 WP 最高的灌溉情景的挑选结果为：在第 16 种土壤质地剖面类型分布的区域中约 79% 的面积上为喷灌情景 S4，在第 5 种和第 14 种土壤质地剖面类型分布的区域中分别有约 10% 和 14% 的面积上为喷灌情景 S5 [图 6.11（b）]；使农民的净收益最高的灌溉情景的挑选结果为：在第 16 种土壤质地剖面类型分布的区域中约 79% 的面积上为喷灌情景 S4，在第 6 种和第 14 种土壤质地剖面类型分布的区域中分别有约 7% 和 14% 的面积上为喷灌情景 S5 [图 6.12（b）]。在平水期，仅在第 16 种土壤质地剖面类型分布的区域中约 79% 的面积上，喷灌情景 S5 使得冬小麦的产量最高 [图 6.10（b）] 或者使得冬小麦的 WP 最高 [图 6.11（b）] 或者使得农民的净收益最高 [图 6.12（b）]。在枯水期，在第 16 种土壤质地剖面类型分布的区域上，喷灌情景 S5 使得冬小麦的产量最高 [图 6.10（b）] 或 WP 最高 [图 6.11（b）]，在该土壤质地剖面类型分布的区域中有约 79% 的面积上，喷灌情景 S5 使得农民的净收益最高 [图 6.12（b）]。

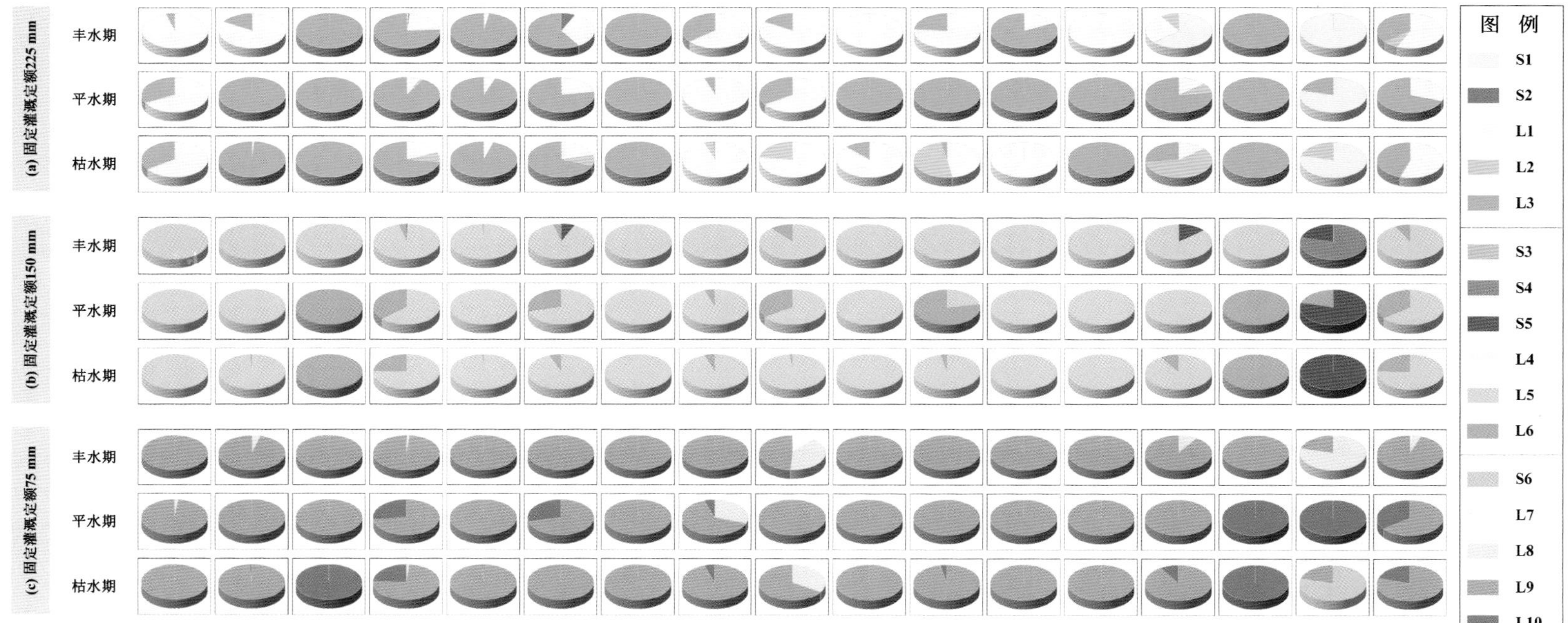

	质地1	质地2	质地3	质地4	质地5	质地6	质地7	质地8	质地9	质地10	质地11	质地12	质地13	质地14	质地15	质地16	质地17
0～10 cm	黏质土	黏质土	黏质土	壤质土	壤质土	壤质土	壤质土	壤质土	壤质土	壤质土	壤质土	砂质土	砂质土	砂质土	砂质土	砂质土	砂质土
10～20 cm	黏质土	黏质土	黏质土	壤质土	壤质土	壤质土	壤质土	壤质土	壤质土	壤质土	壤质土	壤质土	砂质土	砂质土	砂质土	砂质土	砂质土
20～30 cm	黏质土	黏质土	黏质土	壤质土	壤质土	壤质土	黏质土	壤质土	砂质土	壤质土	砂质土	壤质土	砂质土	砂质土	壤质土	砂质土	砂质土
30～70 cm	黏质土	壤质土	黏质土	壤质土	黏质土	壤质土	黏质土	壤质土	砂质土	黏质土	壤质土	壤质土	黏质土	砂质土	壤质土	砂质土	壤质土
> 70 cm	黏质土	壤质土	壤质土	壤质土	壤质土	黏质土	壤质土	砂质土	壤质土	壤质土	壤质土	壤质土	壤质土	壤质土	砂质土	砂质土	壤质土

图 6.10　当冬小麦生育期的灌溉定额分别为 225 mm（a）、150 mm（b）和 75 mm（c）时在模拟时段冬小麦生育期 3 种降水水平下研究区内 17 种土壤质地剖面类型中冬小麦产量最高的灌溉情景

S1 至 S11 指喷灌情景 1 至喷灌情景 11，L1 至 L10 指限水灌溉情景 1 至限水灌溉情景 10；10 种限水灌溉情景下冬小麦的产量数据详见文献（Li and Ren，2019b）和本书的第 4 章；砂质土包括砂土和壤质砂土，壤质土包括砂质壤土、壤土、粉壤土、粉土、砂质黏壤土、粉质黏壤土和黏壤土，黏质土包括砂质黏土、粉质黏土和黏土

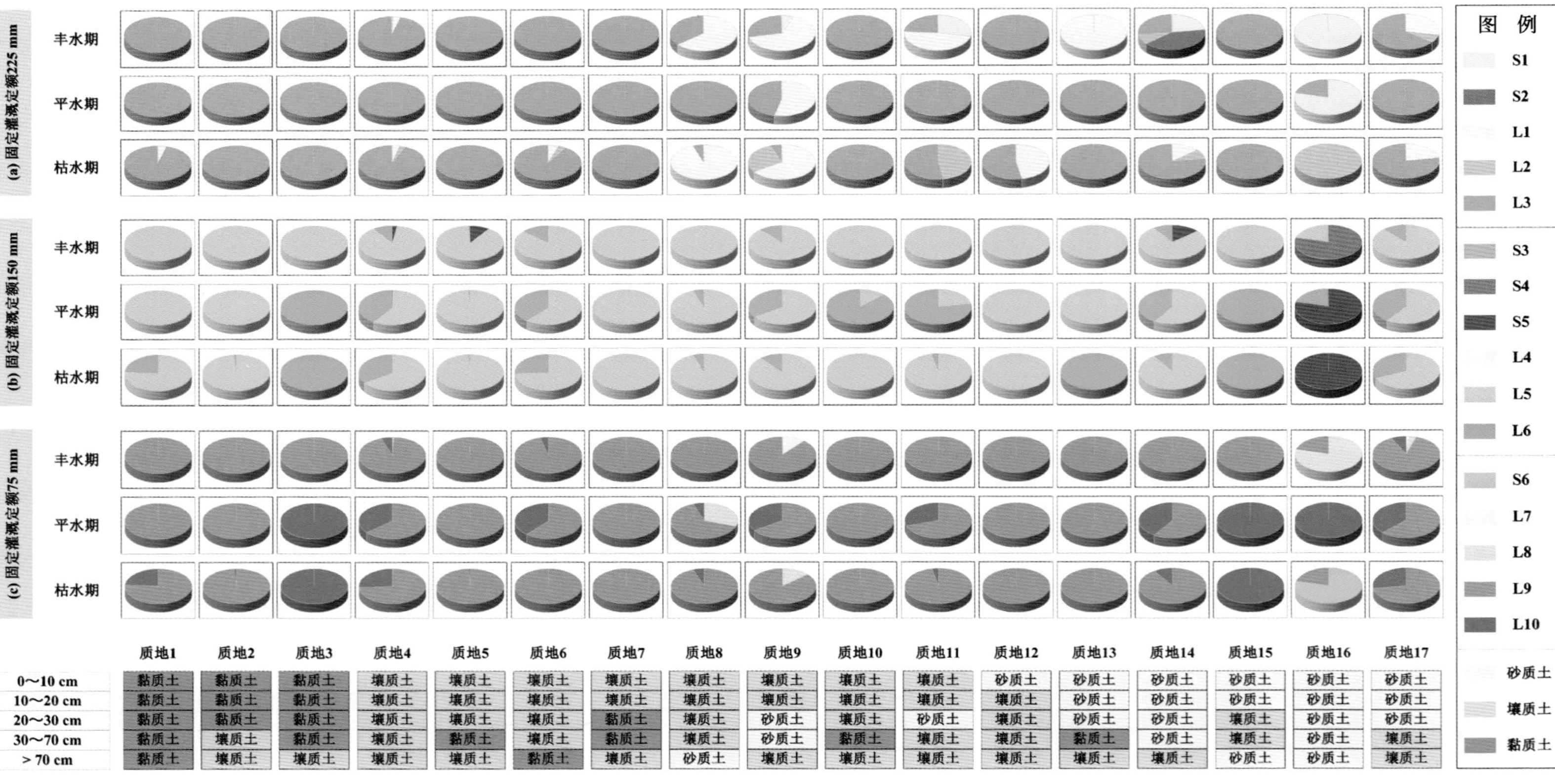

图 6.11　当冬小麦生育期的灌溉定额分别为 225 mm（a）、150 mm（b）和 75 mm（c）时在模拟时段冬小麦生育期 3 种降水水平下研究区内 17 种土壤质地剖面类型中冬小麦 WP 最高的灌溉情景

S1 至 S11 指喷灌情景 1 至喷灌情景 11，L1 至 L10 指限水灌溉情景 1 至限水灌溉情景 10；10 种限水灌溉情景下冬小麦的 WP 数据详见文献（Li and Ren，2019b）和本书的第 4 章；砂质土包括砂土和壤质砂土，壤质土包括砂质壤土、壤土、粉壤土、粉土、砂质黏壤土、粉质黏壤土和黏壤土，黏质土包括砂质黏土、粉质黏土和黏土

当冬小麦生育期的灌溉定额为 75 mm 时，使冬小麦的产量最高 [图 6.10（c）] 或者 WP 最高 [图 6.11（c）] 的灌溉情景的挑选结果为：仅在枯水期，在第 16 种土壤质地剖面类型分布的区域中有约 79% 的面积上为喷灌情景 S6（即在拔节期和灌浆期分别喷灌 30 mm 和 45 mm），在其他的土壤质地剖面类型分布的区域上均为地面灌溉方式；在丰水期和平水期，在研究区内所有的土壤质地剖面类型分布的区域上均为地面灌溉方式。在此灌溉定额下的地面灌溉为仅灌水 1 次的模式，由于目前采用喷灌替代地面灌溉可以节省的人工成本很低，而喷灌所需的多年平均的设备初始投资费用及运行与维护费用较高，所以为了使得农民的净收益达到最高，在黑龙港地区所划分的 3 个冬小麦生育期的降水水平和所概化的 17 种土壤质地剖面类型下，目前我们都不建议对冬小麦采用喷灌方式 [图 6.12（c）]。

我们在计算农民净收益的变化时，小麦的市场价格（P_Y）、喷灌设备多年平均的初始投资费用与每一年喷灌设备的运行和维护费用之和（P_S）、灌溉水价（P_I）和劳动日工价（P_L）均采用所收集数据的多年平均值。这里，我们来分析当这几个因素的取值发生变化时会对灌溉方式的选择结果有怎样的影响（图 6.13）。在丰水期，当冬小麦生育期的灌溉定额为 225 mm [图 6.13（a-1）] 或 150 mm [图 6.13（b-1）] 时，这几个因素取值的变化会显著影响灌溉方式的选择结果。以灌溉定额为 225 mm 为例，当 P_Y、P_I 和 P_L 取最大值但 P_S 取最小值时，为了使得农民的净收益达到最高，在第 1 种、第 4 种、第 5 种、第 6 种、第 9 种、第 11 种、第 14 种、第 16 种和第 17 种土壤质地剖面类型所分布的区域，我们所建议的喷灌方式在冬小麦生育期灌溉的面积会增加 [图 6.13（a-1）]；与上述各因素均采用平均值相比，所建议的喷灌方式在冬小麦生育期灌溉的面积所占的比例增加了大约 3.4%（第 6 种土壤质地剖面）至大约 36.4%（第 14 种土壤质地剖面）。在平水期和枯水期，当灌溉定额为 225 mm 或 150 mm 时，仅在第 16 种土壤质地剖面类型分布的区域上，为了使得农民的净收益达到最高，在这些区域大约 79% 的面积上，我们建议采用喷灌替代地面灌溉在冬小麦生育期进行灌溉 [图 6.13（a-2）、（a-3）、（b-2）、（b-3）]。尤其是当 P_Y、P_I 和 P_L 取最大值但 P_S 取最小值时，在平水期且灌溉定额为 225 mm [图 6.13（a-2）] 或枯水期且灌溉定额为 150 mm [图 6.13（b-3）] 的情形下，在第 16 种土壤质地剖面类型分布的区域上，我们都建议在冬小麦生育期采用喷灌方式进行灌溉。在冬小麦生育期的灌溉定额为 75 mm 的情形下，当上述 4 个因素的取值在其最小值和最大值的范围内变化时，在我们所概化的各种土壤质地剖面类型所在的区域，冬小麦生育期不同的降水水平不会影响我们在冬小麦生育期对灌溉方式的选择结果 [图 6.13（c）]。我们的模拟分析结果表明：当冬小麦的灌溉定额较大（225 mm 或 150 mm）且生育期内降水量较多（丰水期）时，若 P_Y、P_I 和 P_L 较高且 P_S 较低时，在黑龙港地区那些作物根系带为砂质土或中部夹有砂质层的土壤质地剖面类型区，可以考虑采用喷灌替代地面灌溉方式以增加农民的净收益。

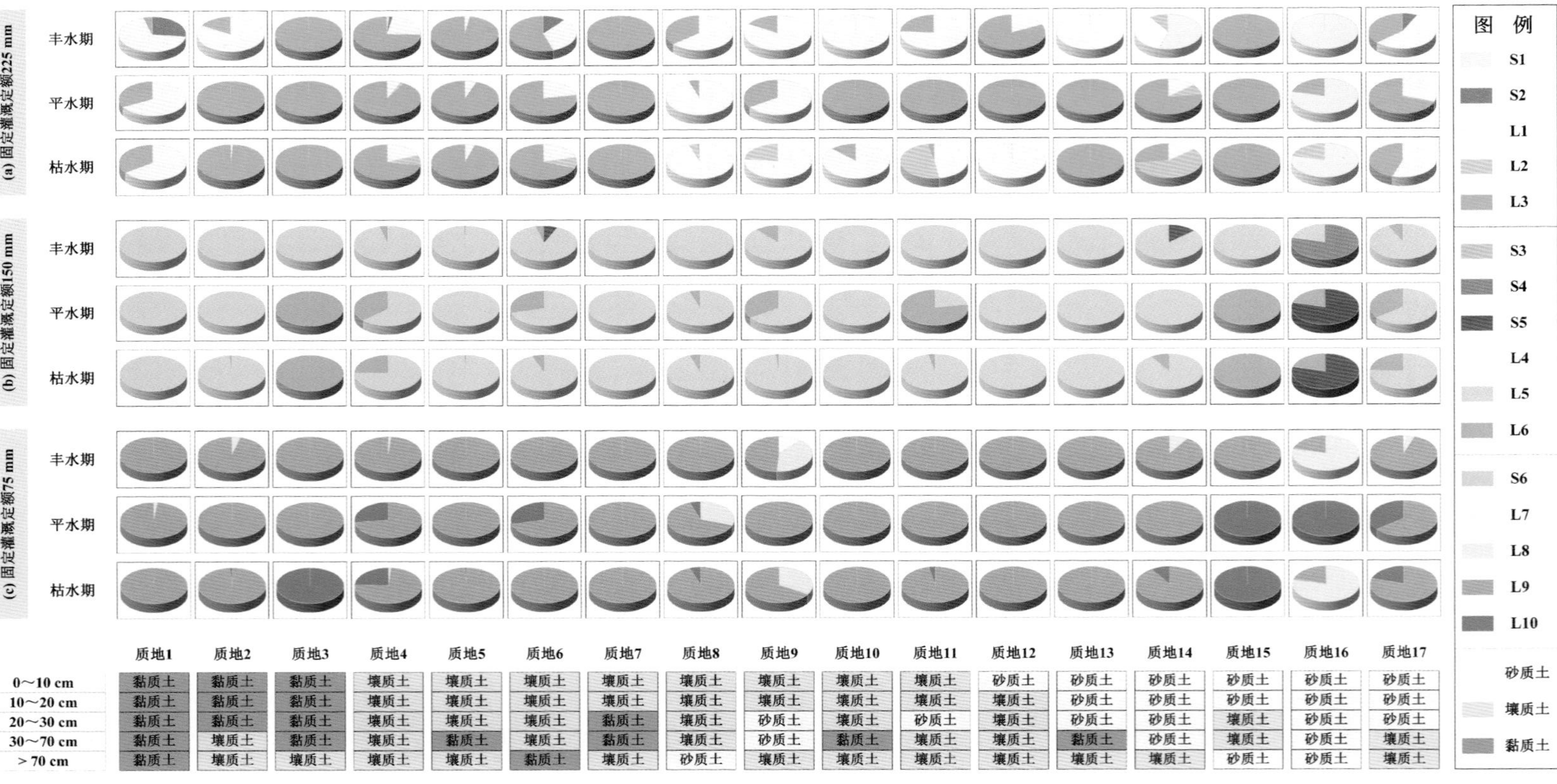

图 6.12　当冬小麦生育期的灌溉定额分别为 225 mm（a）、150 mm（b）和 75 mm（c）时在模拟时段冬小麦生育期 3 种降水水平下研究区内 17 种土壤质地剖面类型中农民净收益最高的灌溉情景

S1 至 S11 指喷灌情景 1 至喷灌情景 11，L1 至 L10 指限水灌溉情景 1 至限水灌溉情景 10；计算 10 种限水灌溉情景下的农民净收益所用到的冬小麦产量、灌溉定额、灌水次数等数据详见文献（Li and Ren，2019b）和本书的第 4 章；砂质土包括砂土和壤质砂土，壤质土包括砂质壤土、壤土、粉壤土、粉土、砂质黏壤土、粉质黏壤土和黏壤土，黏质土包括砂质黏土、粉质黏土和黏土

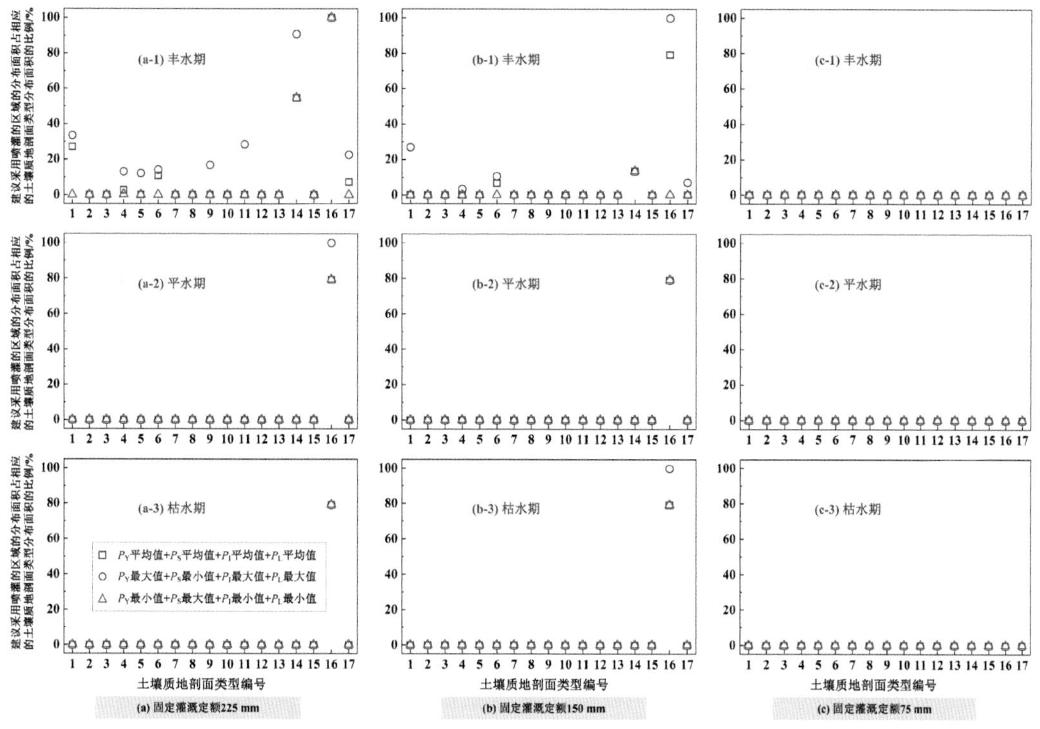

图 6.13　当冬小麦生育期的灌溉定额分别为 225 mm（a）、150 mm（b）和 75 mm（c）时在模拟时段冬小麦生育期 3 种降水水平下研究区内 17 种土壤质地剖面类型中冬小麦的市场价格、喷灌设备的投资和运行与维护费用、灌溉水价和劳动日工价的变化对农民净收益最高的灌溉方式的影响

P_Y 为小麦的市场价格，元 /kg；P_S 为喷灌设备多年平均的初始投资费用与每一年喷灌设备的运行和维护费用之和，元 /hm^2；P_I 为灌溉水价，元 /m^3；P_L 为劳动日工价，元 /d。17 种土壤质地剖面类型参见图 6.10 ~ 图 6.12

6.3　优化的喷灌模式及其对深层地下水的压采量

基于对 6 种固定的喷灌情景和 5 种预设的喷灌情景所进行的模拟分析，为黑龙港地区就压减井灌所用深层地下水而探讨喷灌的适用性，我们力求在精细的模拟单元尺度上来优化喷灌模式，旨在回答：在气象、土壤、作物和灌溉等多因素存在空间异质性的研究区内，针对冬小麦生育期不同的降水水平，为了使得冬小麦在 WP 最高的同时尽可能地减少灌溉定额来更多地削减深层地下水的井灌开采量，是应该选择确定了灌水时间与灌水定额的固定的喷灌模式，还是应该选择根据土壤水分状况来调整灌水时间与灌水次数的预设的喷灌模式。为此，我们首先将 SWAP-WOFOST 模型的模拟结果与 0-1 规划算法相结合，分别在冬小麦的生育期为丰水期、平水期和枯水期，以与现状灌溉情形相比冬小麦生育期灌溉定额的减幅不小于特定的阈值（在此，依次设置了 10%、20%、30%、40%、50% 和 60%）为约束条件，优化得到了冬小麦 WP 最大的喷灌模式的空间分布（图

6.14），接着在县（市）域尺度上分析了优化的喷灌模式与现状的地面灌溉情形相比冬小麦的 WP 和产量及冬小麦生育期的灌溉定额和农田蒸散量的变化（图 6.15），并进一步评估了优化的喷灌模式对于削减用于农田灌溉的深层地下水开采量的贡献（图 6.16）。

整体而言，在 3 个降水水平和 6 个约束阈值下，研究区内所优化的喷灌模式以固定的喷灌情景中的喷灌模式为主（图 6.14）。但当冬小麦生育期的降水量较多（如丰水期）、灌溉定额减幅的约束阈值较小（如 10% 和 20%）时，在所优化的喷灌模式中，预设的喷灌情景下的喷灌模式也占有相当的比例（图 6.14）。具体地，当灌溉定额减幅的约束阈值为 10%、20%、30%、40%、50% 和 60% 时，在丰水期，优化的喷灌模式中预设的喷灌情景下的喷灌模式所占的比例分别约为 55.8%、44.6%、22.3%、33.2%、20.3% 和 10.9% [图 6.14（a）]，在平水期，分别约为 42.2%、14.2%、27.1%、8.5%、0.6% 和 1.6% [图 6.14（b）]，在枯水期，分别约为 20.8%、4.7%、7.5%、1.2%、0% 和 0% [图 6.14（c）]。需要说明的是，在研究区的滨海区域（海兴和黄骅，亦即 III 区），其面积约占模拟单元总面积的 6.0%，该区域在现状灌溉情形下冬小麦仅在平水期和枯水期的起身－拔节期灌水 1 次，而 11 种喷灌情景的灌溉定额均大于现状灌溉情形，所以这些喷灌情景都难以满足我们开展优化所设置的约束条件，故在此我们推荐的灌溉模式为现状灌溉情形（图 6.14）。基于以上结果我们可以看出：对于每一个特定灌溉定额减幅的约束阈值，所优化的喷灌模式中预设的喷灌情景所占的比例在冬小麦的丰水期最高，在枯水期最低（图 6.14），这意味着：冬小麦生育期的降水量越多，将冬小麦生育期的喷灌模式选为预设的喷灌情景下的模式越有利于冬小麦获得较高的 WP。这可能是由于：冬小麦生育期的降水主要发生在 3 ~ 6 月（参见图 2.3），此阶段（即返青至成熟）也是冬小麦对水分亏缺相对敏感的关键时段（中国主要农作物需水量等值线图协作组，1993），在这个阶段相对较多的降水与启动预设的喷灌情景中我们所设置的阈值能更好地协同，这样更有利于该模式基于实时的土壤水分状况进行喷灌来更好地满足冬小麦在这个关键阶段对水分的需求。此外，针对冬小麦生育期不同的降水水平，随着灌溉定额减幅约束阈值的增加，所优化的喷灌模式中预设的喷灌情景所占的比例减少（图 6.14），这主要是由于：我们所设置的 5 种预设的喷灌情景与现状灌溉情形相比冬小麦生育期灌溉定额的减幅相对较小，难以满足灌溉定额减幅较大的约束阈值。因为在预设的喷灌情景下，针对冬小麦不同的生长阶段（出苗期、营养生长中期、开花期、生殖生长中期、成熟期），我们设置当根系带的土壤水消耗量超过总有效水量（田间持水量与萎蔫系数之差）的 f_3 倍时进行灌溉，所设置的开启喷灌的阈值 f_3 虽然基本上可以使冬小麦生育期的灌溉定额小于现状灌溉情形，但是往往高于某些固定的喷灌情景下的灌溉定额（如 150 mm 和 75 mm）。由《土壤墒情评价指标》（中华人民共和国水利部，2012）可知：在冬小麦的出苗期至返青期和灌浆后期至成熟期的土壤相对含水量相较于拔节期至灌浆中后期的低，土壤墒情对冬小麦的生长影响较小；由《中国主要作物需水量与灌溉》（陈玉民等，1995）可知：小麦产量对水分亏缺的敏感程度为抽穗灌浆期＞拔节抽穗期＞灌浆成熟期＞返青（分蘖）拔节期＞播种封冻（分蘖）期＞封冻返青期。这提示我们：可以进一步在冬小麦不同生育阶段就开启喷灌的阈值范围进行数值模拟试验，以获得既可以减少更多的灌溉定额又可以获得较高的冬小麦 WP 的预

(a) 丰水期

(a-1) 10%　(a-2) 20%　(a-3) 30%　(a-4) 40%　(a-5) 50%　(a-6) 60%

(b) 平水期

(b-1) 10%　(b-2) 20%　(b-3) 30%　(b-4) 40%　(b-5) 50%　(b-6) 60%

(c) 枯水期

(c-1) 10%　(c-2) 20%　(c-3) 30%　(c-4) 40%　(c-5) 50%　(c-6) 60%

图例：现状灌溉、S1、S2、S3、S4、S5、S6、S7、S8、S9、S10、S11

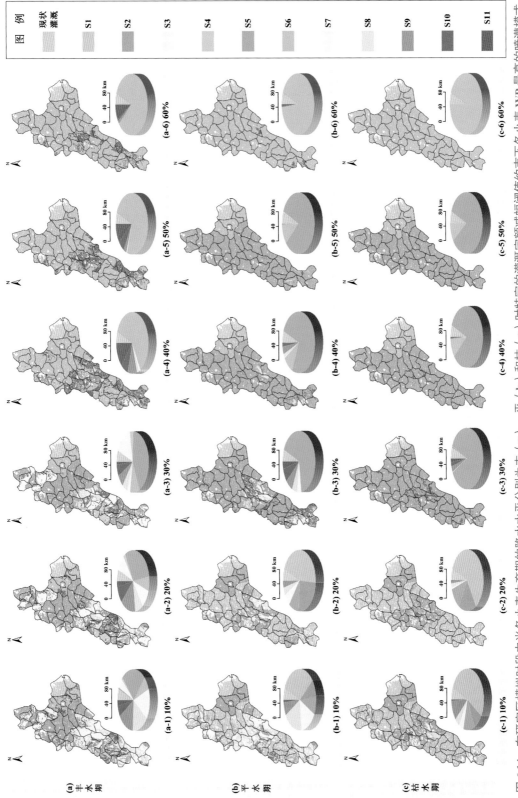

图 6.14　在研究区模拟时段内当冬小麦生育期的降水水平分别为丰（a）、平（b）和枯（c）时特定的灌溉定额减幅阈值约束下冬小麦 WP 最高的喷灌模式

设的喷灌情景。此外，仅在冬小麦的生育期为丰水期且其生育期内灌溉定额减幅的约束阈值为 10% [图 6.14（a-1）] 和 20% [图 6.14（a-2）] 以及平水期且约束阈值为 10% [图 6.14（b-1）] 时，所优化的喷灌模式中预设的喷灌情景约占模拟单元总面积的 40% 以上，我们建议采用预设的喷灌情景中的喷灌模式的区域主要位于：研究区北部的廊坊地区的部分区域，研究区中部的衡水地区的部分区域，研究区南部的邢台地区和邯郸地区的部分区域。其主要原因如下：这些区域表层 0 ~ 30 cm 土壤的有效水容量 AWC（亦即田间持水量与萎蔫系数之差）或者饱和水力传导度相对较小（Shi *et al.*，2004，2010），因而少量多次的预设的喷灌模式相较于特定灌溉定额的固定的喷灌模式更有利于喷灌在减少冬小麦生育期灌溉定额的同时获得较高的 WP。

在冬小麦的生育期为丰水期且其生育期的灌溉定额与现状灌溉情形相比的减幅阈值从 10% 增加至 60% 时，冬小麦生育期灌溉定额的实际减幅从大约 24.1% 增加至大约 65.0% [图 6.15（a-3）]，冬小麦产量的减幅从大约 20.6% 增加至大约 55.8% [图 6.15（a-2）]，冬小麦生育期农田蒸散量的减幅从大约 13.5% 增加至大约 30.7% [图 6.15（a-4）]，冬小麦 WP 的减幅从大约 8.4% 增加至大约 36.8% [图 6.15（a-1）]。相应地，在整个研究区尺度 [参见图 6.15（a）和图 6.16]，冬小麦生育期的灌溉定额从减少大约 5.72 亿 m^3 增加至减少大约 15.59 亿 m^3；冬小麦的产量从减少大约 12.04 亿 kg 增加至减少大约 32.61 亿 kg；冬小麦生育期的农田蒸散量从减少大约 6.44 亿 m^3 增加至减少大约 14.89 亿 m^3；用于灌溉的深层地下水开采量从削减大约 1.76 亿 m^3 增加至削减大约 4.90 亿 m^3。

在冬小麦的生育期为平水期且其生育期的灌溉定额相较于现状灌溉情形的减幅阈值从 10% 增加至 60% 时，冬小麦生育期灌溉定额的实际减幅从大约 20.8% 增加至大约 72.9% [图 6.15（b-3）]，冬小麦产量的减幅从大约 25.6% 增加至大约 74.3% [图 6.15（b-2）]，冬小麦生育期农田蒸散量的减幅从大约 13.3% 增加至大约 43.6% [图 6.15（b-4）]，冬小麦 WP 的减幅从大约 14.1% 增加至大约 56.1% [图 6.15（b-1）]。相应地，在整个研究区尺度 [参见图 6.15（b）和图 6.16]，冬小麦生育期的灌溉定额从减少大约 6.71 亿 m^3 增加至减少大约 23.89 亿 m^3；冬小麦的产量从减少大约 13.94 亿 kg 增加至减少大约 40.48 亿 kg；冬小麦生育期的农田蒸散量从减少大约 6.23 亿 m^3 增加至减少大约 21.01 亿 m^3；用于灌溉的深层地下水开采量从削减大约 2.04 亿 m^3 增加至削减大约 7.46 亿 m^3。

在冬小麦的生育期为枯水期且其生育期的灌溉定额相较于现状灌溉情形的减幅阈值从 10% 增加至 60% 时，冬小麦生育期灌溉定额的实际减幅从大约 23.2% 增加至大约 73.1% [图 6.15（c-3）]，冬小麦产量的减幅从大约 33.7% 增加至大约 79.7% [图 6.15（c-2）]，冬小麦生育期农田蒸散量的减幅从大约 17.0% 增加至大约 49.4% [图 6.15（c-4）]，冬小麦 WP 的减幅从大约 20.5% 增加至大约 62.5% [图 6.15（c-1）]。相应地，在整个研究区尺度 [参见图 6.15（c）和图 6.16]，冬小麦生育期的灌溉定额从减少大约 7.53 亿 m^3 增加至减少大约 24.00 亿 m^3；冬小麦的产量从减少大约 15.90 亿 kg 增加至减少大约 37.64 亿 kg；冬小麦生育期的农田蒸散量从减少大约 7.64 亿 m^3 增加至减少大约 22.33 亿 m^3；用于灌溉的深层地下水开采量从削减大约 2.30 亿 m^3 增加至削减大约 7.49 亿 m^3。

对于冬小麦生育期特定的灌溉定额的减幅阈值，冬小麦 WP 的减幅在丰水期＜平水

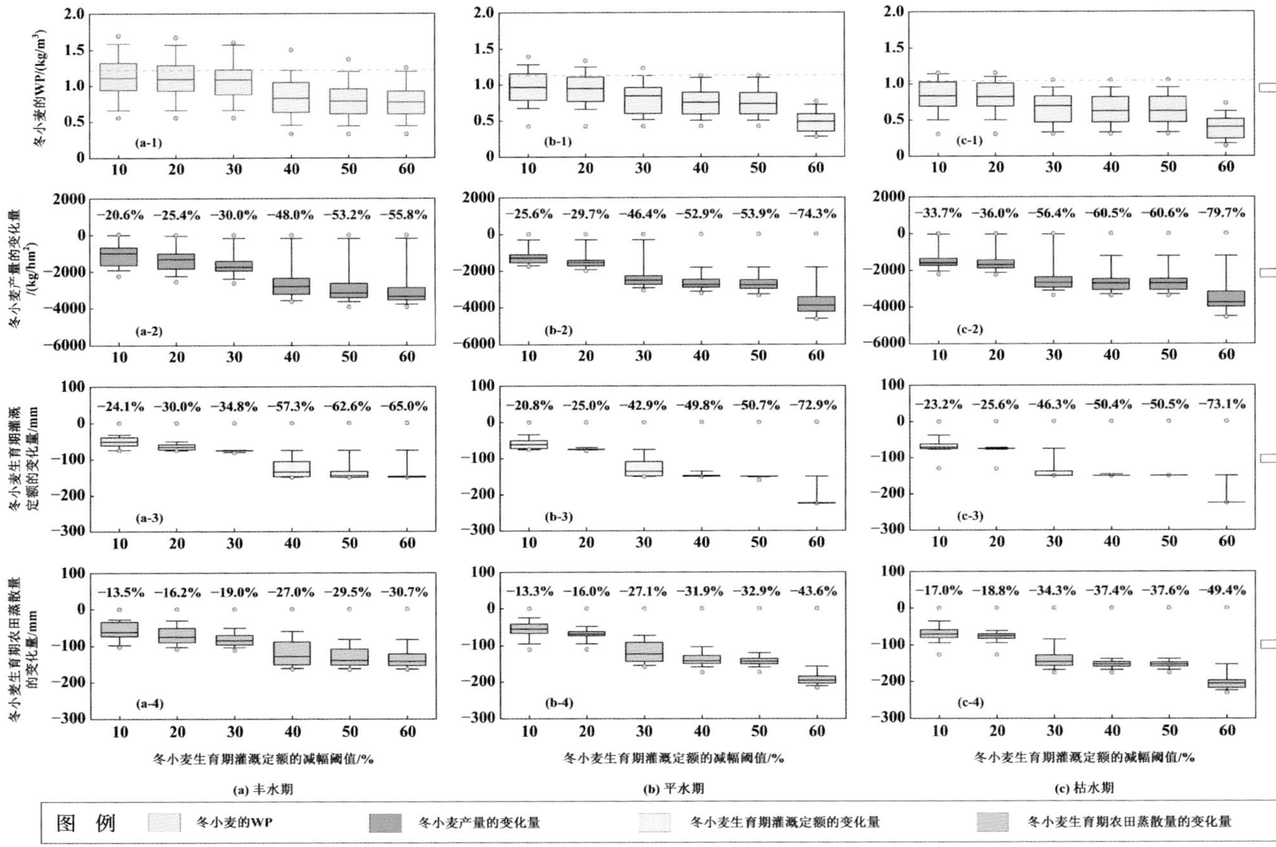

冬小麦WP的变幅/% 降水水平	10%	20%	30%	40%	50%	60%
丰	−8.4	−11.1	−13.7	−30.7	−34.7	−36.8
平	−14.1	−16.7	−27.7	−32.5	−33.1	−56.1
枯	−20.5	−21.8	−35.8	−39.0	−39.0	−62.5

减少的冬小麦产量/亿kg 降水水平	10%	20%	30%	40%	50%	60%
丰	12.04	14.84	17.55	28.08	31.11	32.61
平	13.94	16.21	25.30	28.84	29.36	40.48
枯	15.90	16.99	26.61	28.55	28.60	37.64

减少的冬小麦生育期的灌溉定额/亿m^3 降水水平	10%	20%	30%	40%	50%	60%
丰	5.72	7.16	8.34	13.48	14.95	15.59
平	6.71	8.18	13.83	16.26	16.62	23.89
枯	7.53	8.38	15.15	16.50	16.54	24.00

减少的冬小麦生育期的农田蒸散量/亿m^3 降水水平	10%	20%	30%	40%	50%	60%
丰	6.44	7.73	9.13	12.79	14.20	14.89
平	6.23	7.65	12.72	15.26	15.85	21.01
枯	7.64	8.49	15.46	16.91	16.98	22.33

(表头：冬小麦灌溉定额的减幅阈值)

图 例 冬小麦的WP　冬小麦产量的变化量　冬小麦生育期灌溉定额的变化量　冬小麦生育期农田蒸散量的变化量　现状灌溉情形下冬小麦的WP

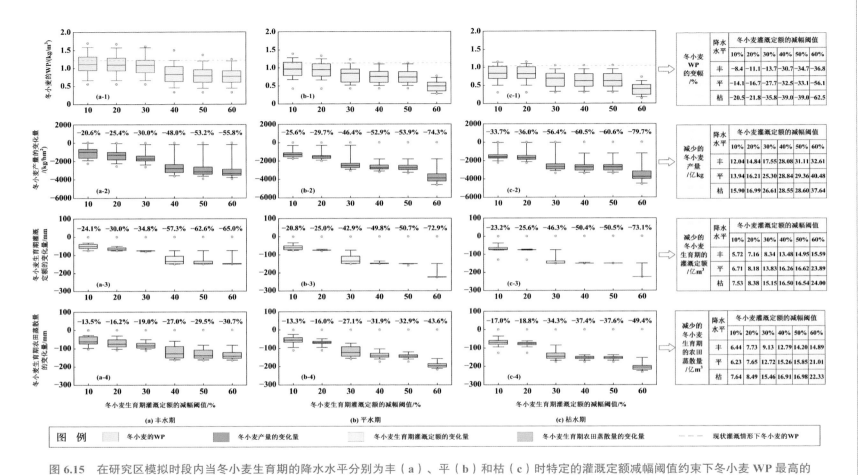

图 6.15 在研究区模拟时段内当冬小麦生育期的降水水平分别为丰（a）、平（b）和枯（c）时特定的灌溉定额减幅阈值约束下冬小麦 WP 最高的喷灌模式与现状灌溉情形相比冬小麦的 WP 和产量以及生育期的灌溉定额和农田蒸散量的变化

期<枯水期。换言之，当冬小麦生育期的降水量较少时，冬小麦生育期灌溉定额的减少对冬小麦 WP 的影响相对最大。若想实现在研究区内压减农业所用的深层地下水超采量为 6.05 亿 m^3 的目标①（Li and Ren，2019b），在冬小麦生育期的降水水平为丰、平和枯的情形下，若冬小麦生育期灌溉定额的减幅阈值为 60%（亦即在这 3 种降水水平下灌溉定额的实际减幅分别为 65.0%、72.9% 和 73.1%），所优化的喷灌模式分别可以实现这一压采目标值的大约 81%、123% 和 124%（图 6.16）。换言之，这样的压采效应是在黑龙港地区不包括灌溉分区的 III 区的 80% 以上的区域虚拟实施固定的喷灌情景 6 而获得的（图 6.14）。然而，在灌溉分区的 III 区则仍为现状地面灌溉（图 6.14）。

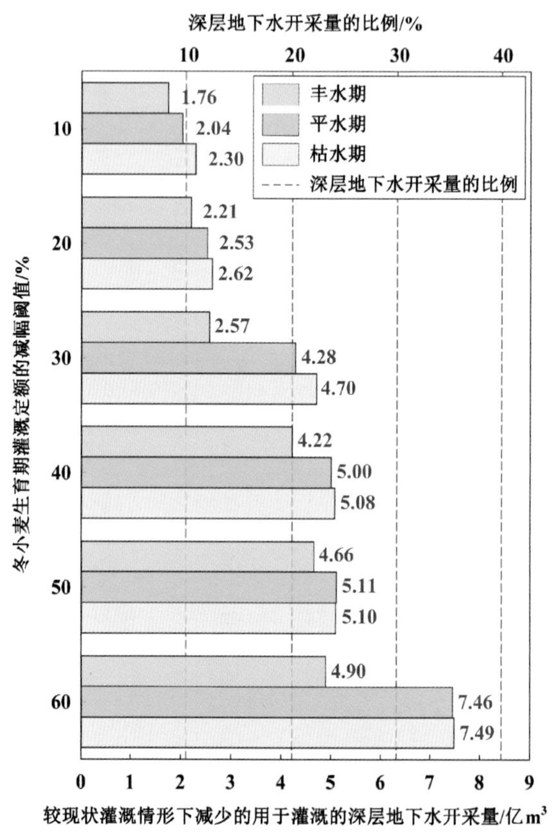

图 6.16 在研究区模拟时段内当冬小麦生育期的降水水平分别为丰、平和枯时特定的灌溉定额减幅阈值约束下冬小麦 WP 最高的喷灌模式与现状灌溉情形相比减少的用于灌溉的深层地下水开采量

6.4 小 结

在本章，我们运用已经构建并经过率定与验证的分布式 SWAP-WOFOST 模型，首先，

①河北省农业厅、河北省财政厅、河北省水利厅，2014，河北省地下水超采综合治理方案。

就冬小麦生育期所设置的 6 种固定的喷灌情景和 5 种预设的喷灌情景开展了 20 个轮作周年的模拟，分析了在冬小麦 - 夏玉米一年两熟制下各喷灌情景对作物的产量、生育期农田蒸散量和 WP 以及土壤水量平衡和农民净收益的影响。接着，针对冬小麦生育期特定的灌溉定额，在冬小麦生育期的 3 种降水水平（丰、平和枯）和概化的研究区内 17 种土壤质地剖面类型下，从冬小麦产量最高或冬小麦 WP 最高或农民净收益最高的角度，在喷灌和地面灌溉中选出了对应的灌溉方式及其相应的灌溉模式。然后，在冬小麦生育期不同的降水水平下，以冬小麦的 WP 最高为目标，以相较于现状灌溉下冬小麦生育期灌溉定额的减幅不少于特定的阈值为约束，从固定的喷灌情景和预设的喷灌情景中优化喷灌模式，并进一步地评估了在所优化的喷灌模式下农田的节水效应和深层地下水的压采效应。主要研究结果如下：

（1）在固定的喷灌情景下，当冬小麦生育期的灌溉定额每减少 75 mm，在 3 个灌溉分区模拟时段内平均的冬小麦的产量和 WP 分别减少大约 1032.6 ~ 1253.8 kg/hm^2 和 0.12 ~ 0.25 kg/m^3；在预设的喷灌情景下，随着我们所设置的根系带土壤水消耗量占有效水量的可容许比例的增大，冬小麦生育期的灌溉定额减少，在 3 个灌溉分区模拟时段内平均的冬小麦的产量和 WP 也随之减少。在我们针对冬小麦生育期所设置的特定灌溉定额下，就模拟时段内的平均水平而言，冬小麦的产量和 WP 在喷灌方式与地面灌溉方式下的差异不大，在 3 个灌溉分区的最大差异分别约为 300 kg/hm^2 和 0.10 kg/m^3；对于我们所设定的灌溉定额，在涉及不同的灌水次数和灌水定额的喷灌情景之间，冬小麦的产量差异也不大，而冬小麦生育期灌水次数的减少有利于提高冬小麦的 WP，这主要归因于在相当的产量水平下较低的农田蒸散量水平。对冬小麦采用喷灌会使得后茬作物夏玉米的产量和 WP 保持稳定或有所增加。在模拟时段的年尺度和模拟单元的栅格尺度上，在冬小麦生育期特定的灌溉定额下，采用少量多次的喷灌方式相较于地面灌溉方式可以减少冬小麦以及后茬作物夏玉米的产量和 WP 的时空差异。

（2）在固定的喷灌情景下，对于冬小麦生育期特定的灌溉定额，喷灌相较于地面灌溉会减少冬小麦生育期的蒸腾量、土壤储水量的消耗量和渗漏量，而增加冠层截留量和土面蒸发量；对于冬小麦生育期特定灌溉定额的喷灌情景而言，随着喷灌次数的减少，冬小麦生育期的冠层截留量、土面蒸发量和土壤储水量的消耗量也减少，渗漏量增加，而蒸腾量未呈现出一致的变化趋势。在预设的喷灌情景下，冬小麦生育期灌溉定额的减少（在 A 区和 B 区大约分别减少 95.4 mm 和 98.5 mm）会显著降低蒸腾量（在 A 区和 B 区大约分别减少 63.6 mm 和 63.4 mm），增加对土壤储水量的利用（在 A 区和 B 区大约分别增加 22.4 mm 和 28.6 mm），对其他水量平衡分项的影响不超过 5 mm。无论是固定的还是预设的喷灌情景，其灌溉的截留量占灌溉定额的比例均小于 3%。在冬小麦生育期特定的灌溉定额下，冬小麦生长后期的灌水定额越大，越有利于缓解夏玉米在营养生长阶段受到的水分胁迫，越有助于增加夏玉米生育期的冠层截留量、蒸腾量和土壤储水量的消耗量，减少土面蒸发量和渗漏量。

（3）当冬小麦生育期的降水水平为丰时，与现状灌溉下的情形相比，仅在预设的喷灌情景 7 和限水灌溉情景 3 下多年平均的农民净收益的变化为正（分别约为 170 元 /hm^2 和 265 元 /hm^2），降水水平为丰时在其他的喷灌和地面灌溉情景下，以及在降水水平为平和枯时的所有灌溉情景下，农民净收益的变化均为负。在固定的喷灌情景下，当冬小麦生育期为丰水期时，农民的净收益往往高于平水期和枯水期。尽管喷灌可以通过节省用地来实现增产进而增加农民的收入，同时可以通过减少灌溉用水和劳动用工来降低成本，但与喷灌设备较高的年均初始投资费用和设备运行维护费用相比，收入的增加和成本的降低不足以抵消所增加的费用因而使得农民的净收益减少。换言之，就研究区在模拟时段内的平均水平而言，采用地面灌溉的方式种植冬小麦与喷灌相比更为经济。然而，随着劳动日工价的增加，会使得实施喷灌所节约的劳动力成本提高，这在未来或许成为黑龙港地区麦田实施喷灌的重要推动因素。

（4）在冬小麦生育期特定的灌溉定额下，为了使得冬小麦的产量最高或冬小麦的 WP 最高或农民的净收益最高，在研究区内所选择的灌溉方式以地面灌溉为主，尤其是随着灌溉定额的减少，所选择的灌溉方式中喷灌的占比减少。为了使得冬小麦的产量或冬小麦的 WP 或农民的净收益能够最大化，在那些推荐实施喷灌的区域，其土壤质地剖面类型主要是 0 ~ 70 cm 为砂质土且＞ 70 cm 为壤质土或各层土壤均为砂质土。当冬小麦生育期的灌溉定额较大（例如，225 mm 或 150 mm）且生育期降水量较多（例如，降水水平为丰）时，若小麦的市场价格、灌溉的水价和劳动日工价增大且喷灌设备的年均初始投资费用与运行维护费用之和减少时，在黑龙港地区那些土壤剖面全为砂质土或土壤剖面中间存在砂质层的区域，也可以考虑采用固定的喷灌替代地面灌溉以增加农民的净收益。

（5）与现状灌溉情形相比，仅当冬小麦生育期为丰水期且冬小麦生育期灌溉定额的减幅阈值为 10%（亦即实际减幅为 24.1%）或 20%（亦即实际减幅为 30.0%）时，以及当平水期且减幅阈值为 10%（亦即实际减幅为 20.8%）时，所优化的喷灌模式中预设的喷灌情景约占模拟单元总面积的 42% ~ 56%。与现状灌溉情形相比，当冬小麦生育期灌溉定额的减幅阈值为 60% 时，在冬小麦生育期降水水平为丰、平和枯时，灌溉定额的实际减幅分别为 65.0%、72.9% 和 73.1%，所优化的喷灌模式分别可以削减用于冬小麦生育期的灌溉量大约为 15.59 亿 m^3、23.89 亿 m^3 和 24.00 亿 m^3，分别可以削减用于灌溉的深层地下水开采量大约为 4.90 亿 m^3、7.46 亿 m^3 和 7.49 亿 m^3，这相当于分别可以完成河北省压减农业所用的深层地下水超采量 6.05 亿 m^3 目标值的大约 81%、123% 和 124%，但分别需要付出冬小麦减产大约 55.8%、74.3% 和 79.7% 的代价。

第 7 章
结论与讨论

7.1 主要结论

（一）参数的敏感性分析和率定及模型验证

针对我国华北平原中东部地区深层地下水位已经大面积下降、承压含水层面临疏干这样严峻的地下水安全危机，以及开采深层地下水用于井灌冬小麦难以为继的严酷现实。我们以河北省黑龙港地区这个华北平原典型的深层地下水井灌区为研究区域，首先，深入挖掘和利用迄今为止可以收集到的资料与数据，在研究区将气象－土壤－作物－灌溉－土地利用－水资源－行政区划等 12 种信息进行叠加，生成了尽可能充分反映区域尺度多因素空间异质性的 SWAP-WOFOST 模型的 2809 个分布式模拟单元，接着，基于对模型的水分运动模块、盐分运移模块和作物生长模块的参数开展全局敏感性分析的结果，率定了以上各模块的参数，并运用多源、多时空尺度的数据验证了模型的模拟精度。主要研究结论如下：

（1）在研究区内的 6 个试验站，基于参数敏感性分析获得的全局敏感性指数，对于土壤剖面大部分土层的含水量和盐分浓度最敏感的参数均为形状参数 *n*；对于冬小麦的叶面积指数、地上部生物量和产量最敏感的参数涉及出苗阶段（DVS=0）的比叶面积（SLATB0）、生长阶段中期（DVS=0.78）的比叶面积（SLATB0.78）、叶片衰老的低温阈值（TBASE）和最小冠层阻力（RSC）；对于夏玉米的叶面积指数、地上部生物量和产量最敏感的参数涉及初始总作物干重（TDWI）、出苗阶段（DVS=0）的比叶面积（SLATB0）、生长阶段中期（DVS=0.78）的比叶面积（SLATB0.78）和当最小昼温等于 8℃时最大 CO_2 同化速率的折减系数（TMNFTB8）。我们通过全局敏感性分析还识别出了对这 8 个目标变量在各试验站点尺度相同和相异的敏感参数，这为提高参数的率定效率提供了明确的指向。

（2）在研究区内的 6 个试验站，基于土壤含水量、土壤盐分浓度、冬小麦的叶面积指数、冬小麦的地上部生物量、冬小麦产量、夏玉米的叶面积指数、夏玉米的地上部生物量和夏玉米产量这 8 个模型输出变量的实测值，分别对土壤水分运动模块、土壤盐分运移模块及冬小麦和夏玉米的生长模块的敏感参数进行了率定与验证。结果显示：对于土壤含水量、夏玉米产量的模拟精度高，率定和验证阶段的标准均方根误差（NRMSE）均小于 20%；对于冬小麦和夏玉米的叶面积指数、地上部生物量以及冬小麦产量的模拟精度较高，率定和验证阶段的 NRMSE 基本介于 20% ~ 25%；对于土壤盐分浓度的模拟精度尚可，率定和验证阶段的 NRMSE 均介于 25% ~ 30%。总体而言，在试验站点尺度率定与验证后的 SWAP-WOFOST 模型，对于土壤水盐动态、反映作物生长过程的叶面积指数和地上部生物量的变化以及作物籽粒产量的模拟结果均是满意的，率定后的参数均在合理的取值范围内。我们在这 6 个试验站率定的土壤水力参数、土壤盐分运移参数以及作物参数可为今后在河北省黑龙港地区开展农业水文模拟的相关研究提供有参考价值的参数值。

（3）在现状灌溉情形下模拟计算的作物产量和年鉴统计的作物产量的对比结果显示：在研究区及各县（市）所属的 6 个地区对冬小麦产量和夏玉米产量的模拟计算结果的 NRMSE 均小于 20%，这表明：所构建的分布式 SWAP-WOFOST 模型可以较好地反映区域尺度作物产量的水平及其空间差异，并间接地佐证了我们所概化的现状灌溉制度基本上是合理的。进一步地，将模拟计算的蒸散量与遥感反演的蒸散量进行比较后显示：在研究区尺度上，模型计算的年蒸散量与由遥感反演的年蒸散量的对比精度尚可。此外，模拟计算的作物生育期农田蒸散量和作物水分生产力的变化范围与文献报道的数值也较为一致。这意味着：我们所构建的分布式 SWAP-WOFOST 模型既可用于模拟分析河北省黑龙港地区在现状灌溉情形下区域尺度的农业水文循环，也可用于进一步对该区域在冬小麦生育期多种限水灌溉、咸水灌溉和喷灌情景下的作物水分生产力开展模拟分析。

（二）限水灌溉情景的模拟及深层地下水压采量的估算

我们运用经过细致的参数率定与模型验证后的分布式 SWAP-WOFOST 模型，首先，开展了冬小麦的 11 种限水灌溉情景的模拟，分析了在各限水灌溉情景下冬小麦和夏玉米的产量、生育期农田蒸散量和水分生产力及水量平衡组分的时空变化。接着，对于灌水次数相同而灌水时间不同的冬小麦限水灌溉情景，分别选择冬小麦、夏玉米和轮作周年作物的产量最高或作物水分生产力最高的灌水时间作为冬小麦生育期推荐的灌水时间，获得了推荐的灌水时间的空间分布及其动态。最后，针对当前研究区急需缓解深层地下水超采情势继续恶化的农业水管理措施的现实需求，我们应用 0–1 规划算法，在模拟单元尺度上，优化得到了模拟时段内冬小麦的平均产量在 14 种特定的减幅阈值约束下其生育期农田蒸散量最小的灌溉模式的空间分布，并进一步分析了优化的灌溉模式对冬小麦的产量和水分生产力以及灌溉量和蒸散量的影响，在此基础上，估算了优化的灌溉模式在研究区尺度上的农田节水量，以及在研究区、研究区内所涉及的水资源三级区和县（市）域这 3 个空间尺度上的深层地下水压采量。主要研究结论如下：

（1）通过分析由冬小麦不同的灌水次数与灌水时间组合而成的 11 种限水灌溉情景下冬小麦和夏玉米的产量、生育期农田蒸散量和水分生产力可知：在灌水次数相同而灌水时间不同的情景中，在研究区内的 3 个灌溉分区，冬小麦和夏玉米在模拟时段内平均的产量之最大差值可分别达到大约 1913.7 kg/hm^2 和 1092.0 kg/hm^2，生育期农田蒸散量之最大差值分别大约为 36.4 mm 和 33.4 mm，水分生产力之最大差值分别可达到大约 0.60 kg/m^3 和 0.22 kg/m^3，这表明：对冬小麦实施限水灌溉时，在特定的灌水次数下选择恰当的灌水时间对于保证冬小麦和夏玉米的产量和水分生产力都是至关重要的。

（2）分别基于作物产量最高或作物水分生产力最高而确定的特定灌水次数下推荐的灌水时间的空间分布及其动态具有较好的一致性。就模拟时段的平均而言，以冬小麦的产量最高或水分生产力最高为目标而选出的推荐的灌水时间的空间分布表明：若灌水 3 次，在研究区内主要推荐的冬小麦限水灌溉模式的灌水时间为播前、孕穗－开花期和灌浆初期；若灌水 2 次，主要推荐的冬小麦限水灌溉模式的灌水时间为播前、孕穗－开花期；若灌水 1 次，主要推荐的冬小麦限水灌溉模式的灌水时间为孕穗－开花期。然而，若要使得夏玉米的产量最高或水分生产力最高，当灌水 3 次或 2 次或 1 次时，在研究区内主要推荐的冬小麦限水灌溉模式的灌水时间为播前、孕穗－开花期和灌浆初期或播前和灌浆初期或灌浆初期。

（3）由对冬小麦产量设定的 14 种减少幅度阈值为约束条件而优化的冬小麦生育期农田蒸散量最小的灌溉模式与现状灌溉情形下的结果对比可知：当该阈值的范围在 5% ~ 35% 时，在优化的灌溉模式下，研究区在模拟时段内平均的冬小麦产量减幅不超过 21%，平均的冬小麦水分生产力大约在 1.14 ~ 1.20 kg/m^3 内变化，平均的灌溉量和蒸散量分别大约减少 2.25% ~ 29.80% 和 2.49% ~ 20.59%，与现状灌溉情形下模拟时段内平均的冬小麦水分生产力相比，在此阈值范围内所优化的灌溉模式基本上可以实现冬小麦的节水稳效；当该阈值大于 35% 时，在优化的灌溉模式下，模拟时段内平均的冬小麦水分生产力随着减产幅度阈值的增加而减少，减幅不超过 30%。

（4）在 14 种冬小麦产量减幅阈值约束下所优化的灌溉模式中，最多可减少的冬小麦年灌溉量相当于大约削减了 2010 年农田灌溉用水量的二分之一，最多可减少的用于冬小麦灌溉的深层地下水开采量相当于大约削减了深层地下水年开采量的 34%。当冬小麦产量减幅阈值为 60% 时，所优化的灌溉模式在模拟时段内平均可减少的用于冬小麦灌溉的深层地下水年开采量大约为 6.10 亿 m^3，可以实现在研究区年压减 6.05 亿 m^3 用于农业的深层地下水开采量的目标，但研究区在模拟时段内要付出冬小麦的平均产量减少大约 50% 的代价。若采用此优化的灌溉模式，我们推荐：在沧州地区、衡水地区和邯郸地区南部，采用孕穗－开花期或灌浆初期灌水 1 次的冬小麦限水灌溉方案；在其他区域，采用播前和灌浆初期灌水 2 次的冬小麦限水灌溉方案。此外，就研究区内我们重点关注的两个典型的深层地下水超采区（亦即沧州地区和衡水地区）而言，在沧州地区，若在模拟时段内容许冬小麦平均产量减少约 30%，则采用我们优化的灌溉模式可以削减用于冬小麦灌溉的深层地下水大约 1.33 亿 m^3，亦即可以完成年削减目标的大约 119%，然而，在衡水地区，即使容许冬小麦平均产量减少约 61%，我们优化的灌溉模式也只能完成年削减目标的大约 73%。

（5）在研究区内所涉及的 7 个水资源三级区，相较于现状灌溉情形，在黑龙港及运东平原，我们优化的灌溉模式可以削减的深层地下水开采量最多。我们定义的冬小麦的优化灌溉模式对深层地下水的限采贡献指数（CIRE）这一指标的计算结果表明：在研究区内所涉及的徒骇马颊河、子牙河平原和漳卫河平原这 3 个水资源三级区，实施各自的优化灌溉模式对压减模拟时段内深层地下水年开采量的贡献，与研究区内所涉及的其他水资源三级区对比是相对较大的。此外，基于“模拟－优化－评估”的思路，我们获得的研究区内各县（市）在 14 种特定的冬小麦产量减幅阈值约束下优化的灌溉模式，及其相较于现状灌溉情形下模拟时段冬小麦平均产量的变幅和 CIRE 的空间分布，为有关决策者在便于农业水管理的尺度上因地制宜地制定冬小麦的限水灌溉方案，以实现深层地下水的压采目标提供了“水粮权衡”的定量化参考依据。这样的研究思路对于那些开采深层地下水用于农田灌溉已经呈现不可持续态势的类似地区也具有一定的参考意义。

（三）咸水灌溉情景的模拟和适宜的咸水灌溉模式与咸水资源匹配性的评估及深层地下水压采量的估算

针对华北平原中东部的河北省黑龙港地区由于高强度的井灌致使深层地下水严重耗竭但浅层广泛分布咸水资源这个特点，我们首先应用经过参数率定与模型验证的分布式 SWAP-WOFOST 模型，就所设置的冬小麦生育期内 5 种咸水灌溉情景开展了 20 个轮作周年的模拟，分析了在冬小麦 - 夏玉米一年两熟制下各咸水灌溉方案对作物的产量和水分生产力的时空变化以及土壤水盐均衡态势的影响。然后，从统筹考虑作物减产和土壤积盐的角度，优化求解了冬小麦生育期内适宜的咸水灌溉模式，并进一步评估了适宜的咸水灌溉模式与咸水资源的空间匹配性及对深层地下水的压采量。主要研究结论如下：

（1）就研究区模拟时段的平均水平而言，在冬小麦生育期内采用 2 ~ 6 g/L 的咸水灌溉相较于淡水灌溉，冬小麦的产量和水分生产力基本保持稳定或略有增加，后茬作物夏玉米的产量和水分生产力均有不同程度的减少。我们所模拟的这些咸水灌溉情景下的作物减产程度有助于评估浅层咸水替代深层地下水用于冬小麦灌溉对粮食产量的影响程度。

（2）就研究区模拟时段的平均水平而言，冬小麦生育期内灌溉水矿化度的增大会增加 2 m 土体累积的来自于灌溉的盐分通量，同时也增加冬小麦生育期和夏玉米生育期分别从 2 m 土体累积淋洗的盐分通量，轮作周年累积的 2 m 土体储盐量的增量有所增大。在冬小麦生育期内若采用2 ~ 6 g/L 的咸水灌溉，0 ~ 120 cm 土壤在冬小麦生育期以积盐为主，0 ~ 100 cm 土壤在夏玉米生育期以脱盐为主。在夏玉米生育期，当降水量与灌溉量之和的变化范围分别为＞ 450 mm、401 ~ 450 mm、351 ~ 400 mm、200 ~ 350 mm 和＜ 200 mm 时，土壤盐分的脱盐深度可分别达到大约 120 cm、100 cm、80 cm、60 cm 和 40 cm。我们的这些模拟结果是对研究区宏观尺度土壤水盐运移特征科学认知的进一步量化。

（3）在研究区内，若 20 个轮作周年在夏玉米收获时 0 ~ 200 cm 土体的平均含盐量小于 3 g/kg，且容许的模拟时段内平均的轮作周年作物减产量分别不超过 500 kg/hm^2、1000 kg/hm^2、1500 kg/hm^2 和 2000 kg/hm^2，则相应的冬小麦生育期内容许的灌溉水最大矿化度在研究区内分布面积最广的分别是 3 g/L、4 g/L、6 g/L 和 6 g/L。在研究区内那些 0 ~ 200 cm 土壤质地偏黏的区域或浅层地下水埋深较浅且矿化度较高的区域，冬小麦生育期内咸水灌溉适宜的矿化度较其他区域更低。我们在区域尺度上的这些模拟结果，便于相关管理部门在考虑多因素的空间异质性、兼顾一定的作物产量水平与降低土壤次生盐渍化风险的基础上制定适宜的咸水灌溉方案。

（4）研究区在模拟时段平均的冬小麦生育期内灌溉所需的咸水资源量约为 22.78 亿 m^3，比浅层咸水的可开采资源量多约 9%。在位于研究区东北部和南部的 23 个县（市），咸水的可开采资源量可以满足冬小麦生育期内咸水灌溉的需要，且其中大部分区域的咸水也可以满足适宜的咸水灌溉模式对矿化度的要求，因而，就这些区域咸水的“水量”和“水质”而言，适宜的咸水灌溉模式与咸水资源的匹配性高。对于那些咸水的可开采资源量难以满足冬小麦生育期内咸水灌溉的区域，考虑其水资源的分布状况，我们也列举了其他弥补咸水资源不足的替代方式。我们在县（市）域尺度上的这些定量评估结果可为有关部门合理地开发利用浅层咸水资源来压减深层地下水的井灌开采量提供决策参考依据。

（5）在“模拟－优化－评估”的框架下，我们估算了冬小麦生育期内适宜的咸水灌溉模式对深层地下水的压采量，结果表明：在河北省黑龙港地区，与现状灌溉情形相比，在冬小麦生育期内若采用适宜的咸水灌溉模式，可以减少用于灌溉的深层地下水开采量大约 7.20 亿 m^3，这相当于可以实现压减农业所用的深层地下水开采量约 6.05 亿 m^3 这一目标值的大约 119%。

（四）喷灌情景的模拟和适用性的评价及深层地下水压采量的估算

河北省黑龙港地区既是华北平原生产冬小麦的重要区域，又面临着开采深层地下水用于农田灌溉这种竭泽而渔的局面必须整改的现实，喷灌作为一种现代化的灌溉技术，其在区域尺度上是否普遍适用是有待进一步深入探讨的推广应用问题。我们运用已经在该区域所构建和率定与验证的分布式农业水文模型 SWAP-WOFOST，在区域尺度上就冬小麦生育期的 6 种固定的喷灌情景和 5 种预设的喷灌情景开展了模拟与分析；继而，在冬小麦生育期的灌溉定额分别为 225 mm、150 mm 和 75 mm 的情形下，当冬小麦生育期的降水水平分别为丰、平和枯时，针对我们所概化的 17 种土壤质地剖面类型，从喷灌和地面灌溉中选出了冬小麦高产或高效或农民高收益的灌溉方式及其相应的灌溉模式；接着，在区域尺度上，以冬小麦的 WP 最高为目标函数，以相较于现状灌溉情形下冬小麦生育期的灌溉定额的减幅不小于特定的阈值为约束条件，从固定的喷灌情景和预设的喷灌情景中优化了喷灌模式，并进一步评估了在所优化的喷灌模式下的冬小麦产量、冬小麦水分生产力、农田节水量和深层地下水压采量。主要研究结论如下：

（1）就研究区在模拟时段内的平均水平而言，在冬小麦生育期内固定的喷灌情景和预设的喷灌情景下，冬小麦生育期灌溉定额的减少会使得冬小麦的产量和水分生产力有不同程度的降低；当冬小麦生育期的灌溉定额为 225 mm 或 150 mm 或 75 mm 时，固定的喷灌情景与地面灌溉情景相比，冬小麦产量的差异不超过 300 kg/hm^2，冬小麦水分生产力的差异不超过 0.10 kg/m^3；在冬小麦生育期的灌溉定额为 225 mm 或 150 mm 的固定的喷灌情景下，灌水次数不同的喷灌情景之间的冬小麦产量差异不大，但灌水次数的减少有利于提高冬小麦的水分生产力；与现状灌溉情形相比，在冬小麦生育期内实施喷灌会使得后茬夏玉米的产量和水分生产力稳定或有所增加；在冬小麦生育期特定的灌溉定额下，与地面灌溉相比，采用少量多次的喷灌方式可以削弱冬小麦和夏玉米的产量和水分生产力在时空上的差异。这些分布式的模拟结果有助于在区域尺度上量化冬小麦生育期内不同的喷灌模式对作物的产量和水分利用效率的影响程度。

（2）就研究区在模拟时段内的平均水平而言，在冬小麦生育期特定的灌溉定额下，采用喷灌相较于地面灌溉，会增加冬小麦生育期的土面蒸发量和冠层截留量，减少蒸腾量和土壤储水量的消耗量；在冬小麦生育期特定灌溉定额下固定的喷灌情景中，随着喷灌次数的减少，冬小麦生育期的冠层截留量、土面蒸发量和土壤储水量的消耗量会减少，而渗漏量会增加；在冬小麦生育期预设的喷灌情景下，灌溉定额的减少会显著降低冬小麦生育期的蒸腾量，增加土壤储水量的消耗量，而对其他的水量平衡分项的影响不超过 5

mm；在各喷灌情景下灌溉的截留量占灌溉定额的比例小于 3%。这些关于水量平衡分项的模拟计算结果，有助于在研究区宏观尺度上了解不同的灌溉方式及其相应的灌溉模式对冬小麦生育期根系带土壤水分变化的影响。

（3）在固定的喷灌情景、预设的喷灌情景和地面限水灌溉情景下，与现状灌溉下的情形相比，农民净收益的变化基本为负。尽管喷灌可以通过节省用地来增加冬小麦的播种面积，继而实现增产增收，也可以通过减少灌溉水费和劳动力费用来降低成本，但相较于喷灌设备较高的初始投资费用和运行与维护费用，采用喷灌会降低农民的净收益。整体而言，在研究区内种植冬小麦的农田，采用地面灌溉相较于喷灌更为经济。这些基于大量的模拟数据而获得的评估结果有助于从农民净收益的角度定量化地评估喷灌在研究区的适用性。

（4）在冬小麦生育期的灌溉定额分别为 225 mm、150 mm 和 75 mm 下，选择地面灌溉而不是喷灌有利于冬小麦达到相对较高的产量和水分生产力且农民获得相对较高的净收益。尤其是随着灌溉定额的减少，研究区内在冬小麦生育期所选择的灌溉方式中喷灌的占比会更少。为了使冬小麦的产量最大化或使冬小麦的 WP 最大化或使农民的净收益最大化，主要在 2 种土壤质地剖面类型（0 ~ 70 cm 土壤为砂质土且＞ 70 cm 土壤为壤质土，各层土壤均是砂质土）分布的区域，我们推荐采用喷灌，而在其他 15 种土壤质地剖面类型分布的区域，我们推荐采用地面灌溉。这些考虑多要素时空差异的模拟评估结果，有助于为研究区从粮食 – 水 – 经济这三个角度选择合适的灌溉方式提供定量化的参考。

（5）在研究区尺度上，以冬小麦的 WP 最高为目标，以冬小麦生育期灌溉定额的减幅不小于特定阈值为约束，所优化的喷灌模式中以固定的喷灌情景为主。与现状灌溉情形相比，当灌溉定额的减幅阈值为 60% 时，所优化的喷灌模式在丰水期、平水期和枯水期分别可减少的灌溉定额约为 65.0%、72.9% 和 73.1%，分别可实现压减农业所用深层地下水超采量的目标值（6.05 亿 m^3）的大约 81%、123% 和 124%，但冬小麦会分别减产大约 55.8%、74.3% 和 79.7%。这些定量化的评估结果可为考量优化的喷灌模式在研究区对深层地下水井灌开采量的压减效应提供一定的参考。

7.2　讨　　论

7.2.1　研究工作的特色

（一）研究背景的重要性与独特性

我们的研究区域不仅是我国冬小麦的重要产区之一，也是我国优质小麦的主要产区之一。然而，在这个区域的冬小麦生产必须依赖于灌溉尤其是井灌。需要指出的是，该区域不仅是一个水资源特别匮乏的区域，也是超采深层地下水十分严重的区域，而在区域尺度上深层地下水超采的重要原因就是大面积的农田井灌，特别是在衡水地区和沧州地区。值得注意的是，对这种不仅在中国而且在全球都具有典型意义、涉及地下水资源可持续利用与小麦可持续生产如何权衡的定量化研究，迄今为止鲜有文献报道。针对华北平原河北省的黑龙港地区这种在水粮高度矛盾下亟待研究的实际问题，在区域尺度上叠加生成精细的分布式农业水文模拟单元，细致地设计多种模拟情景，以 20 年为模拟时段运用构建的农业水文模型，模拟与评估冬小麦生育期的限水灌溉方案、咸水灌溉方案和喷灌方案对作物的产量和水分生产力的影响及对深层地下水量的压减效应，这样的系列研究尚属首次。

（二）研究资料的多源性与多尺度性

这项研究工作得益于我们多年来有机会参与我国政府在水文水资源、水文地质、农田水利、农业等多个领域所资助的相关科研项目（尤其是国家重点基础研究发展计划项目、国家自然科学基金项目、国家公益性行业（农业）科研专项 / 农业部行业计划项目、中国地质调查局项目和中国工程院重大咨询项目），因而得以持续积累了丰富的气象、土地利用、土壤、作物栽培和农田灌溉方面的数据及水文地质勘查资料与水资源特别是地下水资源评价结果。此外，通过多方调研与在有关试验站点的重点考察，我们对政府相关管理部门的实际需求有了相当的了解，同时也对田间试验的具体操作有了切身的体会。需要特别指出的是，我们所选择的这个既具有重要性又具有独特性的研究区域是我国开展深层地下水可持续利用与冬小麦可持续生产研究的“理想”场所，换言之，华北平原的黑龙港地区可以被视为中国乃至全球开展基于深层地下水永续保护理念而以水定产进行作物生产的“最佳”研究场所。我们之所以这样说，是因为黑龙港地区不仅是我国而且也是世界上为数不多的由于冬小麦灌溉而对深层地下水情势在区域尺度上日趋恶化有贡献的野外现场，换言之，是一个由于“井灌农业”的发展而使区域尺度深层地下水资源遭到进一步破坏的“物理实验场”，同时也是在我们所确定的模拟时段内中国在作物栽培、土壤物理、农田水利、水文地质和水文水资源等领域具有田间长期观测试验数据和野外勘查资料及评价结果相对丰富的区域。因此，这不仅使得我们有可能充分地挖掘和利用这些宝贵的科学信息而深入地开展这种富有挑战性的、跨学科的农业水管理问题的模拟研究，也使得我们可以通过这个水粮矛盾如此尖锐的典型研究案例给国际上从事农业水文水资源领域相关研究的学者讲述一系列有趣的科学故事，从而使得他（她）们能在一定程度上进一步增进对“水粮权衡”这一当前农业水管理领域的热点科学问题的理解。

（三）研究思路的巧妙性

将运用 SWAP-WOFOST 模型对华北平原黑龙港地区的农业水文模拟与对该区域深层地下水压采量的估算在“模拟－优化－评估”的框架下联系在一起，而不增添诸如 MODFLOW 这样的模拟地下水动态的模型，是我们在研究思路上的特色。通过应用 0-1 规划算法分别对限水灌溉情景和咸水灌溉情景及喷灌情景下的农业水文模拟结果在特定的目标函数与约束条件下进行优化，得以在“模拟－优化－评估”的链条上实现模拟与评估的结合，尽管这两者是“松”结合，但这种巧妙的构思使得我们避免了嵌入地下水运动模型的模拟计算。虽然应用地下水运动模拟模型可以获得地下水位（水头）动态的模拟结果，但我们知道开采深层地下水已导致黑龙港地区的局部区域发生了地面沉降，这使得若我们采用地下水运动模型来模拟这些区域在限采条件下深层地下水头的动态时，将不得不考虑地面沉降所导致的岩土力学效应。然而，对岩土力学参数的率定需要具备地面沉降的动态观测数据，但这在我们研究区的模拟时段内是不具备的。我们的这种研究思路之巧妙在于：既避免耦合更多模型的复杂性，又避免使用更多模型对观测数据要求的非现实可能性，但却不影响我们从“水粮权衡”的农业水管理角度来实现对深层地下水量的压减进行评估的目标。

（四）模拟单元构建所用信息的丰富性

我们对分布式模拟单元的构建是基于：对气象要素划分的 133 个分区数据；对土壤水力参数划分的 125 个分区数据；对土壤盐分运移参数划分的 3 个分区数据；对 2m 土壤剖面盐分初始含量划分的 39 个分区数据；对作物参数划分的 6 个分区数据；对冬小麦 - 夏玉米轮作农田现状灌溉制度概化的 3 个分区数据；基于概化的 2 种模拟剖面下边界情形而对模拟剖面初始含水量划分的 18 个分区数据；对浅层地下水矿化度划分的 6 个分区数据；对耕地与非耕地概化的 2 个分区；对水资源的 7 个分区；对县（市）域的 53 个分区。据此，我们叠加生成了用于农业水文模型的 2809 个模拟单元。这样深入地挖掘多源多尺度数据资料并将气象 - 土壤 - 作物 - 灌溉 - 土地利用 - 水资源 - 行政区划等 12 种信息加以融合来构建反映区域尺度空间异质性的模拟单元，就所用信息的丰富性和模拟单元的规模而言，在华北平原黑龙港地区的农业水文模拟研究历史上都是空前的。

（五）参数率定与模型验证的细致性

基于对所采用的农业水文模型 SWAP-WOFOST 的土壤水分运动模块、盐分运移模块和作物生长模块的参数进行全局敏感性分析的结果，我们根据研究区内 6 个试验站的观测数据，对这 3 个模块开展了详细的参数率定与验证。进一步地，又在县（市）域尺度和研究区尺度上就现状灌溉情形下模拟的作物产量和农田蒸散量分别与年鉴统计的产量和遥感反演的蒸散量进行了对比。如此精细的站点尺度参数的率定与验证及区域多尺度的模型验证，不仅为我们运用该模型开展模拟试验和情景分析奠定了扎实的基础，也为今后在华北平原黑龙港地区应用该模型进一步开展相关模拟研究提供了比较全面且可供参考的模型参数值。

（六）模拟情景设置的充分性

在冬小麦灌水定额设定为 75 mm 的条件下，我们对冬小麦限水灌溉中的灌水次数与灌水时间所组合构成的 11 种限水灌溉情景进行了模拟试验。这些模拟情景的设置参考了众多研究者在黑龙港地区多年来的田间试验研究结果，基本涵盖了冬小麦限水灌溉可能的情景，如此细致的模拟试验设计不仅具有较强的针对性，而且反映了我们充分运用农业水文模型对冬小麦限水灌溉情景进行模拟研究的探索性。

在考虑现状灌溉情形的空间分区和冬小麦生育期不同降水水平的前提下，我们对冬小麦生育期内灌溉水的矿化度共设置了 5 个水平（2 g/L、3 g/L、4 g/L、5 g/L 和 6 g/L），并分别对这 5 种矿化度的咸水灌溉情景进行了细致的模拟试验。这些模拟情景的设置综合参考了多源信息：诸多研究者在黑龙港地区的试验站点所开展的田间试验结果；文献报道的作物在不同生育阶段对盐分胁迫的敏感程度；黑龙港地区浅层地下水矿化度的空间分布。基于所设计的咸水灌溉情景的模拟结果，不仅能对在现状灌溉情形下若采用不同矿化度的咸水作为深层地下水的替代水源进行灌溉的表现给出定量化的评价，而且也能为求解维持适当的作物产量水平且规避土壤次生盐渍化的咸水灌溉模式提供数据基础。

为了更好地与采用地面灌溉方式的限水灌溉情景下的模拟结果进行对比，我们针对冬小麦生育期 3 种特定的灌溉定额（225 mm、150 mm 和 75 mm），共设置了涉及不同的灌水次数、灌水时间和灌水定额的 6 种固定的喷灌情景。此外，为了更好地根据土壤墒情而因地因时地进行喷灌，我们选择了特定的灌水时间的确定标准，并基于大量的模拟试验结果，在冬小麦不同的生育阶段设置了 5 种预设的喷灌情景。这 11 种喷灌情景的设置不仅充分利用了 SWAP-WOFOST 模型的灌溉模块中可以灵活设置灌水时间和灌水定额的选项，同时也参考了黑龙港地区相关的田间试验结果以及我们针对研究区所开展的模拟试验结果。就这些设计多样化且针对性较强的喷灌情景所开展的模拟分析，为我们在多个因素存在时空差异的华北平原黑龙港地区评估多种喷灌方案的表现提供了可能，同时，也使得我们可以将喷灌情景与采用地面灌溉方式的限水灌溉情景一并考虑，从对冬小麦产量最大化或冬小麦水分生产力最大化或农民净收益最大化的角度来探讨如下科学问题：在区域尺度对冬小麦进行灌溉时，对于特定的灌溉定额，应该如何选择灌溉方式、灌水次数、灌水时间和灌水定额。

（七）研究内容的新颖性

这本学术专著的内容是我们 10 年来对我国这一深层地下水开采与冬小麦生产矛盾最为突出的区域所开展的农业水文模拟研究工作的总结与深化，是为该区域“水粮权衡”下可持续的农业水管理目标而贡献的系列学术研究成果。面对华北平原黑龙港地区深层地下水位（水头）已经大面积下降的严重态势和深层含水层未来有可能枯竭的安全危机以及深层地下水用于井灌冬小麦难以为继的严酷现实，我们运用 SWAP-WOFOST 模型并结合 0-1 规划算法，针对当前政府相关部门急需遏制深层地下水超采情势继续恶化的农业水管理措施的现实需求，确定了如下研究内容：基于大量的模拟计算结果，①以冬小麦不同的减产幅度为约束条件、以冬小麦生育期农田蒸散量最小为目标函数，开展冬小麦生育期限水灌溉方案的优化；②以轮作周年可允许的作物减产量和规避次生盐渍化的土壤含盐量为双约束条件、以冬小麦生育期内的灌溉水矿化度最大为目标函数，开展冬小麦生育期内咸水灌溉方案的优化；③以冬小麦生育期不同的灌溉定额减幅为约束条件、以冬小麦的水分生产力最大为目标函数，开展冬小麦生育期喷灌方案的优化。在此基础上，进一步分别评估冬小麦生育期优化的限水灌溉模式、咸水灌溉模式和喷灌模式在不同的减产水平下对压减深层地下水井灌开采量的贡献。这样的研究内容不仅颇具新颖性，而且也对今后世界上有关国家类似问题的研究具有一定的参考与借鉴意义。

（八）研究结果的实用性

我们就冬小麦生育期所设计的 11 种限水灌溉情景，模拟得到了研究区在冬小麦不同限水灌溉情景下冬小麦和夏玉米的产量、生育期农田蒸散量和水分生产力及水量平衡组分的时空变化特征；选出了在模拟单元尺度上灌水次数分别为 3 次、2 次和 1 次时冬小麦产量、夏玉米产量和轮作周年作物产量最高的冬小麦限水灌溉情景在研究区的空间分布及其动态，以及冬小麦水分生产力、夏玉米水分生产力和轮作周年作物水分生产力最高的冬小麦限水灌溉情景在研究区的空间分布及其动态；优化得到了模拟单元尺度上模拟时段内冬小麦平均产量不同减少幅度约束下生育期农田蒸散量最小的灌溉模式在研究区的空间分布。在此基础上，计算得到了各县（市）域尺度上这些优化的灌溉模式与现状灌溉情形相比的产量变幅在研究区空间上的分布；计算得到了各县（市）域尺度上在这些优化的灌溉模式下冬小麦的水分生产力以及与现状灌溉情形相比的产量、灌溉量、农田蒸散量和水分生产力的变幅；估算了研究区尺度上在这些优化的灌溉模式下冬小麦生育期所减少的灌溉量和农田蒸散量及减少的灌溉量中的深层地下水用量；估算了研究区内所涉及的水资源三级区尺度上这些优化的灌溉模式与现状灌溉情形相比所减少的灌溉量中的深层地下水用量，并给出了冬小麦井灌农田对深层地下水的限采贡献指数；计算得到了各县（市）域尺度上在这些优化的灌溉模式下冬小麦井灌农田对深层地下水的限采贡献指数在研究区空间上的分布。

我们就冬小麦生育期所设计的 5 种咸水灌溉情景，模拟得到了各咸水灌溉情景中冬小麦 - 夏玉米一年两熟制下作物的产量、生育期农田蒸散量和水分生产力的时空变化及其与淡水灌溉情景相比的变幅；接着，分析了淡水灌溉和各咸水灌溉情景对 0 ～ 200 cm 土体的水量平衡和盐分平衡的影响，量化了长时段的淡水灌溉和咸水灌溉下作物生育期土壤储盐量的变化和土壤剖面盐分的垂直分布动态，以及夏玉米生育期不同的降水与灌溉水平对土壤剖面盐分淋洗的影响；针对每一个模拟单元，从“水质”的角度分析了浅层地下水是否满足我们优化求解的适宜的咸水灌溉模式；针对每一个县（市），从“水量”的角度分析了浅层咸水是否满足我们优化求解的适宜的咸水灌溉模式。通过对“水质”和“水量”这两个方面的综合考量，在研究区的区域尺度上定量评估了适宜的咸水灌溉模式与咸水资源的匹配程度，并估算了这些适宜的咸水灌溉模式对深层地下水的压采量。

我们就冬小麦生育期所设计的 6 种固定的喷灌情景和 5 种预设的喷灌情景，模拟分析了在冬小麦 - 夏玉米一年两熟制下这 11 种喷灌情景对作物的产量、生育期农田蒸散量和水分生产力及水量平衡组分和农民净收益的影响；针对冬小麦生育期的 3 种灌溉定额（225 mm、150 mm 和 75 mm），在冬小麦生育期的 3 个降水水平（丰、平和枯）和对研究区概化的 17 种土壤质地剖面类型下，以冬小麦的产量最高或冬小麦的水分生产力最高或农民的净收益最高为标准，从灌溉定额相同的喷灌和地面灌溉中选择了相应的灌溉方式并选出了对应的灌溉模式；在冬小麦生育期不同的降水水平下，以与现状灌溉情形相比特定的灌溉定额减幅为约束，在模拟单元尺度上，优化得到了冬小麦的水分生产力最高的喷灌模式；计算得到了各县（市）域尺度上优化的喷灌模式相较于现状灌溉情形下冬小麦的产量和水分生产力及其生育期的灌溉量和农田蒸散量的变幅；估算了研究区尺度上优化的喷灌模式较现状灌溉情形所减少的灌溉量中的深层地下水用量。

综上，我们通过分布式地运用经过率定与验证的 SWAP-WOFOST 模型及 0–1 规划算法，遵循“模拟–优化–评估”的技术路线所得到的研究区在不同空间尺度上的定量化结果，将为各级管理部门因地制宜地选择冬小麦生育期的限水灌溉模式和咸水灌溉模式及喷灌模式以削减井灌冬小麦所用的深层地下水开采量提供重要的参考依据，因而，这些切合华北平原黑龙港地区当前农业水管理需求的研究结果具有一定的实用性。

7.2.2 研究工作的局限性

（1）我们模拟研究得到的在区域尺度上限水灌溉模式下的冬小麦产量与水分生产力通常低于在站点尺度上的田间试验结果，这可能是由于田间试验中节水栽培的部分核心技术是我们在模拟过程中难以考虑的。例如，①在浇足底墒水后，通过耕作措施保持播种后表土层疏松以减少蒸发耗水，播后垄沟镇压、垄背暄土用以保墒，换言之，受模型的模拟功能所限，我们未能在模拟时段内考虑耕作对于土壤水力学参数以及土壤水分运动过程的影响；②由于作物参数是基于试验站在特定年份就特定品种的田间试验数据而率定的，所以我们难以在模拟时段内考虑品种的演替对于作物参数的影响；③在模拟过程中的播种日期是基于文献资料和收集的数据中有关试验站在特定年份的信息及农气站有关生育期的信息等综合概化的，我们在模拟时段内没有考虑播期的变化；④模型尚难以直接反映播量（播种密度）的变化对于作物生长的影响，尽管播种密度能间接地通过叶面积指数来反映，但由于我们对与叶面积指数相关的参数是在特定的播种密度下率定的，所以我们未能考虑播种密度的变化对于作物产量和农田蒸散量等的影响；⑤作物生育期的关键需水时段在每一年可能会因气象条件的差异而有所不同，相应的灌水时间也会根据灌水次数的改变而有所调整，但我们在区域尺度上对限水灌溉方案开展长时段的模拟时，将模拟时段内每一年作物在同一生育期的灌水日期都概化成相同的，不得不忽略了田间实际生产中由于气象条件和土壤墒情以及灌水次数的改变而对灌水日期的实时调整。

（2）由于难以收集到与所开展的限水灌溉模拟情景相匹配的更为完备的田间试验数据，我们在开展限水灌溉的情景模拟时，作物参数是在概化的现状灌溉制度下率定的，而田间限水灌溉处理下的冬小麦在作物生理特征上会有一定程度的自我调节，例如，在冬小麦拔节前，根系带上层土壤的水分亏缺可使得冬小麦根系深扎，从而提高了生长后期利用深层土壤水的能力；在冬小麦生长前期，适当的水分亏缺可以加快冬小麦的生育进程。与这些作物生理变化相关的作物参数，例如：最大扎根深度、出苗至开花阶段的积温等也会有所变化。今后若能收集到这方面更为详细的田间试验数据，将有助于我们在不同的限水灌溉处理下对目前率定的作物参数进行适当的修正或重新率定。

（3）我们是基于目前可以收集到的县（市）域尺度上 1999 年的水资源评价结果及有关文献来概化农业灌溉所用深层地下水量与农业灌溉用水量的比例，并以此来分别评估冬小麦生育期的限水灌溉模式、咸水灌溉模式和喷灌模式对于深层地下水量的压减效应，而概化的过程以及未考虑该比例在模拟时段内的变化都会使评估结果具有一定程度的不确定性，这有待于今后若能收集到新的相关数据来进一步降低目前评估结果的不确定性。

（4）我们从“水质”和“水量”这两个方面评估了咸水资源与适宜的咸水灌溉模式在空间上的匹配性。在评估的过程中，由于在本研究的模拟时段内无论是浅层地下水矿化度还是浅层地下水可开采资源量我们都没有其空间分布的动态数据，所以难以考虑浅层咸水矿化度和浅层咸水可开采资源量的空间分布在模拟时段内的变化，这会使得目前的评估结果存在某种程度的不确定性。

（5）受限于 SWAP-WOFOST 模型的模拟功能，目前在本研究中还难以模拟采用水肥一体化的喷灌情形，而对这种喷灌情形下作物的产量和水分生产力开展模拟是重要的研究内容。

参考文献

白由路 . 1999. 黄淮海平原水盐运动的空间格局与盐渍化演替机制 . 北京 : 中国农业大学博士研究生学位论文

鲍士旦 . 2010. 土壤农化分析 (第 3 版). 北京 : 中国农业出版社

曹彩云 , 党红凯 , 郑春莲 , 郭丽 , 马俊永 , 李科江 . 2016. 不同灌溉模式对小麦产量、耗水量及水分利用效率的影响 . 华北农学报 , 31(增刊): 17~24

曹彩云 , 郑春莲 , 李科江 , 党红凯 , 李伟 , 马俊永 . 2013. 不同矿化度咸水灌溉对小麦产量和生理特性的影响 . 中国生态农业学报 , 21(3): 347~355

曹彩云 , 郑春莲 , 马俊永 , 李科江 . 2010. 春季灌溉次数对小麦光合特性的影响 . 河北农业科学 , 14(6): 3~6

曹云者 . 2007. 基于作物模型的河北省玉米生产潜力和气候风险分析 . 北京 : 中国农业大学博士研究生学位论文

陈素英 , 邵立威 , 孙宏勇 , 张喜英 , 李彦芬 . 2016. 微咸水灌溉对土壤盐分平衡与作物产量的影响 . 中国生态农业学报 , 24(8): 1049~1058

陈素英 , 张喜英 , 邵立威 , 孙宏勇 , 刘秀位 . 2011. 微咸水非充分灌溉对冬小麦生长发育及夏玉米产量的影响 . 中国生态农业学报 , 19(3): 579~585

陈望和 . 1999. 河北地下水 . 北京 : 地震出版社

陈秀敏 , 李科江 , 贾银锁 . 2008. 河北小麦 . 北京 : 中国农业科学技术出版社

陈玉民 , 郭国双 , 王广兴 , 康绍忠 , 罗怀彬 , 张大中 . 1995. 中国主要作物需水量与灌溉 . 北京 : 水利电力出版社

戴丽 . 2011. 长期咸水灌溉对作物生长 , 土壤物理性状及盐分分布的影响 . 北京 : 中国农业大学硕士研究生学位论文

董志强 , 张丽华 , 李谦 , 吕丽华 , 申海平 , 崔永增 , 梁双波 , 贾秀领 . 2016. 微喷灌模式下冬小麦产量和水分利用特性 . 作物学报 , 42(5): 725~733

董志强 , 张丽华 , 吕丽华 , 李谦 , 梁双波 , 贾秀领 . 2015. 不同灌溉方式对冬小麦光合速率及产量的影响 . 干旱地区农业研究 , 33(6): 1~7

方生 , 陈秀玲 . 2008. 农业节水灌溉与咸水利用淡化 . 北京 : 中国农业科学技术出版社

付雪丽 . 2009. 冬小麦 – 夏玉米产量性能动态特征及其主要栽培措施效应 . 北京 : 中国农业科学院博士研究生学位论文

高鹭 , 陈素英 , 胡春胜 . 2005. 喷灌条件下冬小麦的水肥利用特征研究 . 灌溉排水学报 , 24(5): 25~28

郭会荣 , 靳孟贵 , 高云福 . 2002. 冬小麦田咸水灌溉与土壤盐分调控试验 . 地质科技情报 , 21(1): 61~65

郭丽 , 郑春莲 , 曹彩云 , 党红凯 , 李科江 , 马俊永 . 2017. 长期咸水灌溉对小麦光合特性与土壤盐分的影响 . 农业机械学报 , 48(1): 183~190

国家发展和改革委员会价格司 . 2004~2012. 全国农产品成本收益资料汇编 2004~2012. 北京 : 中国统计出版社

国家发展和改革委员会价格司 . 2018. 全国农产品成本收益资料汇编 2018. 北京 : 中国统计出版社

河北省农业厅，河北省财政厅 . 2016. 关于印发 2016 年度河北省地下水超采综合治理试点种植结构调整和农艺节水相关项目实施方案的通知 . 河北农机，A01: 3~37. DOI:10.15989/j.cnki.hbnjzzs.2016.sl.001

河北省人民政府 . 2014. 河北省人民政府关于公布平原区地下水超采区、禁采区和限采区范围的通知（冀政函〔2014〕61 号）. http: //info.hebei.gov.cn//eportal/ui?pageId=1962757&articleKey=6272943&columnId=329982

河北省人民政府 . 2008. 河北省人民政府关于加快粮食生产核心区建设的指导意见（2008~2010 年）（冀政〔2008〕52 号）. http: //www.hebei.gov.cn/hebei/11937442/10761203/11138043/index.html

河北省人民政府办公厅，河北省统计局 . 1995~2017. 河北农村统计年鉴 1995~2017. 北京：中国统计出版社

河北省水利厅，河北省财政厅，河北省农业厅，河北省物价局 . 2014. 关于印发《河北省地下水超采综合治理试点区农业水价综合改革意见》的通知（冀水财〔2014〕65 号）. http: //www.jsgg.com.cn/Index/Display.asp?NewsID=19527

河北省水利厅 . 2002~2012. 河北水利统计年鉴 2002~2012. 石家庄：河北省水利厅

河北省质量技术监督局，河北省水利厅 . 2009. 河北省用水定额 (DB13/T1161—2009)

胡毓骐，李英能 . 1995. 华北地区节水型农业技术 . 北京：中国农业科技出版社

黄权中，叶德智，黄冠华，杨建国，王诗景，徐旭，孟令广，王军，郜日坤 . 2009. 宁夏引黄灌区春玉米微咸水灌溉管理模式研究 . 灌溉排水学报，28(5): 16~20

贾银锁，郭进考 . 2009. 河北夏玉米与冬小麦一体化种植 . 北京：中国农业科学技术出版社

贾银锁，谢俊良 . 2008. 河北玉米 . 北京：中国农业科学技术出版社

焦艳平，高巍，潘增辉，李科江，沈广诚 . 2013. 微咸水灌溉对河北低平原土壤盐分动态和小麦、玉米产量的影响 . 干旱地区农业研究，31(2): 134~140

金梁 . 2007. 基于 SPWS 模型的华北平原农田水氮利用效率及环境效应分析 . 北京：中国农业大学博士研究生学位论文

靳孟贵，方连育 . 2006. 土壤水资源及其有效利用——以华北平原为例 . 武汉：中国地质大学出版社

靳孟贵，张人权，高云福，孙连发 . 1999. 农业 - 水资源 - 环境相互协调的可持续发展——以河北黑龙港地区为例 . 武汉：中国地质大学出版社

雷志栋，杨诗秀，谢森传 . 1988. 土壤水动力学 . 北京：清华大学出版社

李承绪 . 1990. 河北土壤 . 石家庄：河北科学技术出版社

李彦 . 2012. 节水灌溉条件下河套灌区土壤水盐动态的 SWAP 模型分布式模拟预测 . 内蒙古：内蒙古农业大学硕士研究生学位论文

李月华，杨利华 . 2017. 河北省冬小麦高产节水节肥栽培技术（简明图表读本）. 北京：中国农业科学技术出版社

李振声，欧阳竹，刘小京，胡春胜 . 2011. 建设“渤海粮仓”的科学依据——需求、潜力和途径 . 中国科学院院刊，26(4): 371~374

刘昌明，魏忠义 . 1989. 华北平原农业水文及水资源 . 北京：科学出版社

刘昌明，张喜英，由懋正 . 1998. 大型蒸渗仪与小型棵间蒸发器结合测定冬小麦蒸散的研究 . 水利学报，29(10): 36~39

刘海军，龚时宏，王广兴 . 2000. 喷灌条件下冬小麦生长及耗水规律的研究 . 灌溉排水，19(1): 26~29

刘海军，黄冠华，王明强，于利鹏，叶德智，康跃虎，刘士平，张寄阳 . 2010. 基于蒸发皿水面蒸发量制定冬小麦喷灌计划 . 农业工程学报，26(1): 11~17

刘克 . 2010. 华北地区冬小麦节水栽培对当季及后茬夏玉米水氮利用的影响 . 北京：中国农业大学硕士研

究生学位论文
刘明 . 2008. 华北平原不同种植制度水氮高效利用及 DSSAT4.0 模型模拟与预测 . 北京 : 中国农业大学博士研究生学位论文
刘鑫 . 2011. 基于 GIS 的河套灌区土壤水分运移分布式模拟与灌水效率评价 . 内蒙古 : 内蒙古农业大学硕士研究生学位论文
刘巽浩 , 陈阜 . 2005. 中国农作制 . 北京 : 中国农业出版社
刘巽浩 , 牟正国 . 1993. 中国耕作制度 . 北京 : 农业出版社
刘云 . 2003. 基于 NOAA 卫星的冬小麦冠层表面温度估算及初步应用的研究 . 北京 : 中国农业大学博士研究生学位论文
刘肇祎 , 朱树人 , 袁宏源 . 2004. 中国水利百科全书 – 灌溉与排水分册 . 北京 : 中国水利水电出版社
罗仲朋 . 2016. 基于成本收益分析的河北平原灌溉水价研究 . 青海 : 青海师范大学硕士研究生学位论文
吕丽华 , 董志强 , 李谦 , 张丽华 , 姚艳荣 , 张经廷 , 贾秀领 . 2020. 微喷灌模式冬小麦产量形成及水分利用特性研究 . 麦类作物学报 . 40(2): 185~194
吕丽华 , 李谦 , 董志强 , 张丽华 , 梁双波 , 贾秀领 , 姚海坡 . 2014. 灌水方式和灌溉量对冬小麦根冠结构的影响 . 麦类作物学报 . 34(11): 1537~1544
马静 , 乔光建 . 2009. 河北省农业灌溉工程节水技术适应性研究 . 水利经济 , 27(5): 54~58
马俊永 , 曹彩云 , 郑春莲 , 李科江 , 张苍根 . 2010. 不同矿化度咸水灌溉对小麦生长及产量的影响研究 . 华北农学报 , 25(增刊): 213~219
马文军 . 2009. 不同管理水平下咸淡水灌溉水分利用特征及效率研究 . 北京 : 中国农业大学博士研究生学位论文
马文军 , 程琴娟 , 李良涛 , 宇振荣 , 牛灵安 . 2010. 微咸水灌溉下土壤水盐动态及对作物产量的影响 . 农业工程学报 , 26(1): 73~80
马文军, 程琴娟, 宇振荣 . 2011. 华北平原微咸水灌溉下土壤盐分淋洗规律与灌溉策略 . 干旱区资源与环境, 25(4): 184~188
马玉平 , 王石立 , 张黎 , 庄立伟 . 2005. 基于升尺度方法的华北冬小麦区域生长模型初步研究 Ⅰ . 潜在生产水平 . 作物学报 , 31(6): 697~705
毛振强 . 2003. 基于田间试验和作物生长模型的冬小麦持续管理研究 . 北京 : 中国农业大学博士研究生学位论文
毛振强 , 宇振荣 , 马永良 . 2003. 微咸水灌溉对土壤盐分及冬小麦和夏玉米产量的影响 . 中国农业大学学报 , 8(增刊): 20~25
乔玉辉 . 1999. 土地利用系统分析模型实验及应用研究——以河北省曲周县冬小麦为例 . 北京 : 中国农业大学博士研究生学位论文
乔玉辉 , 宇振荣 , Driessen P M. 2002. 冬小麦叶面积动态变化规律及其定量化研究 . 中国生态农业学报 , 10(2): 83~85
乔玉辉 , 宇振荣 , 张银锁 , 辛景峰 . 1999. 微咸水灌溉对盐渍化地区冬小麦生长的影响和土壤环境效应 . 土壤肥料 , 4: 11~14
全国农业技术推广服务中心 . 2015. 华北小麦玉米轮作区耕地地力 . 北京 : 中国农业出版社
任理 , 薛静 . 2017. 内蒙古河套灌区主要作物水分生产力模拟及种植结构区划 . 北京 : 中国水利水电出版社
任宪韶 , 户作亮 , 曹寅白 , 何杉 . 2007. 海河流域水资源评价 . 北京 : 中国水利水电出版社

芮孝芳 . 2004. 水文学原理 . 北京 : 中国水利水电出版社
史学正 , 于东升 , 高鹏 , 王洪杰 , 孙维侠 , 赵永存 , 龚子同 . 2007. 中国土壤信息系统 (SISChina) 及其应用基础研究 . 土壤 , 39(3): 329~333
孙宏勇 , 刘小京 , 闵雷雷 , 郭凯 , 齐永青 , 张喜英 . 2016. 农村坑塘蓄水利用的研究 . 南水北调与水利科技 , 14(1): 17~19
孙泽强 , 康跃虎 , 刘海军 . 2006. 喷灌冬小麦农田土壤水分分布特征及水量平衡 . 干旱地区农业研究 , 24(1): 100~107
田汝森 . 2008. 农民增收致富的措施与技术 . 北京 : 中国农业科学技术出版社
王纯枝 . 2006. 作物冠层温度和旱情遥感监测及估产研究 . 北京 : 中国农业大学博士研究生学位论文
王华亮 . 2010. 河北省农业灌溉工程节水技术效益分析与计算 . 南水北调与水利科技 , 8(1): 99~103
王慧军 . 2010. 河北省粮食综合生产能力研究 . 河北 : 河北科学技术出版社
王慧军 . 2011. 河北省种植业高效用水技术路线图——河北省种植业高效用水科技管理创新实践 . 北京 : 中国农业出版社
王璞 . 2004. 农作物概论 . 北京 : 中国农业大学出版社
王卫光 , 王修贵 , 沈荣开 , 张仁铎 , 杨树青 . 2004. 河套灌区咸水灌溉试验研究 . 农业工程学报 , 20(5): 92~96
王卫星 , 宋淑然 , 许利霞 , 袁国富 , 崔晓 . 2006. 基于冠层温度的夏玉米水分胁迫理论模型的初步研究 . 农业工程学报 , 22(5): 194~196
王西琴 , 尹华玉 , 罗予若 . 2020. 河北地下水超采区基于农户水费承受能力的水价提升空间 . 西北大学学报 (自然科学版), 50(2): 234~240
吴永成 . 2005. 华北地区冬小麦 - 夏玉米节水种植体系氮肥高效利用机理研究 . 北京 : 中国农业大学博士研究生学位论文
吴忠东 , 王全九 . 2007. 不同微咸水组合灌溉对土壤水盐分布和冬小麦产量影响的田间试验研究 . 农业工程学报 , 23(11): 71~76
吴忠东 , 王全九 . 2010. 阶段性缺水对冬小麦耗水特性和叶面积指数的影响 . 农业工程学报 , 26(10): 63~68
武维华 . 2008. 植物生理学 . 北京 : 科学出版社
夏爱萍 . 2006. 河北平原冬小麦 - 夏玉米两熟生产的限制因素研究 . 河北 : 河北农业大学硕士研究生学位论文
许迪 , 蔡林根 , 王少丽 , 刘钰 , 李益农 , 丁昆仑 . 2000. 农业持续发展的农田水土管理研究 . 北京 : 中国水利水电出版社
薛丽华 , 段俊杰 , 王志敏 , 郭志伟 , 鲁来清 . 2010. 不同水分条件对冬小麦根系时空分布、土壤水利用和产量的影响 . 生态学报 , 30(19): 5296~5305
杨建国 , 黄冠华 , 叶德智 , 徐旭 , 王军 , 黄权中 , 郜日坤 , 王诗景 , 孟令广 . 2010. 宁夏引黄灌区春小麦微咸水灌溉管理的模拟 . 农业工程学报 , 26(4): 49~56
杨晓光 , 陈阜 , 宫飞 , 宋冬梅 . 2000. 喷灌条件下冬小麦生理特征及生态环境特点的试验研究 . 农业工程学报 , 16(3): 35~37.
杨毅宇 . 2014. 不同耕作施肥措施对廊坊市冬小麦 - 夏玉米水分利用的影响 . 山西 : 山西农业大学硕士研究生学位论文
姚素梅 , 康跃虎 , 刘海军 , 冯金朝 , 王君 . 2005. 喷灌和地面灌溉条件下冬小麦的生长过程差异分析 . 干旱地区农业研究 , 23(5): 143~147

叶海燕 , 王全九 , 刘小京 . 2005. 冬小麦微咸水灌溉制度的研究 . 农业工程学报 , 21(9): 27~32
于振文 . 2003. 作物栽培学各论 (北方本). 北京 : 中国农业出版社
于振文 . 2015. 全国小麦高产高效栽培技术规程 . 济南 : 山东科学技术出版社
袁国富 , 罗毅 , 唐登银 , 于强 , 於琍 . 2002. 冬小麦不同生育期最小冠层阻力的估算 . 生态学报 , 22(6): 930~934
袁成福 , 冯绍元 , 蒋静 , 霍再林 , 季泉毅 , 齐艳冰 . 2014. 咸水非充分灌溉条件下土壤水盐运动 SWAP 模型模拟 . 农业工程学报 , 30(20): 72~82
张建国 , 赵惠君 . 1988. 地下水毛细上升高度及确定 . 地下水 , (8): 135~139
张娟 . 2006. 河北曲周农田冬小麦和夏玉米水分利用效率研究 . 北京 : 中国农业大学硕士研究生学位论文
张人权 . 2003. 地下水资源特性及其合理开发利用 . 水文地质工程地质 , (6): 1~5
张胜全 . 2009. 冬小麦节水高产群体特征与产量形成机制 . 北京 : 中国农业大学博士研究生学位论文
张胜全 , 方保停 , 王志敏 , 周顺利 , 张英华 . 2009. 春灌模式对晚播冬小麦水分利用及产量形成的影响 . 生态学报 , 29(4): 2035~2044
张蔚榛 . 2003. 地下水的合理开发利用在南水北调中的作用 . 南水北调与水利科技 , 1(4): 1~7
张喜英 . 1999. 作物根系与土壤水利用 . 北京 : 气象出版社
张喜英 , 刘小京 , 陈素英 , 孙宏勇 , 邵立威 , 牛君仿 . 2016. 环渤海低平原农田多水源高效利用机理和技术研究 . 中国生态农业学报 , 24(8): 995~1004
张英华 , 张琪 , 徐学欣 , 李金鹏 , 王彬 , 周顺利 , 刘立均 , 王志敏 . 2016. 适宜微喷灌灌水频率及氮肥量提高冬小麦产量和水分利用效率 . 农业工程学报 , 32(5): 88~95
张永平 . 2004. 冬小麦节水高产栽培群体源性能特征及其调控机制 . 北京 : 中国农业大学博士研究生学位论文
张永平 , 王志敏 , 王璞 , 赵明 . 2003. 冬小麦节水高产栽培群体光合特征 . 中国农业科学 , 36(10): 1143~1149
张宗祜 , 李烈荣 . 2005. 中国地下水资源 (河北卷). 北京 : 中国地图出版社
张兆吉 , 费宇红 . 2009. 华北平原地下水可持续利用图集 . 北京 : 中国地图出版社
张兆吉 , 费宇红 , 陈宗宇 , 赵宗壮 , 谢振华 , 王亚斌 , 苗晋祥 , 杨丽芝 , 邵景力 , 靳孟贵 , 许广明 , 杨齐青 . 2009. 华北平原地下水可持续利用调查评价 . 北京 : 地质出版社
赵竞成 . 1999. 论喷灌是否节水 . 节水灌溉 , (5): 13~17
郑春莲 , 曹彩云 , 李伟 , 马俊永 , 李科江 , 张苍根 , 牛英洁 . 2010. 不同矿化度咸水灌溉对小麦和玉米产量及土壤盐分运移的影响 . 河北农业科学 , 14(9): 49~51, 55
郑连生 . 2009. 广义水资源与适水发展 . 北京 : 中国水利水电出版社
中国灌溉排水发展中心 . 2006. 节水灌溉分类及特点 . http: //www.jsgg.com.cn/Index/Display.asp?NewsID=8220
中国灌溉排水发展中心 . 2014. 国内外农田水利建设和管理对比研究 (参阅报告). http: //www.jsgg.com.cn/Index/Display.asp?NewsID=19658
中国主要农作物需水量等值线图协作组 . 1993. 中国主要农作物需水量等值线图研究 . 北京 : 中国农业科技出版社
中华人民共和国国家统计局 . 1990~2017. 中国统计年鉴 1990~2017. 北京 : 中国统计出版社

中华人民共和国生态环境部 . 2018. 河北省地下水超采综合治理五年实施计划 (2018~2022 年) 出台 . http: //www.mee.gov.cn/xxgk/gzdt/201806/t20180621_443512.shtml

中华人民共和国水利部 . 2012. 土壤墒情评价指标 (SL 568—2012)

中华人民共和国水利部 . 2017. 河北省四项措施持续改善地下水生态环境 . http: //www.mwr.gov.cn/xw/dfss/201702/t20170212_824242.html

中华人民共和国水利部 , 中华人民共和国财政部 , 中华人民共和国国家发展改革委 , 中华人民共和国农业农村部 . 2019. 联合印发《华北地区地下水超采综合治理行动方案》. http: //www.mwr.gov.cn/xw/slyw/201902/t20190222_1108258.html

中华人民共和国中央人民政府 . 2009. 全国新增 1000 亿斤粮食生产能力规划 (2009~2020 年). http: //www.gov.cn/gzdt/2009-11/03/content_1455493.htm

中华人民共和国中央人民政府 . 2015. 中共中央关于制定国民经济和社会发展第十三个五年规划的建议 . http: //www.gov.cn/xinwen/2015-11/03/content_5004093.htm

中华人民共和国中央人民政府 . 2017. 国务院关于印发全国国土规划纲要 (2016~2030 年) 的通知 (国发〔2017〕3 号). http: //www.gov.cn/zhengce/content/2017-02/04/content_5165309.htm

Abd El-Wahed M H, Ali E A. 2013. Effect of irrigation systems, amounts of irrigation water and mulching on corn yield, water use efficiency and net profit. Agricultural Water Management, 120: 64~71

Akumaga U, Tarhule A, Yusuf A A. 2017. Validation and testing of the FAO AquaCrop model under different levels of nitrogen fertilizer on rainfed maize in Nigeria, West Africa. Agricultural and Forest Meteorology, 232: 225~234

Alaya M B, Saidi S, Zemni T, Zargouni, F. 2014. Suitability assessment of deep groundwater for drinking and irrigation use in the Djeffara aquifers (Northern Gabes, south-eastern Tunisia). Environmental Earth Sciences, 71: 3387~3421

Alfieri J G, Niyogi D, Blanken P D, Chen F, Lemone M A, Mitchell K E, Ek M B, Kumar A. 2008. Estimation of the minimum canopy resistance for croplands and grasslands using data from the 2002 international H_2O project. Monthly Weather Review, 136: 4452~4469

Allen R G, Pereira L S, Raes D, Smith M. 1998. Crop evapotranspiration—guidelines for computing crop water requirements. FAO Irrigation and Drainage Paper No. 56, Rome

Alley W M, Healy R W, LaBaugh J W, Reilly T E. 2002. Flow and storage in groundwater systems. Science, 296: 1985~1990

Amiri E. 2017. Evaluation of water schemes for maize under arid area in Iran using the SWAP model. Communications in Soil Science and Plant Analysis, 48(16): 1963~1976

Ashour N I, Serag M S, Abd El-Haleem A K, Mekki B B. 1997. Forage production from three grass species under saline irrigation in Egypt. Journal of Arid Environments, 37: 299~307

Assouline S, Russo D, Silber A, Or D. 2015. Balancing water scarcity and quality for sustainable irrigated agriculture. Water Resources Research, 5: 3419~3436

Baroni G, Tarantola S. 2014. A general probabilistic framework for uncertainty and global sensitivity analysis of deterministic models: a hydrological case study. Environmental Modelling & Software, 51: 26~34

Ben-Asher J, van Dam J, Feddes R A, Jhorar R K. 2006. Irrigation of grapevines with saline water: II. mathematical simulation of vine growth and yield. Agricultural Water Management, 83: 22~29

Biswas R K. 2015. Drip and Sprinkler Irrigation. New Delhi: New India Publishing Agency

Black T A, Gardner W R, Thurtell G W. 1969. The prediction of evaporation, drainage, and soil water storage for a bare soil. Soil Science Society of America Journal, 33: 655~660

Boogaard H L, van Diepen C A, Roetter R P, Cabrera J M C A, van Laar H H. 1998. WOFOST 7.1: User's Guide for the WOFOST 7.1 Crop Growth Simulation Model and WOFOST Control Center 1.5. Netherlands, Wageningen: Technical Document 52, DLO Winand Staring Centre

Cao G L, Zheng C M, Scanlon B R, Liu J, Li W P. 2013. Use of flow modeling to assess sustainability of groundwater resources in the North China Plain. Water Resources Research, 49: 159~175

Ceglar A, Črepinšek Z, Kajfež-Bogataj L, Pogačar T. 2011. The simulation of phenological development in dynamic crop model: the Bayesian comparison of different methods. Agricultural and Forest Meteorology, 151: 101~115

Cetin O, Bilgel L. 2002. Effects of different irrigation methods on shedding and yield of cotton. Agricultural Water Management, 54: 1~15

Chauhan C P S, Singh R B, Gupta S K. 2008. Supplemental irrigation of wheat with saline water. Agricultural Water Management, 95: 253~258

Chowdhury A H, Scanlon B R, Reedy R C, Young S. 2018. Fingerprinting groundwater salinity sources in the Gulf Coast Aquifer System, USA. Hydrogeology Journal, 26: 197~213

Communal T, Faysse N, Bleuze S, Aceldo B. 2016. Effects at farm and community level of the adoption of sprinkler irrigation in the Ecuadorian Andes. Irrigation and Drainage, 65: 559~567

Dalin C, Wada Y, Kastner T, Puma M J. 2017. Groundwater depletion embedded in international food trade. Nature, 543: 700~704

Deng X P, Shan L, Zhang H P, Turner N C. 2006. Improving agricultural water use efficiency in arid and semiarid areas of China. Agricultural Water Management, 80: 23~40

Doherty J. 2010. PEST: Model Independent Parameter Estimation, 5th ed. Australia: Watermark Computing

Döll P, Siebert S. 2002. Global modeling of irrigation water requirements. Water Resource Research, 38: WR000355

Döll P, Hoffmann-Dobrev H, Portmann F T, Siebert S, Eicker A, Rodell M, Strassberg G, Scanlon B R. 2012. Impact of water withdrawals from groundwater and surface water on continental water storage variations. Journal of Geodynamics, 59~60: 143~156

Doorenbos J, Pruitt W O. 1977. Guidelines for predicting crop water requirements. FAO Irrigation and Drainage, Paper No. 24, Italy: FAO Rome

Droogers P, Bastiaanssen W G M, Beyazgül M, Kayam Y, Kite G W, Murray-Rust H. 2000. Distributed agro-hydrological modeling of an irrigation system in western Turkey. Agricultural Water Management, 43: 183~202

El Oumlouki K, Moussadek R, Douaik A, Iaaich H, Dakak H, Chati M T, Ghanimi A, El Midaoui A, El Amrani M, Zouahri A. 2018. Assessment of the groundwater salinity used for irrigation and risks of soil degradation in Souss-Massa, Morocco. Irrigation and Drainage, 67(Suppl. 1): 38~51

Fang Q, Zhang X Y, Shao L W, Chen S Y, Sun H Y. 2018. Assessing the performance of different irrigation systems on winter wheat under limited water supply. Agricultural Water Management, 196: 133~143

Fang S, Chen X L. 1997. Using shallow saline groundwater for irrigation and regulating for soil salt-water regime. Irrigation and Drainage Systems, 11: 1~14

Fang S, Chen X L. 2007. Developing drainage as the basis of comprehensive control of drought, waterlogging, salinity and saline groundwater. Irrigation and Drainage, 56: S227~S244

Feddes R A, Kowalik P J, Zaradny H. 1978. Simulation of Field Water Use and Crop Yield. Wageningen: Centre for Agricultural Publishing and Documentation

Fetter C W. 1993. Contaminant Hydrogeology. New York: Macmillan Publishing Company

Foster S, Garduno H, Evans R, Olson D, Tian Y, Zhang W Z, Han Z S. 2004. Quaternary aquifer of the North China Plain–assessing and achieving groundwater resource sustainability. Hydrogeology Journal, 12: 81~93

Galioto F, Chatzinikolaou P, Raggi M, Viaggi D. 2020. The value of information for the management of water resources in agriculture: assessing the economic viability of new methods to schedule irrigation. Agricultural Water Management, 227: 105848

Giordano M. 2009. Global groundwater? Issues and solutions. Annual Review of Environment and Resources, 34: 7.1~7.26

Govindarajan S, Ambujam N K, Karunakaran K. 2008. Estimation of paddy water productivity (WP) using hydrological model: an experimental study. Paddy and Water Environment, 6: 327~339

Hao F H, Chen S Y, Ouyang W, Shan Y S, Qi S S. 2013. Temporal rainfall patterns with water partitioning impacts on maize yield in a freeze–thaw zone. Journal of Hydrology, 486: 412~419

Hassanli M, Ebrahimian H, Mohammadi E, Rahimi A, Shokouhi A. 2016. Simulating maize yields when irrigating with saline water, using the AquaCrop, SALTMED, and SWAP models. Agricultural Water Management, 176: 91~99

He K K, Yang Y H, Yang Y M, Chen S Y, Hu Q L, Liu X J, Gao F. 2017. HYDRUS simulation of sustainable brackish water irrigation in a winter wheat-summer maize rotation system in the North China Plain. Water, 9: 536

Hillel D. 1971. Soil and Water: Physical Principles and Processes. New York: Academic Press

Huang Z Y, Pan Y, Gong H L, Yeh P J-F, Li X J, Zhou D M, Zhao W J. 2015. Subregional-scale groundwater depletion detected by GRACE for both shallow and deep aquifers in North China Plain. Geophysical Research Letters, 42: 1791~1799

Iqbal M A, Shen Y J, Stricevic R, Pei H W, Sun H Y, Amiri E, Penas A, del Rio S. 2014. Evaluation of the FAO AquaCrop model for winter wheat on the North China Plain under deficit irrigation from field experiment to regional yield simulation. Agricultural Water Management, 135: 61~72

Jamieson P D, Porter J R, Wilson D R. 1991. A test of the computer simulation model ARCWHEAT1 on wheat crops grown in New Zealand. Field Crops Research, 27: 337~350

Jeong S-J, Ho C-H, Piao S, Kim J, Ciais P, Lee Y-B, Jhun J-G, Park S K. 2014. Effects of double cropping on summer climate of the North China Plain and neighbouring regions. Nature Climate Change, 4: 615~619

Jha S K, Gao Y, Liu H, Huang Z D, Wang G S, Liang Y P, Duan A W. 2017. Root development and water uptake in winter wheat under different irrigation methods and scheduling for North China. Agricultural Water Management, 182: 139~150

Jha S K, Ramatshaba T S, Wang G S, Liang Y P, Liu H, Gao Y, Duan A W. 2019. Response of growth, yield and water use efficiency of winter wheat to different irrigation methods and scheduling in North China Plain. Agricultural Water Management, 217: 292~302

Jiang J, Feng S Y, Huo Z L, Zhao Z C, Jia B. 2011. Application of the SWAP model to simulate water-salt transport under deficit irrigation with saline water. Mathematical and Computer Modelling, 54: 902~911

Jiang J, Feng S Y, Ma J J, Huo Z L, Zhang C B. 2016. Irrigation management for spring maize grown on saline soil based on SWAP model. Field Crops Research, 196: 85~97

Jiang Y, Xu X, Huang Q Z, Huo Z L, Huang G H. 2015. Assessment of irrigation performance and water productivity in irrigated areas of the middle Heihe River basin using a distributed agro-hydrological model. Agricultural Water Management, 147: 67~81

Kan I, Rapaport-Rom M. 2012. Regional blending of fresh and saline irrigation water: Is it efficient? Water Resources Research, 48: W07517

Kang M, Jackson R B. 2016. Salinity of deep groundwater in California: water quantity, quality, and protection. Proceedings of the National Academy of Sciences of the United States of America, 113(28): 7768~7773

Kang Y H, Wang Q G, Liu H J. 2005. Winter wheat canopy interception and its influence factors under sprinkler irrigation. Agricultural Water Management. 74: 189~199

Khan S, Abbas A. 2007. Upscaling water savings from farm to irrigation system level using GIS-based agro-hydrological modelling. Irrigation and Drainage, 56: 29~42

Kishore P. 2019. Efficiency gains from micro-irrigation: a case of sprinkler irrigation in wheat. Agricultural Economics Research Review, 32(2): 239~246

Kroes J G, van Dam J C, Groenendijk P, Hendriks R F A, Jacobs C M J. 2009. SWAP Version 3.2. Theory Description and User Manual. Wageningen: Alterra, Research Institute

Kumar P, Sarangi A, Singh D K, Parihar S S, Sahoo R N. 2015. Simulation of salt dynamics in the root zone and yield of wheat crop under irrigated saline regimes using SWAP model. Agricultural Water Management, 148: 72~83

Lecina S, Hill R W, Barker J B. 2016. Irrigation uniformity under different socio-economic conditions: evaluation of centre pivots in Aragon (Spain) and Utah (USA). Irrigation and Drainage, 65: 549~558

Leogrande R, Vitti C, Lopedota O, Ventrella D, Montemurro F. 2016. Effects of irrigation volume and saline water on maize yield and soil in southern Italy. Irrigation and Drainage, 65: 243~253

Letey J, Hoffman G J, Hopmans J W, Grattan S R, Suarez D, Corwin D L, Oster, J D, Wu L, Amrhein C. 2011. Evaluation of soil salinity leaching requirement guidelines. Agricultural Water Management, 98: 502~506

Li J M, Inanaga S, Li Z H, Eneji A E. 2005. Optimizing irrigation scheduling for winter wheat in the North China Plain. Agricultural Water Management, 76: 8~23

Li J P, Wang Y Q, Zhang M, Liu Y, Xu X X, Lin G, Wang Z M, Yang Y M, Zhang Y H. 2019a. Optimized micro-sprinkling irrigation scheduling improves grain yield by increasing the uptake and utilization of water and nitrogen during grain filling in winter wheat. Agricultural Water Management, 221: 59~69

Li J P, Xu X X, Lin G, Wang Y Q, Liu Y, Zhang M, Zhou J Y, Wang Z M, Zhang Y H. 2018. Micro-irrigation improves grain yield and resource use efficiency by co-locating the roots and N-fertilizer distribution of winter wheat in the North China Plain. Science of the Total Environment, 643: 367~377

Li J P, Zhang Z, Liu Y, Yao C S, Song W Y, Xu X X, Zhang M, Zhou X N, Gao Y M, Wang Z M, Sun Z C, Zhang Y H. 2019b. Effects of micro-sprinkling with different irrigation amount on grain yield and water use efficiency of winter wheat in the North China Plain. Agricultural Water Management, 224: 105736

Li J S. 2018. Increasing crop productivity in an eco-friendly manner by improving sprinkler and micro-irrigation design and management: A review of 20 years' research at the IWHR, China. Irrigation and Drainage, 67:

97~112

Li J S, Li B, Rao M J. 2005. Spatial and temporal distributions of nitrogen and crop yield as affected by nonuniformity of sprinkler fertigation. Agricultural Water Management, 76: 160~180

Li P, Ren L. 2019a. Evaluating the effects of limited irrigation on crop water productivity and reducing deep groundwater exploitation in the North China Plain using an agro-hydrological model: I. parameter sensitivity analysis, calibration and model validation. Journal of Hydrology, 574: 497~516

Li P, Ren L. 2019b. Evaluating the effects of limited irrigation on crop water productivity and reducing deep groundwater exploitation in the North China Plain using an agro-hydrological model: II. scenario simulation and analysis. Journal of Hydrology, 574: 715~732

Li P, Ren L. 2021. Evaluating the saline water irrigation schemes using a distributed agro-hydrological model. Journal of Hydrology, 594:125688

Li Y, Zhou Q G, Zhou J, Zhang G F, Chen C, Wang J. 2014. Assimilating remote sensing information into a coupled hydrology-crop growth model to estimate regional maize yield in arid regions. Ecological Modelling, 291: 15~27

Liu B X, Wang S Q, Kong X L, Liu X J, Sun H Y. 2019. Modeling and assessing feasibility of long-term brackish water irrigation in vertically homogeneous and heterogeneous cultivated lowland in the north china plain. Agricultural Water Management, 211: 98~110

Liu C M, Yu J J, Kendy E. 2001. Groundwater exploitation and its impact on the environment in the North China Plain. Water International, 26(2): 265~272

Liu H J, Kang Y H, Yao S M, Sun Z Q, Liu S P, Wang Q G. 2013. Field evaluation on water productivity of winter wheat under sprinkler or surface irrigation in the North China Plain. Irrigation and Drainage, 62: 37~49

Liu H J, Yu L P, Luo Y, Wang X P, Huang G H. 2011. Responses of winter wheat (*Triticum aestivum* L.) evapotranspiration and yield to sprinkler irrigation regimes. Agricultural Water Management, 98: 483~492

Liu J, Cao G L, Zheng C M. 2011. Sustainability of groundwater resources in the North China Plain// Jones J A A (ed). Sustaining Groundwater Resources. New York: Springer, 69~87

Liu X W, Feike T, Chen S Y, Shao L W, Sun H Y, Zhang X Y. 2016. Effects of saline irrigation on soil salt accumulation and grain yield in the winter wheat-summer maize double cropping system in the low plain of North China. Journal of Integrative Agriculture, 15(12): 2886~2898

Louati D, Majdoub R, Rigane H, Abida H. 2018. Effects of irrigating with saline water on soil salinization (Eastern Tunisia). Arabian Journal for Science and Engineering, 43: 3793~3805

Lv G H, Kang Y H, Li L, Wan S Q. 2010. Effect of irrigation methods on root development and profile soil water uptake in winter wheat. Irrigation Science, 28: 387~398

Ma G N, Huang J X, Wu W B, Fan J L, Zou J Q, Wu S J. 2013. Assimilation of MODIS-LAI into the WOFOST model for forecasting regional winter wheat yield. Mathematical and Computer Modelling, 58: 634~643

Ma W J, Mao Z Q, Yu Z R, van Mensvoort M E F, Driessen P M. 2008. Effects of saline water irrigation on soil salinity and yield of winter wheat-maize in North China Plain. Irrigation and Drainage Systems, 22: 3~18

Ma Y, Feng S Y, Huo Z L, Song X F. 2011. Application of the SWAP model to simulate the field water cycle under deficit irrigation in Beijing, China. Mathematical and Computer Modelling, 54: 1044~1052

Maas E V, Hoffman G J. 1977. Crop salt tolerance-current assessment. Journal of the irrigation and drainage division, 103: 115~134

Maas E V, Poss J A. 1989. Salt sensitivity of wheat at various growth stages. Irrigation Science, 10: 29~40

Mahmoudi N, Nakhaei M, Porhemmat J. 2017. Assessment of hydrogeochemistry and contamination of Varamin deep aquifer, Tehran Province, Iran. Environmental Earth Sciences, 76: 370

Mandare A B, Ambast S K, Tyagi N K, Singh J. 2008. On-farm water management in saline groundwater area under scarce canal water supply condition in the Northwest India. Agricultural Water Management, 95: 516~526

Mehta S, Fryar A E, Brady, R M, Morin R H. 2000. Modeling regional salinization of the Ogallala aquifer, Southern High Plains, TX, USA. Journal of Hydrology, 238: 44~64

Minhas P S. 1996. Saline water management for irrigation in India. Agricultural Water Management, 30: 1~24

Mishra A, Siderius C, Aberson K, van der Ploeg M, Froebrich J. 2013. Short-term rainfall forecasts as a soft adaptation to climate change in irrigation management in North-East India. Agricultural Water Management, 127: 97~106

Mo X, Liu S, Lin Z, Xu Y, Xiang Y, McVicar T R. 2005. Prediction of crop yield, water consumption and water use efficiency with a SVAT-crop growth model using remotely sensed data on the North China Plain. Ecological Modelling, 183: 301~322

Mo X G, Liu S X, Lin Z H, Guo R P. 2009. Regional crop yield, water consumption and water use efficiency and their responses to climate change in the North China Plain. Agriculture, Ecosystems and Environment, 134: 67~78

Mualem Y. 1976. A new model for predicting the hydraulic conductivity of unsaturated porous media. Water Resources Research, 12(3): 513~522

Nascimento A K, Schwartz R C, Lima F A, López-Mata E, Domínguez A, Izquiel A, Tarjuelo J M, Martínez-Romero A. 2019. Effects of irrigation uniformity on yield response and production economics of maize in a semiarid zone. Agricultural Water Management, 211: 178~189

Noory H, van der Zee S E A T M, Liaghat A-M, Parsinejad M, van Dam J C. 2011. Distributed agro-hydrological modeling with SWAP to improve water and salt management of the Voshmgir Irrigation and Drainage Network in Northern Iran. Agricultural Water Management, 98: 1062~1070

Pang H C, Li Y Y, Yang J S, Liang Y S. 2010. Effect of brackish water irrigation and straw mulching on soil salinity and crop yields under monsoonal climatic conditions. Agricultural Water Management, 97: 1971~1977

Qiu J. 2010. China faces up to groundwater crisis. Nature, 466: 308

Qureshi A S, Ahmad W, Ahmad A A. 2013. Optimum groundwater table depth and irrigation schedules for controlling soil salinity in Central Iraq. Irrigation and Drainage, 62: 414~424

Reshmidevi T V, Kumar D N. 2014. Modelling the impact of extensive irrigation on the groundwater resources. Hydrological Processes, 28: 628~639

Rodell M, Famiglietti J S, Wiese D N, Reager J T, Beaudoing H K, Landerer F W, Lo M-H. 2018. Emerging trends in global freshwater availability. Nature, 557: 651~659

Rodrigues L N, van Vliet W A M. 2014. Irrigation water strategies for the Buriti Vermelho watershed: towards a higher water productivity. II INOVAGRI International Meeting, 299~308

Russo T A, Lall U. 2017. Depletion and response of deep groundwater to climate-induced pumping variability. Nature Geoscience, 10: 105~108

Saltelli A, Ratto M, Andres T, Campolongo F, Cariboni J, Gatelli D, Saisana M, Tarantola S. 2008. Global

Sensitivity Analysis: The Primer. Chichester: John Wiley and Sons Ltd

Saltelli A, Ratto M, Tarantola S, Campolongo F. 2005. Sensitivity analysis for chemical models. Chemical Reviews, 105: 2811~2827

Saltelli A, Tarantola S, Campolongo F, Ratto M. 2004. Sensitivity Analysis in Practice: A Guide to Assessing Scientific Models. Chichester: John Wiley and Sons Ltd

Saltelli A, Tarantola S, Chan K P-S. 1999. A quantitative model-independent method for global sensitivity analysis of model output. Technometrics, 41(1): 39~56

Sarwar A, Bastiaanssen W G M. 2001. Long-term effects of irrigation water conservation on crop production and environment in semiarid areas. Journal of Irrigation and Drainage Engineering, 127: 331~338

Sarwar A, Bastiaanssen W G M, Boers T M, van Dam J C. 2000. Evaluating drainage design parameters for the fourth drainage project, Pakistan by using SWAP model: Part Ⅰ-calibration. Irrigation and Drainage Systems, 14: 257~280

Scanlon B R, Faunt C C, Longuevergne L, Reedy R C, Alley W M, McGuire V L, McMahon P B. 2012. Groundwater depletion and sustainability of irrigation in the US High Plains and Central Valley. Proceedings of the National Academy of Sciences of the United States of America, 109(24): 9320~9325

Scanlon B R, Jolly I, Sophocleous M, Zhang L. 2007. Global impacts of conversions from natural to agricultural ecosystems on water resources: Quantity versus quality. Water Resources Research, 43: W03437

Schaap M G, Leij F J, van Genuchten M T. 2001. ROSETTA: a computer program for estimating soil hydraulic parameters with hierarchical pedotransfer functions. Journal of Hydrology, 251: 163~176

Shafiei M, Ghahraman B, Saghafian B, Davary K, Pande S, Vazifedoust M. 2014. Uncertainty assessment of the agro-hydrological SWAP model application at field scale: a case study in a dry region. Agricultural Water Management, 146: 324~334

Sharma D P, Rao K V G K, Singh K N, Kumbhare P S, Oosterbaan R J. 1994. Conjunctive use of saline and non-saline irrigation waters in semi-arid regions. Irrigation Science, 15: 25~33

Shi J S, Wang Z, Zhang Z J, Fei Y H, Li Y S, Zhang F E, Chen J S, Qian Y. 2011. Assessment of deep groundwater over-exploitation in the North China Plain. Geoscience Frontiers, 2(4): 593~598

Shi X Z, Yu D S, Warner E D, Pan X Z, Petersen G W, Gong Z G, Weindorf D C. 2004. Soil database of 1: 1, 000, 000 digital soil survey and reference system of the Chinese genetic soil classification system. Soil Survey Horizons, 45: 129~136

Shi X Z, Yu D S, Xu S X, Warner E D, Wang H J, Sun W X, Zhao Y C, Gong Z T. 2010. Cross-reference for relating genetic soil classification of China with WRB at different scales. Geoderma, 155: 344~350

Siebert S, Burke J, Faures J M, Frenken K, Hoogeveen J, Döll P, Portmann F T. 2010. Groundwater use for irrigation–a global inventory. Hydrology and Earth System Sciences, 14: 1863~1880

Singh R. 2004. Simulations on direct and cyclic use of saline waters for sustaining cotton–wheat in a semi-arid area of north-west India. Agricultural Water Management, 66: 153~162

Singh R. 2005. Water productivity analysis from field to regional scale: integration of crop and soil modelling, remote sensing and geographical information. Netherlands: Wageningen University Doctoral Dissertation

Singh R, Jhorar R K, van Dam J C, Feddes R A. 2006a. Distributed ecohydrological modelling to evaluate irrigation system performance in Sirsa district, India: II. impact of viable water management scenarios. Journal of Hydrology, 329: 714~723

Singh R, Kroes J G, van Dam J C, Feddes R A. 2006b. Distributed ecohydrological modelling to evaluate the performance of irrigation system in Sirsa district, India: I. current water management and its productivity. Journal of Hydrology, 329: 692~713

Singh R, van Dam J C, Feddes R A. 2006c. Water productivity analysis of irrigated crops in Sirsa district, India. Agricultural Water Management, 82: 253~278

Singh R, van Dam J C, Jhorar R K. 2003. Water and salt balances at farmer fields//van Dam J C, Malik R S. Water productivity of irrigated crops in Sirsa district, India. 41~58

Skaggs T H, Anderson R G, Corwin D L, Suarez D L. 2014. Analytical steady-state solutions for water-limited cropping systems using saline irrigation water. Water Resources Research, 50: 9656~9674

Song X M, Zhang J Y, Zhan C S, Xuan Y Q, Ye M, Xu C G. 2015. Global sensitivity analysis in hydrological modeling: review of concepts, methods, theoretical framework, and applications. Journal of Hydrology, 523: 739~757

Soothar R K, Zhang W Y, Liu B H, Tankari M, Wang C, Li L, Xing H L, Gong D Z, Wang Y S. 2019. Sustaining yield of winter wheat under alternate irrigation using saline water at different growth stages: a case study in the North China Plain. Sustainability, 1: 4564

Stahn P, Busch S, Salzmann T, Eichler-Löbermann B, Miegel K. 2017. Combining global sensitivity analysis and multiobjective optimisation to estimate soil hydraulic properties and representations of various sole and mixed crops for the agro-hydrological SWAP model. Environmental Earth Sciences, 76: 367

Strzepek K, Boehlert B. 2010. Competition for water for the food system. Philosophical Transactions of the Royal Society B: Biological Sciences, 365: 2927~2940

Sun C, Ren L. 2014. Assessing crop yield and crop water productivity and optimizing irrigation scheduling of winter wheat and summer maize in the Haihe plain using SWAT model. Hydrological Processes, 28: 2478~2498

Talpur K H. 2014. Impacts of fertilization and water management on nitrogen and water use efficiencies of wheat-maize in North China Plain. Beijing: Chinese Academy of Agricultural Sciences Doctoral Dissertation

Tedeschi A, Menenti M. 2002. Simulation studies of long-term saline water use: model validation and evaluation of schedules. Agricultural Water Management, 54: 123~157

van Dam J C, Singh R, Bessembinder J J E, Leffelaar P A, Bastiaanssen W G M, Jhorar R K, Kroes J G, Droogers P. 2006. Assessing options to increase water productivity in irrigated river basins using remote sensing and modelling tools. International Journal of Water Resources Development, 22(1): 115~133

van Genuchten M T. 1980. A closed-form equation for predicting the hydraulic conductivity of unsaturated soils. Soil Science Society of America Journal, 44: 892~898

Vazifedoust M, van Dam J C, Feddes R A, Feizi M. 2008. Increasing water productivity of irrigated crops under limited water supply at field scale. Agricultural Water Management, 95: 89~102

Verma A K, Gupta S K, Isaac R K. 2012. Use of saline water for irrigation in monsoon climate and deep water table regions: simulation modeling with SWAP. Agricultural Water Management, 115: 186~193

Verma A K, Gupta S K, Isaac R K. 2014. Calibration and validation of SWAP to simulate conjunctive use of fresh and saline irrigation waters in semi-arid regions. Environmental Modeling & Assessment, 19: 45~55

Wada Y, van Beek L P H, Bierkens M F P. 2012. Nonsustainable groundwater sustaining irrigation: a global assessment. Water Resources Research, 48: W00L06

Wang E L, Yu Q, Wu D R, Xia J. 2008. Climate, agricultural production and hydrological balance in the North China Plain. International Journal of Climatology, 28: 1959~1970

Wang J, Li X, Lu L, Fang F. 2013. Parameter sensitivity analysis of crop growth models based on the extended Fourier Amplitude Sensitivity Test method. Environmental Modelling & Software, 48(5): 171~182

Wang J, Wang E L, Yin H, Feng L P, Zhao Y X. 2015. Differences between observed and calculated solar radiations and their impact on simulated crop yields. Field Crops Research, 176: 1~10

Wang Q M, Huo Z L, Zhang L D, Wang J H, Zhao Y. 2016. Impact of saline water irrigation on water use efficiency and soil salt accumulation for spring maize in arid regions of China. Agricultural Water Management, 163: 125~138

Wang T, Lu C H, Yu B H. 2011. Production potential and yield gaps of summer maize in the Beijing-Tianjin-Hebei Region. Journal of Geographical Sciences, 21(4): 677~688

Wang X P, Yang J S, Liu G M, Yao R J, Yu S P. 2015. Impact of irrigation volume and water salinity on winter wheat productivity and soil salinity distribution. Agricultural Water Management, 149: 44~54

Wang W, Zhuo L, Li M, Liu Y L, Wu P T. 2019. The effect of development in water-saving irrigation techniques on spatial-temporal variations in crop water footprint and benchmarking. Journal of Hydrology, 577: 123916

Wang X J, Cai W X, Hu J L, 2020. Comparative revenue, obstacle factors and promoting strategy of sprinkling irrigation in wheat field: a case study from Yanzhou, Shandong Province in China. Agricultural Sciences, 11: 1~16

Willmott C J. 1981. On the validation of models. Physical Geography, 2: 184~194

Willmott C J. 1982. Some comments on the evaluation of model performance. Bulletin of the American Meteorological Society, 63(11): 1309~1313

Wu B F, Yan N N, Xiong J, Bastiaanssen W G M, Zhu W W, Stein A. 2012. Validation of ETWatch using field measurements at diverse landscapes: A case study in Hai Basin of China. Journal of Hydrology, 436~437: 67~80

Xu C L, Tao H B, Tian B J, Gao Y B, Ren J H, Wang P. 2016. Limited-irrigation improves water use efficiency and soil reservoir capacity through regulating root and canopy growth of winter wheat. Field Crops Research, 196: 268~275

Xu X, Sun C, Huang G H, Mohanty B P. 2016. Global sensitivity analysis and calibration of parameters for a physically-based agro-hydrological model. Environmental Modelling & Software, 83: 88~102

Xu X X, Zhang Y H, Li J P, Zhang M, Zhou X N, Zhou S L, Wang Z M. 2018. Optimizing single irrigation scheme to improve water use efficiency by manipulating winter wheat sink-source relationships in Northern China Plain. PLoS ONE, 13(3): e0193895

Xue J, Ren L. 2016. Evaluation of crop water productivity under sprinkler irrigation regime using a distributed agro-hydrological model in an irrigation district of China. Agricultural Water Management, 178: 350~365

Xue J, Ren L. 2017a. Assessing water productivity in the Hetao Irrigation District in Inner Mongolia by an agro-hydrological model. Irrigation Science, 35: 357~382

Xue J, Ren L. 2017b. Conjunctive use of saline and non-saline water in an irrigation district of the Yellow River basin. Irrigation and Drainage, 66: 147~162

Yan H J, Hui X, Li M N, Xu Y C. 2020. Development in sprinkler irrigation technology in China*. Irrigation and Drainage, 69(S2): 75~87

Yu L P, Huang G H, Liu H J, Wang X P, Wang M Q. 2009. Experimental investigation of soil evaporation and evapotranspiration of winter wheat under sprinkler irrigation. Agricultural Sciences in China, 8(11): 1360~1368

Yu L Y, Zhao X N, Gao X D, Siddique K H M, 2020. Improving/maintaining water-use effciency and yield of wheat by deficit irrigation: a global meta-analysis. Agricultural Water Management, 228: 105906

Zhang H, Wang X, You M, Liu C. 1999. Water-yield relations and water-use efficiency of winter wheat in the North China Plain. Irrigation Science, 19: 37~45

Zhang X Y, Pei D, Chen S Y. 2004. Root growth and soil water utilization of winter wheat in the North China Plain. Hydrological Processes, 18: 2275~2287

Zhang X Y, Qin W L, Xie J N. 2016. Improving water use efficiency in grain production of winter wheat and summer maize in the North China Plain: a review. Frontiers of Agricultural Science and Engineering, 3(1): 25~33

Zhang X Y, Wang Y Z, Sun H Y, Chen S Y, Shao L W. 2013. Optimizing the yield of winter wheat by regulating water consumption during vegetative and reproductive stages under limited water supply. Irrigation Science, 31: 1103~1112

Zhang Y P, Zhang Y H, Wang Z M, Wang Z J. 2011. Characteristics of canopy structure and contributions of non-leaf organs to yield in winter wheat under different irrigated conditions. Field Crops Research, 123: 187~195

Zheng C M, Liu J, Cao G L, Kendy E, Wang H, Jia Y W. 2010. Can China cope with its water crisis?-perspectives from the North China Plain. Groundwater, 48(3): 350~354

Zhou Z M, Zhang G H, Yan M J, Wang J Z. 2012. Spatial variability of the shallow groundwater level and its chemistry characteristics in the low plain around the Bohai Sea, North China. Environmental Monitoring and Assessment, 184: 3697~3710

Zhou J, Cheng G D, Li X, Hu B X, Wang G X. 2012. Numerical modeling of wheat irrigation using coupled HYDRUS and WOFOST models. Soilence Society of America Journal, 76(2): 648~662

Zou X X, Li Y E, Cremades R, Gao Q Z, Wan Y F, Qin X B. 2013. Cost-effectiveness analysis of water-saving irrigation technologies based on climate change response: a case study of China. Agricultural Water Management, 129: 9~20

Zwart S J, Bastiaanssen W G M. 2004. Review of measured crop water productivity values for irrigated wheat, rice, cotton and maize. Agricultural Water Management, 69: 115~133

附　　录

附表 1 在研究区各县（市）优化的冬小麦生育期限水灌溉模式相较于现状灌溉情形下的产量、生育期农田蒸散量、水分生产力、灌溉定额的变化量和变幅及削减的深层地下水开采量

产量减幅阈值	产量		农田蒸散量		水分生产力		灌溉定额		削减的深层地下水开采量/万 m^3
	变化量/（kg/hm^2）	变幅/%	变化量/mm	变幅/%	变化量/（kg/m^3）	变幅/%	变化量/mm	变幅/%	
廊坊地区－廊坊市									
5%	0	0	0	0	0	0	0	0	0
10%	0	0	0	0	0	0	0	0	0
15%	0	0	0	0	0	0	0	0	0
20%	−194.3	−4.6	−17.4	−4.1	−0.005	−0.5	−13.8	−4.8	31.0
25%	−919.6	−21.6	−70.3	−16.6	−0.060	−6.0	−60.1	−21.1	135.2
30%	−929.6	−21.8	−75.8	−17.8	−0.048	−4.8	−60.3	−21.1	135.6
35%	−929.6	−21.8	−75.8	−17.8	−0.048	−4.8	−60.3	−21.1	135.6
40%	−982.7	−23.0	−78.1	−18.4	−0.057	−5.7	−64.2	−22.5	144.4
45%	−1576.9	−37.0	−105.4	−24.8	−0.162	−16.2	−112.8	−39.5	253.6
50%	−1867.5	−43.8	−118.2	−27.8	−0.222	−22.1	−135.3	−47.4	304.1
55%	−2154.3	−50.5	−125.8	−29.6	−0.298	−29.7	−135.3	−47.4	304.1
60%	−2323.4	−54.5	−130.4	−30.7	−0.344	−34.3	−135.3	−47.4	304.1
65%	−2489.7	−58.4	−150.8	−35.5	−0.356	−35.4	−160.0	−56.1	359.7
70%	−2839.3	−66.5	−193.6	−45.6	−0.387	−38.5	−210.1	−73.6	472.2
廊坊地区－固安县									
5%	0	0	0	0	0	0	0	0	0
10%	0	0	0	0	0	0	0	0	0
15%	0	0	0	0	0	0	0	0	0
20%	−683.6	−14.4	−61.1	−14.3	0	0	−51.0	−17.8	42.0
25%	−850.1	−17.9	−72.9	−17.1	−0.010	−0.9	−60.7	−21.2	50.1
30%	−853.6	−17.9	−73.1	−17.2	−0.010	−0.9	−60.9	−21.3	50.2
35%	−853.6	−17.9	−73.1	−17.2	−0.010	−0.9	−60.9	−21.3	50.2
40%	−1626.8	−34.2	−105.3	−24.7	−0.140	−12.5	−117.6	−41.1	97.0
45%	−1763.4	−37.0	−111.0	−26.1	−0.166	−14.8	−127.4	−44.6	105.1
50%	−2136.9	−44.9	−122.6	−28.8	−0.253	−22.6	−135.9	−47.5	112.1
55%	−2242.6	−47.1	−126.1	−29.6	−0.278	−24.8	−135.9	−47.5	112.1
60%	−2530.7	−53.1	−142.7	−33.5	−0.330	−29.5	−154.4	−54.0	127.4
65%	−2836.2	−59.6	−178.7	−42.0	−0.339	−30.3	−199.2	−69.7	164.3
70%	−3137.0	−65.9	−195.2	−45.8	−0.414	−37.0	−210.7	−73.7	173.8

续表

产量减幅阈值	产量		农田蒸散量		水分生产力		灌溉定额		削减的深层地下水开采量/万 m³
	变化量/（kg/hm²）	变幅/%	变化量/mm	变幅/%	变化量/（kg/m³）	变幅/%	变化量/mm	变幅/%	
廊坊地区－永清县									
5%	0	0	0	0	0	0	0	0	0
10%	0	0	0	0	0	0	0	0	0
15%	0	0	0	0	0	0	0	0	0
20%	−99.4	−2.1	−9.2	−2.2	0.001	0.1	−7.7	−2.7	0
25%	−885.1	−18.7	−63.9	−15.0	−0.048	−4.3	−53.1	−18.4	0
30%	−1086.5	−22.9	−77.2	−18.1	−0.065	−5.9	−63.5	−22.0	0
35%	−1086.5	−22.9	−77.2	−18.1	−0.065	−5.9	−63.5	−22.0	0
40%	−1155.7	−24.4	−80.5	−18.9	−0.075	−6.8	−69.2	−24.0	0
45%	−1324.5	−27.9	−87.6	−20.6	−0.103	−9.3	−81.3	−28.2	0
50%	−2169.3	−45.8	−122.2	−28.7	−0.266	−23.9	−138.5	−48.0	0
55%	−2387.3	−50.4	−131.1	−30.8	−0.315	−28.3	−138.5	−48.0	0
60%	−2473.1	−52.2	−133.6	−31.4	−0.337	−30.3	−139.4	−48.3	0
65%	−2563.0	−54.1	−143.2	−33.6	−0.343	−30.8	−151.5	−52.5	0
70%	−3158.4	−66.6	−190.3	−44.7	−0.441	−39.7	−208.0	−72.1	0
廊坊地区－霸州市									
5%	0	0	0	0	0	0	0	0	0
10%	0	0	0	0	0	0	0	0	0
15%	0	0	0	0	0	0	0	0	0
20%	−434.1	−11.2	−44.5	−10.6	−0.005	−0.6	−39.0	−13.5	126.4
25%	−740.9	−19.0	−70.7	−16.9	−0.024	−2.5	−61.0	−21.2	198.0
30%	−781.9	−20.1	−74.4	−17.8	−0.026	−2.8	−63.5	−22.0	206.0
35%	−781.9	−20.1	−74.4	−17.8	−0.026	−2.8	−63.5	−22.0	206.0
40%	−1098.3	−28.2	−91.3	−21.9	−0.076	−8.2	−92.8	−32.2	300.9
45%	−1501.8	−38.6	−113.8	−27.2	−0.146	−15.6	−132.0	−45.8	428.2
50%	−1585.0	−40.8	−117.7	−28.2	−0.163	−17.5	−138.5	−48.0	449.2
55%	−1681.8	−43.2	−119.7	−28.7	−0.190	−20.4	−138.5	−48.0	449.2
60%	−2143.4	−55.1	−128.3	−30.7	−0.328	−35.2	−138.5	−48.0	449.2
65%	−2398.0	−61.7	−174.1	−41.7	−0.319	−34.2	−193.8	−67.2	628.6
70%	−2482.4	−63.8	−188.2	−45.1	−0.318	−34.1	−210.5	−73.0	682.7

续表

产量减幅阈值	产量		农田蒸散量		水分生产力		灌溉定额		削减的深层地下水开采量/万 m^3
	变化量/（kg/hm^2）	变幅/%	变化量/mm	变幅/%	变化量/（kg/m^3）	变幅/%	变化量/mm	变幅/%	
廊坊地区－文安县									
5%	0	0	0	0	0	0	0	0	0
10%	0	0	0	0	0	0	0	0	0
15%	0	0	0	0	0	0	0	0	0
20%	−54.4	−1.5	−5.3	−1.3	−0.002	−0.2	−4.5	−1.6	27.4
25%	−689.5	−18.7	−55.2	−13.5	−0.054	−6.0	−50.5	−17.6	306.8
30%	−861.6	−23.4	−70.5	−17.3	−0.066	−7.3	−61.5	−21.5	373.5
35%	−881.2	−23.9	−74.8	−18.4	−0.062	−6.8	−61.5	−21.5	373.5
40%	−930.1	−25.2	−77.4	−19.0	−0.070	−7.7	−65.8	−23.0	400.1
45%	−1341.8	−36.4	−100.3	−24.6	−0.142	−15.6	−103.8	−36.2	630.8
50%	−1590.0	−43.1	−115.0	−28.2	−0.188	−20.8	−129.1	−45.1	784.3
55%	−1708.8	−46.4	−119.4	−29.3	−0.218	−24.1	−136.5	−47.6	829.2
60%	−1912.2	−51.9	−123.2	−30.2	−0.281	−31.0	−136.5	−47.6	829.2
65%	−2199.4	−59.7	−132.2	−32.5	−0.365	−40.3	−140.2	−49.0	852.1
70%	−2388.6	−64.8	−160.8	−39.5	−0.379	−41.9	−175.1	−61.1	1064.1
廊坊地区－大城县									
5%	0	0	0	0	0	0	0	0	0
10%	0	0	0	0	0	0	0	0	0
15%	0	0	0	0	0	0	0	0	0
20%	−16.9	−0.4	−0.8	−0.2	−0.002	−0.2	−1.2	−0.4	13.1
25%	−560.1	−13.0	−29.4	−6.9	−0.067	−6.5	−36.3	−12.5	384.5
30%	−1159.7	−27.0	−79.1	−18.7	−0.103	−10.2	−66.5	−22.8	704.1
35%	−1167.4	−27.2	−80.6	−19.1	−0.101	−10.0	−66.5	−22.8	704.1
40%	−1182.4	−27.5	−81.5	−19.3	−0.103	−10.2	−68.0	−23.3	720.4
45%	−1434.0	−33.4	−94.7	−22.4	−0.144	−14.1	−90.5	−31.0	958.3
50%	−1965.6	−45.7	−124.3	−29.4	−0.235	−23.1	−140.5	−48.2	1488.6
55%	−1974.9	−45.9	−124.8	−29.5	−0.237	−23.3	−141.5	−48.5	1498.6
60%	−2185.6	−50.9	−129.0	−30.5	−0.297	−29.2	−141.5	−48.5	1498.6
65%	−2547.5	−59.3	−137.1	−32.5	−0.404	−39.7	−141.5	−48.5	1498.6
70%	−2735.5	−63.6	−155.3	−36.8	−0.432	−42.5	−164.9	−56.6	1747.4

续表

产量减幅阈值	产量		农田蒸散量		水分生产力		灌溉定额		削减的深层地下水开采量/万 m^3
	变化量/（kg/hm^2）	变幅/%	变化量/mm	变幅/%	变化量/（kg/m^3）	变幅/%	变化量/mm	变幅/%	
保定地区－雄县									
5%	0	0	0	0	0	0	0	0	0
10%	0	0	0	0	0	0	0	0	0
15%	−9.5	−0.2	−1.5	−0.4	0.001	0.1	−1.2	−0.4	3.1
20%	−656.7	−16.2	−69.8	−16.8	0.007	0.7	−55.7	−19.5	137.3
25%	−717.4	−17.7	−75.9	−18.2	0.007	0.7	−60.4	−21.2	148.8
30%	−717.4	−17.7	−75.9	−18.2	0.007	0.7	−60.4	−21.2	148.8
35%	−717.4	−17.7	−75.9	−18.2	0.007	0.7	−60.4	−21.2	148.8
40%	−1072.1	−26.4	−92.1	−22.1	−0.054	−5.5	−88.1	−30.9	217.1
45%	−1647.4	−40.6	−119.0	−28.6	−0.164	−16.8	−135.4	−47.4	333.7
50%	−1647.4	−40.6	−119.0	−28.6	−0.164	−16.8	−135.4	−47.4	333.7
55%	−2102.2	−51.9	−128.3	−30.8	−0.296	−30.4	−135.4	−47.4	333.7
60%	−2184.7	−53.9	−130.2	−31.3	−0.321	−32.9	−135.4	−47.4	333.7
65%	−2343.1	−57.8	−151.0	−36.3	−0.329	−33.7	−160.0	−56.1	394.3
70%	−2677.3	−66.0	−194.5	−46.8	−0.353	−36.2	−210.4	−73.7	518.5
保定地区－容城县									
5%	0	0	0	0	0	0	0	0	0
10%	0	0	0	0	0	0	0	0	0
15%	−327.9	−7.1	−34.4	−8.4	0.015	1.3	−29.4	−10.3	17.1
20%	−572.4	−12.4	−58.9	−14.3	0.024	2.2	−49.8	−17.4	29.0
25%	−753.8	−16.4	−68.4	−16.6	0.003	0.3	−60.7	−21.2	35.4
30%	−753.8	−16.4	−68.4	−16.6	0.003	0.3	−60.7	−21.2	35.4
35%	−799.2	−17.4	−69.3	−16.8	−0.007	−0.7	−60.7	−21.2	35.4
40%	−1579.3	−34.3	−102.7	−24.9	−0.140	−12.5	−111.9	−39.2	65.3
45%	−1700.8	−37.0	−107.6	−26.1	−0.164	−14.7	−121.2	−42.4	70.7
50%	−2137.8	−46.4	−120.4	−29.2	−0.272	−24.3	−135.7	−47.5	79.2
55%	−2263.0	−49.2	−123.8	−30.1	−0.305	−27.3	−135.7	−47.5	79.2
60%	−2533.4	−55.0	−146.8	−35.6	−0.337	−30.1	−162.3	−56.8	94.7
65%	−2692.7	−58.5	−166.4	−40.4	−0.340	−30.4	−185.4	−64.9	108.2
70%	−3003.1	−65.2	−187.6	−45.5	−0.404	−36.2	−205.2	−71.8	119.7

续表

产量减幅阈值	产量		农田蒸散量		水分生产力		灌溉定额		削减的深层地下水开采量/万 m^3
	变化量/（kg/hm^2）	变幅/%	变化量/mm	变幅/%	变化量/（kg/m^3）	变幅/%	变化量/mm	变幅/%	
保定地区－安新县									
5%	0	0	0	0	0	0	0	0	0
10%	0	0	0	0	0	0	0	0	0
15%	−12.6	−0.2	−1.5	−0.4	0.002	0.1	−1.3	−0.4	2.8
20%	−688.6	−13.2	−35.6	−8.8	−0.063	−4.9	−44.4	−15.3	101.3
25%	−1127.7	−21.6	−74.6	−18.3	−0.052	−4.1	−65.3	−22.5	148.9
30%	−1127.7	−21.6	−74.6	−18.3	−0.052	−4.1	−65.3	−22.5	148.9
35%	−1130.6	−21.7	−74.6	−18.3	−0.053	−4.1	−65.3	−22.5	148.9
40%	−1375.5	−26.4	−83.7	−20.6	−0.094	−7.3	−82.2	−28.3	187.3
45%	−1887.7	−36.2	−106.1	−26.1	−0.176	−13.7	−120.3	−41.4	274.2
50%	−2362.3	−45.3	−121.9	−30.0	−0.281	−22.0	−140.3	−48.3	319.8
55%	−2474.8	−47.5	−125.4	−30.8	−0.309	−24.1	−140.3	−48.3	319.8
60%	−2507.9	−48.1	−127.6	−31.4	−0.313	−24.4	−143.0	−49.2	325.9
65%	−3018.4	−57.9	−160.0	−39.3	−0.393	−30.7	−182.3	−62.8	415.6
70%	−3444.6	−66.1	−192.4	−47.3	−0.457	−35.7	−215.1	−74.1	490.4
保定地区－高阳县									
5%	0	0	0	0	0	0	0	0	0
10%	0	0	0	0	0	0	0	0	0
15%	0	0	0	0	0	0	0	0	0
20%	−241.0	−5.0	−19.8	−4.7	−0.004	−0.4	−17.6	−6.1	47.3
25%	−1061.1	−22.2	−79.2	−18.8	−0.048	−4.2	−63.5	−22.0	171.2
30%	−1061.1	−22.2	−79.2	−18.8	−0.048	−4.2	−63.5	−22.0	171.2
35%	−1061.1	−22.2	−79.2	−18.8	−0.048	−4.2	−63.5	−22.0	171.2
40%	−1179.5	−24.7	−84.7	−20.1	−0.065	−5.7	−72.4	−25.1	195.3
45%	−1911.2	−40.0	−115.9	−27.5	−0.196	−17.2	−128.4	−44.5	346.3
50%	−2055.3	−43.0	−121.5	−28.9	−0.226	−19.9	−138.5	−48.0	373.4
55%	−2483.3	−52.0	−131.5	−31.2	−0.343	−30.2	−138.5	−48.0	373.4
60%	−2488.1	−52.1	−131.6	−31.2	−0.344	−30.4	−138.5	−48.0	373.4
65%	−2591.6	−54.3	−142.3	−33.8	−0.351	−30.9	−151.2	−52.4	407.6
70%	−3151.5	−66.0	−196.1	−46.6	−0.413	−36.4	−213.5	−74.0	575.6

续表

产量减幅阈值	产量		农田蒸散量		水分生产力		灌溉定额		削减的深层地下水开采量/万 m^3
	变化量/（kg/hm^2）	变幅/%	变化量/mm	变幅/%	变化量/（kg/m^3）	变幅/%	变化量/mm	变幅/%	
保定地区 - 蠡县									
5%	0	0	0	0	0	0	0	0	0
10%	0	0	0	0	0	0	0	0	0
15%	−28.1	−0.6	−3.8	−0.9	0.003	0.3	−2.8	−1.0	12.6
20%	−600.3	−13.4	−54.2	−12.9	−0.006	−0.5	−39.8	−14.2	178.7
25%	−870.0	−19.4	−74.7	−17.8	−0.021	−2.0	−56.0	−19.9	251.2
30%	−885.6	−19.8	−75.0	−17.9	−0.025	−2.3	−56.0	−19.9	251.2
35%	−889.9	−19.9	−75.1	−17.9	−0.026	−2.4	−56.0	−19.9	251.2
40%	−1343.9	−30.0	−95.0	−22.7	−0.102	−9.5	−93.4	−33.2	419.3
45%	−1777.2	−39.7	−113.7	−27.1	−0.184	−17.3	−127.2	−45.3	571.2
50%	−1840.4	−41.1	−116.8	−27.9	−0.196	−18.4	−127.5	−45.4	572.4
55%	−2302.9	−51.5	−128.1	−30.6	−0.321	−30.1	−130.3	−46.4	584.8
60%	−2320.6	−51.8	−128.6	−30.7	−0.326	−30.5	−131.0	−46.6	587.9
65%	−2608.0	−58.3	−160.0	−38.2	−0.347	−32.5	−166.9	−59.4	749.1
70%	−2912.2	−65.1	−191.5	−45.7	−0.381	−35.7	−202.5	−72.1	909.1
保定地区 - 博野县									
5%	0	0	0	0	0	0	0	0	0
10%	0	0	0	0	0	0	0	0	0
15%	−32.6	−0.7	−4.2	−1.0	0.003	0.3	−3.3	−1.2	3.3
20%	−503.5	−11.1	−47.0	−11.4	0.004	0.4	−37.6	−13.4	37.6
25%	−830.4	−18.3	−62.3	−15.1	−0.041	−3.7	−56.5	−20.1	56.5
30%	−871.0	−19.2	−63.1	−15.3	−0.050	−4.5	−56.5	−20.1	56.5
35%	−1007.9	−22.2	−65.2	−15.8	−0.083	−7.5	−56.5	−20.1	56.5
40%	−1524.3	−33.5	−88.2	−21.4	−0.170	−15.4	−99.4	−35.3	99.4
45%	−1668.1	−36.7	−98.9	−24.0	−0.184	−16.7	−105.4	−37.4	105.4
50%	−1917.4	−42.2	−111.4	−27.1	−0.229	−20.8	−105.4	−37.4	105.4
55%	−2326.2	−51.2	−123.7	−30.1	−0.334	−30.2	−124.6	−44.3	124.7
60%	−2391.3	−52.6	−130.2	−31.7	−0.339	−30.7	−136.7	−48.6	136.8
65%	−2809.3	−61.8	−170.9	−41.5	−0.383	−34.7	−180.1	−64.0	180.2
70%	−2843.3	−62.6	−171.8	−41.8	−0.395	−35.8	−180.4	−64.1	180.4

续表

产量减幅阈值	产量		农田蒸散量		水分生产力		灌溉定额		削减的深层地下水开采量/万 m^3
	变化量/（kg/hm^2）	变幅/%	变化量/mm	变幅/%	变化量/（kg/m^3）	变幅/%	变化量/mm	变幅/%	
沧州地区－任丘市									
5%	0	0	0	0	0	0	0	0	0
10%	0	0	0	0	0	0	0	0	0
15%	−414.2	−9.1	−52.1	−13.0	0.050	4.4	−44.6	−15.5	591.2
20%	−619.0	−13.6	−75.0	−18.6	0.070	6.2	−63.4	−22.0	840.0
25%	−619.0	−13.6	−75.0	−18.6	0.070	6.2	−63.4	−22.0	840.0
30%	−619.0	−13.6	−75.0	−18.6	0.070	6.2	−63.4	−22.0	840.0
35%	−619.0	−13.6	−75.0	−18.6	0.070	6.2	−63.4	−22.0	840.0
40%	−788.3	−17.3	−82.6	−20.5	0.045	4.0	−72.7	−25.2	964.2
45%	−1662.0	−36.5	−121.6	−30.2	−0.102	−9.1	−121.6	−42.2	1612.0
50%	−1949.4	−42.9	−134.3	−33.4	−0.161	−14.2	−138.4	−48.0	1834.0
55%	−1949.4	−42.9	−134.3	−33.4	−0.161	−14.2	−138.4	−48.0	1834.0
60%	−1949.4	−42.9	−134.3	−33.4	−0.161	−14.2	−138.4	−48.0	1834.0
65%	−2271.5	−49.9	−154.3	−38.3	−0.213	−18.8	−158.9	−55.1	2105.4
70%	−2956.0	−65.0	−202.4	−50.3	−0.334	−29.6	−205.4	−71.2	2721.9
沧州地区－青县									
5%	481.5	14.7	−61.1	−15.2	0.286	35.2	−38.4	−18.2	229.3
10%	74.3	2.3	−80.3	−19.9	0.225	27.7	−61.2	−29.0	365.5
15%	48.7	1.5	−82.0	−20.4	0.223	27.4	−63.2	−29.9	377.2
20%	11.4	0.3	−84.1	−20.9	0.218	26.8	−64.3	−30.5	384.1
25%	−324.4	−9.9	−108.0	−26.8	0.187	23.1	−86.3	−40.9	514.9
30%	−531.7	−16.3	−120.1	−29.8	0.157	19.3	−98.8	−46.8	589.8
35%	−755.5	−23.1	−134.7	−33.4	0.126	15.5	−114.7	−54.3	684.9
40%	−983.0	−30.1	−154.9	−38.4	0.110	13.6	−135.0	−63.9	805.9
45%	−1009.8	−30.9	−157.3	−39.1	0.109	13.4	−136.0	−64.4	811.7
50%	−1062.0	−32.5	−159.8	−39.7	0.097	11.9	−136.1	−64.5	812.7
55%	−1062.0	−32.5	−159.8	−39.7	0.097	11.9	−136.1	−64.5	812.7
60%	−1062.0	−32.5	−159.8	−39.7	0.097	11.9	−136.1	−64.5	812.7
65%	−1103.0	−33.7	−161.1	−40.0	0.084	10.4	−137.9	−65.3	823.5
70%	−1760.5	−53.9	−187.2	−46.5	−0.112	−13.8	−176.4	−83.5	1052.7

续表

产量减幅阈值	产量		农田蒸散量		水分生产力		灌溉定额		削减的深层地下水开采量/万 m^3
	变化量/（kg/hm^2）	变幅/%	变化量/mm	变幅/%	变化量/（kg/m^3）	变幅/%	变化量/mm	变幅/%	
沧州地区－黄骅市									
5%	959.4	67.6	−15.2	−5.3	0.382	76.9	18.1	31.9	−491.9
10%	873.7	61.5	−18.1	−6.3	0.360	72.5	13.9	24.5	−377.3
15%	463.2	32.6	−33.0	−11.5	0.248	49.9	−8.9	−15.7	242.2
20%	126.8	8.9	−46.2	−16.2	0.149	30.0	−30.6	−53.8	829.7
25%	−230.7	−16.2	−60.8	−21.3	0.032	6.4	−56.3	−99.0	1526.0
30%	−238.3	−16.8	−61.1	−21.4	0.029	5.9	−56.9	−100.0	1542.0
35%	−238.3	−16.8	−61.1	−21.4	0.029	5.9	−56.9	−100.0	1542.0
40%	−238.3	−16.8	−61.1	−21.4	0.029	5.9	−56.9	−100.0	1542.0
45%	−238.3	−16.8	−61.1	−21.4	0.029	5.9	−56.9	−100.0	1542.0
50%	−238.3	−16.8	−61.1	−21.4	0.029	5.9	−56.9	−100.0	1542.0
55%	−238.3	−16.8	−61.1	−21.4	0.029	5.9	−56.9	−100.0	1542.0
60%	−238.3	−16.8	−61.1	−21.4	0.029	5.9	−56.9	−100.0	1542.0
65%	−238.3	−16.8	−61.1	−21.4	0.029	5.9	−56.9	−100.0	1542.0
70%	−238.3	−16.8	−61.1	−21.4	0.029	5.9	−56.9	−100.0	1542.0
沧州地区－河间市									
5%	0	0	0	0	0	0	0	0	0
10%	0	0	0	0	0	0	0	0	0
15%	−268.4	−5.1	−26.5	−6.5	0.018	1.4	−23.0	−7.9	328.8
20%	−819.2	−15.6	−76.2	−18.6	0.046	3.6	−65.9	−22.6	944.1
25%	−832.7	−15.9	−77.2	−18.8	0.046	3.6	−66.8	−22.9	956.6
30%	−832.7	−15.9	−77.2	−18.8	0.046	3.6	−66.8	−22.9	956.6
35%	−834.2	−15.9	−77.4	−18.8	0.046	3.6	−66.8	−22.9	956.6
40%	−1232.8	−23.5	−94.3	−22.9	−0.009	−0.7	−89.3	−30.6	1279.6
45%	−2044.8	−39.0	−129.4	−31.5	−0.139	−10.9	−134.1	−45.9	1920.5
50%	−2195.3	−41.8	−135.6	−33.0	−0.168	−13.2	−141.5	−48.5	2027.1
55%	−2204.5	−42.0	−136.0	−33.1	−0.170	−13.3	−141.8	−48.6	2031.1
60%	−2227.5	−42.4	−138.1	−33.6	−0.170	−13.3	−144.5	−49.5	2070.0
65%	−3063.0	−58.4	−189.3	−46.1	−0.291	−22.8	−195.2	−66.9	2796.6
70%	−3383.3	−64.5	−210.5	−51.3	−0.346	−27.1	−215.2	−73.8	3083.7

续表

产量减幅阈值	产量		农田蒸散量		水分生产力		灌溉定额		削减的深层地下水开采量/万 m^3
	变化量/（kg/hm^2）	变幅/%	变化量/mm	变幅/%	变化量/（kg/m^3）	变幅/%	变化量/mm	变幅/%	
沧州地区－沧州市和沧县									
5%	352.6	9.9	−59.0	−14.5	0.251	28.6	−37.8	−17.7	556.6
10%	−130.9	−3.7	−80.0	−19.7	0.175	20.0	−61.5	−28.8	904.6
15%	−173.4	−4.9	−82.2	−20.3	0.169	19.3	−64.5	−30.3	949.4
20%	−196.2	−5.5	−83.5	−20.6	0.166	19.0	−65.0	−30.5	956.6
25%	−443.8	−12.5	−100.0	−24.6	0.142	16.1	−79.6	−37.3	1171.1
30%	−732.5	−20.6	−123.8	−30.5	0.125	14.3	−109.2	−51.2	1606.3
35%	−912.5	−25.6	−135.2	−33.3	0.101	11.5	−118.7	−55.6	1745.5
40%	−1174.7	−33.0	−156.0	−38.4	0.077	8.8	−137.7	−64.6	2026.3
45%	−1196.0	−33.6	−157.6	−38.8	0.075	8.5	−138.3	−64.8	2034.3
50%	−1239.6	−34.8	−159.6	−39.3	0.065	7.4	−138.3	−64.8	2034.3
55%	−1241.1	−34.9	−159.7	−39.3	0.065	7.4	−138.3	−64.8	2034.3
60%	−1244.3	−35.0	−159.8	−39.4	0.064	7.3	−138.5	−64.9	2036.7
65%	−1274.7	−35.8	−160.9	−39.7	0.056	6.4	−140.0	−65.7	2060.0
70%	−2062.5	−58.0	−191.3	−47.1	−0.180	−20.5	−185.1	−86.8	2722.4
沧州地区－肃宁县									
5%	0	0	0	0	0	0	0	0	0
10%	0	0	0	0	0	0	0	0	0
15%	−631.1	−12.4	−70.2	−17.0	0.067	5.5	−56.7	−19.8	916.4
20%	−682.0	−13.4	−75.2	−18.2	0.072	5.8	−60.8	−21.3	983.9
25%	−682.0	−13.4	−75.2	−18.2	0.072	5.8	−60.8	−21.3	983.9
30%	−682.0	−13.4	−75.2	−18.2	0.072	5.8	−60.8	−21.3	983.9
35%	−682.0	−13.4	−75.2	−18.2	0.072	5.8	−60.8	−21.3	983.9
40%	−1823.5	−35.8	−127.5	−30.8	−0.089	−7.3	−125.8	−44.0	2034.2
45%	−1999.4	−39.3	−135.1	−32.6	−0.121	−9.9	−135.8	−47.5	2197.0
50%	−1999.4	−39.3	−135.1	−32.6	−0.121	−9.9	−135.8	−47.5	2197.0
55%	−1999.4	−39.3	−135.1	−32.6	−0.121	−9.9	−135.8	−47.5	2197.0
60%	−1999.4	−39.3	−135.1	−32.6	−0.121	−9.9	−135.8	−47.5	2197.0
65%	−3180.0	−62.5	−205.6	−49.7	−0.313	−25.4	−206.5	−72.2	3339.6
70%	−3249.2	−63.8	−210.7	−50.9	−0.324	−26.3	−210.8	−73.8	3410.2

续表

产量减幅阈值	产量		农田蒸散量		水分生产力		灌溉定额		削减的深层地下水开采量/万 m^3
	变化量/（kg/hm^2）	变幅/%	变化量/mm	变幅/%	变化量/（kg/m^3）	变幅/%	变化量/mm	变幅/%	
沧州地区－献县									
5%	0	0	0	0	0	0	0	0	0
10%	−20.2	−0.4	−2.5	−0.6	0.003	0.2	−2.0	−0.7	40.0
15%	−645.8	−12.2	−63.9	−15.2	0.043	3.4	−52.0	−18.3	1027.3
20%	−702.8	−13.3	−68.9	−16.4	0.046	3.6	−56.3	−19.9	1113.8
25%	−736.3	−14.0	−71.5	−17.0	0.046	3.6	−58.3	−20.6	1152.9
30%	−736.3	−14.0	−71.5	−17.0	0.046	3.6	−58.3	−20.6	1152.9
35%	−736.7	−14.0	−71.5	−17.0	0.046	3.6	−58.3	−20.6	1152.9
40%	−1614.5	−30.6	−95.7	−22.7	−0.128	−10.2	−107.8	−38.1	2132.0
45%	−2148.1	−40.7	−116.1	−27.6	−0.227	−18.1	−132.6	−46.8	2620.7
50%	−2354.6	−44.6	−125.7	−29.8	−0.264	−21.1	−133.2	−47.0	2634.1
55%	−2518.4	−47.7	−138.5	−32.9	−0.277	−22.1	−152.2	−53.7	3008.8
60%	−2902.2	−55.0	−174.8	−41.5	−0.289	−23.1	−195.9	−69.1	3872.3
65%	−3213.1	−60.9	−192.7	−45.8	−0.349	−27.9	−206.4	−72.9	4081.2
70%	−3290.5	−62.4	−197.7	−46.9	−0.364	−29.1	−208.2	−73.5	4116.7
沧州地区－海兴县									
5%	1173.7	79.7	−16.4	−5.6	0.457	90.4	14.7	24.4	−35.1
10%	492.3	33.4	−38.9	−13.3	0.273	54.0	−15.9	−26.4	37.9
15%	−124.5	−8.5	−62.8	−21.5	0.084	16.7	−57.3	−95.0	136.5
20%	−169.6	−11.5	−64.4	−22.1	0.069	13.6	−60.3	−100.0	143.6
25%	−169.6	−11.5	−64.4	−22.1	0.069	13.6	−60.3	−100.0	143.6
30%	−169.6	−11.5	−64.4	−22.1	0.069	13.6	−60.3	−100.0	143.6
35%	−169.6	−11.5	−64.4	−22.1	0.069	13.6	−60.3	−100.0	143.6
40%	−169.6	−11.5	−64.4	−22.1	0.069	13.6	−60.3	−100.0	143.6
45%	−169.6	−11.5	−64.4	−22.1	0.069	13.6	−60.3	−100.0	143.6
50%	−169.6	−11.5	−64.4	−22.1	0.069	13.6	−60.3	−100.0	143.6
55%	−169.6	−11.5	−64.4	−22.1	0.069	13.6	−60.3	−100.0	143.6
60%	−169.6	−11.5	−64.4	−22.1	0.069	13.6	−60.3	−100.0	143.6
65%	−169.6	−11.5	−64.4	−22.1	0.069	13.6	−60.3	−100.0	143.6
70%	−169.6	−11.5	−64.4	−22.1	0.069	13.6	−60.3	−100.0	143.6

续表

产量减幅阈值	产量		农田蒸散量		水分生产力		灌溉定额		削减的深层地下水开采量/万 m^3
	变化量/(kg/hm²)	变幅/%	变化量/mm	变幅/%	变化量/(kg/m³)	变幅/%	变化量/mm	变幅/%	
沧州地区－孟村回族自治县									
5%	346.9	10.3	−75.7	−18.2	0.284	34.9	−53.8	−25.2	0
10%	153.4	4.5	−84.9	−20.5	0.256	31.4	−65.7	−30.8	0
15%	82.1	2.4	−90.3	−21.7	0.252	30.9	−71.3	−33.4	0
20%	12.2	0.4	−95.4	−23.0	0.247	30.3	−76.4	−35.8	0
25%	−538.6	−15.9	−134.7	−32.4	0.199	24.5	−115.6	−54.1	0
30%	−578.6	−17.1	−137.7	−33.2	0.196	24.1	−118.6	−55.5	0
35%	−685.4	−20.3	−146.1	−35.2	0.188	23.1	−126.8	−59.4	0
40%	−830.5	−24.6	−157.3	−37.9	0.175	21.5	−137.7	−64.5	0
45%	−841.6	−24.9	−158.3	−38.1	0.175	21.4	−138.6	−64.9	0
50%	−841.6	−24.9	−158.3	−38.1	0.175	21.4	−138.6	−64.9	0
55%	−894.8	−26.5	−158.3	−38.1	0.154	18.9	−138.6	−64.9	0
60%	−894.8	−26.5	−158.3	−38.1	0.154	18.9	−138.6	−64.9	0
65%	−1155.6	−34.2	−168.7	−40.6	0.089	10.9	−153.4	−71.8	0
70%	−2133.6	−63.1	−202.9	−48.9	−0.226	−27.8	−201.3	−94.2	0
沧州地区－泊头市									
5%	0	0	0	0	0	0	0	0	0
10%	0	0	0	0	0	0	0	0	0
15%	−594.2	−11.5	−63.3	−14.9	0.049	4.0	−52.3	−18.1	419.2
20%	−713.2	−13.8	−74.3	−17.5	0.055	4.5	−61.4	−21.3	492.0
25%	−746.3	−14.4	−77.0	−18.2	0.055	4.5	−63.4	−22.0	508.1
30%	−746.3	−14.4	−77.0	−18.2	0.055	4.5	−63.4	−22.0	508.1
35%	−746.3	−14.4	−77.0	−18.2	0.055	4.5	−63.4	−22.0	508.1
40%	−1536.6	−29.7	−102.7	−24.2	−0.089	−7.3	−111.3	−38.6	891.7
45%	−2069.8	−40.0	−123.2	−29.0	−0.189	−15.5	−138.4	−48.0	1108.7
50%	−2335.5	−45.2	−132.5	−31.2	−0.247	−20.3	−138.4	−48.0	1108.7
55%	−2341.6	−45.3	−132.9	−31.3	−0.248	−20.3	−139.0	−48.2	1113.5
60%	−2948.4	−57.0	−185.2	−43.7	−0.289	−23.7	−206.7	−71.7	1655.7
65%	−3182.1	−61.6	−200.3	−47.2	−0.331	−27.2	−210.6	−73.0	1686.5
70%	−3255.3	−63.0	−204.5	−48.2	−0.348	−28.5	−213.4	−74.0	1709.4

续表

产量减幅阈值	产量		农田蒸散量		水分生产力		灌溉定额		削减的深层地下水开采量/万 m^3
	变化量/（kg/hm^2）	变幅/%	变化量/mm	变幅/%	变化量/（kg/m^3）	变幅/%	变化量/mm	变幅/%	
沧州地区 - 南皮县									
5%	0	0	−1.4	−0.3	0.003	0.3	−1.6	−0.6	1.4
10%	−248.1	−4.2	−44.3	−9.4	0.073	5.8	−42.8	−14.8	37.1
15%	−479.0	−8.0	−67.9	−14.4	0.094	7.4	−62.2	−21.6	53.9
20%	−504.6	−8.4	−69.9	−14.8	0.094	7.4	−63.8	−22.1	55.2
25%	−531.9	−8.9	−70.8	−15.0	0.090	7.1	−65.4	−22.7	56.6
30%	−693.2	−11.6	−75.7	−16.0	0.066	5.2	−73.3	−25.4	63.5
35%	−1823.5	−30.5	−124.0	−26.2	−0.074	−5.8	−133.7	−46.3	115.8
40%	−1910.4	−32.0	−128.0	−27.1	−0.085	−6.7	−138.6	−48.0	120.0
45%	−1920.4	−32.2	−128.7	−27.2	−0.086	−6.8	−139.4	−48.3	120.7
50%	−2686.4	−45.0	−189.1	−40.0	−0.105	−8.3	−200.4	−69.4	173.5
55%	−2840.0	−47.6	−200.7	−42.5	−0.112	−8.9	−211.2	−73.2	182.9
60%	−2873.5	−48.1	−203.1	−43.0	−0.114	−9.0	−213.6	−74.0	185.0
65%	−2874.7	−48.1	−203.2	−43.0	−0.114	−9.0	−213.8	−74.0	185.1
70%	−2874.7	−48.1	−203.2	−43.0	−0.114	−9.0	−213.8	−74.0	185.1
沧州地区 - 盐山县									
5%	420.8	12.3	−81.7	−19.4	0.320	39.3	−63.8	−29.9	0
10%	239.4	7.0	−91.2	−21.7	0.298	36.6	−75.5	−35.3	0
15%	235.2	6.9	−91.5	−21.7	0.298	36.5	−75.9	−35.5	0
20%	−340.9	−9.9	−133.5	−31.7	0.260	31.9	−117.9	−55.2	0
25%	−414.2	−12.1	−138.7	−33.0	0.254	31.2	−123.1	−57.6	0
30%	−420.7	−12.3	−139.2	−33.1	0.253	31.1	−123.6	−57.8	0
35%	−590.8	−17.2	−152.4	−36.2	0.242	29.8	−137.0	−64.1	0
40%	−615.0	−17.9	−154.3	−36.7	0.241	29.6	−138.7	−64.9	0
45%	−615.0	−17.9	−154.3	−36.7	0.241	29.6	−138.7	−64.9	0
50%	−615.0	−17.9	−154.3	−36.7	0.241	29.6	−138.7	−64.9	0
55%	−904.9	−26.4	−154.4	−36.7	0.132	16.2	−138.7	−64.9	0
60%	−911.6	−26.6	−154.6	−36.7	0.131	16.0	−138.9	−65.0	0
65%	−1760.0	−51.3	−190.5	−45.3	−0.090	−11.1	−187.6	−87.8	0
70%	−2171.8	−63.3	−205.1	−48.7	−0.232	−28.5	−209.9	−98.2	0

续表

产量减幅阈值	产量		农田蒸散量		水分生产力		灌溉定额		削减的深层地下水开采量 /万 m^3
	变化量 /（kg/hm^2）	变幅 /%	变化量 /mm	变幅 /%	变化量 /（kg/m^3）	变幅 /%	变化量 /mm	变幅 /%	
沧州地区－东光县									
5%	−94.5	−1.6	−60.1	−13.0	0.164	13.1	−60.6	−21.0	0
10%	−113.2	−2.0	−63.1	−13.7	0.170	13.6	−63.8	−22.1	0
15%	−113.2	−2.0	−63.1	−13.7	0.170	13.6	−63.8	−22.1	0
20%	−113.2	−2.0	−63.1	−13.7	0.170	13.6	−63.8	−22.1	0
25%	−115.3	−2.0	−63.2	−13.7	0.170	13.6	−63.9	−22.1	0
30%	−1455.1	−25.2	−118.4	−25.7	0.008	0.6	−132.5	−45.9	0
35%	−1546.6	−26.8	−121.9	−26.5	−0.006	−0.5	−137.0	−47.5	0
40%	−2141.7	−37.2	−182.1	−39.5	0.049	3.9	−198.7	−68.8	0
45%	−2263.2	−39.3	−193.9	−42.1	0.061	4.9	−210.6	−72.9	0
50%	−2277.1	−39.5	−195.5	−42.4	0.064	5.1	−212.0	−73.4	0
55%	−2294.6	−39.8	−197.3	−42.8	0.067	5.3	−213.8	−74.0	0
60%	−2294.6	−39.8	−197.3	−42.8	0.067	5.3	−213.8	−74.0	0
65%	−2294.6	−39.8	−197.3	−42.8	0.067	5.3	−213.8	−74.0	0
70%	−2294.6	−39.8	−197.3	−42.8	0.067	5.3	−213.8	−74.0	0
沧州地区－吴桥县									
5%	0	0	0	0	0	0	0	0	0
10%	−43.6	−0.8	−7.9	−1.9	0.015	1.2	−7.0	−2.4	17.9
15%	−457.8	−8.5	−52.1	−12.8	0.065	4.9	−48.6	−16.6	123.8
20%	−712.6	−13.2	−71.4	−17.5	0.069	5.2	−66.8	−22.9	170.3
25%	−712.6	−13.2	−71.4	−17.5	0.069	5.2	−66.8	−22.9	170.3
30%	−712.6	−13.2	−71.4	−17.5	0.069	5.2	−66.8	−22.9	170.3
35%	−712.6	−13.2	−71.4	−17.5	0.069	5.2	−66.8	−22.9	170.3
40%	−1647.5	−30.6	−104.6	−25.7	−0.087	−6.6	−111.2	−38.1	283.3
45%	−2162.4	−40.1	−119.5	−29.3	−0.202	−15.3	−141.8	−48.6	361.4
50%	−2216.4	−41.1	−125.0	−30.7	−0.199	−15.1	−141.8	−48.6	361.4
55%	−2300.0	−42.7	−132.0	−32.4	−0.201	−15.2	−149.2	−51.1	380.2
60%	−3071.7	−57.0	−193.8	−47.6	−0.238	−18.0	−216.3	−74.1	551.3
65%	−3126.9	−58.0	−199.4	−48.9	−0.235	−17.8	−216.8	−74.3	552.5
70%	−3126.9	−58.0	−199.4	−48.9	−0.235	−17.8	−216.8	−74.3	552.5

续表

产量减幅阈值	产量		农田蒸散量		水分生产力		灌溉定额		削减的深层地下水开采量/万 m^3
	变化量/（kg/hm^2）	变幅/%	变化量/mm	变幅/%	变化量/（kg/m^3）	变幅/%	变化量/mm	变幅/%	
衡水地区 - 饶阳县									
5%	−123.8	−2.2	−61.8	−15.3	0.214	15.5	−55.3	−19.6	448.7
10%	−130.7	−2.3	−63.1	−15.6	0.218	15.7	−56.5	−20.1	458.7
15%	−130.7	−2.3	−63.1	−15.6	0.218	15.7	−56.5	−20.1	458.7
20%	−130.7	−2.3	−63.1	−15.6	0.218	15.7	−56.5	−20.1	458.7
25%	−130.7	−2.3	−63.1	−15.6	0.218	15.7	−56.5	−20.1	458.7
30%	−130.7	−2.3	−63.1	−15.6	0.218	15.7	−56.5	−20.1	458.7
35%	−1820.8	−32.6	−106.4	−26.4	−0.117	−8.5	−131.3	−46.7	1066.3
40%	−2033.6	−36.4	−110.5	−27.4	−0.172	−12.4	−131.5	−46.7	1067.7
45%	−2315.1	−41.4	−116.5	−28.9	−0.245	−17.7	−131.5	−46.7	1067.7
50%	−2323.7	−41.6	−117.5	−29.1	−0.244	−17.6	−132.7	−47.1	1077.4
55%	−2899.3	−51.9	−177.3	−43.9	−0.197	−14.3	−206.5	−73.4	1676.7
60%	−3106.5	−55.6	−183.2	−45.4	−0.259	−18.7	−206.5	−73.4	1676.7
65%	−3262.6	−58.4	−188.2	−46.6	−0.306	−22.1	−206.5	−73.4	1676.7
70%	−3262.6	−58.4	−188.2	−46.6	−0.306	−22.1	−206.5	−73.4	1676.7
衡水地区 - 安平县									
5%	−136.0	−2.3	−38.9	−9.5	0.115	8.0	−35.9	−12.6	122.7
10%	−285.7	−4.8	−62.3	−15.3	0.178	12.3	−56.6	−19.9	193.4
15%	−319.2	−5.4	−66.2	−16.2	0.186	12.9	−59.8	−21.0	204.4
20%	−319.2	−5.4	−66.2	−16.2	0.186	12.9	−59.8	−21.0	204.4
25%	−319.2	−5.4	−66.2	−16.2	0.186	12.9	−59.8	−21.0	204.4
30%	−566.1	−9.6	−72.6	−17.8	0.144	10.0	−71.2	−25.0	243.5
35%	−1821.9	−30.9	−105.6	−25.9	−0.098	−6.8	−132.6	−46.6	453.2
40%	−1909.7	−32.4	−107.4	−26.3	−0.119	−8.2	−134.8	−47.3	460.8
45%	−2462.1	−41.8	−117.1	−28.7	−0.265	−18.3	−134.8	−47.3	460.8
50%	−2719.2	−46.1	−148.2	−36.3	−0.223	−15.4	−173.7	−61.0	593.8
55%	−2981.2	−50.6	−176.7	−43.3	−0.185	−12.8	−209.8	−73.7	717.1
60%	−3372.1	−57.2	−186.1	−45.6	−0.308	−21.3	−209.8	−73.7	717.1
65%	−3378.9	−57.3	−186.3	−45.7	−0.310	−21.4	−209.8	−73.7	717.1
70%	−3378.9	−57.3	−186.3	−45.7	−0.310	−21.4	−209.8	−73.7	717.1

续表

产量减幅阈值	产量		农田蒸散量		水分生产力		灌溉定额		削减的深层地下水开采量/万 m^3
	变化量/（kg/hm^2）	变幅/%	变化量/mm	变幅/%	变化量/（kg/m^3）	变幅/%	变化量/mm	变幅/%	
衡水地区－武强县									
5%	0	0	−1.0	−0.3	0.003	0.2	−0.9	−0.3	12.9
10%	−255.4	−4.4	−33.0	−8.2	0.061	4.2	−31.1	−10.8	435.0
15%	−574.6	−9.9	−66.2	−16.5	0.116	8.0	−64.1	−22.2	896.9
20%	−574.6	−9.9	−66.2	−16.5	0.116	8.0	−64.1	−22.2	896.9
25%	−574.6	−9.9	−66.2	−16.5	0.116	8.0	−64.1	−22.2	896.9
30%	−574.6	−9.9	−66.2	−16.5	0.116	8.0	−64.1	−22.2	896.9
35%	−619.5	−10.6	−67.3	−16.8	0.108	7.4	−66.2	−22.9	926.5
40%	−2117.5	−36.3	−106.4	−26.5	−0.194	−13.3	−138.4	−47.9	1936.1
45%	−2430.4	−41.7	−115.1	−28.7	−0.265	−18.2	−139.1	−48.1	1945.9
50%	−2522.6	−43.3	−117.7	−29.4	−0.287	−19.7	−140.0	−48.4	1958.3
55%	−2943.2	−50.5	−152.6	−38.1	−0.292	−20.1	−183.5	−63.5	2566.5
60%	−3325.1	−57.1	−181.6	−45.3	−0.312	−21.5	−211.7	−73.2	2960.5
65%	−3471.1	−59.6	−187.8	−46.9	−0.348	−23.9	−214.1	−74.1	2995.0
70%	−3479.1	−59.7	−188.2	−47.0	−0.349	−24.0	−214.1	−74.1	2995.0
衡水地区－深州市									
5%	−28.1	−0.5	−8.3	−2.0	0.023	1.6	−7.6	−2.7	103.8
10%	−297.4	−5.2	−49.3	−12.2	0.114	8.0	−47.6	−16.7	646.0
15%	−432.2	−7.6	−63.3	−15.7	0.137	9.6	−60.8	−21.3	825.2
20%	−432.2	−7.6	−63.3	−15.7	0.137	9.6	−60.8	−21.3	825.2
25%	−432.2	−7.6	−63.3	−15.7	0.137	9.6	−60.8	−21.3	825.2
30%	−466.4	−8.2	−64.2	−15.9	0.131	9.2	−62.4	−21.8	846.7
35%	−1157.9	−20.3	−83.2	−20.7	0.007	0.5	−95.8	−33.5	1300.1
40%	−1968.5	−34.5	−105.3	−26.1	−0.160	−11.3	−134.4	−47.0	1824.2
45%	−2278.3	−39.9	−110.8	−27.5	−0.242	−17.1	−136.3	−47.7	1849.3
50%	−2634.8	−46.1	−126.9	−31.5	−0.303	−21.4	−151.4	−53.0	2054.4
55%	−2886.2	−50.5	−151.3	−37.5	−0.295	−20.8	−180.7	−63.2	2452.2
60%	−3224.7	−56.5	−179.3	−44.5	−0.305	−21.5	−209.2	−73.2	2839.2
65%	−3414.7	−59.8	−184.9	−45.9	−0.364	−25.7	−210.8	−73.8	2860.7
70%	−3450.0	−60.4	−185.7	−46.1	−0.377	−26.6	−210.8	−73.8	2860.7

续表

产量减幅阈值	产量		农田蒸散量		水分生产力		灌溉定额		削减的深层地下水开采量/万 m^3
	变化量/（kg/hm^2）	变幅/%	变化量/mm	变幅/%	变化量/（kg/m^3）	变幅/%	变化量/mm	变幅/%	
衡水地区－阜城县									
5%	0	0	0	0	0	0	0	0	0
10%	−413.0	−7.4	−59.0	−14.3	0.110	8.1	−54.9	−19.1	775.4
15%	−473.3	−8.5	−66.3	−16.1	0.124	9.1	−61.9	−21.6	873.8
20%	−473.3	−8.5	−66.3	−16.1	0.124	9.1	−61.9	−21.6	873.8
25%	−473.3	−8.5	−66.3	−16.1	0.124	9.1	−61.9	−21.6	873.8
30%	−473.3	−8.5	−66.3	−16.1	0.124	9.1	−61.9	−21.6	873.8
35%	−1200.7	−21.4	−87.3	−21.2	−0.004	−0.3	−99.0	−34.5	1398.2
40%	−1941.7	−34.7	−107.4	−26.1	−0.158	−11.6	−135.0	−47.1	1905.8
45%	−2225.5	−39.7	−112.3	−27.2	−0.233	−17.2	−136.9	−47.7	1932.6
50%	−2536.2	−45.3	−126.0	−30.6	−0.288	−21.2	−149.0	−51.9	2103.5
55%	−2868.7	−51.2	−165.9	−40.2	−0.250	−18.4	−199.2	−69.4	2812.1
60%	−3229.1	−57.7	−183.2	−44.4	−0.324	−23.8	−211.9	−73.9	2991.4
65%	−3311.7	−59.1	−185.4	−45.0	−0.350	−25.8	−211.9	−73.9	2991.4
70%	−3313.3	−59.2	−185.4	−45.0	−0.350	−25.8	−211.9	−73.9	2991.4
衡水地区－武邑县									
5%	0	0	0	0	0	0	0	0	0
10%	−91.7	−1.6	−11.7	−2.9	0.020	1.4	−10.9	−3.7	199.4
15%	−664.1	−11.4	−66.7	−16.7	0.093	6.4	−66.0	−22.7	1211.2
20%	−664.1	−11.4	−66.7	−16.7	0.093	6.4	−66.0	−22.7	1211.2
25%	−664.1	−11.4	−66.7	−16.7	0.093	6.4	−66.0	−22.7	1211.2
30%	−664.1	−11.4	−66.7	−16.7	0.093	6.4	−66.0	−22.7	1211.2
35%	−800.2	−13.7	−70.6	−17.6	0.070	4.8	−73.1	−25.1	1340.3
40%	−1876.3	−32.1	−99.0	−24.7	−0.143	−9.8	−124.5	−42.8	2284.7
45%	−2471.5	−42.3	−112.6	−28.1	−0.288	−19.7	−141.0	−48.5	2587.1
50%	−2584.5	−44.2	−115.0	−28.7	−0.318	−21.8	−141.2	−48.5	2590.8
55%	−2790.4	−47.8	−129.4	−32.4	−0.333	−22.8	−156.7	−53.8	2874.9
60%	−3303.8	−56.6	−168.1	−42.0	−0.366	−25.1	−200.0	−68.7	3669.8
65%	−3535.2	−60.5	−185.7	−46.4	−0.385	−26.3	−216.0	−74.2	3963.1
70%	−3604.2	−61.7	−188.1	−47.0	−0.405	−27.7	−216.0	−74.2	3963.1

续表

产量减幅阈值	产量		农田蒸散量		水分生产力		灌溉定额		削减的深层地下水开采量/万 m^3
	变化量/（kg/hm^2）	变幅/%	变化量/mm	变幅/%	变化量/（kg/m^3）	变幅/%	变化量/mm	变幅/%	
衡水地区－景县									
5%	−3.9	−0.1	−0.7	−0.2	0.001	0.1	−0.7	−0.3	13.4
10%	−293.9	−5.0	−37.7	−9.4	0.072	4.9	−38.9	−13.8	699.1
15%	−501.6	−8.5	−55.7	−13.9	0.092	6.3	−56.2	−19.9	1011.1
20%	−509.9	−8.7	−56.4	−14.1	0.093	6.3	−56.9	−20.2	1023.8
25%	−509.9	−8.7	−56.4	−14.1	0.093	6.3	−56.9	−20.2	1023.8
30%	−527.8	−9.0	−56.9	−14.2	0.090	6.1	−57.9	−20.5	1041.7
35%	−1486.5	−25.2	−81.9	−20.4	−0.088	−6.0	−105.5	−37.4	1896.8
40%	−2051.8	−34.8	−95.5	−23.8	−0.212	−14.4	−126.3	−44.8	2272.0
45%	−2322.6	−39.4	−101.5	−25.3	−0.277	−18.8	−131.9	−46.8	2372.7
50%	−2680.8	−45.5	−125.3	−31.3	−0.304	−20.7	−159.7	−56.6	2872.0
55%	−3001.7	−50.9	−147.1	−36.7	−0.331	−22.5	−183.1	−64.9	3292.6
60%	−3250.4	−55.2	−165.7	−41.4	−0.346	−23.5	−203.4	−72.1	3658.1
65%	−3335.6	−56.6	−170.6	−42.6	−0.359	−24.4	−206.9	−73.4	3721.6
70%	−3391.6	−57.6	−172.0	−42.9	−0.377	−25.6	−206.9	−73.4	3721.6
衡水地区－衡水市									
5%	0	0	0	0	0	0	0	0	0
10%	−247.7	−4.6	−31.1	−7.6	0.043	3.3	−29.8	−10.4	399.2
15%	−565.7	−10.4	−65.5	−15.9	0.087	6.6	−62.1	−21.6	830.7
20%	−571.7	−10.5	−66.0	−16.1	0.088	6.6	−62.6	−21.8	837.8
25%	−571.7	−10.5	−66.0	−16.1	0.088	6.6	−62.6	−21.8	837.8
30%	−571.7	−10.5	−66.0	−16.1	0.088	6.6	−62.6	−21.8	837.8
35%	−1366.9	−25.1	−90.8	−22.1	−0.052	−3.9	−105.3	−36.6	1408.5
40%	−1846.6	−33.9	−106.9	−26.0	−0.142	−10.7	−133.4	−46.4	1783.8
45%	−2039.0	−37.5	−111.1	−27.0	−0.189	−14.3	−137.6	−47.9	1840.9
50%	−2475.5	−45.5	−117.7	−28.6	−0.313	−23.6	−138.0	−48.0	1845.3
55%	−2787.6	−51.2	−155.4	−37.8	−0.286	−21.6	−185.1	−64.3	2475.3
60%	−3015.5	−55.4	−178.9	−43.5	−0.279	−21.1	−211.8	−73.6	2833.1
65%	−3309.4	−60.8	−185.8	−45.2	−0.377	−28.5	−212.6	−73.9	2844.1
70%	−3346.0	−61.5	−186.7	−45.4	−0.389	−29.4	−212.6	−73.9	2844.1

续表

产量减幅阈值	产量		农田蒸散量		水分生产力		灌溉定额		削减的深层地下水开采量/万 m^3
	变化量/(kg/hm²)	变幅/%	变化量/mm	变幅/%	变化量/(kg/m³)	变幅/%	变化量/mm	变幅/%	
衡水地区－冀州市									
5%	0	0	0	0	0	0	0	0	0
10%	0	0	0	0	0	0	0	0	0
15%	−618.8	−12.2	−67.0	−16.3	0.061	4.9	−62.6	−21.7	752.3
20%	−622.2	−12.3	−67.3	−16.4	0.061	4.9	−62.8	−21.8	755.8
25%	−622.2	−12.3	−67.3	−16.4	0.061	4.9	−62.8	−21.8	755.8
30%	−622.2	−12.3	−67.3	−16.4	0.061	4.9	−62.8	−21.8	755.8
35%	−633.9	−12.5	−67.7	−16.5	0.059	4.8	−63.5	−22.1	763.9
40%	−1831.5	−36.1	−108.9	−26.5	−0.161	−13.0	−134.3	−46.7	1614.9
45%	−1891.8	−37.3	−110.9	−27.0	−0.174	−14.1	−137.8	−47.9	1657.7
50%	−2335.4	−46.1	−117.6	−28.7	−0.302	−24.4	−137.8	−47.9	1657.7
55%	−2530.4	−49.9	−127.6	−31.1	−0.337	−27.3	−147.3	−51.2	1771.9
60%	−2836.5	−56.0	−172.0	−41.9	−0.298	−24.2	−203.0	−70.5	2441.4
65%	−3130.1	−61.7	−185.8	−45.3	−0.372	−30.1	−212.8	−73.9	2559.6
70%	−3294.8	−65.0	−190.0	−46.3	−0.430	−34.8	−212.8	−73.9	2559.6
衡水地区－枣强县									
5%	0	0	0	0	0	0	0	0	0
10%	0	0	0	0	0	0	0	0	0
15%	−490.9	−10.8	−52.6	−13.3	0.034	2.9	−49.4	−17.4	909.3
20%	−608.7	−13.3	−62.8	−15.9	0.035	3.0	−59.5	−20.9	1094.9
25%	−608.7	−13.3	−62.8	−15.9	0.035	3.0	−59.5	−20.9	1094.9
30%	−608.7	−13.3	−62.8	−15.9	0.035	3.0	−59.5	−20.9	1094.9
35%	−620.1	−13.6	−63.2	−16.0	0.033	2.9	−60.4	−21.2	1110.4
40%	−1595.1	−35.0	−95.9	−24.3	−0.163	−14.1	−125.8	−44.2	2314.4
45%	−1730.5	−37.9	−100.2	−25.3	−0.195	−16.9	−134.5	−47.3	2474.6
50%	−1892.6	−41.5	−102.9	−26.0	−0.241	−20.9	−134.5	−47.3	2474.6
55%	−2298.9	−50.4	−110.8	−28.0	−0.359	−31.1	−134.7	−47.4	2478.4
60%	−2607.9	−57.2	−160.9	−40.7	−0.321	−27.8	−194.2	−68.3	3572.5
65%	−2746.9	−60.2	−175.6	−44.4	−0.328	−28.4	−209.5	−73.6	3854.2
70%	−3079.5	−67.5	−184.6	−46.7	−0.451	−39.0	−209.5	−73.6	3854.2

续表

产量减幅阈值	产量		农田蒸散量		水分生产力		灌溉定额		削减的深层地下水开采量/万 m^3
	变化量/（kg/hm^2）	变幅/%	变化量/mm	变幅/%	变化量/（kg/m^3）	变幅/%	变化量/mm	变幅/%	
衡水地区－故城县									
5%	0	0	0	0	0	0	0	0	0
10%	0	0	0	0	0	0	0	0	0
15%	−679.4	−11.6	−57.6	−14.2	0.044	3.1	−51.6	−18.7	217.5
20%	−680.2	−11.6	−57.6	−14.2	0.044	3.1	−51.7	−18.7	217.8
25%	−680.2	−11.6	−57.6	−14.2	0.044	3.1	−51.7	−18.7	217.8
30%	−680.2	−11.6	−57.6	−14.2	0.044	3.1	−51.7	−18.7	217.8
35%	−1560.5	−26.6	−83.9	−20.7	−0.108	−7.4	−102.3	−37.0	430.9
40%	−1910.7	−32.6	−93.1	−23.0	−0.181	−12.5	−120.8	−43.6	508.4
45%	−2371.4	−40.4	−101.5	−25.1	−0.297	−20.5	−126.7	−45.8	533.6
50%	−2609.5	−44.5	−105.4	−26.0	−0.362	−25.0	−126.7	−45.8	533.6
55%	−3001.3	−51.2	−142.7	−35.2	−0.356	−24.6	−175.2	−63.3	737.8
60%	−3286.3	−56.0	−165.7	−40.9	−0.371	−25.6	−201.0	−72.6	846.4
65%	−3475.7	−59.3	−169.9	−41.9	−0.432	−29.8	−201.7	−72.9	849.4
70%	−3610.9	−61.6	−173.0	−42.7	−0.477	−32.9	−201.7	−72.9	849.4
邢台地区－新河县									
5%	0	0	0	0	0	0	0	0	0
10%	0	0	0	0	0	0	0	0	0
15%	0	0	0	0	0	0	0	0	0
20%	−104.3	−2.6	−9.7	−2.3	−0.002	−0.3	−7.9	−2.7	14.6
25%	−661.2	−16.2	−56.9	−13.6	−0.030	−3.1	−46.2	−15.8	85.1
30%	−970.9	−23.8	−82.6	−19.7	−0.050	−5.1	−66.8	−22.9	123.0
35%	−970.9	−23.8	−82.6	−19.7	−0.050	−5.1	−66.8	−22.9	123.0
40%	−970.9	−23.8	−82.6	−19.7	−0.050	−5.1	−66.8	−22.9	123.0
45%	−1100.8	−27.0	−90.5	−21.6	−0.067	−6.9	−76.2	−26.1	140.2
50%	−1664.0	−40.8	−126.7	−30.2	−0.148	−15.2	−118.8	−40.7	218.6
55%	−1961.4	−48.1	−145.5	−34.7	−0.200	−20.6	−141.8	−48.6	261.0
60%	−1961.4	−48.1	−145.5	−34.7	−0.200	−20.6	−141.8	−48.6	261.0
65%	−1961.4	−48.1	−145.5	−34.7	−0.200	−20.6	−141.8	−48.6	261.0
70%	−2099.2	−51.5	−155.8	−37.1	−0.222	−22.9	−152.3	−52.2	280.2

续表

产量减幅阈值	产量		农田蒸散量		水分生产力		灌溉定额		削减的深层地下水开采量/万 m^3
	变化量/（kg/hm^2）	变幅/%	变化量/mm	变幅/%	变化量/（kg/m^3）	变幅/%	变化量/mm	变幅/%	
邢台地区 - 南宫市									
5%	0	0	0	0	0	0	0	0	0
10%	0	0	−0.3	−0.1	0	0	−0.5	−0.2	3.2
15%	0	0	−0.3	−0.1	0	0	−0.5	−0.2	3.2
20%	−188.9	−4.8	−18.1	−4.3	−0.005	−0.5	−15.0	−5.2	93.9
25%	−775.7	−19.7	−71.8	−17.2	−0.029	−3.0	−57.9	−20.2	362.4
30%	−839.8	−21.3	−77.2	−18.4	−0.033	−3.5	−62.0	−21.6	388.1
35%	−839.8	−21.3	−77.2	−18.4	−0.033	−3.5	−62.0	−21.6	388.1
40%	−839.8	−21.3	−77.2	−18.4	−0.033	−3.5	−62.0	−21.6	388.1
45%	−1261.1	−32.0	−98.2	−23.4	−0.105	−11.1	−95.6	−33.3	597.9
50%	−1776.7	−45.0	−125.6	−30.0	−0.203	−21.5	−133.7	−46.6	836.5
55%	−1895.8	−48.1	−135.9	−32.5	−0.218	−23.1	−136.4	−47.5	853.2
60%	−1895.8	−48.1	−135.9	−32.5	−0.218	−23.1	−136.4	−47.5	853.2
65%	−1900.0	−48.2	−136.3	−32.6	−0.218	−23.2	−137.0	−47.7	857.3
70%	−2640.7	−67.0	−193.5	−46.2	−0.363	−38.6	−204.4	−71.2	1279.0
邢台地区 - 巨鹿县									
5%	0	0	0	0	0	0	0	0	0
10%	0	0	0	0	0	0	0	0	0
15%	−196.9	−4.7	−21.7	−5.2	0.005	0.5	−17.7	−6.3	189.1
20%	−547.7	−13.1	−61.6	−14.7	0.019	1.9	−48.3	−17.1	516.6
25%	−651.1	−15.6	−70.4	−16.8	0.015	1.5	−55.4	−19.6	592.3
30%	−682.8	−16.3	−72.9	−17.4	0.013	1.3	−57.3	−20.3	612.5
35%	−682.8	−16.3	−72.9	−17.4	0.013	1.3	−57.3	−20.3	612.5
40%	−865.5	−20.7	−78.8	−18.8	−0.023	−2.3	−68.6	−24.3	733.5
45%	−1629.7	−39.0	−112.0	−26.7	−0.167	−16.7	−118.6	−42.0	1268.4
50%	−1870.6	−44.7	−131.9	−31.4	−0.193	−19.4	−128.9	−45.7	1379.2
55%	−1913.0	−45.7	−134.6	−32.1	−0.200	−20.1	−132.3	−46.9	1414.9
60%	−1913.0	−45.7	−134.6	−32.1	−0.200	−20.1	−132.3	−46.9	1414.9
65%	−2304.9	−55.1	−160.7	−38.3	−0.271	−27.2	−169.2	−59.9	1809.7
70%	−2752.8	−65.8	−199.4	−47.5	−0.347	−34.8	−200.5	−71.0	2144.7

续表

产量减幅阈值	产量		农田蒸散量		水分生产力		灌溉定额		削减的深层地下水开采量/万 m³
	变化量/（kg/hm²）	变幅/%	变化量/mm	变幅/%	变化量/（kg/m³）	变幅/%	变化量/mm	变幅/%	
邢台地区－威县									
5%	0	0	0	0	0	0	0	0	0
10%	0	0	−0.3	−0.1	0	0	−0.5	−0.2	0
15%	0	0	−0.3	−0.1	0	0	−0.5	−0.2	0
20%	−32.5	−0.8	−3.5	−0.8	0	0	−3.0	−1.1	0
25%	−714.9	−17.2	−58.6	−14.0	−0.037	−3.7	−47.6	−16.6	0
30%	−954.2	−23.0	−77.2	−18.4	−0.055	−5.6	−61.5	−21.5	0
35%	−954.2	−23.0	−77.2	−18.4	−0.055	−5.6	−61.5	−21.5	0
40%	−954.2	−23.0	−77.2	−18.4	−0.055	−5.6	−61.5	−21.5	0
45%	−1082.7	−26.1	−83.0	−19.8	−0.078	−7.8	−70.9	−24.7	0
50%	−1792.5	−43.2	−120.5	−28.8	−0.200	−20.2	−120.2	−41.9	0
55%	−2031.7	−48.9	−135.7	−32.4	−0.242	−24.5	−135.9	−47.4	0
60%	−2031.7	−48.9	−135.7	−32.4	−0.242	−24.5	−135.9	−47.4	0
65%	−2049.6	−49.4	−137.3	−32.8	−0.245	−24.7	−138.3	−48.3	0
70%	−2676.3	−64.5	−181.5	−43.3	−0.369	−37.3	−191.2	−66.7	0
邢台地区－广宗县									
5%	0	0	0	0	0	0	0	0	0
10%	0	0	0	0	0	0	0	0	0
15%	0	0	0	0	0	0	0	0	0
20%	−96.5	−2.4	−10.2	−2.5	0	0	−8.2	−2.9	76.7
25%	−650.6	−16.2	−56.7	−13.7	−0.028	−2.9	−45.2	−15.9	424.1
30%	−902.8	−22.5	−76.3	−18.4	−0.048	−5.0	−59.9	−21.0	562.5
35%	−902.8	−22.5	−76.3	−18.4	−0.048	−5.0	−59.9	−21.0	562.5
40%	−908.9	−22.6	−76.6	−18.5	−0.050	−5.1	−60.4	−21.2	567.2
45%	−1005.6	−25.1	−80.9	−19.5	−0.067	−6.9	−68.0	−23.9	638.4
50%	−1716.1	−42.8	−118.1	−28.5	−0.193	−19.9	−115.4	−40.5	1083.0
55%	−2000.3	−49.8	−136.0	−32.8	−0.245	−25.3	−134.9	−47.4	1266.5
60%	−2000.3	−49.8	−136.0	−32.8	−0.245	−25.3	−134.9	−47.4	1266.5
65%	−2031.4	−50.6	−138.6	−33.5	−0.250	−25.8	−138.6	−48.7	1301.3
70%	−2540.1	−63.3	−173.1	−41.8	−0.358	−37.0	−184.5	−64.7	1731.7

续表

产量减幅阈值	产量		农田蒸散量		水分生产力		灌溉定额		削减的深层地下水开采量/万 m^3
	变化量/（kg/hm^2）	变幅/%	变化量/mm	变幅/%	变化量/（kg/m^3）	变幅/%	变化量/mm	变幅/%	
邢台地区－清河县									
5%	0	0	0	0	0	0	0	0	0
10%	0	0	−0.4	−0.1	0	0	−0.7	−0.3	0
15%	0	0	−0.4	−0.1	0	0	−0.7	−0.3	0
20%	−264.2	−6.3	−24.5	−5.8	−0.005	−0.5	−19.7	−6.9	0
25%	−895.4	−21.4	−77.9	−18.5	−0.035	−3.5	−60.8	−21.3	0
30%	−895.4	−21.4	−77.9	−18.5	−0.035	−3.5	−60.8	−21.3	0
35%	−895.4	−21.4	−77.9	−18.5	−0.035	−3.5	−60.8	−21.3	0
40%	−895.4	−21.4	−77.9	−18.5	−0.035	−3.5	−60.8	−21.3	0
45%	−1631.3	−38.9	−108.4	−25.7	−0.177	−17.8	−117.5	−41.1	0
50%	−1975.8	−47.2	−130.9	−31.1	−0.232	−23.4	−134.9	−47.2	0
55%	−2015.6	−48.1	−134.6	−31.9	−0.236	−23.8	−134.9	−47.2	0
60%	−2015.6	−48.1	−134.6	−31.9	−0.236	−23.8	−134.9	−47.2	0
65%	−2021.6	−48.3	−135.2	−32.1	−0.237	−23.8	−135.8	−47.5	0
70%	−2854.0	−68.1	−193.6	−45.9	−0.408	−41.0	−210.8	−73.8	0
邢台地区－平乡县									
5%	0	0	0	0	0	0	0	0	0
10%	0	0	0	0	0	0	0	0	0
15%	0	0	0	0	0	0	0	0	0
20%	−589.4	−12.8	−46.2	−11.3	−0.019	−1.6	−41.0	−14.4	202.6
25%	−871.6	−18.9	−70.7	−17.3	−0.022	−1.9	−60.7	−21.2	299.7
30%	−871.6	−18.9	−70.7	−17.3	−0.022	−1.9	−60.7	−21.2	299.7
35%	−871.6	−18.9	−70.7	−17.3	−0.022	−1.9	−60.7	−21.2	299.7
40%	−871.6	−18.9	−70.7	−17.3	−0.022	−1.9	−60.7	−21.2	299.7
45%	−1774.2	−38.5	−109.5	−26.8	−0.180	−15.9	−117.4	−41.1	580.2
50%	−2104.5	−45.7	−129.9	−31.8	−0.229	−20.3	−135.7	−47.5	670.3
55%	−2104.5	−45.7	−129.9	−31.8	−0.229	−20.3	−135.7	−47.5	670.3
60%	−2104.5	−45.7	−129.9	−31.8	−0.229	−20.3	−135.7	−47.5	670.3
65%	−2319.9	−50.3	−143.2	−35.1	−0.265	−23.4	−154.4	−54.1	763.0
70%	−3091.9	−67.1	−199.6	−48.9	−0.401	−35.5	−210.7	−73.7	1040.9

续表

产量减幅阈值	产量		农田蒸散量		水分生产力		灌溉定额		削减的深层地下水开采量/万 m^3
	变化量/（kg/hm^2）	变幅/%	变化量/mm	变幅/%	变化量/（kg/m^3）	变幅/%	变化量/mm	变幅/%	
邢台地区－临西县									
5%	0	0	0	0	0	0	0	0	0
10%	0	0	0	0	0	0	0	0	0
15%	0	0	0	0	0	0	0	0	0
20%	−163.5	−3.3	−12.9	−3.0	−0.004	−0.3	−11.3	−3.9	0
25%	−1038.7	−21.1	−76.3	−18.0	−0.045	−3.8	−66.4	−22.8	0
30%	−1038.7	−21.1	−76.3	−18.0	−0.045	−3.8	−66.4	−22.8	0
35%	−1038.7	−21.1	−76.3	−18.0	−0.045	−3.8	−66.4	−22.8	0
40%	−1081.9	−22.0	−77.8	−18.3	−0.052	−4.5	−68.8	−23.6	0
45%	−1905.7	−38.7	−115.5	−27.2	−0.184	−15.9	−122.2	−41.9	0
50%	−2220.9	−45.1	−133.4	−31.4	−0.232	−20.1	−141.4	−48.5	0
55%	−2227.0	−45.3	−133.9	−31.5	−0.233	−20.1	−141.4	−48.5	0
60%	−2261.3	−46.0	−135.9	−32.0	−0.238	−20.6	−143.8	−49.3	0
65%	−2486.3	−50.5	−149.5	−35.2	−0.274	−23.7	−161.2	−55.3	0
70%	−3271.8	−66.5	−204.1	−48.0	−0.412	−35.6	−216.4	−74.3	0
邯郸地区－曲周县									
5%	0	0	0	0	0	0	0	0	0
10%	0	0	0	0	0	0	0	0	0
15%	−42.3	−0.9	−2.8	−0.7	−0.002	−0.2	−3.3	−1.1	34.7
20%	−697.2	−14.3	−39.7	−9.9	−0.059	−4.9	−50.7	−17.5	530.2
25%	−939.3	−19.3	−66.6	−16.6	−0.039	−3.2	−64.9	−22.4	678.6
30%	−939.8	−19.3	−66.7	−16.6	−0.038	−3.2	−64.9	−22.4	678.6
35%	−941.7	−19.3	−66.8	−16.7	−0.039	−3.2	−64.9	−22.4	678.6
40%	−1268.8	−26.0	−77.1	−19.2	−0.102	−8.4	−88.1	−30.4	921.0
45%	−1879.8	−38.6	−97.5	−24.3	−0.229	−18.8	−131.5	−45.4	1375.7
50%	−2191.0	−44.9	−109.5	−27.3	−0.295	−24.3	−139.9	−48.3	1463.1
55%	−2403.5	−49.3	−117.7	−29.3	−0.343	−28.2	−139.9	−48.3	1463.1
60%	−2513.2	−51.6	−124.2	−31.0	−0.363	−29.8	−146.0	−50.4	1527.6
65%	−2917.9	−59.9	−155.0	−38.6	−0.420	−34.6	−187.5	−64.7	1961.4
70%	−3205.4	−65.8	−179.4	−44.8	−0.462	−38.0	−214.7	−74.1	2245.5

续表

产量减幅阈值	产量		农田蒸散量		水分生产力		灌溉定额		削减的深层地下水开采量/万 m^3
	变化量/（kg/hm^2）	变幅/%	变化量/mm	变幅/%	变化量/（kg/m^3）	变幅/%	变化量/mm	变幅/%	
邯郸地区－鸡泽县									
5%	0	0	0	0	0	0	0	0	0
10%	0	0	0	0	0	0	0	0	0
15%	−5.9	−0.1	−0.4	−0.1	0	0	−0.5	−0.2	1.0
20%	−764.1	−14.9	−54.1	−13.6	−0.020	−1.5	−53.2	−18.4	111.9
25%	−938.6	−18.3	−66.2	−16.6	−0.026	−2.0	−63.8	−22.1	134.1
30%	−939.3	−18.3	−66.3	−16.6	−0.026	−2.0	−63.8	−22.1	134.1
35%	−939.3	−18.3	−66.3	−16.6	−0.026	−2.0	−63.8	−22.1	134.1
40%	−939.3	−18.3	−66.3	−16.6	−0.026	−2.0	−63.8	−22.1	134.1
45%	−2153.8	−42.0	−103.3	−25.9	−0.279	−21.7	−138.8	−48.1	291.8
50%	−2378.2	−46.4	−119.0	−29.9	−0.303	−23.5	−138.8	−48.1	291.8
55%	−2433.9	−47.4	−121.7	−30.5	−0.313	−24.3	−138.8	−48.1	291.8
60%	−2433.9	−47.4	−121.7	−30.5	−0.313	−24.3	−138.8	−48.1	291.8
65%	−3140.5	−61.2	−166.0	−41.7	−0.432	−33.5	−200.4	−69.4	421.3
70%	−3429.6	−66.8	−188.8	−47.4	−0.476	−37.0	−213.8	−74.0	449.4
邯郸地区－邱县									
5%	0	0	0	0	0	0	0	0	0
10%	0	0	0	0	0	0	0	0	0
15%	0	0	0	0	0	0	0	0	0
20%	−516.8	−12.3	−50.9	−12.3	0	0	−40.6	−14.4	171.3
25%	−761.7	−18.1	−72.3	−17.5	−0.008	−0.8	−57.6	−20.4	243.2
30%	−761.7	−18.1	−72.3	−17.5	−0.008	−0.8	−57.6	−20.4	243.2
35%	−761.7	−18.1	−72.3	−17.5	−0.008	−0.8	−57.6	−20.4	243.2
40%	−896.4	−21.3	−76.5	−18.5	−0.035	−3.5	−66.5	−23.5	280.4
45%	−1745.8	−41.5	−111.6	−26.9	−0.202	−19.9	−132.6	−46.9	559.6
50%	−1965.8	−46.7	−124.1	−30.0	−0.243	−23.9	−132.6	−46.9	559.6
55%	−2063.4	−49.0	−129.8	−31.3	−0.262	−25.8	−132.6	−46.9	559.6
60%	−2081.6	−49.5	−130.9	−31.6	−0.266	−26.1	−134.2	−47.5	566.2
65%	−2579.6	−61.3	−171.1	−41.3	−0.346	−34.1	−192.3	−68.0	811.4
70%	−2833.5	−67.3	−192.6	−46.5	−0.396	−39.0	−207.6	−73.5	876.0

续表

产量减幅阈值	产量		农田蒸散量		水分生产力		灌溉定额		削减的深层地下水开采量/万 m^3
	变化量/（kg/hm^2）	变幅/%	变化量/mm	变幅/%	变化量/（kg/m^3）	变幅/%	变化量/mm	变幅/%	
邯郸地区－馆陶县									
5%	0	0	0	0	0	0	0	0	0
10%	0	0	0	0	0	0	0	0	0
15%	−67.5	−1.2	−5.7	−1.4	0.002	0.2	−5.0	−1.7	10.3
20%	−705.7	−12.3	−51.1	−12.2	−0.002	−0.1	−49.5	−17.0	101.1
25%	−986.3	−17.3	−70.3	−16.8	−0.007	−0.5	−65.6	−22.6	134.2
30%	−986.3	−17.3	−70.3	−16.8	−0.007	−0.5	−65.6	−22.6	134.2
35%	−986.3	−17.3	−70.3	−16.8	−0.007	−0.5	−65.6	−22.6	134.2
40%	−1873.0	−32.8	−95.7	−22.9	−0.175	−12.8	−118.3	−40.7	241.9
45%	−2421.9	−42.4	−117.2	−28.1	−0.272	−19.9	−140.0	−48.2	286.1
50%	−2522.4	−44.1	−122.9	−29.4	−0.285	−20.9	−140.6	−48.4	287.5
55%	−2522.4	−44.1	−122.9	−29.4	−0.285	−20.9	−140.6	−48.4	287.5
60%	−3122.6	−54.6	−159.2	−38.1	−0.366	−26.7	−191.7	−65.9	391.7
65%	−3531.3	−61.8	−186.2	−44.6	−0.425	−31.1	−214.1	−73.7	437.7
70%	−3608.8	−63.1	−191.1	−45.7	−0.439	−32.1	−215.6	−74.2	440.8
邯郸地区－广平县									
5%	0	0	0	0	0	0	0	0	0
10%	0	0	0	0	0	0	0	0	0
15%	−101.9	−1.8	−3.4	−0.8	−0.014	−1.0	−6.3	−2.2	15.9
20%	−895.0	−16.0	−58.8	−14.3	−0.027	−2.0	−57.8	−20.2	147.3
25%	−962.3	−17.2	−63.3	−15.3	−0.029	−2.2	−61.7	−21.5	157.1
30%	−962.3	−17.2	−63.3	−15.3	−0.029	−2.2	−61.7	−21.5	157.1
35%	−1069.6	−19.1	−66.4	−16.1	−0.049	−3.6	−69.7	−24.3	177.5
40%	−1971.4	−35.2	−89.9	−21.8	−0.233	−17.1	−126.2	−44.0	321.5
45%	−2402.5	−42.9	−109.3	−26.5	−0.303	−22.3	−136.7	−47.7	348.2
50%	−2477.7	−44.2	−113.5	−27.5	−0.313	−23.1	−136.7	−47.7	348.2
55%	−2479.1	−44.3	−113.6	−27.5	−0.313	−23.1	−136.7	−47.7	348.2
60%	−3000.7	−53.6	−145.6	−35.3	−0.384	−28.3	−181.4	−63.3	462.2
65%	−3466.6	−61.9	−175.3	−42.5	−0.458	−33.7	−209.8	−73.2	534.4
70%	−3612.5	−64.5	−185.2	−44.9	−0.483	−35.6	−211.7	−73.8	539.2

续表

产量减幅阈值	产量		农田蒸散量		水分生产力		灌溉定额		削减的深层地下水开采量/万 m^3
	变化量/（kg/hm^2）	变幅/%	变化量/mm	变幅/%	变化量/（kg/m^3）	变幅/%	变化量/mm	变幅/%	
邯郸地区－大名县									
5%	0	0	0	0	0	0	0	0	0
10%	0	0	0	0	0	0	0	0	0
15%	−422.6	−7.4	−26.9	−6.5	−0.013	−0.9	−31.0	−10.9	221.5
20%	−882.2	−15.4	−63.0	−15.2	−0.003	−0.2	−59.4	−20.9	424.8
25%	−894.3	−15.6	−66.3	−16.0	0.006	0.5	−59.4	−20.9	424.8
30%	−894.3	−15.6	−66.3	−16.0	0.006	0.5	−59.4	−20.9	424.8
35%	−1591.9	−27.8	−85.9	−20.7	−0.123	−8.9	−107.1	−37.7	766.1
40%	−2021.4	−35.3	−97.2	−23.5	−0.214	−15.4	−134.4	−47.3	961.0
45%	−2426.0	−42.3	−114.0	−27.5	−0.283	−20.4	−134.4	−47.3	961.0
50%	−2506.0	−43.7	−117.2	−28.3	−0.298	−21.5	−134.4	−47.3	961.0
55%	−2581.8	−45.0	−122.5	−29.6	−0.304	−22.0	−142.2	−50.0	1016.4
60%	−3198.4	−55.8	−164.3	−39.7	−0.370	−26.7	−202.9	−71.4	1451.0
65%	−3578.1	−62.4	−184.5	−44.6	−0.446	−32.2	−209.4	−73.6	1497.3
70%	−3617.9	−63.1	−186.4	−45.0	−0.456	−32.9	−209.4	−73.6	1497.3
邯郸地区－魏县									
5%	0	0	0	0	0	0	0	0	0
10%	0	0	0	0	0	0	0	0	0
15%	−286.5	−5.1	−10.2	−2.4	−0.036	−2.7	−21.3	−7.6	178.0
20%	−928.8	−16.5	−62.2	−14.9	−0.025	−1.9	−56.7	−20.1	474.6
25%	−933.3	−16.5	−62.8	−15.0	−0.024	−1.8	−56.7	−20.1	474.6
30%	−933.3	−16.5	−62.8	−15.0	−0.024	−1.8	−56.7	−20.1	474.6
35%	−1228.9	−21.8	−71.2	−17.0	−0.077	−5.7	−78.1	−27.7	653.9
40%	−2011.9	−35.7	−93.5	−22.4	−0.231	−17.1	−131.7	−46.8	1102.4
45%	−2316.2	−41.1	−106.4	−25.5	−0.282	−20.9	−131.7	−46.8	1102.4
50%	−2483.2	−44.0	−112.8	−27.0	−0.315	−23.3	−131.7	−46.8	1102.4
55%	−2485.0	−44.1	−113.0	−27.0	−0.315	−23.3	−131.9	−46.8	1104.2
60%	−3159.5	−56.0	−156.2	−37.4	−0.401	−29.8	−196.9	−69.9	1648.3
65%	−3481.9	−61.7	−176.7	−42.3	−0.455	−33.7	−206.7	−73.4	1730.1
70%	−3564.1	−63.2	−180.8	−43.2	−0.474	−35.1	−206.7	−73.4	1730.1

附表 2　在研究区各县（市）优化的冬小麦生育期内咸水灌溉模式所允许的最大矿化度（或无解）的分布比例和浅层地下水矿化度的分布比例及模拟时段平均的冬小麦生育期内灌溉所需的咸水资源量和浅层咸水可开采资源量与灌溉所需的咸水资源量之差值

20 个轮作周年平均的作物减产量 /（kg/hm²）	20 个轮作周年末 2 m 土体平均的含盐量 /（g/kg）	在双约束条件下冬小麦生育期内咸水灌溉所允许的最大矿化度（或无解）的分布面积占该县（市）模拟单元总面积的比例 /%							浅层地下矿化度在不同范围的分布面积占该县（市）模拟单元总面积的比例 /%				冬小麦生育期内灌溉所需的咸水资源量 /（万 m^3/a）	浅层咸水可开采资源量与灌溉所需的咸水资源量之差 /（万 m^3/a）
		1 g/L	2 g/L	3 g/L	4 g/L	5 g/L	6 g/L	无解	＜ 1 g/L	1.0 ~ 3.0 g/L	3.0 ~ 5.0 g/L	＞ 5.0 g/L		
廊坊地区 - 廊坊市														
≤ 500	＜ 3	0	0	4.8	83.7	10.2	1.3	0	39.9	60.1	0	0	2379.6	991.4
≤ 1000		0	0	0	4.0	58.1	37.9	0						
≤ 1500		0	0	0	4.0	48.6	47.4	0						
≤ 2000		0	0	0	4.0	48.6	47.4	0						
廊坊地区 - 固安县														
≤ 500	＜ 3	0	0	3.8	72.0	24.2	0	0	79.6	20.4	0	0	4009.5	−4009.5
≤ 1000		0	0	0	2.4	10.7	86.9	0						
≤ 1500		0	0	0	2.3	9.4	88.3	0						
≤ 2000		0	0	0	2.3	9.4	88.3	0						
廊坊地区 - 永清县														
≤ 500	＜ 3	0	0	13.1	42.3	38.3	6.3	0	9.0	91.0	0	0	2247.2	880.8
≤ 1000		0	0	1.3	2.9	36.0	59.8	0						
≤ 1500		0	0	1.3	2.9	36.0	59.8	0						
≤ 2000		0	0	1.3	2.9	36.0	59.8	0						

续表

20个轮作周年平均的作物减产量/（kg/hm²）	20个轮作周年末2 m土体平均的含盐量/（g/kg）	在双约束条件下冬小麦生育期内咸水灌溉所允许的最大矿化度（或无解）的分布面积占该县（市）模拟单元总面积的比例/%							浅层地下矿化度在不同范围的分布面积占该县（市）模拟单元总面积的比例/%				冬小麦生育期内灌溉所需的咸水资源量/（万 m³/a）	浅层咸水可开采资源量与灌溉所需的咸水资源量之差/（万 m³/a）
		1 g/L	2 g/L	3 g/L	4 g/L	5 g/L	6 g/L	无解	< 1 g/L	1.0 ~ 3.0 g/L	3.0 ~ 5.0 g/L	> 5.0 g/L		
廊坊地区－霸州市														
≤ 500	< 3	0	1.9	47.2	43.4	2.3	5.2	0	17.1	82.9	0	0	3011.7	132.3
≤ 1000		0	0.2	6.9	19.3	33.9	39.7	0						
≤ 1500		0	0.2	5.2	17.3	27.8	49.5	0						
≤ 2000		0	0.2	5.2	15.6	27.2	51.8	0						
廊坊地区－文安县														
≤ 500	< 3	0	3.0	67.8	14.8	9.1	3.5	1.8	56.4	43.6	0	0	3613.6	3330.6
≤ 1000		0	0	3.0	31.7	43.2	20.3	1.8						
≤ 1500		0	0	2.0	17.6	46.3	32.3	1.8						
≤ 2000		0	0	2.0	17.6	38.4	40.2	1.8						
廊坊地区－大城县														
≤ 500	< 3	0	3.7	67.9	3.2	8.4	16.8	0	0.7	93.0	4.9	1.4	3681.7	4143.7
≤ 1000		0	0.5	5.8	56.9	11.3	25.5	0						
≤ 1500		0	0.5	5.1	56.1	11.9	26.4	0						
≤ 2000		0	0.5	5.1	55.4	11.1	27.9	0						

续表

20 个轮作周年平均的作物减产量 /（kg/hm^2）	20 个轮作周年末 2 m 土体平均的含盐量 /（g/kg）	在双约束条件下冬小麦生育期内咸水灌溉所允许的最大矿化度（或无解）的分布面积占该县（市）模拟单元总面积的比例 /%							浅层地下矿化度在不同范围的分布面积占该县（市）模拟单元总面积的比例 /%				冬小麦生育期内灌溉所需的咸水资源量 /（万 m^3/a）	浅层咸水可开采资源量与灌溉所需的咸水资源量之差 /（万 m^3/a）
		1 g/L	2 g/L	3 g/L	4 g/L	5 g/L	6 g/L	无解	＜1 g/L	1.0 ~ 3.0 g/L	3.0 ~ 5.0 g/L	＞5.0 g/L		
保定地区 - 雄县														
≤ 500	＜3	0	0	54.3	45.5	0.2	0	0	100.0	0	0	0	3132.7	−713.7
≤ 1000		0	0	0	16.9	70.6	12.5	0						
≤ 1500		0	0	0	16.9	50.6	32.5	0						
≤ 2000		0	0	0	16.9	50.6	32.5	0						
保定地区 - 容城县														
≤ 500	＜3	0	11.1	66.7	8.6	3.7	9.9	0	100.0	0	0	0	2844.2	−2844.2
≤ 1000		0	0	3.7	18.1	64.6	13.6	0						
≤ 1500		0	0	0	4.1	15.6	80.3	0						
≤ 2000		0	0	0	4.1	6.6	89.3	0						
保定地区 - 安新县														
≤ 500	＜3	0	0.4	51.0	1.5	46.5	0.6	0	100.0	0	0	0	4062.7	−1746.7
≤ 1000		0	0	0.2	32.7	20.0	47.1	0						
≤ 1500		0	0	0.2	11.5	34.6	53.7	0						
≤ 2000		0	0	0.2	11.5	18.9	69.4	0						

续表

20个轮作周年平均的作物减产量 /（kg/hm²）	20个轮作周年末2 m土体平均的含盐量 /（g/kg）	在双约束条件下冬小麦生育期内咸水灌溉所允许的最大矿化度（或无解）的分布面积占该县（市）模拟单元总面积的比例 /%							浅层地下矿化度在不同范围的分布面积占该县（市）模拟单元总面积的比例 /%				冬小麦生育期内灌溉所需的咸水资源量 /（万 m³/a）	浅层咸水可开采资源量与灌溉所需的咸水资源量之差 /（万 m³/a）
		1 g/L	2 g/L	3 g/L	4 g/L	5 g/L	6 g/L	无解	＜1 g/L	1.0 ~ 3.0 g/L	3.0 ~ 5.0 g/L	＞5.0 g/L		
保定地区 - 高阳县														
≤ 500	＜3	0	11.2	66.2	15.4	7.2	0	0	71.1	28.9	0	0	2670.4	−1484.4
≤ 1000		0	0	1.5	40.3	51.0	7.2	0						
≤ 1500		0	0	0.7	38.6	50.5	10.2	0						
≤ 2000		0	0	0.7	38.6	49.5	11.2	0						
保定地区 - 蠡县														
≤ 500	＜3	0	10.0	75.3	10.1	0	4.6	0	99.8	0.2	0	0	4141.4	−3328.4
≤ 1000		0	0	18.6	35.5	41.3	4.6	0						
≤ 1500		0	0	16.6	37.5	41.3	4.6	0						
≤ 2000		0	0	16.6	35.5	41.3	6.6	0						
保定地区 - 博野县														
≤ 500	＜3	0	0	39.2	16.1	8.1	36.6	0	89.7	10.3	0	0	2376.6	−2376.6
≤ 1000		0	0	0.4	52.0	6.6	41.0	0						
≤ 1500		0	0	0.4	38.1	14.3	47.2	0						
≤ 2000		0	0	0.4	38.1	14.3	47.2	0						

续表

20个轮作周年平均的作物减产量/（kg/hm²）	20个轮作周年末2 m土体平均的含盐量/（g/kg）	在双约束条件下冬小麦生育期内咸水灌溉所允许的最大矿化度（或无解）的分布面积占该县（市）模拟单元总面积的比例/%							浅层地下矿化度在不同范围的分布面积占该县（市）模拟单元总面积的比例/%				冬小麦生育期内灌溉所需的咸水资源量/（万 m³/a）	浅层咸水可开采资源量与灌溉所需的咸水资源量之差/（万 m³/a）
		1 g/L	2 g/L	3 g/L	4 g/L	5 g/L	6 g/L	无解	＜1 g/L	1.0 ~ 3.0 g/L	3.0 ~ 5.0 g/L	＞5.0 g/L		
沧州地区 - 任丘市														
≤ 500	＜3	0	12.3	56.2	21.6	4.7	5.2	0	47.2	26.2	26.6	0	6802.2	−2424.2
≤ 1000		0	12.3	51.7	26.1	0.1	9.8	0						
≤ 1500		0	12.3	51.7	25.2	0.5	10.3	0						
≤ 2000		0	12.3	51.7	25.2	0.5	10.3	0						
沧州地区 - 青县														
≤ 500	＜3	0.9	40.7	40.0	14.2	2.6	0	1.6	0	90.3	8.2	1.5	2733.9	2435.3
≤ 1000		0.8	39.2	41.6	14.2	2.6	0	1.6						
≤ 1500		0.8	39.2	41.6	14.2	2.6	0	1.6						
≤ 2000		0.8	39.2	41.6	14.2	2.6	0	1.6						
沧州地区 - 黄骅市														
≤ 500	＜3	20.3	15.7	9.5	26.4	1.1	3.6	23.4	0	0	32.9	67.1	1707.7	1106.0
≤ 1000		20.3	15.7	9.5	4.1	18.9	8.1	23.4						
≤ 1500		20.3	15.7	9.5	4.1	18.9	8.1	23.4						
≤ 2000		20.3	15.7	9.5	4.1	18.9	8.1	23.4						

续表

20 个轮作周年平均的作物减产量 /（kg/hm²）	20 个轮作周年末 2 m 土体平均的含盐量 /（g/kg）	在双约束条件下冬小麦生育期内咸水灌溉所允许的最大矿化度（或无解）的分布面积占该县（市）模拟单元总面积的比例 /%							浅层地下矿化度在不同范围的分布面积占该县（市）模拟单元总面积的比例 /%				冬小麦生育期内灌溉所需的咸水资源量 /（万 m^3/a）	浅层咸水可开采资源量与灌溉所需的咸水资源量之差 /（万 m^3/a）
		1 g/L	2 g/L	3 g/L	4 g/L	5 g/L	6 g/L	无解	＜1 g/L	1.0 ~ 3.0 g/L	3.0 ~ 5.0 g/L	＞5.0 g/L		
沧州地区－河间市														
≤ 500	＜3	0	6.3	79.7	13.5	0.1	0.4	0	0.7	46.9	32.3	20.1	8509.0	−2483.0
≤ 1000		0	6.3	20.5	67.1	1.6	4.5	0						
≤ 1500		0	6.3	20.5	67.0	1.6	4.6	0						
≤ 2000		0	6.3	20.5	67.0	1.6	4.6	0						
沧州地区－沧州市和沧县														
≤ 500	＜3	7.7	37.6	45.7	7.8	1.2	0	0	0	74.9	18.3	6.8	6501.7	3995.5
≤ 1000		6.2	39.2	35.1	18.3	1.2	0	0						
≤ 1500		6.2	39.2	35.1	18.3	1.2	0	0						
≤ 2000		6.2	39.2	35.1	18.3	1.2	0	0						
沧州地区－肃宁县														
≤ 500	＜3	0	1.6	95.5	2.9	0	0	0	78.7	21.3	0	0	3876.6	−1703.6
≤ 1000		0	1.6	7.1	54.6	36.7	0	0						
≤ 1500		0	1.6	7.1	54.6	36.7	0	0						
≤ 2000		0	1.6	7.1	54.6	36.7	0	0						

续表

20个轮作周年平均的作物减产量/（kg/hm²）	20个轮作周年末2 m土体平均的含盐量/（g/kg）	在双约束条件下冬小麦生育期内咸水灌溉所允许的最大矿化度（或无解）的分布面积占该县（市）模拟单元总面积的比例/%							浅层地下矿化度在不同范围的分布面积占该县（市）模拟单元总面积的比例/%				冬小麦生育期内灌溉所需的咸水资源量/（万 m³/a）	浅层咸水可开采资源量与灌溉所需的咸水资源量之差/（万 m³/a）
		1 g/L	2 g/L	3 g/L	4 g/L	5 g/L	6 g/L	无解	＜1 g/L	1.0～3.0 g/L	3.0～5.0 g/L	＞5.0 g/L		
沧州地区－献县														
≤500	＜3	5.9	11.0	52.6	26.6	0	3.9	0	0	74.6	14.0	11.4	7057.3	−473.5
≤1000		5.9	11.0	45.8	27.0	0.8	9.5	0						
≤1500		5.9	11.0	45.8	27.0	0.8	9.5	0						
≤2000		5.9	11.0	45.8	27.0	0.8	9.5	0						
沧州地区－海兴县														
≤500	＜3	6.2	8.5	8.6	66.2	8.4	0	2.1	0	29.8	53.6	16.6	896.4	1438.7
≤1000		6.2	8.5	8.6	3.0	33.5	38.1	2.1						
≤1500		6.2	8.5	8.6	3.0	33.5	38.1	2.1						
≤2000		6.2	8.5	8.6	3.0	33.5	38.1	2.1						
沧州地区－孟村回族自治县														
≤500	＜3	27.6	71.7	0.2	0.5	0	0	0	0	72.7	27.3	0	1743.9	202.0
≤1000		27.6	70.5	1.4	0.5	0	0	0						
≤1500		27.6	70.5	1.4	0.5	0	0	0						
≤2000		27.6	70.5	1.4	0.5	0	0	0						

续表

20个轮作周年平均的作物减产量/（kg/hm²）	20个轮作周年末2 m土体平均的含盐量/（g/kg）	在双约束条件下冬小麦生育期内咸水灌溉所允许的最大矿化度（或无解）的分布面积占该县（市）模拟单元总面积的比例/%							浅层地下矿化度在不同范围的分布面积占该县（市）模拟单元总面积的比例/%				冬小麦生育期内灌溉所需的咸水资源量/（万 m^3/a）	浅层咸水可开采资源量与灌溉所需的咸水资源量之差/（万 m^3/a）
		1 g/L	2 g/L	3 g/L	4 g/L	5 g/L	6 g/L	无解	＜1 g/L	1.0 ~ 3.0 g/L	3.0 ~ 5.0 g/L	＞5.0 g/L		
沧州地区－泊头市														
≤ 500	＜3	0	1.2	8.4	70.6	13.6	6.2	0	0	49.3	50.7	0	6116.5	−1541.7
≤ 1000		0	1.2	3.5	5.4	2.5	87.4	0						
≤ 1500		0	1.2	3.5	5.4	2.5	87.4	0						
≤ 2000		0	1.2	3.5	5.4	2.5	87.4	0						
沧州地区－南皮县														
≤ 500	＜3	45.2	54.2	0	0	0	0	0.6	0	100.0	0	0	4516.7	−628.7
≤ 1000		45.0	48.3	6.1	0	0	0	0.6						
≤ 1500		45.0	48.3	6.1	0	0	0	0.6						
≤ 2000		45.0	48.3	6.1	0	0	0	0.6						
沧州地区－盐山县														
≤ 500	＜3	13.9	67.9	18.2	0	0	0	0	0	100.0	0	0	3891.0	−343.8
≤ 1000		13.9	67.9	17.4	0.8	0	0	0						
≤ 1500		13.9	67.9	17.4	0.8	0	0	0						
≤ 2000		13.9	67.9	17.4	0.8	0	0	0						

续表

20 个轮作周年平均的作物减产量 /（kg/hm^2）	20 个轮作周年末 2 m 土体平均的含盐量 /（g/kg）	在双约束条件下冬小麦生育期内咸水灌溉所允许的最大矿化度（或无解）的分布面积占该县（市）模拟单元总面积的比例 /%							浅层地下矿化度在不同范围的分布面积占该县（市）模拟单元总面积的比例 /%				冬小麦生育期内灌溉所需的咸水资源量 /（万 m^3/a）	浅层咸水可开采资源量与灌溉所需的咸水资源量之差 /（万 m^3/a）
		1 g/L	2 g/L	3 g/L	4 g/L	5 g/L	6 g/L	无解	< 1 g/L	1.0 ~ 3.0 g/L	3.0 ~ 5.0 g/L	> 5.0 g/L		
沧州地区－东光县														
≤ 500	< 3	55.4	44.6	0	0	0	0	0	0	79.0	21.0	0	4381.3	−1058.3
≤ 1000		28.0	69.8	2.1	0	0	0	0						
≤ 1500		28.0	63.7	8.3	0	0	0	0						
≤ 2000		28.0	61.4	10.6	0	0	0	0						
沧州地区－吴桥县														
≤ 500	< 3	0	0.2	97.7	2.2	0	0	0	0	97.3	2.7	0	3999.4	−1308.4
≤ 1000		0	0	0	82.6	15.7	1.7	0						
≤ 1500		0	0	0	0.6	78.4	21.0	0						
≤ 2000		0	0	0	0.6	47.8	51.6	0						
衡水地区－饶阳县														
≤ 500	< 3	0	0	53.5	46.5	0	0	0	6.1	93.9	0	0	3250.2	−1945.2
≤ 1000		0	0	0	0.9	99.1	0	0						
≤ 1500		0	0	0	0.9	47.6	51.5	0						
≤ 2000		0	0	0	0.9	47.6	51.5	0						

续表

20个轮作周年平均的作物减产量/（kg/hm²）	20个轮作周年末2 m土体平均的含盐量/（g/kg）	在双约束条件下冬小麦生育期内咸水灌溉所允许的最大矿化度（或无解）的分布面积占该县（市）模拟单元总面积的比例/%							浅层地下矿化度在不同范围的分布面积占该县（市）模拟单元总面积的比例/%				冬小麦生育期内灌溉所需的咸水资源量/（万 m^3/a）	浅层咸水可开采资源量与灌溉所需的咸水资源量之差/（万 m^3/a）
		1 g/L	2 g/L	3 g/L	4 g/L	5 g/L	6 g/L	无解	＜1 g/L	1.0 ~ 3.0 g/L	3.0 ~ 5.0 g/L	＞5.0 g/L		
衡水地区 - 安平县														
≤ 500	＜3	0	0	60.4	34.2	0.3	5.1	0	57.5	42.5	0	0	3948.3	−3688.3
≤ 1000		0	0	0	3.2	90.9	5.9	0						
≤ 1500		0	0	0	3.2	33.7	63.1	0						
≤ 2000		0	0	0	3.2	33.7	63.1	0						
衡水地区 - 武强县														
≤ 500	＜3	0	19.5	78.6	1.9	0	0	0	0	95.8	4.2	0	3228.3	−1710.3
≤ 1000		0	0	0	70.4	28.9	0.7	0						
≤ 1500		0	0	0	16.7	24.2	59.1	0						
≤ 2000		0	0	0	16.7	24.2	59.1	0						
衡水地区 - 深州市														
≤ 500	＜3	0	12.7	60.6	26.1	0.6	0	0	9.9	86.0	4.1	0	8865.3	−5798.3
≤ 1000		0	12.7	12.3	21.7	46.1	7.2	0						
≤ 1500		0	12.7	12.3	13.1	38.0	23.9	0						
≤ 2000		0	12.7	12.3	13.1	38.0	23.9	0						

续表

20个轮作周年平均的作物减产量/（kg/hm^2）	20个轮作周年末2 m土体平均的含盐量/（g/kg）	在双约束条件下冬小麦生育期内咸水灌溉所允许的最大矿化度（或无解）的分布面积占该县（市）模拟单元总面积的比例/%							浅层地下矿化度在不同范围的分布面积占该县（市）模拟单元总面积的比例/%				冬小麦生育期内灌溉所需的咸水资源量/（万 m^3/a）	浅层咸水可开采资源量与灌溉所需的咸水资源量之差/（万 m^3/a）
		1 g/L	2 g/L	3 g/L	4 g/L	5 g/L	6 g/L	无解	＜1 g/L	1.0 ~ 3.0 g/L	3.0 ~ 5.0 g/L	＞5.0 g/L		
衡水地区－阜城县														
≤ 500	＜3	0	0	8.7	78.5	12.8	0	0	0	89.6	10.4	0	4851.7	−2105.6
≤ 1000		0	0	0	1.6	7.1	91.3	0						
≤ 1500		0	0	0	0	0	100.0	0						
≤ 2000		0	0	0	0	0	100.0	0						
衡水地区－武邑县														
≤ 500	＜3	0	0.6	83.8	15.3	0.3	0	0	0	55.5	44.5	0	5024.5	−2349.3
≤ 1000		0	0	1.5	22.9	64.5	11.1	0						
≤ 1500		0	0	0.8	6.3	21.3	71.6	0						
≤ 2000		0	0	0.8	6.3	7.4	85.5	0						
衡水地区－景县														
≤ 500	＜3	0	0.7	25.5	66.4	7.4	0	0	0	60.5	37.4	2.1	8205.0	−3824.0
≤ 1000		0	0	0	14.3	33.3	52.4	0						
≤ 1500		0	0	0	1.2	4.7	94.1	0						
≤ 2000		0	0	0	1.2	0.7	98.1	0						

续表

20 个轮作周年平均的作物减产量 /（kg/hm²）	20 个轮作周年末 2 m 土体平均的含盐量 /（g/kg）	在双约束条件下冬小麦生育期内咸水灌溉所允许的最大矿化度（或无解）的分布面积占该县（市）模拟单元总面积的比例 /%							浅层地下矿化度在不同范围的分布面积占该县（市）模拟单元总面积的比例 /%				冬小麦生育期内灌溉所需的咸水资源量 /（万 m^3/a）	浅层咸水可开采资源量与灌溉所需的咸水资源量之差 /（万 m^3/a）
		1 g/L	2 g/L	3 g/L	4 g/L	5 g/L	6 g/L	无解	< 1 g/L	1.0 ~ 3.0 g/L	3.0 ~ 5.0 g/L	> 5.0 g/L		
衡水地区 - 衡水市														
≤ 500	< 3	0	1.1	58.0	38.7	2.2	0	0	0	78.1	21.9	0	3496.8	−1164.3
≤ 1000		0	0.2	7.0	38.5	15.3	39.0	0						
≤ 1500		0	0.2	7.0	35.2	2.9	54.7	0						
≤ 2000		0	0.2	7.0	35.2	0.7	56.9	0						
衡水地区 - 冀州市														
≤ 500	< 3	2.0	2.5	85.3	10.2	0	0	0	0	81.4	13.3	5.3	4204.9	704.0
≤ 1000		2.0	1.5	37.3	37.1	21.0	1.1	0						
≤ 1500		2.0	1.5	37.2	22.7	6.2	30.4	0						
≤ 2000		2.0	1.5	37.2	22.7	6.1	30.5	0						
衡水地区 - 枣强县														
≤ 500	< 3	0	53.6	28.0	17.6	0.8	0	0	0	100.0	0	0	5324.9	−2031.9
≤ 1000		0	0	33.0	45.7	17.2	4.1	0						
≤ 1500		0	0	7.3	15.0	59.0	18.7	0						
≤ 2000		0	0	7.3	15.0	4.9	72.8	0						

续表

20 个轮作周年平均的作物减产量 /（kg/hm^2）	20 个轮作周年末 2 m 土体平均的含盐量 /（g/kg）	在双约束条件下冬小麦生育期内咸水灌溉所允许的最大矿化度（或无解）的分布面积占该县（市）模拟单元总面积的比例 /%							浅层地下矿化度在不同范围的分布面积占该县（市）模拟单元总面积的比例 /%				冬小麦生育期内灌溉所需的咸水资源量 /（万 m^3/a）	浅层咸水可开采资源量与灌溉所需的咸水资源量之差 /（万 m^3/a）
		1 g/L	2 g/L	3 g/L	4 g/L	5 g/L	6 g/L	无解	＜1 g/L	1.0 ~ 3.0 g/L	3.0 ~ 5.0 g/L	＞5.0 g/L		
衡水地区－故城县														
≤ 500	＜3	0	0.6	92.4	7.0	0	0	0	16.1	78.6	5.3	0	6043.2	−1378.6
≤ 1000		0	0	2.7	21.2	70.2	5.9	0						
≤ 1500		0	0	2.7	0.9	1.5	94.9	0						
≤ 2000		0	0	2.7	0.9	1.0	95.4	0						
邢台地区－新河县														
≤ 500	＜3	2.9	95.7	0	1.4	0	0	0	0	34.2	27.5	38.3	2847.9	−1435.8
≤ 1000		2.9	31.0	64.7	0	0	1.4	0						
≤ 1500		2.9	31.0	48.7	3.5	12.5	1.4	0						
≤ 2000		2.9	31.0	48.7	0	14.5	2.9	0						
邢台地区－南宫市														
≤ 500	＜3	0	91.0	7.1	1.0	0	0.9	0	0	54.8	32.5	12.7	4558.9	5509.3
≤ 1000		0	1.6	54.7	36.6	5.3	1.8	0						
≤ 1500		0	1.6	1.3	53.1	32.2	11.8	0						
≤ 2000		0	1.6	1.3	22.8	42.1	32.2	0						

续表

20个轮作周年平均的作物减产量/（kg/hm²）	20个轮作周年末2 m土体平均的含盐量/（g/kg）	在双约束条件下冬小麦生育期内咸水灌溉所允许的最大矿化度（或无解）的分布面积占该县（市）模拟单元总面积的比例/%							浅层地下矿化度在不同范围的分布面积占该县（市）模拟单元总面积的比例/%				冬小麦生育期内灌溉所需的咸水资源量/（万 m³/a）	浅层咸水可开采资源量与灌溉所需的咸水资源量之差/（万 m³/a）
		1 g/L	2 g/L	3 g/L	4 g/L	5 g/L	6 g/L	无解	＜1 g/L	1.0～3.0 g/L	3.0～5.0 g/L	＞5.0 g/L		
邢台地区－巨鹿县														
≤500	＜3	10.0	53.5	26.2	10.3	0	0	0	0	10.5	49.2	40.3	3477.7	−2333.7
≤1000		10.0	3.7	11.3	59.8	4.9	10.3	0						
≤1500		10.0	3.7	10.3	0.5	50.8	24.7	0						
≤2000		10.0	3.7	10.3	0.2	47.3	28.5	0						
邢台地区－威县														
≤500	＜3	0	70.3	21.2	7.7	0	0.8	0	0	83.2	16.8	0	5014.9	6299.6
≤1000		0	0	33.5	39.7	20.3	6.5	0						
≤1500		0	0	0.3	37.0	31.5	31.2	0						
≤2000		0	0	0.3	15.8	21.5	62.4	0						
邢台地区－广宗县														
≤500	＜3	0	64.7	17.1	18.2	0	0	0	0	86.5	13.5	0	1988.8	2373.9
≤1000		0	0	5.9	60.9	14.8	18.4	0						
≤1500		0	0	3.8	3.8	25.0	67.4	0						
≤2000		0	0	3.8	2.0	4.3	89.9	0						

续表

20个轮作周年平均的作物减产量/（kg/hm²）	20个轮作周年末2 m土体平均的含盐量/（g/kg）	在双约束条件下冬小麦生育期内咸水灌溉所允许的最大矿化度（或无解）的分布面积占该县（市）模拟单元总面积的比例/%							浅层地下矿化度在不同范围的分布面积占该县（市）模拟单元总面积的比例/%				冬小麦生育期内灌溉所需的咸水资源量/（万 m^3/a）	浅层咸水可开采资源量与灌溉所需的咸水资源量之差/（万 m^3/a）
		1 g/L	2 g/L	3 g/L	4 g/L	5 g/L	6 g/L	无解	＜1 g/L	1.0 ~ 3.0 g/L	3.0 ~ 5.0 g/L	＞5.0 g/L		
邢台地区－清河县														
≤ 500	＜3	0	98.8	0	0	0	1.2	0	0	100.0	0	0	4070.8	1708.2
≤ 1000		0	0.2	79.8	18.8	0	1.2	0						
≤ 1500		0	0.2	0	22.5	76.1	1.2	0						
≤ 2000		0	0.2	0	22.5	40.4	36.9	0						
邢台地区－平乡县														
≤ 500	＜3	0	15.5	73.0	11.5	0	0	0	20.3	79.7	0	0	3330.5	−2587.5
≤ 1000		0	0	5.1	25.0	57.8	12.1	0						
≤ 1500		0	0	5.1	0	10.5	84.4	0						
≤ 2000		0	0	5.1	0	1.0	93.9	0						
邢台地区－临西县														
≤ 500	＜3	0	82.9	16.6	0	0.5	0	0	12.0	88.0	0	0	4672.3	1107.7
≤ 1000		0	1.4	71.2	22.8	4.2	0.4	0						
≤ 1500		0	1.4	1.3	15.5	65.6	16.2	0						
≤ 2000		0	1.4	1.3	6.0	14.4	76.9	0						

续表

20个轮作周年平均的作物减产量/（kg/hm^2）	20个轮作周年末2 m土体平均的含盐量/（g/kg）	在双约束条件下冬小麦生育期内咸水灌溉所允许的最大矿化度（或无解）的分布面积占该县（市）模拟单元总面积的比例/%							浅层地下矿化度在不同范围的分布面积占该县（市）模拟单元总面积的比例/%				冬小麦生育期内灌溉所需的咸水资源量/（万 m^3/a）	浅层咸水可开采资源量与灌溉所需的咸水资源量之差/（万 m^3/a）
		1 g/L	2 g/L	3 g/L	4 g/L	5 g/L	6 g/L	无解	＜1 g/L	1.0～3.0 g/L	3.0～5.0 g/L	＞5.0 g/L		
邯郸地区－曲周县														
≤500	＜3	0	26.9	69.6	1.9	1.3	0.3	0	12.8	80.8	6.4	0	6393.1	1252.1
≤1000		0	0	15.9	52.3	28.4	3.4	0						
≤1500		0	0	14.9	4.2	4.8	76.1	0						
≤2000		0	0	14.9	4.2	1.6	79.3	0						
邯郸地区－鸡泽县														
≤500	＜3	0	8.7	68.4	17.8	1.8	3.3	0	97.5	2.5	0	0	3547.3	−2865.3
≤1000		0	0	8.7	17.5	51.3	22.5	0						
≤1500		0	0	0	8.7	6.9	84.4	0						
≤2000		0	0	0	8.7	6.9	84.4	0						
邯郸地区－邱县														
≤500	＜3	1.3	58.9	29.1	4.4	6.3	0	0	23.8	58.9	13.4	3.9	2652.0	2352.0
≤1000		0	0	0	73.1	16.2	10.7	0						
≤1500		0	0	0	0.3	10.2	89.5	0						
≤2000		0	0	0	0.3	0	99.7	0						

续表

20个轮作周年平均的作物减产量/（kg/hm²）	20个轮作周年末2 m土体平均的含盐量/（g/kg）	在双约束条件下冬小麦生育期内咸水灌溉所允许的最大矿化度（或无解）的分布面积占该县（市）模拟单元总面积的比例/%							浅层地下矿化度在不同范围的分布面积占该县（市）模拟单元总面积的比例/%				冬小麦生育期内灌溉所需的咸水资源量/（万 m³/a）	浅层咸水可开采资源量与灌溉所需的咸水资源量之差/（万 m³/a）
		1 g/L	2 g/L	3 g/L	4 g/L	5 g/L	6 g/L	无解	＜1 g/L	1.0 ~ 3.0 g/L	3.0 ~ 5.0 g/L	＞5.0 g/L		
邯郸地区－馆陶县														
≤ 500	＜3	0	17.2	55.9	5.1	12.8	9.0	0	15.7	84.3	0	0	4312.8	327.2
≤ 1000		0	0	12.3	47.0	13.9	26.8	0						
≤ 1500		0	0	0	3.6	52.3	44.1	0						
≤ 2000		0	0	0	0	12.1	87.9	0						
邯郸地区－广平县														
≤ 500	＜3	0	77.9	16.4	0.5	5.2	0	0	0	89.1	10.9	0	3262.5	778.5
≤ 1000		0	0	43.3	47.5	3.5	5.7	0						
≤ 1500		0	0	0.5	37.6	49.7	12.2	0						
≤ 2000		0	0	0.5	28.6	10.7	60.2	0						
邯郸地区－大名县														
≤ 500	＜3	0	32.8	40.7	19.8	6.5	0.2	0	55.1	44.9	0	0	11433.0	2513.5
≤ 1000		0	0	9.0	63.0	3.3	24.7	0						
≤ 1500		0	0	0	1.9	68.3	29.8	0						
≤ 2000		0	0	0	0	1.7	98.3	0						

续表

20 个轮作周年平均的作物减产量 /（kg/hm^2）	20 个轮作周年末 2 m 土体平均的含盐量 /（g/kg）	在双约束条件下冬小麦生育期内咸水灌溉所允许的最大矿化度（或无解）的分布面积占该县（市）模拟单元总面积的比例 /%							浅层地下矿化度在不同范围的分布面积占该县（市）模拟单元总面积的比例 /%				冬小麦生育期内灌溉所需的咸水资源量 /（万 m^3/a）	浅层咸水可开采资源量与灌溉所需的咸水资源量之差 /（万 m^3/a）
		1 g/L	2 g/L	3 g/L	4 g/L	5 g/L	6 g/L	无解	＜ 1 g/L	1.0 ~ 3.0 g/L	3.0 ~ 5.0 g/L	＞ 5.0 g/L		
邯郸地区 - 魏县														
≤ 500	＜ 3	2.6	15.8	77.7	3.6	0.3	0	0	12.7	87.0	0.3	0	8886.3	1012.7
≤ 1000		2.6	0	10.9	69.9	12.7	3.9	0						
≤ 1500		2.6	0	0	9.0	63.9	24.5	0						
≤ 2000		2.6	0	0	5.2	3.8	88.4	0						

附表 3 在研究区各县（市）优化的冬小麦生育期喷灌模式相较于现状灌溉情形下的产量、生育期农田蒸散量、水分生产力、灌溉定额的变化量和变幅及削减的深层地下水开采量

降水水平	灌溉定额减幅阈值	产量		农田蒸散量		水分生产力		灌溉定额		削减的深层地下水开采量/万 m^3
		变化量/(kg/hm²)	变幅/%	变化量/mm	变幅/%	变化量/(kg/m³)	变幅/%	变化量/mm	变幅/%	
廊坊地区－廊坊市										
丰	10%	−2242.1	−45.9	−99.1	−23.0	−0.324	−28.1	−66.2	−29.4	148.8
	20%	−2371.5	−48.5	−108.0	−25.1	−0.340	−29.5	−72.6	−32.2	163.1
	30%	−2413.3	−49.4	−112.1	−26.1	−0.346	−30.0	−75.0	−33.3	168.6
	40%	−3356.4	−68.7	−163.2	−37.9	−0.562	−48.7	−150.0	−66.7	337.1
	50%	−3356.4	−68.7	−163.2	−37.9	−0.562	−48.7	−150.0	−66.7	337.1
	60%	−3356.4	−68.7	−163.2	−37.9	−0.562	−48.7	−150.0	−66.7	337.1
平	10%	−1595.5	−35.5	−64.2	−14.7	−0.256	−25.1	−68.4	−22.8	153.6
	20%	−1671.2	−37.2	−71.4	−16.4	−0.265	−26.0	−74.9	−25.0	168.3
	30%	−2676.5	−59.6	−147.9	−33.9	−0.419	−41.0	−148.6	−49.5	333.9
	40%	−2688.6	−59.9	−149.7	−34.3	−0.420	−41.1	−150.0	−50.0	337.2
	50%	−2688.6	−59.9	−149.7	−34.3	−0.420	−41.1	−150.0	−50.0	337.2
	60%	−3637.5	−81.0	−204.9	−47.0	−0.683	−66.9	−225.0	−75.0	505.7
枯	10%	−1329.7	−38.6	−58.5	−14.5	−0.240	−28.6	−66.7	−22.2	150.0
	20%	−1384.9	−40.2	−67.6	−16.8	−0.245	−29.2	−75.0	−25.0	168.6
	30%	−2114.0	−61.4	−145.5	−36.1	−0.355	−42.5	−150.0	−50.0	337.1
	40%	−2114.0	−61.4	−145.5	−36.1	−0.355	−42.5	−150.0	−50.0	337.1
	50%	−2114.0	−61.4	−145.5	−36.1	−0.355	−42.5	−150.0	−50.0	337.1
	60%	−2887.8	−83.8	−201.7	−50.1	−0.591	−70.6	−225.0	−75.0	505.7
廊坊地区－固安县										
丰	10%	−1499.9	−28.7	−63.1	−14.2	−0.195	−16.5	−52.8	−23.5	43.5
	20%	−1877.8	−35.9	−81.3	−18.4	−0.248	−21.0	−67.7	−30.1	55.8
	30%	−1966.9	−37.6	−90.7	−20.5	−0.253	−21.4	−75.0	−33.3	61.9
	40%	−3188.9	−61.0	−151.5	−34.2	−0.492	−41.6	−148.5	−66.0	122.5
	50%	−3213.3	−61.4	−153.1	−34.6	−0.496	−41.9	−150.0	−66.7	123.7
	60%	−3213.3	−61.4	−153.1	−34.6	−0.496	−41.9	−150.0	−66.7	123.7
平	10%	−1544.4	−30.9	−54.6	−12.7	−0.244	−21.3	−60.7	−20.2	50.1
	20%	−1714.9	−34.4	−68.3	−15.9	−0.265	−23.1	−74.8	−24.9	61.7
	30%	−2776.5	−55.6	−137.3	−32.0	−0.419	−36.6	−144.2	−48.1	118.9
	40%	−2836.1	−56.8	−145.2	−33.8	−0.424	−37.1	−150.0	−50.0	123.7
	50%	−2836.4	−56.8	−145.2	−33.8	−0.424	−37.1	−150.0	−50.0	123.7
	60%	−3948.5	−79.1	−199.8	−46.5	−0.731	−63.9	−225.0	−75.0	185.6
枯	10%	−1429.9	−40.3	−63.3	−15.9	−0.261	−30.2	−70.8	−23.6	58.4
	20%	−1453.3	−41.0	−67.4	−16.9	−0.266	−30.8	−74.9	−25.0	61.8
	30%	−2277.3	−64.2	−141.2	−35.4	−0.434	−50.2	−146.3	−48.8	120.6
	40%	−2278.6	−64.2	−145.3	−36.4	−0.434	−50.3	−150.0	−50.0	123.7
	50%	−2278.6	−64.2	−145.3	−36.4	−0.434	−50.3	−150.0	−50.0	123.7
	60%	−3007.2	−84.7	−204.7	−51.3	−0.644	−74.6	−225.0	−75.0	185.6

续表

降水水平	灌溉定额减幅阈值	产量		农田蒸散量		水分生产力		灌溉定额		削减的深层地下水开采量/万 m^3
		变化量/（kg/hm^2）	变幅/%	变化量/mm	变幅/%	变化量/（kg/m^3）	变幅/%	变化量/mm	变幅/%	
廊坊地区－永清县										
丰	10%	−1903.4	−39.3	−65.0	−15.0	−0.322	−28.2	−50.1	−22.2	0
	20%	−2245.7	−46.4	−84.9	−19.6	−0.376	−33.0	−65.3	−29.0	0
	30%	−2386.4	−49.3	−98.0	−22.7	−0.392	−34.4	−75.0	−33.3	0
	40%	−3411.4	−70.4	−161.2	−37.3	−0.609	−53.4	−149.3	−66.4	0
	50%	−3421.8	−70.7	−162.0	−37.4	−0.611	−53.6	−150.0	−66.7	0
	60%	−3421.8	−70.7	−162.0	−37.4	−0.611	−53.6	−150.0	−66.7	0
平	10%	−1660.8	−31.4	−57.3	−13.1	−0.258	−21.5	−61.2	−20.4	0
	20%	−1857.5	−35.1	−68.6	−15.7	−0.286	−23.9	−74.7	−24.9	0
	30%	−2861.1	−54.1	−144.9	−33.1	−0.394	−32.8	−148.4	−49.5	0
	40%	−2881.6	−54.5	−147.1	−33.5	−0.397	−33.1	−150.0	−50.0	0
	50%	−2881.6	−54.5	−147.1	−33.5	−0.397	−33.1	−150.0	−50.0	0
	60%	−4100.4	−77.5	−203.5	−46.4	−0.726	−60.5	−225.0	−75.0	0
枯	10%	−1256.9	−37.3	−56.2	−14.3	−0.226	−26.7	−66.5	−22.2	0
	20%	−1304.4	−38.7	−64.2	−16.3	−0.229	−27.1	−75.0	−25.0	0
	30%	−2227.2	−66.0	−145.3	−37.0	−0.414	−49.0	−150.0	−50.0	0
	40%	−2227.2	−66.0	−145.3	−37.0	−0.414	−49.0	−150.0	−50.0	0
	50%	−2227.2	−66.0	−145.3	−37.0	−0.414	−49.0	−150.0	−50.0	0
	60%	−2914.8	−86.4	−204.0	−51.9	−0.630	−74.7	−225.0	−75.0	0
廊坊地区－霸州市										
丰	10%	−1136.7	−30.5	−73.1	−16.5	−0.129	−15.3	−58.2	−25.9	188.9
	20%	−1277.6	−34.3	−78.8	−17.8	−0.155	−18.4	−65.9	−29.3	213.7
	30%	−1417.2	−38.0	−94.5	−21.4	−0.168	−19.9	−75.0	−33.3	243.2
	40%	−2435.8	−65.4	−157.1	−35.5	−0.389	−46.2	−149.1	−66.3	483.5
	50%	−2443.5	−65.6	−157.5	−35.6	−0.390	−46.4	−149.6	−66.5	485.1
	60%	−2450.5	−65.8	−158.1	−35.8	−0.392	−46.6	−150.0	−66.7	486.5
平	10%	−1327.7	−30.8	−60.3	−14.3	−0.201	−20.0	−63.7	−21.2	206.5
	20%	−1522.9	−35.4	−72.3	−17.1	−0.235	−23.4	−75.0	−25.0	243.2
	30%	−2349.0	−54.6	−127.4	−30.2	−0.371	−36.9	−134.9	−45.0	437.6
	40%	−2555.0	−59.4	−147.3	−34.9	−0.408	−40.6	−149.5	−49.8	485.0
	50%	−2560.9	−59.5	−148.1	−35.1	−0.409	−40.7	−150.0	−50.0	486.5
	60%	−3445.6	−80.0	−201.0	−47.6	−0.660	−65.6	−225.0	−75.0	729.7
枯	10%	−1095.1	−36.0	−57.7	−14.7	−0.189	−25.1	−63.4	−21.1	205.8
	20%	−1185.5	−38.9	−69.1	−17.6	−0.204	−27.2	−75.0	−25.0	243.2
	30%	−2018.4	−66.3	−145.9	−37.2	−0.384	−51.0	−149.2	−49.7	484.0
	40%	−2025.7	−66.5	−146.9	−37.5	−0.385	−51.2	−150.0	−50.0	486.5
	50%	−2025.7	−66.5	−146.9	−37.5	−0.385	−51.2	−150.0	−50.0	486.5
	60%	−2591.0	−85.1	−204.3	−52.1	−0.552	−73.4	−225.0	−75.0	729.7

续表

降水水平	灌溉定额减幅阈值	产量		农田蒸散量		水分生产力		灌溉定额		削减的深层地下水开采量/万 m^3
		变化量/（kg/hm^2）	变幅/%	变化量/mm	变幅/%	变化量/（kg/m^3）	变幅/%	变化量/mm	变幅/%	
廊坊地区－文安县										
丰	10%	−1628.4	−41.5	−73.6	−17.3	−0.276	−29.7	−58.2	−25.9	354.0
	20%	−1850.9	−47.2	−93.0	−21.9	−0.308	−33.2	−72.9	−32.4	443.0
	30%	−1886.2	−48.1	−96.4	−22.7	−0.313	−33.7	−75.0	−33.3	455.8
	40%	−2842.4	−72.5	−158.9	−37.4	−0.529	−56.9	−148.8	−66.1	903.9
	50%	−2879.9	−73.4	−160.5	−37.8	−0.537	−57.7	−150.0	−66.7	911.5
	60%	−2879.9	−73.4	−160.5	−37.8	−0.537	−57.7	−150.0	−66.7	911.5
平	10%	−1416.8	−35.1	−59.1	−14.3	−0.241	−25.0	−63.7	−21.2	387.0
	20%	−1534.4	−38.0	−70.7	−17.1	−0.253	−26.2	−74.4	−24.8	452.4
	30%	−2523.6	−62.5	−136.5	−33.0	−0.443	−46.0	−140.7	−46.9	854.9
	40%	−2604.5	−64.5	−148.9	−36.0	−0.457	−47.4	−149.3	−49.8	907.0
	50%	−2613.8	−64.7	−151.1	−36.6	−0.458	−47.5	−150.0	−50.0	911.5
	60%	−3393.7	−84.0	−205.7	−49.8	−0.686	−71.2	−225.0	−75.0	1367.3
枯	10%	−1230.1	−41.9	−61.4	−15.9	−0.230	−31.3	−68.9	−23.0	418.9
	20%	−1264.0	−43.1	−68.8	−17.8	−0.233	−31.7	−75.0	−25.0	455.8
	30%	−2040.4	−69.5	−145.4	−37.7	−0.405	−55.1	−148.8	−49.6	904.4
	40%	−2046.0	−69.7	−146.8	−38.1	−0.405	−55.2	−150.0	−50.0	911.5
	50%	−2046.0	−69.7	−146.8	−38.1	−0.405	−55.2	−150.0	−50.0	911.5
	60%	−2610.4	−89.0	−203.4	−52.8	−0.583	−79.4	−225.0	−75.0	1367.3
廊坊地区－大城县										
丰	10%	−2078.7	−39.9	−59.7	−14.0	−0.404	−32.7	−49.7	−22.1	526.1
	20%	−2546.6	−48.8	−86.4	−20.3	−0.472	−38.3	−71.6	−31.8	758.9
	30%	−2625.0	−50.3	−91.3	−21.4	−0.484	−39.2	−75.1	−33.4	795.8
	40%	−3619.9	−69.4	−146.2	−34.3	−0.695	−56.3	−139.4	−62.0	1476.8
	50%	−3918.9	−75.1	−159.8	−37.5	−0.759	−61.5	−150.0	−66.7	1589.0
	60%	−3918.9	−75.1	−159.8	−37.5	−0.759	−61.5	−150.0	−66.7	1589.0
平	10%	−1560.7	−35.6	−68.7	−16.1	−0.242	−23.7	−73.5	−24.5	778.5
	20%	−1576.9	−36.0	−71.0	−16.6	−0.243	−23.8	−75.3	−25.1	797.6
	30%	−2724.3	−62.2	−150.4	−35.1	−0.440	−43.2	−149.5	−49.8	1583.5
	40%	−2729.1	−62.3	−151.0	−35.3	−0.441	−43.3	−150.0	−50.0	1588.6
	50%	−2732.4	−62.4	−151.3	−35.3	−0.442	−43.4	−150.3	−50.1	1592.2
	60%	−3626.6	−82.8	−209.4	−48.9	−0.694	−68.2	−225.0	−75.0	2383.1
枯	10%	−1677.3	−44.8	−60.2	−14.8	−0.319	−35.4	−73.8	−24.6	782.2
	20%	−1688.5	−45.0	−61.5	−15.1	−0.320	−35.5	−75.0	−25.0	794.5
	30%	−2542.6	−67.8	−141.4	−34.8	−0.474	−52.6	−149.2	−49.7	1580.2
	40%	−2546.9	−68.0	−142.5	−35.0	−0.475	−52.7	−150.0	−50.0	1589.0
	50%	−2546.9	−68.0	−142.5	−35.0	−0.475	−52.7	−150.0	−50.0	1589.0
	60%	−3305.3	−88.2	−200.8	−49.4	−0.701	−77.8	−225.0	−75.0	2383.6

续表

降水水平	灌溉定额减幅阈值	产量		农田蒸散量		水分生产力		灌溉定额		削减的深层地下水开采量/万 m^3
		变化量/（kg/hm^2）	变幅/%	变化量/mm	变幅/%	变化量/（kg/m^3）	变幅/%	变化量/mm	变幅/%	
保定地区－雄县										
丰	10%	−1680.3	−48.8	−90.6	−22.3	−0.290	−34.1	−71.1	−31.6	175.1
	20%	−1704.6	−49.5	−94.6	−23.2	−0.291	−34.3	−74.3	−33.0	183.2
	30%	−1719.2	−49.9	−95.4	−23.4	−0.294	−34.6	−75.0	−33.3	184.8
	40%	−2597.6	−75.5	−157.5	−38.7	−0.515	−60.7	−148.8	−66.1	366.7
	50%	−2610.0	−75.8	−158.7	−39.0	−0.518	−61.0	−150.0	−66.7	369.7
	60%	−2610.0	−75.8	−158.7	−39.0	−0.518	−61.0	−150.0	−66.7	369.7
平	10%	−1637.3	−37.8	−55.5	−13.2	−0.287	−28.4	−57.3	−19.1	141.3
	20%	−1846.5	−42.7	−75.8	−18.0	−0.317	−31.3	−74.7	−24.9	184.2
	30%	−2689.3	−62.1	−144.6	−34.4	−0.449	−44.4	−143.3	−47.8	353.1
	40%	−2742.4	−63.4	−153.5	−36.5	−0.455	−45.0	−149.7	−50.0	369.0
	50%	−2758.1	−63.7	−154.6	−36.7	−0.460	−45.5	−151.4	−50.5	373.1
	60%	−3598.7	−83.2	−206.9	−49.2	−0.704	−69.7	−224.7	−75.0	553.9
枯	10%	−1568.9	−41.9	−67.8	−16.5	−0.278	−31.2	−72.3	−24.1	178.2
	20%	−1598.9	−42.7	−70.0	−17.0	−0.284	−31.8	−74.5	−24.8	183.7
	30%	−2487.6	−66.4	−146.7	−35.6	−0.460	−51.7	−146.9	−49.0	362.1
	40%	−2501.7	−66.8	−150.4	−36.5	−0.462	−51.9	−150.0	−50.0	369.7
	50%	−2501.7	−66.8	−150.4	−36.5	−0.462	−51.9	−150.0	−50.0	369.7
	60%	−3130.6	−83.5	−205.9	−50.0	−0.637	−71.5	−225.0	−75.0	554.5
保定地区－容城县										
丰	10%	−1773.3	−36.4	−63.2	−15.7	−0.302	−24.9	−49.3	−21.9	28.8
	20%	−2028.2	−41.7	−80.8	−20.1	−0.333	−27.5	−68.1	−30.2	39.7
	30%	−2221.5	−45.7	−92.4	−23.0	−0.359	−29.6	−74.9	−33.3	43.7
	40%	−3234.2	−66.5	−136.6	−34.0	−0.607	−50.1	−135.7	−60.3	79.2
	50%	−3348.9	−68.8	−145.6	−36.3	−0.630	−52.0	−144.9	−64.4	84.5
	60%	−3425.2	−70.4	−151.4	−37.7	−0.645	−53.2	−150.0	−66.7	87.5
平	10%	−1489.1	−31.8	−48.8	−11.7	−0.238	−21.6	−54.7	−18.2	31.9
	20%	−1814.0	−38.7	−66.5	−15.9	−0.301	−27.3	−74.1	−24.7	43.2
	30%	−2525.1	−53.9	−113.6	−27.2	−0.410	−37.2	−126.4	−42.1	73.7
	40%	−2750.4	−58.7	−142.3	−34.0	−0.438	−39.8	−149.1	−49.7	87.0
	50%	−2763.4	−59.0	−142.8	−34.2	−0.441	−40.1	−150.0	−50.0	87.5
	60%	−3812.0	−81.4	−197.7	−47.3	−0.731	−66.4	−225.0	−75.0	131.3
枯	10%	−1737.0	−42.7	−58.3	−14.5	−0.332	−33.3	−62.3	−20.8	36.3
	20%	−1856.6	−45.6	−70.6	−17.5	−0.347	−34.8	−74.4	−24.8	43.4
	30%	−2619.8	−64.4	−146.0	−36.3	−0.469	−47.0	−148.1	−49.4	86.4
	40%	−2630.4	−64.6	−146.7	−36.4	−0.471	−47.2	−149.2	−49.7	87.0
	50%	−2633.9	−64.7	−148.3	−36.8	−0.471	−47.2	−150.0	−50.0	87.5
	60%	−3432.8	−84.4	−203.8	−50.6	−0.710	−71.1	−225.0	−75.0	131.3

续表

降水水平	灌溉定额减幅阈值	产量		农田蒸散量		水分生产力		灌溉定额		削减的深层地下水开采量/万 m^3
		变化量/（kg/hm^2）	变幅/%	变化量/mm	变幅/%	变化量/（kg/m^3）	变幅/%	变化量/mm	变幅/%	
保定地区－安新县										
丰	10%	−1656.5	−25.7	−67.5	−17.2	−0.131	−7.9	−65.1	−28.9	148.4
	20%	−1835.9	−28.5	−75.7	−19.2	−0.150	−9.1	−72.8	−32.3	165.8
	30%	−1893.7	−29.4	−78.5	−19.9	−0.157	−9.5	−74.9	−33.3	170.8
	40%	−2823.8	−43.8	−95.3	−24.2	−0.442	−26.7	−104.8	−46.6	238.9
	50%	−3557.1	−55.1	−126.7	−32.2	−0.557	−33.6	−139.3	−61.9	317.7
	60%	−3745.8	−58.1	−133.2	−33.8	−0.597	−36.0	−146.1	−64.9	333.0
平	10%	−1581.5	−31.3	−39.3	−9.5	−0.283	−23.4	−49.2	−16.4	112.3
	20%	−1851.9	−36.6	−62.2	−15.0	−0.317	−26.2	−73.8	−24.6	168.2
	30%	−2742.3	−54.2	−119.5	−28.9	−0.447	−36.9	−136.4	−45.5	310.9
	40%	−2875.8	−56.8	−136.6	−33.0	−0.463	−38.2	−150.0	−50.0	341.9
	50%	−2875.8	−56.8	−136.6	−33.0	−0.463	−38.2	−150.0	−50.0	341.9
	60%	−3990.9	−78.9	−191.3	−46.2	−0.764	−63.0	−225.0	−75.0	512.9
枯	10%	−2205.7	−45.1	−70.8	−18.2	−0.419	−33.3	−70.8	−23.6	161.3
	20%	−2242.1	−45.8	−75.0	−19.3	−0.422	−33.5	−75.0	−25.0	171.0
	30%	−3087.0	−63.1	−153.5	−39.6	−0.523	−41.6	−150.0	−50.0	341.9
	40%	−3087.0	−63.1	−153.5	−39.6	−0.523	−41.6	−150.0	−50.0	341.9
	50%	−3087.0	−63.1	−153.5	−39.6	−0.523	−41.6	−150.0	−50.0	341.9
	60%	−4200.2	−85.9	−212.2	−54.7	−0.900	−71.6	−225.0	−75.0	512.9
保定地区－高阳县										
丰	10%	−1517.0	−25.9	−62.8	−14.9	−0.177	−12.6	−46.3	−20.6	124.8
	20%	−2209.4	−37.7	−96.0	−22.9	−0.245	−17.4	−74.1	−32.9	199.8
	30%	−2243.1	−38.3	−97.3	−23.2	−0.251	−17.8	−75.0	−33.3	202.2
	40%	−3577.9	−61.1	−141.4	−33.7	−0.588	−41.8	−137.2	−61.0	370.0
	50%	−3755.3	−64.2	−152.4	−36.3	−0.615	−43.7	−147.2	−65.4	396.9
	60%	−3798.2	−64.9	−154.5	−36.8	−0.624	−44.3	−149.3	−66.3	402.4
平	10%	−1559.2	−33.5	−43.1	−10.1	−0.271	−25.4	−49.3	−16.4	133.0
	20%	−1893.3	−40.7	−71.9	−16.8	−0.319	−29.9	−75.1	−25.0	202.5
	30%	−2844.2	−61.1	−144.6	−33.7	−0.466	−43.7	−148.6	−49.5	400.7
	40%	−2859.2	−61.4	−146.7	−34.2	−0.468	−43.9	−150.0	−50.0	404.5
	50%	−2859.2	−61.4	−146.7	−34.2	−0.468	−43.9	−150.0	−50.0	404.5
	60%	−3789.5	−81.4	−201.6	−47.0	−0.716	−67.1	−225.0	−75.0	606.7
枯	10%	−2111.4	−48.6	−78.9	−19.9	−0.395	−36.2	−75.0	−25.0	202.2
	20%	−2111.4	−48.6	−78.9	−19.9	−0.395	−36.2	−75.0	−25.0	202.2
	30%	−2900.5	−66.8	−159.4	−40.3	−0.511	−46.9	−150.0	−50.0	404.5
	40%	−2900.5	−66.8	−159.4	−40.3	−0.511	−46.9	−150.0	−50.0	404.5
	50%	−2900.5	−66.8	−159.4	−40.3	−0.511	−46.9	−150.0	−50.0	404.5
	60%	−3805.4	−87.6	−217.9	−55.0	−0.818	−75.1	−225.0	−75.0	606.7

续表

降水水平	灌溉定额减幅阈值	产量		农田蒸散量		水分生产力		灌溉定额		削减的深层地下水开采量/万 m^3
		变化量/（kg/hm^2）	变幅/%	变化量/mm	变幅/%	变化量/（kg/m^3）	变幅/%	变化量/mm	变幅/%	
保定地区－蠡县										
丰	10%	−1684.1	−33.4	−76.6	−18.1	−0.223	−18.5	−52.9	−23.5	237.4
	20%	−2071.3	−41.0	−103.2	−24.4	−0.261	−21.6	−72.0	−32.0	323.2
	30%	−2144.7	−42.5	−109.2	−25.8	−0.267	−22.2	−75.2	−33.4	337.4
	40%	−3330.1	−66.0	−155.5	−36.7	−0.562	−46.6	−143.5	−63.8	644.3
	50%	−3412.4	−67.6	−160.5	−37.9	−0.579	−48.0	−147.7	−65.6	662.9
	60%	−3456.9	−68.5	−163.9	−38.7	−0.586	−48.6	−150.0	−66.7	673.3
平	10%	−1702.3	−40.6	−57.7	−13.8	−0.306	−31.2	−62.0	−20.7	278.4
	20%	−1816.6	−43.4	−71.2	−17.0	−0.320	−32.6	−74.6	−24.9	335.1
	30%	−2677.3	−63.9	−143.3	−34.3	−0.464	−47.3	−146.6	−48.9	658.2
	40%	−2711.0	−64.7	−147.5	−35.3	−0.470	−47.9	−150.0	−50.0	673.1
	50%	−2711.3	−64.7	−147.5	−35.3	−0.470	−47.9	−150.0	−50.0	673.3
	60%	−3532.0	−84.3	−203.5	−48.7	−0.701	−71.4	−225.0	−75.0	1010.0
枯	10%	−1977.9	−43.7	−69.5	−16.7	−0.353	−32.7	−69.0	−23.0	309.5
	20%	−2026.7	−44.8	−75.9	−18.2	−0.356	−33.0	−75.0	−25.0	336.7
	30%	−2821.0	−62.3	−157.2	−37.8	−0.447	−41.4	−149.8	−49.9	672.4
	40%	−2822.5	−62.3	−157.5	−37.9	−0.447	−41.4	−150.0	−50.0	673.3
	50%	−2822.5	−62.3	−157.5	−37.9	−0.447	−41.4	−150.0	−50.0	673.3
	60%	−3691.5	−81.5	−213.6	−51.4	−0.706	−65.4	−225.0	−75.0	1010.0
保定地区－博野县										
丰	10%	−1659.4	−32.7	−61.5	−14.9	−0.265	−21.3	−51.3	−22.8	51.4
	20%	−1897.8	−37.4	−75.1	−18.2	−0.296	−23.8	−64.4	−28.6	64.4
	30%	−2204.8	−43.4	−97.0	−23.5	−0.328	−26.4	−76.7	−34.1	76.7
	40%	−3197.8	−63.0	−136.6	−33.2	−0.570	−45.9	−133.3	−59.2	133.3
	50%	−3322.6	−65.5	−142.8	−34.6	−0.596	−47.9	−141.3	−62.8	141.3
	60%	−3478.1	−68.5	−154.7	−37.6	−0.620	−49.9	−148.8	−66.1	148.8
平	10%	−1633.5	−38.6	−43.0	−10.5	−0.311	−30.8	−50.9	−17.0	50.9
	20%	−1884.9	−44.5	−69.1	−16.8	−0.345	−34.2	−74.9	−25.0	74.9
	30%	−2660.6	−62.8	−128.7	−31.3	−0.478	−47.4	−138.0	−46.0	138.0
	40%	−2748.5	−64.9	−144.9	−35.3	−0.482	−47.8	−150.0	−50.0	150.0
	50%	−2748.5	−64.9	−144.9	−35.3	−0.482	−47.8	−150.0	−50.0	150.0
	60%	−3523.4	−83.2	−199.1	−48.5	−0.700	−69.4	−225.0	−75.0	225.0
枯	10%	−2035.1	−42.8	−65.6	−15.9	−0.374	−32.6	−69.0	−23.0	69.0
	20%	−2119.4	−44.6	−73.2	−17.7	−0.381	−33.2	−75.0	−25.0	75.0
	30%	−2997.4	−63.1	−151.7	−36.8	−0.495	−43.2	−149.6	−49.9	149.6
	40%	−3002.0	−63.2	−152.2	−36.9	−0.495	−43.2	−150.0	−50.0	150.0
	50%	−3002.0	−63.2	−152.2	−36.9	−0.495	−43.2	−150.0	−50.0	150.0
	60%	−3788.7	−79.8	−204.8	−49.7	−0.714	−62.3	−225.2	−75.1	225.2

续表

降水水平	灌溉定额减幅阈值	产量		农田蒸散量		水分生产力		灌溉定额		削减的深层地下水开采量/万 m^3
		变化量/(kg/hm^2)	变幅/%	变化量/mm	变幅/%	变化量/(kg/m^3)	变幅/%	变化量/mm	变幅/%	
沧州地区–任丘市										
丰	10%	−1772.7	−35.6	−102.8	−25.6	−0.149	−12.0	−74.1	−32.9	982.0
	20%	−1785.0	−35.9	−103.9	−25.9	−0.150	−12.1	−75.0	−33.3	994.0
	30%	−1785.0	−35.9	−103.9	−25.9	−0.150	−12.1	−75.0	−33.3	994.0
	40%	−3396.3	−68.2	−159.6	−39.8	−0.578	−46.5	−149.7	−66.5	1984.2
	50%	−3399.3	−68.3	−159.9	−39.8	−0.578	−46.5	−150.0	−66.7	1988.1
	60%	−3399.3	−68.3	−159.9	−39.8	−0.578	−46.5	−150.0	−66.7	1988.1
平	10%	−1598.0	−34.3	−68.4	−16.7	−0.239	−21.2	−69.3	−23.1	918.7
	20%	−1635.6	−35.1	−74.0	−18.1	−0.241	−21.3	−75.2	−25.1	996.5
	30%	−2464.2	−52.9	−146.4	−35.8	−0.330	−29.3	−148.6	−49.5	1969.8
	40%	−2479.2	−53.2	−147.9	−36.2	−0.330	−29.3	−150.0	−50.0	1988.1
	50%	−2479.2	−53.2	−147.9	−36.2	−0.330	−29.3	−150.0	−50.0	1988.1
	60%	−3709.7	−79.6	−207.0	−50.7	−0.696	−61.7	−225.0	−75.0	2982.2
枯	10%	−1478.8	−36.4	−78.7	−20.3	−0.214	−20.5	−75.0	−25.0	994.0
	20%	−1490.5	−36.7	−79.9	−20.6	−0.214	−20.5	−76.1	−25.4	1008.5
	30%	−2472.7	−60.8	−160.2	−41.3	−0.389	−37.2	−150.0	−50.0	1988.1
	40%	−2472.7	−60.8	−160.2	−41.3	−0.389	−37.2	−150.0	−50.0	1988.1
	50%	−2472.7	−60.8	−160.2	−41.3	−0.389	−37.2	−150.0	−50.0	1988.1
	60%	−3503.6	−86.2	−221.9	−57.3	−0.753	−72.0	−225.0	−75.0	2982.1
沧州地区–青县										
丰	10%	36.3	1.2	−65.4	−16.3	0.178	23.7	−60.9	−40.6	363.4
	20%	−49.4	−1.6	−72.6	−18.1	0.170	22.8	−67.5	−45.0	403.0
	30%	−180.8	−5.9	−82.0	−20.4	0.157	20.9	−74.7	−49.8	445.9
	40%	−187.3	−6.1	−82.4	−20.5	0.156	20.8	−74.9	−50.0	447.3
	50%	−189.8	−6.2	−82.6	−20.6	0.155	20.8	−75.0	−50.0	447.7
	60%	−189.8	−6.2	−82.6	−20.6	0.155	20.8	−75.0	−50.0	447.7
平	10%	−783.7	−21.7	−110.7	−26.8	0.041	4.7	−75.0	−33.3	447.7
	20%	−783.7	−21.7	−110.7	−26.8	0.041	4.7	−75.0	−33.3	447.7
	30%	−783.7	−21.7	−110.7	−26.8	0.041	4.7	−75.0	−33.3	447.7
	40%	−2142.7	−59.3	−173.4	−42.0	−0.283	−32.6	−150.0	−66.7	895.4
	50%	−2142.7	−59.3	−173.4	−42.0	−0.283	−32.6	−150.0	−66.7	895.4
	60%	−2142.7	−59.3	−173.4	−42.0	−0.283	−32.6	−150.0	−66.7	895.4
枯	10%	−477.7	−16.3	−89.0	−22.8	0.036	4.7	−75.0	−33.3	447.7
	20%	−477.7	−16.3	−89.0	−22.8	0.036	4.7	−75.0	−33.3	447.7
	30%	−477.7	−16.3	−89.0	−22.8	0.036	4.7	−75.0	−33.3	447.7
	40%	−1700.2	−58.1	−159.0	−40.8	−0.241	−31.9	−150.0	−66.7	895.4
	50%	−1700.2	−58.1	−159.0	−40.8	−0.241	−31.9	−150.0	−66.7	895.4
	60%	−1700.2	−58.1	−159.0	−40.8	−0.241	−31.9	−150.0	−66.7	895.4

续表

降水水平	灌溉定额减幅阈值	产量		农田蒸散量		水分生产力		灌溉定额		削减的深层地下水开采量/万 m^3
		变化量/(kg/hm^2)	变幅/%	变化量/mm	变幅/%	变化量/(kg/m^3)	变幅/%	变化量/mm	变幅/%	
沧州地区－黄骅市										
丰	10%	0	0	0	0	0	0	0	0	0
	20%	0	0	0	0	0	0	0	0	0
	30%	0	0	0	0	0	0	0	0	0
	40%	0	0	0	0	0	0	0	0	0
	50%	0	0	0	0	0	0	0	0	0
	60%	0	0	0	0	0	0	0	0	0
平	10%	0	0	0	0	0	0	0	0	0
	20%	0	0	0	0	0	0	0	0	0
	30%	0	0	0	0	0	0	0	0	0
	40%	0	0	0	0	0	0	0	0	0
	50%	0	0	0	0	0	0	0	0	0
	60%	0	0	0	0	0	0	0	0	0
枯	10%	0	0	0	0	0	0	0	0	0
	20%	0	0	0	0	0	0	0	0	0
	30%	0	0	0	0	0	0	0	0	0
	40%	0	0	0	0	0	0	0	0	0
	50%	0	0	0	0	0	0	0	0	0
	60%	0	0	0	0	0	0	0	0	0
沧州地区－河间市										
丰	10%	−1833.7	−31.4	−92.2	−21.1	−0.176	−13.2	−70.4	−31.3	1008.6
	20%	−1896.3	−32.4	−95.8	−21.9	−0.182	−13.6	−73.6	−32.7	1054.2
	30%	−1929.5	−33.0	−98.5	−22.5	−0.185	−13.8	−75.0	−33.3	1074.5
	40%	−3626.7	−62.1	−151.1	−34.5	−0.566	−42.3	−148.6	−66.0	2128.7
	50%	−3638.9	−62.3	−152.0	−34.7	−0.567	−42.4	−149.5	−66.5	2142.3
	60%	−3647.1	−62.4	−152.8	−34.9	−0.569	−42.5	−150.0	−66.7	2149.0
平	10%	−1639.6	−29.6	−66.3	−16.0	−0.211	−15.9	−72.5	−24.2	1039.3
	20%	−1666.4	−30.1	−68.6	−16.6	−0.213	−16.1	−74.9	−25.0	1073.4
	30%	−2706.2	−48.9	−142.6	−34.5	−0.312	−23.6	−150.0	−50.0	2149.3
	40%	−2706.2	−48.9	−142.6	−34.5	−0.312	−23.6	−150.0	−50.0	2149.3
	50%	−2706.2	−48.9	−142.6	−34.5	−0.312	−23.6	−150.0	−50.0	2149.3
	60%	−4114.6	−74.3	−201.0	−48.6	−0.685	−51.8	−225.0	−75.0	3223.7
枯	10%	−1726.7	−37.9	−78.4	−19.8	−0.261	−22.7	−76.5	−25.5	1095.4
	20%	−1726.7	−37.9	−78.4	−19.8	−0.261	−22.7	−76.5	−25.5	1095.4
	30%	−2595.5	−56.9	−158.3	−39.9	−0.345	−30.0	−150.0	−50.0	2149.0
	40%	−2595.5	−56.9	−158.3	−39.9	−0.345	−30.0	−150.0	−50.0	2149.0
	50%	−2595.5	−56.9	−158.3	−39.9	−0.345	−30.0	−150.0	−50.0	2149.0
	60%	−3780.2	−82.9	−221.4	−55.8	−0.736	−64.1	−225.0	−75.0	3223.5

续表

降水水平	灌溉定额减幅阈值	产量		农田蒸散量		水分生产力		灌溉定额		削减的深层地下水开采量/万 m^3
		变化量/（kg/hm^2）	变幅/%	变化量/mm	变幅/%	变化量/（kg/m^3）	变幅/%	变化量/mm	变幅/%	
沧州地区－沧州市和沧县										
丰	10%	−184.7	−5.3	−67.3	−16.1	0.115	13.8	−61.0	−40.6	896.9
	20%	−259.1	−7.4	−71.5	−17.1	0.104	12.4	−64.7	−43.2	952.4
	30%	−428.9	−12.2	−85.3	−20.5	0.081	9.6	−74.3	−49.5	1092.6
	40%	−439.7	−12.5	−86.7	−20.8	0.080	9.6	−75.0	−50.0	1103.3
	50%	−439.7	−12.5	−86.7	−20.8	0.080	9.6	−75.0	−50.0	1103.3
	60%	−439.7	−12.5	−86.7	−20.8	0.080	9.6	−75.0	−50.0	1103.3
平	10%	−752.4	−20.2	−102.5	−24.6	0.042	4.7	−75.0	−33.3	1103.3
	20%	−752.4	−20.2	−102.5	−24.6	0.042	4.7	−75.0	−33.3	1103.3
	30%	−752.4	−20.2	−102.5	−24.6	0.042	4.7	−75.0	−33.3	1103.3
	40%	−2120.5	−57.0	−165.2	−39.6	−0.271	−30.6	−150.0	−66.7	2206.7
	50%	−2120.5	−57.0	−165.2	−39.6	−0.271	−30.6	−150.0	−66.7	2206.7
	60%	−2120.5	−57.0	−165.2	−39.6	−0.271	−30.6	−150.0	−66.7	2206.7
枯	10%	−944.8	−28.9	−97.6	−25.8	−0.068	−7.9	−75.0	−33.3	1103.3
	20%	−944.8	−28.9	−97.6	−25.8	−0.068	−7.9	−75.0	−33.3	1103.3
	30%	−944.8	−28.9	−97.6	−25.8	−0.068	−7.9	−75.0	−33.3	1103.3
	40%	−2164.2	−66.3	−161.0	−42.6	−0.376	−43.8	−150.0	−66.7	2206.6
	50%	−2164.2	−66.3	−161.0	−42.6	−0.376	−43.8	−150.0	−66.7	2206.6
	60%	−2164.2	−66.3	−161.0	−42.6	−0.376	−43.8	−150.0	−66.7	2206.6
沧州地区－肃宁县										
丰	10%	−1129.3	−20.9	−94.3	−22.0	0.030	2.3	−73.9	−32.9	1196.0
	20%	−1146.7	−21.2	−95.4	−22.3	0.029	2.3	−75.0	−33.3	1213.1
	30%	−1146.7	−21.2	−95.4	−22.3	0.029	2.3	−75.0	−33.3	1213.1
	40%	−3025.4	−55.9	−151.4	−35.4	−0.392	−30.9	−148.7	−66.1	2405.3
	50%	−3042.4	−56.2	−152.6	−35.7	−0.395	−31.1	−150.0	−66.7	2426.2
	60%	−3042.4	−56.2	−152.6	−35.7	−0.395	−31.1	−150.0	−66.7	2426.2
平	10%	−1721.8	−33.1	−72.8	−17.6	−0.231	−18.6	−74.3	−24.8	1201.9
	20%	−1729.1	−33.2	−73.0	−17.6	−0.232	−18.7	−74.6	−24.9	1206.1
	30%	−2816.0	−54.1	−151.0	−36.5	−0.362	−29.2	−149.7	−50.0	2421.6
	40%	−2816.0	−54.1	−151.0	−36.5	−0.362	−29.2	−149.7	−50.0	2421.6
	50%	−2838.4	−54.5	−152.1	−36.7	−0.369	−29.8	−151.2	−50.5	2446.0
	60%	−4166.1	−80.0	−212.0	−51.2	−0.750	−60.6	−224.7	−75.0	3634.7
枯	10%	−1818.7	−41.2	−126.9	−31.5	−0.178	−16.3	−129.5	−43.2	2094.4
	20%	−1821.2	−41.3	−127.3	−31.6	−0.178	−16.3	−130.0	−43.3	2103.3
	30%	−2039.3	−46.2	−148.5	−36.9	−0.193	−17.7	−150.0	−50.0	2426.2
	40%	−2039.3	−46.2	−148.5	−36.9	−0.193	−17.7	−150.0	−50.0	2426.2
	50%	−2039.3	−46.2	−148.5	−36.9	−0.193	−17.7	−150.0	−50.0	2426.2
	60%	−3203.2	−72.6	−215.1	−53.4	−0.489	−44.9	−225.0	−75.0	3639.3

续表

降水水平	灌溉定额减幅阈值	产量		农田蒸散量		水分生产力		灌溉定额		削减的深层地下水开采量/万 m^3
		变化量/（kg/hm^2）	变幅/%	变化量/mm	变幅/%	变化量/（kg/m^3）	变幅/%	变化量/mm	变幅/%	
沧州地区－献县										
丰	10%	−1515.3	−28.4	−81.9	−18.3	−0.161	−13.5	−58.0	−25.8	1147.3
	20%	−1803.2	−33.8	−99.5	−22.3	−0.175	−14.7	−74.2	−33.0	1466.6
	30%	−1837.0	−34.4	−101.1	−22.6	−0.180	−15.1	−75.0	−33.3	1483.5
	40%	−3467.1	−65.0	−152.4	−34.1	−0.556	−46.7	−148.6	−66.0	2937.7
	50%	−3503.6	−65.6	−154.4	−34.6	−0.564	−47.4	−150.0	−66.7	2966.2
	60%	−3503.6	−65.6	−154.4	−34.6	−0.564	−47.4	−150.0	−66.7	2966.2
平	10%	−1729.9	−30.9	−59.9	−14.1	−0.258	−19.7	−62.3	−20.8	1230.8
	20%	−1922.2	−34.4	−69.6	−16.3	−0.285	−21.8	−74.4	−24.8	1471.5
	30%	−2908.3	−52.0	−140.7	−33.0	−0.395	−30.1	−149.6	−49.9	2956.5
	40%	−2908.3	−52.0	−140.7	−33.0	−0.395	−30.1	−149.6	−49.9	2956.5
	50%	−2941.6	−52.6	−142.3	−33.4	−0.405	−30.9	−151.8	−50.7	3000.9
	60%	−4268.5	−76.4	−195.1	−45.8	−0.762	−58.1	−224.6	−75.0	4439.0
枯	10%	−1702.6	−36.6	−75.5	−19.4	−0.261	−21.9	−76.7	−25.6	1516.7
	20%	−1702.6	−36.6	−75.5	−19.4	−0.261	−21.9	−76.7	−25.6	1516.7
	30%	−2670.6	−57.3	−151.2	−38.8	−0.383	−32.2	−150.0	−50.0	2965.3
	40%	−2670.6	−57.3	−151.2	−38.8	−0.383	−32.2	−150.0	−50.0	2965.3
	50%	−2670.6	−57.3	−151.2	−38.8	−0.383	−32.2	−150.0	−50.0	2965.3
	60%	−3855.0	−82.8	−207.0	−53.1	−0.769	−64.6	−225.0	−75.0	4447.9
沧州地区－海兴县										
丰	10%	0	0	0	0	0	0	0	0	0
	20%	0	0	0	0	0	0	0	0	0
	30%	0	0	0	0	0	0	0	0	0
	40%	0	0	0	0	0	0	0	0	0
	50%	0	0	0	0	0	0	0	0	0
	60%	0	0	0	0	0	0	0	0	0
平	10%	0	0	0	0	0	0	0	0	0
	20%	0	0	0	0	0	0	0	0	0
	30%	0	0	0	0	0	0	0	0	0
	40%	0	0	0	0	0	0	0	0	0
	50%	0	0	0	0	0	0	0	0	0
	60%	0	0	0	0	0	0	0	0	0
枯	10%	0	0	0	0	0	0	0	0	0
	20%	0	0	0	0	0	0	0	0	0
	30%	0	0	0	0	0	0	0	0	0
	40%	0	0	0	0	0	0	0	0	0
	50%	0	0	0	0	0	0	0	0	0
	60%	0	0	0	0	0	0	0	0	0

续表

降水水平	灌溉定额减幅阈值	产量		农田蒸散量		水分生产力		灌溉定额		削减的深层地下水开采量/万 m^3
		变化量/(kg/hm^2)	变幅/%	变化量/mm	变幅/%	变化量/(kg/m^3)	变幅/%	变化量/mm	变幅/%	
沧州地区－孟村回族自治县										
丰	10%	−451.9	−13.5	−73.4	−18.0	0.033	4.0	−60.8	−40.5	0
	20%	−533.4	−15.9	−76.9	−18.9	0.018	2.2	−64.7	−43.1	0
	30%	−688.1	−20.6	−93.6	−23.0	−0.001	−0.1	−74.1	−49.4	0
	40%	−704.1	−21.0	−94.5	−23.2	−0.002	−0.2	−75.0	−50.0	0
	50%	−705.1	−21.1	−94.6	−23.3	−0.002	−0.2	−75.0	−50.0	0
	60%	−714.6	−21.4	−95.0	−23.4	−0.003	−0.4	−75.2	−50.1	0
平	10%	−462.1	−12.5	−95.2	−22.1	0.098	11.3	−75.0	−33.3	0
	20%	−462.1	−12.5	−95.2	−22.1	0.098	11.3	−75.0	−33.3	0
	30%	−462.1	−12.5	−95.2	−22.1	0.098	11.3	−75.0	−33.3	0
	40%	−1896.1	−51.2	−158.7	−36.9	−0.211	−24.5	−150.0	−66.7	0
	50%	−1896.1	−51.2	−158.7	−36.9	−0.211	−24.5	−150.0	−66.7	0
	60%	−1896.1	−51.2	−158.7	−36.9	−0.211	−24.5	−150.0	−66.7	0
枯	10%	−141.1	−5.4	−93.2	−24.3	0.134	19.9	−75.0	−33.3	0
	20%	−141.1	−5.4	−93.2	−24.3	0.134	19.9	−75.0	−33.3	0
	30%	−141.1	−5.4	−93.2	−24.3	0.134	19.9	−75.0	−33.3	0
	40%	−1265.6	−48.3	−161.0	−41.9	−0.106	−15.7	−150.0	−66.7	0
	50%	−1265.6	−48.3	−161.0	−41.9	−0.106	−15.7	−150.0	−66.7	0
	60%	−1265.6	−48.3	−161.0	−41.9	−0.106	−15.7	−150.0	−66.7	0
沧州地区－泊头市										
丰	10%	−1912.2	−34.4	−97.8	−22.0	−0.216	−17.4	−72.2	−32.1	577.9
	20%	−1963.9	−35.3	−101.4	−22.8	−0.218	−17.6	−74.7	−33.2	598.3
	30%	−1974.2	−35.5	−101.9	−22.9	−0.220	−17.8	−75.0	−33.3	600.6
	40%	−3459.3	−62.2	−152.2	−34.3	−0.552	−44.6	−149.5	−66.5	1197.5
	50%	−3470.7	−62.4	−152.8	−34.4	−0.555	−44.9	−150.0	−66.7	1201.3
	60%	−3470.7	−62.4	−152.8	−34.4	−0.555	−44.9	−150.0	−66.7	1201.3
平	10%	−1666.1	−31.1	−67.9	−15.7	−0.234	−18.9	−73.2	−24.4	586.1
	20%	−1687.9	−31.5	−69.4	−16.0	−0.237	−19.1	−75.0	−25.0	600.7
	30%	−2768.1	−51.7	−144.0	−33.3	−0.371	−30.0	−150.0	−50.0	1201.3
	40%	−2768.1	−51.7	−144.0	−33.3	−0.371	−30.0	−150.0	−50.0	1201.3
	50%	−2768.1	−51.7	−144.0	−33.3	−0.371	−30.0	−150.0	−50.0	1201.3
	60%	−4058.8	−75.8	−202.3	−46.8	−0.715	−57.8	−225.0	−75.0	1801.9
枯	10%	−1648.4	−35.5	−73.9	−18.5	−0.241	−20.9	−75.0	−25.0	600.6
	20%	−1648.4	−35.5	−73.9	−18.5	−0.241	−20.9	−75.0	−25.0	600.6
	30%	−2802.8	−60.4	−154.0	−38.6	−0.432	−37.5	−150.0	−50.0	1201.3
	40%	−2802.8	−60.4	−154.0	−38.6	−0.432	−37.5	−150.0	−50.0	1201.3
	50%	−2802.8	−60.4	−154.0	−38.6	−0.432	−37.5	−150.0	−50.0	1201.3
	60%	−3835.5	−82.7	−207.7	−52.1	−0.749	−65.0	−225.0	−75.0	1801.9

续表

降水水平	灌溉定额减幅阈值	产量		农田蒸散量		水分生产力		灌溉定额		削减的深层地下水开采量/万 m^3
		变化量/（kg/hm^2）	变幅/%	变化量/mm	变幅/%	变化量/（kg/m^3）	变幅/%	变化量/mm	变幅/%	
沧州地区－南皮县										
丰	10%	−1752.0	−25.4	−81.3	−17.0	−0.148	−10.3	−65.7	−29.2	56.9
	20%	−1933.9	−28.1	−96.1	−20.1	−0.159	−11.1	−74.0	−32.9	64.1
	30%	−1963.8	−28.5	−99.1	−20.7	−0.160	−11.2	−75.0	−33.3	64.9
	40%	−3510.3	−50.9	−140.1	−29.2	−0.453	−31.6	−143.7	−63.9	124.4
	50%	−3600.9	−52.2	−147.8	−30.8	−0.463	−32.4	−149.5	−66.4	129.4
	60%	−3607.5	−52.3	−148.3	−31.0	−0.464	−32.4	−149.9	−66.6	129.8
平	10%	−1180.8	−19.7	−56.3	−11.8	−0.119	−9.5	−72.3	−24.1	62.6
	20%	−1205.4	−20.1	−57.9	−12.1	−0.121	−9.6	−75.0	−25.0	64.9
	30%	−2292.9	−38.2	−130.6	−27.3	−0.207	−16.4	−148.5	−49.5	128.5
	40%	−2312.2	−38.5	−132.3	−27.7	−0.207	−16.4	−150.0	−50.0	129.9
	50%	−2312.2	−38.5	−132.3	−27.7	−0.207	−16.4	−150.0	−50.0	129.9
	60%	−3912.1	−65.2	−196.0	−41.0	−0.535	−42.5	−225.0	−75.0	194.8
枯	10%	−1699.5	−31.5	−94.1	−20.6	−0.165	−14.2	−96.1	−32.0	83.2
	20%	−1700.8	−31.5	−94.3	−20.6	−0.165	−14.2	−96.3	−32.1	83.4
	30%	−2464.4	−45.7	−155.2	−34.0	−0.219	−18.8	−150.0	−50.0	129.9
	40%	−2464.4	−45.7	−155.2	−34.0	−0.219	−18.8	−150.0	−50.0	129.9
	50%	−2464.4	−45.7	−155.2	−34.0	−0.219	−18.8	−150.0	−50.0	129.9
	60%	−3793.5	−70.3	−221.4	−48.4	−0.513	−44.0	−225.0	−75.0	194.8
沧州地区－盐山县										
丰	10%	−318.0	−9.2	−82.0	−19.9	0.115	13.6	−65.9	−44.0	0
	20%	−371.5	−10.7	−86.3	−20.9	0.109	12.9	−69.5	−46.3	0
	30%	−449.3	−13.0	−93.5	−22.6	0.101	12.0	−73.9	−49.2	0
	40%	−471.6	−13.6	−96.0	−23.3	0.101	11.9	−75.0	−50.0	0
	50%	−471.6	−13.6	−96.0	−23.3	0.101	11.9	−75.0	−50.0	0
	60%	−471.6	−13.6	−96.0	−23.3	0.101	11.9	−75.0	−50.0	0
平	10%	−304.9	−8.3	−92.5	−21.5	0.138	16.3	−75.0	−33.3	0
	20%	−304.9	−8.3	−92.5	−21.5	0.138	16.3	−75.0	−33.3	0
	30%	−304.9	−8.3	−92.5	−21.5	0.138	16.3	−75.0	−33.3	0
	40%	−1799.3	−48.9	−157.7	−36.6	−0.178	−20.8	−150.0	−66.7	0
	50%	−1799.3	−48.9	−157.7	−36.6	−0.178	−20.8	−150.0	−66.7	0
	60%	−1799.3	−48.9	−157.7	−36.6	−0.178	−20.8	−150.0	−66.7	0
枯	10%	−33.8	−1.2	−84.0	−20.9	0.132	19.1	−75.0	−33.3	0
	20%	−33.8	−1.2	−84.0	−20.9	0.132	19.1	−75.0	−33.3	0
	30%	−33.8	−1.2	−84.0	−20.9	0.132	19.1	−75.0	−33.3	0
	40%	−1221.4	−43.6	−153.5	−38.2	−0.101	−14.6	−150.0	−66.7	0
	50%	−1221.4	−43.6	−153.5	−38.2	−0.101	−14.6	−150.0	−66.7	0
	60%	−1221.4	−43.6	−153.5	−38.2	−0.101	−14.6	−150.0	−66.7	0

续表

降水水平	灌溉定额减幅阈值	产量		农田蒸散量		水分生产力		灌溉定额		削减的深层地下水开采量/万 m^3
		变化量/（kg/hm^2）	变幅/%	变化量/mm	变幅/%	变化量/（kg/m^3）	变幅/%	变化量/mm	变幅/%	
沧州地区－东光县										
丰	10%	−811.5	−12.1	−97.8	−20.4	0.159	11.3	−74.9	−33.3	0
	20%	−812.5	−12.1	−97.8	−20.4	0.159	11.3	−75.0	−33.3	0
	30%	−812.5	−12.1	−97.8	−20.4	0.159	11.3	−75.0	−33.3	0
	40%	−2750.5	−40.9	−143.1	−29.9	−0.213	−15.1	−149.4	−66.4	0
	50%	−2759.1	−41.0	−143.6	−30.0	−0.214	−15.2	−149.9	−66.6	0
	60%	−2761.2	−41.1	−143.7	−30.0	−0.215	−15.2	−150.0	−66.7	0
平	10%	−937.4	−16.7	−62.8	−13.5	−0.047	−3.8	−71.0	−23.7	0
	20%	−970.7	−17.3	−65.6	−14.1	−0.047	−3.9	−75.0	−25.0	0
	30%	−1942.1	−34.5	−133.6	−28.8	−0.099	−8.0	−150.0	−50.0	0
	40%	−1942.1	−34.5	−133.6	−28.8	−0.099	−8.0	−150.0	−50.0	0
	50%	−1942.1	−34.5	−133.6	−28.8	−0.099	−8.0	−150.0	−50.0	0
	60%	−3573.4	−63.5	−194.2	−41.8	−0.455	−37.1	−225.0	−75.0	0
枯	10%	−1474.5	−26.6	−75.9	−17.0	−0.144	−11.6	−75.1	−25.0	0
	20%	−1497.8	−27.1	−78.0	−17.4	−0.144	−11.6	−77.2	−25.7	0
	30%	−2458.1	−44.4	−157.7	−35.2	−0.192	−15.5	−150.0	−50.0	0
	40%	−2458.1	−44.4	−157.7	−35.2	−0.192	−15.5	−150.0	−50.0	0
	50%	−2458.1	−44.4	−157.7	−35.2	−0.192	−15.5	−150.0	−50.0	0
	60%	−3799.6	−68.6	−216.4	−48.3	−0.512	−41.2	−225.0	−75.0	0
沧州地区－吴桥县										
丰	10%	−774.3	−15.2	−68.0	−15.5	0.011	1.0	−62.9	−27.9	160.2
	20%	−913.7	−18.0	−81.4	−18.5	0.008	0.7	−74.9	−33.3	191.0
	30%	−914.6	−18.0	−81.5	−18.5	0.008	0.7	−75.0	−33.3	191.1
	40%	−2581.5	−50.8	−117.7	−26.7	−0.381	−33.4	−133.8	−59.5	341.0
	50%	−2713.1	−53.4	−122.8	−27.9	−0.407	−35.6	−141.9	−63.1	361.7
	60%	−2858.7	−56.3	−136.4	−31.0	−0.428	−37.4	−150.0	−66.7	382.2
平	10%	−1510.0	−26.4	−73.1	−17.7	−0.152	−10.9	−75.0	−25.0	191.1
	20%	−1510.0	−26.4	−73.1	−17.7	−0.152	−10.9	−75.0	−25.0	191.1
	30%	−2787.9	−48.8	−146.8	−35.6	−0.304	−21.7	−150.0	−50.0	382.3
	40%	−2787.9	−48.8	−146.8	−35.6	−0.304	−21.7	−150.0	−50.0	382.3
	50%	−2787.9	−48.8	−146.8	−35.6	−0.304	−21.7	−150.0	−50.0	382.3
	60%	−4285.8	−75.1	−197.6	−47.9	−0.747	−53.3	−225.4	−75.1	574.3
枯	10%	−1688.9	−33.4	−76.1	−19.4	−0.238	−18.6	−75.0	−25.0	191.1
	20%	−1688.9	−33.4	−76.1	−19.4	−0.238	−18.6	−75.0	−25.0	191.1
	30%	−2731.3	−54.1	−153.1	−39.0	−0.349	−27.2	−150.0	−50.0	382.2
	40%	−2731.3	−54.1	−153.1	−39.0	−0.349	−27.2	−150.0	−50.0	382.2
	50%	−2731.3	−54.1	−153.1	−39.0	−0.349	−27.2	−150.0	−50.0	382.2
	60%	−3807.4	−75.4	−202.3	−51.5	−0.659	−51.4	−225.0	−75.0	573.3

续表

降水水平	灌溉定额减幅阈值	产量		农田蒸散量		水分生产力		灌溉定额		削减的深层地下水开采量/万 m^3
		变化量/（kg/hm^2）	变幅/%	变化量/mm	变幅/%	变化量/（kg/m^3）	变幅/%	变化量/mm	变幅/%	
衡水地区－饶阳县										
丰	10%	−1724.1	−31.3	−93.5	−23.3	−0.152	−11.1	−69.5	−30.9	564.0
	20%	−1816.7	−33.0	−98.5	−24.5	−0.163	−11.9	−74.1	−32.9	601.4
	30%	−1842.7	−33.5	−99.6	−24.8	−0.166	−12.1	−75.0	−33.3	608.9
	40%	−3341.0	−60.7	−144.5	−36.0	−0.543	−39.7	−143.6	−63.8	1165.7
	50%	−3445.4	−62.6	−150.6	−37.5	−0.561	−41.0	−149.5	−66.4	1214.1
	60%	−3457.5	−62.8	−151.2	−37.6	−0.563	−41.1	−150.0	−66.7	1217.8
平	10%	−1205.1	−21.7	−36.2	−9.1	−0.157	−11.4	−34.2	−11.4	277.3
	20%	−1972.2	−35.4	−69.2	−17.3	−0.310	−22.6	−75.6	−25.2	614.1
	30%	−3059.2	−55.0	−133.1	−33.3	−0.465	−33.8	−145.4	−48.5	1180.7
	40%	−3117.3	−56.0	−138.8	−34.7	−0.471	−34.3	−150.0	−50.0	1218.1
	50%	−3117.3	−56.0	−138.8	−34.7	−0.471	−34.3	−150.0	−50.0	1218.1
	60%	−4363.5	−78.4	−191.3	−47.9	−0.820	−59.6	−225.0	−75.0	1827.2
枯	10%	−1736.8	−30.4	−55.2	−13.3	−0.269	−19.5	−38.0	−12.7	308.7
	20%	−2241.6	−39.2	−77.9	−18.8	−0.347	−25.2	−75.0	−25.0	609.0
	30%	−3361.5	−58.8	−154.5	−37.3	−0.480	−34.9	−149.4	−49.8	1213.2
	40%	−3368.0	−58.9	−155.2	−37.5	−0.480	−34.9	−150.0	−50.0	1218.1
	50%	−3368.0	−58.9	−155.2	−37.5	−0.480	−34.9	−150.0	−50.0	1218.1
	60%	−4541.1	−79.4	−207.9	−50.2	−0.830	−60.3	−225.0	−75.0	1827.1
衡水地区－安平县										
丰	10%	−1031.4	−16.0	−55.2	−13.4	−0.050	−3.2	−37.8	−16.8	129.1
	20%	−1541.1	−23.9	−75.2	−18.2	−0.114	−7.3	−59.6	−26.5	203.6
	30%	−1983.6	−30.8	−95.6	−23.1	−0.154	−9.9	−75.0	−33.3	256.4
	40%	−2813.3	−43.7	−98.8	−23.9	−0.417	−26.6	−104.2	−46.3	356.3
	50%	−3570.7	−55.4	−135.7	−32.9	−0.526	−33.6	−141.3	−62.8	482.9
	60%	−3706.7	−57.5	−145.4	−35.2	−0.538	−34.4	−149.8	−66.6	511.9
平	10%	−1134.8	−19.5	−35.4	−8.7	−0.130	−9.2	−37.5	−12.5	128.3
	20%	−1822.9	−31.3	−57.2	−14.1	−0.263	−18.7	−69.6	−23.2	237.9
	30%	−2943.7	−50.6	−117.5	−28.9	−0.439	−31.1	−133.8	−44.6	457.3
	40%	−3110.4	−53.4	−137.3	−33.8	−0.447	−31.6	−150.0	−50.0	512.8
	50%	−3110.4	−53.4	−137.3	−33.8	−0.447	−31.6	−150.0	−50.0	512.8
	60%	−4373.8	−75.1	−190.4	−46.8	−0.776	−55.0	−225.0	−75.0	769.1
枯	10%	−1552.5	−27.6	−48.8	−12.0	−0.238	−17.3	−45.6	−15.2	156.0
	20%	−2015.8	−35.9	−70.2	−17.3	−0.318	−23.1	−74.5	−24.8	254.7
	30%	−2880.4	−51.2	−113.7	−28.0	−0.470	−34.1	−122.0	−40.7	417.0
	40%	−3295.6	−58.6	−145.5	−35.8	−0.509	−37.0	−150.0	−50.0	512.8
	50%	−3295.6	−58.6	−145.5	−35.8	−0.509	−37.0	−150.0	−50.0	512.8
	60%	−4556.7	−81.1	−200.4	−49.3	−0.885	−64.3	−225.0	−75.0	769.1

续表

降水水平	灌溉定额减幅阈值	产量		农田蒸散量		水分生产力		灌溉定额		削减的深层地下水开采量/万 m^3
		变化量/(kg/hm^2)	变幅/%	变化量/mm	变幅/%	变化量/(kg/m^3)	变幅/%	变化量/mm	变幅/%	
衡水地区－武强县										
丰	10%	−844.1	−12.2	−48.4	−11.9	−0.001	0.0	−53.0	−23.5	740.8
	20%	−1132.0	−16.4	−54.6	−13.4	−0.051	−3.0	−65.4	−29.1	914.3
	30%	−1587.9	−23.0	−74.0	−18.1	−0.088	−5.2	−79.2	−35.2	1107.3
	40%	−2143.4	−31.0	−80.1	−19.6	−0.233	−13.8	−108.2	−48.1	1513.0
	50%	−2649.0	−38.3	−96.9	−23.7	−0.323	−19.1	−125.5	−55.8	1755.6
	60%	−3428.7	−49.6	−119.1	−29.1	−0.470	−27.8	−147.1	−65.4	2056.8
平	10%	−1581.3	−26.4	−53.9	−13.2	−0.213	−14.5	−58.2	−19.4	814.7
	20%	−1989.8	−33.2	−70.7	−17.3	−0.278	−18.9	−78.8	−26.3	1101.5
	30%	−2876.9	−48.0	−116.3	−28.4	−0.402	−27.3	−130.4	−43.5	1823.4
	40%	−3146.0	−52.5	−126.7	−31.0	−0.456	−31.0	−144.7	−48.2	2024.2
	50%	−3250.3	−54.2	−136.8	−33.5	−0.464	−31.6	−150.0	−50.0	2098.0
	60%	−4593.9	−76.6	−189.9	−46.4	−0.835	−56.7	−225.0	−75.0	3147.0
枯	10%	−1743.4	−34.6	−58.8	−15.4	−0.275	−21.3	−51.6	−17.2	722.3
	20%	−2031.4	−40.3	−73.7	−19.3	−0.328	−25.5	−73.9	−24.6	1033.8
	30%	−2862.3	−56.8	−128.5	−33.6	−0.456	−35.4	−130.5	−43.5	1825.4
	40%	−3078.7	−61.1	−147.1	−38.5	−0.492	−38.2	−145.5	−48.5	2035.0
	50%	−3125.1	−62.0	−153.7	−40.2	−0.498	−38.6	−150.0	−50.0	2098.0
	60%	−4073.2	−80.8	−198.2	−51.8	−0.803	−62.3	−225.0	−75.0	3147.0
衡水地区－深州市										
丰	10%	−1054.1	−17.4	−56.6	−13.5	−0.060	−4.1	−44.4	−19.7	602.4
	20%	−1268.6	−21.0	−62.0	−14.8	−0.099	−6.8	−53.6	−23.8	728.0
	30%	−1800.4	−29.8	−83.4	−19.8	−0.169	−11.6	−76.1	−33.8	1032.3
	40%	−2475.8	−41.0	−98.6	−23.5	−0.332	−22.8	−107.2	−47.6	1454.8
	50%	−3161.4	−52.3	−125.4	−29.9	−0.465	−31.9	−134.0	−59.5	1818.0
	60%	−3534.6	−58.5	−140.5	−33.4	−0.532	−36.5	−149.8	−66.6	2032.6
平	10%	−1204.6	−20.9	−36.5	−9.0	−0.153	−10.9	−47.1	−15.7	639.0
	20%	−1664.4	−28.9	−60.0	−14.9	−0.228	−16.2	−71.9	−24.0	975.3
	30%	−2801.6	−48.7	−113.9	−28.2	−0.414	−29.4	−132.0	−44.0	1790.6
	40%	−3013.5	−52.4	−128.4	−31.8	−0.450	−32.0	−146.4	−48.8	1986.5
	50%	−3053.1	−53.1	−135.3	−33.5	−0.451	−32.1	−150.0	−50.0	2035.5
	60%	−4358.5	−75.8	−187.0	−46.3	−0.813	−57.9	−225.0	−75.0	3053.2
枯	10%	−1621.0	−29.5	−52.2	−13.3	−0.247	−17.8	−54.6	−18.2	740.5
	20%	−1889.4	−34.3	−69.0	−17.6	−0.287	−20.6	−72.7	−24.2	986.2
	30%	−3025.8	−55.0	−128.7	−32.9	−0.470	−33.8	−138.0	−46.0	1872.7
	40%	−3132.5	−56.9	−139.6	−35.7	−0.482	−34.7	−146.5	−48.8	1987.5
	50%	−3182.0	−57.8	−145.5	−37.2	−0.487	−35.1	−150.0	−50.0	2035.6
	60%	−4307.9	−78.3	−196.9	−50.3	−0.815	−58.7	−225.0	−75.0	3053.3

续表

降水水平	灌溉定额减幅阈值	产量 变化量/（kg/hm²）	产量 变幅/%	农田蒸散量 变化量/mm	农田蒸散量 变幅/%	水分生产力 变化量/（kg/m³）	水分生产力 变幅/%	灌溉定额 变化量/mm	灌溉定额 变幅/%	削减的深层地下水开采量/万 m³
衡水地区－阜城县										
丰	10%	−519.5	−8.8	−32.8	−7.8	−0.005	−0.4	−32.0	−14.2	452.2
	20%	−1171.3	−19.9	−54.9	−13.0	−0.110	−7.9	−57.1	−25.4	806.0
	30%	−1770.0	−30.0	−84.8	−20.1	−0.197	−14.2	−75.5	−33.6	1066.2
	40%	−2805.9	−47.6	−110.5	−26.1	−0.435	−31.3	−125.7	−55.9	1775.1
	50%	−3258.4	−55.3	−131.3	−31.1	−0.517	−37.1	−145.5	−64.7	2053.9
	60%	−3363.1	−57.1	−136.4	−32.3	−0.537	−38.6	−149.4	−66.4	2108.7
平	10%	−1168.2	−20.2	−42.4	−10.1	−0.137	−10.0	−47.8	−15.9	674.6
	20%	−1663.7	−28.8	−62.9	−15.0	−0.227	−16.6	−72.9	−24.3	1028.7
	30%	−2399.2	−41.6	−76.7	−18.3	−0.377	−27.5	−96.7	−32.2	1365.1
	40%	−3009.2	−52.1	−128.2	−30.5	−0.438	−31.9	−148.3	−49.4	2093.4
	50%	−3034.7	−52.6	−131.4	−31.3	−0.440	−32.1	−150.0	−50.0	2117.6
	60%	−4332.5	−75.0	−186.1	−44.3	−0.776	−56.6	−225.0	−75.0	3176.4
枯	10%	−1764.2	−33.8	−62.1	−15.7	−0.278	−21.2	−64.6	−21.5	912.3
	20%	−1910.4	−36.6	−71.6	−18.1	−0.295	−22.5	−74.5	−24.8	1052.4
	30%	−3077.4	−59.0	−141.7	−35.7	−0.483	−36.9	−145.1	−48.4	2048.9
	40%	−3156.1	−60.5	−148.9	−37.6	−0.493	−37.6	−150.0	−50.0	2117.6
	50%	−3156.1	−60.5	−148.9	−37.6	−0.493	−37.6	−150.0	−50.0	2117.6
	60%	−4183.9	−80.2	−196.6	−49.6	−0.800	−61.0	−225.0	−75.0	3176.4
衡水地区－武邑县										
丰	10%	−708.1	−10.3	−46.2	−11.2	0.020	1.2	−57.3	−25.5	1051.6
	20%	−848.4	−12.3	−49.9	−12.1	−0.004	−0.2	−62.7	−27.9	1150.1
	30%	−1447.7	−21.1	−66.5	−16.2	−0.100	−6.0	−80.2	−35.6	1471.0
	40%	−1860.2	−27.1	−78.2	−19.0	−0.175	−10.5	−107.2	−47.6	1966.0
	50%	−2574.9	−37.5	−94.3	−22.9	−0.322	−19.2	−125.3	−55.7	2298.8
	60%	−3104.9	−45.2	−110.0	−26.7	−0.426	−25.4	−143.0	−63.6	2623.9
平	10%	−1534.9	−25.4	−47.9	−11.7	−0.219	−14.8	−55.5	−18.5	1018.1
	20%	−1834.8	−30.3	−64.1	−15.6	−0.265	−17.9	−73.6	−24.5	1350.0
	30%	−2679.8	−44.3	−83.5	−20.4	−0.433	−29.3	−103.5	−34.5	1899.1
	40%	−3214.2	−53.1	−128.2	−31.3	−0.485	−32.8	−147.5	−49.2	2706.3
	50%	−3261.7	−53.9	−134.8	−32.9	−0.488	−33.0	−150.0	−50.0	2751.9
	60%	−4623.6	−76.4	−186.8	−45.6	−0.858	−58.1	−225.0	−75.0	4127.9
枯	10%	−1511.5	−29.1	−45.2	−11.9	−0.245	−18.3	−48.5	−16.2	890.4
	20%	−1961.0	−37.8	−67.0	−17.6	−0.318	−23.7	−71.5	−23.8	1311.7
	30%	−2884.9	−55.6	−117.3	−30.8	−0.483	−36.0	−125.0	−41.7	2293.8
	40%	−3142.6	−60.5	−142.4	−37.4	−0.513	−38.2	−147.1	−49.0	2699.5
	50%	−3185.6	−61.4	−148.8	−39.1	−0.514	−38.4	−150.0	−50.0	2751.9
	60%	−4203.1	−81.0	−194.6	−51.1	−0.843	−62.8	−225.0	−75.0	4127.9

续表

降水水平	灌溉定额减幅阈值	产量		农田蒸散量		水分生产力		灌溉定额		削减的深层地下水开采量/万 m^3
		变化量/（kg/hm^2）	变幅/%	变化量/mm	变幅/%	变化量/（kg/m^3）	变幅/%	变化量/mm	变幅/%	
衡水地区－景县										
丰	10%	−872.2	−14.3	−32.8	−8.0	−0.095	−6.3	−43.5	−19.4	783.1
	20%	−1190.5	−19.5	−42.2	−10.2	−0.149	−9.9	−56.6	−25.2	1018.0
	30%	−1888.0	−30.9	−70.9	−17.2	−0.241	−16.0	−76.1	−33.8	1369.3
	40%	−2490.7	−40.8	−80.6	−19.5	−0.397	−26.4	−104.9	−46.6	1887.4
	50%	−3138.7	−51.4	−111.8	−27.1	−0.501	−33.3	−137.9	−61.3	2479.7
	60%	−3428.6	−56.2	−123.6	−30.0	−0.554	−36.8	−147.9	−65.7	2659.3
平	10%	−1308.0	−20.7	−46.6	−11.4	−0.156	−10.0	−59.1	−19.7	1062.8
	20%	−1635.9	−25.8	−56.4	−13.8	−0.215	−13.8	−74.0	−24.7	1330.2
	30%	−2245.0	−35.5	−72.7	−17.8	−0.321	−20.7	−104.9	−35.0	1887.0
	40%	−2952.1	−46.6	−110.4	−27.1	−0.429	−27.6	−143.6	−47.9	2583.0
	50%	−3080.4	−48.7	−120.7	−29.6	−0.445	−28.7	−150.1	−50.0	2699.7
	60%	−4525.5	−71.5	−165.5	−40.6	−0.823	−53.1	−218.4	−72.8	3927.6
枯	10%	−1331.5	−25.9	−38.9	−10.2	−0.214	−16.1	−47.2	−15.7	848.2
	20%	−1778.9	−34.6	−69.2	−18.2	−0.276	−20.9	−74.2	−24.7	1333.9
	30%	−2739.6	−53.3	−118.4	−31.1	−0.438	−33.1	−131.1	−43.7	2358.7
	40%	−2961.7	−57.6	−142.3	−37.4	−0.460	−34.7	−149.1	−49.7	2681.7
	50%	−2975.7	−57.9	−144.4	−38.0	−0.461	−34.8	−150.0	−50.0	2697.8
	60%	−4004.0	−77.9	−190.9	−50.2	−0.776	−58.5	−225.0	−75.0	4046.6
衡水地区－衡水市										
丰	10%	−681.5	−10.5	−40.8	−9.8	−0.013	−0.8	−33.1	−14.7	442.8
	20%	−1259.5	−19.3	−56.0	−13.5	−0.110	−6.9	−59.8	−26.6	800.2
	30%	−1826.5	−28.1	−75.3	−18.1	−0.190	−11.9	−76.5	−34.0	1023.4
	40%	−2820.8	−43.3	−102.8	−24.7	−0.408	−25.5	−117.7	−52.3	1574.9
	50%	−3087.8	−47.4	−110.1	−26.5	−0.464	−29.1	−126.7	−56.3	1694.6
	60%	−3764.6	−57.8	−138.1	−33.2	−0.561	−35.1	−147.4	−65.5	1971.7
平	10%	−986.8	−18.0	−35.9	−8.3	−0.124	−9.7	−42.8	−14.3	572.8
	20%	−1509.7	−27.5	−61.4	−14.2	−0.201	−15.8	−71.9	−24.0	961.1
	30%	−2567.3	−46.8	−109.6	−25.4	−0.373	−29.3	−128.0	−42.7	1712.6
	40%	−2818.0	−51.4	−129.5	−30.0	−0.404	−31.7	−148.2	−49.4	1982.1
	50%	−2842.6	−51.8	−132.5	−30.7	−0.407	−31.9	−150.0	−50.0	2006.3
	60%	−4108.4	−74.9	−188.1	−43.6	−0.724	−56.8	−225.0	−75.0	3009.5
枯	10%	−1598.2	−32.6	−63.6	−16.9	−0.245	−19.0	−68.7	−22.9	918.4
	20%	−1702.5	−34.7	−72.3	−19.2	−0.256	−19.9	−74.7	−24.9	998.8
	30%	−2881.0	−58.7	−138.4	−36.7	−0.467	−36.3	−143.2	−47.7	1914.8
	40%	−2981.9	−60.8	−148.7	−39.4	−0.477	−37.1	−150.0	−50.0	2006.3
	50%	−2981.9	−60.8	−148.7	−39.4	−0.477	−37.1	−150.0	−50.0	2006.3
	60%	−3887.0	−79.2	−196.6	−52.1	−0.769	−59.7	−225.0	−75.0	3009.5

续表

降水水平	灌溉定额减幅阈值	产量		农田蒸散量		水分生产力		灌溉定额		削减的深层地下水开采量/万 m^3
		变化量/（kg/hm^2）	变幅/%	变化量/mm	变幅/%	变化量/（kg/m^3）	变幅/%	变化量/mm	变幅/%	
衡水地区－冀州市										
丰	10%	−675.1	−11.4	−33.0	−7.8	−0.065	−4.5	−34.4	−15.3	413.9
	20%	−1163.3	−19.6	−47.1	−11.1	−0.144	−10.0	−51.7	−23.0	621.4
	30%	−1723.6	−29.1	−72.1	−17.0	−0.202	−14.1	−77.1	−34.3	927.2
	40%	−2647.1	−44.7	−105.4	−24.9	−0.397	−27.7	−119.8	−53.2	1440.3
	50%	−3258.5	−55.0	−127.7	−30.2	−0.507	−35.4	−140.8	−62.6	1693.4
	60%	−3574.9	−60.4	−136.9	−32.3	−0.568	−39.7	−149.5	−66.4	1797.7
平	10%	−993.6	−19.9	−31.9	−7.6	−0.147	−12.3	−47.4	−15.8	570.2
	20%	−1543.8	−30.9	−60.2	−14.4	−0.227	−19.0	−72.0	−24.0	866.1
	30%	−2455.8	−49.2	−105.4	−25.2	−0.383	−32.1	−122.8	−40.9	1476.6
	40%	−2789.6	−55.8	−136.6	−32.6	−0.420	−35.2	−148.8	−49.6	1789.2
	50%	−2812.2	−56.3	−139.0	−33.2	−0.423	−35.5	−150.0	−50.0	1803.9
	60%	−3879.2	−77.7	−191.5	−45.7	−0.703	−59.0	−225.0	−75.0	2705.8
枯	10%	−1726.9	−36.4	−71.7	−18.7	−0.275	−22.2	−72.4	−24.1	871.0
	20%	−1757.9	−37.0	−74.5	−19.5	−0.277	−22.4	−75.0	−25.0	901.6
	30%	−3095.2	−65.2	−153.9	−40.2	−0.541	−43.7	−149.2	−49.7	1793.7
	40%	−3106.1	−65.5	−155.2	−40.6	−0.542	−43.8	−150.0	−50.0	1803.9
	50%	−3106.1	−65.5	−155.2	−40.6	−0.542	−43.8	−150.0	−50.0	1803.9
	60%	−3964.1	−83.5	−206.2	−53.9	−0.835	−67.4	−225.0	−75.0	2705.8
衡水地区－枣强县										
丰	10%	−977.8	−20.0	−46.5	−11.4	−0.111	−9.1	−44.0	−19.5	808.6
	20%	−1241.1	−25.3	−55.0	−13.4	−0.161	−13.3	−58.2	−25.9	1071.2
	30%	−1540.0	−31.4	−67.8	−16.6	−0.210	−17.3	−73.8	−32.8	1357.2
	40%	−2103.0	−42.9	−90.0	−22.0	−0.328	−26.9	−105.3	−46.8	1937.9
	50%	−2600.4	−53.1	−109.8	−26.8	−0.438	−35.9	−127.4	−56.6	2344.0
	60%	−3046.0	−62.2	−130.1	−31.8	−0.545	−44.8	−148.5	−66.0	2732.4
平	10%	−1386.1	−28.2	−58.0	−13.9	−0.195	−16.5	−69.4	−23.1	1276.1
	20%	−1555.2	−31.7	−64.5	−15.4	−0.226	−19.1	−77.5	−25.8	1426.5
	30%	−1954.7	−39.8	−80.6	−19.3	−0.293	−24.7	−103.8	−34.6	1909.0
	40%	−2440.0	−49.7	−112.4	−26.9	−0.367	−31.0	−138.3	−46.1	2543.7
	50%	−2706.4	−55.1	−134.5	−32.2	−0.405	−34.2	−150.0	−50.0	2759.3
	60%	−3772.3	−76.9	−187.4	−44.8	−0.692	−58.4	−224.5	−74.8	4130.4
枯	10%	−978.3	−25.0	−34.8	−9.8	−0.188	−17.1	−47.7	−15.9	876.8
	20%	−1409.8	−36.0	−65.3	−18.3	−0.242	−22.0	−72.5	−24.2	1334.6
	30%	−2287.5	−58.4	−115.2	−32.3	−0.441	−40.1	−126.8	−42.3	2333.3
	40%	−2629.2	−67.2	−152.5	−42.8	−0.483	−43.9	−150.0	−50.0	2758.7
	50%	−2629.6	−67.2	−152.6	−42.8	−0.483	−43.9	−150.0	−50.0	2759.3
	60%	−3233.1	−82.6	−192.1	−53.9	−0.707	−64.3	−225.0	−75.0	4138.9

续表

降水水平	灌溉定额减幅阈值	产量		农田蒸散量		水分生产力		灌溉定额		削减的深层地下水开采量/万 m^3
		变化量/（kg/hm^2）	变幅/%	变化量/mm	变幅/%	变化量/（kg/m^3）	变幅/%	变化量/mm	变幅/%	
衡水地区－故城县										
丰	10%	−854.3	−13.9	−31.3	−7.3	−0.097	−6.7	−40.4	−17.9	169.9
	20%	−1240.1	−20.1	−42.3	−9.9	−0.158	−10.9	−58.6	−26.1	246.9
	30%	−1719.7	−27.9	−56.5	−13.2	−0.235	−16.2	−77.9	−34.6	328.0
	40%	−2270.9	−36.9	−72.9	−17.1	−0.342	−23.6	−97.4	−43.3	410.0
	50%	−3183.5	−51.7	−106.4	−24.9	−0.525	−36.2	−134.4	−59.7	566.0
	60%	−3565.5	−57.9	−119.6	−28.0	−0.593	−40.9	−149.0	−66.2	627.6
平	10%	−1118.3	−17.9	−30.4	−7.4	−0.154	−10.0	−50.5	−16.8	212.8
	20%	−1555.4	−24.9	−47.9	−11.7	−0.227	−14.8	−72.5	−24.2	305.2
	30%	−2459.2	−39.3	−82.6	−20.2	−0.371	−24.2	−116.0	−38.7	488.3
	40%	−3044.6	−48.7	−117.1	−28.7	−0.451	−29.4	−145.0	−48.3	610.7
	50%	−3148.0	−50.3	−126.1	−30.9	−0.467	−30.4	−150.0	−50.0	631.6
	60%	−4614.0	−73.8	−174.7	−42.8	−0.857	−55.9	−223.9	−74.6	942.9
枯	10%	−1812.5	−35.4	−61.9	−16.3	−0.310	−22.9	−62.6	−20.9	263.7
	20%	−2006.4	−39.2	−76.6	−20.2	−0.329	−24.3	−75.0	−25.0	315.8
	30%	−3190.9	−62.3	−139.9	−37.0	−0.551	−40.8	−140.5	−46.8	591.4
	40%	−3311.9	−64.7	−154.0	−40.7	−0.564	−41.7	−150.0	−50.0	631.6
	50%	−3311.9	−64.7	−154.0	−40.7	−0.564	−41.7	−150.0	−50.0	631.6
	60%	−4337.9	−84.7	−205.1	−54.1	−0.907	−67.1	−225.0	−75.0	947.4
邢台地区－新河县										
丰	10%	−1163.1	−23.0	−68.0	−15.9	−0.092	−7.7	−53.2	−23.6	97.9
	20%	−1425.1	−28.1	−86.0	−20.1	−0.112	−9.3	−70.4	−31.3	129.5
	30%	−1578.6	−31.2	−93.4	−21.8	−0.129	−10.8	−75.0	−33.3	138.0
	40%	−3442.7	−68.0	−162.9	−38.1	−0.565	−47.0	−149.0	−66.2	274.1
	50%	−3470.2	−68.5	−164.2	−38.4	−0.572	−47.5	−150.0	−66.7	276.0
	60%	−3470.2	−68.5	−164.2	−38.4	−0.572	−47.5	−150.0	−66.7	276.0
平	10%	−1412.9	−35.5	−78.8	−18.5	−0.204	−21.6	−74.0	−24.7	136.1
	20%	−1423.3	−35.7	−79.5	−18.6	−0.205	−21.7	−74.7	−24.9	137.6
	30%	−2482.3	−62.3	−158.3	−37.1	−0.417	−44.1	−148.8	−49.7	273.9
	40%	−2487.6	−62.5	−159.5	−37.4	−0.417	−44.1	−149.7	−50.0	275.6
	50%	−2498.3	−62.7	−160.3	−37.6	−0.420	−44.4	−150.8	−50.3	277.6
	60%	−3347.1	−84.1	−216.5	−50.8	−0.664	−70.2	−224.7	−75.0	413.6
枯	10%	−1440.6	−37.0	−86.5	−21.7	−0.211	−21.8	−75.0	−25.0	138.0
	20%	−1440.6	−37.0	−86.5	−21.7	−0.211	−21.8	−75.0	−25.0	138.0
	30%	−2635.7	−67.8	−170.7	−42.8	−0.473	−48.9	−150.0	−50.0	276.0
	40%	−2635.7	−67.8	−170.7	−42.8	−0.473	−48.9	−150.0	−50.0	276.0
	50%	−2635.7	−67.8	−170.7	−42.8	−0.473	−48.9	−150.0	−50.0	276.0
	60%	−3415.0	−87.8	−230.8	−57.8	−0.735	−76.1	−225.0	−75.0	414.0

续表

降水水平	灌溉定额减幅阈值	产量		农田蒸散量		水分生产力		灌溉定额		削减的深层地下水开采量/万 m^3
		变化量/（kg/hm^2）	变幅/%	变化量/mm	变幅/%	变化量/（kg/m^3）	变幅/%	变化量/mm	变幅/%	
邢台地区－南宫市										
丰	10%	−735.5	−15.5	−31.1	−7.2	−0.104	−9.3	−32.8	−14.6	205.1
	20%	−1022.2	−21.6	−42.5	−9.9	−0.150	−13.5	−50.0	−22.2	313.0
	30%	−1656.2	−34.9	−76.4	−17.7	−0.234	−21.0	−74.9	−33.3	468.6
	40%	−2879.6	−60.8	−129.5	−30.0	−0.499	−44.8	−135.9	−60.4	850.1
	50%	−3167.8	−66.8	−146.0	−33.8	−0.564	−50.6	−148.6	−66.0	929.6
	60%	−3214.4	−67.8	−147.9	−34.3	−0.575	−51.6	−150.0	−66.7	938.4
平	10%	−1167.5	−29.6	−65.2	−15.1	−0.165	−17.9	−65.0	−21.7	406.4
	20%	−1297.6	−32.9	−76.8	−17.8	−0.179	−19.4	−74.4	−24.8	465.6
	30%	−2218.1	−56.2	−136.1	−31.5	−0.358	−38.8	−136.3	−45.5	853.0
	40%	−2361.5	−59.8	−156.3	−36.2	−0.374	−40.5	−150.3	−50.1	940.0
	50%	−2368.8	−60.0	−156.8	−36.3	−0.376	−40.7	−151.0	−50.4	944.6
	60%	−3257.4	−82.5	−210.8	−48.8	−0.625	−67.6	−224.8	−75.0	1406.5
枯	10%	−1464.2	−41.7	−82.3	−21.5	−0.255	−27.9	−75.0	−25.0	469.2
	20%	−1464.2	−41.7	−82.3	−21.5	−0.255	−27.9	−75.0	−25.0	469.2
	30%	−2510.5	−71.5	−164.1	−42.8	−0.492	−53.7	−150.0	−50.0	938.4
	40%	−2510.5	−71.5	−164.1	−42.8	−0.492	−53.7	−150.0	−50.0	938.4
	50%	−2510.5	−71.5	−164.1	−42.8	−0.492	−53.7	−150.0	−50.0	938.4
	60%	−3135.9	−89.4	−220.0	−57.4	−0.716	−78.2	−225.0	−75.0	1407.5
邢台地区－巨鹿县										
丰	10%	−1410.3	−30.9	−63.9	−15.4	−0.202	−18.0	−48.7	−21.6	520.8
	20%	−1745.2	−38.3	−86.9	−21.0	−0.235	−21.0	−68.8	−30.6	735.9
	30%	−1872.8	−41.1	−97.5	−23.6	−0.244	−21.8	−75.0	−33.4	802.9
	40%	−3223.0	−70.7	−156.3	−37.8	−0.589	−52.6	−147.9	−65.7	1582.0
	50%	−3259.3	−71.4	−158.2	−38.2	−0.598	−53.4	−149.5	−66.5	1600.0
	60%	−3267.1	−71.6	−158.7	−38.3	−0.599	−53.5	−150.0	−66.7	1604.8
平	10%	−1011.4	−24.0	−52.2	−11.9	−0.133	−13.8	−49.4	−16.5	528.6
	20%	−1266.9	−30.0	−73.3	−16.8	−0.168	−17.3	−74.4	−24.8	795.8
	30%	−2173.7	−51.5	−142.7	−32.6	−0.309	−32.0	−143.6	−47.9	1536.5
	40%	−2248.5	−53.3	−148.3	−33.9	−0.320	−33.1	−149.1	−49.8	1594.9
	50%	−2273.0	−53.8	−150.9	−34.5	−0.326	−33.7	−151.4	−50.5	1619.6
	60%	−3378.2	−80.0	−208.3	−47.6	−0.613	−63.4	−224.6	−75.0	2403.2
枯	10%	−1549.7	−41.1	−82.6	−21.3	−0.267	−27.5	−73.8	−24.6	790.0
	20%	−1563.3	−41.4	−84.2	−21.7	−0.269	−27.7	−75.0	−25.0	802.4
	30%	−2778.7	−73.6	−166.6	−42.9	−0.564	−58.0	−150.0	−50.0	1604.8
	40%	−2778.7	−73.6	−166.6	−42.9	−0.564	−58.0	−150.0	−50.0	1604.8
	50%	−2778.7	−73.6	−166.6	−42.9	−0.564	−58.0	−150.0	−50.0	1604.8
	60%	−3408.0	−90.3	−221.8	−57.1	−0.786	−80.7	−225.0	−75.0	2407.2

续表

降水水平	灌溉定额减幅阈值	产量		农田蒸散量		水分生产力		灌溉定额		削减的深层地下水开采量/万 m^3
		变化量/（kg/hm^2）	变幅/%	变化量/mm	变幅/%	变化量/（kg/m^3）	变幅/%	变化量/mm	变幅/%	
邢台地区－威县										
丰	10%	−656.1	−13.6	−28.3	−6.4	−0.097	−8.8	−32.4	−14.4	0
	20%	−1028.7	−21.4	−42.3	−9.6	−0.158	−14.5	−53.6	−23.8	0
	30%	−1484.0	−30.8	−65.5	−14.9	−0.222	−20.3	−75.8	−33.7	0
	40%	−2760.1	−57.4	−128.1	−29.0	−0.490	−44.8	−136.8	−60.8	0
	50%	−3013.4	−62.6	−139.3	−31.6	−0.537	−49.1	−147.3	−65.5	0
	60%	−3023.6	−62.8	−139.8	−31.7	−0.538	−49.2	−148.0	−65.8	0
平	10%	−1302.5	−31.8	−67.2	−15.8	−0.191	−19.7	−67.5	−22.5	0
	20%	−1390.2	−34.0	−77.7	−18.2	−0.198	−20.5	−76.0	−25.4	0
	30%	−2445.8	−59.8	−151.0	−35.4	−0.396	−40.9	−146.4	−48.9	0
	40%	−2479.1	−60.6	−154.8	−36.3	−0.400	−41.3	−149.5	−49.9	0
	50%	−2501.5	−61.1	−156.2	−36.6	−0.406	−41.9	−151.3	−50.5	0
	60%	−3396.6	−83.0	−209.1	−49.0	−0.659	−68.0	−224.5	−75.0	0
枯	10%	−1551.8	−39.3	−80.9	−20.7	−0.266	−26.4	−75.0	−25.0	0
	20%	−1551.8	−39.3	−80.9	−20.7	−0.266	−26.4	−75.0	−25.0	0
	30%	−2678.1	−67.9	−162.6	−41.6	−0.501	−49.7	−150.0	−50.0	0
	40%	−2678.1	−67.9	−162.6	−41.6	−0.501	−49.7	−150.0	−50.0	0
	50%	−2678.1	−67.9	−162.6	−41.6	−0.501	−49.7	−150.0	−50.0	0
	60%	−3468.1	−87.9	−220.1	−56.3	−0.763	−75.7	−225.0	−75.0	0
邢台地区－广宗县										
丰	10%	−982.6	−22.5	−37.9	−8.9	−0.162	−15.8	−33.5	−14.9	314.5
	20%	−1365.4	−31.3	−57.3	−13.5	−0.223	−21.6	−56.9	−25.3	533.8
	30%	−1669.1	−38.3	−77.7	−18.3	−0.268	−26.0	−74.2	−33.0	696.1
	40%	−2986.3	−68.5	−142.2	−33.5	−0.562	−54.6	−143.0	−63.6	1342.3
	50%	−3101.0	−71.2	−150.6	−35.5	−0.588	−57.0	−150.0	−66.7	1408.1
	60%	−3101.0	−71.2	−150.6	−35.5	−0.588	−57.0	−150.0	−66.7	1408.1
平	10%	−1333.4	−33.0	−73.2	−17.2	−0.189	−19.7	−72.3	−24.1	678.3
	20%	−1364.6	−33.8	−77.4	−18.2	−0.191	−19.9	−75.0	−25.0	704.1
	30%	−2405.3	−59.5	−155.2	−36.5	−0.374	−38.9	−150.0	−50.0	1408.2
	40%	−2405.3	−59.5	−155.2	−36.5	−0.374	−38.9	−150.0	−50.0	1408.2
	50%	−2405.3	−59.5	−155.2	−36.5	−0.374	−38.9	−150.0	−50.0	1408.2
	60%	−3331.3	−82.5	−209.8	−49.4	−0.637	−66.3	−225.0	−75.0	2112.2
枯	10%	−1719.6	−47.8	−86.8	−23.2	−0.342	−35.5	−75.0	−25.0	704.1
	20%	−1719.6	−47.8	−86.8	−23.2	−0.342	−35.5	−75.0	−25.0	704.1
	30%	−2800.6	−77.9	−167.4	−44.7	−0.624	−64.8	−150.0	−50.0	1408.1
	40%	−2800.6	−77.9	−167.4	−44.7	−0.624	−64.8	−150.0	−50.0	1408.1
	50%	−2800.6	−77.9	−167.4	−44.7	−0.624	−64.8	−150.0	−50.0	1408.1
	60%	−3330.8	−92.6	−221.6	−59.2	−0.821	−85.3	−225.0	−75.0	2112.2

续表

降水水平	灌溉定额减幅阈值	产量 变化量/(kg/hm²)	产量 变幅/%	农田蒸散量 变化量/mm	农田蒸散量 变幅/%	水分生产力 变化量/(kg/m³)	水分生产力 变幅/%	灌溉定额 变化量/mm	灌溉定额 变幅/%	削减的深层地下水开采量/万 m³
邢台地区－清河县										
丰	10%	−857.5	−18.7	−33.9	−7.7	−0.125	−12.1	−37.2	−16.5	0
	20%	−1097.0	−23.9	−45.4	−10.3	−0.159	−15.3	−52.8	−23.4	0
	30%	−1491.2	−32.5	−77.0	−17.4	−0.209	−20.1	−75.0	−33.3	0
	40%	−2836.2	−61.8	−142.9	−32.3	−0.484	−46.6	−144.5	−64.2	0
	50%	−2927.6	−63.8	−146.9	−33.3	−0.500	−48.1	−148.1	−65.8	0
	60%	−2938.7	−64.0	−147.5	−33.4	−0.502	−48.3	−149.0	−66.2	0
平	10%	−1427.2	−32.5	−77.9	−18.0	−0.190	−18.5	−74.9	−25.0	0
	20%	−1428.5	−32.6	−78.0	−18.0	−0.190	−18.6	−75.0	−25.0	0
	30%	−2669.4	−60.8	−157.2	−36.3	−0.422	−41.2	−150.0	−50.0	0
	40%	−2669.4	−60.8	−157.2	−36.3	−0.422	−41.2	−150.0	−50.0	0
	50%	−2669.4	−60.8	−157.2	−36.3	−0.422	−41.2	−150.0	−50.0	0
	60%	−3630.4	−82.7	−210.0	−48.4	−0.695	−67.8	−225.0	−75.0	0
枯	10%	−1475.3	−40.3	−82.2	−21.0	−0.248	−26.5	−75.0	−25.0	0
	20%	−1475.3	−40.3	−82.2	−21.0	−0.248	−26.5	−75.0	−25.0	0
	30%	−2520.2	−68.8	−164.8	−42.1	−0.459	−49.0	−150.0	−50.0	0
	40%	−2520.2	−68.8	−164.8	−42.1	−0.459	−49.0	−150.0	−50.0	0
	50%	−2520.2	−68.8	−164.8	−42.1	−0.459	−49.0	−150.0	−50.0	0
	60%	−3248.0	−88.7	−223.6	−57.1	−0.709	−75.6	−225.0	−75.0	0
邢台地区－平乡县										
丰	10%	−617.8	−13.3	−62.3	−15.0	0.017	1.5	−49.0	−21.8	242.0
	20%	−932.4	−20.0	−78.2	−18.9	−0.020	−1.8	−69.1	−30.7	341.5
	30%	−1042.2	−22.4	−86.2	−20.8	−0.029	−2.6	−75.0	−33.3	370.6
	40%	−2461.5	−52.8	−135.1	−32.6	−0.352	−31.1	−138.2	−61.4	682.7
	50%	−2596.8	−55.7	−141.4	−34.1	−0.379	−33.5	−146.3	−65.0	722.8
	60%	−2663.3	−57.2	−145.5	−35.1	−0.390	−34.5	−149.9	−66.6	740.7
平	10%	−1229.1	−25.8	−49.6	−11.9	−0.188	−16.3	−56.6	−18.9	279.9
	20%	−1519.4	−31.8	−68.2	−16.4	−0.222	−19.2	−74.7	−24.9	369.1
	30%	−2410.4	−50.5	−103.9	−24.9	−0.423	−36.5	−119.0	−39.7	587.8
	40%	−2816.8	−59.0	−137.3	−32.9	−0.476	−41.1	−147.5	−49.2	728.9
	50%	−2862.8	−60.0	−142.6	−34.2	−0.483	−41.8	−150.0	−50.0	741.2
	60%	−3940.0	−82.6	−195.7	−46.9	−0.788	−68.1	−225.0	−75.0	1111.8
枯	10%	−1778.3	−43.0	−79.6	−21.2	−0.329	−29.9	−69.5	−23.2	343.2
	20%	−1818.8	−44.0	−85.0	−22.6	−0.332	−30.2	−74.9	−25.0	370.1
	30%	−3068.9	−74.2	−166.6	−44.3	−0.644	−58.5	−149.6	−49.9	739.4
	40%	−3072.1	−74.3	−167.2	−44.5	−0.644	−58.5	−150.0	−50.0	741.2
	50%	−3072.1	−74.3	−167.2	−44.5	−0.644	−58.5	−150.0	−50.0	741.2
	60%	−3747.2	−90.6	−221.6	−59.0	−0.898	−81.6	−225.0	−75.0	1111.8

续表

降水水平	灌溉定额减幅阈值	产量		农田蒸散量		水分生产力		灌溉定额		削减的深层地下水开采量/万 m^3
		变化量/(kg/hm^2)	变幅/%	变化量/mm	变幅/%	变化量/(kg/m^3)	变幅/%	变化量/mm	变幅/%	
邢台地区-临西县										
丰	10%	−228.5	−3.9	−31.5	−6.5	0.026	2.1	−44.6	−19.8	0
	20%	−440.5	−7.4	−38.9	−8.0	0.000	0.0	−59.6	−26.5	0
	30%	−891.0	−15.0	−53.6	−11.0	−0.064	−5.3	−77.9	−34.6	0
	40%	−1483.1	−25.1	−78.0	−16.0	−0.150	−12.4	−110.0	−48.9	0
	50%	−2090.8	−35.3	−98.6	−20.2	−0.242	−19.9	−135.5	−60.2	0
	60%	−2179.7	−36.8	−101.2	−20.8	−0.257	−21.2	−138.9	−61.7	0
平	10%	−1525.9	−31.7	−64.9	−15.5	−0.242	−20.7	−67.4	−22.5	0
	20%	−1645.1	−34.2	−75.4	−18.0	−0.251	−21.6	−74.7	−24.9	0
	30%	−2906.2	−60.4	−149.5	−35.8	−0.489	−41.9	−147.5	−49.2	0
	40%	−2935.3	−61.0	−152.2	−36.4	−0.493	−42.3	−149.3	−49.8	0
	50%	−2975.4	−61.9	−154.7	−37.0	−0.502	−43.1	−151.7	−50.6	0
	60%	−3934.1	−81.8	−204.8	−49.0	−0.774	−66.4	−224.7	−75.0	0
枯	10%	−1394.8	−28.8	−76.5	−18.0	−0.158	−13.8	−75.0	−25.0	0
	20%	−1394.8	−28.8	−76.5	−18.0	−0.158	−13.8	−75.0	−25.0	0
	30%	−2655.5	−54.8	−159.7	−37.7	−0.323	−28.2	−150.0	−50.0	0
	40%	−2655.5	−54.8	−159.7	−37.7	−0.323	−28.2	−150.0	−50.0	0
	50%	−2655.5	−54.8	−159.7	−37.7	−0.323	−28.2	−150.0	−50.0	0
	60%	−3974.5	−82.0	−223.3	−52.7	−0.719	−62.8	−225.0	−75.0	0
邯郸地区-曲周县										
丰	10%	−1111.8	−19.1	−43.3	−9.9	−0.145	−10.9	−52.3	−23.2	546.8
	20%	−1352.7	−23.3	−52.7	−12.1	−0.178	−13.4	−65.5	−29.1	685.3
	30%	−1553.5	−26.7	−60.2	−13.8	−0.210	−15.8	−75.5	−33.6	789.8
	40%	−2260.0	−38.9	−85.3	−19.6	−0.346	−26.0	−106.0	−47.1	1109.0
	50%	−2930.4	−50.4	−106.3	−24.4	−0.481	−36.1	−133.6	−59.4	1397.6
	60%	−3254.9	−56.0	−116.3	−26.7	−0.554	−41.6	−146.3	−65.0	1530.5
平	10%	−1267.5	−25.8	−49.8	−12.2	−0.199	−16.4	−58.8	−19.6	614.8
	20%	−1564.4	−31.9	−67.4	−16.6	−0.234	−19.3	−74.5	−24.8	779.5
	30%	−2292.6	−46.7	−90.4	−22.3	−0.389	−32.1	−113.8	−38.0	1190.6
	40%	−2653.9	−54.1	−114.8	−28.3	−0.450	−37.1	−138.6	−46.2	1450.1
	50%	−2895.6	−59.0	−137.0	−33.7	−0.490	−40.4	−150.2	−50.1	1571.4
	60%	−3892.9	−79.4	−179.4	−44.2	−0.771	−63.6	−219.4	−73.1	2294.5
枯	10%	−1617.9	−38.6	−62.3	−17.1	−0.308	−26.9	−59.3	−19.8	619.9
	20%	−1864.4	−44.4	−85.3	−23.4	−0.345	−30.1	−74.7	−24.9	781.8
	30%	−2978.8	−71.0	−149.5	−40.9	−0.625	−54.6	−140.3	−46.8	1467.1
	40%	−3115.9	−74.2	−164.7	−45.1	−0.653	−57.0	−150.0	−50.0	1568.5
	50%	−3116.3	−74.3	−164.8	−45.1	−0.653	−57.0	−150.0	−50.0	1568.9
	60%	−3798.8	−90.5	−209.3	−57.3	−0.922	−80.5	−225.0	−75.0	2353.4

续表

降水水平	灌溉定额减幅阈值	产量		农田蒸散量		水分生产力		灌溉定额		削减的深层地下水开采量/万 m^3
		变化量/（kg/hm^2）	变幅/%	变化量/mm	变幅/%	变化量/（kg/m^3）	变幅/%	变化量/mm	变幅/%	
邯郸地区－鸡泽县										
丰	10%	−754.5	−13.1	−31.3	−7.4	−0.089	−6.5	−36.2	−16.1	76.1
	20%	−1412.8	−24.5	−48.9	−11.6	−0.199	−14.6	−61.8	−27.5	130.0
	30%	−1772.8	−30.7	−69.8	−16.6	−0.247	−18.1	−75.0	−33.3	157.7
	40%	−3069.2	−53.2	−107.8	−25.7	−0.526	−38.6	−126.5	−56.2	265.9
	50%	−3442.5	−59.7	−121.4	−28.9	−0.606	−44.5	−141.1	−62.7	296.5
	60%	−3616.0	−62.7	−128.1	−30.5	−0.648	−47.6	−147.9	−65.7	311.0
平	10%	−1098.3	−20.8	−40.2	−9.9	−0.158	−12.1	−47.5	−15.9	99.8
	20%	−1527.9	−28.9	−65.2	−16.1	−0.212	−16.2	−74.4	−24.8	156.4
	30%	−2253.3	−42.7	−76.2	−18.8	−0.383	−29.3	−102.3	−34.2	215.1
	40%	−2888.7	−54.7	−131.8	−32.6	−0.455	−34.8	−147.3	−49.2	309.7
	50%	−2958.0	−56.0	−136.8	−33.8	−0.472	−36.0	−151.8	−50.7	319.2
	60%	−4123.2	−78.1	−179.9	−44.5	−0.794	−60.7	−221.1	−73.9	464.9
枯	10%	−1791.7	−41.0	−71.4	−19.3	−0.345	−29.1	−65.7	−21.9	138.0
	20%	−1883.3	−43.1	−77.9	−21.0	−0.362	−30.6	−74.0	−24.7	155.6
	30%	−2980.6	−68.2	−143.3	−38.7	−0.610	−51.6	−136.9	−45.6	287.9
	40%	−3088.3	−70.6	−155.7	−42.0	−0.632	−53.4	−148.4	−49.5	312.1
	50%	−3108.2	−71.1	−159.9	−43.2	−0.635	−53.7	−150.0	−50.0	315.4
	60%	−3902.8	−89.3	−211.4	−57.0	−0.935	−79.1	−225.0	−75.0	473.0
邯郸地区－邱县										
丰	10%	−891.1	−19.1	−35.0	−8.4	−0.140	−12.3	−34.1	−15.2	143.9
	20%	−1321.6	−28.4	−64.8	−15.6	−0.175	−15.4	−63.5	−28.2	268.1
	30%	−1594.1	−34.2	−82.8	−19.9	−0.206	−18.1	−75.1	−33.4	317.0
	40%	−2844.8	−61.1	−129.6	−31.2	−0.512	−45.1	−137.9	−61.3	581.6
	50%	−3042.1	−65.3	−139.5	−33.5	−0.552	−48.6	−146.7	−65.2	618.9
	60%	−3088.9	−66.3	−141.3	−34.0	−0.560	−49.4	−149.5	−66.4	630.6
平	10%	−1247.7	−30.5	−51.4	−12.2	−0.213	−21.9	−60.5	−20.2	255.3
	20%	−1444.6	−35.3	−68.5	−16.2	−0.241	−24.8	−74.1	−24.7	312.7
	30%	−2241.4	−54.8	−118.8	−28.1	−0.388	−39.9	−130.1	−43.4	548.8
	40%	−2407.2	−58.9	−142.8	−33.8	−0.405	−41.6	−147.7	−49.2	623.3
	50%	−2467.4	−60.4	−149.0	−35.3	−0.413	−42.4	−150.0	−50.0	632.9
	60%	−3352.9	−82.0	−200.3	−47.4	−0.653	−67.1	−225.0	−75.0	949.3
枯	10%	−1711.3	−43.1	−91.0	−23.8	−0.275	−26.5	−75.0	−25.0	316.4
	20%	−1711.3	−43.1	−91.0	−23.8	−0.275	−26.5	−75.0	−25.0	316.4
	30%	−3051.9	−76.9	−175.6	−45.9	−0.625	−60.3	−150.0	−50.0	632.9
	40%	−3051.9	−76.9	−175.6	−45.9	−0.625	−60.3	−150.0	−50.0	632.9
	50%	−3051.9	−76.9	−175.6	−45.9	−0.625	−60.3	−150.0	−50.0	632.9
	60%	−3667.2	−92.4	−228.1	−59.6	−0.863	−83.3	−225.0	−75.0	949.3

续表

降水水平	灌溉定额减幅阈值	产量		农田蒸散量		水分生产力		灌溉定额		削减的深层地下水开采量 /万 m³
		变化量 /（kg/hm²）	变幅 /%	变化量 /mm	变幅 /%	变化量 /（kg/m³）	变幅 /%	变化量 /mm	变幅 /%	
邯郸地区 - 馆陶县										
丰	10%	−435.6	−6.9	−27.7	−6.0	−0.025	−1.8	−46.6	−20.7	95.2
	20%	−539.8	−8.6	−30.8	−6.6	−0.039	−2.9	−52.0	−23.1	106.2
	30%	−1095.3	−17.4	−51.1	−11.0	−0.105	−7.8	−81.5	−36.2	166.7
	40%	−1441.2	−22.9	−59.9	−12.9	−0.165	−12.2	−96.7	−43.0	197.7
	50%	−2096.2	−33.3	−81.7	−17.6	−0.263	−19.5	−124.7	−55.4	254.9
	60%	−2834.9	−45.0	−100.8	−21.7	−0.408	−30.2	−145.6	−64.7	297.7
平	10%	−1012.1	−18.0	−24.2	−5.9	−0.176	−12.8	−46.6	−15.7	95.3
	20%	−1510.4	−26.9	−49.5	−12.1	−0.243	−17.7	−69.4	−23.3	141.8
	30%	−2546.5	−45.3	−78.4	−19.1	−0.452	−32.9	−112.4	−37.8	229.8
	40%	−3037.5	−54.1	−126.3	−30.8	−0.498	−36.3	−143.6	−48.3	293.5
	50%	−3342.7	−59.5	−145.3	−35.4	−0.565	−41.1	−160.4	−53.9	327.9
	60%	−4321.3	−76.9	−184.5	−45.0	−0.827	−60.1	−222.5	−74.8	454.8
枯	10%	−1687.8	−29.5	−74.3	−17.7	−0.210	−15.4	−75.0	−25.0	153.3
	20%	−1687.8	−29.5	−74.3	−17.7	−0.210	−15.4	−75.0	−25.0	153.3
	30%	−3027.9	−53.0	−152.4	−36.3	−0.400	−29.4	−150.0	−50.0	306.6
	40%	−3027.9	−53.0	−152.4	−36.3	−0.400	−29.4	−150.0	−50.0	306.6
	50%	−3027.9	−53.0	−152.4	−36.3	−0.400	−29.4	−150.0	−50.0	306.6
	60%	−4503.5	−78.8	−208.3	−49.6	−0.820	−60.2	−225.0	−75.0	459.9
邯郸地区 - 广平县										
丰	10%	−1375.1	−22.0	−48.2	−11.5	−0.207	−13.6	−56.7	−25.3	144.6
	20%	−1629.1	−26.1	−54.2	−12.9	−0.252	−16.6	−67.1	−29.9	171.0
	30%	−1934.5	−31.0	−63.3	−15.1	−0.302	−19.9	−80.1	−35.7	204.2
	40%	−2763.8	−44.2	−89.6	−21.4	−0.467	−30.7	−110.1	−49.0	280.6
	50%	−3325.0	−53.2	−106.3	−25.4	−0.586	−38.6	−129.7	−57.8	330.5
	60%	−3661.8	−58.6	−117.7	−28.1	−0.661	−43.5	−142.7	−63.6	363.6
平	10%	−1283.3	−23.1	−43.9	−10.6	−0.199	−14.9	−61.7	−20.7	157.1
	20%	−1549.2	−27.9	−57.6	−13.8	−0.231	−17.4	−73.4	−24.6	187.0
	30%	−2335.9	−42.1	−83.5	−20.1	−0.376	−28.2	−114.2	−38.3	290.8
	40%	−2721.1	−49.1	−103.7	−24.9	−0.445	−33.4	−135.7	−45.5	345.7
	50%	−3055.6	−55.1	−136.3	−32.8	−0.491	−36.9	−149.6	−50.1	381.0
	60%	−4087.4	−73.7	−165.3	−39.7	−0.769	−57.7	−211.7	−71.0	539.4
枯	10%	−1661.1	−31.2	−60.0	−14.9	−0.252	−19.0	−59.1	−19.8	150.5
	20%	−1824.8	−34.3	−71.7	−17.8	−0.275	−20.8	−72.8	−24.4	185.3
	30%	−2789.3	−52.4	−121.9	−30.3	−0.442	−33.4	−126.3	−42.3	321.6
	40%	−3050.5	−57.3	−147.7	−36.8	−0.482	−36.4	−149.0	−49.9	379.6
	50%	−3061.3	−57.5	−148.7	−37.0	−0.485	−36.7	−150.0	−50.2	382.1
	60%	−4205.8	−79.0	−194.8	−48.5	−0.823	−62.3	−223.7	−74.9	569.8

续表

降水水平	灌溉定额减幅阈值	产量 变化量/(kg/hm²)	产量 变幅/%	农田蒸散量 变化量/mm	农田蒸散量 变幅/%	水分生产力 变化量/(kg/m³)	水分生产力 变幅/%	灌溉定额 变化量/mm	灌溉定额 变幅/%	削减的深层地下水开采量/万m³
邯郸地区－大名县										
丰	10%	−949.4	−14.8	−28.1	−6.7	−0.150	−9.7	−36.5	−16.2	261.1
	20%	−1471.6	−23.0	−45.2	−10.8	−0.228	−14.8	−57.1	−25.4	408.4
	30%	−2023.5	−31.6	−69.2	−16.5	−0.292	−18.9	−75.3	−33.5	538.3
	40%	−2696.9	−42.2	−82.4	−19.6	−0.452	−29.3	−105.8	−47.0	756.8
	50%	−3406.6	−53.3	−112.2	−26.8	−0.569	−36.9	−134.5	−59.8	961.7
	60%	−3777.5	−59.1	−130.2	−31.0	−0.631	−40.9	−147.1	−65.4	1051.7
平	10%	−1234.5	−21.6	−34.1	−8.2	−0.199	−14.6	−50.0	−16.8	357.7
	20%	−1652.8	−28.9	−59.8	−14.3	−0.242	−17.8	−73.1	−24.5	523.0
	30%	−2530.3	−44.3	−72.6	−17.4	−0.441	−32.4	−104.7	−35.1	748.7
	40%	−3067.5	−53.7	−118.5	−28.3	−0.509	−37.4	−140.3	−47.1	1003.0
	50%	−3321.4	−58.2	−142.9	−34.2	−0.551	−40.5	−154.9	−52.0	1107.7
	60%	−4446.9	−77.9	−184.7	−44.2	−0.847	−62.3	−222.6	−74.7	1591.3
枯	10%	−1312.2	−24.7	−46.8	−11.5	−0.208	−15.9	−58.7	−19.6	420.0
	20%	−1572.3	−29.6	−61.1	−15.1	−0.247	−18.8	−73.5	−24.5	525.4
	30%	−2656.3	−49.9	−125.8	−31.0	−0.387	−29.5	−140.6	−46.9	1005.3
	40%	−2782.7	−52.3	−138.4	−34.2	−0.399	−30.4	−150.0	−50.0	1072.5
	50%	−2782.7	−52.3	−138.4	−34.2	−0.399	−30.4	−150.0	−50.0	1072.5
	60%	−4102.2	−77.1	−190.4	−47.0	−0.763	−58.1	−225.0	−75.0	1608.8
邯郸地区－魏县										
丰	10%	−1216.7	−19.7	−34.1	−8.2	−0.204	−13.5	−42.6	−18.9	356.4
	20%	−1712.5	−27.7	−56.0	−13.5	−0.262	−17.3	−65.5	−29.1	548.1
	30%	−1975.4	−32.0	−65.7	−15.8	−0.299	−19.8	−75.1	−33.4	628.7
	40%	−2748.6	−44.5	−87.3	−21.1	−0.477	−31.5	−110.5	−49.1	924.9
	50%	−3569.0	−57.8	−118.1	−28.5	−0.628	−41.6	−141.7	−63.0	1186.2
	60%	−3741.3	−60.6	−125.4	−30.3	−0.664	−43.9	−148.0	−65.8	1238.6
平	10%	−1103.4	−19.3	−35.2	−8.1	−0.161	−12.2	−52.7	−17.6	441.2
	20%	−1517.6	−26.5	−55.8	−12.9	−0.216	−16.3	−73.0	−24.3	611.2
	30%	−2266.6	−39.6	−71.9	−16.6	−0.365	−27.5	−104.1	−34.7	871.0
	40%	−2900.9	−50.7	−118.5	−27.4	−0.454	−34.3	−143.8	−47.9	1203.4
	50%	−3020.0	−52.7	−130.2	−30.1	−0.472	−35.6	−150.2	−50.1	1256.8
	60%	−4254.7	−74.3	−174.9	−40.5	−0.772	−58.3	−220.4	−73.5	1845.1
枯	10%	−1735.7	−35.2	−59.1	−15.0	−0.318	−25.6	−62.1	−20.7	519.9
	20%	−1898.7	−38.5	−70.1	−17.8	−0.342	−27.5	−73.1	−24.4	611.7
	30%	−3028.2	−61.4	−135.7	−34.5	−0.553	−44.4	−138.2	−46.1	1156.8
	40%	−3180.1	−64.5	−152.4	−38.8	−0.574	−46.0	−149.4	−49.8	1250.8
	50%	−3187.1	−64.7	−153.7	−39.1	−0.574	−46.1	−150.0	−50.0	1255.5
	60%	−4071.7	−82.6	−197.6	−50.2	−0.846	−67.9	−225.0	−75.0	1883.3

致　谢

本研究工作主要得到国家公益性行业（农业）科研专项 / 农业部行业计划“京津冀种植业高效用水可持续发展关键技术研究与示范”（项目编号：201303133）、国家科技支撑计划项目“渤海粮仓科技示范工程”（项目编号：2013BAD05B00）和国家自然科学青年基金“华北平原区域尺度咸水灌溉模式的农业水文模拟研究—以黑龙港地区为例”（项目编号：42002252）的资助。

感谢河北省农林科学院旱作农业研究所的李科江研究员，他提供了河北省农林科学院深州试验站在 2006 ~ 2013 年开展的不同矿化度咸水灌溉处理下的灌溉方案、土壤含水量、土壤盐分含量和作物（冬小麦和夏玉米）生长（生育期、叶面积指数、株高、地上部生物量、产量等）的田间试验观测数据并给予指教。感谢中国科学院遗传与发育生物学研究所农业资源研究中心的张喜英研究员，她提供了中国科学院南皮生态农业试验站于 2013 ~ 2015 年在淡水灌溉和咸水灌溉处理下的灌溉方案、土壤含水量、土壤盐分含量和作物（冬小麦和夏玉米）产量的田间试验观测数据并给予指教。感谢中国农业科学院农业资源与区划研究所白由路研究员提供黑龙港地区及其毗邻区域于 1998 年实测的 50 个土壤剖面 0 ~ 200 cm 5 层土壤（0 ~ 10 cm、10 ~ 20 cm、20 ~ 40 cm、40 ~ 100 cm 和 100 ~ 200 cm）的盐分离子总量。感谢中国科学院遥感与数字地球研究所闫娜娜博士提供黑龙港地区于 2002 ~ 2008 年的空间分辨率为 1 km × 1 km 的遥感反演的月累积蒸散量数据并给予指点。感谢中国地质环境监测院提供 1991 ~ 2014 年的国家级地下水监测井的地下水位监测数据以及 2006 ~ 2010 年和 2012 年的区域地下水统测井的地下水位调查数据。感谢中国水利水电科学研究院水利研究所提供 2011 年第一次全国水利普查河北省（除保定市）的普查数据。感谢中国水利水电科学研究院水资源研究所提供 2006 ~ 2015 年河北省衡水地区、沧州地区、邢台地区和邯郸地区的浅层地下水监测井的水面埋深月值数据。感谢河北省沧州市地面沉降监测中心提供 2005 ~ 2010 年和 2012 ~ 2015 年沧州地区第 I 含水组在高水位期（12 月）的地下水埋深及水位标高等值线图。感谢河北省气象科学研究所提供黑龙港地区内的 25 个气象站和毗邻区域的 19 个气象站在 1965 ~ 1999 年的降水量、最低气温、最高气温、平均气温、日照时数、风速和相对湿度的日值数据；感谢河北省气象局提供黑龙港地区内的 52 个气象站及毗邻区域的 51 个气象站从不同起始年份至 2006 年的降水量、最低气温、最高气温和平均气温的日值数据。感谢河北省水文水资源勘测局陈胜锁教授级高级工程师提供 2005 ~ 2012 年《河北水利统计年鉴》中的灌溉面积、机电井灌溉面积、分工程类型向农业灌溉的供水量和机电井工程供水量数据。感谢河北省水利科学研究院郭永晨教授级高级工程师提供

1981 ~ 2005 年《河北水利统计年鉴》中的灌溉面积、机电井灌溉面积和农业用水量数据。感谢中国科学院地理科学与资源研究所马军花博士协助收集《中华人民共和国水文年鉴》第三卷海河流域水文资料中的河北省 360 个雨量站（非汛期站）在 2006 ~ 2012 年的降水量日值数据。感谢中国农业大学土地科学与技术学院土地资源管理系张雪靓讲师，她在攻读博士学位期间提供了黑龙港地区分别在 1990 年、1995 年、2000 年、2005 年和 2010 年的空间分辨率为 1 km × 1 km 的土地利用类型分布图和数字化的黑龙港地区浅层地下水矿化度的空间分布图及整理后的国家级地下水监测井和区域地下水统测井的地下水位数据。此外，还要感谢她对本专著的部分研究内容所提出的建设性修改意见和给予的帮助。感谢河北省农林科学院旱作农业研究所马俊永研究员和曹彩云研究员就衡水地区农民灌溉习惯和作物种植品种信息给予指教；感谢中国科学院遗传与发育生物学研究所农业资源研究中心刘小京研究员就黑龙港地区在渤海粮仓项目中的分区和沧州地区作物种植品种信息给予指教；感谢河北省水利科学研究院水资源水环境与河长制研究所潘增辉教授级高级工程师提供《河北省地下水超采综合治理试点工作总结报告》；感谢中国水利水电科学研究院水利研究所王珍博士提供 SimLab 参数敏感性分析的软件安装包；感谢中国农业大学资源与环境学院任磊佳硕士和中国地质大学（北京）水资源与环境学院焦文焕硕士在研究生阶段整理部分基础数据。

感谢中国农业大学资源与环境学院生态科学与工程系的宇振荣教授为第一作者提供具体指导第二作者在博士后期间继续开展农业水文模拟研究的机遇。感谢中国农业大学土地科学与技术学院土地利用工程系毛萌副教授多年来在工作中的帮助。

感谢国际学术期刊 *Journal of Hydrology* 的编辑和匿名审稿人对与这本专著相关的部分研究内容所提出的评审意见，这些评审意见促使我们在写作中更加清晰和客观地表述研究工作。